编审委员会

中国科学技术大学精品教材

数据挖掘

SHUJU WAJUE

第 2 版

朱　明　编著

中国科学技术大学出版社

内 容 简 介

数据挖掘技术，又称为数据库知识发现，是20世纪90年代在信息技术领域开始迅速发展起来的计算机技术。作者结合自己近20年从事人工智能、机器学习、数据挖掘等方面的科研工作积累与教学经验，编著此书。

本书较全面系统地介绍了数据挖掘中常用和常见的数据挖掘方法，以及文本与视频数据挖掘方法。

本书的主要内容包括：数据挖掘基本知识、数据挖掘预处理方法、决策树分类及其他分类方法、关联知识挖掘方法、各种聚类分析方法，以及文本挖掘所涉及表示、分类和聚类等方法，还包括视频挖掘所涉及的视频镜头检测、字幕提取、视频摘要和视频检索等主要分析方法。

本书作为学习、掌握和应用数据挖掘方法和技术的综合指导书，是从事数据挖掘研究与应用人员，以及希望了解数据挖掘主要方法和技术的IT技术人员的良师益友；同时也是一本可用于大学高年级或研究生相关课程的教材和参考文献。

图书在版编目(CIP)数据

数据挖掘/朱明编著.—2版.—合肥：中国科学技术大学出版社，2008.11
(2011.11重印)
(中国科学技术大学精品教材)
“十一五”国家重点图书
安徽省高等学校“十一五”省级规划教材
ISBN 978-7-312-02244-9

Ⅰ.数…　Ⅱ.朱…　Ⅲ.数据采集—高等学校—教材　Ⅳ.TP274

中国版本图书馆CIP数据核字(2008)第165028号

中国科学技术大学出版社出版发行
安徽省合肥市金寨路96号，230026
网址　http://press.ustc.edu.cn
安徽省瑞隆印务有限公司
全国新华书店经销

开本：710×960 1/16　印张：31.5　插页：2　字数：580千
2008年11月第2版　2011年11月第3次印刷
印数：7001—9000册
定价：52.00元

总　序

2008年是中国科学技术大学建校五十周年。为了反映五十年来办学理念和特色，集中展示教材建设的成果，学校决定组织编写出版代表中国科学技术大学教学水平的精品教材系列。在各方的共同努力下，共组织选题281种，经过多轮、严格的评审，最后确定50种入选精品教材系列。

1958年学校成立之时，教员大部分都来自中国科学院的各个研究所。作为各个研究所的科研人员，他们到学校后保持了教学的同时又作研究的传统。同时，根据"全院办校，所系结合"的原则，科学院各个研究所在科研第一线工作的杰出科学家也参与学校的教学，为本科生授课，将最新的科研成果融入到教学中。五十年来，外界环境和内在条件都发生了很大变化，但学校以教学为主、教学与科研相结合的方针没有变。正因为坚持了科学与技术相结合、理论与实践相结合、教学与科研相结合的方针，并形成了优良的传统，才培养出了一批又一批高质量的人才。

学校非常重视基础课和专业基础课教学的传统，也是她特别成功的原因之一。当今社会，科技发展突飞猛进、科技成果日新月异，没有扎实的基础知识，很难在科学技术研究中作出重大贡献。建校之初，华罗庚、吴有训、严济慈等老一辈科学家、教育家就身体力行，亲自为本科生讲授基础课。他们以渊博的学识、精湛的讲课艺术、高尚的师德，带出一批又一批杰出的年轻教员，培养了一届又一届优秀学生。这次入选校庆精品教材的绝大部分是本科生基础课或专业基础课的教材，其作者大多直接或间接受到过这些老一辈科学家、教育家的教诲和影响，因此在教材中也贯穿着这些先辈的教育教学理念与科学探索精神。

改革开放之初，学校最先选派青年骨干教师赴西方国家交流、学习，他们在带回先进科学技术的同时，也把西方先进的教育理念、教学方法、教学内容等带回到中国科学技术大学，并以极大的热情进行教学实践，使"科学与技术相结合、理论与实践相结合、教学与科研相结合”的方针得到进一步深化，取得了非常好的效果，培养的学生得到全社会的认可。这些教学改革影响深远，直到今天仍然受到学生的欢迎，并辐射到其他高校。在入选的精品教材中，这种理念与尝试也都有充分的体现。

中国科学技术大学自建校以来就形成的又一传统是根据学生的特点，用创新的精神编写教材。五十年来，进入我校学习的都是基础扎实、学业优秀、求知欲强、勇于探索和追求的学生，针对他们的具体情况编写教材，才能更加有利于培养他们的创新精神。教师们坚持教学与科研的结合，根据自己的科研体会，借鉴目前国外相关专业有关课程的经验，注意理论与实际应用的结合，基础知识与最新发展的结合，课堂教学与课外实践的结合，精心组织材料、认真编写教材，使学生在掌握扎实的理论基础的同时，了解最新的研究方法，掌握实际应用的技术。

这次入选的50种精品教材，既是教学一线教师长期教学积累的成果，也是学校五十年教学传统的体现，反映了中国科学技术大学的教学理念、教学特色和教学改革成果。该系列精品教材的出版，既是向学校50周年校庆的献礼，也是对那些在学校发展历史中留下宝贵财富的老一代科学家、教育家的最好纪念。

侯建国

2008年8月

前　言

随着数据库应用的普及，人们已陷入“数据丰富，知识匮乏”的尴尬境地。近年来网络的发展与普及，使得人类开始真正体会到数据海洋无边无际。面对如此巨大的数据资源，人们迫切需要新的数据分析方法和技术，以便能够利用信息技术发展的最新成果，来将这巨大的数据资源转换成有价值的信息与知识，并为我们制定科学决策提供必要的支持。

数据挖掘(Data Mining，简称DM)，作为20世纪末刚刚兴起的数据智能分析技术，由于其所具有的广阔应用前景而备受关注。作为数据库与数据仓库应用研究而逐步形成的一个新兴的富有应用前景的领域，数据挖掘常常也被称为数据库知识发现(Knowledge Discovery from Database，简称KDD)，它可以从数据库、数据仓库或其他数据源中，通过分析，自动抽取归纳出有价值的知识模式。

数据挖掘是一个多领域交叉的研究与应用领域，涉及的领域包括：数据库技术、人工智能、机器学习、神经网络、统计学、模式识别、信息检索、高性能计算等。本书主要介绍能够对大量数据进行挖掘处理的有关方法与技术，主要包括：数据挖掘基本知识、数据挖掘预处理方法、决策树分类及其他分类方法、关联知识挖掘方法、各种聚类分析方法，以及文本挖掘所涉及表示、分类和聚类等方法，还包括视频挖掘所涉及的视频镜头检测、字幕提取、视频摘要和视频检索等所涉及的主要分析方法。

数据挖掘作为一门新兴的学科，经过短短十几年的发展，就已表现出了强大生命力。广大从事数据库应用与决策支持以及模式识别、机器学习、智能计算等领域的科研人员迫切需要了解和掌握它。为此作者结合自己近20年从事人工智能、机器学习、数据挖掘等方面的科研工作积累与教学经验，并在本人2002年编著出版的《数据挖掘》一书基础上，结合国内外数据挖掘研究领域的最新研究成果，尤其借鉴中国科学院计算所、国防科学技术大学、复旦大学、北京邮电大学等国内知名科研单位在数据挖掘方面的研究成果，编写完成此书，以飨读者。

本书共分十章，主要介绍数据挖掘的基本概念、方法、技术与应用等方面的内容。前七章，主要介绍数据挖掘的主要方法；后三章则侧重介绍数据挖掘在文本挖掘和视频挖掘方面的具体应用。

第1章主要介绍了数据挖掘发展背景，数据挖掘定义及过程，数据挖掘主要功能，数据挖掘应用与发展趋势。

第2章主要介绍了数据预处理相关内容，主要包括：数据类型与质量的描述、数据清理方法、数据集成与变换方法以及数据归约方法。

第3章主要介绍了分类挖掘中最主要的一类方法：基于决策树的分类挖掘，具体内容包括：决策树基本方法、C4.5方法、CART方法、SLIQ方法和SPRINT方法；同时介绍了基于决策树的分类方法的简化与改进；最后介绍了分类模型的评估方法。

第4章主要介绍了分类挖掘中的其他方法，主要包括：贝叶斯分类方法、K近邻方法、人工神经网络方法、遗传进化方法、支持向量机方法、粗糙集方法和集成学习方法。

第5章主要介绍了关联挖掘的主要方法，具体包括：Apriori算法及其改进FP-tree算法、关联挖掘的三种并行算法和基于粒计算的关联挖掘方法。

第6章主要介绍了基于划分、层次、密度、网格和模型等五种聚类方法，同时还介绍了高维海量数据的聚类挖掘方法，以及基于蚁群算法的两种聚类挖掘方法。

第7章主要介绍了异类挖掘五种方法：基于统计、基于距离、基于偏差和基于密度的异常点检测方法，以及基于高维数据的异常点检测方法。此外还介绍了基于属性的异常点检测方法、时序异常点检测方法、空间异常点检测方法，以及时空异常点检测方法；最后介绍了数据流异常检测的两种方法。

第8章主要介绍了文本挖掘的主要内容，包括：文本分类方法、文本预处理方法和中文分词方法；此外还介绍了中文信息摘要方法、文本内容监管方法和文本信息检索方法。

第9章主要介绍了视频挖掘所涉及的内容，包括：四种镜头检测方法、关键帧提取方法、镜头快速切变检测方法和镜头渐变检测方法；此外还介绍了新闻视频挖掘所涉及的镜头检测、播音员镜头检测和新闻故事单元检测方法；同时介绍了广告检测所涉及的镜头切变、阈值选择和基于音频融合的广告检测方法；最后介绍了视频文本检测的四种方法。

第10章主要介绍了视频分析所涉及的慢镜头检测四种方法、视频摘要的实现方法，以及视频检索的相关方法。

本书在编写过程中，得到了中国科学技术大学信息学院吴刚院长的大力支持，在此表示感谢。

尽管作者付出诸多努力以求本书在内容上充实、全面，但是由于作者水平所限，加之数据挖掘领域的发展，尤其科研成果的快速更新，书中不足和错误之处在所难免，恳请广大读者和同行专家不吝赐教。

朱　明

2008年3月20日于合肥

目 次

总序 …… (i)
前言 …… (iii)

第 1 章 数据挖掘导论 …… (1)
1.1 数据挖掘的发展背景 …… (1)
1.2 数据挖掘定义 …… (4)
1.3 数据挖掘过程 …… (7)
1.4 数据挖掘功能 …… (12)
1.5 数据挖掘应用 …… (18)
1.6 数据挖掘发展 …… (24)
1.7 本章小结 …… (28)
第 2 章 数据预处理 …… (29)
2.1 数据描述 …… (30)
2.1.1 数据集类型 …… (33)
2.1.2 数据质量 …… (39)
2.2 数据清理 …… (44)
2.2.1 缺失值处理 …… (45)
2.2.2 噪声数据处理 …… (46)
2.2.3 数据清理过程 …… (47)
2.3 数据集成和变换 …… (49)
2.3.1 数据集成 …… (49)
2.3.2 数据变换 …… (52)
2.3.3 维度归约 …… (54)
2.4 数据归约 …… (58)
2.4.1 数据立方体聚集 …… (58)

2.4.2 属性子集选择 …………………………………………………… (60)
2.5 本章小结 ………………………………………………………… (61)
第3章 分类挖掘:决策树 ……………………………………………… (63)
3.1 决策树方法 ……………………………………………………… (63)
3.2 决策树深入 ……………………………………………………… (67)
3.2.1 信息熵基础 ………………………………………………… (67)
3.2.2 C4.5方法 …………………………………………………… (71)
3.2.3 CART方法 ………………………………………………… (75)
3.2.4 SLIQ方法 …………………………………………………… (76)
3.2.5 SPRINT方法 ……………………………………………… (78)
3.2.6 其他决策树方法 …………………………………………… (79)
3.3 决策树的简化 …………………………………………………… (82)
3.4 决策树的改进 …………………………………………………… (93)
3.4.1 属性选择 …………………………………………………… (93)
3.4.2 连续属性离散化 …………………………………………… (95)
3.5 决策树的讨论 …………………………………………………… (96)
3.5.1 决策树优化问题 …………………………………………… (97)
3.5.2 决策树优化方法 …………………………………………… (98)
3.6 分类模型的评估 ………………………………………………… (100)
3.7 本章小结 ………………………………………………………… (102)
第4章 分类挖掘 ……………………………………………………… (104)
4.1 贝叶斯方法 ……………………………………………………… (104)
4.1.1 贝叶斯方法概述 …………………………………………… (105)
4.1.2 朴素贝叶斯分类 …………………………………………… (107)
4.2 k-近邻方法 ……………………………………………………… (111)
4.3 人工神经网络方法 ……………………………………………… (116)
4.4 遗传进化方法 …………………………………………………… (124)
4.5 支持向量机方法 ………………………………………………… (135)
4.5.1 SVM分类方法 ……………………………………………… (136)
4.6 粗糙集方法 ……………………………………………………… (142)
4.7 集成学习方法 …………………………………………………… (150)

4.7.1　基本概念 …………………………………………………… (150)
4.7.2　Bagging …………………………………………………… (151)
4.7.3　Boosting …………………………………………………… (152)
4.8　本章小结 …………………………………………………… (154)
第 5 章　关联挖掘 …………………………………………………… (156)
5.1　关联挖掘简述 …………………………………………………… (157)
5.1.1　关联挖掘应用 …………………………………………………… (158)
5.2　关联挖掘基本方法 …………………………………………………… (160)
5.2.1　关联挖掘基本概念 …………………………………………………… (160)
5.2.2　关联挖掘问题 …………………………………………………… (162)
5.2.3　关联挖掘类型 …………………………………………………… (163)
5.2.4　关联挖掘基本方法 …………………………………………………… (169)
5.3　关联挖掘方法改进 …………………………………………………… (173)
5.3.1　Apriori 算法改进 …………………………………………………… (173)
5.3.2　频繁模式增长(FP-tree)算法 …………………………………………………… (174)
5.3.3　其他改进算法 …………………………………………………… (180)
5.4　关联挖掘并行方法 …………………………………………………… (193)
5.4.1　基于候选集复制的算法 …………………………………………………… (194)
5.4.2　划分候选集的算法 …………………………………………………… (196)
5.4.3　混合策略：候选集部分复制 …………………………………………………… (200)
5.5　基于粒计算的关联挖掘 …………………………………………………… (202)
5.5.1　基本思想 …………………………………………………… (202)
5.6　本章小结 …………………………………………………… (206)
第 6 章　聚类挖掘 …………………………………………………… (208)
6.1　聚类挖掘简述 …………………………………………………… (209)
6.2　基于划分的聚类挖掘 …………………………………………………… (217)
6.2.1　*k*-means 方法 …………………………………………………… (218)
6.3　基于层次的聚类挖掘 …………………………………………………… (222)
6.4　基于密度的聚类挖掘 …………………………………………………… (225)
6.5　基于网格的聚类挖掘 …………………………………………………… (227)
6.6　基于模型的聚类挖掘 …………………………………………………… (229)

6.7 高维海量数据的聚类挖掘 …… (229)
6.7.1 高维海量数据特点 …… (230)
6.7.2 高维海量数据聚类算法 …… (232)
6.8 基于蚁群算法的聚类挖掘 …… (242)
6.8.1 蚁群算法概述 …… (242)
6.8.2 蚁群算法特征 …… (243)
6.8.3 蚁群算法的研究热点 …… (245)
6.8.4 基于蚁穴清理行为的聚类算法 …… (247)
6.8.5 基于蚁群觅食行为的聚类算法 …… (249)
6.8.6 蚂蚁聚类算法分析 …… (251)
6.9 本章小结 …… (252)
第7章 异类挖掘 …… (255)
7.1 异类挖掘简述 …… (255)
7.1.1 基于统计的异常点检测 …… (257)
7.1.2 基于距离的异常点检测 …… (258)
7.1.3 基于偏差的异常点检测 …… (259)
7.1.4 基于密度的异常点检测 …… (260)
7.1.5 高维数据的异常点检测 …… (260)
7.2 基于属性的异常点检测 …… (261)
7.2.1 基于属性的异常点检测 …… (262)
7.3 时序异常点检测 …… (268)
7.3.1 时序异常点检测概述 …… (268)
7.3.2 时序异常模式挖掘 …… (270)
7.4 空间异常点挖掘 …… (276)
7.5 时空异常点挖掘 …… (282)
7.6 数据流异常挖掘 …… (288)
7.6.1 基于单调搜索空间的突变检测 …… (289)
7.6.2 基于分段分形模型的无参数异常检测 …… (297)
7.7 本章小结 …… (313)
第8章 文本挖掘 …… (314)
8.1 文本挖掘 …… (314)

8.1.1 文本挖掘简述 …………………………………………………………… (314)
8.1.2 文本分类 …………………………………………………………… (319)
8.1.3 文本预处理 …………………………………………………………… (322)
8.1.4 中文分词 …………………………………………………………… (330)
8.2 文本挖掘方法 …………………………………………………………… (333)
8.3 中文摘要方法 …………………………………………………………… (338)
8.3.1 中文摘要概述 …………………………………………………………… (338)
8.3.2 基于聚类的摘要方法 …………………………………………………………… (341)
8.3.3 自适应确定摘要长度 …………………………………………………………… (344)
8.4 文本内容监管 …………………………………………………………… (348)
8.4.1 高效多关键字匹配算法 …………………………………………………………… (349)
8.5 文本信息检索 …………………………………………………………… (363)
8.6 本章小结 …………………………………………………………… (371)
第 9 章 视频挖掘 …………………………………………………………… (373)
9.1 视频内容检索简述 …………………………………………………………… (374)
9.2 镜头检测 …………………………………………………………… (377)
9.2.1 基于直方图的镜头检测方法 …………………………………………………………… (379)
9.2.2 基于运动分析的镜头检测方法 …………………………………………………………… (381)
9.2.3 基于图像特征的镜头检测方法 …………………………………………………………… (382)
9.2.4 基于多分类器组合的镜头检测方法 …………………………………………………………… (386)
9.2.5 关键帧提取方法 …………………………………………………………… (386)
9.2.6 镜头快速切变检测方法 …………………………………………………………… (387)
9.2.7 基于 SVM 的镜头渐变检测方法 …………………………………………………………… (391)
9.3 新闻视频挖掘 …………………………………………………………… (394)
9.3.1 自适应的镜头探测 …………………………………………………………… (394)
9.3.2 播音员镜头检测 …………………………………………………………… (399)
9.3.3 新闻故事单元检测 …………………………………………………………… (404)
9.4 广告检测 …………………………………………………………… (411)
9.4.1 基于双重窗口的镜头切变检测方法 …………………………………………………………… (412)
9.4.2 阈值的自适应选择 …………………………………………………………… (415)
9.4.3 基于音频融合的广告检测 …………………………………………………………… (417)

9.5 视频文本检测 …… (418)
9.5.1 基于边缘信息和LH的视频文本检测 …… (419)
9.5.2 基于小波分析和LH的视频文本检测 …… (423)
9.5.3 基于形态学的视频文本检测 …… (424)
9.5.4 基于小波-神经网络的视频文本检测 …… (430)
9.6 本章小结 …… (433)
第10章 视频分析 …… (434)
10.1 视频分析简述 …… (434)
10.2 慢镜头检测 …… (439)
10.2.1 基于帧间差模式识别的慢镜头检测方法 …… (440)
10.2.2 基于差分图像分析的慢镜头检测方法 …… (442)
10.2.3 基于零点穿越的慢镜头检测算法 …… (443)
10.2.4 基于帧差模式和镜头主色的慢镜头检测方法 …… (445)
10.3 视频摘要 …… (449)
10.3.1 视频摘要概述 …… (450)
10.3.2 视频摘要实现方法 …… (452)
10.4 视频检索 …… (455)
10.4.1 视频检索简介 …… (455)
10.4.2 视频特征的提取 …… (458)
10.4.3 视频数据的建模 …… (467)
10.4.4 视频检索方法 …… (471)
10.5 视频快速检索 …… (474)
10.5.1 子片断分割 …… (474)
10.5.2 视频特征数据的组织 …… (478)
10.5.3 相似度定义 …… (479)
10.5.4 查询算法 …… (483)
10.6 本章小结 …… (485)

第 1 章　数据挖掘导论

数据挖掘是 20 世纪 80 年代末开始逐步发展起来的一个新的研究领域，它是多个学科和技术相结合的产物。本章将简要介绍数据挖掘的发展背景、概念定义、主要方法及应用案例等内容。

1.1　数据挖掘的发展背景

随着数据库技术的迅速发展以及数据库管理系统的广泛应用，人们利用信息技术生产和搜集数据的能力大幅度提高，无数个数据库被用于商业管理、政府办公、科学研究和工程开发等领域，超级市场中的交易数据、加油站里的汽油销售数据、旅行社的旅游信息等等，均构成了数据库系统的信息来源。近年来，数据库所管理的数据量急剧增大，人们积累的数据越来越多。例如：美国 NASA 的地球观测系统(EOS)每小时向地面发回约 50 GB 的图像数据；美国沃尔玛零售系统每天会产生约 2 亿条交易数据。人们希望能够对其进行更高层次的分析，以便更好地利用这些数据。激增的数据背后隐藏着许多重要的信息，目前的数据库系统可以高效地实现数据的录入、查询、统计等功能，但无法发现数据中存在的关系和规则，无法根据现有的数据预测未来的发展趋势。缺乏挖掘数据背后隐藏的知识的手段，导致了"数据富有但知识贫乏"的现象。于是，一个新的挑战被提了出来：在这被称之为信息爆炸的时代，信息过量几乎成为人人需要面对的问题。如何才能不被信息的汪洋大海所淹没，从中及时发现有用的知识，提高信息利用率呢？要想使数据真正成为一个企业的资源，只有充分利用它为企业自身的业务决策和战略发展服务才行，否则大量的数据可能成为包袱，甚至成为垃圾。

建立在数据库系统上的计算机决策支持系统的出现，为进行高层次的数据决策分析提供了好的思路和方法。但由于决策支持系统在数据的采集、分析方法上的灵活性等方面存在局限性，使得人们不得不寻求更有效的途径去开拓数据决策分析的思路。人工智能为此作出了巨大贡献，人工智能经历了博弈、自然语言理解、知识工程等阶段，已经进入了机器学习的热点阶段。机器学习能够模拟人类的学习方式，通过对数据对象之间关系的分析，提取出隐含在数据中的模式，即知识。

正是由于实际工作的需要和相关技术的发展，利用数据库技术来存储管理数据，利用机器学习的方法来分析数据，从而挖掘出大量的隐藏在数据背后的知识，这些思想的结合最终形成了备受人们关注的研究领域：数据库中的知识发现(Knowledge Discovery in Databases，KDD)。其中，数据挖掘技术便是 KDD 中的一个最为关键的环节。

1995 年，在加拿大蒙特利尔召开了第一届知识发现和数据挖掘国际学术会议，数据挖掘一词被很快流传开来。人们将存储在数据库中的数据看作是形成知识的源泉，形象地将它们比喻成矿石。数据挖掘(Data Mining，DM)就是从大量的、不完全的、有噪声的、模糊的数据中，提取隐含在其中的、人们事先不知道的，但又是潜在有用的信息和知识的过程。

数据挖掘技术是人们长期对数据库技术进行研究和开发的结果。起初各种商业数据是存储在计算机的数据库中的，然后发展到可对数据库进行查询和访问，进而发展到对数据库的即时遍历。数据挖掘使数据库技术进入了一个更高级的阶段，它不仅能对过去的数据进行查询和遍历，并且能够找出过去数据之间的潜在联系，从而促进信息的传递。

推动数据挖掘的开发、应用和研究兴趣的重要技术因素分别是：

- 超大规模数据库的出现，例如商业数据仓库和计算机自动收集的数据记录；
- 先进的计算机技术，例如更快和更大的计算能力和并行体系结构；
- 对巨大量数据的快速访问，如 Web 搜索；
- 对这些数据挖掘相关的挖掘算法研究的深入。

商业数据库现在正在以空前的速度增长，并且数据仓库正在广泛地应用于各种行业；对计算机硬件性能越来越高的要求，也可以用现在已经成熟的并行多处理机的技术来满足；另外数据挖掘算法经过了这 10 多年的发展也已经成为一种成熟、稳定，且易于理解和操作的技术。

数据挖掘的进化历程如图 1.1 所示。从商业数据到商业信息的进化过程中，每一步前进都是建立在上一步的基础上的。从图 1.1 中可以看到，第四步进化是革命性的，因为从用户的角度来看，这一阶段的数据库技术已经可以快速地回答商业上的很多问题了。

进化阶段	商业问题	支持技术	产品厂家	产品特点
数据搜集（20世纪60年代）	"过去五年中我的总收入是多少?"	计算机、磁带和磁盘	IBM,CDC	提供历史性的、静态的数据信息
数据访问（20世纪80年代）	"在新英格兰的分部去年三月的销售额是多少?"	关系数据库(RDBMS),结构化查询语言(SQL),ODBC Oracle,Sybase,Informix,IBM,Microsoft	Oracle,Sybase,Informix,IBM,Microsoft	在记录级提供历史性的、动态数据信息
数据仓库;决策支持（20世纪90年代）	"在新英格兰的分部去年三月的销售额是多少?波士顿据此可得出什么结论?"	联机分析处理(OLAP)、多维数据库、数据仓库	Pilot,Comshare,Arbor,Cognos,Microstrategy	在各种层次上提供回溯的、动态的数据信息
数据挖掘（正在流行）	"下个月波士顿的销售会怎么样?为什么?"	高级算法、多处理器计算机、海量数据库	Pilot,Lockheed,IBM,SGI,其他初创公司	提供预测性的信息

图1.1　数据挖掘的进化历程

数据挖掘是一门交叉学科,它汇聚了数据库、人工智能、统计学、可视化、并行计算等不同学科和领域,因此近年来受到各界的广泛关注。

数据挖掘其实是一个逐渐演变的过程,电子数据处理的初期,人们就试图通过某些方法来实现自动决策支持,当时机器学习成为人们关心的焦点。机器学习的过程就是将一些已知的并已被成功解决的问题作为范例输入计算机,机器通过学习这些范例总结并生成相应的规则,这些规则具有通用性,使用它们可以解决某一类的问题。随后,随着神经网络技术的形成和发展,人们的注意力转向知识工程,知识工程不同于机器学习那样给计算机输入范例,让它生成出规则,而是直接给计算机输入已被代码化的规则,而计算机是通过使用这些规则来解决某些问题。专家系统就是这种方法所得到的成果,但它有投资大、效果不甚理想等不足。20世纪80年代人们又在新的神经网络理论的指导下,重新回到机器学习的方法上,并将其成果应用于处理大型商业数据库数据。

作为20世纪80年代末一个新的术语，数据库中的知识发现(KDD)，它泛指所有从源数据中发掘模式或联系的方法，KDD涵盖整个数据发掘的过程，包括最开始的制定业务目标到最终的结果分析，而数据挖掘(DM)只是描述使用挖掘算法进行数据挖掘的子过程。但最近人们却逐渐发现数据挖掘中有许多工作可以由统计方法来完成，并认为最好的策略是将统计方法与数据挖掘有机地结合起来。

统计学与数据挖掘有着密切的联系。数据挖掘的出现为统计学提供了一个崭新的应用领域，也给统计学的理论研究提出了新的课题，这无疑会推动统计学的发展。同时，虽然统计学不可能给出数据挖掘所有问题的答案，但它可以为数据挖掘提供非常有参考价值的框架，能够极大地丰富数据挖掘的方法。

数据仓库技术的发展与数据挖掘有着密切的关系。数据仓库的发展是促进数据挖掘越来越热的原因之一，但是，数据仓库并不是数据挖掘的先决条件，因为有很多数据挖掘可直接从操作数据源中挖掘信息。

1.2 数据挖掘定义

数据挖掘(DM)的历史较短，且从20世纪90年代以来，它的发展速度很快，加之它是多学科综合的产物，所以目前还没有一个完整的定义，人们提出了多种数据挖掘的定义，例如：

SAS研究所(1997)："在大量相关数据基础之上进行数据探索和建立相关模型的先进方法。"

Bhavani(1999)："使用模式识别技术、统计和数学技术，在大量的数据中发现有意义的新关系、模式和趋势的过程。"

Hand等人(2000)："数据挖掘就是在大型数据库中寻找有意义、有价值信息的过程。"

下面将从技术层面和商业层面来诠释数据挖掘(DM)的内涵：

1. 技术上的定义及含义

数据挖掘(DM)就是从大量的、不完全的、有噪声的、模糊的实际应用数据中，提取隐含在其中的、人们事先不知道的，但又是潜在有用的信息和知识的过程。

与数据挖掘相近的词汇有数据融合、数据分析和决策支持等。这个定义包括好几层含义：数据源必须是真实的、大量的、含噪声的；发现的是用户感兴趣的知识；发现的知识要可接受、可理解、可运用；并不要求发现放之四海而皆准的知识，仅需支持特定的发现问题。

所谓知识，从广义上理解，数据、信息都是知识的表现形式，同时人们更把概念、规则、模式、规律和约束等都看作知识。数据可以看作是形成知识的源泉，从数据中发现知识好像从矿石中采矿或淘金一样。原始数据可以是结构化的，如关系数据库中的数据；也可以是半结构化的，如文本、图形和图像数据；甚至是分布在网络上的异构型数据。发现知识的方法可以是数学的，也可以是非数学的；可以是演绎的，也可以是归纳的。发现的知识可以被用于信息管理、查询优化、决策支持和过程控制等，也可以用于数据自身的维护。因此，数据挖掘是一门交叉学科，它把人们对数据的应用从低层次的简单查询，提升到从数据中挖掘知识，提供决策支持。这种需求牵引汇聚了不同领域的研究者，尤其是数据库技术、人工智能技术、数理统计、可视化技术、并行计算等方面的学者和工程技术人员，投身到数据挖掘这一新兴的研究领域，从而形成新的技术热点。

这里所说的知识发现，不是要求发现放之四海而皆准的真理，也不是要去发现崭新的自然科学定理和纯数学公式，更不是什么机器定理证明。实际上，所有发现的知识都是相对的，是有特定前提和约束条件，面向特定领域的，同时还要能够易于被用户理解。最好能用自然语言表达所发现的结果。

2. 商业角度的定义

数据挖掘是一种新的商业信息处理技术，其主要特点是对商业数据库中的大量业务数据进行抽取、转换、分析和其他模型化处理，从中提取辅助商业决策的关键性数据。

简而言之，数据挖掘其实是一类深层次的数据分析方法。数据分析本身已经有很多年的历史，只不过最初数据收集和分析的目的是用于科学研究，另外，由于当时计算能力的限制，对大数据量进行分析的复杂数据分析方法受到很大限制。现在，由于各行业业务自动化的实现，商业领域产生了大量的业务数据，这些数据不再是为了分析的目的而收集的，而是为了纯机会的(opportunistic)商业运作而产生。分析这些数据也不再是单纯为了研究的需要，更主要是为商业决策提供真正有价值的信息，进而获得利润。但所有企业面临的一个共同问题是：企业数据量非常大，而其中真正有价值的信息却很少，因此从大量的数据中经过深层分析，获得有利于商业运作、提高竞争力的信息，就像从矿石中淘金一样，数据挖掘也因此而得名。

因此，数据挖掘可以描述为：按企业既定业务目标，对大量的企业数据进行探索和分析，揭示隐藏的、未知的或验证已知的规律性，并进一步将其模型化的先进有效的方法。

数据挖掘与传统的数据分析(如查询、报表、联机应用分析(OLAP))的本质区别是数据挖掘是在没有明确假设的前提下去挖掘信息、发现知识。数据挖掘所得到的信息应具有先前未知、有效和实用三个特征。

先前未知的信息是指该信息是预先未曾预料到的，即数据挖掘是要发现那些不能靠直觉发现的信息或知识，甚至是违背直觉的信息或知识，挖掘出的信息越是出乎意料，就可能越有价值。在商业应用中最典型的例子就是一家连锁店通过数据挖掘发现了小孩尿布和啤酒之间有着惊人的联系。

一个经常问的问题是，数据挖掘和 OLAP 到底有何不同。下面将会解释，他们是完全不同的工具，基于的技术也大相径庭。

OLAP 是决策支持领域的一部分。传统的查询和报表工具是告诉你数据库中都有什么(what happened)，OLAP 则更进一步告诉你下一步会怎么样(what next)和如果采取这样的措施又会怎么样(what if)。用户首先建立一个假设，然后用 OLAP 检索数据库以验证这个假设是否正确。比如，一个分析师想找到什么原因导致了贷款拖欠，他可能先做一个初始的假定，认为低收入的人信用度也低，然后用 OLAP 来验证他这个假设。如果这个假设没有被证实，他可能去察看那些高负债的账户，如果还不行，他也许要把收入和负债一起考虑，一直进行下去，直到找到他想要的结果或放弃。

也就是说，OLAP 分析师是建立一系列的假设，然后通过 OLAP 来证实或推翻这些假设以便最终得到自己的结论。OLAP 分析过程在本质上是一个演绎推理的过程。但是如果分析的变量达到几十或上百个，那么再用 OLAP 手动分析验证这些假设将是一件非常困难和痛苦的事情。

数据挖掘与 OLAP 不同的地方是，数据挖掘不是用于验证某个假定的模式(模型)的正确性，而是在数据库中自己寻找模型。它在本质上是一个归纳的过程。比如，一个用数据挖掘工具的分析师想找到引起贷款拖欠的风险因素，数据挖掘工具可能帮他找到高负债和低收入是引起这个问题的因素，甚至还可能发现一些分析师从来没有想过或试过的其他因素，比如年龄。

数据挖掘和 OLAP 具有一定的互补性。在利用数据挖掘出来的结论采取行动之前，你也许要验证一下如果采取这样的行动会给公司带来什么样的影响，那么

OLAP工具能回答你的这些问题。而且在知识发现的早期阶段，OLAP工具还有其他一些用途。它可以帮你探索数据，找出哪些是对一个问题比较重要的变量，发现异常数据和互相影响的变量。这都能帮你更好地理解你的数据，加快知识发现的过程。

数据挖掘利用了人工智能(AI)和统计分析的进步所带来的好处。这两门学科都致力于模式发现和预测。

数据挖掘不是为了替代传统的统计分析技术，相反，它是统计分析方法学的延伸和扩展。大多数的统计分析技术都基于完善的数学理论和高超的技巧，预测的准确度还是令人满意的，但对使用者的要求很高。而随着计算机计算能力的不断增强，有可能利用计算机强大的计算能力只通过相对简单和固定的方法完成同样的功能。

一些新兴的技术同样在知识发现领域取得了很好的效果，如神经网络和决策树，在足够多的数据和计算能力下，它们几乎不用人的关照，自动完成许多有价值的功能。

数据挖掘软件就是利用了统计和人工智能技术的应用程序，把这些高深复杂的技术封装起来，使人们不用自己掌握这些技术也能完成同样的功能，并且更专注于自己所要解决的问题。

1.3 数据挖掘过程

数据挖掘的过程大致分为：问题定义、数据收集与预处理、数据挖掘实施，以及挖掘结果的解释与评估。如图1.2所示。

(1) 问题定义

数据挖掘是为了从大量数据中发现有用的令人感兴趣的信息，因此发现何种知识就成为整个过程中第一个也是最重要的一个阶段。在这个过程中，必须明确数据挖掘任务的具体需求，同时确定数据挖掘所需要采用的具体方法。

(2) 数据收集与预处理

这个过程主要包括：数据选择、数据预处理和数据转换。

数据选择的目的就是确定数据挖掘任务所涉及的操作数据对象(目标数据)，

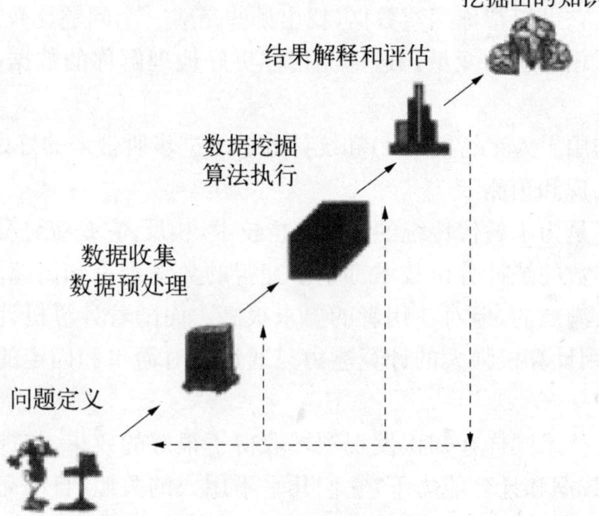

图 1.2 数据挖掘的过程

也就是根据数据挖掘任务的具体需求，从相关数据源中抽取出与挖掘任务相关的数据集。

数据预处理通常包括消除噪声、遗漏数据处理、消除重复数据、数据类型转换等处理。

数据转换的主要目的就是消减数据集合的特征维数(简称降维)，即从初始特征中筛选出真正与挖掘任务相关的特征，以便有效提高数据挖掘效率。

(3) 数据挖掘实施

根据挖掘任务定义及已有的方法(分类、聚类、关联等)选择数据挖掘实施算法。其间主要考虑：数据特点和结果知识描述方式。

(4) 结果解释与评估

实施数据挖掘所获得的挖掘结果，需要进行评估分析，以便有效发现有意义的知识模式。因为数据挖掘所获得的初始结果中可能存在冗余或无意义的模式，也可能所获得的模式不满足挖掘任务的需要，这时就需要退回到前面的挖掘阶段，重新选择数据、采用新的数据变换方法、设定新的参数值，甚至换一种数据挖掘算法等。此外还需要对所发现的模式进行可视化，表示将挖掘结果转换为用户易懂的另一种表示方法。

数据挖掘的实施，仅仅是整个数据挖掘过程中的一个步骤。影响数据挖掘质量的两个因素分别是：所采用数据挖掘方法的有效性；用于数据挖掘的数据质量和数据规模。如果选择的数据集合不合适,或进行了不恰当的转换,就不能获得好的挖掘结果。

整个数据挖掘就是一个不断反馈修正的过程。当用户在挖掘过程中,发现所选择的数据不合适,或使用的挖掘方法无法获得期望结果,则用户就需要重复进行挖掘过程,甚至需要从头开始。

数据挖掘示例说明:一个保险公司想搞清楚为何最近一个时期转向竞争对手的客户越来越多。希望利用数据挖掘来帮助发现其中的规律知识,为此开展的数据挖掘过程说明如下:

(1) 问题定义

这里数据挖掘任务就是发现离开公司的客户存在的某种规律,以便从中发现哪些因素影响客户转向其他公司。

(2) 数据收集与预处理

为了完成上述挖掘任务,需要收集大量数据,包括有关保险单时间的数据、客户持有的保险单种类的数据、有关客户的人口统计数据等。

利用数据选择工具从公司不同数据源中抽取出有关的数据,以获得一个便于进行数据分析的数据样本集合,从而在不影响结果可信度前提下,减少数据分析所需要的处理时间。

(3) 数据挖掘实施

利用分类数据挖掘方法对客户保险单按照类别进行分类挖掘分析。这样可以发现放弃保险单的客户的一些内在规律特点,进而有助于进一步分析影响客户保有率的因素。

(4) 结果解释与评估

由于利用保险单的种类分析所获得的客户保有率的影响因素,总体来说,其模型解释度只有40%。这个结果并不令人满意。注意到一些特定地区与直接承保公司签约的客户尤其多,因此推测这是由于这些地区缺少办公机构所致,由此重新进行挖掘分析,分析结果验证了这个推测。

1996年由SPSS和NCR等提出了一个数据挖掘跨行业标准过程(简称CRISP-DM)。CRISP-DM标准中,一个数据挖掘项目是由六个阶段组成的一个生命周期,如图1.3所示。

CRISP-DM的六个阶段说明如下:

(1) 商业需求分析阶段,该阶段包含以下步骤:(i) 分析数据挖掘任务的目标和需求,并将其准确表示出来;(ii) 将任务目标转换表示为数据挖掘问题的定义;(iii) 规划好实现这些目标的基本策略。

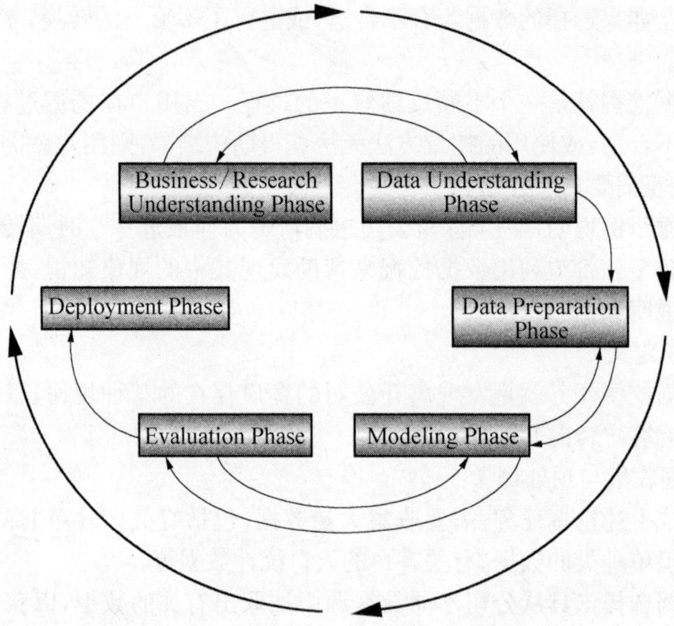

图 1.3　CRISP-DM 是一个循环自适应的过程

(2) 数据分析阶段,该阶段包含以下步骤: (i) 收集数据;(ii) 利用探索式数据分析,进行初步数据分析并获得初始的分析结果;(iii) 对数据质量进行评估;(iv) 若可能,选择有价值的数据集合。

(3) 数据准备阶段,该阶段包含以下步骤: (i) 从初始数据集中准备出后续阶段所需要使用的数据,这个阶段非常费力;(ii) 选择好适当的数据案例和变量特征;(iii) 在需要时,对特定变量进行变换;(iv) 对原始数据进行清洗,使之适应所使用的挖掘方法或工具。

(4) 建模阶段,该阶段包含以下步骤: (i) 选择使用合适的建模技术;(ii) 调整模型参数以便对结果进行优化;(iii) 这里需要提醒: 同一数据挖掘问题常常涉及采用多个挖掘技术;(iv) 必要时,重复数据准备阶段,以满足特定数据挖掘技术的特定需求。

(5) 评估阶段,该阶段包含以下步骤: (i) 在实际使用前,对建模阶段所获得的多个模型的质量和效果进行评估;(ii) 确定所获模型是否达到了第一阶段所明确的目标;(iii) 明确商业上或研究上的问题是否尚有未充分了解或解释的地方;(iv) 根据数据挖掘结果,做出决策。

(6) 实施阶段,该阶段包含以下步骤: (i) 应用所建立的模型: 模型的建立并不说明一个数据挖掘任务的结束;(ii) 一个简单的实施例子就是产生一个报告;

(iii) 一个稍复杂的实施例子就是在另一个部门进行并行数据挖掘；(iv) 从商业角度，客户通常根据所获模型进行实际实施。

下面以一个 CRISP－DM 工业标准过程的实际应用案例：分析汽车索赔请求，来说明 CRISP－DM 过程。

例 1.1　质量保证一直是汽车生产厂商关注的重点。这里分析的是戴姆勒克莱斯勒汽车生产厂商有关质量索赔请求的模型。

(1) 商业分析阶段

戴姆勒克莱斯勒公司的目标就是要降低索赔和改善顾客满意度所付出的成本。通过与工厂工程师的交流，这些工程师都是车辆制造方面的技术专家，研究人员逐步了解与商业有关的问题，诸如：

- 这些索赔之间是否存在相关性?
- 过去的索赔与未来类似索赔是否相关?
- 一定类型索赔与一定类别的汽车是否存在某种关联?

这里的计划就是利用合适的数据挖掘技术，来帮助发现可能存在的相关性。

(2) 数据分析阶段

研究人员利用戴姆勒克莱斯勒公司的质量信息系统(QUIS)进行分析，该系统包含 700 万辆汽车的信息，数据量大约有 40 GB。QUIS 保存有每一辆车在哪里和如何被生产及装配出来的详细信息。QUIS 同时还保存着质量索赔信息，大约有 5 000条可能存在的索赔原因。

研究人员强调这样一个情况：数据库对于非领域专家而言是完全不可理解的。因此需要来自不同部门的专家提供咨询，总之，任务变得非常复杂。他们强调分析人员不能低估数据挖掘前期的重要性、困难和潜在成本，寻求捷径将可能导致更加昂贵的后续过程的反复。

(3) 数据准备阶段

研究人员发现 QUIS 数据库只提供了有限的 SQL 访问手段，他们需要手工选择案例和感兴趣的变量，并手工推断出新变量，以用于模型建立阶段。例如："从销售到第一次索赔的天数"变量就是从其他已有数据属性中推断出来的。

之后，研究人员开始使用戴姆勒克莱斯勒公司之前使用的商用数据挖掘软件，但遇到了一个常见的障碍：不同的数据挖掘算法要求不同的数据格式。其结果就是对数据进行各种预处理，将属性转换为模型算法所接受的格式。实际应用情况表明数据准备阶段花费了比计划要长的时间。

(4) 模型建立阶段

鉴于整个商业问题在第一阶段就定位在探索索赔之间的相关性，因此研究人员选择采用以下技术：(i) 贝叶斯网络；(ii) 关联规则。贝叶斯网络通过明确不同部件之间的条件依赖来表达不确定性的模型，并提供了一个图形可视化来描述部件之间依赖关系。贝叶斯网络成为描述索赔请求之间依赖关系的一个自然选择。关联规则作为研究索赔请求之间关联关系的另一个方法，与贝叶斯网络类似，它的可信度也表示了一种条件概率。

鉴于挖掘结果涉及商业秘密，这里只给出建模所发现的不同依赖关系的总体情况。例如一个发现就是一种特定构造组合，它使得一个汽车电气故障出现概率翻番。戴姆勒克莱斯勒公司工程师正着手调查其中的原因。

研究人员还调查了是否一定类型的汽车的某类索赔请求比其他类型汽车要多。关联规则结果表明：的确如此，对于关联规则“如果是汽车 X，则有电气问题”的可信度，不同类型汽车，其取值也各不相同。从而需要更多的研究来揭示其中的奥秘。

(5) 评估阶段

由于所发现的关联规则支持度均比较小，因此需要进一步泛化，研究人员表示：“事实上，我们没有发现领域专家认为是新奇的，至少第一眼是这样认为”，为此研究人员感到沮丧。根据这一标准，所发现的模型缺乏有效性，不能满足商业分析阶段所确立的目标。为说明这一点，研究人员指出数据库已有结构，是由于历史或技术原因，将汽车部件按照类型和工厂进行归类，而不是按照数据挖掘要求进行归类。为此他们建议调整和重新设计数据库，使其更加适合进行数据挖掘。

(6) 实施阶段

研究人员将目前正在进行的项目视为一个探索项目，一开始就没有想再进行大规模建模实施。在探索项目之后，他们吸取经验教训，将所采用的方法与戴姆勒克莱斯勒公司现有的信息技术环境相结合，为支持最初的目标降低索赔成本，他们计划研究一个企业内部网，为所有公司雇员提供具有数据挖掘功能的 QUIS。

1.4 数据挖掘功能

数据挖掘所发现的知识最常见的有以下五类：

(1) 概念知识

概念知识指类别特征的概括性描述知识。根据数据的微观特性发现其表征的、带有普遍性的、较高层次概念的、中观和宏观的知识，反映同类事物共同性质，是对数据的概括、精炼和抽象。

概念知识的发现方法和实现技术有很多，如数据立方分析、面向属性的归纳等。数据立方分析还有其他一些别名，如“多维数据库”、“实现视图”、“OLAP”等。该方法的基本思想是实现某些常用的代价较高的聚集函数的计算，诸如计数、求和、平均、最大值等，并将这些实现视图储存在多维数据库中。既然很多聚集函数需经常重复计算，那么在多维数据立方体中存放预先计算好的结果将能保证快速响应，并可灵活地提供不同角度和不同抽象层次上的数据视图。另一种概念知识发现方法是加拿大 Simon Fraser 大学提出的面向属性的归纳方法。这种方法以类 SQL 语言表示数据挖掘查询，收集数据库中的相关数据集，然后在相关数据集上应用一系列数据泛化（generalization）操作进行数据归纳，包括属性删除、基于概念树的泛化、属性阈值控制、归纳记录计数等。

(2) 关联知识（association）

它反映一个事件和其他事件之间依赖或关联的知识。如果两项或多项属性之间存在关联，那么其中一项的属性值就可以依据其他属性值进行预测。最为著名的关联规则发现方法是 R. Agrawal 提出的 Apriori 算法。关联规则的发现可分为两步：第一步是迭代识别所有的频繁项目集，要求频繁项目集的支持率不低于用户设定的最低值；第二步是从频繁项目集中构造可信度不低于用户设定的最低值的规则。识别或发现所有频繁项目集是关联规则发现算法的核心，也是计算量最大的部分。

(3) 分类知识（classification & clustering）

它反映同类事物共同性质的特征型知识和不同事物之间的差异型特征知识。最为典型是基于决策树的分类方法。它是从实例集中构造决策树，是一种有指导的学习方法。该方法先根据训练子集（又称为窗口）形成决策树，如果该树不能对所有对象给出正确的分类，那么选择一些例外加入到窗口中，重复该过程一直到形成正确的决策集。最终结果是一棵树，其叶结点是类名，中间结点是带有分枝的属性，该分枝对应该属性的某一可能值。最为典型的决策树学习系统是 ID3，它采用自顶向下不回溯策略，能保证找到一个简单的树。算法 C4.5 和 C5.0 都是 ID3 的扩展，它们将分类领域从类别属性扩展到数值型属性。

数据分类还有统计、粗糙集（rough set）等方法。线性回归和线性辨别分析是典型的统计模型。为降低决策树生成代价，人们还提出了一种区间分类器。最近也有人研究使用神经网络方法在数据库中进行分类和规则提取。

当要分析的数据缺乏描述信息，或者是无法组织成任何分类模式时，可以采用聚类分析。聚类分析是按照某种相近程度度量方法，将用户数据分成一系列有意义的子集合。每一个集合中的数据性质相近，不同集合之间的数据性质相差较大。

统计方法中的聚类分析是实现聚类的一种手段，它主要研究基于几何距离的聚类。人工智能中的聚类是基于概念描述的。概念描述就是对某类对象的内涵进行描述，并概括这类对象的有关特征。概念描述分为特征性描述和区别性描述，前者描述某类对象的共同特征，后者描述不同类对象之间的区别。

(4) 预测型知识(prediction)

它根据时间序列型数据，由历史和当前的数据去推测未来的数据，也可以认为是以时间为关键属性的关联知识。

目前，时间序列预测方法有经典的统计方法、神经网络和机器学习等。1968年Box和Jenkins提出了一套比较完善的时间序列建模理论和分析方法，这些经典的数学方法通过建立随机模型，如自回归模型、自回归滑动平均模型、求和自回归滑动平均模型和季节调整模型等，进行时间序列的预测。由于大量的时间序列是非平稳的，其特征参数和数据分布随着时间的推移而发生变化，因此仅仅通过对某段历史数据的训练，建立单一的神经网络预测模型，还无法完成准确的预测任务。为此，人们提出了基于统计学和基于精确性的再训练方法，当发现现存预测模型不再适用于当前数据时，对模型重新训练，获得新的权重参数，建立新的模型。也有许多系统借助并行算法的计算优势进行时间序列预测。

(5) 偏差型知识(deviation)

此外，还可以发现其他类型的知识，如偏差型知识，它是对差异和极端特例的描述，揭示事物偏离常规的异常现象，如标准类外的特例，数据聚类外的离群值等。所有这些知识都可以在不同的概念层次上被发现，并随着概念层次的提升，从微观到中观、到宏观，以满足不同用户不同层次决策的需要。

图1.4是摘自Kdnuggets.com的关于常用数据挖掘技术使用状况的一份2003年底的最新调查。

从图1.4可以看出，当前世界流行的数据挖掘方法或技术可分为以下七大类。

(1) 信息论方法(决策树方法)：信息论方法是利用信息论的原理建立决策树。在知识工程领域，决策树是一种简单的知识表示方法，它将事例逐步分类成代表不同的类别。由于分类规则是比较直观的，因而比较易于理解。该类方法的实用效果好，影响较大。由于该方法最后获得的知识表示形式是决策树，故一般文献中称它为决策树方法。这种方法一般限于分类任务。在系统中采用这种方法的有美国的IDIS，法国的SIPINA，英国的Clementine和澳大利亚的C5.0。信息论方法中较有特色的方法有：

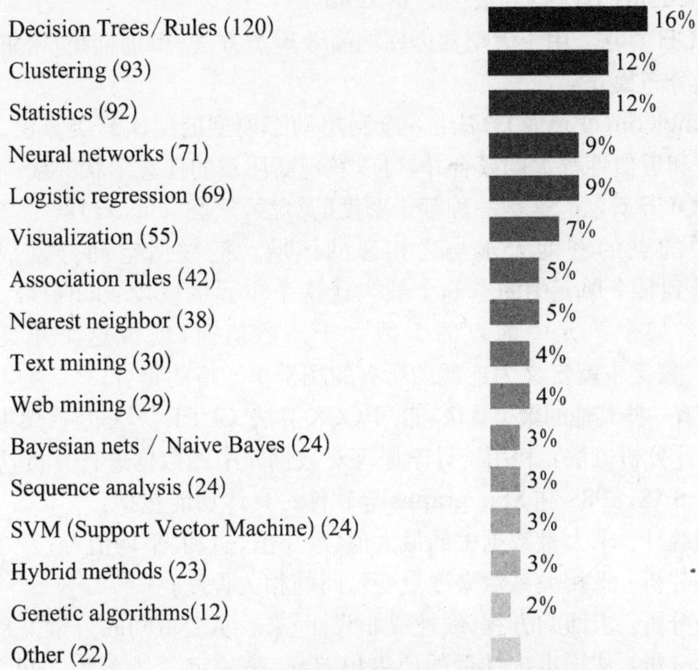

图 1.4　数据挖掘技术使用状况

● IBLE 方法，利用信息论中信道容量，寻找数据库中信息量从大到小的多个字段的取值建立决策规则树的一个结点，根据该结点中指定字段取值的权值之和与两个阈值比较，建立左、中、右三个分枝，在各分枝子集中重复建树结点和分枝的过程，这就建立了决策规则树。

● ID3 等方法，利用信息论中互信息（信息增益）寻找数据库中具有最大信息量的字段，建立决策树的一个结点，根据字段的不同取值建立树的分枝，再由每个分枝的数据子集重复建树的下层结点和分枝的过程，这样就建立了决策树。这种方法对数据库愈大效果愈好。ID3 方法在国际上影响很大，后来陆续开发了 ID4、ID5、C4.5 等。

（2）聚类方法：直接比较样本中各样本之间的距离，将距离较近的归为一类，而将距离较远的分在不同类中。它把一个给定的数据对象集合分成不同的簇，是一种无监督分类法。其中较有特色的方法有：

● *k* 均值算法：给定类的个数 *k*，将 n 个对象分到 *k* 个类中去，使得类内对象之间的相似性最大，而类之间的相似性最小。其改进型算法是 *k*-medoids 方法；

● Clara 算法：用实际数据的抽样来代替整个数据，然后再在这些抽样的数据

上利用 k-medoids 算法得到最佳的 medoids；

● BIRCH 算法：用于大型数据库的高效聚类方法，识别稀疏/密集数据，发现数据的全局分布模式；

● Chameleon（变色龙）算法：一个利用动态模型的层次聚类算法。变色龙算法将互连性和近似性都大的簇合并，可以发现高质量的任意形状的簇；

● CLIQUE 算法：这是一种基于密度的算法，聚类（cluster）就是一个区域，满足该区域中的点的密度大于与之相邻的区域。把数据空间分割成网格单元（unit），将落到某个单元中的点的个数当成这个单元的密度（density）。可以指定一个数值，当某个单元中的点的个数大于该数值时，就说这个单元格是稠密（dense）的。聚类也就定义为连通的所有的稠密单元格的集合。

此外还有一些其他的聚类算法，如：ROCK 算法、CURE 算法、层次聚集等数十种。

（3）统计分析方法：利用统计学原理对数据库中的数据进行分析，属于这类商品有美国的 SAS，SPSS 和 Star graphs 等软件。具体功能包括：

● 常用统计：求大量数据中的最大值、最小值、总和、平均值等；

● 相关分析：求相关系数来度量变量间的相关程度；

● 回归分析：求回归方程（线性或非线性）来表示变量间的数量关系；

● 差异分析：从样本统计量的值得出差异，来确定总体参数之间是否存在差异（假设检验）；

● 判别分析：建立一个或多个判别函数，并确定一个判别标准。对未知对象利用判别函数将它划归某一个类别；

● Bayes 网络：利用联合概率和 Bayes 公式所描述的各网络变量（节点）间的因果关系来进行数据分析。

（4）仿生物技术

仿生物技术典型的方法是神经网络方法和遗传算法。这两类方法已经形成了独立的研究体系，它们在数据挖掘中也发挥了巨大的作用，并被归并为仿生物技术类。

神经网络方法：模拟了人脑神经元结构，以 MP 模型和 Hebb 学习规则为基础，建立了三大类多种神经网络模型。

● 前馈式网络：以感知机、BP 反向传播模型、函数型网络为代表，此类网络可用于预测、模式识别等方面；

● 反馈式网络：它以 Hopfield 的离散模型和连续模型为代表，分别用于联想记忆和优化计算；

● 自组织网络：它以 ART 模型、Kohonen 模型为代表，主要用于聚类。

神经网络的知识体现在网络连结的权值上，是一个分布式矩阵结构。神经网络的学习体现在神经网络权值的逐步计算上(包括反复迭代或者是累加计算)。当需要复杂或不精确数据中导出概念和确定走向比较困难时,利用神经网络(NN)技术特别有效。经过训练后的 NN 可以想象成具有某种专门知识的“专家”,因此可以像人一样从经验中学习,它已广泛地应用于各种 DM 工具和软件中,有些是以 NN 为主导技术,例如俄罗斯的 PolyAnalyst,美国的 BrainMaker, Neurosell 和 OWL 等,NN 技术也已广泛地作为一种方法嵌入各种 DM 成套软件中。

遗传算法:模拟生物进化过程的算法。它由三个基本算子组成:

● 繁殖(选择):从一个旧种群(父代)选择出生命力强的个体产生新种群(后代)的过程;

● 交叉(重组):选择两个不同个体(染色体)的部分(基因)进行交换,形成新个体;

● 变异(突变):对某些个体的某些基因进行变异(1 变 0,0 变 1)。

这种遗传算法起到产生优良后代的作用。这些后代需要满足适应值,经过若干代的遗传,将得到满足要求的后代(问题的解)。遗传算法已在优化计算和分类机器学习方面发挥了显著的效果。这种方法的商用产品有美国的 GeneHunter、俄罗斯的 PolyAnalyst。

(5) 可视化技术

可视化数据分析技术拓宽了传统的图表功能,使用户对数据的剖析更清楚。例如把数据库中多维的数据变成多种图形,这对于揭示数据中的状况、内在本质以及规律性起到很强的作用。

可视化数据挖掘的目的是使用户能够交互地浏览数据,挖掘过程等,当所要识别的不规则事物是一系列图形而不是数字表格时,人的识别的速度是最快的。可分为:

● 源数据可视化:源数据可视化能够表现出源数据是如何分布的,能用多种可视化方式进行描述,比如三维立方体或曲线等;

● 规则可视化:用规则多边形表现规则;

● 数据挖掘结果可视化:将数据挖掘后得到的知识和结果用可视化形式表示出来,比如柱状图等;

● 数据挖掘过程可视化:用可视化形式描述各种挖掘过程,从中用户可以看出数据从哪个数据仓库或数据库中抽取出来,怎样抽取以及怎样预处理,怎样挖掘等。

(6) 模糊数学方法

利用模糊集合理论对实际问题进行模糊评判、模糊决策、模糊模式识别和模糊聚类分析。

由于模糊性是客观的存在，而且系统的复杂性愈高，精确化能力便愈低，这就意味着模糊性愈强。这就是 Zadeh 总结出的互克性原理。

(7) 其他方法：还有许多其他的方法如上文中所列的逻辑回归方法、关联规则方法、最近邻方法、文本挖掘、WEB 挖掘、序列分析、SVM 等，也常被一些特定领域广泛采用。

1.5 数据挖掘应用

目前，数据挖掘的研究和应用非常热门，应用主要集中在以下几个领域：

(1) 金融服务

数据挖掘在金融领域应用广泛，包括：金融市场分析和预测、账户分类、银行担保和信用评估等。这些金融业务都需要收集和处理大量数据，很难通过人工或使用一两个小型软件进行分析预测。而数据挖掘可以通过对已有数据的处理，找出数据对象的特征和对象之间的关系，并可观察到金融市场的变化趋势。然后利用学习到的模式进行合理的分析预测，进而发现某个客户、消费群体或组织的金融和商业兴趣等。

(2) 市场营销

市场营销利用数据挖掘技术进行市场定位和消费者分析，辅助制定市场策略。由于管理信息系统和 POS 系统在市场业的广泛普及，人们很容易得到顾客购买情况的数据。利用数据挖掘技术，如：关联规则、模糊推理及统计方法等，通过对顾客历史数据的分析，可以得到关于顾客购买取向和兴趣的信息，从而为商业决策提供了可靠的依据。

(3) 工程与科学研究

数据挖掘技术可应用于各种工程与科学数据分析。随着先进的科学数据收集工具的使用，如观测卫星、遥感器、DNA 分子技术等，面对庞大的数据，传统的数据分析工具无能为力。数据挖掘技术以其强大的智能性和自动性，在工程和科学研究中得到广泛应用。

数据挖掘在天文学和生物学中都有极为成功的案例。例如：在天文学应用中，Jet Propulsion 实验室利用决策树方法对上百万天体进行分类，效果比人工更快、更准确。这个系统还帮助发现了多个新的类星体。

(4) 产品制造业

制造业应用数据挖掘技术进行零部件故障诊断、资源优化、生产过程分析等。例如：HP公司的工程师使用Angoss Software的Knowledge Seeker来进行HPⅡc彩色扫描仪的生产过程分析。他们基于大约200个参数建立了一个自动数据收集系统，产生了难以手工处理的大量数据。

(5) 司法

数据挖掘技术可应用于案件调查、诈骗监测、洗钱认证、犯罪组织分析等，可以给司法工作带来巨大便利。

例如：美国财政部使用NetMap开发的FAIS系统。这个系统对各类金融事务进行监测，识别洗钱、诈骗等。该系统从1993年3月开始运行，每周处理约20万个事务，针对超过1亿美元并可能是洗钱的事务产生400多个调查报告。

需要强调的是，数据挖掘技术从一开始就是面向应用的。目前在很多领域，数据挖掘都是一个很时髦的词，尤其是在银行、电信、保险、交通、零售（如超级市场）等商业领域。数据挖掘所能解决的典型商业问题包括：数据库营销（database marketing）、客户群体划分（customer segmentation & classification）、背景分析（profile analysis）、交叉销售（cross-selling）等市场分析，以及客户流失分析（churn analysis）、客户信用评分（credit scoring）、欺诈监察（fraud detection）等等。

数据挖掘技术在企业市场营销中得到了比较普遍的应用，它是以市场营销学的市场细分原理为基础的，其基本假定是“消费者过去的行为是其今后消费倾向的最好说明”。

通过收集、加工和处理涉及消费者消费行为的大量信息，确定特定消费群体或个体的兴趣、消费习惯、消费倾向和消费需求，进而推断出相应消费群体或个体下一步的消费行为，然后以此为基础，对所识别出来的消费群体进行特定内容的定向营销，这与传统的不区分消费者对象特征的大规模营销手段相比，大大节省了营销成本，提高了营销效果，从而为企业带来更多的利润。

商业消费信息来自市场中的各种渠道。例如，每当使用信用卡消费时，商业企业就可以在信用卡结算过程中收集商业消费信息，记录下进行消费的时间、地点、感兴趣的商品或服务、愿意接收的价格水平和支付能力等数据；在申办信用卡、办理汽车驾驶执照、填写商品保修单等其他需要填写表格的场合，个人信息就存入了相应的业务数据库；企业除了自行收集相关业务信息之外，甚至可以从其他公司或机构购买此类信息为自己所用。

这些来自各种渠道的数据信息被组合，应用超级计算机、并行处理、神经元网络、模型化算法和其他信息处理技术手段进行处理，从中得到商家用于向特定消费群体或个体进行定向营销的决策信息。这种数据信息是如何应用的呢？举一个简单的例子，当银行通过对业务数据进行挖掘后，发现一个银行账户持有者突然要求申请双人联合账户时，并且确认该消费者是第一次申请联合账户，银行会推断该用户可能要结婚了，它就会向该用户定向推销用于购买房屋、支付子女学费等长期投资业务，银行甚至可能将该信息卖给专营婚庆商品和服务的公司。

数据挖掘构筑竞争优势。在市场经济比较发达的国家和地区，许多公司都开始在原有信息系统的基础上通过数据挖掘对业务信息进行深加工，以构筑自己的竞争优势，扩大自己的营业额。美国运通公司（American Express）一个用于记录信用卡业务的数据库，其数据量达到 54 亿字符，并仍在随着业务进展不断更新。运通公司通过对这些数据进行挖掘，制定了“关联结算（Relation ship Billing）优惠”的促销策略，即如果一个顾客在一个商店用运通卡购买一套时装，那么在同一个商店再买一双鞋，就可以得到比较大的折扣。这样既可以增加商店的销售量，也可以增加运通卡在该商店的使用率。再如，居住在伦敦的持卡消费者如果最近刚刚乘英国航空公司的航班去过巴黎，那么他可能会得到一个周末前往纽约的机票打折优惠卡。

基于数据挖掘的营销，常常可以向消费者发出与其以前的消费行为相关的推销材料。卡夫（Kraft）食品公司建立了一个拥有 3 000 万客户资料的数据库，数据库是通过收集对公司发出的优惠券等其他促销手段作出积极反应的客户的销售记录建立起来的，卡夫公司通过数据挖掘了解特定客户的兴趣和口味，以此为基础向他们发送特定产品的优惠券，并为他们推荐符合客户口味和健康状况的卡夫产品食谱。美国的读者文摘（Reader’s Digest）出版公司运行着一个积累了 40 年的业务数据库，其中容纳遍布全球的一亿多个订户的资料，数据库每天 24 小时连续运行，保证数据不断得到实时的更新。正是基于对客户资料数据库进行数据挖掘的优势，使读者文摘出版公司能够从通俗杂志扩展到专业杂志、书刊和声像制品的出版和发行，极大地扩展了自己的业务。

基于数据挖掘的营销对我国当前的市场竞争也很具有启发意义，经常可以看到繁华商业街上一些厂商对来往行人不分对象地散发大量商品宣传广告，其结果是不需要的人随手丢弃资料，而需要的人并不一定能够得到。如果家电维修服务公司向刚刚购买家电的消费者邮寄维修服务广告，特效药品厂商向医院特定门诊就医的病人邮寄广告，肯定会比漫无目的的营销效果要好得多。

以下再介绍一些数据挖掘的应用案例。

（1）电话收费和管理办法

加拿大 BC 省电话公司要求加拿大 Simon Fraser 大学 KDD 研究组根据其拥有的十多年的客户数据，总结、分析并提出新的电话收费和管理办法，制定出既有利于公司又有利于客户的优惠政策。

(2) 竞技运动中的数据挖掘

NBA 教练利用 IBM 公司提供的数据挖掘工具临场决定替换队员。想像一下如果你是 NBA 的教练，你靠什么带领你的球队取得胜利呢？当然，最容易想到的是全场紧逼、交叉扯动和快速抢断等具体的战术和技术。但是今天，NBA 的教练又有了他们的新式武器：数据挖掘。大约 20 个 NBA 球队使用了 IBM 公司开发的数据挖掘应用软件 Advanced Scout 系统来优化他们的战术组合。例如魔术队教练利用 Scout 研究了魔术队队员不同的布阵安排，在与迈阿密热队的比赛中找到了获胜的机会。系统分析显示，魔术队先发阵容中的两个后卫安佛尼·哈德卫(Anfernee Hardaway)和伯兰·绍(Brian Shaw)在前两场中被评为 -17 分，这意味着他俩在场上，本队输掉的分数比得到的分数多 17 分。然而，当哈德卫与替补后卫达利尔·阿姆斯创(Darrell Armstrong)组合时，魔术队得分为正 14 分。在下一场中，魔术队增加了阿姆斯创的上场时间。此招果然见效：阿姆斯创得了 21 分，哈德卫得了 42 分，魔术队以 88 比 79 获胜。魔术队在第四场让阿姆斯创进入先发阵容，再一次打败了热队。在第五场比赛中，这个靠数据挖掘支持的阵容没能拖住热队，但 Advanced Scout 毕竟帮助魔术队赢得了打满 5 场，直到最后才决出胜负。

Advanced Scout 是一个数据分析工具，教练可以用便携式电脑在家里或在路上挖掘存储在 NBA 中心服务器上的数据。每一场比赛的事件都被统计分类，按得分、助攻、失误等等。时间标记让教练非常容易地通过搜索 NBA 比赛的录像来理解统计发现的含义。例如：教练通过 Advanced Scout 发现本队的球员在与对方一个球员对抗时有犯规记录，他可以在对方球员与这个队员“头碰头”的瞬间分解双方接触的动作，进而设计合理的防守策略。

Advanced Scout 的开发人，因德帕尔·布罕德瑞，IBM Thomas J. Watson 研究中心研究员，他演示了一个技术新手应该如何使用数据挖掘。布罕德瑞说：“教练们可以完全没有统计学的基础，但他们可以利用数据挖掘制定策略。”与此同时，另一个正式的体育联盟——国家曲棍球联盟，正在开发自己的数据挖掘应用 NHL - ICE。联盟与 IBM 建立了一个技术型的合资公司，推出了一个实时的比赛计分和统计电子系统。它在原理上是一个与 Advanced Scout 相似的数据挖掘应用，可以让教练、广播员、新闻记者及球迷挖掘 NHL 的统计。通过访问 NHL 的 Web 站点时，球迷能够使用该系统循环看联盟的比赛，广播员和新闻记者可以挖掘统计数据，找花边新闻来丰富他们的实况评述。

当然，所有系统都有其局限性，所以不要期望这样的数据挖掘可以帮助一支球队找到赢得世界杯所有比赛的策略。

(3) 数据挖掘技术在商业银行中的应用

金融事务需要搜集和处理大量的数据，银行在金融领域的地位、工作性质、业务特点以及激烈的市场竞争决定了它对信息化、电子化有更迫切的要求。数据挖掘技术可以帮助银行产品开发部门描述客户需求趋势，并预测未来。美国商业银行是发达国家商业银行的典范，许多地方值得我国学习和借鉴。

数据挖掘技术在美国银行金融领域应用广泛。金融事务需要搜集和处理大量数据，对这些数据进行分析，发现其数据模式及特征，然后可能发现某个客户、消费群体或组织的金融或商业兴趣，并可观察金融市场的变化趋势。商业银行业务的利润和风险是共存的，为了保证最大的利润和最小的风险，必须对账户进行科学的分析和归类，并进行信用评估。

Mellon 银行使用 Intelligent Agent 数据挖掘软件提高销售和定价金融产品的精确度，如家庭普通贷款。零售信贷客户主要有两类，一类很少使用信贷限额(低循环者)，另一类能够保持较高的未清余额(高循环者)。低循环者代表缺省和支出注销费用的危险性较低，但会带来极少的净收入或负收入，因为他们的服务费用几乎与高循环者的相同。银行常常为他们提供项目，鼓励他们更多地使用信贷限额或找到交叉销售高利润产品的机会。高循环者由高和中等危险元件构成。高危险分段具有支付缺省和注销费用的潜力，对于中等危险分段，销售项目的重点是留住可获利的客户并争取能带来相同利润的新客户。但根据新观点，用户的行为会随时间而变化，分析客户整个生命周期的费用和收入就可以看出谁是最具创利潜能的。

Mellon 银行认为"根据市场的某一部分进行定制"能够发现最终用户并将市场定位于这些用户。但是，要这么做就必须了解关于最终用户特点的信息。数据挖掘工具为 Mellon 银行提供了获取此类信息的途径。

Mellon 银行销售部在先期数据挖掘项目上使用 Intelligence Agent 寻找信息，主要目的是确定现有 Mellon 用户购买特定附加产品——家庭普通信贷限额的倾向，利用该工具可生成用于检测的模型。据银行官员称：Intelligence Agent 可帮助用户增强其商业智能，如交叉、分类或回归分析，依赖这些能力，可对那些有较高倾向购买银行产品、服务产品和服务的客户进行有目的的推销。该软件可反馈用于分析和决策的高质量信息。另外 Intelligence Agent 还有可定制能力。

美国 Firstar 银行使用 Marksman 数据挖掘工具，根据客户的消费模式预测何时为客户提供何种产品。Firstar 银行市场调查和数据库营销部经理发现：公共数据库中存储着每位消费者的大量信息，关键是要透彻分析消费者投入到新产品中的原因，在数据库中找到一种模式，从而能够为每种新产品找到最合适的消费者。Marksman 能读取 800 到 1 000 个变量并且给它们赋值，根据消费者是否有家庭财产贷款、信用卡、存款证或其他储蓄、投资产品，将他们分成若干组，然后使用数据挖掘工具预测何时向哪位消费者提供何种产品。预测准客户的需要是美国商业银行的竞争优势。

(4) 因特网筛选

最近，还有不少数据挖掘产品用来筛选因特网上的新闻，保护用户不受无聊电子邮件和商业推销的干扰。

数据挖掘工具和软件已在各个部门得到广泛的应用，并收到明显的效益。图 1.5是摘自 Kdnuggets. com 的一份关于 2003 年底常用数据挖掘技术应用情况的调查。

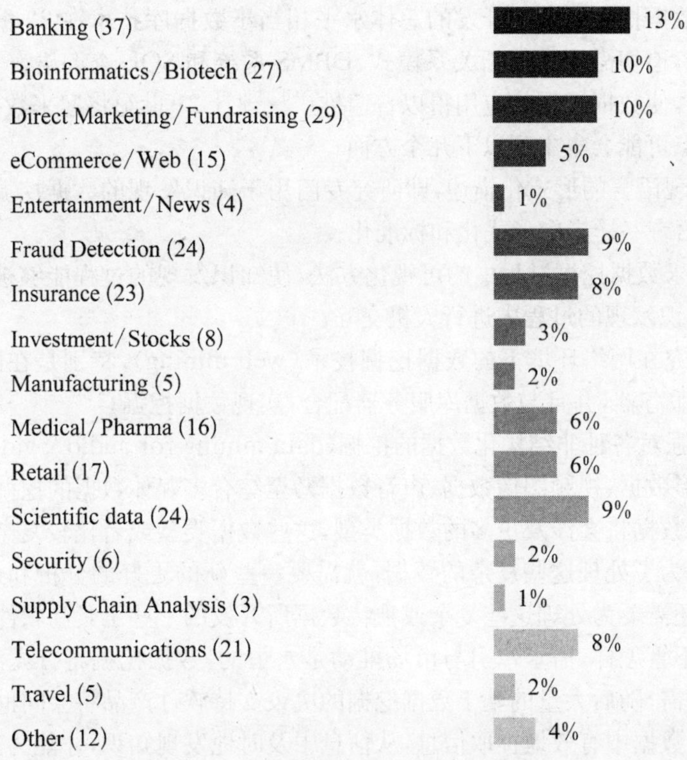

图 1.5　数据挖掘技术应用领域状况

1.6 数据挖掘发展

数据挖掘的研究方兴未艾,其发展前景已经在国际上得到了确认。目前,国内外很多大学、研究机构和公司都已经在这个方面进行了实质性的研究和产品开发。今后研究的焦点可能有:研究专门用于知识发现的数据挖掘语言;研究 Internet 上的数据挖掘方法;对各种非结构化数据,如:文本数据、图形图像数据、多媒体数据的挖掘;研究数据挖掘与数据仓库相结合的方式,数据挖掘与数据仓库一体化的研究等。

当前,数据挖掘研究与开发的总体水平相当于数据库技术在 20 世纪 70 年代所处的地位,迫切需要类似于关系模式、DBMS 系统和 SQL 查询语言等的理论和方法的指导,使数据挖掘的应用得以普遍推广。预计 21 世纪将迎来数据挖掘的高潮,研究焦点可能会集中到以下几个方面:

(1) 发现语言的形式化描述,即研究专门用于知识发现的数据挖掘语言,也许会像 SQL 语言一样走向形式化和标准化;

(2) 寻求数据挖掘过程中的可视化方法,使知识发现的过程能够被用户理解,也便于在知识发现的过程中进行人机交互;

(3) 研究在网络环境下的数据挖掘技术(web mining),特别是在因特网上建立 DMKD 服务器,并且与数据库服务器配合,实现数据挖掘;

(4) 加强对各种非结构化数据的挖掘(data mining for audio & video),如对文本数据、图形数据、视频图像数据、声音数据乃至综合多媒体数据的挖掘。

处理的数据将会涉及更多的数据类型,这些数据类型或者比较复杂,或者结构比较独特。为了处理这些复杂的数据,就需要一些新的更好的分析和建立模型的方法,同时还需要为处理这些复杂或独特数据所开发的一些工具和软件:

但是,不管怎样,需求牵引与市场推动是永恒的,数据挖掘将首先满足信息时代用户的急需,随后大量的基于数据挖掘的决策支持软件产品将会问世。

只有从数据中有效地提取信息,从信息中及时地发现知识,才能为人类的思维决策和战略发展服务。也只有到那时,数据才能够真正成为与物质、能源相媲美的资源,信息时代才会真正到来。

就目前来看，将来的几个数据挖掘研究的热点包括网站的数据挖掘（web site data mining）、生物信息或基因（bioinformatics/genomics）的数据挖掘及其文本的数据挖掘（textual mining）。下面就这几个方面加以简单介绍：

（1）网站的数据挖掘

随着Web技术的发展，各类电子商务网站风起云涌。要建立起一个电子商务网站并不困难，困难的是如何让您的电子商务网站有效益。要想有效益就必须吸引客户，增加能带来效益的客户忠诚度。电子商务业务的竞争比传统的业务竞争更加激烈，原因有很多方面，其中一个因素是客户从一个电子商务网站转换到竞争对手那边，只需点击几下鼠标即可。网站的内容和层次、用词、标题、奖励方案、服务等任何一个地方都有可能成为吸引客户，同时也可能成为失去客户的因素。而同时电子商务网站每天都可能有上百万次的在线交易，生成大量的记录文件（log files）和登记表，如何对这些数据进行分析和挖掘，充分了解客户的喜好、购买模式，甚至是客户一时的冲动，设计出满足于不同客户群体需要的个性化网站，进而增加其竞争力，几乎变得势在必行。若想在竞争中生存进而获胜，就要比您的竞争对手更了解客户。

电子商务网站数据挖掘，在对网站进行数据挖掘时，所需要的数据主要来自两个方面：一方面是客户的背景信息，此部分信息主要来自客户的登记表；而另外一部分数据主要来自浏览者的点击流（click-stream），此部分数据主要用于考察客户的行为表现。但有的时候，客户对自己的背景信息十分珍惜，不肯把这部分信息填写在登记表上，这就会给数据分析和挖掘带来不便。在这种情况之下，就不得不从浏览者的表现数据中来推测客户的背景信息，进而再加以利用。

就分析和建立模型的技术和算法而言，网站的数据挖掘和原来的数据挖掘差别并不是特别大，很多方法和分析思想都可以运用。所不同的是网站的数据格式有很大一部分来自点击流，它和传统的数据库格式有区别。因而对电子商务网站进行数据挖掘所做的主要工作是数据准备。目前，有很多厂商正在致力于开发专门用于网站挖掘的软件。

（2）生物信息或基因的数据挖掘

生物信息或基因数据挖掘则完全属于另外一个领域，难以估计其商业价值，却可令全人类受益匪浅。例如，基因的组合千差万别，如何识别某类病人的基因与正常人基因的差别，进而对其差别加以修复，这需要数据挖掘技术的支持。

对于生物信息或基因的数据挖掘和通常的数据挖掘相比，无论对数据的复杂程度、数据量还是分析和建立模型的算法而言，都要复杂得多。从分析算法上讲，需要一些更优秀的算法，现在很多厂商正在致力于这方面的研究。但就技术和软件而言,还远没有达到成熟的地步。

(3) 文本的数据挖掘

人们关心的另外一个话题是文本数据挖掘。例如,在客户服务中心,将同客户的谈话转化为文本数据,再对这些数据进行挖掘,进而了解客户对服务的满意程度和客户的需求,以及客户之间的相互关系等信息。从这个例子可以看出,无论是在数据结构还是在分析处理方法方面,文本数据挖掘和前面谈到的数据挖掘都相差很大。文本数据挖掘并不是一件容易的事情,尤其是在分析方法方面,还有很多需要研究的专题。目前市场上有一些类似的软件,但大部分只是调整文本顺序,或简单地计算一下某些词汇的出现频率,并没有真正的分析功能。

随着计算机计算能力的发展和业务复杂性的提高,数据的类型会越来越多、越来越复杂,数据挖掘将发挥出越来越大的作用。

数据挖掘应用主要应从以下三方面加以考虑:(i) 用数据挖掘解决什么样的商业问题;(ii) 为进行数据挖掘所做的数据准备;(iii) 数据挖掘的各种分析算法。

数据挖掘的分析算法主要来自以下两个方面:统计分析和人工智能(机器学习、模式识别等)。数据挖掘研究人员和数据挖掘软件供应商,在这一方面所做的主要工作是优化现有的一些算法,以适应大数据量。另外需要强调的是,任何一种数据挖掘的算法,不管是统计分析方法、神经网络、各种归纳树分析方法,还是遗传算法,没有一种算法是万能的。不同的商业问题,需要用不同的方法去解决。即使对于同一个商业问题,也可能有多种算法适用,此时则需要评估对于该特定问题和数据哪种算法表现更好。

数据挖掘研究者往往把主要的精力用于改进现有算法和研究新算法上,却鲜有人致力于数据准备方面的研究。其实数据挖掘最后成功与否,是否有经济效益,数据准备起到至关重要的作用。数据准备包含很多方面:一是从多种数据源去综合数据挖掘所需要的数据,保证数据的综合性、易用性、质量和时效性,这有可能要用到数据仓库的思想和技术;二是如何从现有数据中衍生出所需要的指标,这主要取决于数据挖掘者的分析经验和工具的方便性。

众所周知,SQL 是广泛用于数据库查询的语言,有很多数据挖掘软件提供商用 SQL 来为数据挖掘做数据准备,但 SQL 在很多时候力不从心,因为数据挖掘和分析的一些算法通常要求数据具有一定的格式和规范性。

还需要强调的一点是,人们通常把数据挖掘工具看得过分神秘,认为只要有了一个数据挖掘工具,就能自动挖掘出所需要的信息,就能更好地帮助企业进行运作,这是认识上的一个误区。其实要想真正做好数据挖掘,数据挖掘工具只是其中的一个因素,同时还需要对企业业务的深入了解和数据分析经验。一个企业要想在未来的市场中具有竞争力,必须有一些数据挖掘方面的专家专门从事数据分析和数据挖掘工作。在此基础上再同其他部门协调,将挖掘出来的信息供管理者决策参考,最后把挖掘出的知识物化。在国内的企业中,还很少有决策人员认识到这一点。如果管理者没有这方面的意识,数据挖掘和数据分析就很难发挥应有的作用,很容易走向两个极端,一是认为数据挖掘没有用处;二是开始认为数据挖掘是万能的。从而导致数据挖掘得到的结果往往与初始期望相去甚远。

具体地说,数据挖掘实际应用时,应重点考虑以下八个问题:

(1) 超大规模数据库和高维数据问题;

(2) 数据丢失问题;

(3) 变化的数据和知识问题;

(4) 模式的易懂性问题;

(5) 非标准格式的数据、多媒体数据、面向对象数据处理问题;

(6) 与其他系统的集成问题;

(7) 网络与分布式环境下的数据挖掘问题;

(8) 个人隐私问题。

本章最后列举出有关数据挖掘的六个错误的观点,供读者思考:

观点1:数据挖掘工具可以使数据保存方面的要求所有降低,并用来发现出问题的答案。

分析:没有自动数据挖掘工具可以机械地解决你的问题,"While you wait"。数据挖掘仅仅是一个过程,正如前面所介绍的,CRISP-DM只是一个将数据挖掘过程应用于整个商业或研究的一个步骤。

观点2:数据挖掘过程是自动的,无需人的监督。

分析:正如之前所介绍的,数据挖掘过程的每个阶段均需要许多人的交互。即使在模型实施后,新数据的引入常常需要更新模型。持续的质量监察和其他评估措施均必须由分析员来完成。

观点3:数据挖掘会很快收到成效。

分析:回报率依赖启动成本、分析人力成本、数据仓库准备成本等。

观点4:数据挖掘软件是直观并易于使用的。

分析:易用性因软件不同而不同。而且数据分析员必须将与主题有关的知识与一个分析心态相结合,同时熟悉商业总体情况,或研究模型。

观点5:数据挖掘将发现出商业或研究问题的原因。

分析:知识发现过程将帮助你发现行为的模式,而需要人来发现其中的原因。

观点6:数据挖掘将自动清扫混乱的数据库。

分析：数据挖掘可以清扫混乱的数据库但不是自动的。作为数据挖掘过程的基本阶段，数据准备通常需要面对数年没有被检查或使用过的数据，因此，开始进行一个新的数据挖掘操作的机构常常面临这样一个问题：这些数据如何存放，如果数据已经陈旧则需要考虑进行更新。

1.7 本章小结

数据挖掘就是从大量有噪声、不完全，甚至不一致的数据中，利用相应的挖掘方法，提取出其中存在的有效、新奇、有用、可理解的知识模式。

本章首先介绍了数据挖掘的发展、基本概念，以及数据挖掘的基本过程；随后又介绍了数据挖掘的输出知识模式的类型，具体应用案例，以及一些研究内容。

第2章　数据预处理

数据挖掘把人们对数据的应用从低层次的简单查询,提升到从数据中挖掘知识,提供决策支持服务。目前对数据挖掘的研究主要集中于挖掘技术、挖掘算法、挖掘语言等。而事实上数据挖掘对所处理的数据有严格的质量要求,在数据挖掘过程中数据预处理至关重要。根据统计,在一个完整的数据挖掘过程中,数据预处理要花费 60% 左右的时间。

数据挖掘的数据对象存在以下问题:

(1) 杂乱性。原始数据是从各个实际应用系统中获取的,由于各应用系统的数据缺乏统一标准的定义,数据结构也有较大的差异,因此各系统间的数据存在较大的不一致性,往往不能直接使用。

(2) 重复性。是指对于同一个客观事物在数据库中存在其两个或两个以上完全相同的物理描述。这是应用系统实际使用过程中普遍存在的问题,几乎所有应用系统中都存在数据的重复和信息的冗余现象。

(3) 不完整性。由于实际系统设计时存在的缺陷以及一些使用过程中人为因素所造成的,数据记录中可能会出现有些数据属性的值丢失或不确定的情况,还可能缺失必需的数据而造成数据不完整。实际使用的系统中,存在大量的模糊信息,有些数据甚至还具有一定的随机性质。

常见的数据预处理方法有:数据清洗、数据集成、数据变换和数据归约。

(1) 数据集成(data integration):是将多文件或多数据库运行环境中的异构数据进行合并处理,解决语义的模糊性。该部分主要涉及数据的选择、数据的冲突问题以及不一致数据的处理问题。

(2) 数据清洗(data cleaning):数据清洗的目的不只是要消除错误、冗余和数据噪声,还要将按不同的、不兼容的规则所得的各种数据集一致起来。

(3) 数据变换(data transformation):是找到数据的特征表示,用维变换或转换来减少有效变量的数目或找到数据的不变式,包括规格化、归约、切换和投影等操作。

(4) 数据简化(data reduction)：是在对发现任务和数据本身内容理解的基础上，寻找依赖于发现目标的表达数据的有用特征，以缩减数据模型，从而在尽可能保持数据原貌的前提下最大限度的精简数据量。主要有两个途径：属性选择和数据抽样，分别针对数据库中的属性和记录。

2.1 数据描述

数据通常并不完美。尽管大部分数据挖掘技术可以忍受某种程度的数据不完美，但是注重理解和提高数据质量将提高分析结果的质量。通常必须处理的数据质量问题包括存在噪声和离群点、数据遗漏、不一致或重复、数据有偏差、或者数据不代表描述所设想的现象或总体情况。

为使数据更适合数据挖掘，通常原始数据必须经过处理。目标之一是提高数据的质量，而其他目标则是使之更好地适应特定的数据挖掘技术或工具。例如，可能需要将连续值属性(如长度)转换成具有离散的分类值的属性(如短、中或长)，以便使用特定的技术。另一个例子是，数据集属性的数目常常需要减少，因为当数据的属性较少时，许多技术将更加有效。

根据数据联系分析数据。数据分析的一种方法是找出数据对象之间的联系，之后使用这些联系而不是数据对象本身来进行其余的分析。例如，可以计算对象之间的相似度或距离，然后根据这种相似度或距离进行分析——聚类、分类或异常检测。有许多相似性或距离度量方法，要根据数据的类型和特定的应用选择合适的方法。

通常，数据集可以看作数据对象的集合。数据对象的其他名字是记录、点、向量、模式、事件、案例、样本、观测或实体。数据对象用一组刻画对象基本特性(如物体质量或事件发生时间)的属性描述。属性的其他名字是变量、特性、字段、特征或维。

定义 2.1 属性(attribute)是对象的性质或特性，它因对象而异，或随时间而变化。

例如，眼球颜色因人而异，而物体的温度随时间而变。注意：眼球颜色是一种符号属性,具有少量可能的值{棕色,黑色,蓝色,绿色,淡褐色,……},而温度是数值属性,可能具有无穷多个值。

在最基本的层面,属性并非数与符号。然而,为了讨论和更精细地分析对象的特性,这里将数和符号赋予它们。为了用一种明确定义的方式做到这一点,需要测量标度。

定义 2.2 测量标度(measurement scale)是将数值或符号值与对象的属性相关联的规则(函数)。

形式上,测量过程是使用测量标度将一个值与一个特定对象的特定属性相关联。尽管这看上去有点抽象,但是任何时候,总在进行这样的测量过程。例如,踏上浴室的秤称体重;将人分为男女;清点会议室的椅子数目;确定是否能够为所有与会者提供足够的座位。在所有这些情况下,一个对象属性的"物理值"都被映射到一个数值或符号值。

属性的性质不必与用来度量它的值的性质相同。换句话说,用来代表属性的值可能具有不同于属性本身的性质,并且反之亦然。可以用两个例子解释。

例 2.1 雇员年龄和 ID 号,可能与雇员有关的两个属性是 ID 和年龄。两个属性都可以用整数表示。然而,谈论雇员的平均年龄是有意义的,但是谈论雇员的平均 ID 却毫无意义。的确,这里希望 ID 属性所表达的唯一方面是它们互不相同。因而,对雇员 ID 的唯一合法操作是判定它们是否相等。然而,使用整数表示雇员 ID 时,并未暗示有此限制。对于年龄属性而言,用来表示年龄的整数的性质与该属性的性质大同小异。尽管如此,这种对应仍不完全。例如,年龄有最大值,而整数没有。

属性的类型应当表明,属性的哪些性质反映在用于测量它的值中。知道属性的类型是重要的,因为它告诉测量值的哪些性质与属性的基本性质一致,从而使得可以避免诸如计算雇员的平均 ID 这样的愚蠢行为。注意,通常将属性的类型称作测量标度的类型。

标称和序数属性统称分类的(categorical)或定性的(qualitative)属性。顾名思义,定性属性(如雇员 ID)不具有数的大部分性质。即便使用数(即整数)表示,也应当像对待符号一样对待它们。其余两种类型的属性,即区间和比率属性,统称定量的(quantitative)或数值的(numeric)属性。定量属性用数表示,并且具有数的大部分性质。注意:定量属性可以是整数值或连续值。

属性的类型也可以用不改变属性意义的变换来描述。实际上,心理学家 S. Smith Stevens 最先用允许的变换(permissible transformation)定义了表 2.1 所示的属性类型。例如,如果长度用米而不是用英尺度量,长度属性的意义并未改变。

表 2.1 不同的属性类型

属性类型		描述	例子	操作
分类的(定性的)	标称	标称属性的值仅仅只是不同的名字,即标称值只提供足够的信息以区分对象(=,≠)	邮政编码、雇员ID号、眼球颜色、性别	众数、熵、列联相关、c^2检验
	序数	序数属性的值提供足够的信息确定对象的序(〈,〉)	矿石硬度、{好,较好,最好}、成绩、街道号码	中值、百分位、秩相关、游程检验、符号检验
数值的(定量的)	区间	对于区间属性,值之间的差是有意义的,即存在测量单位(+,-)	日历日期、摄氏或华氏温度	均值、标准差、皮尔逊相关、t 和 F 检验
	比率	对于比率变量,差和比率都是有意义的(*,/)	绝对温度、货币量、计数、年龄、质量、长度、电流	几何平均、调和平均、百分比变差

对特定的属性类型有意义的统计操作是这样一些操作,当使用保持属性意义的变换对属性进行变换时,它们产生相同的结果。例如,用米和英尺为单位进行度量时,同一组对象的平均长度数值是不同的,但是两个平均值都代表相同的长度。表 2.2 给出表 2.1 中 4 种属性类型的允许的(保持意义的)变换。

表 2.2 定义属性层次的变换

属性类型		变换	注释
分类的(定性的)	标称	任何一对一变换,例如值的一个排列	如果所有雇员的 ID 号都重新赋值,不会导致任何不同
	序数	值的保序变换,即新值 = f(旧值),其中 f 是单调函数	包括概念好、较好、最好的属性可以完全等价地用值{1, 2, 3}或用{0.5, 1, 10}表示
数值的(定量的)	区间	新值 = a * 旧值 + b,其中 a、b 是常数	华氏和摄氏温度标度零度的位置和 1 度的大小(单位)不同
	比率	新值 = a * 旧值	长度可以用米或英尺度量

例 2.2 温度标度,温度为前面介绍的一些概念提供很好的解释。首先,温度

可以是区间属性或比率属性，这取决于其测量标度。当温度用绝对标度测量时，从物理意义上讲，2°的温度是1°的两倍。当温度用华氏或摄氏标度测量时并非如此，因为物理上华氏（摄氏）1°温度与华氏（摄氏）2°温度相差并不太多。问题是从物理意义上讲，华氏和摄氏标度的零点是硬性规定的，因此，华氏或摄氏温度的比率并无物理意义。

区分属性的一种独立方法是用属性可能取值的个数。

(1) 离散的（discrete），离散属性具有有限或无限可数个值。这样的属性可以是分类的，如邮政编码或ID号，或者是数值的，如计数。通常，离散属性用整数变量表示。二元属性（binary attribute）是离散属性的一种特殊情况，并只接受两个值，如真/假、是/否、男/女或0/1。通常，二元属性用布尔变量表示，或者用只取两个值0或1的整型变量表示。

(2) 连续的（continuous），连续属性是取实数值的属性。例子包括温度、高度或重量等属性。通常，连续属性用浮点变量表示。实践中，实数值只能用有限的精度测量和表示。

从理论上讲，任何测量标度类型（标称的、序数的、区间的和比率的）都可以与基于属性值个数的任意类型（二元的、离散的和连续的）组合。然而，有些组合并不常出现，或者没有什么意义。例如，很难想像一个实际数据集包含连续的二元属性。通常，标称和序数属性是二元的或离散的，而区间和比率属性是连续的。然而，计数属性（count attribute）是离散的，也是比率属性。

(3) 非对称的属性（asymmetric attribute），对于非对称的属性，出现非零属性值才是重要的。考虑数据集，其中每个对象是一个学生，而每个属性记录学生是否选修大学的某个课程。对于某个学生，如果他选修了对应于某属性的课程，该属性取值1，否则取值0。由于学生只选修可选课程的很小一部分，这种数据集的大部分值为0。因此，关注非零值将更有意义、更有效。例如，如果课程很多，学生在他们不选修的课程上比较，则大部分学生都非常相似。只有非零值才重要的二元属性是非对称的二元属性（asymmetric binary attribute）。这类属性对于关联分析特别重要。非对称特征可以是离散的或连续的。例如，如果记录每门课程的学分，则结果数据集将包含非对称的离散属性或连续属性。

2.1.1 数据集类型

数据集的类型有多种，并且随着数据挖掘的发展与成熟，更多类型的数据集将用于分析。本节将介绍一些很常见的类型。为方便起见，这里将数据集类型分成三组：记录数据、基于图形的数据和有序的数据。这些分类不能涵盖所有的可能，所以存在其他可能的分组。

(1) 数据集的一般特性

在提供特定类型数据集的细节之前，先讨论适用于许多数据集并对所使用的数据挖掘技术具有重要影响的三个特性：维度、稀疏性和分辨率。

维度(dimensionality)　数据集的维度是数据集中的对象具有的属性数目。低维度数据往往与中、高维度数据有质的不同。确实，分析高维度数据的困难有时称为维灾难(curse of dimensionality)。正因为如此，数据预处理的一个重要动机就是维归约(dimensionality reduction)。这些问题在本章的后面有更深入的讨论。

稀疏性(sparsity)　对于一些数据集，如具有非对称特征的数据集，一个对象的大部分属性上的值都为0；在许多情况下，非零项不到1%。实际上，稀疏性是一个优点，因为只有非零值才需要存储和处理。这将节省大量的计算时间和存储空间。此外，有些数据挖掘算法仅适合处理稀疏数据。

分辨率(resolution)　常常可以在不同的分辨率下得到数据，并且在不同的分辨率下数据的性质也不同。例如，在数米的分辨率下，地球表面看上去很不平坦，但在数十公里的分辨率下却相对平坦。数据的模式也依赖于分辨率。如果分辨率太高，模式可能看不到，或者掩埋在噪声中；如果分辨率太低，模式可能不出现。例如，小时标度下的气压变化反映风暴或其他天气系统的移动，在月标度下，这些现象就检测不到。

(2) 记录数据

许多数据挖掘任务都假定数据集是记录(数据对象)的汇集，每个记录包含固定的数据字段(属性)集。见图2.1(a)。对于记录数据的大部分基本形式，记录之间或数据字段之间没有明显的联系，并且每个记录(对象)具有相同的属性集。记录数据通常存放在平展文件或关系数据库中。关系数据库当然不仅仅是记录的汇集，它还包含更多的信息，但是数据挖掘一般并不使用关系数据库的更多信息。更确切地说，数据库充当查找记录的方便场所。下面介绍不同类型的记录数据，并用图2.1加以说明。

事务数据或购物篮数据　事务数据(transaction data)是一种特殊类型的记录数据，其中每个记录(事务)涉及一个项的集合。考虑一个杂货店，顾客一次购物所购买的商品的集合就构成一个事务，而购买的商品是项。这种类型的数据称作购物篮数据(market basket data)，因为记录中的项是一位顾客“购物篮”中的商品。事务数据是项的集合的集族，但是也能将它视为记录的集合，其中记录的字段是非对称的属性。通常，这些属性是二元的，指出商品是否已买。更一般地，这些属性可以是离散的或连续的,例如表示购买的商品数量或购买商品的花费。图 2.1(b)展示一个样本事务数据集。每一行代表一位顾客在一个特定时间购买的商品。

数据矩阵 如果一个数据集族中的所有数据对象都具有相同的数值属性集,则数据对象可以看作多维空间中的点(向量),其中每个维代表描述对象的一个不同属性。这样的数据对象集可以用一个 $m \times n$ 的矩阵表示,其中 m 代表对象数,n 表示属性数(也可以将数据对象用列表示,属性用行表示)。这种矩阵称作数据矩阵(data matrix)或模式矩阵(pattern matrix)。数据矩阵是记录数据的变体,但是由于它由数值属性组成,可以使用标准的矩阵操作对数据进行变换和操纵,因此对于大部分统计数据,数据矩阵是一种标准的数据格式。图 2.1(c)示出一个样本数据矩阵。

Tid	Refund	Marital Status	Taxable Income	Defaulted Borrower
1	Yes	Single	125 K	No
2	No	Married	100 K	No
3	No	Single	70 K	No
4	Yes	Married	120 K	No
5	No	Divorced	95 K	Yes
6	No	Married	60 K	No
7	Yes	Divorced	220 K	No
8	No	Single	85 K	Yes
9	No	Married	75 K	No
10	No	Single	90 K	Yes

(a) 记录数据

TID	ITEMS
1	Bread, Soda, Milk
2	Beer, Bread
3	Beer, Soda, Diaper, Milk
4	Beer, Bread, Diaper, Milk
5	Soda, Diaper, Milk

(b) 事务数据

Projection of x Load	Projection of y Load	Distance	Load	Thickness
10.23	5.27	15.22	27	1.2
12.65	6.25	16.22	22	1.1
13.54	7.23	17.34	23	1.2
14.27	8.43	18.45	25	0.9

(c) 数据矩阵

	team	coach	play	ball	score	game	win	lost	timeout	season
Document 1	3	0	5	0	2	6	0	2	0	2
Document 2	0	7	0	2	1	0	0	3	0	0
Document 3	0	1	0	0	1	2	2	0	3	0

(d) 文档-词矩阵

图 2.1 记录数据的不同变体

稀疏数据矩阵 稀疏数据矩阵是数据矩阵的一种特殊情况,其中属性的类型相同并且是非对称的,即只有非零值才是重要的。事务数据是仅含 0-1 元素的稀疏数据矩阵的一个例子。另一个常见的例子是文档数据。特别地,如果忽略文档中词(术语)的次序,则文档可以用词向量表示,其中每个词是向量的一个分量(属性),而每个分量的值是对应词在文档中出现的次数。文档集合的这种表示通常称作文档-词矩阵(document-term matrix)。图 2.1(d)显示了一个样本文档-词矩阵。文档是该矩阵的行,而词是该矩阵的列。实践中,仅存放稀疏数据矩阵的非零项。

(3) 基于图形的数据

有时,图形可以方便而有效地表示数据。考虑两种特殊情况:① 图形捕获数据对象之间的联系;② 数据对象本身用图形表示。

带有对象之间联系的数据 此时,对象之间的联系常常携带重要信息。在这种情况下,数据可用图形表示。特殊地,数据对象映射到图的结点,而对象之间的联系用对象之间的链和诸如方向、权值等链性质表示。比如对于万维网上的网页,页面上包含文本和指向其他页面的链接。为了处理搜索查询,Web 搜索引擎收集并处理网页,提取它们的内容。然而,众所周知,指向或出自每个页面的链接为查询提供关于 Web 相关性的大量信息,因而也必须考虑。图 2.2(a)显示一个链接的网页集。

具有图形对象的数据 如果对象具有结构,即对象包含具有联系的子对象,则这样的对象常常用图形表示。例如,化合物的结构可以用图形表示,其中结点是原子,结点之间的链是化学键。图 2.2(b)给出化合物苯的球-棍图,包含碳原子(黑色)和氢原子(灰色)。图形表示使得可以确定何种子结构频繁地出现在化合物的集合中,并且查明这些子结构中是否有某种子结构与诸如熔点或生成热等特定的化学性质有关。子结构挖掘是分析这类数据的一个数据挖掘分支。

(a) 链接的网页　　　　(b) 苯分子

图 2.2　不同的图形数据

(4) 有序数据

对于某些数据类型,属性具有涉及时间或空间序的联系。下面将分别介绍有序数据的不同类型(图2.3)。

时　间	顾　客	购买的商品
t_1	C_1	A,B
t_2	C_3	A,C
t_2	C_1	C,D
t_3	C_2	A,D
t_4	C_2	E
t_5	C_1	A,E

顾　客	购买时间与购买商品
C_1	$(t_1:A,B)(t_2:C,D)(t_5:A,E)$
C_2	$(t_3:A,D)(t_4:E)$
C_3	$(t_2:A,C)$

(a) 时序事务数据

GGTTCCGCCTTCAGCCCCGCGCC
CGCAGGGCCCGCCCCGCGCCGTC
GAGAAGGGCCCGCCTGGCGGGCG
GGGGGAGGCGGGGCCGCCCGAGC
CCAACCGAGTCCGACCAGGTGCC
CCCTCTGCTCGGCCTAGACCTGA
GCTCATTAGGCGGCAGCGGACAG
GCCAAGTAGAACACGCGAAGCGC
TGGGCTGCCTGCTGCGACCAGGG

(b) 基因组序列数据

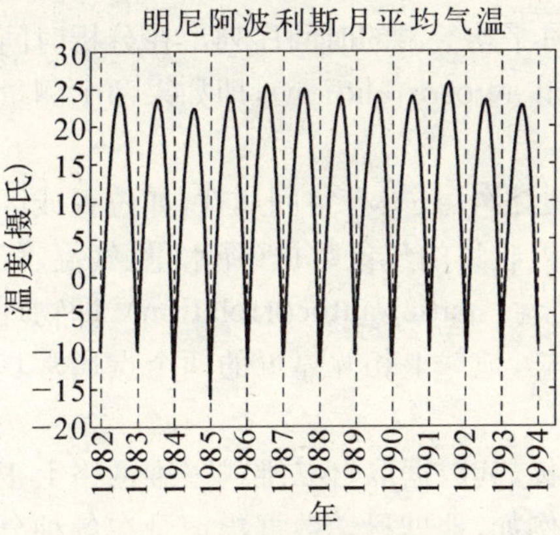

(c) 温度时间序列

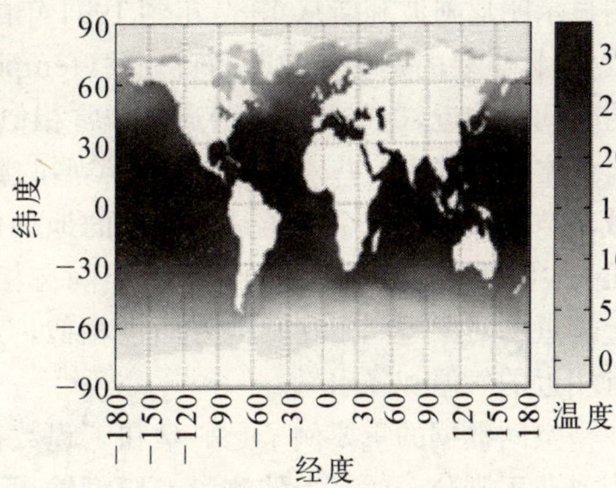

(d) 空间温度数据

图2.3　不同的有序数据

时序数据　时序数据(sequential data)也称时间数据(temporal data),可以看作记录数据的扩充,其中每个记录包含一个与之相关联的时间。考虑存储事务发生时间的零售事务数据,时间信息使得可以发现如“万圣节前夕糖果销售高峰”形式的模式。时间也可以与每个属性相关联,例如,每个记录可以是一位顾客的购物历史,包含不同时间购买的商品列表。使用这些信息,可能发现如“购买 DVD 播

放机的人趋向于在买后不久购买DVD”形式的模式。

图2.3(a)给出一个时序事务数据的例子。有5个不同的时间——t_1、t_2、t_3、t_4和t_5；3位不同的顾客——C_1、C_2和C_3；5种不同的商品——A、B、C、D和E。在图上面的表中，每行对应于一位顾客在特定的时间购买的商品。例如，在时间t_3，顾客C_2购买了商品A和D。下面的表显示相同的信息，但每行对应于一位顾客。每行包含涉及该顾客的每个事务信息，其中一个事务包含一个商品的集合和购买这些商品的时间，例如，顾客C_3在时间t_2购买了商品A和C。

序列数据 序列数据(sequence data)是一个数据集合，它是个体项的序列，如词或字母的序列。除没有时间戳之外，它与时序数据非常相似。与之对应，有序序列中有位置。例如，动植物的遗传信息可以用称作基因的核苷酸的序列表示。与遗传序列数据有关的许多问题都涉及由核苷酸序列的相似性预测基因结构和功能的相似性。图2.3(b)显示用4种核苷酸表示的一段人类基因码，所有DNA都可以用A、T、G和C 4种核苷酸构造。

时间序列数据 时间序列数据(time series data)是一种特殊的时序数据，其中每个记录都是一个时间序列(time series)，即一段时间的测量序列。例如，金融数据集可能包含各种股票日价格的时间序列对象。另一个例子，考虑图2.3(c)，该图显示明尼阿波利斯从1982年到1994年的月平均气温的时间序列。在分析时间数据时，重要的是要考虑时间自相关(temporal autocorrelation)，即如果两个测量的时间很接近，这些测量的值通常非常相似。

空间数据 有些对象除了其他类型的属性之外，还具有空间属性，如位置或区域。空间数据的一个例子是从不同的地理位置收集的气象数据(降水量、气温、气压)。空间数据的一个重要特点是空间自相关性(spatial autocorrelation)，即物理上靠近的对象趋向于在其他方面也相似。这样，地球上相互靠近的两个点通常具有相近的气温和降水量。

空间数据的重要例子是科学和工程数据集，其数据取自二维或三维网格上正则或非正则分布的点上的测量或模型输出。例如，地球科学数据集记录在各种分辨率(如度标度)下经纬度球面网格点(网格单元)上测量的温度和气压(见图2.3(d))。另一个例子，在瓦斯流模拟中，可以对模拟的每个网格点记录其流速和方向。

大部分数据挖掘算法都是为记录数据或其变体(如事务数据和数据矩阵)设计的。通过从数据对象中提取特征，并使用这些特征创建对应于每个对象的记录，面向记录的技术也可以用于非记录数据。考虑前面介绍的化学结构数据。给定一个常见的子结构集合，每个化合物都可以用一个具有二元属性的记录表示，这些二元属性指出化合物是否包含特定的子结构。这样的表示实际上就是事务数据集，其中事务是化合物，而项是子结构。

在某些情况下，容易用记录形式表示数据，但是这类表示并不能捕获数据中的所有信息。考虑这样的时间空间数据，它由空间网格每一点上的时间系列组成。通常，这种数据存放在数据矩阵中，其中每行代表一个位置，而每列代表一个特定的时间点。然而，这种表示并不能明确地表示属性之间存在的时间联系以及对象之间存在的空间联系。这并不意味这种表示不合适，而是说分析时必须考虑这些联系。例如，在使用数据挖掘技术时，假定属性之间在统计上是相互独立的并不是一个好主意。

2.1.2 数据质量

数据挖掘常常用于处理为其他目的或未来的未指明的应用而收集的数据，因此数据挖掘一般不能利用"在源数据上处理质量问题"带来的巨大好处。相比之下，大多数情况用统计学处理则可以完成预定数据质量的实验或调查设计。由于数据质量问题是不能回避的，因此数据挖掘需要关注数据质量的检测和纠正问题，并采用可以适应低质量数据的算法。数据挖掘的第一步，通常称作数据清理(data cleaning)。

下面讨论数据质量。尽管涉及某些与应用有关的问题，但是主要讨论测量和数据收集问题。

1. 测量和数据收集问题

期望数据完美是不现实的。人的错误、测量设备的限制或数据收集过程的漏洞都可能导致问题的出现以及数据的值乃至整个数据对象的丢失。在其他情况下，可能有不真实的或重复的对象(即对应于单个"实际"对象的多个数据对象)。例如，对于一个当前住在两个不同地方的人，可能有两个不同的记录。即使所有的数据都不缺，并且"看上去很好"，也可能存在不一致，如一个人身高2米，但体重只有2千克。

下面将关注涉及数据测量和收集的数据质量问题。先定义测量和数据收集误差，然后考虑涉及测量误差的各种问题：噪声、伪像、偏倚、精度和准确率。最后讨论可能同时涉及测量和数据收集的数据质量问题：异类点、遗漏和不一致的值、重复数据。

(1) 测量误差和数据收集错误

术语测量误差(measurement error)是指测量过程导致的任何问题。一个共同的问题是：在某种程度上，记录的值与实际值不同。对于连续属性，测量值与实际值的差称为误差(error)。术语数据收集错误(data collection error)是指诸如遗漏数据对象或属性值，或不正确地包含数据对象等错误。例如，一种特定种类动物的研究可能包含相关种类的动物,它们表面上与感兴趣的种类相似。测量误差和数据收集错误可能是系统的或随机的。

这里只考虑一般的错误类型。在特定的领域,某些类型的错误是常见的,并且常常有很好的技术检测与纠正这些错误。例如,人工输入数据时键盘错误是常见的,因此许多数据输入程序具有检测技术,并且通过人机交互纠正这类错误。

(2) 噪声和伪像

噪声是测量误差的随机部分,这可能涉及值的扭曲或附加的谬误对象。图2.4显示被随机噪声干扰前后的时间序列。如果在时间序列上添加更多的噪声,形状将会消失。图 2.5 显示添加一些噪声点(用"+"表示)前后的数据点集。注意,有些噪声点与非噪声点混在一起。

(a) 时间序列　　(b) 含噪声的时间序列

图 2.4　时间序列中的噪声

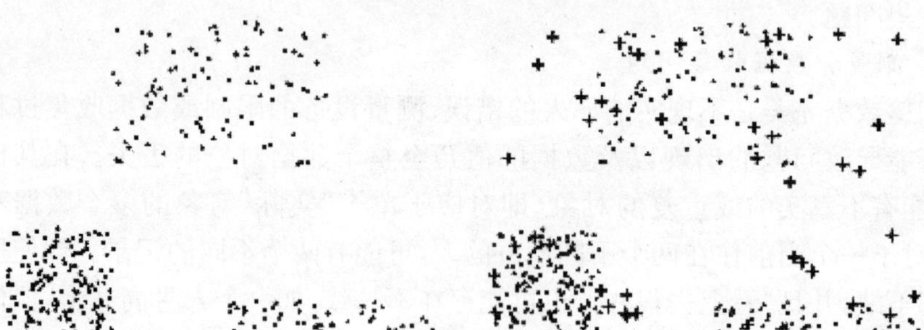

(a) 三组点　　(b) 含噪声点(+)

图 2.5　空间中的噪声

术语噪声通常用于包含时间或空间分量的数据。在这些情况下,常常可以使用信号或图像处理技术降低噪声,从而帮助发现可能"淹没在噪声中"的模式(信号)。尽管如此,消除噪声常常是困难的,而许多数据挖掘工作都关注设计鲁棒算法(robust algorithm),即使存在噪声也能产生可以接受的结果。

数据错误可能是更确定性现象的结果,如一组照片同一位置上的条纹。数据的这种确定性失真有时称作伪像(artifact)。

(3) 精度、偏倚和准确率

在统计学和实验科学中,测量过程和结果数据的质量用精度和偏倚度量。这里给出标准的定义,然后简略加以讨论。对于下面的定义,假定对相同的基本量进行重复测量,并使用测量值集合计算均值(平均值),作为实际值的估计。

定义 2.3　精度(precision)为(相同量)重复测量之间的封闭性。

定义 2.4　偏倚(bias)为测量与被测量之间的系统的变差。

精度通常用值集合的标准差度量,而偏倚用值集合的均值与被测量的已知值之间的差度量。只有那些通过外部手段能够得到测量值的对象,偏倚才是可确定的。假定有 1 克质量的标准实验室重量,并且想评估实验室的新天平的精度和偏倚。称重 5 次,得到下列值:{1.015, 0.990, 1.013, 1.001, 0.986}。这些值的均值是 1.001,因此偏倚是 0.001。用标准差度量,精度是 0.013。

通常使用更一般的术语准确率表示数据测量误差的程度。

定义 2.5　准确率(accuracy)为被测量的测量值与实际值之间的接近度。

准确率依赖于精度和偏倚,但是由于它是一个更一般的概念,因此没有用这两个量表达准确率的公式。

准确率的重要考虑是有效数字(significant digit)的使用。其目标是仅使用数据精度所能确定的数字表示测量或计算结果,例如,对象的长度用最小刻度为毫米的米尺测量,则只能记录最接近毫米的长度数据,这种测量的精度为 ±0.5 毫米。这里不再详细地讨论有效数字,因为大部分读者应当在先前的课程接触过,并且在科学、工程和统计学教材中讨论得相当深入。

诸如有效数字、精度、偏倚和准确率问题常常被忽视,但是对于数据挖掘、统计学和自然科学而言,它们都非常重要。通常,数据集并不包含数据精度信息,用于分析的程序返回的结果也没有这方面的信息。尽管如此,缺乏对数据和结果准确率的理解,分析者将面临出现严重的数据分析错误的风险。

(4) 异类点

异类点(outlier)是在某种意义上具有不同于数据集中其他大部分数据对象的特征的数据对象,或是相对于该属性的典型值不寻常的属性值,也称为异常(anomalous)对象或异常值。有许多定义离群点的方法,并且统计学和数据挖掘界已经提出了很多不同的定义。此外,重要的是区别噪声和异类点(异常点)这两个概念。异类点可以是合法的数据对象或值。不像噪声,异类点本身有时可以是令人感兴趣的,例如,欺诈和网络攻击检测中,目标就是从大量正常对象或事件中发现不正常的对象和事件。第 8 章中将更详细地讨论异常检测。

(5) 缺失值

一个对象缺失一个或多个属性值并不少见。在有些情况下,信息未收集,例如有的人拒绝提供年龄或体重。在另一些情况下,某些属性并不能用于所有对象,例如表格常常有条件选择部分,仅当填表人以特定的方式回答前面的问题时,条件选择部分才需要填写,但为简单起见数据收集时存储了表的所有字段。尽管如此,在数据分析时应当考虑遗漏值。

有许多处理缺失值的策略(和这些策略的变种),每种策略可能适用于特定的情况。下面列出了这些策略,同时给出了它们的优缺点。

删除数据对象或属性。一种简单而有效的策略是删除具有缺失值的数据对象。如果许多对象都有缺失值,则很难甚至不可能对这样处理后的结果进行可靠的分析。尽管如此,如果一个数据集只有少量的对象具有缺失值,则忽略它们可能是合算的。一种相关的策略是删除具有缺失值的属性。然而,做这件事要小心,因为被删除的属性可能对分析是至关重要的。

估计缺失值。有时,缺失值是可以可靠地估计出来的。例如,平滑时间序列中少量且分散的缺失值可以使用其他值来估计(插值)。再例如在一个具有许多相似数据点的数据集中,缺失值点邻近的点的属性值常常可以用来估计缺失的值。如果属性是连续的,则可以使用最近邻的平均属性值;如果属性是分类的,则可以取最近邻中最常出现的属性值。更具体地,考虑地面站记录的降水量,对于未设地面站的区域,降水量可以使用邻近地面站的观测值估计。

在分析时忽略缺失值。许多数据挖掘方法都可以修改,忽略缺失值。例如,假定正在对数据对象聚类,需要计算数据对象间的相似性时,如果对于某属性,两个对象之一或两个对象都有缺失值,则可以仅使用没有缺失值的属性来计算相似性。当然,这种相似性只是近似的,但是除非整个属性数目很少,或者缺失值的数量很大,否则这种误差影响不大。同样地,许多分类方法都可以修改,处理缺失值。

(6) 不一致的值

数据可能包含不一致的值。考虑地址字段,其中列出了邮政编码和城市,但是特定的邮政编码区域并不包含在该城市中。可能是人工输入该信息时颠倒了两个数字,或许是信息通过手写体扫描时错读了一个数字,但无论导致不一致值的原因是什么,重要的是检测,并且如果可能的话,纠正这种错误。

有些不一致类型容易检测,例如人的身高不应当是负的。在其他情况下,可能需要查阅外部信息源,例如当保险公司处理赔偿要求时,它将需要对照顾客数据库核对赔偿单上的姓名与地址。

一旦检测到不一致,有时可以对数据进行纠正。产品代码可能有“校验”数字,或者可以通过一个已知产品代码列表,复核产品代码,如果不正确但接近一个已知代码,则纠正它。纠正不一致需要附加或冗余信息。

例 2.3 不一致的海洋表面温度 该例解释实际的时间序列数据中的不一致性。该数据是在海洋的不同点测量的海洋表面温度(SST)。最初,从船或浮标使用基于海洋的测量收集 SST 数据。最近,使用卫星来收集这些数据。为了创建一个长期的数据集,需要使用这两种数据源。然而,由于数据来自不同的数据源,两部分数据存在微妙不同。这种差异显示在图 2.6 中,该图显示了年对之间 SST 值的相关性。如果两年的 SST 值是正相关的,则对应于该年对的位置为白色,否则为黑色(季节性的变化从数据中删除,否则所有的年都是高度相关的)。在数据汇集一起的地方(1983 年)有一个明显的变化。1958~1982 年和 1983~1999 年两组,每组内的年相互之间趋向于正相关,但与另一组的年负相关。这并不意味该数据不能用,但是分析者应当考虑这种差异对数据挖掘分析的潜在影响。

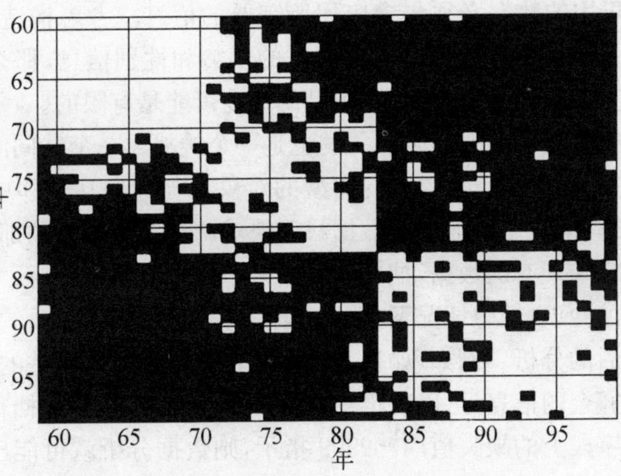

图 2.6 年对之间 SST 数据的相关性(白色区域表示正相关,黑色区域表示负相关)

(7) 重复数据

数据集可能包含重复或几乎重复的数据对象。许多人都收到过重复的邮件,因为它们可能以稍微不相同的名字多次出现在数据库中。为了检测并删除这种重复,必须处理两个主要问题。首先,如果两个对象实际代表单个对象,则对应的属性值必然不同,并且必须解决这些不一致的值。其次,需要避免意外地将两个相似但并非重复的数据对象(如两个具有相同姓名的不同的人)组合在一起。术语去重复(deduplication)通常用来表示处理这些问题的过程。

在某些情况下，两个或多个对象关于数据库的属性度量是相同的，但是仍然代表不同的对象。因此，这种重复是合法的。但是，如果某些算法设计中没有专门处理可能相同的对象，仍可能导致问题。

2. 关于应用的问题

数据质量问题也可以从应用角度考虑，表达为“数据是高质量的，如果它适合预期的应用”。特别是对商务和业界，数据质量的这种提议非常有用。类似的观点也出现在统计学和实验科学，那里强调精心设计实验来收集与特定假设相关的数据。与测量和数据收集一样，许多数据质量问题与特定的应用和领域有关。

时效性：有些数据收集后就开始老化。特殊地，如果数据提供正在发生的现象或过程的快照，如顾客的购买行为或 Web 浏览模式，则快照只代表有限时间内的真实情况。如果数据已经过时，则基于它的模型和模式也就过时了。

相关性：可用的数据必须包含应用所需要的信息。考虑构造一个模型，预测驾驶事故发生率。如果忽略了关于驾驶员的年龄和性别信息，那么除非这些信息可以间接地通过其他属性得到，否则模型的精度可能是有限的。

如何确保数据集中的对象是相关的也是一个挑战。一个共同问题是抽样偏倚(sampling bias)，当样本包含的不同类型的对象不与它们在总体中的出现情况相称时，就出现抽样偏倚。例如调查数据只反映对调查做出响应的那些人，由于数据分析的结果只反映现有的数据，抽样偏倚通常导致不正确的分析。

关于数据的知识，理想情况下，数据集附有描述数据的文档。文档的质量可能支持或干扰其后的分析。例如，如果文档标明若干属性是强相关的，则这些属性可能提供了高度冗余的信息，可以决定只保留一个。然而，如果文档很糟糕，例如，没有告诉某特定字段上的缺失值用 -9999 指示，则数据分析就可能出问题。其他重要特性是数据精度、特征的类型(标称的、序数的、区间的、比率的)、测量的刻度(如长度用米或英尺)。

2.2 数据清理

现实世界的数据一般是不完整的、有噪声的和不一致的。数据清理例程试图填充缺失的值，光滑噪声并识别离群点，纠正数据中的不一致。本节将研究数据清理的基本方法。2.2.1 小节考察处理缺失值的方法，2.2.2 小节解释数据光滑技术，2.2.3 小节讨论将数据清理作为一个过程的方法。

2.2.1 缺失值处理

考虑需要分析电子商务(AllElectronics)的销售和顾客数据，注意到许多元组的一些属性(如顾客的 income)没有记录值。怎样才能为该属性填上丢失的值？主要有下面的几种方法：

(1) 忽略元组：当缺少类标号时通常这样做(假定挖掘任务涉及分类)。除非元组有多个属性缺少值，否则该方法不是很有效。当每个属性缺失值的百分比变化很大时，它的性能特别差；

(2) 人工填写缺失值：一般情况下，该方法很费时，并且当数据集很大或缺少很多值时，该方法可能行不通；

(3) 使用一个全局常量填充缺失值：将缺失的属性值用同一个常数(如"Unknown"或 $-\infty$)替换。如果缺失值都用"Unknown"替换，则挖掘程序可能误以为它们形成了一个有趣的概念，因为它们都具有相同的值"Unknown"。因此，尽管该方法简单，但是它并不十分可靠；

(4) 使用属性的均值填充缺失值：例如，假定顾客的平均收入为 56 000 美元，则使用该值替换 income 中的缺失值；

(5) 使用与给定元组属同一类的所有样本的属性均值，例如，将顾客按 credit_risk分类，则用具有相同信用度给定元组的顾客的平均收入替换 income 中的缺失值；

(6) 使用最可能的值填充缺失值：可以用回归、使用贝叶斯形式化的基于推理的工具或决策树归纳确定。例如，利用数据集中其他顾客的属性，可以构造一棵决策树来预测 income 的缺失值。决策树、回归和贝叶斯推理将在第 3 章，第 4 章详细介绍。

方法(3)～(6)使数据偏置。填入的值可能不正确。然而，方法(6)是流行的策略，与其他方法相比，它使用已有数据的大部分信息来预测缺失值。在估计 income 的缺失值时，通过考虑其他属性的值，有更大的机会保持 income 和其他属性之间的联系。

值得注意的是：在某些情况下，缺失值并不意味数据有错误！例如，在申请信用卡时，可能要求申请人提供驾驶执照号。没有驾驶执照的申请者自然使该字段为空。表格应当允许填表人使用诸如"无效"等值。软件例程也可以用来发现其他空值，如“不知道”、“?”或“无”。理想地，每个属性都应当有一个或多个关于空值条件的规则。这些规则可以说明是否允许空值，并且/或者说明这样的空值应当如何处理或转换。如果它们在商务处理的最后一步未提供值的话，字段也可能故意留下空白。因此，尽管可以在得到数据后清理数据，但好的数据库和数据输入的设计将有助于在第一现场最小化缺失值或错误的数量。

2.2.2 噪声数据处理

噪声(noise)是被测量的变量的随机误差或方差。给定一个数值属性(如 price)，怎样才能“光滑”数据，去掉噪声？下面介绍数据光滑技术。

(1) 分箱(binning)：分箱方法通过考察数据的“近邻”(即周围的值)来光滑有序数据的值。有序值分布到一些“桶”或箱中。由于分箱方法考察近邻的值，因此是对数据进行局部光滑。

图 2.7 示出了分箱技术。在该例中，price 数据首先排序并划分到大小为 3 的等频箱中(即每箱包含 3 个值)。用箱均值光滑，箱中每一个值都被箱的均值替换。例如，箱 1 中的值 4，8 和 15 的均值是 9。因此，该箱中的每一个值都替换为 9。类似地，可以使用箱中位数光滑。此时，箱中的每一个值都被箱中位数替换。用箱边界光滑，箱中的最大和最小值同样被视为箱边界。箱中的每一个值都被最近的边界值替换。一般来说，宽度越大光滑效果越大。箱也可以是等宽的，每个箱值的区间范围是个常量。分箱也可以作为一种离散化技术使用。

price 的排序后数据(美元)：4，8，15，21，21，24，25，28，34

划分为(等频)箱：
箱 1：4，8，15
箱 2：21，21，24
箱 3：25，28，34

用箱均值光滑：
箱 1：9，9，9
箱 2：22，22，22
箱 3：29，29，29

用箱边界光滑：
箱 1：4，4，15
箱 2：21，21，24
箱 3：25，25，34

图 2.7 数据光滑的分箱方法

(2) 回归：可以用一个函数(如回归函数)拟合数据来光滑数据。线性回归涉及找出拟合两个属性(或变量)的"最佳"线，使得一个属性可以用来预测另一个。多元线性回归是线性回归的扩展，其中涉及的属性多于两个，并且数据拟合到一个多维曲面。

(3) 聚类：可以通过聚类检测离群点，将类似的值组织成群或"簇"。直观地，落在簇集合之外的值视为离群点(如图 2.8 所示)。第 6 章专门研究聚类和异类点分析。

许多数据光滑的方法也是涉及离散化的数据归约方法。例如，上面介绍的分箱技术减少了每个属性的不同值数量。对于基于逻辑的数据挖掘方法(如决策树归纳)，反复地对排序后的数据进行比较，这充当了一种形式的数据归约。概念分层是一种数据离散化形式，也可以用于数据光滑。例如，price 的概念分层可以把实际的 price 值映射到价格便宜、适中和昂贵，从而减少了挖掘过程所处理的值的数量。有些分类方法如神经网络，有内置的数据光滑机制。

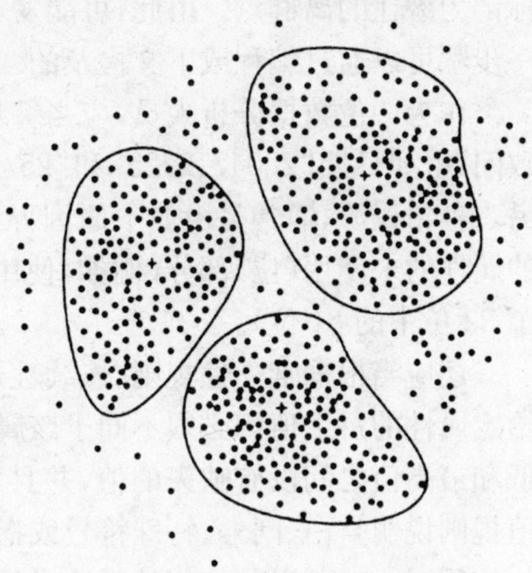

图 2.8 顾客在城市中的位置的 2D 图，显示了 3 个数据簇。每个簇的质心用"+"标记，代表该簇在空间中的平均点。

2.2.3 数据清理过程

缺失值、噪声和不一致性都导致数据不准确。上文已经介绍了处理缺失数据和光滑数据的技术。但是，数据清理是一项繁重的任务。数据清理可否作为一个过程进行？如何正确地执行这项任务？有没有专门的工具？

数据清理作为过程的第一步是偏差检测(discrepancy detection)。导致偏差的因素可能有多种，包括具有很多可选字段的设计糟糕的数据输入表单、人为输入错误、有意的错误(例如，不愿意泄露自己的信息)以及数据退化(如过时的地址)。偏差也可能源于不一致的数据表示和编码的不一致使用。记录数据的设备错误和系统错误是另一种偏差源。当数据(不适当地)用于不同于当初的目的时，也可能出现错误。数据集成也可能导致不一致(例如，给定的属性在不同的数据库具有不同的名称)。

那么，如何进行偏差检测？作为开始，偏差检测需要关于数据性质的知识。这种知识便是"关于数据的数据"，称作元数据。例如，每个属性的定义域和数据类型是什么？每个属性可接受的值是什么？值的长度范围是什么？所有的值都落在期望的值域内吗？属性之间存在已知的依赖吗？对于把握数据趋势和识别异常，采用描述性数据汇总是有用的。例如，远离给定属性均值超过两个标准差的值可以标记为潜在的离群点。由此，可能发现噪声、离群点和需要考察的不寻常的值。这一步骤可以通过编程或下文提及的一些工具完成。

作为一位数据分析人员，应当警惕编码使用的不一致问题和数据表示的不一致问题（如日期“2004/12/25”和“25/12/2004”）。字段过载（field overloading）是另一种错误源，通常是由如下原因导致：开发者将新属性的定义挤压到已经定义的属性的未使用（位）部分（例如，使用一个属性未使用的位，该属性取值已经使用了 32 位中的 31 位）。

还应当根据唯一性规则、连续性规则和空值规则考察数据。唯一性规则是说给定属性的每个值都必须不同于该属性的所有其他值。连续性规则是说属性的最低和最高值之间没有缺失的值，并且所有的值还必须是唯一的（例如检验数）。空值规则说明空白、问号、特殊符号或指示空值条件的其他串（例如，给定属性的值不能使用）的使用，以及如何处理这样的值。缺失值的原因可能包括：① 被要求提供属性值的人拒绝提供或发现没有所要求的信息（例如，无车者未填写车牌号属性）；② 数据输入者不知道正确的值；③ 值在稍后提供。空值规则应当说明如何记录空值条件，例如数值属性存放 0、字符属性存放空白或其他使用方便的约定（诸如“不知道”或“?”这样的项应当转换成空白）。

有大量的商业工具可以帮助进行偏差检测。数据清洗工具（data scrubbing tool）使用简单的领域知识（如邮政地址知识和拼写检查）检查并纠正数据中的错误。在清理多个数据源的数据时，这些工具依赖分析和模糊匹配技术。数据审计工具（data auditing tool）通过分析数据发现规则和联系及检测违反这些条件的数据来发现偏差。它们是数据挖掘工具的变种。例如，可以使用统计分析来发现相关，或通过聚类识别，也可以使用描述性数据汇总。

有些数据不一致可以使用其他外部材料人工地加以更正。例如，数据输入时的错误可以使用纸上的记录加以更正。然而，大部分错误需要数据变换。这是数据清理过程的第二步。即，一旦发现偏差，通常需要定义并使用（一系列）变换来纠正它们。

商业工具支持数据变换步骤。数据迁移工具（data migration tool）允许说明简单的变换，如将串“gender”用“sex”替换。ETL（Extraction/ Transformation/ Loading，提取/变换/装入）工具允许用户通过图形用户界面（GUI）说明变换。通常，这些工具只支持有限的变换，因此，常常可能选择为数据清理过程的这一步编写定制的程序。

偏差检测和数据变换(纠正偏差)两步过程需要迭代执行。然而,这一阶段容易出错并且费时。有些变换可能导致更多偏差。有些嵌套的偏差可能在其他偏差解决之后才能检测到。

数据集成和删除由集成导致的冗余数据将在后面作进一步讨论。

例如,年份字段上的打字错误"20004",可能当所有日期值都变换成统一格式之后才会浮现。变换常常以批处理方式进行,用户等待而无反馈信息。仅当变换完成之后,用户才能检查是否产生了新的异常。通常,需要多次迭代才能达到用户满意。不能被给定变换自动处理的元组通常写到一个文件中,而不给出失败的原因解释,所以,整个数据清理过程缺乏交互性。

新的数据清理方法强调加强交互性。例如,Potter's Wheel 是一种公共的数据清理工具(见 http://control. cs. berkeley. edu/abc),它集成了偏差检测和数据变换。用户到一个类似于电子数据表的界面上,通过编译和调试每个变换,每次一步地逐渐构造一个变换序列。变换可以通过图形或提供的例子说明,结果立即显示在屏幕上的记录中。用户可以撤销变换,"擦掉"导致额外错误的变换。该工具在最近一次变换的数据视图上可自动地进行偏差检测。随着偏差的发现,用户逐渐地构造和精炼变换,获得更有效的数据清理。

另一种提高数据清理交互性的方法是开发数据变换操作规范说明语言。该工作关注定义 SQL 的有效扩充和使得用户可以有效地表达数据清理具体要求的算法。

随着对数据的了解增加,重要的是要不断更新元数据以反映这种知识。这有助于加快未来同类数据存储的数据清理速度。

2.3 数据集成和变换

数据挖掘经常需要数据集成——合并来自多个数据存储的数据。数据还可能需要转换成适于挖掘的形式。本节介绍数据集成和数据变换。

2.3.1 数据集成

数据分析任务多半涉及数据集成。数据集成是指将多个数据源中的数据合并并存放到一个一致的数据存储(如数据仓库)中。这些数据源可能包括多个数据库、数据立方体或一般文件。在数据集成时,有许多问题需要考虑。模式集成和对象匹配可能需要技巧。来自多个信息源的现实世界的等价实体如何才能匹配?这涉及实体识别问题。例如,数据分析者或计算机如何才能确信一个数据库中的customer_id 和另一个数据库中的 cust_number 指的是相同的属性?每个属性的元数据包括名字、含义、数据类型和属性的允许取值范围,以及处理空白、零或 null 值的空值规则。这样的元数据可以用来帮助避免模式集成的错误。元数据还可以用来帮助变换数据(例如,pay_type 的数据编码在一个数据库中可以是“H”和“S”,而在另一个数据库中是 1 和 2)。因此,这一步也与前面介绍的数据清理有关。

另外冗余也是一个重要的问题。一个属性(如年收入)可能是冗余的,如果它能由另一个或另一组属性“导出”。属性或维命名的不一致也可能导致结果数据集中的冗余。有些冗余可以被相关分析检测到。给定两个属性,这种分析可以根据可用的数据度量一个属性能在多大程度上蕴涵另一个。对于数值属性,通过计算属性 A 和 B 之间的相关系数又称皮尔逊积矩系数(Pearson product coefficient),可以估计这两个属性的相关度:

$$r_{A,B}=\frac{\sum_{i=1}^{N}(a_i-\overline{A})(b_i-\overline{B})}{N\sigma_A\sigma_B}=\frac{\sum_{i=1}^{N}(a_ib_i)-N\overline{A}\,\overline{B}}{N\sigma_A\sigma_B} \tag{2.1}$$

其中 N 是元组个数,a_i 和 b_i 分别是元组 i 中 A 和 B 的值,$\overline{A}$ 和 $\overline{B}$ 分别是 A 和 B 的均值,σ_A 和 σ_B 分别是 A 和 B 的标准差,而 $\sum_{i=1}^{N}(a_ib_i)$ 是 AB 叉积的和(即,对于每个元组,A 的值乘以该元组 B 的值)。注意,$-1\leqslant r_{A,B}\leqslant+1$。如果 $r_{A,B}$ 大于 0,则 A 和 B 是正相关的,意味 A 的值随 B 的值增加而增加。该值越大,相关性越强(即每个属性蕴涵另一个的可能性越大)。因此,一个较高的 $r_{A,B}$ 值表明 A(或 B)可以作为冗余而被去掉。如果结果值等于 0,则 A 和 B 是独立的,不存在相关。如果结果值小于 0,则 A 和 B 是负相关的,一个值随另一个的减少而增加。这意味每一个属性都阻止另一个出现。也可以用散布图来观察属性之间的相关。

注意,相关并不意味因果关系。也就是说,如果 A 和 B 是相关的,这并不意味 A 导致 B 或 B 导致 A。例如,在分析人口统计数据库时,可能发现一个地区的医院数与汽车盗窃数是相关的,但这并不意味一个导致另一个。实际上,二者必然地关联到第三个属性:人口。对于分类(离散)数据,两个属性 A 和 B 之间的相关联系可以通过 χ^2(卡方)检验发现。

设 A 有 c 个不同值 $a_1, a_2, \cdots, a_c$;B 有 r 个不同值 $b_1, b_2, \cdots, b_r$。A 和 B

描述的数据元组可以用一个相依表显示，其中 A 的 c 个值构成列，B 的 r 个值构成行。令 (A_i, B_j) 表示属性 A 取值 a_i、属性 B 取值 b_j 的事件，即 $(A = a_i, B = b_j)$。每个可能的 (A_i, B_j) 联合事件都在表中有自己的单元（或位置）。χ^2 值（又称皮尔逊 χ^2 统计量）可以用下式计算：

$$\chi^2 = \sum_{i=1}^{c}\sum_{j=1}^{r}\frac{(o_{ij} - e_{ij})^2}{e_{ij}} \tag{2.2}$$

其中，o_{ij} 是联合事件 (A_i, B_j) 的观测频度（即实际计数），而 e_{ij} 是 (A_i, B_j) 的期望频度，可以用下式计算：

$$e_{ij} = \frac{\text{count}(A = a_i) \times \text{count}(B = b_j)}{N} \tag{2.3}$$

其中，N 是数据元组的个数，$\text{count}(A = a_i)$ 是 A 具有值 a_i 的元组个数，而 $\text{count}(B = b_j)$ 是 B 具有值 b_j 的元组个数。注意，对 χ^2 值贡献最大的单元是其实际计数与期望计数很不相同的单元。

χ^2 统计检验假设 A 和 B 是独立的。检验基于显著水平，具有 $(r-1)\times(c-1)$ 自由度。可用下面的例子解释该统计量的使用。如果可以拒绝该假设，则说 A 和 B 是统计相关的或关联的。

看一个具体的例子。

例 2.4 使用 χ^2 的分类属性的相关分析。每个人对喜爱的阅读材料类型是否是小说进行投票。设调查了 1 500 个人，记录了每个人的性别。这样，就有两个属性 gender 和 preferred_reading。每种可能的联合事件的观测频率（或计数）汇总在表 2.3 的相依表中，其中括号中的数是期望频率（根据两个属性的数据分布，用前面公式计算）。

表 2.3 例 2.4 的数据的 2×2 相依表

	男	女	合 计
小 说	250(90)	200(360)	450
非小说	50(210)	1 000(840)	1 050
合 计	300	1 200	1 500

使用前面定义的公式，可以验证每个单元的期望频率。例如，单元（男，小说）的期望频率是：

$$e_{11} = \frac{\text{count}(\text{男}) \times \text{count}(\text{小说})}{N} = \frac{300 \times 450}{1\,500} = 90$$

注意，在任意行，期望频率的和必须等于该行总观测频率，并且任意列的期望频率的和：

$$\chi^2 = \frac{(250-90)^2}{90} + \frac{(50-210)^2}{210} + \frac{(200-360)^2}{360} + \frac{(1\ 000-840)^2}{840}$$

$$= 284.44 + 121.90 + 71.11 + 30.48 = 507.93$$

对于2×2的表，自由度为(2－1)×(2－1) = 1。对于自由度1，在0.001的置信水平，拒绝假设的 χ^2 值是10.828(取自 χ^2 分布的上百分点表，通常可以在任意统计学教科书中找到)。由于计算的值大于该值，因此拒绝 gender 和 preferred_reading 独立的假设，并断言对于给定的人群，这两个属性是(强)相关的。

除了检测属性间的冗余外，还应当在元组级检测重复(例如，对于给定的唯一数据实体，存在两个或多个相同的元组)。去规范化表(denormalized table)的使用是数据冗余的另一个来源。不一致通常出现在各种不同的副本之间，由于不正确的数据输入，或者由于更新了部分数据，但未更新全部数据。例如，如果订单数据库包含订货人的姓名和地址属性，而不是这些信息在订货人数据库中的码，则偏差就可能出现，如同一订货人的名字可能以不同的地址出现在订单数据库中。

数据集成的第三个重要问题是数据值冲突的检测与处理。例如，对于现实世界的同一实体，来自不同数据源的属性值可能不同。这可能是因为表示方法、比例或编码不同。例如，重量属性可能在一个系统中以公制单位存放，而在另一个系统中以英制单位存放。对于连锁旅馆，不同城市的房价不仅可能涉及不同的货币，而且可能涉及不同的服务(如免费早餐)和税。

在一个系统中记录的属性的抽象层可能比另一个系统中“相同的”属性低。例如，total_sales 在一个数据库中可能涉及电子商务(AllElectronics)的一个分店，而另一个数据库中相同名字的属性可能表示一个给定地区的 AllElectronics 分店的总销售量。

在集成期间将一个数据库的属性与另一个匹配时，要特别关注数据的结构，以确保源系统中的属性函数依赖和参照约束与目标系统中的匹配。例如，在一个系统中，折扣可能用于订单；而在另一个系统中，它可能用于订单中的每个商品。如果在集成前未注意这一点，目标系统的商品可能被不正确地打折。

数据语义的异构和结构对数据集成提出了巨大挑战。而由多个数据源小心地集成数据能够帮助降低和避免结果数据集中的冗余和不一致。这有助于提高其后挖掘过程的准确率和速度。

2.3.2 数据变换

数据变换是指将数据转换或统一成适合于挖掘的形式。数据变换可能涉及如下内容：

● 光滑：去掉数据中的噪声。这种技术包括分箱、回归和聚类；

● 聚集：对数据进行汇总或聚集。例如，可以聚集日销售数据，计算月和年销售量。通常，这一步用来为多粒度数据分析构造数据立方体；

● 数据泛化：使用概念分层，用高层概念替换低层或“原始”数据。例如，分类的属性，如街道，可以泛化为较高层的概念，如城市或国家。类似地，数值属性如年龄，可以映射到较高层概念如青年、中年和老年；

● 规范化：将属性数据按比例缩放，使之落入一个小的特定区间，如-1.0～1.0或0.0～1.0；

● 属性构造（或特征构造）：可以构造新的属性并添加到属性集中，以帮助挖掘过程。光滑是一种数据清理形式，已在前面小节介绍过，其中数据清理过程还讨论了ETL工具和用户定义变换以纠正数据中的不一致。聚集和泛化是一种数据归约形式，将在后面小节讨论。本节将讨论规范化和属性构造。

通过将属性值按比例缩放，使之落入一个小的特定区间，如0.0～1.0，对属性规范化。对于涉及神经网络或距离度量的分类算法（如最近邻分类）和聚类，规范化特别有用。如果使用神经网络后向传播算法进行分类挖掘（见第4章），对于训练元组中量度每个属性的输入值规范化将有助于加快学习阶段的速度。对于基于距离的方法，规范化可以帮助防止具有较大初始值域的属性（如income）与具有较小初始值域的属性（如二元属性）相比权重过大。有许多数据规范化的方法，这里将介绍三种：最小-最大规范化、z-score规范化和按小数定标规范化。

(1) 最小-最大规范化对原始数据进行线性变换。假定 min_A 和 max_A 分别为属性 A 的最小值和最大值。最小-最大规范化通过计算：

$$v' = \frac{v - min_A}{max_A - min_A} = (new\_max_A - new\_min_A) + new\_min_A \tag{2.4}$$

将 A 的值 v 映射到区间 $[new\_min_A, new\_max_A]$ 中的 v'。

最小-最大规范化保持原始数据值之间的联系。如果今后的输入落在 A 的原始数据值域之外，该方法将面临“越界”错误。

例2.5 最小-最大规范化。假定属性income的最小与最大值分别为12 000美元和98 000美元。想把income映射到区间[0.0, 0.1]，根据最小-最大规范化，income值73 600美元将变换为：

$$\frac{73\,600 - 12\,000}{98\,000 - 12\,000}(1.0 - 0) + 0 = 0.716。$$

(2) 在 z-score 规范化(或零均值规范化)中,属性 A 的值基于 A 的均值和标准差规范化。A 的值 v 规范化为 v',由下式计算:

$$v' = \frac{v - \overline{A}}{\sigma_A} \tag{2.5}$$

其中,$\overline{A}$和σ_A分别为属性 A 的均值和标准差。当属性 A 的实际最大和最小值未知,或异类点左右了最大-最小规范化时,该方法是有用的。

例 2.6 z-score 规范化。假定属性 income 的均值和标准差分别为 54 000 美元和 16 000 美元。

使用 z-score 规范化,值 73 600 美元转换为:

$$\frac{73\,600 - 54\,000}{16\,000} = 1.225。$$

(3) 小数定标规范化通过移动属性 A 的小数点位置进行规范化。小数点的移动位数依赖于 A 的最大绝对值。A 的值 v 规范化为 v',由下式计算:

$$v' = \frac{v}{10^j} \tag{2.6}$$

是使得 $\max(|v'|)<1$ 的最小整数。

例 2.7 小数定标。假定 A 的取值由 -986～917。A 的最大绝对值为 986。使用小数定标规范化,用 1 000(即 $j = 3$)除每个值,这样,-986 规范化为 -0.986,而 917 被规范化为 0.917。

注意,规范化将原来的数据改变,特别是上面的后两种方法。有必要保留规范化参数(如 z-score 规范中的均值和标准差),以便将来的数据可以用一致的方式规范化。

属性构造是指由给定的属性构造和添加新的属性,帮助提高准确率和对高维数据结构的理解。例如,可能希望根据属性 height 和 width 添加属性 area。通过属性构造可以发现关于数据属性间联系的丢失信息,这对知识发现是有用的。

2.3.3 维度归约

维度归约是指通过使用数据编码或变换,得到原数据的归约或"压缩"表示。如果原数据可以由压缩数据重新构造而不丢失任何信息,则该数据归约是无损的。如果只能重新构造原数据的近似表示,则该数据归约是有损的。有一些很好的串压缩算法,尽管它们通常是无损的,但是只允许有限的数据操作,故本节介绍另外两种流行、有效的有损的维归约方法:小波变换和主成分分析。

1. 小波变换

离散小波变换(DWT)是一种线性信号处理技术,当用于数据向量 $\boldsymbol{X}$ 时,将它变换成数值上不同的小波系数向量 $\boldsymbol{X}'$。两个向量具有相同的长度。当这种技术用于数据归约时,每个元组看作一个 n 维数据向量,即 $\boldsymbol{X} = (x_1, x_2, \cdots, x_n)$,描述 n 个数据库属性在元组上的 n 个测量值。

如果小波变换的数据与原数据的长度相等,这种技术如何能够用于数据归约?关键在于小波变换后的数据可以截短。仅存放一小部分最强的小波系数,就能保留近似的压缩数据。

例如,保留大于用户设定的某个阈值的所有小波系数,其他系数置为0。这样,结果数据表示非常稀疏,使得如果在小波空间进行计算,利用数据稀疏特点的操作计算得非常快。该技术也能用于消除噪声,而不会光滑掉数据的主要特征,使得它们也能有效地用于数据清理。给定一组系数,使用所用的DWT的逆,可以构造原数据的近似。

DWT与离散傅里叶变换(DFT)有密切关系,DFT是一种涉及正弦和余弦的信号处理技术。然而一般地说,DWT是一种更好的有损压缩。也就是说,对于给定的数据向量,如果DWT和DFT保留相同数目的系数,DWT将提供原数据的更准确的近似。因此,对于等价的近似,DWT比DFT需要的空间小。不像DFT,小波空间局部性相当好,有助于保留局部细节。

DET变换只有一种,但却有若干族DWT变换。图2.9显示了一些小波族。流行的小波变换包括Haar-2、Daubechies-4和Daubechies-6。应用离散小波变换的一般过程是使用一种分层金字塔算法(pyramid algorithm),它在每次迭代中将数据减半,导致很快的计算速度。该方法如下:

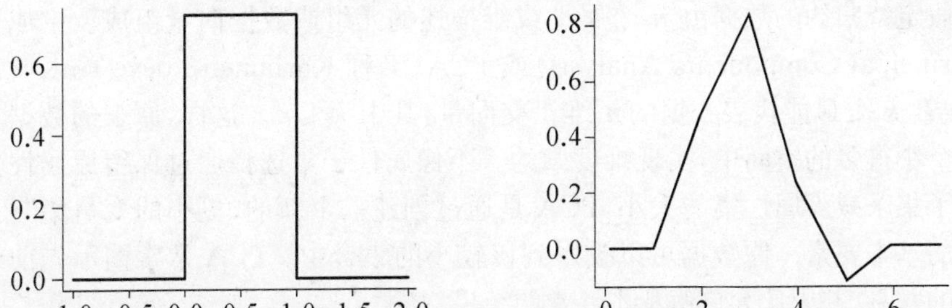

图2.9 小波族的例子(小波名后的数是小波的消失瞬间。这是系统必须满足的数学联系集,并且与小波系数的个数有关)

(1) 输入数据向量的长度 L 必须是 2 的整数幂。必要时($L \geqslant n$),通过在数据向量后添加 0,这一条件可以满足;

(2) 每个变换涉及两个函数。第一个使用某种数据光滑,如求和或加权平均。第二个进行加权差分,产生数据的细节特征;

(3) 两个函数作用于 $\boldsymbol{X}$ 中的数据点对,即用于所有的测量对(x_{2i}, x_{2i+1})。这产生两个长度为 $L/2$ 的数据集。一般,它们分别代表输入数据的光滑后的版本或低频版本和它的高频内容;

(4) 两个函数递归地作用于前面循环得到的数据集,直到得到的数据集长度为 2;

由以上迭代得到的数据集中选择值,指定其为数据变换的小波系数。等价地,可以将矩阵乘法用于输入数据,以得到小波系数。所用的矩阵依赖于给定的 DWT。矩阵必须是标准正交的,即列是单位向量并相互正交,使得矩阵的逆是它的转置。尽管受篇幅限制,这里不再讨论,但这种性质允许由光滑和光滑差数据集重构数据。通过将矩阵因子分解成几个稀疏矩阵,对于长度为 n 的输入向量,"快速 DWT"算法的复杂度为 $O(n)$。

小波变换可以用于多维数据,如数据立方体。具体方法为:首先将变换用于第一个维,然后第二个,如此下去。计算复杂性关于立方体中单元的个数是线性的。对于稀疏或倾斜数据和具有有序属性的数据,小波变换给出很好的结果。据报道,小波变换的有损压缩比当前的商业标准 JPEG 压缩好。小波变换有许多实际应用,包括指纹图像压缩、计算机视觉、时间序列数据分析和数据清理。

2. 主成分分析

作为一种维度归约方法,这里主要直观地介绍主成分分析。详细的理论解释已超出本书范围。

假定待归约的数据由 n 个属性或维描述的元组或数据向量组成。主成分分析(Principal Components Analysis)或 PCA(又称 Karhunen-Loeve 或 K-L 方法)搜索 k 个最能代表数据的 n 维正交向量,其中 $k \leqslant n$。这样,原来的数据投影到一个小得多的空间中,实现维度归约。不像属性子集选择通过保留原属性集的一个子集来减少属性集的大小,PCA 是通过创建一个新的、更小的变量集"组合"属性的基本要素。原数据可以投影到该较小的集合中。PCA 常常揭示先前未曾察觉的联系,并因此允许解释不寻常的结果。

PCA 方法的基本过程如下:

(1) 对输入数据规范化,使得每个属性都落入相同的区间。此步有助于确保具有较大定义域的属性不会支配具有较小定义域的属性;

(2) PCA 计算 k 个标准正交向量,作为规范化输入数据的基。这些是单位向量,每一个方向都垂直于另一个。这些向量称为主成分。输入数据是主成分的线性组合;

(3) 对主成分按“重要性”或强度降序排列。主成分基本上充当数据的新坐标轴,提供关于方差的重要信息。也就是说,对坐标轴进行排序,使得第一个坐标轴显示数据的最大方差,第二个显示次大方差,如此下去。例如,图 2.10 显示原来映射到轴 X_1 和 X_2 的给定数据集的前两个主成分 Y_1 和 Y_2。这一信息可以帮助识别数据中的分组或模式。

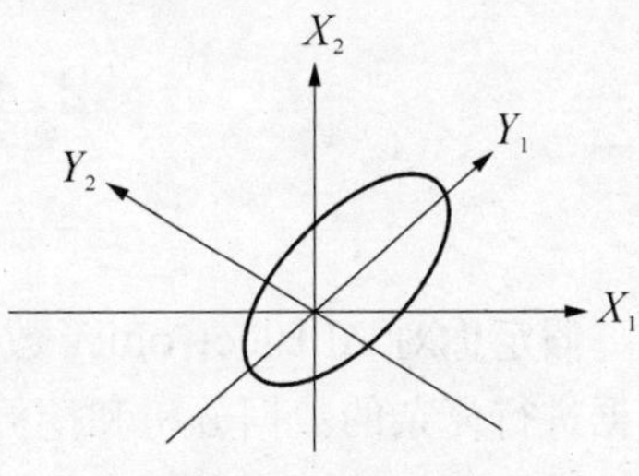

图 2.10 主成分(PCA)分析

(Y_1 和 Y_2 是给定数据的前两个主成分)

(4) 既然主成分根据“重要性”降序排列,那么就可以通过去掉较弱的成分(即方差较小)来归约数据的规模。使用最强的主成分,应当能够很好地重构原数据。

PCA 是设法将原来众多具有一定相关性的指标,重新组合成一组新的互相无关的综合指标,使得新指标既包含原始数据的主要信息,又能更集中地显示出研究对象的特征。

设 n 维输入向量 $\boldsymbol{x}$ 的相关系数矩阵用 $\boldsymbol{R}$ 表示,即 $\boldsymbol{R} = E[xx^{\mathrm{T}}]$。其特征值为 $\lambda_1, \cdots, \lambda_n$,不妨设 $\lambda_1 \geqslant \lambda_2 \geqslant \cdots \geqslant \lambda_n$,对应的特征向量分别为 $\boldsymbol{\omega}_1, \boldsymbol{\omega}_2, \cdots, \boldsymbol{\omega}_n$。

PCA 算法的目的是寻求正交矩阵 $\boldsymbol{W}$,使得 $\boldsymbol{W}$ 对 $\boldsymbol{x}$ 变换后的矩阵为对角矩阵:$\boldsymbol{W} = [\boldsymbol{\omega}_1, \boldsymbol{\omega}_2, \cdots, \boldsymbol{\omega}_n]^{\mathrm{T}}$,且 $\boldsymbol{\omega}_i \boldsymbol{\omega}_j^{\mathrm{T}} = 1 (i = j)$ 或 $0 (i \neq j)$,则 $y_j = \boldsymbol{\omega}_j^{\mathrm{T}} \boldsymbol{x}$,$j = 1, 2, \cdots, n$,其中,$y_j$ 为向量 x 在单位向量 $\boldsymbol{\omega}_j$ 表示的主方向上的投影,即主元。

通过选取 m 个较大特征值对应的特征向量,从而将高维向量 $\boldsymbol{x} \in \mathbf{R}^n$ 转换为低维向量 $\boldsymbol{y} \in \mathbf{R}^m$,$m < n$。

PCA 通过寻找变量最大的投影轴,判断有多少个独立变量,并将相关量组合成新量,在保留了向量 $\boldsymbol{x}$ 的绝大多数特征信息的前提下,通过使用低维的向量 y 来替代原先的维数较多的向量 $\boldsymbol{x}$,实现降维目的,这可大大减少计算的复杂性,同时保证尽可能少地丢失信息,相比于反射映射或交叉相关方法,PCA 对样本要求不高。

PCA 计算开销低,可以用于有序和无序的属性,并且可以处理稀疏和倾斜数据。多于二维的多维数据可以通过将问题归约为二维问题来处理。主成分可以用作多元回归和聚类分析的输入。与小波变换相比,PCA 能够更好地处理稀疏数据,而小波变换更适合高维数据。

2.4 数据归约

假定你对 AllElectronics 数据仓库进行数据分析,该数据集将非常大!对海量数据进行复杂的数据分析和挖掘将需要很长时间,使得这种分析不现实或不可行。

数据归约技术可以用来得到数据集的归约表示,它小得多,但仍接近保持原数据的完整性。这样,对归约后的数据集挖掘将更有效,并产生相同(或几乎相同)的分析结果。数据归约的策略如下:

(1) 数据立方体聚集:聚集操作用于数据立方体结构中的数据;

(2) 属性子集选择:可以检测并删除不相关、弱相关或冗余的属性或维;

(3) 维度归约:使用编码机制减小数据集的规模;

(4) 数值归约:用替代的、较小的数据表示替换或估计数据,如参数模型(只需要存放模型参数,而不是实际数据)或非参数方法,如聚类、抽样和使用直方图;

(5) 离散化和概念分层产生:属性的原始数据值用区间值或较高层的概念替换。数据离散化是一种数据归约形式,对于概念分层的自动产生是有用的。离散化和概念分层产生是数据挖掘强有力的工具,允许挖掘多个抽象层的数据。

策略(1)~(4)在本节的剩余部分讨论。用于数据归约的计算时间不应当超过或"抵消"对归约数据挖掘节省的时间。

2.4.1 数据立方体聚集

假设已经为分析收集了数据。这些数据由 AllElectronics 2002~2004 年每季度的销售数据组成。然而,你感兴趣的是年销售(每年的总和),而不是每季度的总和。可以对这种数据聚集,使得结果数据汇总每年的总销售,而不是每季度的总销售。该聚集如图 2.11 所示。结果数据集小得多,并不丢失分析任务所需的信息。

数据立方体存储多维聚集信息。例如,图 2.12 显示了一个数据立方体,用于 AllElectronics 所有分店每类商品年销售多维分析。每个单元存放一个聚集值,对应于多维空间的一个数据点(为清晰起见,只显示了某些单元的值)。每个属性可

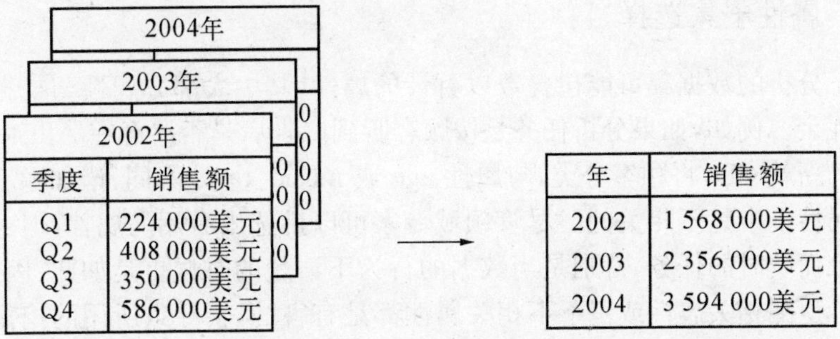

图 2.11　AllElectronics 的给定分店 2002～2004 年的销售数据

（在左部，销售数据按季度显示。在右部，数据聚集以提供年销售额）

能存在概念分层，允许在多个抽象层进行数据分析。例如，branch 的分层使得分店可以按地址聚集成地区。数据立方体提供对预计算的汇总数据进行快速访问，因此，适合联机数据分析处理和数据挖掘。

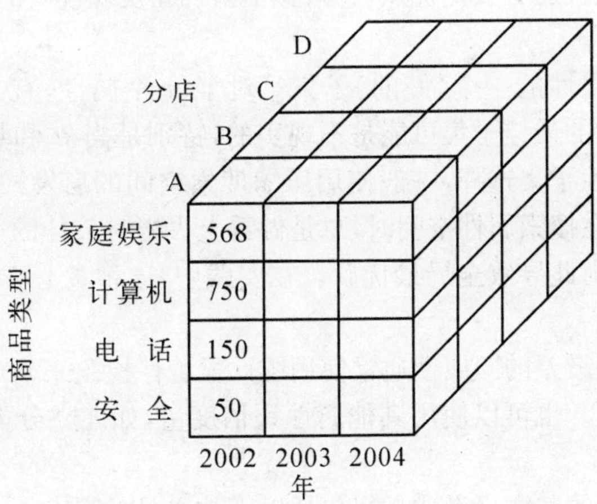

图 2.12　AllElectronics 的销售数据立方体

在最低抽象层创建的立方体称为基本方体（base cuboid）。基本方体应当对应于感兴趣的个体实体，如 sales 或 customer。换言之，最低层应当是对于分析可用的或有用的。最高层抽象的立方体称为顶点方体（apex cuboid）。对于图 2.12 的销售数据，顶点方体将给出一个汇总值——所有商品类型、所有分店三年的总销售额。对不同抽象层创建的数据立方体称为方体（cuboid），因此数据立方体可以看作方体的格（lattice of cuboids）。每个较高层抽象将进一步减少结果数据的规模。当回答数据挖掘查询时，应当使用与给定任务相关的最小可用方体。

2.4.2 属性子集选择

用于分析的数据集可能包含数以百计的属性，其中大部分属性与挖掘任务不相关或冗余。例如，如果分析任务是按顾客听到广告后是否愿意在 AllElectronics 买流行的新款 CD，将顾客分类，与属性 age 或 music_taste 不同，诸如顾客的电话号码等属性多半是不相关的。尽管领域专家可以挑选出有用的属性，但这可能是一项困难而费时的任务，特别是当数据的行为不清楚的时候更是如此(因此，需要分析!)。遗漏相关属性或留下不相关属性都是有害的，会导致所用的挖掘算法无所适从。这可能导致发现质量很差的模式。此外，不相关或冗余的属性增加可能会减慢挖掘进程。

1. 属性子集选择

通过删除不相关或冗余的属性(或维)减小数据集。属性子集选择的目标是找出最小属性集，使得数据类的概率分布尽可能地接近使用所有属性得到的原分布。对减小的属性集挖掘还有其他优点，它减少了出现在发现模式的属性数目，使得模式更易于理解。

"如何找出原属性的一个'好的'子集?"对于 n 个属性，有 2^n 个可能的子集。穷举搜索找出属性的最佳子集可能是不现实的，特别是当 n 和数据类的数目增加时。因此，对于属性子集选择，一般使用压缩搜索空间的启发式算法。通常，这些方法是贪心算法，在搜索属性空间时，总是做看上去当时最佳的选择。策略是做局部最优选择，期望由此导致全局最优解。在实践中，这种贪心方法是有效的，并可以逼近最优解。

"最好的"(和"最差的")属性通常使用统计显著性检验来确定。这种检验假定属性是相互独立的。也可以使用其他属性评估度量，如建立分类决策树使用信息增益度量。

属性子集选择的基本启发式方法包括以下技术(图 2.13)。在机器学习中，属性子集选择称作特征子集选择。信息增益度量将在第 3 章详细介绍。

(1) 逐步向前选择：该过程由空属性集作为归约集开始，确定原属性集中最好的属性，并将它添加到归约集中。在其后的每一次迭代步，将剩下的原属性集中最好的属性添加到该集合中；

(2) 逐步向后删除：该过程由整个属性集开始。在每一步，删除尚在属性集中最差的属性；

(3) 向前选择和向后删除的结合：可以将逐步向前选择和向后删除方法结合在一起，每一步选择一个最好的属性，并在剩余属性中删除一个最差的属性；

(4) 决策树归纳：决策树算法，如 ID3、C4.5 和 CART 最初是用于分类的。决策树归纳构造一个类似于流程图的结构，其中每个内部(非树叶)节点表示一个属性的测试，每个分枝对应于测试的一个输出；每个外部(树叶)节点表示一个类预测。在每个节点，算法选择“最好”的属性，将数据划分成类。

向前选择	向后删除	决策树归纳
初始属性集： $\{A_1, A_2, A_3, A_4, A_5, A_6\}$ 初始归约集： $\{\}$ $\Rightarrow\{A_1\}$ $\Rightarrow\{A_1, A_4\}$ ⇒归约后的属性集： $\{A_1, A_4, A_6\}$	初始属性集： $\{A_1, A_2, A_3, A_4, A_5, A_6\}$ $\Rightarrow\{A_1, A_3, A_4, A_5, A_6\}$ $\Rightarrow\{A_1, A_4, A_5, A_6\}$ ⇒归约后的属性集： $\{A_1, A_4, A_6\}$	初始属性集： $\{A_1, A_2, A_3, A_4, A_5, A_6\}$ 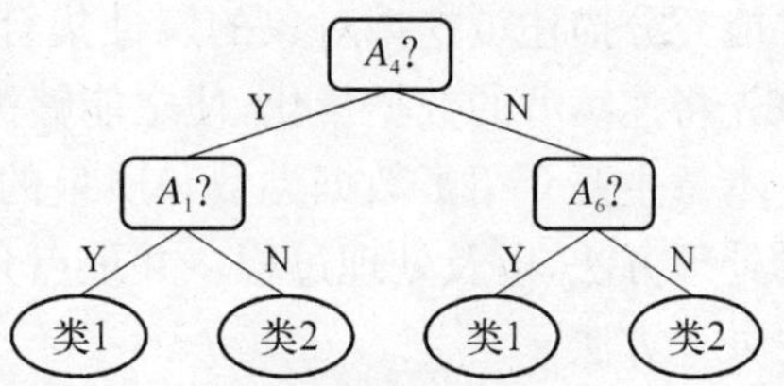 ⇒归约后的属性集： $\{A_1, A_4, A_6\}$

图 2.13　属性子集选择的贪心(启发式)方法

当决策树归纳选择属性子集时及给定的数据构造决策树。不出现在树中的所有属性假定是不相关的。出现在树中的属性形成归约后的属性子集。方法的结束标准可以不同。该过程可以使用一个度量阈值来决定何时停止属性选择过程。

2.5　本章小结

在数据挖掘中，数据预处理就是在对数据进行数据挖掘前，先对原始数据进行必要的清洗、集成、转换、离散和归约等等一系列的处理工作，使之达到挖掘算法进行知识获取研究所要求的最低标准。

数据预处理的主要任务有：

(1) 数据清洗：如填补缺失数据、消除噪声数据等。数据清洗就是通过分析“脏数据”的产生原因和存在形式，利用现有的技术手段和方法去清洗“脏数据”，将“脏数据”转化为满足数据质量或应用要求的数据，从而提高数据集的数据质量。

(2) 数据集成：将所用的数据统一存储在数据库、数据仓库或文件中形成一个完整的数据集，这一过程要消除冗余数据。

(3) 数据转换：主要是对数据进行规格化操作，如将数据值限定在特定的范围之内。对于某些挖掘模式，需要数据满足一定的格式，数据转换能把原始数据转换为挖掘模式要求的格式，以满足挖掘的需求。

(4) 数据归约：把那些不能够刻画系统关键特征的属性剔除掉，从而得到精练的并能充分描述被挖掘对象的属性集合。对于需要处理离散型数据的挖掘系统，应该先将连续型的数据量化，使之能够被处理。

本章主要介绍了数据类型和质量的描述，给出数据清理中的缺失值和噪声数据的处理方法，以及处理过程。并重点介绍了数据集成与变换，以及数据归约等的主要处理方法。

第3章　分类挖掘：决策树

决策树方法是目前应用最广泛的归纳推理算法之一，是一种逼近离散值函数的方法，也可以把它看作是一个布尔函数。它是以实例为基础的归纳学习算法，通常用来形成分类器和预测模型，着眼于从一组无次序、无规则的事例中，推理出决策树表示形式的分类规则。本章将介绍若干常见的基于决策树的分类挖掘方法。

3.1　决策树方法

分类技术是数据挖掘的重要分支，用于分类挖掘技术的方法有很多，如决策树方法、遗传算法、贝叶斯网络、粗糙集、k-最近邻方法、关联规则方法等等。其中，决策树方法以其算法容易被人理解、易转换成 IF-THEN 分类规则、效率较高等优点被广泛研究与应用，使得它在数据挖掘领域中有着重要的地位。目前决策树方法中比较流行的算法有 ID3、C4.5、CART、SLIQ、SPRINT 等。这些算法都是对训练数据样本集建立一棵决策树，利用建好的决策树，对数据进行预测。决策树的建立过程可以看成是数据分类规则的生成过程，因此可以认为，决策树实现了数据分类规则的可视化，其输出结果也容易理解。在这些算法中以 ID3 算法最为经典，其他很多算法都是从 ID3 算法演变而来的，因此这里首先重点介绍 ID3 算法。

目前分类挖掘在实际应用中有着很重要的价值，在很多行业领域都取得一定的成功。比如：在股票市场上对每只股票的历史数据进行分析，通过相应的技术进行预测，从而做出相对比较准确的判断；彩票的购买也可以利用数据挖掘的分类或预测技术进行分析；在金融领域中，通过决策树，可以很容易地确定贷款申请者是高风险贷款者还是低风险贷款者。

决策树(Decision Tree)是比较常用的一种方法,它是一种用于分类、聚类和预测的预测型建模方法,采用“分而治之”的方法将问题的搜索空间分为若干子集。应用这种方法需要构建一棵树对分类过程进行建模。一旦建立树,就可以将其应用于数据集中的元组并得到分类结果。在决策树方法中,有两个基本步骤:构建决策树和将决策树应用于数据集。研究者一般都集中在如何有效地构建决策树的研究上。

决策树是一个类似流程图的树型结构,采用自顶向下的递归方式,在它的内部结点进行属性值的比较,并根据不同的属性值判断从该结点向下的分支,最后在决策树的叶结点得到结论,整个过程都是以新结点为根的子树上重复。图 3.1 所示的就是一棵决策树的基本结构,其中,每个非叶子结点代表数据集的输入属性,属性值(Attribute Value)代表属性的对应值,叶子结点代表输出(即类别)属性的值。

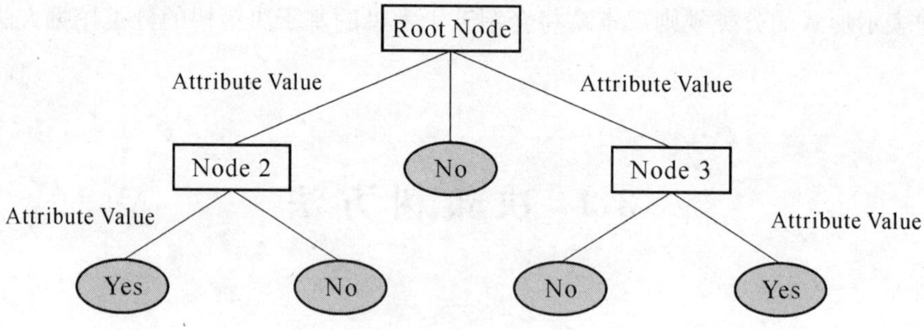

图 3.1　决策树示意图

从整棵树的角度来看,通常决策树代表实例属性值约束的合取的析取式。从根到树叶的每一条路径对应一组属性测试的合取,树本身对应这些合取的析取。这样就很容易转换成 IF-THEN 形式的分类规则,根据这个分类规则就可以比较容易地对未知数据对象进行分类识别和预测。

为了对未知数据对象进行分类识别,可以根据决策树的结构对数据集中的属性值进行测试,从决策树的根结点开始,逐渐向下,根据每个结点对应的划分将其归到相应的子结点,直到叶子结点。叶子结点所对应的类别就是该数据对象对应的分类。

基本的决策树算法是一个贪心算法,现有的已开发的决策树学习算法都是这种核心算法的变体。该算法采用自上而下、分而治之的递归方式搜索遍历,它是学习构造决策树的一个基本的归纳算法。

算法 3.1　Decision Tree(Examples,Attributelist)//根据给定训练样本集生

成一棵决策树。Examples 为训练样本集，Attributelist 是可供归纳的候选属性集。

输入：训练样本集，各属性取值均为离散值。

输出：返回一棵能正确分类训练样本集的决策树。

处理流程：

创建决策树的根结点 N；

If 所有样本均为同一类别 C，返回 N 作为一个叶子结点并标志为 C 类别；

Else if Attributelist 为空，则返回 N 作为一个叶子结点，并标记为该结点所含样本中类别最多的类别；

Else 从 Attributelist 中选择一个分类 Examples 能力最好的属性 Attribute*，标记为根结点 N；

For Attribute* 中的每一个已知取值 V_i，

根据 Attribute* = V_i，从根结点产生相应的一个分支；

设 S_i 为具有 Attribute* = V_i 条件所获的样本子集，

If S_i 为空，则将相应的叶子结点标记为该结点所含样本中类别最多的类别；

Else 递归创建子树，调用 DecisionTree(S_i，Attributelist-Attribute*)。

由此可以清楚地看到，决策树是一种自顶向下增长树的贪婪算法，在每个结点选取能最好分类样本的属性，继续这个过程直到这棵树能完美地分类训练样例，或所有的属性均已被使用过。算法的重点在于 Attribute * 的选取。

算法递归执行的终止条件是：

(1) 根结点对应的所有样本均为同一类别。

(2) 假若没有属性可用于划分当前的样本子集，则利用投票原则，将当前结点强制为叶子结点，并标记为当前结点所含样本集中占统治地位的类别。

(3) 假若没有样本满足 Attribute* = V_i，那么创建一个叶子结点，并将其标记为当前结点所含样本集中占统治地位的类别。

利用决策树对数据进行分类和预测遵循两大步骤，如图 3.2 所示：首先对训练数据进行学习，建构一棵决策树，即决策树的归纳；然后对于每个具体测试样本，利用生成的决策树提取的分类规则，确定样本的类别。按照决策树对数据分类的步骤，可以看出它隐含地定义了一个映射。

这个映射所需要的过程就是决策树的数据判别从根到叶子结点的流程。当然不同的决策树算法所形成的决策树是不同的，因此对同一数据集的分类结果也不同。

ID3 算法构造的决策树是自顶向下归纳形成了一组类似 IF-THEN 的规则。其最原始的程序只是用来区分象棋中的走步，所以区分的类别只有两种，即真或

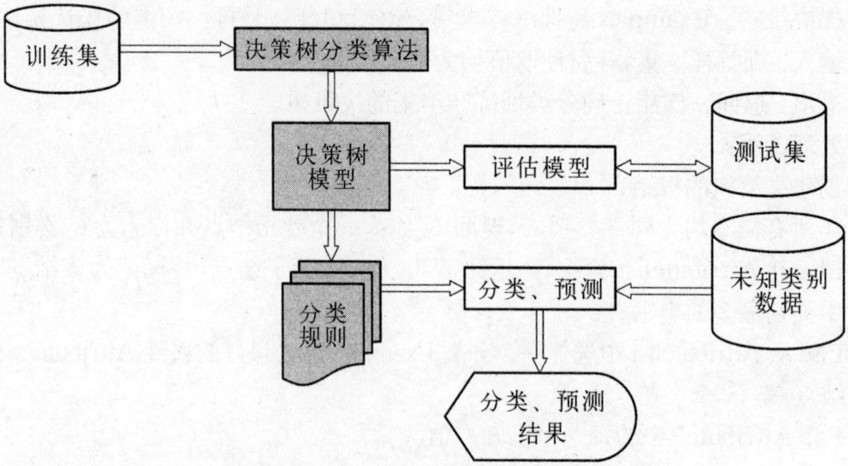

图 3.2 决策树工作原理流程图

假,其属性值也是一些离散有限的值,而今 ID3 算法已发展到允许多于两个类别,而其属性值可以是整数或实数。其优缺点总结为:

(1) 优点

ID3 在选择重要特征时利用了互信息(信息增益)的概念,算法的基础理论清晰,使得算法较简单,该算法的计算时间是例子个数、特征个数、结点个数之积的线性函数。而且搜索空间是完全的假设空间,目标函数必在搜索空间中,不存在无解的危险。全盘使用训练数据,而不是像候选剪除算法逐个地考虑训练例。这样做的优点是可以利用全部训练例的统计性质进行决策,从而抵抗噪声。

(2) 缺点

信息增益的计算依赖于特征值数目较多的特征,这样不太合理,一种简单的办法是对特征进行分解,可以把特征值统统化为二值特征。

用信息增益作为特征选择量存在一个假设,即训练例子集中的正、反例的比例应与实际问题领域里正反例比例相同。但是一般情况不能保证相同,因而计算训练集的信息增益就有偏差。ID3 在建树时,每个结点仅含有一个特征,是一种单变元的算法,特征间的相关性强调不够。虽然将多个特征用一棵树连在一起,但联系还是松散的。

ID3 对噪声较为敏感。ID3 定义训练例子中的错误就是噪声。它由两个原因造成:一是特征值选取错误,二是类别指定错误。当训练集增加时,ID3 的决策树也会随之变化。在建树过程中各特征的互信息会随例子的增加而改变,从而使决策树也变化,这对渐进学习不够方便。

ID3 搜索中只维持一个解，不能像候选剪除算法那样返回所有可能的与训练例集一致的假设，并优化地查询新例以获得收敛于目标函数的解，且搜索无回溯。ID3 可能收敛于局部最优解而丢失全局最优解，因为逐个地考虑训练例，不容易像剪除算法那样使用新例步进式地改进决策树。

3.2　决策树深入

决策树方法运用信息熵理论，选择当前样本集中最大信息增益的属性值作为测试属性；样本集的划分则依据测试属性的值进行，测试属性有多少不同取值就将样本集划分为多少子样本集，同时，决策树上相应于该样本集的结点长出新的叶子结点。由于决策树的结构越简单越能从本质的层次上概括事物的规律，期望非叶结点到达后代结点的平均路径总是最短，即生成的决策树的平均深度最小，这就要求在每个结点选择好的划分。香农的理论表明：系统的不确定性越小，信息的传递就越充分。ID3 算法根据信息理论，采用划分后样本集的不确定性作为衡量划分好坏的标准，用信息增益值度量：信息增益值越大，不确定性越小。因此，算法在每个非叶结点选择信息增益最大的属性作为测试属性。

3.2.1　信息熵基础

决策树的实现是以信息论原理为基础的。信息论是香农（C. E. Shannon）在 1948 年建立的解决信息传递的不确定性的一系列理论，以数学的方法度量并研究信息。通过通信后对信源中各种符号出现的不确定程度的消除来度量信息量的大小，在这些理论中他提出了一系列概念：

(1) 自信息量。设 $X_1, X_2, \cdots, X_n$，为信源发出的信号，在收到 X_i 之前，收信者对信源发出信号的不确定性定义为信息符号的自信息量 $I(X_i)$，即 $I(X_i) = -\log_2 P(X_i)$，其中 $P(X_i)$ 为信源发出 X_i 的概率。

(2) 信息熵。自信息量只能反映符号的不确定性，而信息熵可以用来度量整个信源 X 整体的不确定性，定义如下：

$$H(X) = -\sum_{i=1}^{n} P(X_i)\log_2 P(X_i) \tag{3.1}$$

其中 i 为信源 X 所有可能的符号数，即用信源每发一个符号所提供的平均自信息量来定义信息熵(平均信息量)。

(3) 条件熵。如果信源 X 与随机变量 Y 不是相互独立的，收信者收到信息 Y，那么用条件熵(X/Y)来度量收信者在收到随机变量 Y 之后，对随机变量 X 仍然存在的不确定性。设 X 对应信源符号 X_i，Y 对应信源符号 Y_j，$P(X_i/Y_j)$为当 Y 为 Y_j时 X 为 X_i的概率，则有：

$$H(X/Y) = -\sum_{i=1}^{n}\sum_{j=1}^{m} P(X_i Y_i)\log_2 P(X_i/Y_j) \tag{3.2}$$

(4) 平均互信息量。用它来表示信号 Y 所能提供的关于 X 的信息量的大小，可用下式表示：

$$I(X,\ Y) = H(X) - H(X/Y) \tag{3.3}$$

在信息论中是用熵(系统信息量的加权平均)来度量信息的不确定性的。不确定性是一组消息的描述如 $M = \{m_1,\ m_2,\ \cdots,\ m_n\}$。所有消息的产生是相互独立的，消息集合中每个消息 m_i 被接受的概率为 $P(m_i)$，它包含着一定的信息量，定义为 $I(m_i) = -\log_2(m_i)$。例如：某个信息源总是发送同样的信息，那么接收者就不需要更多的信息，此时信息源的熵就为 0，也就是没有任何不确定性。相反，如果某个信息发送了 n 个不同的信息并且每个信息是相互独立的，此时熵的值就是 $\log_2 n$(熵是以二进制位的个数来编码长度的，故用以 2 为底的对数，后面描述的对数都是以 2 为底)。熵用在决策树中作为训练集纯度的标准。

在决策树形成过程中，最重要的部分是对分裂属性的选择。比较常用的一种方法是计算信息增益(information gain)。信息增益的原理来自信息论，它是使某个属性用来分割训练集而导致的期望熵降低。因此，信息增益越大的属性分裂数据集的可能性越大。决策树的形成就是递归地对数据集中的每个结点进行分裂，直到结点的所有类别都属于同一类或没有多余的属性来划分训练样本集。

按照信息论的定义，设 S 是 s 个数据样本的集合，类标号属性有 n 类样本的训练数据集，每类有 S_i个实例，则把它们分类所需要的信息量 I 为：

$$I(S_1,\ S_2,\ \cdots,\ S_n) = -\sum_{i=1}^{n} P_i \log_2(P_i) \tag{3.4}$$

P_i是任意样本属于类别 C_i的概率，用 S_i/S 估计。设属性 A 具有 v 个不同的值$\{a_1, a_2, \cdots, a_v\}$。可以用属性 A 将 S 划分为 v 个子集$\{S_1, S_2, \cdots, S_v\}$；其中，$S_j$包含 S 中这样的一些样本，它们在 A 上具有值 a_j。假设选取 A 作为本次分类的属性，则这些子集对应于由包含集合 S 的结点生长出来的分枝。设 s_{ij} 是子集 s_j 中类

C_i的样本数。根据由 A 划分成子集的熵由公式得出：

$$E(A) = \sum_{j=1}^{v} \frac{s_{1j} + s_{2j} + \cdots + s_{mj}}{s} I(s_{1j}, s_{2j}, \cdots, s_{mj}) \tag{3.5}$$

其中 $\frac{s_{1j} + s_{2j} + \cdots + s_{mj}}{s}$ 为第 j 个子集的权值，并等于子集（即 A 值为 a_j）中的样本个数除以 S 中的样本总数。由信息论定义知：熵值越小，子集划分的纯度越高。

因此对应给定的子集 S_j 有：

$$I(s_{1j}, s_{2j}, \cdots, s_{mj}) = -\sum_{i=1}^{m} p_{ij} \log_2(p_{ij}) \tag{3.6}$$

其中 $p_{ij} = \frac{s_{ij}}{S_j}$ 是 S_j 中的样本属于类 C_i 的概率。

在 A 上的分枝将获得的编码信息即结点的信息增益为：

$$\text{Gain}(A) = I(S_1, S_2, \cdots, S_n) - E(A) \tag{3.7}$$

也就是说，Gain(A)是由于知道属性 A 的值而导致的熵的期望压缩。

为了使下一步所需的信息量最小，要求每一次都选择其信息增益最大的属性作为决策树的新结点，并对属性的每个值创建分枝，依据此思想划分训练数据样本集。

决策树一个基本定义如下：

给定一个数据集 $D = \{t_1, t_2, \cdots, t_n\}$，其中 $t_i = (t_{i1}, t_{i2}, \cdots, t_{ih})$，数据集包含下列属性$\{A_1, A_2, \cdots, A_n\}$。同时给定类别集合 $C = \{C_1, C_2, \cdots, C_m\}$。对于数据集 D，决策树是具有下列性质的树：

(1) 每个内部结点都被标记一个属性 A_i。

(2) 每个弧被标记一个谓词，这个谓词可应用于相应父结点的属性。

(3) 每个叶结点被标记一个类 C_j。

示例：决策树的归纳描述。如图 3.3 所示为一个商场顾客数据库（训练样本集合）。样本集合的类别属性为："buys_computer"，该属性有两个不同取值，即{yes,no}，因此就有两个不同的类别（$m = 2$）。设 C_1对应"yes"类别，C_2对应"no"类别。C_1类别包含 9 个样本，C_2类别包含 5 个样本。为了计算每个属性的信息增益，首先利用公式(3.4)计算出所有（对一个给定样本进行分类所需要）的信息，具体计算过程如下：

$$I(s_1, s_2) = I(9, 5) = -\frac{9}{14}\log_2\frac{9}{14} - \frac{5}{14}\log_2\frac{5}{14} = 0.94$$

rid	age	income	student	credit_rating	buys_computer
1	<30	High	No	Fair	No
2	<30	High	No	Excellent	No
3	30～40	High	No	Fair	Yes
4	>40	Medium	No	Fair	Yes
5	>40	Low	Yes	Fair	Yes
6	>40	Low	Yes	Excellent	No
7	30～40	Low	Yes	Excellent	Yes
8	<30	Medium	No	Fair	No
9	<30	Low	Yes	Fair	Yes
10	>40	Medium	Yes	Fair	Yes
11	<30	Medium	Yes	Excellent	Yes
12	30～40	Medium	No	Excellent	Yes
13	30～40	High	Yes	Fair	Yes
14	>40	Medium	No	Excellent	No

图 3.3　一个商场顾客数据库(训练样本集合)

接着需要计算每个属性的(信息)熵。假设先从属性"age"开始,根据属性"age"每个取值在 C_1类别和 C_2类别中的分布,就可以计算出每个分布所对应的信息。

对于 age = "< 30";　$s_{11} = 2$　$s_{21} = 3$　$I(s_{11}, s_{21}) = 0.971$

对于 age = "30 ～ 40";　$s_{12} = 4$　$s_{22} = 0$　$I(s_{11}, s_{21}) = 0$

对于 age = "> 40";　$s_{13} = 3$　$s_{23} = 2$　$I(s_{11}, s_{21}) = 0.971$

然后利用公式(3.5)就可以计算出若根据属性"age"对样本集合进行划分,所获得对一个数据对象进行分类而需要的信息熵,由此获得利用属性"age"对样本集合进行划分所获得的信息增益为:

$$\text{Gain(age)} = I(s_1, s_2) - E(\text{age}) = 0.245$$

类似可以获得 Gain(income) = 0.002 9, Gain(student) = 0.151, 以及 Gain(credit_rating) = 0.048。显然选择属性"age"所获得的信息增益最大,因此被作为测试属性用于产生当前分支结点。这个新产生的结点被标记为"age";同时根据属性"age"的三个不同取值,产生三个不同的分支,当前的样本集合被划分为三个子集,如图 3.4 所示。其中落入 age = "30～40"子集的样本类别均为 C_1类别,因此在这个分枝末端产生一个叶结点并标记为 C_1类别。根据如图 3.3 所示的训练样本集合,最终产生一个如图 3.4 所示的决策树。

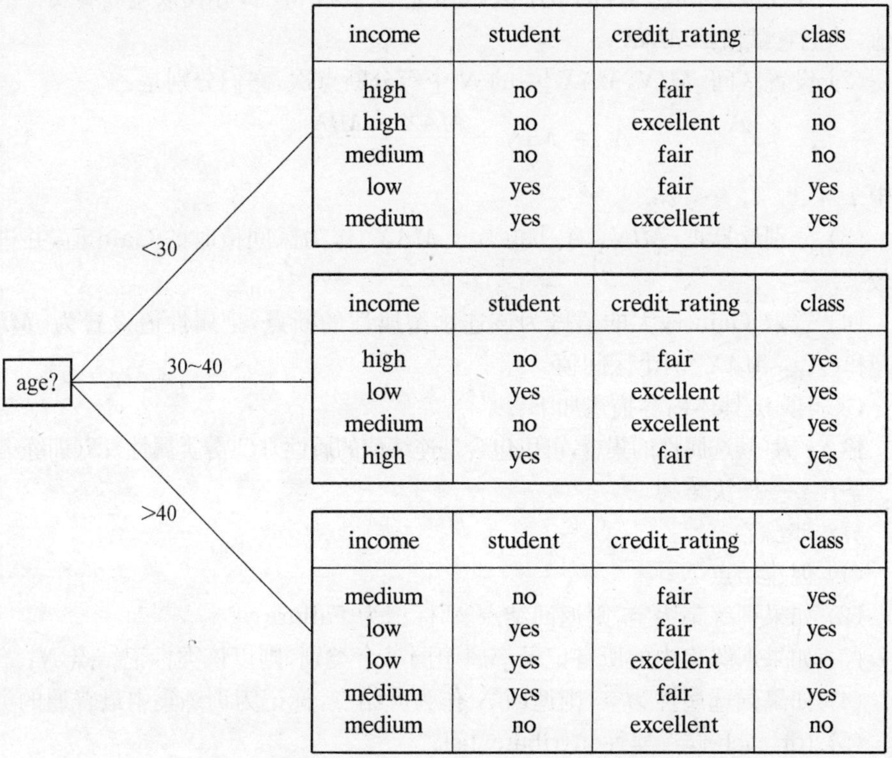

income	student	credit_rating	class
high	no	fair	no
high	no	excellent	no
medium	no	fair	no
low	yes	fair	yes
medium	yes	excellent	yes

income	student	credit_rating	class
high	no	fair	yes
low	yes	excellent	yes
medium	no	excellent	yes
high	yes	fair	yes

income	student	credit_rating	class
medium	no	fair	yes
low	yes	fair	yes
low	yes	excellent	no
medium	yes	fair	yes
medium	no	excellent	no

图 3.4　选择属性"age"产生相应分支的示意描述

3.2.2　C4.5 方法

C4.5 算法是由 Quinlan 在 1993 年提出的，它既是 ID3 算法的后继，也成为以后诸多算法的基础。在应用于单机的决策树算法中，C4.5 算法不仅分类准确率高而且速度快。

C4.5 算法在 ID3 的基础上加进了对连续型属性、属性值空缺情况的处理，对树剪枝也有了较成熟的方法。它克服了 ID3 在应用中的不足。

首先，C4.5 用信息增益率来选择属性，克服了用信息增益选择属性时偏向于选择取值多的属性的不足。其次，C4.5 能够完成对连续属性的离散化处理，还能够对不完整的数据进行处理。C4.5 采用的知识表示形式为决策树，并最终可以形成产生式规则。

把连续型属性值"离散化"的具体方法是：

(1) 寻找该连续型属性的最小值,并把它赋值给 MIN,寻找该连续型属性的最大值,并把它赋值给 MAX;

(2) 设置区间$[MIN,MAX]$中的 N 个等分断点次,它们分别是:

$$A_i = MIN + \frac{MAX - MIN}{N} \times i \tag{3.8}$$

其中 $i = 1, 2, \cdots, N$;

(3) 分别计算把$[MIN, A_i]$和$(A_i, MAX]$作为区间值时的 Gain 值,并进行比较。

(4) 选取 Gain 最大的值做为该连续型属性的断点,把属性值设置为$[MIN, A_k]$和$(A_k, MAX]$两个区间值。

C4.5 算法具体内容描述如下:

输入:R(候选属性的集合,可以包含是连续值的属性);C(分类属性);S(训练集)。

输出:一棵决策树。

算法步骤:

(1) 创建结点 N;

(2) 如果训练集为空,则返回结点 N 标记为 Failure;

(3) 如果训练集中的所有记录都属于同一个类别,则以该类标记结点 N;

(4) 如果候选属性为空,则返回 N 作为叶结点,标记为训练集中最普通的类;

(5) for each 候选属性 attribute_list;

(6) if 候选属性是连续的 then;

(7) 对该属性进行离散化;

(8) 选择候选属性 atrtibute_list 中具有最高信息增益的属性 D;

(9) 标记结点 N 为属性 D;

(10) for each 属性 D 的已知值 d;//划分训练集

(11) 由结点 N 长出一个条件为 $D = d_i$ 的分枝;

(12) 设 s_i 是训练集中 $D = d_i$ 的训练样本的集合;

(13) if s_i 为空;

(14) 加上一个树叶,标记为训练集中最普通的类;

(15) else 加上一个由 C4.5$(R - \{D\}, C, s_i)$返回的结点。

C4.5 算法处理流程如图 3.5 所示。

与 ID3 不同,C4.5 采用基于信息增益率(information gain ratio)的方法选择测试属性。信息增益率等于信息增益对分割信息量(split information)的比值。对样本集 T,假设 A 是有 s 个不同取值的离散属性,用 A 分割样本集所得信息增

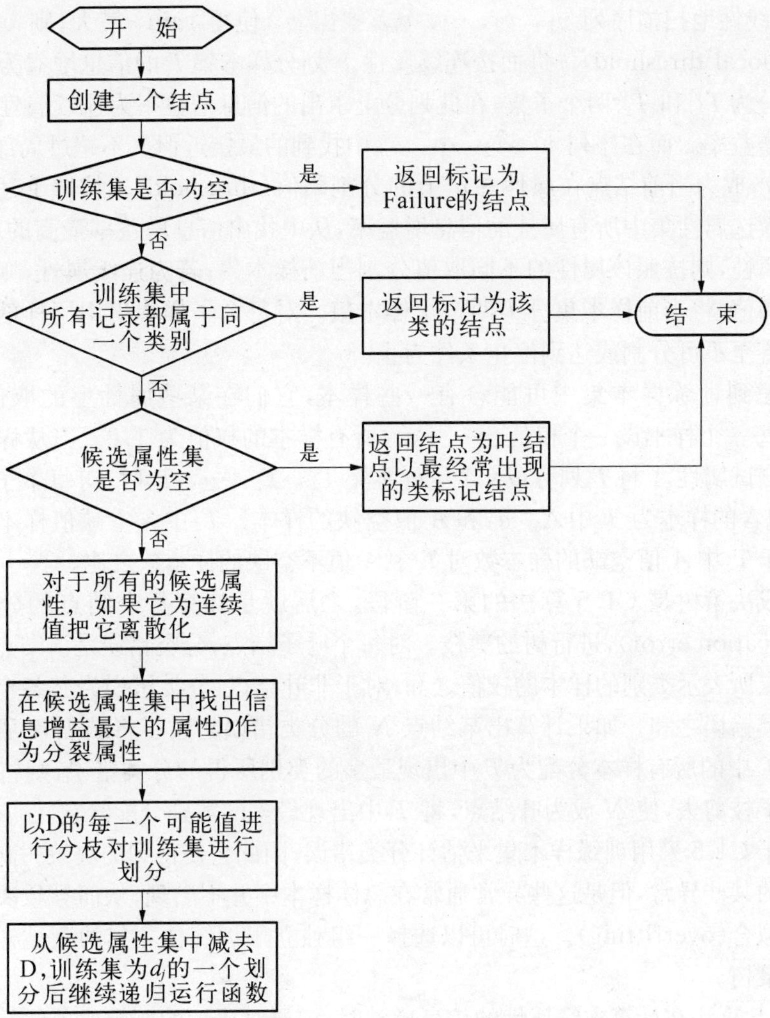

图 3.5　C4.5 算法处理流程

益的算法同 ID3,分割信息量如下：

$$\text{split}(T) = \sum_i \frac{|T_i|}{|T|} \times \log_2\left\{P\frac{|T_i|}{|T|}\right\} \tag{3.9}$$

假设 a 是在连续区间取值的连续型属性,首先将样本集 T 按属性 a 的取值从大排序,一般用快速排序法。假定排好后属性的取值序列为 $v_1, v_2, \cdots, v_m$,对 $i \in [1, m-1]$,则有值 $v = (v_i + v_{i+1})/2$ 和按值 v 划分的两个子样本集：$T_1^v = \{v_j \mid v_j \leqslant v\}$ 和 $T_2^v = \{v_j \mid v_j > v\}$,这样划分所得的信息增益记为

$gain_v$。线性地扫描序列 $v_1, v_2, \cdots, v_m$，找出 v'，使得 $gain_{v'}$ 最大，则 v' 称为局部阈值(local threshold)。进而按连续属性 v' 划分样本集 T 的信息增益为 $gain_{v'}$，T 被划分为 $T_1^{v'}$ 和 $T_2^{v'}$ 两个子集，在此划分上求出的信息增益率为连续属性 a 的最终信息增益率。而在序列 $v_1, v_2, \cdots, v_m$ 中找到的最接近但又不超过局部阈值 v' 的取值 v_i 成为当前结点在属性在 a 上的分割阈值(threshold)。按照上述方法求出当前候选属性集中所有属性的信息增益率，从中找出信息增益率最高的属性，若为离散属性，则按照该属性的不同取值分割当前样本集；若为连续属性，则依据它的分割阈值，将当前样本集分为两个子样本集。对每个子样本集用同样的方法继续分割直至不可分割或达到停止条件为止。

考虑到训练样本集中可能含有一些样本，它们在某些属性上的取值空缺，C4.5为每一个样本设一个权值。一开始，所有样本的权值为 1.0。当从样本集 T 选择了测试属性 A 将 T 划分成 s 个子样本集 $T_1, T_2, \cdots, T_s$ 时，对每个子样本集 T_i，它包含的样本为 T 中 $A = a_i$ 和 A 值空缺的样本。T_i 中含空缺值样本的权值成正比于 T_i 中 A 值空缺的样本数对 T 中 A 值不空缺的样本数之比。

生成决策树是 C4.5 算法的第一阶段，之后就是计算每个结点的分类错误(classification error)，进行树的剪枝。对每个叶子结点，分类错误是该结点中不属于该结点所表示类别的样本的权值之和；对于非叶结点，分类错误为其各个孩子结点的分类错误之和。如果计算出某结点 N 的分类错误超过了将结点 N 所代表的样本集 T 中的所有样本分配为 T 中出现最多的类别所得的分类错误，则将结点 N 的所有子枝剪去，使 N 成为叶结点，将 T 中出现最多的类别分配给它。

由于 C4.5 采用训练样本集来估计分类错误，因此会使得到的决策树融进了训练集中的某些异常，但是这些异常通常在总体样本中并不出现，从而导致决策树倾向于过拟合(overfitting)。这时可以选择一组独立于训练样本集的测试样本集来优化决策树。

C4.5 算法在计算连续属性的信息增益时，需要对属性的所有取值线性扫描局部阈值，这种方法使 C4.5 的效率受到限制。2002 年，有人提出了改进算法 EC4.5。该算法在寻找连续属性的局部阈值上提出了三种策略：

策略 1，采用二分查找取代线性搜索来确定局部阈值；

策略 2，采用计数排序(counting sort)来确定局部阈值；

策略 3，无须对连续属性的取值进行排序，而是维护一个称为 AVC 的数组，AVC[c][i]的值是属性取第 i 个值且类别为 c 的所有样本的权值之和。数组 AVC 已记载了计算属性信息增益的一切信息。实验表明：在生成同样一棵决策树时，与 C4.5 相比，EC4.5 可将效率提高 5 倍。

与ID3算法相比，C4.5算法在效率上有了很大的提高。不仅可以直接处理连续型属性，还可以允许训练样本集中出现属性空缺的样本。生成的决策树的分枝较少。但是C4.5算法在选择测试属性，分割样本集上所采用的技术仍然存在一定偏向，生成的决策树仍然是多叉树。如果想生成更为简洁和高效的决策树，必须对C4.5算法进行改进。

3.2.3 CART方法

CART(Classification And Regression Tree)算法采用一种二分递归分割的技术，是将当前样本集分为两个子样本集，使得生成的决策树的每个非叶结点都有两个分枝。因此，CART算法生成的决策树是结构简洁的二叉树。图3.6是CART算法(cartformtree(T))的具体描述。其中，T代表当前样本集，当前候选属性集用T_attributelist表示。

(1) 创建根结点N；
(2) 为N分配类别；
(3) if T都属于同一类别 or T中只剩一个样本则返回N为叶结点，为其分配属性；
(4) for each T_attributelist中的属性执行该属性上的一个划分，计算此次划分的GINI系数；
(5) N的测试属性test_attribute = T_attributelist中具有最小GINI系数的属性；
(6) 划分T得T_1、T_2两子集；
(7) 调用cartformtree(T_1)；
(8) 调用cartformtree(T_2)；

图3.6　CART算法流程

CART算法对每次样本集的划分计算GINI系数，GINI系数越小则划分越合理。对样本集T，$\mathrm{gini}(T)=1-\sum_j p_j^2$，其中$p_j$是类别$j$在$T$中出现的概率。若$T$被划分为$T_1$、$T_2$，则此次划分的GINI系数为$\mathrm{gini}_{\mathrm{split}}(T)=\frac{s_1}{s_2}\mathrm{gini}(T_1)+\frac{s_2}{s}\mathrm{gini}(T_2)$，其中，$S$是$T$中样本的个数，$s_1$、$s_2$分别为$T_1$、$T_2$中的样本个数。对候选属性集中的每一个属性，CART算法计算该属性上每种可能划分的GINI系数，找到GINI系数最小的划分作为该属性上的最佳划分，然后比较所有候选属性上最佳划分的GINI系数，拥有最小划分GINI系数的属性成为最终测试属性。

CART算法考虑到每个结点都有成为叶子结点的可能，对每个结点(包括叶结点和非叶结点)都分配类别。分配类别的方法可以用当前结点中出现最多的类别,也可以参考当前结点的分类错误或其他更复杂的方法。

CART 算法仍然使用后剪枝。在树生成过程中,多展开一层就会有多一些的信息被发现,CART 算法运行到不能再长出分枝为止,从而得到一棵最大的决策树。然后 CART 对这棵超大的决策树进行剪枝。剪枝算法使用独立于训练样本集的测试样本集对子树的分类错误进行计算,找出分类错误最小的子树作为最终的分类模型。有些样本集,由于样本数太少而不能分出独立的测试样本集,CART 算法采用一种称为交叉确定(cross validation)的剪枝方法。该方法将原始训练样本集分成 N 份(假定每份的数据分布近似或相同)。N 份中取第 1 份作为测试集,其余 $N-1$ 份合并后用作训练集,经过一次完整的建树和剪枝的过程,得到一棵局部决策树。以此类推,直到 N 份样本集都做了一次测试集为止。

这样总共得到 N 棵局部决策树,综合这 N 棵局部决策树形成全局决策树。这样形成的全局决策树在性能上,非常近似于由包含所有样本的原始训练样本集得出的决策树。该方法解决了在小样本集上挖掘决策树由于没有独立测试样本集而造成的过度拟合问题。

3.2.4 SLIQ 方法

ID3、C4.5 等算法对规模较小的,可以全部放入主存的训练样本集有效,但当训练样本集大到不能全部放入主存时,这些算法的效率明显降低。为了提高算法的可伸缩性,使之对大规模训练样本集也能有效地生成类模型,需要对传统的算法进行改进。一种改进的方法是:首先将训练样本集划分成若干个子集,使得每一个子集都能完全放入内存,然后对每个子集分别构造一棵决策树;再将这些树综合起来,得到最终决策树模型。该改进算法与传统算法相比,减少了运行时间,但生成决策树的分类准确率却有所下降。

IBM 研究人员于 1996 年提出了 SLIQ 算法。它是一种快速的、可伸缩的决策树算法。既可以处理离散属性也可以处理连续属性。SLIQ 采用广度优先方法生成决策树,采用基于 MDL 的剪枝策略,SLIQ 生成的是一棵二叉树。在每个非叶子结点需选择一个测试属性,形成一个测试条件,满足此条件的样本被分到左子树,不满足的被分到右子树。对某连续属性 a,假定其测试条件为 $a \leqslant v$,v 是属性 a 的一个取值,假设 a 有 n 个值,则 v 是在比较 $n-1$ 种可能分割的 GINI 系数后得出的。这一过程中,对 a 的 n 个值排序是很耗时的工作,SLIQ 算法为提高排序效率采用预排序的方法:对离散属性 A,它的测试条件为 $A \in S'$, $S' \subset S$ 是 A 的最佳测试子集,S 是 A 的不同取值的集合。若 A 有 n 个不同取值时,则 S 有 2^n 个候选子集，要在其中选出具有最佳分割效果的子集也很耗时。SLIQ 提出一种快速求 S'的方法：当 S 的候选子集小于某一个阈值时，S 的所有子集都作为候选；否则，采用贪心算法，S'初始为空，选出 S 中的一个元素加入S'使得$A \in S'$ 成为最佳分割，不断补充 S'，直到再增加任何元素到 S'，都不能得到更好的分割为止。

SLIQ 算法的过程为：

首先，在挖掘之前，SLIQ 纵向分割样本集，为每个属性建立一个属性表，表项形如〈属性值，样本序号〉，属性表按属性值大小排序；为类别属性建立一个类表，表项形如〈类别，样本所在的叶子结点〉，类表不需要事先排序，初始类表中所有项都在根结点。类表必须常驻内存，而属性表则可放在辅存上，当需要时再调入内存。

然后，开始为当前决策树中尚待分裂的叶结点选择测试属性，依次扫描每个属性表，每扫描一项时，根据样本序号找到相应的类表中的项。对于连续属性，每扫描属性表中的一项就计算当前分割的 GINI 系数，所需的分布信息可由直方图取得；对于离散属性，待扫描完属性表后得出最佳分割子集。SLIQ 在对所有属性扫描完毕后，即可得到当前决策树中所有叶子结点的最佳分割方案。这是一种广度优先生长树策略。接着，根据得到的分割方案，当前决策树生成新的叶子结点，将样本按测试条件重新分到新的叶子结点中，修改类表中的各项。

当所有叶子结点中的样本都属于同一类别时算法终止。为提高效率，在树的每一层生长过程中，如果有些叶子结点已经不可分割，则将此叶子结点中的所有样本从各个属性表中删除。

Index	Growing trend	Length	Class
1	excellent	27	P
2	good	18	P
3	bad	33	N
4	excellent	23	N

图 3.7　Iris 数据集合

SLIQ 算法可以处理大规模的训练样本集，具有较好的伸缩性。SLIQ 算法首次提出在算法中运用一些特殊数据结构，如属性表（attribute list）和类表（class list），如图 3.7 所示。算法在执行过程中需要随时修改类表，类表常驻内存，而类表的大小会随着训练样本集的增大而增大，因此 SLIQ 算法依然不能摆脱主存容量的限制。

Growing	index
excellent	1
good	2
bad	3
excellent	4

Length	index
18	2
23	4
27	1
33	3

属性表(外存)

index	Class	Node
1	P	4
2	P	7
3	N	5
4	N	2

类别表(内存)

图 3.8 SLIQ 算法属性表和类别表的表示示意

根据图 3.7 所示的数据表而产生的属性列表和类表如图 3.8 所示。每个属性都有一个相关联的属性列表,属性表包含样本的属性值和指向类表表项的索引 index,类表的每一项包含一个类标签和一个指向该条记录所属树结点的索引。类表由于要经常进行存取和修改而需驻留在内存中,它与训练样本个数成正比。而当一个类表无法完全存放到内存时,SLIQ 需要额外地进行内外存的交换而导致性能的下降。

由于使用了新的数据结构,SLIQ 算法可并行化。在有多处理器的并行环境中,假设每个处理器都各自拥有独立的主存和辅存。SLIQ 算法可将属性表平均分配给各个处理器,使决策树的生成并行进行。对于类表,可以让每个处理器都有一份,或将它分割后给各个处理器。根据对类表的不同处理,并行 SLIQ 算法可分为 SLIQ/R 和 SLIQ/D 两种版本。

SLIQ/R 为每个处理器都拷贝一份全局的类表。在各个处理器并行扫描属性表的过程中,对某个处理器中的类表进行的修改都要及时更新到各个处理器的类表中。处理器间要不断通信,保证每一时刻各个处理器上的类表一样。SLIQ/D 将类表分割后再平均分给各个处理器。它的问题是,在某个处理器中扫描到的属性项,其对应的类表可能在另一个处理器中,处理器间也要通过通信来更新类表。

3.2.5 SPRINT 方法

SPRINT(Scalable Parallelizable Induction of decision Tree)算法的目的就是要彻底解决内存容量的限制,能够处理其他任何算法都不适用的超大规模训练样本集,并能有效地生成决策树。SPRINT 算法的建树过程类似 SLIQ 算法,其算法处理流程如图 3.9 所示,其中 T 表示当前样本集。

(1) 创建根结点 N；
(2) if T 都属于同一类别则返回 N 为叶结点；
(3) for each T 中的属性 A，执行 A 上的所有可能划分，找出最佳划分将 T 分割为 T_1，T_2；
(4) 调用 sprintformtree(T_1)；
(5) 调用 sprintformtree(T_2)。

图 3.9　SPRINT 算法流程

SPRINT 算法使用了与 SLIQ 算法不同的数据结构，它不使用独立的类表，而是为每个属性建立一个属性表，属性表的每一行包括：属性值，类别和样本记录号，如图 3.10 所示。属性表不需常驻内存，连续属性的属性表要按属性值预先排序，离散属性表则不受限制。在建树过程中，SPRINT 为每个待分裂结点设立一个类直方图，它记录了每个不同取值的样本在各个类别中的个数。当测试条件形成，结点分裂时，属性表也分裂到新的叶结点中。每个待分裂的叶结点对应一张属性表，SPRINT 算法扫描属性表寻找最佳分割，计算最佳分割的信息可从相应的直方图获得，因此计算每次分割至多只需要一张属性表的直方图常驻内存。由于直方图的大小不会随属性表的增大而增大，SPRINT 算法完全摆脱了主存容量的限制。

Growing trend	Class	index
excellent	P	1
good	P	2
bad	N	3
excellent	N	4
…	…	…

Length	Class	index
18	P	2
23	N	4
27	P	1
33	N	3
…	…	…

图 3.10　SPRINT 算法的属性表的表示示意

尽管 SPRINT 方法消除了所有对内存的要求，但是它的执行速度要比 SLIQ 慢得多。另外它所使用的 Hash 表与所处理的数据规模成正比，这也会导致当处理数据集不断增大时，它的运行性能受到较大的影响。

3.2.6　其他决策树方法

1. PUBLIC 算法

决策树算法分两步走，即先建树，后剪枝。然而，有一些决策树算法考虑到先建树后剪枝的方法将生成好的分枝再剪去是一种效率较低的重复劳动，于是提出将剪枝融入建树的过程中，即预剪枝。运用这一策略的代表性算法就是 PUBLIC(PrUning and BuiLding Integrated in Classification)算法。与同类后剪枝算法相比，PUBLIC 算法的最大优点是它生成的决策树与对同一样本集使用预剪枝策略生成的决策树完全相同，而效率却比后者有大幅度提高。

PUBLIC 算法在选择测试属性上采用计算 GINI 系数的技术，在剪枝时使用基于最小编码代价的 MDL 算法。PUBLIC 算法并非在建树的最初就同时使用剪枝算法，而是在树生成了一部分之后，对尚未完全生成的决策树进行剪枝，对最终成为叶子的结点不再分割，从而减少工作量，提高效率。

PUBLIC 算法的建树和剪枝算法分别如图 3.11 和图 3.12 所描述。

(1) 预处理训练样本集 T，初始化根结点
(2) 初始化队列 Q，将根结点进队
(3) while Q 不为空 do {
(4) 取队列 Q 的头结点 N
(5)   if N 中的样本不属于同一类{
(6)   for each 属性 A{
(7)   找出最佳划分将 T 划分为 T_1，T_2
(8)   将 T_1，T_2 进队
(9)   }
(10)   }
(11) }

图 3.11 PUBLIC 算法的建树处理流程

(1) if N 是尚可分割的叶结点，返回 N 的编码代价下限
(2) if N 是被剪过枝的结点 or N 是不可再分割的叶结点
      返回 $C(S)+1$ //N_1，N_2 是结点 N 的两个子集
(3) $MinCost1 = computeCost\&$Prune(N_1)
(4) $MinCost2 = computeCost\&$Prune(N_2)
(5) $MinCostN = \min\{C(S)+1,\ \mathrm{Csplit}(N)+1+minCost1+minCost2\}$
(6) *if* $minCostN = C(S)+1${
      将 N_1，N_2 剪去，在队列 Q 中删除 N_1，N_2 及它们的所有后继结点，
      将 N 标记为被剪过枝的结点
        }
(7) 返回 $minCostN$

图 3.12 PUBLIC 算法的剪枝处理流程

与用分类错误判断决策树的某一分枝是否要剪去不同，PUBLIC 算法采用基于 MDL 的剪枝标准。根据 MDL 原理，具有最小编码代价的决策树为最优决策树。一棵决策树的编码包括三部分：树结构本身的编码代价、每个非叶结点上的测试属性及其测试的编码代价和每个叶结点所表示的样本集的编码代价。PUBLIC 算法生成的是一棵二叉树，对这种树的任一结点的结构的编码代价为 1（位），即用一个二进制位表示结点为非叶结点或叶结点两种情况。若 N 为叶子结点，则对 N 的最小编码代价为 $C(S)+1$，其中 1 是对结点结构的编码代价，N 所代表的样本集 S 的最小编码代价记为 $C(S)$，由公式 $C(S)=(N_i\log_2 N)/N_i$，s 是样本集 S 中的样本数，N_i 是其中类别为 i 的样本数；若 N 是非叶结点，则其最小编码代价为编码结点结构、编码分裂 N 的测试条件 $C_{\mathrm{split}(N)}$ 和编码为 N 的两棵子树的最小代价之和。其中测试条件的编码代价 $C_{\mathrm{split}(N)}$ 的计算视测试属性的类型而定。

对连续型测试属性 a，测试条件为 $a\leqslant v$，测试条件的编码代价为编码 v 的代价；对离散属性 A，测试条件为 $A\subseteq S'$，设 A 的所有不同取值形成集合 S，$S'\subset S$ 是 A 的最佳测试子集，则测试条件 $S'\subset S$ 的编码代价即为编码 S' 的代价。

PUBLIC 剪枝算法就是计算每个结点的最小编码代价，如果此代价大于将此结点作为叶子结点所需的编码代价则将此结点作为叶子结点，不再对其分裂，否则继续对其分裂。这样保证所生成的最终决策树的编码代价最小。PUBLIC 算法将剪枝融入建树过程中，而对未完成的树进行剪枝的一个关键技术就是对尚未分割的叶结点的编码代价下限的估计。最简单的估计值为 1，即至少用一位表示结点结构，复杂一点的估计加入对分裂测试条件的编码代价下限估计，全面估计值还要包含对分裂后各子树编码代价下限的估计。

PUBLIC 算法是使用预剪枝的决策树算法的典型代表。它采用 GINI 系数来划分样本集进行建树，在建树过程中又采用基于 MDL 的原理对尚未完全建成的树进行预剪枝。它继承了 CART 算法建树的基本原理，却使用了更加高效的剪枝策略。

2. IBLE 算法

IBLE（Information Based Learning of Examples）方法是基于信息论的示例学习方法，利用信息论中信道容量的概念作为对实体中选择重要特征的度量。信道容量是一个不依赖于训练集中正、反例的特征取值的选择量。这样，信道容量克服了互信息依赖正、反比例的缺点。BILE 选择一组重要特征建立规则，作为决策树的结点。这样，用多个特征组合成规则的结点来鉴别实例，能够有效地正确判别。

IBLE 方法从训练集归纳出一棵决策规则树，树中每个结点都由多个特征组成。特征的选取是通过计算各特征信道容量来进行的。各特征的正例标准由译码函数决定。结点中判别正、反例的阈值由实例中权值变化的规律来确定。

此算法由四部分组成：预处理，建决策树算法，建规则算法和类别判定算法。IBLE 的规则与专家知识在内容上有较高的一致性，用 IBLE 获取的知识建立的专家系统对实例的判别提供了良好的条件。

3.3 决策树的简化

在决策树的建立过程中，另一个重要的问题是树的精确性和复杂度之间要取得一定的平衡。一种方法是反复地对模式进行简单化直到树的精确性和复杂度达到所需的平衡。这种方法是使训练数据保持一定，而不停地对模式进行调整。另一种方法是同时调整模式和训练集。这种方法先建立一个模式，然后删除一些样本，使模式的在训练集上的自我评估能够最大地提高。这两步交替执行直至达到预期的标准。这个过程称之为 ESTEEM（Elimination of Suspicious Training Examples with Error on the Model）。

构造好的决策树的关键在于如何选择好的逻辑判断或属性。对于同样一组例子，可以有很多决策树能符合这组例子。一般情况下或具有较大概率地说，树越小则树的预测能力越强。要构造尽可能小的决策树，关键在于选择恰当的逻辑判断或属性。由于构造最小的树是 NP 难问题，因此只能采用启发式策略选择好的逻辑判断或属性。属性选择依赖于各种对例子子集的不纯度（impurity）度量方法。

不纯度度量方法包括信息增益（information gain）、信息增益比（gain ratio）、Gini-index、距离度量（distance measure）、J-measure、G 统计、χ^2 统计、证据权重（weight evidence）、最小描述长度（MLP）、正交法（orthogonality measure）、相关度（relevance）和信念（relief）。不同的度量有不同的效果，特别是对于多值属性。ID3、C4.5、C5.0 算法使用信息增益的概念来构造决策树，而 CART 算法则使用 Gini-index，其中每个分类的决定都与前面所选择的目标分类有关。

真实世界的数据（数据挖掘的对象几乎都是真实世界数据）一般不可能是完美的：可能某些属性字段上缺值（missing values）；可能缺少必须的数据而造成数据不完整；可能数据不准确、含有噪声甚至是错误的。因此，实际进行分类数据挖掘就需要考虑数据噪声问题。

基本的决策树构造算法没有考虑数据噪声，其生成的决策树完全与训练例子拟合。有噪声的情况下，完全拟合将导致过拟合(over fitting)，即对训练数据完全拟合反而不具有很好的预测性能。剪枝是一种克服噪声的技术，同时它也能使决策树得到简化而变得更容易理解。有两种剪枝策略：前期剪枝(forward pruning)和后期剪枝(post pruning)。剪枝并不是对所有的数据集都适用，就像最小树并不是最佳(具有最大的预测)的树一样。当数据稀疏时，要防止过分剪枝(over-pruning)。从某种意义上讲，枝也是一种偏向(bias)，它对有些数据效果好而有的数据则效果差。

由于属性间存在相关性和多项性(一个结果可由多个条件决定)。例如，布尔函数 $f = x_1x_2 + x_2x_3$ 中属性 x_1 和 x_2，或属性 x_3 和 x_4 间不是相互独立的，而是存在相关性；另外，该布尔函数有多个乘积项 x_1x_2 和 x_3x_4。此时生成的决策树会有子树复制问题(replication problem)，从而导致决策树不易理解，同时还导致碎片问题：当树很大时，会造成数据集的划分越来越小，从而预测越来越差。

解决子树复制和碎片问题的方法主要是采取特征构造。特征构造一般计算复杂度高，为了降低特征构造的代价，首先需要选取重要特征(或去除不相关特征)形成初始相关特征集，然后在该初始特征集的基础上构造新的复杂特征(初始相关特征的各种组合)。

决策树剪枝的初衷有以下三点：

(1) 奥卡姆剃刀原则：如无必要，勿增实体。即“在与观察相容的理论中，我们应当选择最简单的一个”；

(2) 决策树越小就越容易被理解，其存储与传输的代价也就越小；

(3) 决策树越复杂，结点就越多，每个结点所包含的训练实例个数就越少，则支持每个结点的假设的实例个数就越少，可能导致随后错误率较大。但也并非结点越小错误率就越低。这就需要在树的大小与正确率之间寻求一个平衡点，图3.13给出了决策树大小与精确度之间的对应关系。

从图3.13中可以看出，当决策树出现对训练数据的过分适应问题时，随着树的增大，产生的结点和分枝越多，用决策树进行判断得到的准确度将越低。

前期剪枝(forward pruning)是指在建树的过程中，当分裂过程满足一定的条件时，例如信息增益或者某些有效统计量达到某个预先设定的阈值时，结点不再继续分裂，内部结点成为一个叶子结点。叶子结点取子集中频率最大的类作为自己的标识，或者可能仅仅存储这些实例的概率分布函数。前期剪枝会引起树在不完全成熟之前停止，即树可能在不应停止的时候而停止扩展(horizon 效应)。而且，

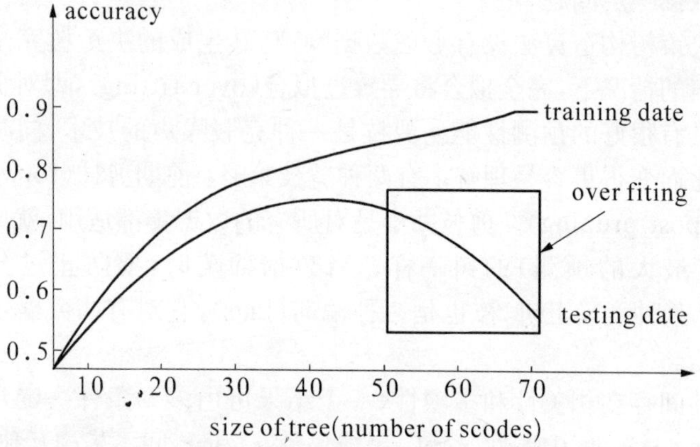

图 3.13　决策树大小与精确度关系示意图

选取一个适当的阈值是比较困难的。较高的阈值可能导致过分简化的树，而较低的阈值可能使树化简得太少。尽管如此，前期修剪对大规模的实际应用还是值得研究的，因为它相当高效。人们期望在未来的算法中解决 horizon 效应。

在 ID3、C4.5、CART 算法中主要采取后期剪枝技术（post pruning）。后期修剪是人们普遍关注的树简化方法，后期修剪算法输入一个未修剪的树 T，输出修剪了 T 中一个或多个子树后获得的树 T'。算法并非搜索每个可能的 T'，而是借助于启发式搜索。修剪将子树转化为叶，进而用叶结点替代内部结点。与前期修剪不同的是，后期修剪没有使用一个消除细节的函数，而是直接采用默认的同质暂停规则。当树相对训练集冗余时（即噪声参与了建模），修剪将非常有效地提高精确度。例如，给定训练集 m，假设包含训练集 n 的叶结点类标签为多数满足 $n' \leqslant n$，则替代错误率为 $(n-n')/m$，低层叶结点对替代精确度的影响最小，因而被最先修剪。后期修剪方法借助于多种评价函数，用以确定修剪一个结点是削弱还是增强了事例集的精确度。恰当的修剪可以提高分类的精确度。尤其是当训练集噪声级别比较高时，修剪相当有效。

后期修剪算法的搜索策略是由下向上的，即搜索开始于树最底层的内部结点（子类都是叶的结点），将符合修剪规则的剪掉。此过程可能从新生成的最底层结点重新开始，直到没有结点满足修剪规则时停止。如果结点的子树不应按某种规则被修剪，则由下向上的评价规则将使该结点避免被按同一规则修剪。与此相对的是由上向下的策略，即从根开始依次修剪结点，直到无法修剪为止。这样做的风险在于，按某种规则剪掉了某个结点，但其子类也会按这一规则被剪掉。

常用的剪枝优化的原则有：

(1) 最小描述长度原则(MDL)。其思想是最简单的解释是最期望的，做法是对决策树进行二进位编码，编码所需二进位最少的树即为“最佳剪枝树”；

(2) 期望错误率最小原则。其思想是选择期望错误率最小的子树剪枝，即对树中的内部结点计算其剪枝/不剪枝可能出现的期望错误率，比较后加以取舍。

决策树变得异常庞大有多种原因。其中之一是特征描述不当，有些树的特征描述方式不能准确建立目标概念模型，当用这种描述方式时，目标模型就非常复杂。相反，运用得当的描述将大大降低模型的复杂程度。因此，树修剪过程中要考虑相应的描述；另一个导致树庞大的原因是噪声，当事例包含大量的特征噪声(即错误标签的特征值)或类噪声(即错误标签的类值)时，归纳运算会因为不相关的事例特征而将树扩展得漫无边际。噪声导致无关的事例掺杂在选定的测试集中，这将引起“无谓建模”现象，即树将目标概念和内部噪声都作为建模的对象。这是个普遍的问题，因为给定事例中都不同程度地包含噪声。虽然有多种降低噪声的剪枝方法，但没有一个剪枝方法对所有噪声都有效。

超大的树通常是破碎的、有过多叶子的，且每个叶子仅有少数的事例，这样的叶子比拥有许多事例的叶子更易出现分类错误，更易受噪声影响；这些叶子结点通过剪掉只有少数事例的叶子来消除这种分散性。无论什么原因，复杂树不仅难以理解，而且分类模糊，因为小散点比大散点更易出错。然而，毕竟在训练集中辨别特征的真伪决非易事，若不考虑未知测试事例对决策树运行性能的影响，修剪树往往会降低对训练集分类的精确度。

修剪方法在确保精确程度的同时，也提高了可理解性。最初引入树简化方法的目的是控制训练集中的噪声，而后发现它可以提高许多含噪声数据集的精确度。

对简化(或修剪)程度的控制一直是人们争论不休的问题。通过牺牲精确度修剪的决策树常常灵巧得出奇，然而，保守一点的修剪可能带来精确度的极大提高，把握其间的平衡在实际应用中至关重要。但很难确定决策树的精确度与简易性的最佳比例，在随机选择的训练集中很难做到这一点，因为单凭训练集中的事例，难以区分树的哪部分复杂是由噪声引起的和哪部分是由树本身属性引起的。而且专门领域的知识不属于训练集之内，这就需要在训练集中评价专门领域知识的噪声级别、自身属性的复杂度以及选择需要简化的程度。对知识稀疏的归纳算法不会涉及这些，因而每个树就假定了模型的复杂程度和训练集噪声的级别，这将影响树简化的整个过程。例如，许多算法假定模型是正态分布的形式，测试对事例特征是单变量的函数，而其他算法假定特征值可以进行线性组合。针对特定的任务，自然会有一些算法比另一些算法要好。如果无法决断哪个算法对给定的数据库最好，就将它们放在一起运行，然后比较结果。

常见的后剪枝算法有六种，分别是：REP(Reduced Error Pruning)，PEP (Pessimistic Error Pruning)，MEP(Minimum Error Pruning)，CCP(Cost-Complexity Pruning)，CVP(Critical Value Pruning)和 EBP(Error-Based Pruning)。其中前四种剪枝方法最为常见。

1. REP(Reduced Error Pruning)方法

REP 方法由 Quinlan 首先提出，它是一种最简单的剪枝方法，需要一个独立的测试集(剪枝数据集)来计算子树的精确度。它将树上的每一个结点作为修剪的候选对象，但是其过程大致如下：

自底向上，对于树 T 的每一个子树 S，使它成为叶子结点，生成一棵新树。如果在测试集上，新树能得到一个较小或相等的分类错误，而且子树 S 中不包含具有相同性质的子树，则 S 被删除，用叶子结点替代。重复此过程，直到任意一个子树被叶子结点替代而不增加其在测试集上的分类错误为止。

这样就使因为训练集中的巧合规律性而加入的结点很可能被删除，因为同样的巧合不大会出现在测试集中。反复地比较错误率，每次总是选取那些删除后可能最大提高决策树在测试集上的精度的结点进行修剪，直到进一步的修剪会降低决策树在测试集上的精度为止。

运用 REP 方法得到的决策树是关于测试集的具有最高精度的子树，并且是规模最小的树。另外它的计算复杂性是线性的，这是因为决策树中的每个非叶子结点只需要访问一次就可以评估其子树被修剪的概率。再者，由于使用独立的测试集，和原始决策树相比，修剪后的决策树对未来新事例的预测偏差较小。

但是该方法也存在不足之处，它偏向于过度修剪。因为那些在测试集中不会出现的一些很稀少的训练数据实例所对应的分枝，在剪枝过程中都要被删除。当测试集比训练集小得多的时候，这一问题尤其突出。如果训练数据集较少，通常不考虑采用 REP 方法。

尽管存在这些缺点，REP 方法仍常常作为一种基准来评价其他剪枝方法的性能，它对于了解两阶段决策树方法学习的优点和缺点提供了一个良好的初始切入点。

2. PEP(Pessimistic Error Pruning)方法

PEP 方法是 Quinlan 为了克服 REP 方法需要独立剪枝数据集的缺点而提出的。假设训练集生成原始树为 T，某一叶子结点的实例个数为 $n(t)$，其中错误分类的个数为 $e(t)$，由于训练数据既用来生成决策树又用来修剪树，因此基于此训练数据集的误差率 $r(t)=e(t)/n(t)$ 是有偏倚的，它不能精确地用来选择最好的修剪树。为此，Quinlan 对误差估计增加了连续性校正，将误差率修改为：

$$r'(t) = [e(t) + 1/2]/n(t) \tag{3.10}$$

设 S 为树 T 的子树 T_t，其叶子结点的个数为 $L(S)$，T_t 的分类误差为：

$$r'(T_t) = \frac{\sum_s [e(S) + 1/2]}{\sum_s n(S)} = \frac{\sum_s e(S) + \frac{L(S)}{2}}{\sum_s n(S)} \tag{3.11}$$

在定量的分析中，为简单起见，这里用错误总数取代错误率的表示，即 $e'(t) = e(t) + 1/2$。那么对于子树 T_t，就有：

$$e'(T_t) = \sum_s e(S) + \frac{L(S)}{2} \tag{3.12}$$

如果所得到的决策树精确地分类各个实例，即误差 $e(S) = 0$，此时 $e'(T_t)$ 等于一个常量 1/2，它仅仅代表决策树关联每个叶子的时间复杂性的度量。当训练集中有样本冲突时，此结果将不再成立。

一般来说，某一中间结点 t 被叶子结点替换的条件是：替换后子树 T_t 的误差率要小于结点 t 的。但是由于连续校正的存在，有时候会发生 $n'(t) \leqslant n'(T)$ 的情况。此时结点 t 也要被删除掉。不过这种情况出现的几率不大，为此，Quinlan 削弱了对错误率的限制，修改为：

$$e'(t) \leqslant e'(T_t) + SE(e'(T_t)] \tag{3.13}$$

其中，$SE(e'(T_t))$ 称为标准误差，定义如下：

$$SE[e'(T_t)] = \sqrt{\frac{e'(T_t)[n(t) - e'(T_t)]}{n(t)}} \tag{3.14}$$

如果公式(3.13)成立，则子树 T_t 应被修剪掉，用相应的叶子结点替代。对所有非叶子结点依次计算测试，来判断它们是否应被修剪掉。

PEP 方法在误差估计中引入连续校正这一机制并没有充分的理论基础。在统计上，通常用二项式分布来取代正态分布，但是它却不用于校正误差率的乐观估计。事实上，连续校正只对引入复杂度因子是有效的，然而这个因子不能被看成错误率，否则可能导致剪枝不彻底或者过分剪枝。如果所得到的决策树完全精确地分类所有的训练实例，那么：

$$e'(T_t) + SE[e'(T_t)] - \frac{1}{2}[L(T_t) + \sqrt{L(T_t)}] \tag{3.15}$$

由于 $e'(t) \approx e(t)$，公式(3.15)就简化为：

$$L(T_t) + \sqrt{L(T_t)} \geqslant 2e(t) \tag{3.16}$$

也就是说，如果子树 T_t 中关于帮助纠正分类错误的叶子结点数足够大的话，就得对 T_t 进行剪枝。常量 1/2 也仅仅简单地表示一个叶子对整棵树的复杂性的贡献。显然,这个常量只适用于某些情况。

PEP 方法被认为是当前决策树后剪枝方法中精度较高的算法之一。但它仍然存在一些缺陷,PEP 是唯一使用自顶向下剪枝策略的后剪枝方法,这种策略会带来与预剪枝出现的同样问题,那就是树的某个结点会在其子树根据同样的准则不需要修剪时被完全删除掉。另外,PEP 方法有时会剪枝失败。

虽然 PEP 方法存在这样的局限,但它在实际应用中表现出了较高的精度。另外,它不需要独立的测试集,这对样本数据较少的问题是非常有利的。再者,自顶向下的剪枝策略与其他方法相比效率更高,速度更快。这是因为,树中每棵子树最多需要访问一次,在最坏的情况下,它的时间复杂性也只和未剪枝的非叶子结点数呈线性关系。

3. MEP(Minimum Error Pruning)方法

MEP 方法由 Niblett 和 Bratko 首先提出,它在一个相对独立的数据集上从树的叶子结点开始,向上搜索一个单一的树来使分类误差的期望概率达到最小,但它并不需要一个额外的修剪数据集。无论是最初的版本还是稍后的改进版本,在决策树的剪枝过程中,使用的信息都来自训练样本集。

不妨假设训练集数据的类别总数为 k,对于树中的当前非叶子结点 t,所包含的样本数为 $N(t)$,属于主导类 i 的样本个数为 $N_i(t)$,不属于主导类的样本数为 $E(t)$,显然 $E(t)=N(t)-N_i(t)$。这样,结点 t 中某一样本实例属于类 i 的期望概率为:

$$P_i(t) = \frac{N_i(t) + P_{ki} \cdot m}{N(t) + m} \tag{3.17}$$

其中,P_{ki} 是第 i 类的先验概率,m 是参数,用来设置先验概率在评估 $P_i(t)$ 中的权值。

如果将当前结点 t 标识为类 i 的叶子结点,那么引起的分类误差期望概率为:

$$\begin{aligned} EER(t) &= \min\{1 - P_i(t)\} \\ &= \min\left\{\frac{N(t) - N_i(t) + m \cdot (1 - P_{ki})}{N(t) + m}\right\} \end{aligned} \tag{3.18}$$

为了简单起见,假设所有的分类概率是相等的,即 $P_{ki} = 1/k$,并且结果类的概率是均匀分布的,即 $m = k(i = 1,2,\cdots,k)$。则结点 t 分类误差的期望概率为:

$$\begin{aligned} EER(t) &= \min\left\{\frac{N(t) - N_i(t) + k - 1}{N(t) + k}\right\} \\ &= \frac{E(t) + k - 1}{N(t) + k} \end{aligned} \tag{3.19}$$

在 MEP 方法中,对于决策树中的叶子结点,利用公式(3.19)来计算决策树中叶子结点的误差估计。而对于非叶子结点 t，假设 t 的子结点为 $t_1, t_2, \cdots, t_m$，首先计算该结点 t 的误差，称之为静态误差 $STE(t)$，然后计算这 m 个分枝的误差，并且加权求和，权值为每个分枝拥有的训练样本的比例。将加权求和后的误差称之为动态（回溯）误差 $DYE(t)$。如果 $STE \leqslant DYE(T)$，则对结点 t 的子树进行剪枝。

后来 Cesinik 和 Bratko 利用贝叶斯方法做出了一些改进，他们将 $P_i(t)$ 称作"m 概率估计"。他们认为 m 的值可以根据问题域的不同进行调整。一般说来，m 的值越大，树的修剪程度就越大。如果 m 趋于无穷大，$P_i(t) = P_{ki}$，由于 P_{ki} 是训练集中属于第 i 类的样本所占的百分比，这样整棵树被剪裁为一个叶子结点，此时拥有最小的误差概率。但是事实上，较高的 m 值并不能自动生成规模较小的树，这种非单调性对 MEP 的计算复杂度影响很大，如果增加 m 的值，修剪操作必须从原始的树开始进行。

m 值的选取是至关重要的。Cestulk 和 Bratko 建议采用专家领域，根据数据中不同的噪声程度，通过对选择生成树的学习来为 m 选择适当的值。但在大多数情况下，没有这样的专家领域，因此可以采用一个独立的修剪数据集，首先在这个修剪数据集上计算分类精度，用来得到不同的 m 值，然后根据最低经验误差率选择规模最小的树。

4. CCP(Cost-Complexity Pruning)方法

CCP 方法就是著名的 CART(Classification And Regression Trees)剪枝算法，它包含两个步骤：

(1) 自底向上，通过对原始决策树中的修剪得到一系列的树 $\{T_0, T_1, T_2, \cdots, T_k\}$，其中 T_{i+1} 是由 T_i 中的一个或多个子树被替换所得到的，T_0 为未经任何修剪始树，T_k 为只有一个结点的树。

(2) 评价这些树，根据真实误差率来选择一个最优秀的树作为最后被剪枝。

这一方法的关键在于步骤(1)中用训练集的 N 个实例建立了一棵决策树后，如何生成一系列的子树。

设 E 为分类错误的实例个数，$L(S)$ 为树中叶子结点的个数，Breiman 定义了树的 cost-complexity 为：

$$\frac{E}{N} + \alpha \times L(T) \tag{3.20}$$

其中 α 为参数。

若某一子树 S 被叶子结点替换掉，得到一棵新的树，新树的分类错误可能会比修剪前的分类错误要多，用 ΔE 表示，而此时叶子结点比原来少 $L(S) - 1$ 个。为了使修剪前后的 cost-complexity 不变，则 α 必须满足下式：

$$\alpha = \frac{\Delta E}{N(L(S) - 1)} \tag{3.21}$$

这样，计算树 T_i 的每一个子树，找到具有最小 α 值的子树，将其用相应的叶子结点替换生成树 $T_{i+1}(i=0,1,2\cdots,k-1)$。

在第二步中，根据预测精度，从$\{T_0,T_1,T_2,\cdots,T_k\}$中选择一棵最佳的树。这里提供了两种截然不同的估计真实误差的方法。其一是基于交叉验证，另一种基于独立剪枝数据集。

在第一种方法中，训练数据集 X 被划分为 V 个子集，X_1，X_2，…，X_v，然后分别从 $X-X_i(i=1, 2, \cdots, V)$中生成棵子树 T_1，T_2，…，T_v。采取之前的方法，同样可以用 $T_i(\alpha)$来定义树的精度。为了更精确地表示 $T(\alpha)$精度，可以用 $T^1(\sqrt{\alpha_i\alpha_{i+1}})$，…，$T^V(\sqrt{\alpha_i\alpha_{i+1}})$ 的平均值来衡量。这种方法的前提是，$T^1(\sqrt{\alpha_i\alpha_{i+1}})$，…，$T^V(\sqrt{\alpha_i\alpha_{i+1}})$ 与 $T(\alpha_i)$具有相同的真实误差率。然而这一假设并没有得到理论的证明。事实上，在小训练集中使用自顶向下的决策树算法时，可以认为它们具有相同的误差率。但是这种假设不能可靠地扩展到剪枝树 $T^j(\sqrt{\alpha_i\alpha_{i+1}})$ 中，这也就意味着在交叉验证中，错误率估计的偏置量是无法预测的。必须明确指出的是，使用 V 番交叉验证的关键问题在于假设前提的有效性，而并非通过计算分类错误个数得到的误差估计 $T^j(\sqrt{\alpha_i\alpha_{i+1}})$ 的非偏置性。

如果使用独立的剪枝数据集，CCP 明显比 REP 方法存在一个缺点，它只能从$\{T_0,T_1, T_2, \cdots, T_k\}$中选择最佳决策树，而不是从原始树中所有可能的子树中获到。一旦关于剪枝的最佳决策树不在其中，那么 CCP 方法将无法得到。另外，有研究表明，生成子树序列所需要的时间和非叶子结点的关系是二次的，这就意味着如果非叶子结点的数目随着训练样本数目线性增加，那么 CCP 方法的运行时间和训练数据的关系也是二次的。这就比其他的剪枝算法所需要的时间长得多。

CART 剪枝策略提出了标准误差方差。为了方便数值计算，这里用标准错误取代标准误差方差作为衡量标准。

设测试集中实例的个数为 N'，用每一棵子树 T_i 对其进行分类测试，E'为其中最小的分类错误个数。对 E'的标准错误定义如下：

$$Se(E') = \sqrt{\frac{E' \times (N' - E')}{N'}} \tag{3.22}$$

每次使用不同的训练集来生成决策树时，最高精度子树的规模是随之变化的。为了降低这一不稳定性，Breiman 提议，最终选择的树在测试集上的分类错误不能

超过 $E' + Se(E')$。

CCP 方法使用的 cost-complexity 模式为什么优于其他的模式，还没有严格的理论证明。另外，在生成一系列树时应用该模式，而在选择最终的树时却没有运用，这一点有些反常。后来，很多学者针对此种方法，提出了自己的见解：Philip A. Chou 等扩展了 Breiman 的剪枝方法；Crawford 认为此方法存在较大的变化，尤其是当训练集较小时，为此提出一个 bootstrap 方法；Gelfand 等认为这种方法在求解优化的剪枝树时效率低，而且可能无效，于是提出了一个高效的迭代树的生长方法和剪枝算法，并且保证收敛。这种改进的方法将样本集合分成两个相等的部分，一部分用于训练集，另一部分进行剪枝，下次迭代时将两部分的角色互换。

决策树剪枝主要涉及决策树的简化和精度方面的问题，决策树剪枝的目的就是在不减少精度的前提下，简化原始决策树，从而使获得的决策树规模更小，这样转化过来的分类规则更加容易理解。前面几小节从剪枝方法、误差估计、计算复杂性和理论基础方面对当前四种主要的后剪枝方法做了重点阐述，可以通过图 3.14 列举出的若干方面来对它们进行比较。

	REP	PEP	MEP	CCP
剪枝方式	自底向上	自顶向下	自底向上	自底向上
是否需要 独立剪枝集	需要	不需要	不需要	不需要
误差估计	剪枝集上的 误差估计	使用连 续校正	基于 m - 概率估计	CV 方式或 标准误差
计算复杂度	$O(n)$	$O(n)$	$O(n)$	$O(n^2)$

图 3.14　常用的后期剪枝方法的比较

由于实际工作中，各个样本数据集的搜集完整程度和数据之间的关联程度存在差异，不同的剪枝方法适合于不同类型的样本数据集，具体选用哪种方法或哪几种方法的组合，要根据具体的情况而定。但是一般说来，REP 方法是最简单的剪枝方法，但是它不适合于数据量较小的样本集；PEP 方法被认为是当前决策树后剪枝方法中精度最高的算法；CCP 方法所得到的树的规模比 REP 的要小；与 PEP 方法相比，MEP 产生的树的规模较大，精度较低。如果训练数据丰富，可以选用 REP 方法，如果训练数据较少，且要求剪枝的精度较高，则首选 PEP 方法。

5. 其他的后剪枝方法

CVP 后剪枝算法由 Mingers 提出，它跟预剪枝非常类似。首先设定一个用来度量结点选择的极值，称之为“关键值”。对某个非叶子结点的所有分枝测试进行选择度量，所得到的度量值如果小于之前所设定的关键值，那么该结点下的子树将被删除。然而可能会遇见这样的情况：结点 t 需要被删除，但是其子树所在的结点却应该保留。在此情况下，t 所在结点的子树应该全部保留。这种深入检查的方式是一种典型的自底向上方法，跟那些预剪枝方法相比，最主要的差别就在于此。预剪枝方法中，如果某个结点的支持度不高，那么将会阻止该子树的增长，即使接下来的测试可能是有意义的。

使用 CVP 方法时，设定的关键值不同，修剪的程度明显随之变化。如果关键值过高，修剪的程度无疑会更大。为此，Mingers 提出一种方法：首先用逐渐递增的关键值分别修剪所得到的决策树；然后在得到的一系列树中，通过检验整体重要性和预测能力来选择一棵最佳的树。

EBP 方法在 C4.5 系统中得到应用，可以看作是 PEP 方法的一种改进，因为它基于一个更悲观的误差期望值的估计。与 PEP 方法不同之处在于，EBP 方法自底向上访问结点，除此之外，它真正新奇的地方在于：在剪枝时，它除了删除子树之外，还将此子树嫁接到被删除子树根结点的父结点上。

把某一叶结点 t 所包含的实例集当作一个统计样本，可以估计出一个置信区间作为该结点的误差概率。区间的上限是一个独特的最坏情形分析，被定义为真实值，这样有 $P(e(t)/n(t) \leqslant U_{CF}) = CF$，其中 CF 是置信度。进一步假设训练集上的误差 p 呈现二项式分布，则一个服从这样分布的随机自变量 X，它在 $n(t)$ 个实例中发生分类错误数为 $e(t)$ 的概率为 CF，即 $P(X \leqslant e(t)) = CF$。这样就可以根据 p 的值计算出 U_{CF} 的精确值。

尽管 EBP 方法所采用的误差估计比 PEP 方法中的更悲观，但是 Floriana 等人的实验结果却得出相反的结论。他们将这一现象归因于对 U_{CF} 是所有的叶子和非叶子结点误差率的悲观估计，当对结点 t 和其所在的子树 T_t 进行误差估计时，悲观偏置因此相互抵消了。

后剪枝还包括一种改变了数据结构的修剪方法“规则后修剪”。这种修剪方法通过将决策树转化成规则集来简化决策树。规则后修剪的步骤可以概括为：

(1) 从决策树的根结点到叶子结点的每一条路径创建一条规则，将决策树转化为等价的规则集。

(2) 对规则集进行评价。对于每一条规则，如果省略它，剩余的规则在训练集上的分类错误不会增加，则将其删除。

(3) 按照修剪过的规则的估计精度对它们进行排序,并按这样的顺序应用这些规则来分类后来的实例。

如同前面提到的,估计规则精度的一种方法是使用独立的验证集,另一种被C4.5算法使用的方法正是EBP剪枝方法中使用的保守估计。虽然这种启发式方法不是统计有效的,但是已经发现它在实践中是成功的。

3.4　决策树的改进

决策树分类采用自顶向下的贪婪算法,在每个结点选择分类效果最好的属性对样本进行分类,继续这一过程直到这棵树能准确地分类训练样本,或所有的属性都已被使用过。通常还需要对决策树进行剪枝处理,以限制决策树的规模来提高预测精度。决策树算法的核心问题是在每个结点选取要测试的属性,以及对决策树进行剪枝。传统的属性选择标准有信息增益(information gain)、信息增益率(gain ratio)、GINI 索引(GINI index)、χ^2 相关统计(χ^2 contingency table statistic)等,传统的决策树算法不能很好地处理连续属性,进而影响了分类的算法的性能和效率;传统的决策树分类因为要把数据调入主存执行,所以对大规模高维数据无法处理,限制了决策树的发展。这里将从这三方面对传统的决策树分类算法作进一步介绍。

3.4.1　属性选择

为避免噪声和干扰属性对数据分类的影响,这里提出在建立决策树之前先对属性进行重要性排序,再用RBF神经网络对其中最重要的若干属性进行训练并检验其预测精度,然后按属性重要性次序向两端分别加减一个邻近的属性再进行训练及检验并和原检验结果比较,如此反复直到找到分类效果最佳的 m 个属性为止。即得到的 m 个属性,分类效果最好,多于或少于 m 个属性都会使分类精度降低,从而也达到降维的效果。需要强调的是,该方法无需像通常的神经网络属性选择方法那样,对全部属性进行训练,再逐个试探裁减,只需在属性重要性排序基础上,对部分(通常为原属性数的一半或更少)属性训练即可,使计算量大为减少。

属性排序的方法很多,如灵敏度分析法(SA)、基于信息熵的共同信息熵法

(MI)、分离联系法(SCM)等。灵敏度分析法需计算输出对输入或对神经网络权值的导数,且要对神经网络进行训练,这将导致计算比较复杂;基于信息熵的共同信息熵法要计算密度函数,不适于连续数值;分离联系法计算输入输出的分离性以及输入属性和输出属性之间的关联性,适合于计算连续数值和离散数值。

这里介绍的方法是基于输入输出关联法(IOC),该方法建立在分离联系法的基础上,以样本属性值变化引起的输出变化的累加值作为衡量该属性重要性的标准。对于某个属性 k,如果样本值变化而引起的输出变化越大,则说明该属性越重要,反之该属性对数据分类的意义不大。该方法可表示为:

$$IOC(k) = \sum_{i \neq j} |x(i,k) - x(j,k)| \times \mathrm{sign}\,|y(i) - y(j)| \tag{3.23}$$

其中 $IOC(k)$为第 k 个属性的输入输出关联值,$x(i,k)$,$x(j,k)$分别为第 i,j 个样本的第k 个条件属性值。$y(i)$,$y(j)$分别为第 i,j 个样本的决策属性值。$\mathrm{sign}(x)$为符号函数,当 x 大于 0 时返回 1,当 x 等于 0 时返回 0。为消除由于量纲不同造成的影响,对该方法进行以下归一化处理:

$$x' = \frac{x - \min(A)}{\max(A) - \min(A)} \tag{3.24}$$

将归一化后的 x 代入上面的公式,获得以下结果:

$$IOC(k) = \sum_{i \neq j} |x'(i,k) - x'(j,k)| \times \mathrm{sign}\,|y(i) - y(j)| \tag{3.25}$$

在排序过程中,对于离散属性,为使输入输出关联值更好地反映输入输出变化的关系,由于取信号函数值不需进行归一化处理,故得到以下结果:

$$IOC(k) = \sum_{i \neq j} \mathrm{sign}\,|x(i,k) - x(j,k)| \times \mathrm{sign}\,|y(i) - y(j)| \tag{3.26}$$

径向基函数神经网络(RBF neural networks)是在借鉴生物局部调节和交叠接受区域知识的基础上提出的一种采用局部接受域来执行函数映射的人工神经网络,具有最优逼近和全局逼近的特性。其网络拓扑结构是一种三层前向网络,输入层由信号源结点组成,第二层为隐含层,单元数以所描述问题需要而定,第三层是一个标准全连结的线性输出层,它对输入模式的作用做出响应。隐单元的变换函数是 RBF 函数,它是一种局部分布的中心对称衰减的非负非线性函数,这样网络的权就可由线性方程组直接解出或用递推最小二乘方法递推计算,从而大大加快了学习速度,避免了局部极小点问题。

径向基函数 RBF(Radial Basis Function)是指某种沿径向对称的标量函数,通常定义为空间中任一点 x 与某一中心 c_i之间欧氏距离的单调函数。最常用的径向基函数是高斯核函数,形式为:

$$k_i(x) = \exp\left\{\frac{|| x - c_i ||^2}{2\sigma^2}\right\} \tag{3.27}$$

其中 c_i 为核函数中心，σ 为核函数的宽度参数，控制基函数的径向作用范围，即方差。

RBF 神经网络首先将原始的非线性可分的特征空间变换到另一线性可分的空间(高维空间)，通过合理选择这一变换使在新空间中原问题线性可分，然后用一个线性单元来解决问题，从而很容易地达到从非线性输入空间向输出空间映射的目的。RBF 神经网络的权值训练是一层一层进行的，对隐含层的权值训练采用无导师训练，输出层的权值设计采用误差纠正算法，为有监督训练。值得指出的是，由于该方法的权值算法是单层进行的，其工作原理是采用聚类功能，由训练得到输入数据的聚类中心，通过 σ 值来调节基函数的灵敏度(RBF 曲线宽度)。虽然网络结构看上去是全连结的，但实际工作时网络则是局部的，即对输入的一组数据，只有一个神经元被激活，其他神经元被激活的程度可忽略。所以 RBF 网络是一个局部逼近网络，它的训练速度要比 BP 网络快 2～3 个数量级。

3.4.2　连续属性离散化

离散化是分类过程中处理连续属性的一种有效技术。离散化的效率和有效性直接影响到后续机器学习算法的效率和性能。很多的分类规则产生系统只能处理离散属性，例如 ID3 算法，对连续属性进行离散化于这些系统，是一个必要的步骤。即使是在像 C4.5 这样能够处理连续属性的系统中，离散化也是系统集成的一个重要步骤。离散化不仅可以缩短推导分类器的时间，而且有助于提高数据的可理解性，得到精度更高的分类规则。因此离散化方法的改进不仅对于决策树算法，甚至对于数据挖掘技术都是非常重要的一个环节。

离散化方法从优化的角度可以分为两类：局部方法和全局方法。局部方法每次只对一个属性进行离散，而全局方法同时对所有属性进行离散。总而言之，局部离散方法相对简单易行，并已得到广泛的应用。但是，它被认为是一种次优方法。因为在离散化一个属性时忽略了与其他属性的相互影响，因此数据中的有用信息容易丢失，数据中的重要关系容易受到破坏。另一方面，全局化方法由于考虑了属性间的相互作用往往可以得到比局部化方法更好的结果。但是它的计算代价很高，有时难以得到应用。

近年来，一些研究致力于在局部离散化基础上加入带全局意义的调整方法，使局部方法既具有全局优化的特性，又避免了传统全局化方法的复杂运算，收到了良好的效果，为推动全局化方法获得更好的实用性作出了贡献。另外，连续属性离散化与属性选择或规则抽取同时进行可以使离散化过程同分类器的分类性能更紧密地结合起来，许多算法在此研究方向做出了努力。

这里以二分查找为思路，介绍二分查找离散化方法。该方法基于数据结构中折半查找的思想，首先对各连续属性值从大到小进行排序，找出离散化的候选断点（阈值）集合；其次计算两端断点和中间断点的阈值，并将断点集合缩小到阈值较大的半区间，然后重复上述操作，直到找到阈值最大的断点为止。二分查找离散化算法处理步骤如下：

(1) 对连续属性按值从大到小进行排序，离散化的候选断点集合表示为：$(a=x_0, x_1, \cdots, x_n=b)$；

(2) 设 $c=n/2$，计算两端断点 a、b 和中间断点 x_c 的阈值 $f(a)$、$f(b)$和 $f(x_c)$；

(3) 若 $f(x_c)>\max(f(a),f(b))$，$\alpha=\beta=n/4$；

(4) 若 $f(a)<f(x_c)<f(b)$，$\alpha=0$，$\beta=n/2$，当$f(a)>f(x_c)>f(b)$时类推之；

(5) 若 $f(x_c)<\min(f(a),f(b))$，设 $f(a)<f(b)$，$\alpha=0$，$\beta=n/2$，$f(a)>f(b)$ 时类推之；

(6) 由上面的计算，缩小后候选断点集合为：$(a=x_{c-\alpha}, x_{c-\alpha+1}, \cdots, x_{c+\beta}=b)$；

(7) 重复上述(2)至(6)步骤的操作，直至找到阈值最大的断点为止。

3.5 决策树的讨论

基于决策树的分类算法自提出至今，种类不下几十种。各种算法在执行速度、可扩展性、输出结果的可理解性、分类预测的准确性等方面各有千秋。决策树分类算法的发展可分为这样几个阶段：首先，最早出现的 ID3 算法采用信息熵原理选择测试属性分割样本集，只能处理具有离散型属性和属性值齐全的样本，生成形如多叉树的决策树。后来出现的 C4.5 算法经过改进，能够直接处理连续型属性，也能够处理属性值空缺的训练样本。ID3 系列算法和 C4.5 系列算法虽然在对训练样本集的学习中尽可能多地挖掘信息，但其生成的决策树分枝较多，规模较大。

为了简化决策树的规模，提高生成决策树的效率，又出现了根据 GINI 系数来选择测试属性的决策树算法，使得生成的决策树可以是结构简单、易于理解的二叉树。根据树剪枝的出现时间，决策树算法使用的剪枝策略可以分为预剪枝和后剪枝。大多数决策树算法都采用后剪枝策略，但是，后剪枝策略明显存在将已经生成的分枝再剪去的重复劳动，降低了决策树的生成效率，因此出现了以PUBLIC算法为代表的预剪枝决策树算法。之后，为了增加决策树算法的可扩展性和并行性，SLIQ和SPRINTT等并行决策树算法被提出。这里列出几种极具代表性的决策树算法，并对比其关键技术(图3.15)。

算法	决策树的结构	选择测试属性的技术	连续属性的处理	剪枝算法	运行剪枝的时间	是否必须独立测试样本集	可伸缩性	并行性
ID3	多叉树	信息增益	离散化	分类错误	后剪枝	是	差	差
C4.5	多叉树	信息增益	预排序	分类错误	后剪枝	否	差	差
CART	二叉树	GINI系数	预排序	分类错误	后剪枝	否	差	差
PUBLIC	二叉树	GINI系数	预排序	MDL	预剪枝	否	差	差
人机交互	二叉树	可视截面和用户知识	离散属性需连续化	用户知识	预剪枝	否	差	差
SLIQ	二叉树	GINI系数	预排序	MDL	后剪枝	否	良好	良好
SPRINT	二叉树	GINI系数	预排序	MDL	后剪枝	否	好	好

图3.15　几种决策树方法的比较

3.5.1　决策树优化问题

决策树归纳学习的主要目标就是使得到的决策树分类精度高、速度快。大多数决策树算法的核心问题是在决策树中各级结点上属性的选择。实际上，更希望选择的是最有助于分类样本实例的属性。那么衡量这些指标的标准是什么呢？下面从示例学习最优化的角度进行分析。

示例学习(learning from examples)是机器学习按推理策略进行分类的一种学习方法,它是对于某些概念的正例集和反例集合,通过归纳推理产生覆盖所有正例,并排除所有反例的概念描述的一般规则。因此,示例学习也叫做概念获取(concept acquisition)。其中,这种概念的描述可以采用决策树的方法来表示,或者以规则形式表示。

示例学习的目标是寻找在反例集合背景下的正例集合的覆盖规则,这些规则一般以析取范式(DNF)表示,即公式的析取式。在寻找最优化规则的归纳偏向(induction bias)下,提出的优化问题有:

(1) 最优覆盖问题(MCV)生成具有最少数目公式(合取式)的覆盖。

(2) 最简公式问题(MCOMP)生成具有最少数目选择算子及属性值的公式。

(3) 最优示例学习问题(OPL)生成只由最简公式组成的覆盖。

我国洪家荣教授首次证明了这几个问题都是 NP Hard 问题。因此,只能通过努力寻找其近似或启发式算法。考虑决策树归纳学习的最优化,可以先将决策树转化为规则形式。从而由规则优化的三个目标就可以得到决策树归纳学习相应的三个优化原则。

假设 T 是由正例集合 PE 和反例集合 NE 所构造出的决策树,对于 T 中任意一个非叶子结点S,假设 S 上的测试属性为A_j,由 S 所发出的一个树枝上的属性值为 V_j。这样,如果将 S 上的属性A_j及树枝上的值V_j用一个选择项$[A_j = V_j]$来表示,那么从根到任一叶子结点的路径上的所有这样的选择项的合取就构成了一个公式,而从根结点到所有标识为正例的叶子结点的路径对应的公式的析取,即为 PE 上的规则。

因此,要寻找最优决策树,也就要解决如下三个最优化问题。

(1) 生成最少数目的叶子,对应于 MCV;

(2) 生成的每个叶子的深度最小,对应于 MCOMP;

(3) 生成的决策树叶子最少且每个叶子的深度最小,对应于 OPL。

3.5.2 决策树优化方法

这里给出决策树简化方法进行归纳的框架,如图 3.16 所示,并对框架中涉及的各类方法做总结。下面对决策树的五种简化方法做简要介绍。

(1) 控制树的规模。这是最常用的决策树简化方法,包括预剪枝、后剪枝方法和增量式学习等方法。在决策树的构造过程中通过它来明确控制树的大小,以实现对决策树进行优化(比如,避免过度拟合,控制叶子结点的深度和规模)。

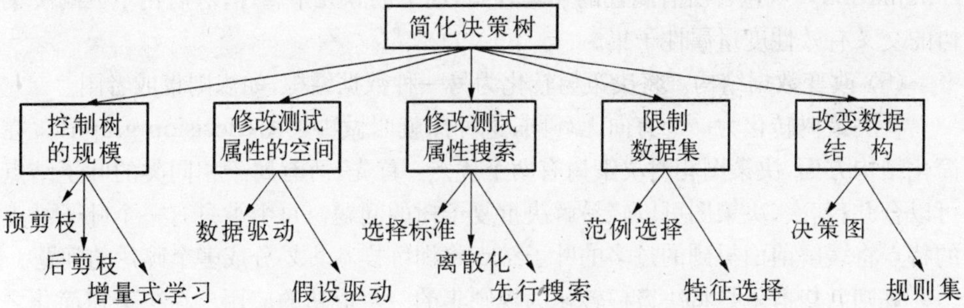

图 3.16　一个决策树优化的框架

(2) 修改测试属性的空间。此方法多数是利用构造属性的方法来完成，将一些属性通过数学或逻辑算子的组合构造出新的属性，从而使内结点为多变量的。另外还有一种是基于假设驱动的构造方法，即如何从决策树学习归纳过程本身构造新的属性。其主要方法是在一棵已构造好的决策树的基础上，通过使用一些简单的逻辑算子(与、或、非)来构造新的属性，从而改变了学习中的属性空间，然后在新的属性空间构造新的决策树。如此递归执行，直至没有新的测试属性可以被构造为止。

(3) 修改测试属性搜索。主要包括改进测试属性的选择标准(如，按分类信息估值和按划分距离估值)，连续属性的离散化和先行搜索等方法。其中先行搜索方法是一种可以用于大多数测试属性选择标准的搜索算法。它主要用于解决视野效果，它在选择测试属性时生成一个一定深度的子树，然后对这棵子树进行评价，来决定是否选择这个属性作为测试属性。它对于属性之间相互作用较大的数据集尤为有效。

(4) 对训练数据集进行限制。这类简化方法是删除决策树中多余的实例子集或属性子集，即实例选择和属性选择。所谓窗口(window)技术就是一种实例选择的方法，但是窗口技术并不能产生明显优化的决策树。Utgoff 等人提出在构造属于扩展训练实例集的时候每次只选择一个实例，并在每次实例加入的时候采取增量式学习。这一方法在减小决策树规模方面更为成功。

因为树的生成可能被无关属性误导，所以一些学者提出了在训练决策树之前删除无关的属性。John 等人提出一种与假设驱动类似的方法，Wrapper 模型阵，它采用贪心算法来对属性空间的子集进行搜索。一种搜索是 FSS(Forward Stepwise Selection)，从一个空的属性集开始逐步递归增加最佳属性，直至添加新的属性不能改善分类的正确率为止；另一种是 BSE(Backward Stepwise

Elimination)，从包含所有属性的初集开始，逐个删除冗余属性，然后用生成的决策树的交叉有效性度量属性子集。

(5) 改变数据结构。将决策树转化为另一种数据结构，如规则集或者图。

将决策树转化为一个有向无环图，这种图就叫做决策图(decision graph)。在简化结构方面，决策图相对决策树有两个优点：首先，所有属于相同类的叶子结点可以合并；其次，决策图可以轻易解决重复子树的问题。每个类只有一个叶子结点的特点将缓解前面提到的过多的叶子结点将训练样本集划分成多个碎片的问题。

规则后修剪就是将决策树转化为规则集的一个成功的应用。在决策树简化之前将其转化为规则集的好处有三点：首先，对人们来说，规则总是比任何模型更加容易理解；其次，对于不同的路径，关于一个属性测试的修剪决策可以不同。如果直接修剪树本身，要么完全删除这个决策结点，要么保留它本来的状态。最后，转化为规则集消除了根结点附近的属性测试和叶子结点附近的属性测试的区别，避免了凌乱的记录问题。比如，假若某个子树的根结点要被删除，但是它下面的子树需要被保留，此时应该怎样重新组织这棵树。

3.6 分类模型的评估

分类模型的性能可以从多方面衡量，如：分类准确度、训练时间、可伸缩性、健壮性和可解释性等。评价一个算法的优劣常常是在具体应用背景的特定要求下进行的。例如：对于数据量特别大甚至不能存放在内存的数据集，分类算法的可伸缩性显得尤其重要，例如：包括 SLIQ、SPRINT 和 RainForest 判定树归纳框架就是为了改善算法的可伸缩性而设计的。另外，由于现实数据可能具有缺失属性和包含噪声的，因此在某些应用中对噪声数据的高承受能力成为对分类算法最基本的要求。一般来说，分类准确度是评估分类算法优劣的最重要的指标。

1. 分类算法准确率的评估

由于分类算法可能对数据过分逼近，使用训练数据集评估该模型的分类准确度可能错误地导致过于乐观的估计。因为学习模型倾向于过分适合训练数据(即，学习模型可能并入训练集中某些特别的异常，这些异常并不出现在总体样本中，而学习模型把它作为总体数据的特征概念)，因此，评估模型(分类算法)的预测准确率不能根据训练集评估，通常使用测试集来评估分类模型。评估模型的技术有很多，如 k-交叉验证（k-fold cross-validation）、保持（holdout）、留一（leave-one-out）、自助（bootstrapping）以及分层交叉验证（stratified cross-validation）等。

k-折交叉验证（k-fold cross-validation）：在 k-折交叉确认中，初始数据被随机划分成 k 个互不相交的子集或“折”S_1，S_2，…，S_k，每个折的大小大致相等。训练和测试进行 k 次。在第 i 次迭代，S_i 用作测试集，其余的子集都用于训练分类算法。准确率估计是 k 次迭代正确分类数除以初始数据中的样本总数。

分层交叉验证（stratified cross-validation）：因为 k-交叉验证随机划分数据集，所以每一个子集不一定总能够代表数据的整体分布，例如某些类可能仅被抽取了较少的实例。分层交叉验证是在交叉验证之前首先执行分层操作，即：测试集和训练集都在不同的类中分别抽样，这样可以保证在子集中每一个类按照和整体数据近似的比例进行随机抽样，从而测试数据更接近整体分布。

保持（hold out）：从给定数据集中选取一定比例的数据作为测试集，剩余的数据作为训练数据集。通常是1/3作测试集，2/3作训练数据集。和 k-交叉验证一样，保持方法的随机抽样的子集也可能和整体的数据分布存在差异，例如某些类可能仅被抽取了很少的实例，改进的方法也是采用分层技术。

留一（leave-one-out）：是一种 N-交叉验证，其中 N 是训练数据集的样本总数。对于每一个样本，利用剩余 $N-1$ 个实例组成的训练数据集构造分类模型，然后测试该实例。该方法没有随机抽样，最大限度地使用了数据，但是留一测试方式的代价是很昂贵的，因为对于包含 N 个实例的数据集，必须建立 N 个分类器才能完成测试。

自助（bootstrapping）：使用和原数据集等容量有放回的随机抽样形成的自助样本集作为训练数据集，使用原数据集中不出现在训练集中的实例作为测试集。某个给定实例不出现在训练数据集中的可能性为 $(l-1/n)^n$，因此，如果 N 足够大，一个实例出现在测试集中的概率为 $(l-1/n)^n \approx l/e \approx 0.368$。这意味着训练集仅包含63.2%的数据，因此自助将对分类器的分类准确度给出一个较悲观的估计。

分类器的评估本身也是一个需要深入研究的问题，如：减小验证方法本身引起的偏差。准确评估不同分类算法是很重要的，因为实际应用中可能需要从多个分类算法中选择最好的分类模型。有研究表明，分层次的10-折交叉验证（stratified ten-fold cross-validation）准确评估分类算法的最佳选择，而 k-折交叉验证则是最常用的分类算法评估技术。

2. 分类算法的其他评估标准

虽然准确率是评估分类算法分类能力最常用的度量,但是仅仅使用分类准确率在某些情况下是不合适的。特别是对于稀有类的分类问题,即要求模型能够成功预测一类很重要但是通常很少发生的事件。稀有类的分类会产生很多特有的难题,同时算法的评估也存在一些特有的问题。对于这类应用仅仅使用分类准确率评估算法的分类性能意义不大,因为这类预测的核心问题不是整体预测的准确率而是模型能否准确预测稀有事件的发生,因此一般需要使用灵敏度(sensitivity)、特效性(specificity)以及对稀有事件的召回率(recall)来衡量算法的优劣。

3.7 本章小结

决策树方法是目前应用最广泛的归纳推理算法之一,是一种逼近离散值函数的方法,也可以把它看作是一个布尔函数。它是以实例为基础的归纳学习算法,通常用来形成分类器和预测模型,着眼于从一组无次序、无规则的事例中推理出决策树表示形成的分类规则。到目前为止决策树有很多实现算法,例如:CLS,ID3 算法和 C4.5 算法,以及 CART,C5.0(C4.5 的商业版本),Fuzzy C4.5,SLIQ 和 SPRINT 等。

尽管已经开发的每种决策树算法有这样或那样不太一致的能力和要求,通常决策树算法最适合具有以下特征的问题:

(1) 实例是由"属性-值"对表示的:实例是用一系列固定的属性和它们的值来描述的。在最简单的决策树学习中,每一个属性取少数的离散的值,但扩展的算法允许处理值域为实数的属性。

(2) 目标函数具有离散的输出值(例如最常见的布尔类型的分类:yes 或 no)。决策树方法很容易扩展到学习有两个以上输出的函数。

(3) 可能需要析取的描述,决策树很自然地可以代表析取表达式。

(4) 训练数据可以包含错误:决策树学习对错误有很好的健壮性,无论是训练样例所属的分类错误还是描述这些样例的属性值错误。

(5) 训练数据可以包含缺少属性值的实例:决策树学习甚至可以在有未知属性值的训练样例中使用。

决策树学习已经被应用到很多问题中。例如根据疾病分类患者；根据起因分类设备故障；根据拖欠支付的可能性分类贷款申请。对于这些问题，核心任务是要把样例分类到各可能的离散值对应的类别中。

本章介绍了决策树的基本方法，然后介绍了 C4.5，CART，SLIQ 和 SPRINT 方法；在此基础上，介绍了决策树的简化与改进方法；并对决策树的优化进行了初步介绍；最后介绍了分类模型的主要评估方法。

第4章 分类挖掘

分类挖掘就是构建一个分类函数或分类模型(也常常称作分类器),该模型能把数据集合中的数据对象映射为某个给定类别。要构造分类器,需要有一个训练样本数据集作为输入。训练集由一组数据对象构成,每个对象可视为由若干个特征属性组成的特征向量,此外,训练样本还有一个类别标记。一个具体样本的描述形式可为:(v_1, v_2, …, v_n; c)。其中 v_i表示特征属性值,c 表示类别。

分类器的构造方法有机器学习方法、神经网络方法、统计方法等等。机器学习方法包括决策树法和规则归纳法,前者对应的表示为决策树或判别树,后者则一般为产生式规则。神经网络方法主要是 BP 算法,它的模型表示是前向反馈神经网络模型(由代表神经元的结点和代表连接权值的边组成的一种体系结构),BP 算法本质上是一种非线性判别函数。统计方法包括贝叶斯法和非参数法(近邻学习或基于事例的学习),对应的知识表示则为判别函数和原型事例。另外,最近又兴起了一种新的方法:粗糙集(rough set),其知识表示是产生式规则一个具体样本的形式。前章已介绍了机器学习方法,即决策树方法;本章将分别介绍神经网络和统计学等方面的分类挖掘方法。

4.1 贝叶斯方法

20 世纪 90 年代以来,贝叶斯学习一直是机器学习研究的重要方向。由于概率统计与数据挖掘的天然联系,数据挖掘兴起后,贝叶斯再次成为引人注目的热点。贝叶斯方法尤其是其中的贝叶斯网络由于它自身所具有的优点,已在这方面开始表现出它的潜力。得到了广泛的应用。

近年来研究者研究了直接从数据中学习贝叶斯网络的方法，为贝叶斯网络应用于数据挖掘和知识发现开辟了道路。现在，贝叶斯在很多领域都得到了广泛的应用，也取得了很多令人鼓舞的成果。概括说来，贝叶斯主要应用于以下方面：

(1) 信息恢复、诊断与故障检测：微软开发的算法和评估方法已用于 Office 产品中的问题回答向导和打印故障自动检测功能，英特尔公司用来诊断半导体芯片可能发生的失效问题。

(2) 经济领域：用于预测使用杀菌剂计划后的冬小麦产量，以及预测石油和股票价格。

(3) 医学应用：应用于诊断睡眠混乱、某些皮肤病病状、外伤护理和家庭健康评估等医疗专家系统。胸部疾病的贝叶斯网络模型帮助医生形成诊断规则和计划进一步的诊断程序。

(4) 工业方面：贝叶斯网络系统已应用于火车机车、飞行器、电力生产的汽轮机、空间飞船、办公设备，以及工程设计制造 CAM 和产品质量控制。

(5) 电讯通信业：检测欺骗的或不可收回的欠款情况、实时电信经营的决策支持系统。

(6) 交通管理：利用高峰期的交通状况信息来优化控制交通流量，确认阻塞的车辆和事故，以及协助车辆自动控制器进行决策。

(7) 文化教育：自动分类词条编辑系统、地理信息处理系统等，从数据库中提取信息建立知识库，用来预测未来趋势、解释过去行为和提供正常的决策。

(8) 国防系统：Mitre 公司的武器限时反应系统和舰船的防卫系统，能在 2 秒之内处理武器故障。美国海军研究一种贝叶斯网络系统，用于确定敌方发出的导弹、飞行器或船只，并推荐何种武器能最有效地反击正来临的目标。

贝叶斯在经济和医学等领域越来越多的应用日益显示出其发展前景。这些应用通过正在建成的许多应用模型用于预测石油和股票价格、控制太空飞船和诊断疾病等等，正不断地渗入我们的社会和经济生活中。在许多实际问题的解决中，可以使用贝叶斯网络这样的概率推理技术从不完全的、不精确的或不确定的知识和信息中做出推理。贝叶斯网络系统在计算机中程序化后能够自动产生最优预测或决策，即使有某些主要信息片丢失了，这就是贝叶斯技术不断受到人们重视的优势所在。

4.1.1　贝叶斯方法概述

贝叶斯分类是统计学方法。它们可以预测类成员关系的可能性，如给定样本属于一个特定类的概率。贝叶斯分类主要是基于贝叶斯定理，通过计算给定样本属于一个特定类的概率来对给定样本进行分类。由于概率统计与数据挖掘的天然联系,数据挖掘兴起后,贝叶斯成为引人注目的热点。近年来研究者研究了直接从数据中学习贝叶斯网络的方法,为贝叶斯网络应用于数据挖掘和知识发现开辟了道路。

与其他方法相比,贝叶斯分类的优点是可以综合先验信息和样本信息,这在样本难得到时特别有用;可以发现数据之间的因果关系,适合于处理不完整数据集,这是其他模型难以做到的。另一方面,在运用贝叶斯方法时,由于要对先验概率进行计算而得出后验概率,不可避免地多花费时间开销,特别是对数据量不大的数据集进行分析时,这种差距比较明显。即使这样,其准确率却是显而易见的。使用贝叶斯方法后,准确率增加是由于贝叶斯方法是一个修正的过程,通过后验结果来修正前面所得的结果,当然这有一个前提,就是先验信息的正确性。如果先验信息不充分或者不正确,那所得的结果会与实际结果大相径庭。

贝叶斯方法最大的不足在于以下两点:

(1) 贝叶斯方法最有争议之处就是先验信息的使用。先验信息来源于经验或者以前的实验结论,没有确定的理论依据作支持,因此在很多方面颇有争议。由于很多工作都是基于先验信息的,如果先验信息不正确,或者存在误差,那么最后导致的结论就会是不可想像的。尤其是在数据挖掘中,挖掘出的知识也是不可预知的,就是说不知道挖掘出的知识是有用的还是无用的,甚至是错误的。虽然知识发现中有一步是进行知识评估,但是这种评估并不总是能得出知识的可用性和有效性,特别是在不能确定先验信息是否正确时,这种评估更带有不确定性。

(2) 处理数据复杂性高,因此时间和空间消耗也比较大。贝叶斯方法要进行后验概率的计算、区间估计、假设检验等,大量的计算是不可避免的。

虽然贝叶斯方法有这样的不足,但是由于贝叶斯方法在应用于大型数据库时,具有极高的准确率和效率,所以在对大规模数据进行处理时很有必要对它进行研究。

贝叶斯分类具有如下特点:

(1) 贝叶斯分类并不把一个对象绝对地指派给某一类,而是通过计算得出属于某一类的概率,具有最大概率的类便是该对象所属的类;

(2) 一般情况下在贝叶斯分类中所有的属性都潜在地起作用,即并不是一个或几个属性决定分类,而是所有的属性都参与分类;

(3) 贝叶斯分类对象的属性可以是离散的、连续的,也可以是混合的。

贝叶斯方法因其在理论上给出了最小化误差的最优解决方法而被广泛应用于分类问题。人们基于贝叶斯方法,提出了朴素贝叶斯方法和贝叶斯网络方法以及其他改进的用于分类的方法。

4.1.2 朴素贝叶斯分类

设 X 是类标号未知的数据样本。设 H 为某种假定，如数据样本 X 属于某特定的类 C。对于分类问题，希望确定 $P(H|X)$——给定观测数据样本 X，假定 H 成立的概率。

$P(H|X)$是后验概率（posterior probability），或称条件 X 下 H 的后验概率。例如，假定数据样本域由水果组成，用它们的颜色和形状描述。X 表示红色和圆形，H 表示假定 X 是苹果，则 $P(H|X)$反映当看到 X 是红色并是圆的时，对 X 是苹果的确信程度。作为对比，$P(H)$是先验概率（prior probability），或称 H 的先验概率。对于这样的例子，它是任意给定的数据样本中为苹果的概率，而不管数据样本看上去如何。后验概率 $P(H|X)$比先验概率 $P(H)$基于更多的信息（如背景知识）。$P(H)$是独立于 X 的。类似地，$P(X|H)$是条件 H 下，X 的后验概率。即是说，它是已知 X 是苹果，X 是红色并且是圆形的概率。$P(X)$是 X 的先验概率。使用上述的例子，它是由水果集取出一个数据样本是红的和圆形的概率。

如何计算这些概率？正如下面将要讨论的，$P(X)$，$P(H)$和 $P(X|H)$可以由给定的数据计算。贝叶斯定理就提供了一种由 $P(X)$，$P(H)$和 $P(X|H)$计算后验概率 $P(H|X)$的方法。贝叶斯定理是：

$$P(H \mid X) = \frac{P(X \mid H)P(H)}{P(X)} \tag{4.1}$$

朴素贝叶斯分类就是假定一个属性值对给定类的影响独立于其他属性的值。这一假定称作类条件独立。做此假定是为了简化所需计算，并在此意义下称为“朴素的”。朴素贝叶斯分类的工作过程如下：

(1) 每个数据样本用一个 n 维特征向量$\boldsymbol{X}(x_1, x_2, \cdots, x_n)$表示，分别描述对 n 个属性$A_1, A_2, \cdots, A_n$样本的n 个度量。

(2) 假定有 m 个类 $C_1, C_2, \cdots, C_m$。给定一个未知的数据样本 $\boldsymbol{X}(x_1, x_2, \cdots, x_n)$（即没有类标号），朴素贝叶斯分类将未知的样本分配给类 C_i，当且仅当

$$P(C_i \mid \boldsymbol{X}) > P(C_j \mid \boldsymbol{X}), \quad 1 \leqslant j \leqslant m, j \neq i$$

根据贝叶斯定理 $P(C_i \mid \boldsymbol{X}) = \dfrac{P(\boldsymbol{X} \mid C_i)P(C_i)}{P(\boldsymbol{X})}$，最大化 $P(C_i|\boldsymbol{X})$即可进行分类。其 $P(C_i|\boldsymbol{X})$最大的类 C_i称为最大后验假定。

(3) 其中 $P(\boldsymbol{X})$代表属性集（$A_1, A_2, \cdots, A_n$）取值为($x_1, x_2, \cdots, x_n$)时的联合概率，为常数。所以最大化时只需对 $P(\boldsymbol{X}|C_i)P(C_i)$最大即可。类的先验

概率可以用 $P(C_i)=s_i/s$ 计算，其中 s_i 是类 C_i 中训练样本数，而 s 是训练样本总数。

(4) 给定具有许多属性的数据集，计算 $P(\boldsymbol{X}|C_i)$ 即 $P(A_1=x_1, \cdots, A_n=x_n|C_i)$ 的开销可能非常大。为降低计算 $P(\boldsymbol{X}|C_i)$ 的开销，可以做类条件独立的朴素假定。给定样本的类标号，假定属性值相互条件独立，即在属性间，不存在依赖关系。这样有：

$$P(\boldsymbol{X} \mid C_i)=\prod_{k=1}^{n} p(x_k \mid C_i) \tag{4.2}$$

概率 $P(x_1 \mid C_i)$，$P(x_2 \mid C_i)$，…，$P(x_n \mid C_i)$ 可以由训练样本估值，其中：

(a) 如果 A_k 是离散属性，$P(x_k \mid C_i)=\dfrac{N(A_k=x_k, C=C_i)}{N(C=C_i)}$。其中 $N(C=C_i)$ 是样本集中属于类 C_i 的样本个数。$N(A_k=x_k, C=C_i)$ 是样本集中属于类型 C_i 且属性 A_k 取值为 x_k 的样本个数。

(b) 若 A_k 是连续值属性，常用的处理方法有两种：一是对其离散化，然后按照离散值处理；另一种是假定这一属性服从某一分布。

(5) 对未知样本 $\boldsymbol{X}$ 分类的时候，对每个类 C_i，计算 $P(\boldsymbol{X} \mid C_i)P(C_i)$。样本 $\boldsymbol{X}$ 被指派到类 C_i 当且仅当 $P(\boldsymbol{X} \mid C_i)P(C_i)>P(\boldsymbol{X} \mid C_i)P(C_i)$，$1\leqslant j\leqslant m$，$j\neq i$。换言之，$\boldsymbol{X}$ 被指派到其 $P(\boldsymbol{X}|C_i)P(C_i)$ 最大的类 C_i。

朴素贝叶斯分类的效率如何呢？理论上讲，与其他所有分类算法相比，贝叶斯分类具有最小的出错率。然而，实践中并非总是如此。这是由于对其应用的假定(如类条件独立性)的不准确性，以及缺乏可用的概率数据造成的。但是，实验研究表明，与判定树和神经网络分类算法相比，在某些领域，该分类算法可以与之相媲美。另外，分类算法的比较研究发现，在属性间的独立性假设得到满足时，朴素贝叶斯分类算法和其他如决策树分类、神经网络分类相比有最高的准确率和效率。在应用于大型数据库时，该算法也表现出很高的准确度和速度。

例 4.1 信用卡客户的数量极为庞大并且分布广泛，采用数据仓库存储客户信息。根据信用卡客户的分类标准，选定一般小额客户的信息作为数据样本。用多个贝叶斯分类器对数据样本分析。通过对客户欺诈行为的具体分析，得出客户异常行为的具体表现，假定数据样本的每个属性值对给定类的影响独立于其他属性的值，得出训练样本集的各属性如表 4.1 所示。数据样本用属性收入(income)，本次取款额度增长率(cash accrue ratio)，取款频率(cash freq)，购物频率(purchasing freq)，购物金额增长率(purchasing cash accrue ratio)，客户信用度等级(consumer credit grade)描述。本次取款额度增长率=(本次取款额度-历史上 n 次取款平均值)×100/历史上 n 次取款平均值;购物金额增长率=(本次购物金额-历史上 n 次购物金额平均值)×100/历史上 n 次购物金额平均值;客户信用度根据客户以往交易是否拖欠而划分的客户的诚信度。类标号属性 is fraud 具有两个不同值(yes, no)。C_1 对应类 is fraud="yes",而 C_2 对应类 is fraud="no"。

表 4.1　训练样本集属性

名称	记录编号	收入	本次取款额度增长率	取款频率	购物频率	购物金额增长率	客户信用度	是否欺诈
标示	RID	Income	Cash accrue ratio	Cash freq	Purchasing freq	Purchasing cash accrue ratio	Consumer credit grade	Is fraud

训练数据如表 4.2 所示。假定分类的未知样本为 X=(income="Medium", cash accrue ratio="10～30", cash freq="medium", credit purchasing freq="medium", credit purchasing cash accrue ratio="20～50", consumer credit grade="fair")。每个类的先验概率 $P(C_i)$ 根据训练样本得到,P(is fraud="yes")=8/15=0.533,P(is fraud="no")=7/15=0.467。属性的条件概率如下:

表 4.2　训 练 数 据

RID	Income	Cash accrue ratio	Cash freq	Purchasing freq	Purchasing cash accrue ratio	Consumer credit grade	Is fraud
1	Medium	10	Low	Low	<20	Fair	No
2	High	10 30	Low	High	20 50	Excellent	No
3	Medium	>30	Medium	High	>50	Fair	Yes
4	High	>30	Low	High	20 50	Bad	Yes
5	Low	<10	Low	High	>50	Excellent	No
6	Medium	10 30	High	Medium	20 50	Excellent	No
7	High	10 30	Medium	High	>50	Bad	Yes

续表

RID	Income	Cash accrue ratio	Cash freq	Purchasing freq	Purchasing cash accrue ratio	Consumer credit grade	Is fraud
8	Low	＞30	Medium	Medium	＜20	Fair	Yes
9	Medium	＜10	High	Low	20　50	Bad	Yes
10	High	＜10	High	High	＞50	Fair	Yes
11	Low	10　30	Low	Low	＜20	Excellent	No
12	High	＞30	High	Medium	＜20	Fair	No
13	High	＞30	Medium	High	＞50	Bad	Yes
14	Medium	10　30	High	Low	20　50	Excellent	Yes
15	Medium	＜10	Medium	Medium	＜20	Bad	No

各属性值间相互条件独立，即各属性之间，不存在依赖关系。

P(income = “Medium” | is fraud = “yes”) = 3/6 = 0.5

P(income = “Medium” | is fraud = “no”) = 3/6 = 0.5

P(cash accrue ratio = “10～30” | is fraud = “yes”) = 2/8 = 0.25

P(cash accrue ratio = “10～30” | is fraud = “no”) = 3/7 = 0.429

P(cash freq = “medium” | is fraud = “yes”) = 4/8 = 0.5

P(cash freq = “medium” | is fraud = “no”) = 1/7 = 0.143

P(purchasing freq = “medium” | is fraud = “yes”) = 1/8 = 0.125

P(purchasing freq = “medium” | is fraud = “no”) = 3/7 = 0.429

P(purchasing cash accrue ratio = “20～50” | is fraud = “yes”) = 3/8 = 0.375

P(purchasing cash accrue ratio = “20～50” | is fraud = “no”) = 2/7 = 0.286

P(consumer credit grade = “fair” | is fraud = “yes”) = 3/8 = 0.375

P(consumer credit grade = “fair” | is fraud = “no”) = 2/7 = 0.286

P(X | is fraud = “yes”) = 0.5×0.25×0.5×0.125×0.375×0.375 = 0.001 10

P(X | is fraud = “no”) = 0.5×0.429×0.143×0.429×0.286×0.286 = 0.001 08

对应于每个不同的类，

P(X | is fraud = “yes”) *P* (is fraud = “yes”) = 0.001 10×0.533 = 0.000 586

P(X | is fraud = “no”) *P*(is fraud = “no”) = 0.001 08×0.467 = 0.000 504

因此，对于样本 *x*，朴素贝叶斯分类预测 is fraud = “yes”。

4.2　k-近邻方法

k-近邻算法是数据挖掘分类算法中比较常用的一种方法。k-近邻是基于统计的分类方法，是根据测试样本在特征空间中 k 个最近邻样本中的多数样本的类别来进行分类，因此具有直观、无需先验统计知识等特点，从而成为非参数分类的一种重要方法。其基本思想是：

（1）产生训练集，使得训练集按照已有的分类标准划分成离散型数值类，或者是连续型数值类输出。

（2）以训练集的分类为基础，对测试集每个样本寻找 k 个近邻，采用欧氏距离作为样本间的相似程度的判断依据，相似度大的即为最近邻。一般近邻可以选择1个或者多个。

（3）当类为连续型数值时，测试样本的最终输出为近邻的平均值；当类为离散值时，测试样本的最终输出为近邻类中个数最多的那一类。

所有的例子都处于 N 维空间，一般每个例子 x 都被表示为特征向量 $\langle a_1(x), a_2(x), \cdots, a_n(x)\rangle$，这里 $a_r(x)$表示例子 x 的第 r 个属性值。那么两个例子 x_i，x_j之间的相似度量可以采用欧氏距离：

$$d(x_i, x_j) = \sqrt{\sum_{r=1}^{n}(a_r(x_i) - a_r(x_j))^2} \tag{4.3}$$

判断近邻就是使用欧氏距离测试两个例子之间的距离，距离值越小的表明相似性越大，反之则表明相似性越小。

k-近邻算法的一个明显缺点是不同的数据库采用 k-近邻算法，很难确定合适的 k 值，需要经过不断地实验找到合适的取值。目前的研究中只是给出了大概范围 1～sqrt(N)(N 表示数据库中训练样本个数)。

同时，跟一般的基于实例的学习算法一样，由于 k-近邻算法目前采用的相似度测量使用的是欧氏距离或者是余弦距离和内积，因此对于属性的相关性比较敏感。当属性无关的比较多时，找到的“近邻”就不是真正的“近邻”。即判断近邻的距离度量不涉及向量中特征之间的关系，这使得距离的计算不精确，从而影响分类的精度。这样得出的实验结果就不准确了，因此进一步解决无关属性问题是近邻算法的主要优化目标之一。所以在原始算法中采用加权思想，可以提高 k-近邻(KNN)算法分类准确性，有效处理噪声数据。

大多数分类方法是基于向量空间模型的。当前在分类方法中，对任意两个向量 $\boldsymbol{X}=(x_1, x_2, \cdots, x_n)$ 与 $\boldsymbol{X}'=(x_1', x_2', \cdots, x_n')$，存在三种最通用的距离度量：欧氏距离、余弦距离和内积。

传统的 k-近邻算法选择的相似性度量通常是欧几里德距离的倒数，也就是说两者的距离越小表示两者的相似性越大，反之则相似性越小。由欧氏距离式可见这种距离通常涉及所有的属性，且认为这些属性对距离影响的程度是等同的。

“同等重要地依赖所有属性的相似性度量会引起误导，这种由不相关属性引起误导的现象被称作维数陷阱”。k-近邻算法对这个问题是非常敏感的。例如：假定要分类的向量具有 20 维属性，其中只有 2 维属性对分类最相关，这 2 维属性具有相似值的向量在 20 维属性空间中却有可能距离最远，此时由 20 维属性等同作用的相似度量就引起了误导。克服此问题的有效方法之一就是为每一个属性加一个特征权参数，让不同的属性在分类中起不同的作用。从欧氏空间上来说就是拉长相关属性对应的轴，缩短无关属性对应的轴。

以下介绍如何学习权值，以改进距离计算公式：

$$d(x_k, c_i)=\sum_{j=1}^{m}(w_j(x_{kj}-c_{ij}))^2 \tag{4.4}$$

如何调整权值 w_j 使得目标函数值尽可能减小是一种改进 k-近邻分类算法的有意义的工作。以下就是一种间接的学习权值 w_j 的方法。加权相似矩阵将向量 e_p 和 e_q 的相似度量表示为：

$$\rho_{pq}^{(w)}=\frac{1}{1+\beta\cdot d_{pq}^{(w)}} \tag{4.5}$$

其中，$e_i=(x_{i1}, x_{i2}, \cdots, x_{im})$，$x_{ij}$ 为向量 e_i 的属性分量，β 是一个正参数。

$$d_{pq}^{(w)}=d^{(w)}(e_p, e_q)=\left(\sum_{j=1}^{n}w_j^2(x_{pj}-x_{qj})\right)^{1/2} \tag{4.6}$$

当 $w=(1, 1, \cdots, 1)$ 时，$\rho_{pq}^{(1)}$ 即为权值没有调整的相似度量值，由上面公式可以看到两个向量间的相似程度与权值的具体取值有关。

现有一个简单的函数：

$f(x, y)=x(1-y)+y(1-x)\ (1\leqslant x, y\leqslant 1)$。由于 $\frac{\partial f}{\partial x}=1-2y$，它具有以下的性质：如果 $y<0.5$，则 $\frac{\partial f}{\partial x}>0$；如果 $y>0.5$，则 $\frac{\partial f}{\partial x}<0$。显然，如果 $y>$

0.5，则 $f(x, y)$ 随着 x 的增加而单调递减，从而达到极小的充要条件为 $x \to 1$；如果 $y < 0.5$，则 $f(x, y)$ 随着 x 的增加而单调递增，从而达到极小的充要条件为 $x \to 0$。

基于这个性质可以构造下面的一个评价函数，通过极小化这个评价函数来降低相似矩阵的模糊性：

$$\begin{aligned} E(w) &= \frac{2}{N(N-1)} \sum_{q<p} E_{pq}(w) \\ &= \frac{2}{N(N-1)} \sum_{q<p} \frac{1}{2} (\rho_{pq}^{(w)} (1 - \rho_{pq}^{(1)}) + \rho_{pq}^{(1)} (1 - \rho_{pq}^{(w)})) \end{aligned} \tag{4.7}$$

$\rho_{pq}^{(1)}$ 为向量 e_p 和 e_q 旧的相似程度，按某种优化标准得到的 $\rho_{pq}^{(w)}$ 称为向量 e_p 和 e_q 新的相似程度。

通过调整权值，随着 $E_{pq}(w)$ 的极小化将发生下列有趣的事件：

(1) 当旧的相似性大于 0.5 时，新的相似性将趋向于最大值 1。

(2) 当旧的相似性小于 0.5 时，新的相似性将趋向于最小值 1。

显然，上述两个性质有助于改善分类效果。因此，从平均意义上讲，极小化 $E_{pq}(w)$ 将使得类内相似性增大且类间相似性减小。这样使得相似矩阵同一类的平均相似性增加，同时不同类间的平均相似性减少。通过这种方法，可以学习到更合适的特征权值，改善分类效果。

公式 $E(w)$ 从统计上表明：原型中一组向量相似性较大（>0.5）时，可以通过学习特征权值改变它们属于同一类的程度，使其相似性变大。当原型中一组向量相似性较小（<0.5）时，可以通过学习特征权值减小它们的相似性。这种相似性远离 0.5 的做法显然有助于改善分类性能，并有利于决策的进行。同时，实验表明，通过学习特征权值还可以改变向量的分类情况，将一些原来分类错误的向量修正为正确结果，从而也在一定程度上解决了所谓的“维数陷阱”的问题。例如对 Iris 数据不学习权值与学习权值的错误率分别为 13% 和 6%。

采用梯度下降技术极小化 $E_{pq}(w)$。通过对 $E(w)$ 求权值偏导逐次调整权值：

$$\Delta w_j = -\eta \frac{\partial E(w)}{\partial w_j}, \ j = 1, \cdots, n$$

$$\frac{\partial E(w)}{\partial w_j} = \frac{1}{N(N-1)} \sum_{q<p} (1 - 2 \cdot \rho_{pq}^{(1)}) \cdot \frac{\partial \rho_{pq}^{(w)}}{\partial d_{pq}^{(w)}} \cdot \frac{\partial d_{pq}^{(w)}}{\partial w_j}$$

$$\frac{\partial \rho_{pq}^{(w)}}{\partial d_{pq}^{(w)}} = \frac{-\beta}{(1 + \beta \cdot d_{pq}^{(w)})^2} \qquad \frac{\partial d_{pq}^{(w)}}{\partial w_j} = w_j (x_{pj} - x_{qj})^2 / d_{pq}^{(w)} \tag{4.8}$$

其中 η 是学习率参数。每次计算偏导，应用公式 $w_j + \Delta w_j$ 更新权值 w_j。最小阈值或者迭代次数超过某一次数阈值时结束学习。

一般特征权值可以控制在 0 ～1 之间，可以使用正则化方法减小搜索空间的大小，当然，也可以不限制权值的取值范围。

为了解释以上的学习思想，从 UCI 机器学习数据库（machine learning repository）中选取了 Iris 数据，如图 4.1 所示（同一组数据的不同表示）。图 4.1 左边的特征权值为(1, 1, 0, 0)，图 4.1 右边的特征权值为(0, 0, 1, 1)。实验分析得出，在权值为原始(1, 1, 1, 1)的情况时聚类情况介于图 4.1 的两个图之间，说明权值学习的好坏直接影响聚类效果。由于四维数据无法用图形表示，所以选择了权值为(1, 1, 0, 0) 和(0, 0, 1, 1)作为比较。其中特征权值为 0 相当于各数据轴拉伸/收缩后从四维空间到二维空间的投影（这里只选取了原数据中的两类）。

通过图示可以发现，在图 4.1 左边两类间存在混合交叉，图 4.1 右边的分类效果要优于左边，在图 4.1 右边的两类间的界限相对清晰，通过投影效果使得分类结果有所改善，这说明了分类结果的确依赖于特征权值。权值学习得好，那么对应的分类效果也好，对于图 4.1 左边，加权后 k -近邻分类测试准确率为 72%；而对于图 4.1右边，计算加权后 k -近邻分类测试准确率为 98% 。从而说明在分类问题中相关属性的确定是很有必要的，尤其是当原始数据中无关属性较多的时候。

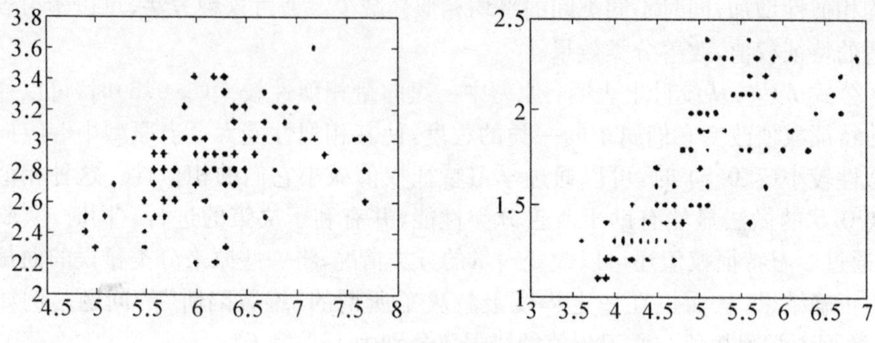

图 4.1　同一组数据的两种表示

通过以上理论及实验证明，学习的特征权值是正确和有效的，分类结果的确依赖于特征权值。权值学习得好，那么对应的分类效果也好。当原始数据对应的无关属性较多，也就是属性的决定作用互不相等时，即属性对应的权值不是原始的相同值 1。采用此方法是比较有效的。如图 4.1 左、右两种特征值中，数据不同属性的决策价值就不尽相同，不同的权值决定了不同的分类准确率，第三个、第四个属性比第一个、第二个属性要重要，使用它们可以获得更高的准确率。

为了进一步证明学习特征权值的有效性和正确性，从 UCI 机器学习数据库中选取了 5 个数据库，它们是(1) Iris data，(2) Rice taste data，(3) Pima，(4) Ecoli，

(5) Glass。对这些数据库,比较了 k-近邻算法在加权前后测试准确率变化的情况。学习权值前应用近邻算法得到的测试准确率写作 A_1,学习权值后应用近邻算法得到的测试准确率写作 A_2,如表 4.3 所示。

表 4.3 学习特征权值前后分类性能比较

Data-base	Case number	Attributes-number	A_1	A_2
Iris	150	4	0.98	0.99
Rice	105	5	0.88	0.92
Pima	768	8	0.65	0.65
Ecoli	336	7	0.88	0.96
Glass	214	9	0.85	0.94

实验分析及说明:

(1) 通过上面数值实验对加权前后近邻算法测试准确率的比较,可以证实学习特征权值的确可以提高 k-近邻分类算法的性能;

(2) 学习特征权值使得无关属性的影响尽量减小,甚至权值可以学习为零。从这种意义上讲,特征权值的学习是特征选取的一种推广。它不仅可以提高分类算法的性能,同时可以减少特征维数,将一些不重要的属性删去不用;

(3) 学习特征权值方法改善分类性能的好坏一般依赖于具体数据库和各种具体特征。例如数据库 Glass,Ecoli,Iris data 测试准确率提高较多,原因是这些数据库有明显的无关属性,去除这些无关属性的影响可以使得相似度量结果更加准确;

(4) 学习特征权值方法可以提高 k-近邻分类算法的性能,但不是对所有的数据库效果都很明显。例如,在 Pima data 中测试准确率变化不大。这说明当数据的属性都相关时可以参考学习特征权值的情况,而属性相关也就是所有的属性对相似度量的影响都较大;

(5) 全面来看,表 4.3 显示学习特征权值的确使得分类性能比学习之前提高了。它说明通过学习特征权值对 k-近邻算法的优化的确行之有效。

既然分类性能的提高是以计算权值为代价的,那么有必要讨论一下学习特征权值算法的复杂性。首先观察每一次循环的时间复杂性。一部分是应用公式(4.7),(4.8),其复杂性为 $O(N^2)$,另一部分是权值改变时学习率的一维搜索,时间复杂性为 $O(N)$。这样每一次循环的时间复杂性为 $O(N^2)$。整个算法的时间复杂性依赖于算法的收敛情况。学习算法采用的是传统梯度下降技术,选取合适的 η 算法是收敛的。

虽然学习特征权值的确增加了计算时间的代价，但是从改进分类效果上来说仍然是有必要的，尤其是在数据库中无关属性比较多，传统的分类算法相似度量误差较大的情况下学习特征权值尤其适用。一个向量各维属性对一个事物的描述具有不同等价值，计算相似度量时各维属性也有不同的贡献，不学习权值之前所有属性权值为1，当属性的实际作用分配互不相等，也就是不同时为1时，比较适于采用学习特征权值方法，得到的分类结果是明显改进的。

通过学习特征权值可以得到一个好的距离度量，从而能够改进 k -近邻的分类性能。从数学意义上讲，相当于欧氏空间上的一组点经过了一个线性变换。

因为 k -近邻分类算法广泛应用于各个领域，通过对其算法的优化，可以进一步完善分类性能，使它的推广具有很大的实际意义。

4.3　人工神经网络方法

神经网络是分类技术中最重要的一个工具之一，近几年的大量研究证明神经网络将有希望替代传统的基于统计的分类方法。其优势在于：

(1) 神经网络属于自适应方法；

(2) 神经网络可以以任意精度逼近任意函数，因为分类过程就是寻求类和属性之间比较精确的关系的过程；

(3) 神经网络是一个非线性模型，这使得它能够灵活地模拟现实世界中数据之间的复杂关系。

神经网络分为四种类型，即前向型、反馈型、随机型和自组织竞争型。

前向型神经网络中，BP 神经网络是数据挖掘中应用最广的一种网络。径向基函数神经网络(RBF)也是一种前向型的神经网络，这种网络通过改变神经元非线性变换函数的参数以实现非线性映射，并由此而导致连接权值调整的线性化，提高学习速度。

Hopfield 神经网络是反馈型网络的代表，网络的运行是一个非线性的动力学系统，比较复杂。优化计算过程中易陷入局部极小一直是长期以来困扰人们的一个问题。具有随机性质的模拟退火(SA)算法就是针对这一问题提出的，并已在神经网络的学习和优化计算中得到成功应用。Boltzman 机是具有随机输出值单元

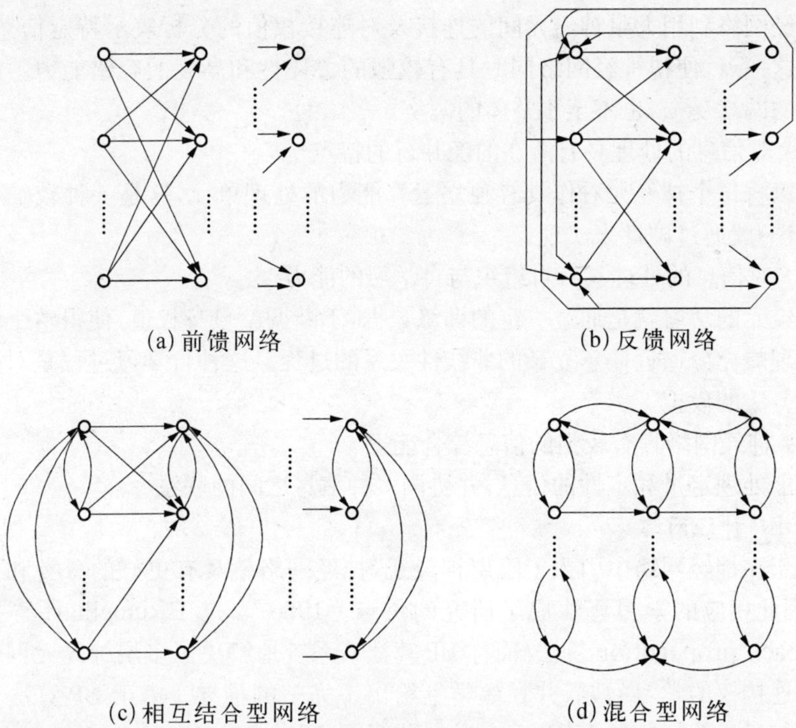

图 4.2 神经网络的四种典型结构

的随机神经网络,串行 Boltzman 机可以看作是对二次组合优化问题的模拟退火算法的具体实现。同时,它还可以模拟外界的概率分布,实现概率意义上的联想记忆。自组织竞争型神经网络的特点是能识别环境的特征,并自动聚类。在特征提取和大规模数据处理中已有极为成功的应用。

学习性能和泛化性能是神经网络研究中最重要的两个问题,学习性能是指拟合训练数据中内在的行为和规律的能力,而泛化性能是指预测和训练数据差距比较大的数据的能力。当神经网络的拟合能力较强时,会导致对噪声数据过拟合问题的出现,过拟合的表征现象是神经网络模型能够很好地拟合训练数据,但是当用来预测未知数据时将表现出很差的结果,即网络的泛化性能很低,因此学习性能和泛化性能往往是互相矛盾的。目前解决这一矛盾的方法有选择合适的网络结构(如隐层神经元的数目)、选择合适的样本尺寸、选择合适的网络模型以及样本特征集的选择等。

神经网络的主要特点有:

(1) 神经网络具有分布式存储信息的能力

神经网络利用大量神经元间的连接及对连接权值的分析表示特定信息，也正是因为这一点，使得神经网络同时具有较强的鲁棒性和高度的容错能力。因为即使局部的网络受损，也不至于整体的瘫痪。

(2) 对信息的处理具有潜在的隐并行的特点

可以将每个神经元看作具有独立运算能力的处理单元，这是一种较细粒度的并行，且一般通过硬件来实现。

(3) 对信息的处理具有自组织与自学习的能力

神经元的学习就是通过一定的训练数据，不断调整自身权值，使得整个网络的信息处理能充分逼近任意复杂的非线性关系的过程。这种自学习过程是对人的形象思维方法的模拟。

(4) 神经网络具有较强的信息综合能力

它能处理定量和定性的信息，并协调多种信息之间的联系。

1. BP 神经网络

由于在神经网络中引入了隐层神经元，神经网络就具有更好的分类和记忆等能力，因此相应的学习算法成了研究的焦点。1986 年 D. ERumelhart 等提出的 Error back propagation 算法(简称 BP 算法)，系统地解决了多层神经元网络中隐单元层连接权的学习问题，并在数学上给出了完整的推导。由于 BP 算法克服了简单感知机不能解决的 XOR 和其他一些问题，所以 BP 模型已成为神经网络的重要模型之一，并得以广泛使用。

采用 BP 算法的多层神经网络模型一般称为 BP 网络。它由输入层、中间层和输出层组成。中间层也就是隐含层，可以是一层或多层。BP 网络的学习过程由两部分组成：正向传播和反向传播。当正向传播时，信息从输入层经隐单元层处理后传向输出层，每一层神经元的状态只影响下一层的神经元状态。如果在输出层得不到希望的输出，则转入反向传播，将误差信号沿原来的神经元连接通路返回。返回过程中，逐一修改各层神经元连接的权值。这种过程不断迭代，最后使得误差信号达到允许的范围之内。

由上可以看到在多层前馈网络中有两种信号在流通：

(1) 工作信号，它是施加输入信号后向前传播直到在输出端产生实际输出的信号，是输入和权值的函数。

(2) 误差信号，网络实际输出与应有输出间的差值即为误差，它由输出端开始逐层向后传播。

BP 学习算法的步骤如下：

(1) 向网络提供训练例子，即学习样本，包括输入单元的活性模式和期望的输出单元活性模式；

(2) 确定网络的实际输出与期望输出之间允许的误差；

(3) 改变网络中所有连接权值，使网络产生的输出更接近于期望的输出，直到满足确定的允许误差。

因此 BP 学习算法是一种有监督的学习过程，它是根据给定的(输入、输出)样本对来进行学习，并通过调整网络连接权来体现学习的效果。就整个神经网络来说，一次学习过程由输入数据的正向传播和误差的反向传播两个子过程组成。设有 N 个学习实例($\boldsymbol{X}_k$, $\boldsymbol{Y}_k^*$), $k=1, 2, \cdots, N$。对实例($\boldsymbol{X}_k$, $\boldsymbol{Y}_k^*$)，在正向传播过程中，实例 k 的输入向量 $\boldsymbol{X}_k=(x_{1k}, x_{2k}, \cdots, x_{nk})$，从输入层的 n 个结点输入，经隐层逐层处理，由输出层的 m 个结点的输出端得到实例 k 的网络计算输出向量 $\boldsymbol{Y}_k=(y_{1k}, y_{2k}, \cdots, y_{mk})$，比较 $\boldsymbol{Y}_k$ 和实例 k 的期望输出向量 $\boldsymbol{Y}_k^*=(y_{1k}^*, y_{2k}^*, \cdots, y_{mk}^*)$，若 N 个学习实例的计算输出都达到期望的结果，则学习过程结束；否则，进入误差反向传播过程，把 $\boldsymbol{Y}_k$ 与 $\boldsymbol{Y}_k^*$ 的误差由网络输出层向输入层反向传播，在反向传播过程中，修改各层神经元的连接权值。

(1) 误差反向传播计算过程

设 $I_{jk}^{(l)}$ 表示实例 k 的输入向量 $\boldsymbol{X}_k$ 输入后，传播到第 1 层结点 j 的输入，$O_{jk}^{(l)}$ 表示第 l 层结点 j 的输出，$w_{ij}^{(l-1)}$ 为第 $l-1$ 层的结点 i 连结第 1 层结点 j 的权值，$n^{(l-1)}$ 为第 $l-1$ 层的结点数，f 为结点神经元的传递函数，BP 网络的神经元传递函数一般使用可微的 Sigmoid 型函数。由 BP 网络神经元的输入输出关系，有：

$$I_{jk}^{(l)} = \sum_{i=1}^{n(l-1)} w_{ij}^{(l-1)} O_{ik}^{(l-1)} \tag{4.9}$$
$$O_{jk}^{l} = f(I_{jk}^{(l)})$$

实例 k 对结点 j 的期望输出 $O_{jk}^{*(l)}$ 与结点 j 对实例 k 的网络计算输出 $O_{jk}^{*(l)}$ 的误差定义为：

$$E_{jk}^{(l)} = \frac{1}{2}(O_{jk}^{*(l)} - O_{jk}^{(l)})^2 \tag{4.10}$$

若第 l 层是 BP 网络的输出层，即结点 j 是输出结点，则 $O_{jk}^{*(l)} = y_{jk}^*$, $O_{jk}^{(l)} = y_{jk}$，实例 k 的输出误差为：

$$E_{jk}^{(l)} = \frac{1}{2}(y_{jk}^* - y_{jk})^2 \tag{4.11}$$

若对 N 个学习实例的任一实例 K 有输出层的 m 个输出结点的计算输出都分别满足实例 k 的 m 个期望输出，即有 $E_{jk}^{(l)} \leqslant \varepsilon$ ($j = 1, 2, \cdots, m$)，则学习过程结束，ε 为指定的允许误差；否则，由误差反向传播过程修改权值分布 W。

按误差的负梯度来修改权值，即：

$$\begin{cases} W_{ij}^{(l-1)} = W_{ij}^{(l-1)} + \Delta W_{ij}^{(l-1)} \\ \Delta W_{ij}^{(l-1)} = -\eta \dfrac{\partial E_{jk}^{(l)}}{\partial W_{ij}^{(l-1)}} \end{cases} \tag{4.12}$$

其中，η 为学习率，$0 < \eta < 1$。由公式(4.9)和公式(4.10)有：

$$\frac{\partial E_{jk}^{(l)}}{\partial W_{ij}^{(l-1)}} = \frac{\partial E_{jk}^{(l)}}{\partial O_{jk}^{(l)}} \frac{\partial O_{jk}^{(l)}}{\partial I_{jk}^{(l)}} \frac{\partial I_{jk}^{(l)}}{\partial W_{ij}^{(l-1)}} = \delta_{jk}^{(l)} \frac{\partial I_{jk}^{(l)}}{\partial W_{ij}^{(l-1)}} = \delta_{jk}^{(l)} O_{ik}^{(l-1)} \tag{4.13}$$

其中：

$$\delta_{jk}^{(l)} = \frac{\partial E_{jk}^{(l)}}{\partial I_{jk}^{(l)}} = \frac{\partial E_{jk}^{(l)}}{\partial O_{jk}^{(l)}} \frac{\partial O_{jk}^{(l)}}{\partial I_{jk}^{(l)}} = \frac{\partial E_{jk}^{(l)}}{\partial O_{jk}^{(l)}} f'(I_{jk}^{(l)}) \tag{4.14}$$

为了得出计算 $\delta_{jk}^{(l)}$ 的表达式，进行下列讨论：

(i) 若第 l 层是输出层，则由公式(4.10)可得出：

$$\frac{\partial E_{jk}^{(l)}}{\partial O_{jk}^{(l)}} = \frac{\partial E_{jk}^{(l)}}{\partial y_{jk}} = -(y_{jk}^{*} - y_{jk}) \tag{4.15}$$

由公式(4.13)和公式(4.14)可得：

$$\delta_{jk}^{(l)} = -(y_{jk}^{*} - y_{jk}) f'(I_{jk}^{(l)}) \tag{4.16}$$

由公式(4.5)、公式(4.6)和公式(4.9)可得公式(4.10)：

$$\Delta W_{ij}^{(l-1)} = -\eta \delta_{jk}^{(l)} O_{ik}^{(l-1)} = \eta (y_{jk}^{*} - y_{jk}) f'(I_{jk}^{(l)}) O_{ik}^{(l-1)} \tag{4.17}$$

(ii) 若第 l 层不是输出层，则根据 BP 网络的误差反向传播定义第 1 层结点 j 的误差 $E_{jk}^{(l)}$ 对结点 j 的输出 $O_{jk}^{(l)}$ 的变化率为第 $l+1$ 层的 $n^{(l+1)}$ 个结点的各结点误差对其输出的变化率之和，若 $E_{qk}^{(l+1)}$ 表示第 $l+1$ 层结点 q 的误差，$O_{qk}^{(l+1)}$ 表示结点 q 的计算输出，则有：

$$\frac{\partial E_{jk}^{(l)}}{\partial O_{jk}^{(l)}} = \sum_{q=1}^{n(l+1)} \frac{\partial E_{qk}^{(l+1)}}{\partial O_{qk}^{(l+1)}} \tag{4.18}$$

对第 $l+1$ 层的结点 q，类似第 l 层的结点 j 的公式(4.8)、公式(4.9)和公式(4.13)，有：

$$\begin{aligned} I_{qk}^{(l+1)} &= \sum_{j=1}^{n(l)} w_{jq}^{(l)} O_{jk}^{(l)} \\ O_{qk}^{(l+1)} &= f(I_{qk}^{(l+1)}) \\ E_{qk}^{(l+1)} &= \frac{1}{2}(O_{qk}^{*(l+1)} - O_{qk}^{(l+1)})^2 \\ \delta_{qk}^{(l+1)} &= \frac{\partial E_{qk}^{(l+1)}}{\partial I_{qk}^{(l+1)}} \end{aligned} \tag{4.19～4.22}$$

因此，可把公式(4.18)表示为：

$$\frac{\partial E_{jk}^{(l)}}{\partial O_{ik}^{(l)}} = \sum_{q=1}^{n(l+1)} \frac{\partial E_{qk}^{(l+1)}}{\partial O_{qk}^{(l+1)}} = \sum_{q=1}^{n(l+1)} \frac{\partial E_{qk}^{(l+1)}}{\partial I_{qk}^{(l+1)}} \frac{\partial I_{qk}^{(l+1)}}{\partial O_{qk}^{(l)}} = \sum_{q=1}^{n(l+1)} \delta_{qk}^{(l+1)} W_{jq}^{(l)} \tag{4.23}$$

由公式(4.14)和公式(4.23)可得：

$$\delta_{jk}^{(l)} = f'(I_{jk}^{(l)}) \sum_{q=1}^{n(l+1)} \delta_{qk}^{(l+1)} W_{jq}^{(l)} \tag{4.24}$$

由公式(4.12)、公式(4.13)和公式(4.24)可得：

$$\Delta W_{ij}^{(l-1)} = -\eta \delta_{jk}^{(l)} O_{ik}^{(l-1)} \tag{4.25}$$

公式(4.16)和公式(4.24)给出了误差反向传播时，计算输出层各结点和隐层各结点的 δ 的关系，由公式(4.16)计算出输出层的各结点的 δ 值后，就可由公式(4.24)反向逐层计算出各隐层的所有结点的 δ 值。由各结点的 δ 值，采用公式(4.17)或公式(4.25)，就可计算出各结点的权值修改量 ΔW，从而对权值进行修改。

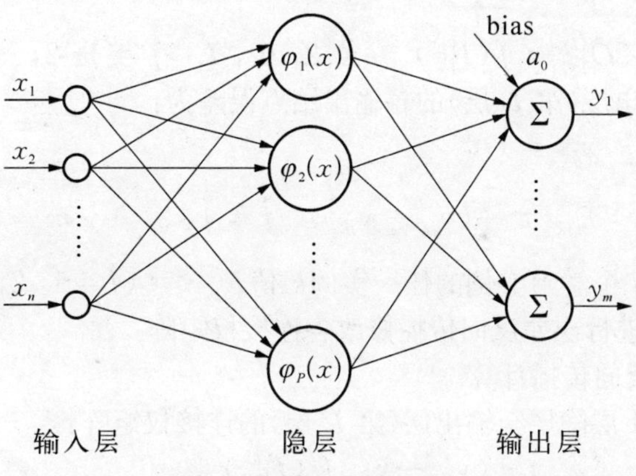

图 4.3 BP 神经网络结构

在实际应用中，学习时要输入训练样本，每输入一次全部训练样本称为一个训练周期，学习要一个一个周期地进行，直到目标函数达到最小值或小于某一给定值。

用 BP 算法训练网络时有两种方式，一种是每输入一个样本修改一次权值，另一种是批处理方式，即将组成一个训练周期的全部样本都依次输入后计算总的平均误差。

(2) 误差反向传播流程

经过上面误差反向传播的计算分析，反向传播算法的步骤可归纳如下：

(i) 输入 N 个学习实例 $(\boldsymbol{X}_k, \boldsymbol{Y}_k^*)$，$k = 1, 2, \cdots, N$。

(ii) 建立 BP 网络结构。由学习实例输入向量 X_k 的长度 n 确定网络输入层结点数为 n，由学习实例输出向量 Y_k^* 的长度 m 确定网络输出层结点数为 m。确定网络层数 $L \geqslant 3$ 和各层结点数，第 l 层的结点数为 $n^{(l)}$。定义各层间连接权矩阵，第 l 层连接第 $l+1$ 层的连接权矩阵为 $W^{(l)} = [W_{ij}^{(l)}]n^{(l)} \times n^{(l+1)}$，$(l = 1, 2, \cdots, L-1)$，初始化各连接权矩阵的元素值。

(iii) 输入允许误差 ε 和学习率 η，初始化迭代计算次数 $t=1$，学习实例序号 $k=1$。

(iv) 取第 k 个学习实例 (X_k, Y_k^*)，$X_k = (x_{1k}, x_{2k}, \cdots, x_{nk})$，$Y_k^* = (y_{1k}^*, y_{2k}^*, \cdots, y_{mk}^*)$。

(v) 由 X_k 进行正向传播计算。

计算输入层各结点的输出为：$O_{jk}^{(l)} = f(x_{jk}) \quad j = 1, 2, \cdots, n^{(l)}$

逐层计算各层的各结点的输入和输出：

$$I_{jk}^{(l)} = \sum_{i=1}^{n(l-1)} w_{ij}^{(l-1)} O_{ik}^{(l-1)}$$

$$O_{jk}^{(l)} = f(I_{jk}^{(l)}) \quad l = 2, \cdots, L \quad j = 1, 2, \cdots, n^{(l)}$$

(vi) 计算输出层（第 L 层）的各输出结点误差为：

$$y_{jk} = O_{jk}^{(L)}$$

$$E_{jk} = \frac{1}{2}(y_{jk}^* - y_{jk})^2 \quad j = 1, 2, \cdots, m$$

(vii) 若对 N 个学习实例的任一实例 k 值 $E_{jk} \leqslant \varepsilon \ (j = 1, 2, \cdots, m)$，则学习过程结束；否则，进行误差反向传播修改各连接权矩阵。

(viii) 误差反向传播计算。

修改第 $L-1$ 层隐层至输出层（第 L 层）的连接权矩阵：

$$\delta_{jk}^{(L)} = -(y_{jk}^* - y_{jk}) f'(I_{jk}^{(L)})$$

$$\Delta W_{ij}^{(L-1)}(t) = \eta \delta_{ji}^{(L+1)} O_{ik}^{(L)}$$

$$W_{ij}^{(L-1)}(t+1) = W_{ij}^{(L-1)}(t) + \Delta W_{ij}^{(L-1)}(t)$$

$$j = 1, 2, \cdots, m \quad i = 1, 2, \cdots, n^{(L-1)}$$

反向逐层修改联结各隐层的连结权矩阵：

$$\delta_{jk}^{(l)} = f'(I_{jk}^{(l)}) \sum_{q=1}^{n^{(l+1)}} \delta_{qk}^{(l+1)} W_{jq}^{(l)}$$

$$\Delta W_{ij}^{(l-1)}(t) = -\eta \delta_{jk}^{(l)} O_{ik}^{(l-1)}$$

$$W_{ij}^{(l-1)}(t+1) = W_{ij}^{(l-1)}(t) + \Delta W_{ij}^{(l-1)}(t)$$

$$l = L-1, \cdots, 2, 1 \quad j = 1, 2, \cdots, n^{(l)} \quad i = 1, 2, \cdots, n^{(l-1)}$$

(ix) $k = k + 1(\text{mod } N)$，$t = t + 1$，转步骤 iv 。

虽然反向传播算法得到广泛的应用，但它也存在自身的不足，其主要表现在训练过程不确定上。具体如下：

(i) 训练时间较长，对于某些特殊的问题，运行时间可能需要几个小时甚至更长，这主要是因为学习速率太小所致，可以采用自适应的学习速率加以改进。

(ii) 完全不能训练。训练时由于权值调整过大使激活函数达到饱和，从而使网络权值的调节几乎停滞。为避免这种情况，一是选取较小的初始权值，二是采用较小的学习速率。

(iii) 易陷入局部极小值。BP 算法可以使网络权值收敛到一个最终解，但它并不能保证所求为误差超平面的全局最优解。也可能是一个局部极小值。这主要是因为 BP 算法所采用的是梯度下降法，训练是从某一起始点开始沿误差函数的斜面逐渐达到误差的最小值，故不同的起始点可能导致不同的极小值产生，即得到不同的最优解。如果训练结果未达到预定精度，常常采用多层网络和较多的神经元，以使训练结果的精度进一步提高，但与此同时也增加了网络的复杂性与训练时间。

(iv) 训练过程中学习新样本时有遗忘旧样本的趋势。

在实用中 BP 算法主要存在两个重要问题：收敛速度慢，目标函数存在局部极小。在提高收敛速度方面，已有许多人做了研究并提出了很多方法，一些主要措施如下：

(i) 附加冲量项：早期提出的冲量法，该方法同时保证了过程的稳定性。它是为每个加权调节量上加上一项正比例于前次加权变化量的值。这就要求每次调节完成后，要把该调节量记住，以便在下面的加权调节中使用。

(ii) 改进误差函数。前面定义误差函数为：

$$E_{jk}^{(l)} = \frac{1}{2}(O_{jk}^{*(l)} - O_{jk}^{(l)})^2$$

但这不是唯一的选择，可以选用别的函数 $f(O^*, O)$ 代替 $(O^* - O)^2$，只要 f 函数在 $O^* = 0$ 时能达到最小就可以。这样导出的 BP 算法除输出层的 δ_j 不同以外，其他各层的方程与基本 BP 法没有什么差别。

(iii) 统计算法：随机选取权值、阈值，对于样本集合计算最后的输出，训练过程中计算误差的平方和，用最小随机量调整它，如果误差平方和减少则保留改变后的权值和阈值，否则恢复原权值和阈值。这种改进的好处在于不需采用学习规则，而是比较误差函数。但是计算速度较慢，造成循环次数增加。

(iv) 变步长的 BP 学习算法：BP 法在学习计算中，学习率 η 和动量系数是由经验选定，对于学习率来说，η 越大，权变化越大，收敛快，但 η 越大越容易引起振荡。所以 η 应在不引起振荡的情况下，尽可能取最大值，这就是说，在训练开始，可以给学习率 η 较大的值，发现振荡时减少 η，否则按原步长。

(v) 最好使网络中各神经元的学习速度差不多，例如，一般说来输出单元的局部梯度比输入端的大，可使前者的步长 η 小些。还有，有较多输入端单元的 η 可比较少输入端的 η 小些。

(vi) 各权值及阈值的起始值应选为均匀分布的小数经验值，约为($-2.4/F$, $2.4/F$)之间，也有人建议在($-1.5/F$, $1.5/F$)之间。其中 F 为所连单元的输入端个数。

(vii) 每一周期的训练样本输入顺序都要随机排序。

另外，采用了瞬时梯度来修正权值也是常规的 BP 算法收敛慢的一个主要原因，所以也可以从其他方面来提高收敛速度。一方面，因为 BP 学习过程实际上是一个最优化问题，所以用共轭梯度法或牛顿法虽然计算复杂些但可改善收敛过程。另一方面，可以把监督学习过程看作是一个线性自适应滤波器，如果放弃简单的 LMS 法而采用递推最小二乘(RLS)或扩展的卡尔曼滤波算法(EKA)也可改进收敛过程。

4.4 遗传进化方法

生物的进化表现为“适者生存，不适者被淘汰”，也就是“优胜劣汰”。绝大多数生物的进化通过繁殖(reproduction)、变异(mutation)、竞争(competition)、选择(selection)四个基本过程实现。其中，繁殖是现存物种得以生存、延续的必要条件；变异是生物进化的根本保证；竞争是规模有无限扩大趋势的生物体分享有限生存资源的直接结果；最后在竞争的环境下，自然界不可避免地会对生物的生存进行选择。

遗传算法是一类可用于复杂系统优化的、具有很强鲁棒性的搜索算法，与传统的优化算法相比，具有如下特点：

(1) 遗传算法是以决策变量的编码作为运算对象，而不是实际值本身。这样就可以借鉴生物学中的染色体和基因等概念，也能够方便地应用遗传操作算子。

(2) 遗传算法是使用适应值作为搜索信息和评价规则好坏的标准，从而避免了复杂的导数运算或其他辅助知识的繁琐应用。

(3) 遗传算法搜索始于一个群体，可以同时使用多个点的搜索信息，具有隐含的并行性。

(4) 遗传算法使用概率搜索技术，而非确定性规则。

归纳起来，遗传算法具有以下优点：

(1) 通用性强：遗传算法只用编码表示问题，以适应度为判断的标准，不要求明确的解析表达式，可以解决任意高度非线性寻优问题。

(2) 全局性：由于交换和突变可以不断在搜索空间中产生新的个体，扩大搜索范围，尤其是突变算子，可使系统从局部最优附近跳出来，避免陷入局部最优范围，确保群体进化，得到全局最优解。

(3) 智能性：遗传算法的搜索是以适应度为指导的，各种遗传算子的实施概率基本上是与适应度相关的。因而，遗传算法能自动获得和指导优化的搜索空间。其次，根据具体用户关注的视点不同，对于产生的许多潜在解，最终的选择可以由使用者确定。

(4) 鲁棒性：遗传算法在解决具体问题时有很强的自适应能力和抗干扰能力。

(5) 隐含并行性：算法在处理 n 个编码串时，同时在对 $O(n^3)$阶次的模式进行处理。

(6) 可扩展性：遗传算法易于与其他技术混合，取其长处，达到更好的效果。

此外，遗传算法具有以下缺点：

(1) 遗传算法只是对生物进化的简单模拟，对自然界的模仿不够彻底，需要进一步丰富和完善。

(2) 理论上存在缺陷，有些还没有得到严格的证明。遗传算法对算法的精度、可信度、计算复杂性等方面，还没有有效的定量分析方法。

(3) 运算的参数设定更多依靠经验，缺乏通用性和理论指导。

(4) 局部搜索能力弱，即能较快地搜索到全局最优解附近，但之后达到最优解速度较慢。

(5) 易出现过早收敛，即“早熟”现象。

1. 遗传算法流程

遗传算法模拟生物进化和自然选择的过程，进行全局选优。基本过程是：

首先，针对实际要解决的问题进行编码，形成字符串，即生物个体，并选取若干个体组成初始种群，同时计算出各个个体的适应值。然后，将这些生物个体进行生物进化操作，主要有选择、交叉、变异等，得到新一代的个体。接着，在新一代群体的基础上再进行进化操作，经过若干代的进化，最终得到全局最优解并退出遗传算法。

遗传算法的具体流程如图 4.4 所示。其中，有三种“好”的可以退出遗传算法的方式：第一，当 DNA 池里不再有变化时，即通过进化染色体池中的个体平均适应值不再有提高，就可以决定退出；第二，如果达到了适应性的目标，设定适应性目标的结果，或者是导致无穷循环，或者是得到一个仅仅是“足够好”的个体；第三，在迭代了一定的次数或者说经历了一定数目的“代”后，也可以退出。

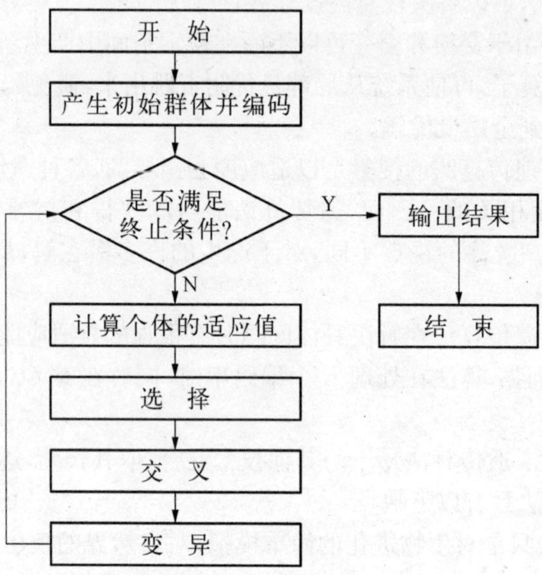

图 4.4　遗传算法流程

由图 4.4 可以看出，遗传算法的流程如下：

(1) 编码。遗传算法在进行搜索之前，先将解空间的解数据表示成遗传空间的基因型串结构数据，这些串结构数据的不同组合便构成了不同的点。

(2) 初始化。设置进化代数计数器 $t=0$；设置最大进化代数 T；随机生成 popsize 个个体作为初始群体 $P(0)$。

(3) 个体评价。计算群体 $P(t)$中各个个体的适应度。

(4) 选择运算。

(5) 交叉运算。

(6) 变异运算。将变异算子作用于群体。群体 $P(t)$经过选择、交叉、变异运算后得到下一代群体 $P(t+1)$。

(7) 终止条件判断。若 $t \leqslant T$,则 $t = t+1$,转到(3);若 $t > T$,则以进化过程中所得到的具有最大适应度的个体作为最优解输出,终止运算。

在进行遗传操作时,有各种操作方法,这些遗传操作方法称为遗传算子。不同的算子对产生的个体有不同的影响。最早由 Holland 等人提出的简单遗传算法中只有三个基本算子,分别是:选择、交叉、变异。这三个基本算子是生物界优胜劣汰、繁殖交配和基因突变的模仿。

2. 选择算子

选择算子有时也叫复制算子。种群中的个体在进行交叉(交配)之前,要进行选择(selection)。选择的目的是获得优秀的个体作为父代,进行下一步的交配。选择的依据是个体的适应度,适应度高的个体被选中的可能性大,适应度低的个体被选中的概率小。通常按照"适应性强的多复制,适应性差的遭淘汰,而具有平均适应性的基本不变"的原则。常见的几种选择方式有:轮盘赌选择、排序选择、联赛选择以及最优保存策略等。

(1) 轮盘赌选择方法

轮盘赌选择方法是目前遗传算法中最基础也是最常用的选择方法。在该方法中,每个个体的选择概率和其适应度值成比例。将个体的适应度值与种群的总适应度(种群所有个体的适应度值之和)相比,得到该个体的相对适应度,所有个体的相对适应度之和为1。使用个体的相对适应度来作为其在选择操作中被选中的概率,每一轮选择产生一个[0,1]均匀随机数,将该随机数作为选择指针来确定被选个体,适应度大的个体被选中的概率大。设群体大小为 n,其中个体 i 的适应度值为 f_i,则被选择的概率 P_{si} 为:

$$P_{si} = \frac{f_i}{\sum_{j=1}^{n} f_j}$$

P_{si} 反映了个体的适应度在整个个体适应度总和中所占的比例。根据个体适应度值的大小,适应度值越大,其概率 P_{si} 越大,被选择到的机会也越多。从而,其基因结构被遗传到下一代的可能性也越大。

该选择方法很简单,但是选择误差比较大。其一,是当适应度变化比较大时会出现问题。例如,当前种群中最好的基因(适应度最大)的适应度占总体的90%的时候,那么其他基因就很少有机会被选择到。这样就减少了种群的多样性,容易引起过早收敛。其二,是可能出现统计误差,适应度高的个体有可能被淘汰而适应度低的个体有可能被选择。

(2) 排序选择法

排序选择方法在计算出每个个体适应度后,根据适应度大小在群体中对个体排序,然后把事先设计好的概率表按序分配给个体,作为各自的选择概率。

所有个体按适应度大小排序,因而选择概率和适应度无直接关系而仅与序号有关。这种方法的不足之处,在于选择概率和序号的关系需事先确定。此外,它和适应度比例方法一样都是基于概率的选择,所以仍有统计误差。

(3) 联赛选择方法

该方法类似于体育中的比赛制度。从群体中任意选择一定数目的个体(称为联赛规模,一般取 2),其中适应度最高的个体保存到下一代。这一过程反复执行,直到保存到下一代的个体数达到预先设定的数目为止。

(4) 最优保存策略

该方法的思想是让当前群体中适应度最高的个体不参与交叉和变异而直接复制到下一代中。采用这种选择方法的优点是,进化过程中某一代的最优解可不被交叉或变异操作破坏。但是,这也隐含了一种危机,即局部最优个体的遗传基因会急速增加而使进化有可能陷于局部解。也就是说,该方法的全局搜索能力差。所以,该方法一般都与其他选择方法结合使用。

3. 交叉算子

在遗传算法中,交叉算子的作用非常重要,是遗传算法中促进进化的主要手段。它作用于两个个体而产生两个新个体,是对生物有性繁殖方式的抽象。一方面,它使原来群体中的优良个体的特性能够在一定程度上保持;另一方面,它使得算法能够探索新的基因空间,从而使新的群体中的个体具有多样性。

常用的一些交叉算子:

(1) 单点交叉算子(single point crossover)

首先在个体基因串中随机选择一个交叉点(若基因码的长度为 n,则交叉点的位置有 $n-1$ 个)。然后进行交叉,子代在交叉点前面的基因从一个父代基因那里得到,后面的部分从另外一个父代基因那里得到。即两个个体交叉点后的部分互换,而生成两个新个体。

以二进制编码方式下的单点交叉为例,两个个体的编码为(11001011)、(11011111),选择的交叉点为 5,则交叉后两个新个体的编码为(11001111)、(11011011)。

(2) 两点交叉算子(two point crossover)

与单点交叉类似,只是随机选择两个交叉点(若基因码的长度为 n,则可能有 $(n-1)(n-2)/2$ 种交叉点的设置)。子代基因在两个交叉点间部分来自一个父代基因,其余部分来自另外一个父代基因。

(3) 多点交叉(multi-point crossover)

多点交叉是前述两种交叉方法的推广。多点交叉有时又称为广义交叉。若用参数 C 表示交叉数,则当 $C=1$ 时,广义交叉就是单点交叉;$C=2$,广义交叉就是两点交叉。

(4) 均匀交叉算子(uniform crossover)

子代基因的每一个位点是随机地来自两个父代基因中的一个。其过程是:首先,随机地产生一个与父辈个体基因串具有同样长度的二进制串,其中0表示不交换,1表示交换。这个二进制串称为交叉模板。然后,根据模板对两个父辈基因串进行交叉,得到的两个新基因串即为后代新个体。

均匀交叉在交换位时并不考虑其所在位置,破坏模式的概率较大。但另一方面,它能搜索到一些前面基于点的交叉方法无法搜索到的模式。

(5) 算术交叉算子(arithmetic crossover)

对父代基因做代数运算从而产生一个新的基因。主要用于浮点数编码的基因。遗传算法的收敛性主要取决于其核心操作交叉算子的收敛性。有关研究表明:只在交叉算子的作用下,随着演化代数的增加,模式内部的各基因将趋于独立,并且只要组成模式的各基因都存在,则该模式一定能被搜索到。此时,模式的极限概率等于组成该模式各基因的初始概率(也就是基因的极限概率)的乘积,并且与模式的定义长度无关,从而说明了交叉算子能使群体分布扩充的特性,并在一定程度上保障了遗传算法的收敛性。

4. 变异算子

变异算子用以模拟生物进化中基因(gen)的变异,它使遗传算法在接近最优解邻域时能加速向最优解收敛,并可维持群体多样性,避免未成熟收敛。变异算子的作用方式,是对染色体(个体)的各个基因,依次以变异概率改变其相应的码值。首先,在群体中所有个体的码串范围内随机地确定基因变异位置,然后,以事先设定的变异概率 P_m 来对这些基因位置的基因值进行变异。

常见的变异算子:

(1) 基本变异算子(常规位突变)

基本变异算子是针对二进制编码方式的。其具体操作是:在个体基因链码中随机挑选各个基因位置,并对这些基因位置的基因值以变异概率 P_m 取反,即0变成1,1变成0。

(2) 均匀变异算子

该变异方法是针对实数编码方式的。其具体操作是:首先,在个体染色体中随机地选择一个基因位。然后,取符合某一范围内均匀分布的随机数 r,以比较小的概率去替换那个基因值。最后,得到变异后的新个体。

除上述介绍的两个变异算子外,还有边界变异、非均匀变异、高斯变异和自适应变异算子等等。

5. 四大关键问题

(1) 编码

GA 的编码就是解的遗传表示,它是应用 GA 求解问题的第一步。编码在遗传算法中的含义,是指将优化问题的解空间的备选解转化为用字符串来表示,这样做的目的是便于对备选解进行遗传操作。简单来说,就是对问题的编码。即怎样把问题的各种参数进行编码,构成子串,然后把子串拼接构成"染色体"串。

串长度及编码形式对算法收敛性的影响都很大。编码的基本思想原则:应使用能易于产生与所求问题相关的且具有低阶、短定义长度模式的编码方案;应使用能使问题得到自然表示或描述的具有最小编码字符集的编码方案。

广泛应用于各个领域的编码方式有:二进制编码、浮点数编码、符号编码和多参数级联或交叉编码等。编码的长度可变也可以固定。

(i) 二进制编码

二进制编码即是将原问题的解映射成为 0 和 1 组成的位串,用只含有 0 和 1 的二进制字符串来表示群体中的个体。这种编码方式是最常用的编码方法,也是一种最早的编码方法。

该方法之所以成为常用的编码方法之一,是因为具有以下的优点:二进制编码简单,便于进行交叉、变异等遗传操作;符合最小字符集编码原则;便于模式定理对算法进行理论分析。

但是,这种编码也有许多缺点。① 其编码不便于反映所求问题的特定含义。② 在求解连续化优化问题时,二进制编码的局部搜索能力弱,原因在于欧式空间中临近点的二进制编码在海明距离下经常是不邻近的,例如 7 和 8 的二进制表示为 111 和 1000。因此,算法要从 7 改进到 8 则必须改变所有的位,这使得遗传算法的交叉和变异都难以跨越。这就是海明悬崖。③ 对于一些连续函数优化问题,使用二进制编码时,一般要先给出求解的精度以确定串长。如果采用较短的字符串,则会造成精度降低,而编码长度变长,则算法的搜索空间呈指数级增长。由此可见,二进制编码方式较适合离散性问题的编码。为了解决在连续优化中存在的问题,人们提出了其他办法。

(ii) 其他编码方式

为了提高局部搜索能力以及克服二进制编码中海明悬崖的缺点,有人提出格

雷码 (Gray code)编码方法。格雷码编码是将二进制编码通过一个变换而得到的编码,采用这种编码方式,欧式空间中临近点的二进制编码在海明距离下也是相邻的。

为了改善二进制编码的遗传算法进行函数优化时精度不高的特点,人们又提出了动态参数编码 (dynamic parameter encoding)。

为了提高求解效率、便于求解实际问题,并与其他算法进行配合,又提出了浮点编码(实数编码)、符号编码等。所谓浮点数编码方法,是指个体的每个基因值用某一范围内的一个浮点数来表示,个体的编码长度等于其决策变量的个数。

此外,还有十进制编码、多值编码、区间值编码、一维染色体编码、可变染色体编码、二维染色体编码和树结构染色体编码等多种编码方法。

(2) 适应度

适应度函数(fitness),往往也称为问题的"环境"。在遗传算法优化搜索中,基本上不用外部信息,适应度函数是唯一评价个体好坏的标准,它为字符串如何进行复制给出了定量的描述。遗传算法的适应度函数不受连续可微的约束,且定义域可以为任意集合。对适应度的唯一要求是,针对输入可计算出能加以比较的非负结果。这一特点使得遗传算法的应用范围很广。

在具体应用中,适应度函数的设计要根据待求解问题而定。而适应度函数的设计直接影响到遗传算法的性能。在适应度函数的设计过程中应该注意以下两个问题:

(i) 目标函数映射成适应度函数,将目标函数映射成求最大值形式且函数值非负的适应度函数。

(ii) 适应度尺度变换,应用遗传算法时(尤其用它来处理小规模群体时),常常会出现一些不利于优化的现象或结果。在遗传算法的进化初期,通常会出现一些异常的个体。

若按照轮盘赌选择策略,这些异常个体有可能在群体中占据很大的比例,这是所不愿看到的现象。因为异常个体将有可能会控制选择过程,从而破坏种群的多样性,导致过早收敛现象发生,影响算法的全局优化性能。显然,对于过早收敛现象,应设法降低某些异常个体的竞争力,这可以通过缩小相应的适应度函数值来实现。

另外,在遗传进化过程中,虽然群体中个体多样性尚存在,但往往会出现群体的平均适应度已接近最佳个体适应度。这种情况下,个体间竞争力减弱,最佳个体和其他大多数个体在选择过程中有几乎相等的选择机会,从而使有目标的优化过程趋于无目标的随机漫游过程。显然,对于随机漫游现象,应设法提高个体间竞争力，这可以通过放大相应的适应度函数值来实现。这种对适应度的缩放调整称作适应度尺度变换。目前，尺度变换方式大致有三种：线性尺度变换、指数尺度变换、乘幂尺度变换。

在实际适应度函数设计过程中，主要应满足以下条件：

① 单值：连续、非负、最大化；

② 合理、一致性：要求适应度函数能反映解的优劣程度；

③ 计算量小：适应度函数应尽量简单，减少计算时的空间和时间复杂度；

④ 通用性好：适应度函数通用于某类具体问题，最好不需要使用者改变适应度函数的参数。

(3) 参数设置

许多学者进行了大量实验研究，给出了最优参数建议：

(i) 染色体长度 M

染色体长度是指用多长的字符串表示个体，也称为编码长度 M。编码长度的大小决定于待求问题的变量的取值范围及求值精度。取值范围越大，编码长度越长；求值精度越高，编码长度越长。

(ii) 群体大小 N

种群的大小是说每一代种群中所含个体的多少。作为遗传算法的控制参数之一，群体的大小对于遗传算法效能的发挥也是有影响的。一般，群体的大小 n 应该大些。这样，遗传操作所处理的模式就较多，生成有意义的基因块，并逐渐进化为最优解的机会就越高。换句话说，群体规模越大，群体中个体的多样性越高，算法陷入局部解的危险就越小。但是，群体规模太大，算法的计算量也增加，会增加每次迭代的时间，降低运行效率。另一方面，如果规模太小，则降低了群体的多样性，可能导致早熟现象。同时，遗传算法中进行交叉操作的机会就越少，可能导致算法只是考察了搜索空间的一部分。所以，在实际应用中，群体个体数的取值范围一般为20～100。

(iii) 交叉概率 P_c

交叉概率是种群中个体进行交叉的概率。交叉概率如果太小，则产生新个体的速度较慢；另一方面，如果交叉概率太大，则有可能破坏群体中的优良模式，所以，交叉概率取值一般在0.4～0.99之间。当然，也可以运用自适应的思想：在进化过程中根据种群的实际情况，动态调整大小，当种群趋于收敛时，增大交叉概率，克服过早收敛；当种群个体发散时，减小交叉概率，使个体趋于收敛。

(iv) 变异概率 P_M

变异概率是种群中个体发生变异的概率。变异概率是算法中的一个重要参数,它直接影响到算法的收敛性和最终解的性能。变异概率大,会使算法能不断地探索新的解空间,增加模式的多样性。但较大的变异概率会破坏很多较好的模式,影响算法的收敛性。另一方面,如果变异概率太小,则会降低产生新个体的可能性,从而降低了抑制早熟现象的能力。因此,在实际应用中,变异概率通常取一个较小的值。根据经验来看,该参数一般在 0.001～ 0.1 之间取值,也可以运用自适应的思想。

(v) 终止代数 T

算法终止的准则通常是规定一个最大的进化代数,若进化代数达到该值,算法即终止。最大进化代数通常取 100～500。

以上的参数需要在算法进行之前确定。这些参数具体采用什么样的数值,问题不同取值也会不同,采用不同的参数对算法的性能会有影响。在工程应用过程中,通常用不同的参数进行实验,看采用什么样的参数可获得较好的性能,然后选用相应的参数数值。

(4) 遗传算法的终止条件

由于遗传算法是个反复迭代的过程,它通过多次进化逐渐逼近最优解,但实际应用 GA 时,不允许它无休止地进化下去,因此需要有一定的条件来终止算法的进程以退出进化。目前,常采用的终止条件有以下几种:① 事先给定一个最大迭代的代数,如达到了所给的终止代数,则认为算法收敛并退出进化;② 根据解质量的判据,如连续几次得到的最优解的适应值没有变化或变化很小,或者连续两代的平均适应值之差小于某一个给定的阈值等,则认为遗传算法收敛了,即可退出进化。

5. 分类挖掘示例

选用二进制串来表示分类规则(在编码前对数据集做了离散化处理)。对特征属性,如一离散型特征属性有 k 种可能的取值,则在二进制串中为其分配 k 位,每一位与一特定的属性取值对应,取 0 表示析取式中没有该取值,取 1 则表示析取式中有该取值。

对类别属性,若只有 2 个类别,则分别用 0 和 1 表示。若类别个数大于 2,为了简化算法和缩短编码长度,这里采用连续的二进制码来表示各个类别。如果连续的数据没有通过预先处理离散化,也可以直接编码,如:13＝1101。

price(mid) quality(mid) service(good) → accept(satisfy)

0010 0010 10 01

反过来,染色体 001010001000 对应的规则为:

price(mid) quality(high) service(good) → accept(satisfy)

设群体中有 N 个个体，若给定的分类规则是"IF A THEN C"，则分类规则的适应度计算如下：

```
pp = 0; pn = 0; np = 0; nn = 0;
for i = 1 to n   do
case
    规则 i 的类型为"IF A THEN C"：                     pp = pp + 1;
    规则 i 的类型为"IF A THEN NOT C"：                 pn = pn + 1;
    规则 i 的类型为"CIF NOT   A THEN C"：              np = np + 1;
    规则 i 的类型为"CIF NOT A THEN NOT C"：            nn = nn + 1;
endcase
Sup = pp/n;
Conf = pp/(pp + pn);
F = W1 * Conf + (1 - W1) * Sup = 0.7 * Conf + 0.3 * Sup;
```

改进的选择算子的描述如下：

```
SortSelect ()
{
    将种群中的个体按适应度大小降序进行排序；
    while 种群还没有扫描完 do
    {
        排在前面 1/3 的个体复制两份；
        右间的 1/3 复制一份；
        后面的 1/3 抛弃；
    }.
}
```

分类规则挖掘算法：

输入：经过预处理的数据集和各个控制参数

输出：挖掘出的分类规则

处理步骤：

(1) 初始化群体，随机生成 N 条染色体；

(2) 计算各个个体的适应度，并降序排列；

(3) 如果当前进化代数＜最大进化代数或者连续两代的平均适应度差量＞门限值，则进入循环语句(3.1)～(3.4)，否则转至(4)；

(3.1) 执行改进的选择算子;

(3.2) 打乱整个群体(shuffle());

(3.3) 依次取两个个体执行基于相似度的交叉变异算子,直到群体中所有个体完全执行;

(3.4) 代数加一,且计算新一代个体的适应度,降序排列。

(4) 将所得到的规则进行简化处理后,输出。

4.5 支持向量机方法

统计学习理论提出一种新的策略:结构风险最小化原则(Structural Risk Minimization),简称SRM原则。统计学习理论同时还给出了合理的函数子集结构应满足的条件及在SRM准则下实际风险的收敛性质。

支持向量机(Support Vector Machine,SVM)是由Vapnik和他的合作者共同提出的一套学习算法,是统计学习理论的一种实现方法,它较好地实现了SRM原则。SVM通过引入核函数,将样本向量映射到高维特征空间,然后在高维空间中构造最优分类面,获得线性最优决策函数。SVM可以通过控制超平面的间隔度量来抑制函数的过拟合;通过采用核函数巧妙解决了维数问题,避免了学习算法计算复杂度与样本维数的直接相关;也由于SRM原则的使用,SVM具有良好的推广能力。

支持向量机中最简单也是最早提出的模型是最大间隔分类器,它也是SVM的主要模块,展示了这类学习机器的关键特征。最优分类超平面只能用于特征空间中线性可分的数据,因此不能在许多实际问题中使用,而支持向量机正是由求解线性可分情况下的最优超平面发展而来的。最优分类超平面在保证将两类样本无错误分开的情况下,使得两类的分类距离最大。在保证经验风险最小同时,使推广性的界中的置信范围最小,从而使真实风险最小。其基本思想可用图4.5的两维情况来说明。

假设对于样本集 $(\boldsymbol{x}_1, y_1), (\boldsymbol{x}_2, y_2), \cdots, (\boldsymbol{x}_n, y_n)$, $\boldsymbol{x}_i \in \mathbf{R}^n$, $y_i \in \{-1, 1\}$,支持向量机寻找一个最优超平面,使它的分类间隔最大。图4.5中实心点和空心点分别表示两类样本,H 为把两类没有错误地分开的分类线,H_1、H_2分

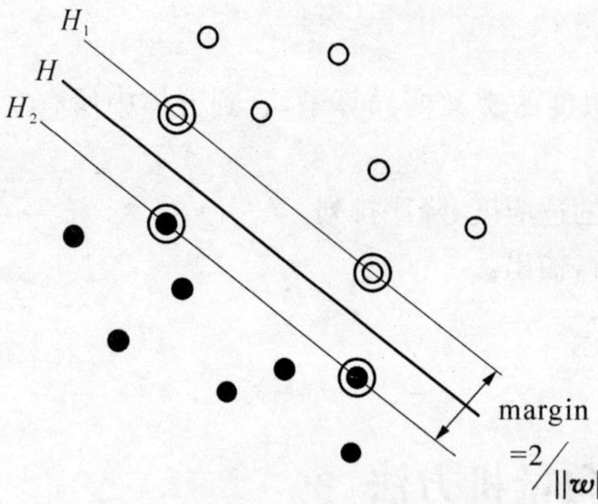

图 4.5　SVM 分类示例

别为过两类样本中离分类线最近且平行于分类线的直线，它们之间的距离叫做分类间隔。设分类线方程为 $\boldsymbol{x}\cdot\boldsymbol{w}+b=0$, $y\in\{-1,1\}$, $y_i[(\boldsymbol{w}\cdot\boldsymbol{x}_i)+b]\geqslant 0$, $i=1,\cdots,n$，则分类间隔为 $\frac{\|\boldsymbol{w}\|}{2}$，使分类间隔最大等价于使 $\|\boldsymbol{w}\|$ 最小，因此满足此条件且使 $\frac{\|\boldsymbol{w}\|^2}{2}$ 最小的分类线就是最优分类线，H_1、H_2 上的训练样本点为支持向量。支持向量机通过对分类间隔最大化来控制泛化能力，这正是支持向量机的特色。将二维空间推广到高维空间，最优分类线就成为最优分类面，即最优超平面。

4.5.1　SVM 分类方法

1. 线性分类

SVM 定义最优线性超平面，并把寻找最优线性超平面转化为求解二次规划问题，进而基于 Mercer 定理，通过非线性映射，把样本空间映射到高维特征空间，从而使用线性方法解决样本空间中的高度非线性问题。

支持向量机是针对两类别分类提出的。假设给定训练样本 $\{\boldsymbol{x}_i, y_i\}$, $i=1,2,\cdots,l$, $\boldsymbol{x}_i\in\mathbf{R}^d$, $y_i\in\{-1,1\}$，存在分类超平面 $\boldsymbol{w}\cdot\boldsymbol{x}+b=0$，为使分类面对所有样本正确分类且具备分类间隔，必须满足：

$$y_i[(\boldsymbol{w}\cdot\boldsymbol{x}_i)+b]-1\geqslant 0 \tag{4.26}$$

可以计算出分类间隔为：

$$\min_{\{x_i|y_i=+1\}}\frac{\boldsymbol{w}\cdot\boldsymbol{x}_i+b}{\|\boldsymbol{w}\|}-\min_{\{x_i|y_i=-1\}}\frac{\boldsymbol{w}\cdot\boldsymbol{x}_i+b}{\|\boldsymbol{w}\|}=\frac{2}{\|\boldsymbol{w}\|} \tag{4.27}$$

要求最大分类间隔 $\frac{\|\boldsymbol{w}\|}{2}$，即要求最小化 $\|\boldsymbol{w}\|$。则求解最优分类超平面问题就可以表示成约束优化问题，即在式(4.26)的约束下，最小化函数：

$$\Psi(\boldsymbol{w})=\frac{1}{2}\|\boldsymbol{w}\|^2=\frac{1}{2}(\boldsymbol{w}\cdot\boldsymbol{w}) \tag{4.28}$$

引入 Lagrange 函数：

$$L = \frac{1}{2}\|\boldsymbol{w}\|^2 - \sum_{i=1}^{l}\alpha_i y_i(\boldsymbol{w}\cdot\boldsymbol{x}_i + b) + \sum_{i=1}^{l}\alpha_i \tag{4.29}$$

其中，α_i 为 Lagrange 系数。将式(4.29)分别对 w 和 b 求偏导并令其等于 0，就可以将上述问题转化为简单的对偶问题。

$$\frac{\partial L}{\partial \boldsymbol{w}} = \boldsymbol{w} - \sum_{i=1}^{l}\alpha_i y_i x_i = 0 \tag{4.30}$$

$$\frac{\partial L}{\partial b} = -\sum_{i=1}^{l}\alpha_i y_i = 0 \tag{4.31}$$

将式(4.30)和式(4.29)带入式(4.28)中，即可得到对偶最优化问题，求解下列函数的最大值：

$$\begin{aligned} W(\alpha) &= \sum_{i=1}^{l}\alpha_i - \frac{1}{2}\sum_{i,j=1}^{l}\alpha_i\alpha_j y_i y_j(\boldsymbol{x}_i\cdot\boldsymbol{x}_j) \\ \text{s.t.}\quad & y_i[(\boldsymbol{w}\cdot\boldsymbol{x}_i)+b]-1 \geqslant 0 \\ & \sum_{i=1}^{n} y_i\alpha_i = 0 \\ & \alpha_i \geqslant 0,\ i = 1, \cdots, l \end{aligned} \tag{4.32}$$

这是一个不等式约束下的二次函数极值问题(Quadratic Programming，QP)。根据 Karush-Kuhn-Tucker(KKT)条件，该优化问题的解必须满足：

$$\alpha_i\{y_i[(\boldsymbol{w}\cdot\boldsymbol{x}_i)+b]-1\} = 0,\ i = 1, \cdots, l \tag{4.33}$$

因此，多数样本对应的 α_i 是为 0 的，把 $\alpha_i \neq 0$ 对应于使式(4.26)中等号成立的样本称为支持向量(SVS)。在支持向量机算法中，支持向量是训练集中的关键元素，它们离决策边界最近。如果去掉其他所有的训练样本，再重新进行训练，将得到相同的分类面。

求解上述二次规划问题后，则分类决策函数可表示为：

$$f(x) = \operatorname{sgn}\left(\sum_{i=1}^{n} a_i^* y_i(\boldsymbol{x}_i\cdot\boldsymbol{x}) + b^*\right) \tag{4.34}$$

式中的求和只对支持向量进行，即只有不为零的 α_i 对应的训练样本决定分类结果，而其他样本与分类结果无关。b^* 是分类阈值。

当训练样本集为线性不可分时，引入非负松弛变量 ξ_i，$i = 1, 2, \cdots, l$，分类超平面的最优问题为：

$$\min_{w,\,b,\,\xi_1} \frac{1}{2}\|\boldsymbol{w}\|^2 + C\sum_{i=1}^{l}\xi_i \tag{4.35}$$

其对偶问题为对 α 求解下列函数的最大值：

$$\sum_{i=1}^{l}\alpha_i - \frac{1}{2}\sum_{i,j=1}^{i}\alpha_i\alpha_j y_i y_j(\boldsymbol{x}_i \cdot \boldsymbol{x}_j)$$

$$\begin{aligned} \text{s.t.} \quad & y_i[(\boldsymbol{w}\cdot\boldsymbol{x}_i)+b] \geqslant 1-\xi_i \\ & \sum_{i=1}^{i} y_i\alpha_i = 0 \\ & 0 \leqslant \alpha_i \leqslant C,\ \xi_i \geqslant 0,\ i=1,\cdots,l \end{aligned} \tag{4.36}$$

其中 $C>0$ 是一个常数，称为误差惩罚参数，它控制对错分样本惩罚的程度；ξ_i 是在训练样本线性不可分时引入的非负松弛变量。

当样本线性不可分时，分类决策函数也可表示为式(4.28)的形式。

2. 非线性分类

对于非线性分类问题，则采用适当的内积函数 $K(\boldsymbol{x}_i, \boldsymbol{x}_j)$ 就可以实现某一非线性变换后的线性分类，此时优化的目标函数变为：

$$Q(\alpha) = \sum_{i=1}^{l}\alpha_i - \frac{1}{2}\sum_{i,j=1}^{l}\alpha_i\alpha_j y_i y_j K(\boldsymbol{x}_i \cdot \boldsymbol{x}_j) \tag{4.37}$$

而相应的分类决策函数表示为：

$$f(\boldsymbol{x}) = \operatorname{sgn}\Big(\sum_{i=1}^{i}\alpha_i^* y_i K(\boldsymbol{x}_i, \boldsymbol{x}) + b^*\Big) \tag{4.38}$$

以上的分类决策函数就是支持向量机。

可以看到，把原问题转化为对偶问题，使得计算的复杂度不再取决于空间维数，而是取决于样本数，尤其是样本中的支持向量数，支持向量机的这个特点使它能有效的对付高维问题。

3. 模型选择的意义

支持向量机分类算法中的模型选择问题即对于某一给定的问题，如何寻找到最适合的核函数，其中包括核函数类型的确定、核参数的优化以及针对具体给定数据的核函数的修正等方面。模型选择显著影响学习机器泛化性能的好坏，在设计支持向量机分类器时，常常会因为使用不合适的参数而导致分类过程失败，致使分类器无法满足实际应用的要求。因此支持向量机模型的选择，常被认为是SVM 从理论走向实际应用的一个关键问题，这也是在设计 SVM 分类器时首先要面临的问题。

在支持向量机的问题表达和求解算法中包含几个待定的设计参数：一是核函数的种类及其参数；一是正则化参数 C。核函数间接地描述了支持向量机的高维特征空间,参数 C 用来平衡模型复杂度和经验风险值。这些参数的确定对支持向量机的学习性能和计算复杂性有很大的影响。

支持向量机的参数主要分为核函数参数和正则化参数 C,支持向量机算法中参数的选择对支持向量机的学习性能非常重要。合理的参数值可以使支持向量机具有更高的训练精度以及更强的推广能力;不合理的参数值则能降低支持向量机的学习能力和推广能力。

支持向量机在实际应用中关于参数选择的问题仍然没有得到很好的解决。统计学习理论对支持向量机中的参数选择问题给出了一些建议和解释,但是并没有给出理论上的最优方案。实际中,参数选择主要有三类方法:

(1) 经验法,它根据核函数参数与数据集中样本分布之间的一些经验公式,近似确定核函数参数的取值。在构造支持向量机时,首先根据经验公式,预先确定核函数参数值。参数一旦确定,在以后的支持向量机构造过程中便不再修改。大量实验表明,根据经验公式得到的核函数参数值的效果基本可以满足绝大部分的分类器设计要求。

(2) 实验法,主要有交叉验证法。交叉验证法用全部训练样本既训练学习机器又测试学习机器的泛化能力。它有多种不同的实现方法,其中留一(LOO, Leave One Out)交叉验证法对训练样本的利用最经济。LOO 方法是从整个数据集中取出一个样本作为测试样本,其余作为训练样本,对所有的样本重复相同的过程,最后根据历次实验结果选取合理的参数。

交叉验证方法的局限性在于对训练样本集的划分是否合理,直接决定了通过实验方法得到的算法参数是否合理。如果训练样本集的划分是不合理的,那么得到的核参数也不一定准确。此外,当学习样本集中的数据非常有限时,再对其进行划分得到的几部分样本将有可能不能真实反映全体数据的分布情况,这样即使能够在训练样本集上得到很高的分类精度,在实际应用中其分类效果仍有可能不令人满意。

(3) 理论法,主要指基于函数集 VC 维的算法。理论法是最近日益受到重视的一种参数调节方法。它根据泛化理论通过控制分类器的泛化能力(最小化测试错误率的期望值)和最优分类超平面,来调节支持向量机参数。这种方法可以充分利用训练样本集中样本的全部分类信息,根据支持向量机泛化能力与参数之间的关系,调整参数值,使支持向量机具有最佳泛化性能。

(4) 核函数及其参数选择

支持向量机算法中应用的主要有多项式核函数、径向基核函数和 Sigmoid 核函数。支持向量机的学习性能优劣与核函数及其参数选择有直接关系。因为核函数、映射函数及其特征空间是一一对应的，确定了核函数 $K(x, y)$，就隐含地确定了映射函数 Φ 和特征空间 F。核函数的改变实际上是隐含的改变映射函数，从而改变了学习样本特征子空间分布的复杂程度。特征子空间的维数决定了能在此空间构造的线性分类面的最大 VC 维，同时也就决定了子空间中线性分类面能达到的最小经验误差。同时，每一个特征子空间对应唯一的推广能力最好的分类超平面，如果特征子空间维数很高，则得到的最优分类面就可能比较复杂，经验风险小但置信范围大；反之，如果特征子空间维数很低，则得到的最优分类面就可能过于简单，置信范围小但是经验风险大。这两种情况下得到的 SVM 都不会有好的推广能力。所以要得到推广能力良好的支持向量机分类器，首先必须选择合适的核函数将数据投影到合适的特征空间。更换核函数 $K(x, y)$可以得到各种不同的分离曲面。

此外，即使选择了某一类的核函数，其相应的参数也有一个如何选择的问题。如选择多项式核函数时的次数 d、选择高斯核函数时的核宽度 σ 以及 Sigmoid 机器中函数的宽度和偏移等都直接影响到支持向量机算法的分类精度和学习性能。

例如高斯核函数中的参数 σ 与学习样本的输入空间范围或宽度相关，样本输入空间范围越大，σ 取值越大，反之，样本输入空间范围越小，则 σ 取值越小。

高斯函数作为一种特殊的函数，具有很多优良的性态，并且在模式识别、神经网络等应用中都取得了很好的效果。大量实验证明用高斯核函数的支持向量机具有良好的学习性能。

正则化参数 C 即误差惩罚参数，在支持向量机算法中它决定了对误判样本的惩罚程度，参数 C 的大小对最优分类面的位置有很大影响。误差惩罚参数 C 是支持向量系数 α_i 的上界，实现在错分样本比例和算法复杂度之间的折中。即在确定的特征子空间中调节学习机器的置信范围和经验风险的比例，以使学习机器的获得最好的推广能力。参数 C 的选取一般是由具体的问题而定，并取决于数据噪声的数量。在确定的特征子空间中，参数 C 的取值小表示对经验误差的惩罚小，学习机器的复杂度小但经验风险值较大；当参数 C 取 ∞ 时，则所有的约束条件都必须满足，算法必须对所有的训练样本准确分类。每个特征子空间都能找到一个合适的 C，使得 SVM 的推广能力最好。当 C 超过一定值时，SVM 的复杂度达到了特征子空间允许的最大值，此时经验风险和推广能力几乎不再变化。

4. 基于 SVM 的区域地下水位预报

利用支持向量机方法进行区域地下水位预测，首先要确定影响区域地下水位的主要影响因素，其次选择具有观测资料的主要因素和地下水位构成样本数据集，然后利用SVM进行学习训练，最后根据训练后获得的参数进行预测。

(1) 影响因子的确定

一般来说，地下水位变化主要受当地降雨入渗补给、潜水蒸发、渠系渗漏补给、沟道排泄、人工开采、灌溉回归补给、地下水侧向交换、层间越流等因素的影响。豫东某引黄灌区的主要水源为地表水、地下水和引黄水，主要消耗为作物和人畜用水。经过分析，该灌区地下水的侧向交换和越流补给很弱，对地下水位的变化影响不大，另外，灌区地下水埋深都在4米以下，潜水蒸发对地下水的影响也可不予考虑。对某一特定的区域，降雨入渗补给主要受降雨的影响，渠系渗漏补给、沟道排泄、灌溉回归补给受降雨量、引黄水量和地下水开采量的共同影响。因此影响该灌区地下水位变化的因素可归结为降雨量、引黄水量和开采量。

(2) 样本数据集的构建

根据有关资料，除了上述三个主要影响因子外，综合考虑各种影响因素的滞后作用和地下水位的自相关性，把前一时段的降雨量、引黄水量和地下水位都作为一个影响因子，则地下水位的预报问题就转化为由7个输入和1个输出的支持向量机的函数回归问题。

为了消除各个因子由于量纲和单位不同的影响，对样本的输入、输出参数分别用下式进行规格化处理：

$$y_i = \frac{2(z_i - z_{\min})}{z_{\max} - z_{\min}} - 1$$

其中：z_i和y_i分别为规格化前后的变量；$z_{\min}$和$z_{\max}$分别为z的最小和最大值。

用1995年1月～1997年12月的地下水位、降雨量、引黄量、开采量的月平均值等资料构成7输入1输出共34个样本的学习集，1998年1～12月的相应数据作为检验样本集，用SVM进行学习训练和验证。

(3) SVM的学习训练

首先进行核函数的选取，通过对多项式核函数、径向基函数(RBF)核函数、Sigmoid核函数的比较分析，发现$d=1$的多项式核函数比较适合该区域的地下水位预测问题，然后通过不同的ε、C参数的试验，发现$\varepsilon=0.4$，$C=\infty$，经过3.6 s学习训练，得到6个支持向量，各个支持向量的$\alpha_i-\alpha_i^*$及其对应的样本序号见表4.4，相应的w_0和b分别为2 303.226、47.990。

(4) 结果分析

用得到的w_0和b分别对训练和检验资料进行拟合与预测(见图4.6)。

表 4.4　对训练样本学习后得到的支持向量及其 $\alpha_i - \alpha_i^*$ 值

支持向量	样本序号	$\alpha_i - \alpha_i^*$ 值	支持向量	样本序号	$\alpha_i - \alpha_i^*$ 值
1	2	3.097 3	4	19	−17.086 1
2	7	28.708 6	5	31	−2.003 5
3	8	17.581 7	6	34	17.692 3

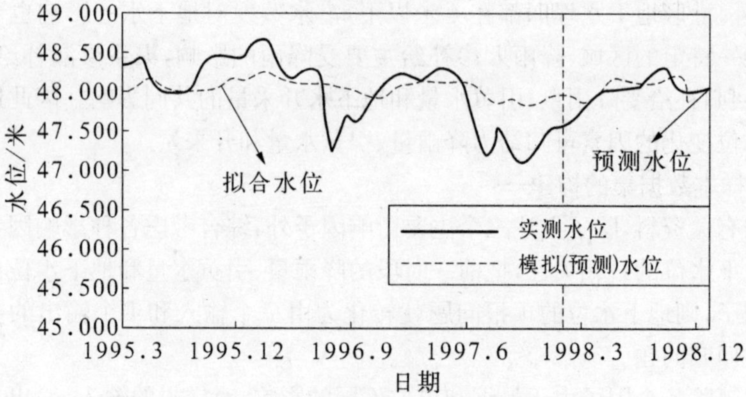

图 4.6　基于 SVM 的分类学习结果

4.6　粗糙集方法

粗糙集理论是一种研究不精确、不一致和不确定性知识的数学工具。其基本原理是利用等价类的思想，在保持分类能力不变的情况下，通过对知识的约简来简化决策表，从而导出问题的决策或分类规则。

粗糙集理论是一种比较新的软计算方法，它从诞生到现在仅仅 20 多年，但是它的发展速度却是惊人的。它可以有效地分析和处理不完备信息，可以应用于各个不同的领域。

粗糙集研究的重点是分类，即对不同种类中的对象集合之间的关系研究；而模糊集研究的是属于同一类的不同对象的隶属关系，重在隶属程度。模糊集和粗糙集的不同点还有，模糊集在处理问题时需要隶属函数，而粗糙集却利用数据本身的信息对数据进行处理，不需要任何额外信息。

因此，粗糙集和模糊集是两种不同的理论，但它们之间也不是相互对立的，它们在处理不完整数据方面可以互为补充。

随着数据库和信息系统的迅速发展，数据的属性也越来越多，但是，研究发现有许多属性对研究没有任何的意义。因此，可以在对数据进行分析之前把这些多余的属性去掉，这就是属性约简的思想，它有利于问题的分析。

属性约简对数据挖掘而言是非常重要的，利用属性约简不仅可以发现直接对决策属性有影响的条件属性，而且还可以用来从信息系统中删除不相关的条件属性和信息。

在粗糙集中，对属性的约简包括：属性约简和属性值约简。其中，属性约简更为重要，而且属性约简也是粗糙集的研究热点。

所谓的属性约简，又称为知识约简，就是在保持知识库分类能力不变的条件下，删除其中不相关或不重要的属性（知识）。

约简和核是知识约简中最基本的概念，在对它们进行定义之前，先作如下定义：

令 R 为一等价关系，$P \in R$，如果 $\text{ind}(R) \in \text{ind}(R-\{P\})$，则称 P 为 R 中不必要的，否则称 P 为 R 中必要的。

如果每一个 $P \in R$ 都为 R 中必要的，则称 R 为独立的，否则 R 为依赖的。

设 $Q \subseteq P$，若 Q 是独立的，且 $\text{ind}(Q)=\text{ind}(P)$，则称 Q 为 P 的一个约简。P 中所有必要关系组成的集合称为 P 的核，记为 $\text{core}(P)$。

核与约简有如下关系：

$\text{core}(P)=\bigcap \text{red}(P)$，其中 $\text{red}(P)$ 表示 P 的所有约简。

在对属性进行约简时，要注意以下两方面的问题：

(1) 属性核的计算

核是粗糙集理论中非常重要的一个概念。首先，它可以作为所有简化计算的基础。因为核包含在所有的简化之中，并且计算可以直接进行。其次，对知识进行化简时，核是不能消去的知识特征部分的集合。

(2) 约简的选取

对一个具体的信息系统而言，属性的约简一般会有多个，而且每个约简都能反映出信息系统中所包含的所有信息。它们都是决策表的本质信息，但是不同的约简得出的规则却不同。因此，必须在众多的约简中寻找最优的约简，而最优的属性约简的求取与属性本身的性质相关。

为了进一步理解上、下近似集和核的概念，这里给出一个例子。

例如,知识库:$K(U,P)$,其中 $U=\{a_1, a_2, \cdots, a_8\}$,$P=\{p_1, p_2, p_3\}$,等价关系 P_1, P_2, P_3划分的等价类如下所示:

$U/P_1=\{\{a_1,a_4,a_5\},\{a_2,a_8\},\{a_3\},\{a_6,a_7\}\}$;

$U/P_2=\{\{a_1,a_3,a_5\},\{a_6\},\{a_2,a_4,a_7,a_8\}\}$;

$U/P_3=\{\{a_1,a_5\},\{a_6\},\{a_2,a_7,a_8\},\{a_3,a_4\}\}$;

$U/\mathrm{ind}(P)=\{\{a_1,a_5\},\{a_2,a_8\},\{a_3\},\{a_4\},\{a_6\},\{a_7\}\}$。

根据上面的介绍,可以计算出:

$U/\mathrm{ind}(P-\{P_1\})=\{\{a_1,a_5\},\{a_2,a_7,a_8\},\{a_3\},\{a_4\},\{a_6\}\}$

$\neq U/\mathrm{ind}(P)$,这表明 P_1是 P 中必要的;

$U/\mathrm{ind}(P-\{P_2\})=\{\{a_1,a_5\},\{a_2,a_8\},\{a_3\},\{a_4\},\{a_6\},\{a_7\}\}$

$=U/\mathrm{ind}(P)$,这说明 P_2是 P 中不必要的;

$U/\mathrm{ind}(P-\{P_3\})=\{\{a_1,a_5\},\{a_2,a_8\},\{a_3\},\{a_4\},\{a_6\},\{a_7\}\}$

$=U/\mathrm{ind}(P)$,这说明 P_3也是 P 中不必要的。

上述的计算说明,通过等价关系 P_1,P_2,P_3的集合定义的分类与根据 P_1和 P_2或者 P_1和 P_3定义的分类相同。为了得到 $P-\{P_1,P_2,P_3\}$的约简,可以通过验证$\{P_1,P_2\}$和$\{P_1,P_3\}$是否独立来得到结果。通过验证发现,$\{P_1,P_2\}$和$\{P_1,P_3\}$都是独立的,因此它们都是 P 的约简。

根据核的概念,可以得出 $\mathrm{core}(P)=\{P_1,P_2\}\cap\{P_1,P_3\}=\{P_1\}$。

1. 经典的粗糙集属性约简算法

例如:决策表 $T=(U, A, C, D)$,其中 $C=\{a, b, c\}$,$D=\{d, e\}$分别为条件属性集和决策属性集。

表4.5 一致决策表

U	a	b	c	d	e
1	1	2	0	1	2
2	0	1	2	0	1
3	2	1	0	2	0
4	2	1	2	0	1
5	1	2	2	2	0

表4.6 一致决策表

U	b	c	d	e
1	2	0	1	2
2	1	2	0	1
3	1	0	2	0
4	1	2	0	1
5	2	2	2	0

它们的规则如下:

$a_1b_2c_0\rightarrow d_1e_2$;$a_0b_1c_2\rightarrow d_0e_1$;$a_2b_1c_0\rightarrow d_2e_0$;$a_2b_1c_2\rightarrow d_0e_1$;$a_1b_2c_2\rightarrow d_2e_0$。

表4.7 不一致决策表

U	a	c	d	e
1	1	0	1	2
2	0	2	0	1
3	2	0	2	0
4	2	2	0	1
5	1	2	2	0

表4.8 不一致决策表

U	a	b	d	e
1	1	2	1	2
2	0	1	0	1
3	2	1	2	0
4	2	1	0	1
5	1	2	2	0

从表4.5中移去属性 $b\in C$，得到的表4.6也是一致的。从表4.6中移去属性 $c\in C$，得到的表4.8是不一致决策表。

因为第1条规则 $a_1b_2\rightarrow d_1e_2$ 和第5条规则 $a_1b_2\rightarrow d_2e_0$ 是矛盾的，而且第3条规则 $a_2b_1\rightarrow d_2e_0$ 和第4条规则 $a_2b_1\rightarrow d_0e_1$ 也是矛盾的，因此条件 C 是条件属性集 $\{a, b, c\}$ 中的核，而 a 和 b 都是可约的。从而得到了两个约简 $RED=\{a, c\}$ 和 $RED=\{b, c\}$。

这显然是一个一致决策表，因为其中每条规则都是一致的。从表4.5中移去属性 $a\in C$，得到的表4.6也是一致的。

2. 基于约简树的决策表属性约简方法

将决策表属性约简的过程转化为构造约简树的过程，约简树构造完毕也就找到了决策表的属性约简，这种方法简单、直观、易于理解。

首先给出了约简树的定义，提出了采用宽度优先的策略构造约简树，在构造约简树的过程中，把某个结点处决策规则是否一致作为在该结点处是否可以继续构造子树的条件，把该结点是否已经出现过作为剪枝条件，并把结点是否是相对核作为构造约简树的一个重要的终止条件。

定义4.1 设 $S=(U,A)$ 是一个决策表，把条件属性集 C 作为根结点，条件属性集的子集作为分枝结点，把父结点集合与子结点集合的差作为分枝。这样的树叫做约简树。

下面给出构造约简树的方法，该方法按照约简树的定义采用宽度优先的策略构造约简树，在构造约简树的过程中，把某个结点处决策规则是否一致作为在该结点处是否可以继续构造子树的条件，并把该结点是否已经出现过作为剪枝条件，把结点是否是相对核作为构造约简树的一个重要的终止条件。具体构造步骤如下：

(1) 约简树的根结点为条件属性集 C；

(2) 构造约简树的第一层结点；

将根结点集合依次去掉一个元素分别得到的集合作为第一层的结点。对第一层每个结点重复。

(2.1) 检验该结点处的决策规则是否一致；若一致，继续以该结点为根结点构造子树；否则，则将分枝并入到集合 C_0（C_0的初值为$\varnothing$），并停止以该结点为根结点构造子树。

(3) 构造约简树的第 i 层结点；

将第 $i-1$ 层结点集合依次去掉一个不属于 C_0的元素分别得到的集合作为第 i 层的结点。对第 i 层每个结点重复：

(3.1) 检验该结点是否为空集或者已经存在，若该结点为空集或者已经存在，则剪掉这个分枝，否则转(3.2)；

(3.2) 检验该结点是否与 C_0相等，若相等，停止继续构造子树，否则转(3.3)；

(3.3) 检验在该结点处决策规则是否一致，若一致，可以继续以该结点为根结点构造子树，否则停止以该结点为根结点构造子树。

约简树的性质：

性质 4.1　设 $S=(U,A)$是一个决策表，条件属性集 C 中有 n 个元素，则约简树的第一层有 n 个结点。

性质 4.2　C_0为条件属性的核。

性质 4.3　一棵约简树构造完毕也就找到了决策表的极小属性约简。

在深度最大的叶结点处：

(1) 若决策规则仍一致，则此结点为约简。

(2) 若决策规则不一致，则此结点的父结点为约简。若在父结点层有一结点在该结点处决策规则仍一致但没有分枝（其分枝都被剪掉），则此结点也为约简。

假设条件属性集的个数为 n，对象的个数为 m。最好情况下，条件属性集中的所有元素均为核，此时的时间复杂度为 $O(n\times m)$。最坏情况下，条件属性集合的所有元素都不是核并且属性约简为一个元素，此时的时间复杂度为 $(C_n^1+C_n^2+C_n^3+\cdots+C_n^{n-1})\times m=(2^n-2)\times m$，即时间复杂度为 $O(2^n\times m)$。

例 4.2　决策表如表 4.9 所示。其中，论域 $U=\{1,2,3,4,5\}$，条件属性集 $C=\{a,b,c\}$，决策属性集 $D=\{d,e\}$。该决策表的相对约简结果是：决策表的所有相对属性约简（共 2 个），其包含的属性个数均为 2，该决策表的极小相对约简 $RED_1=\{a,c\}$，$RED_2=\{b,c\}$。

表4.9　决策表

U	a	b	c	d	e
1	1	0	2	1	1
2	2	1	0	1	0
3	2	1	2	0	2
4	1	2	2	1	1
5	1	2	0	0	2

下面通过构造约简树对该决策表进行属性约简：

(1) 树的根结点为条件属性集 $C=\{a, b, c\}$；

(2) 构造第一层结点：将根结点分别去掉一个元素后得到下面三个集合：$C-\{a\}=\{b, c\}$,$C-\{b\}=\{a, c\}$,$C-\{c\}=\{a, b\}$,这三个集合就是第一层的三个结点。对第一层的每个结点重复：检验该结点处的决策规则是否一致,如表4.10所示。

表4.10　决策表

在$\{b, c\}$处检验决策规则是否一致	在$\{a, c\}$处检验决策规则是否一致	在$\{a, b\}$处检验决策规则是否一致
$b_0c_2 \rightarrow d_1e_1$	$a_1c_2 \rightarrow d_1e_1$	$a_1b_0 \rightarrow d_1e_1$
$b_1c_0 \rightarrow d_1e_0$	$a_2c_0 \rightarrow d_1e_0$	$a_2b_1 \rightarrow d_1e_0$
$b_1c_2 \rightarrow d_0e_2$	$a_2c_2 \rightarrow d_0e_2$	$a_2b_1 \rightarrow d_0e_2$
$b_2c_2 \rightarrow d_1e_1$	$a_1c_2 \rightarrow d_1e_1$	$a_1b_2 \rightarrow d_1e_1$
$b_2c_0 \rightarrow d_0e_2$	$a_1c_0 \rightarrow d_0e_2$	$a_1b_2 \rightarrow d_0e_2$
一致	一致	不一致

在结点$\{b, c\}$和$\{a, c\}$处决策规则一致,所以可以在这两个结点处继续构造子树;但在结点$\{a, b\}$处决策规则不一致,则 $C_0=\{c\}$,停止在该结点处继续构造子树。

(3) 从$\{b, c\}$中任意去掉一个 C_0的元素,即：去掉元素 b 得到一个新的结点$\{c\}$,检验得知该结点不存在,并检验在该结点处决策规则是否一致,用以上相同的方法检验得知,决策规则不一致。停止在此结点处继续构造子树。

从$\{a, c\}$中任意去掉一个 C_0的元素,即：去掉元素 a 得到一个新的结点$\{c\}$,检验得知该结点已经存在,将此分枝剪掉。

由于结点$\{c\}=C_0$,停止在该结点处继续构造子树。

至此,一棵树就构造完毕。构造的树如图4.7所示。

(4) 深度最大的叶结点$\{c\}$处。

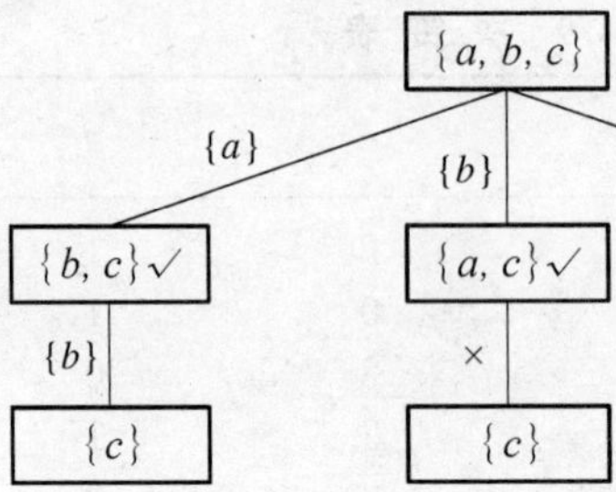

图 4.7 约简树

决策规则不一致,则其父结点$\{b, c\}$为约简。在父结点$\{b, c\}$层有一结点$\{a, c\}$,在$\{a, c\}$处决策规则也一致,那么$\{a, c\}$也为约简。就可以得出属性的两个极小相对约简$\{b, c\}$和$\{a, c\}$。

粗糙集分类流程如图 4.8 所示。属性约简是粗糙集研究的基础,后来又提出了多种属性约简算法:

(1) 基本算法

基本算法的思想是:首先产生矩阵 $\boldsymbol{M}$,然后再利用可辨识矩阵识函数 F 利用吸收律对它进行的每一个主蕴含式都为约简。

该算法的优点是:可以求可辨识函数的约简是一个非常小数据量的情况。其时间复杂度为 $O(2^{|C|}\cdot|A|\cdot|U|\cdot\lg|U|)$,其中$|C|$表示条件属性的个数,$|A|$表示属性个数,$|U|$表示元组个数。

(2) 基于可辨识矩阵的启发式算法

Skowlow 提出可辨识矩阵,并且提出可辨识矩阵可用于属性约简。在此基础上,利用可辨识矩阵得到许多启发式约简算法。这些算法的共同点都是先得到可辨识矩阵,由可辨识矩阵求出属性的核,再在此基础上根据某种启发式规则向属性核中加入属性,直到满足条件为止。以此为基础的典型算法如下:

Hu Xiaohua 提出计算一个最好的或者用户指定的最小约简的算法,该算法非常简单、直观,它利用可辨识矩阵求出核,并将此核作为计算约简的出发点,将属性的重要度作为启发规则。

其基本思想是:先按照属性的重要度的大小逐个加入属性,直到该集合是一个约简为止;然后检查集合中的每一个属性,即移走属性后看该集合对决策属性的依赖度是否发生变化,如果依赖度不变化则可以将该属性去掉,反之则保留该属性。通过可辨识矩阵求属性核的时间复杂度为 $O(|C|\cdot|U|\cdot\lg|U|)$,而在利用条件属性的重要度的时候最多需要循环$|C|$次,因此该算法的最坏时间复杂度为 $O(|C|^2\cdot|U|\cdot\lg|U|)$。

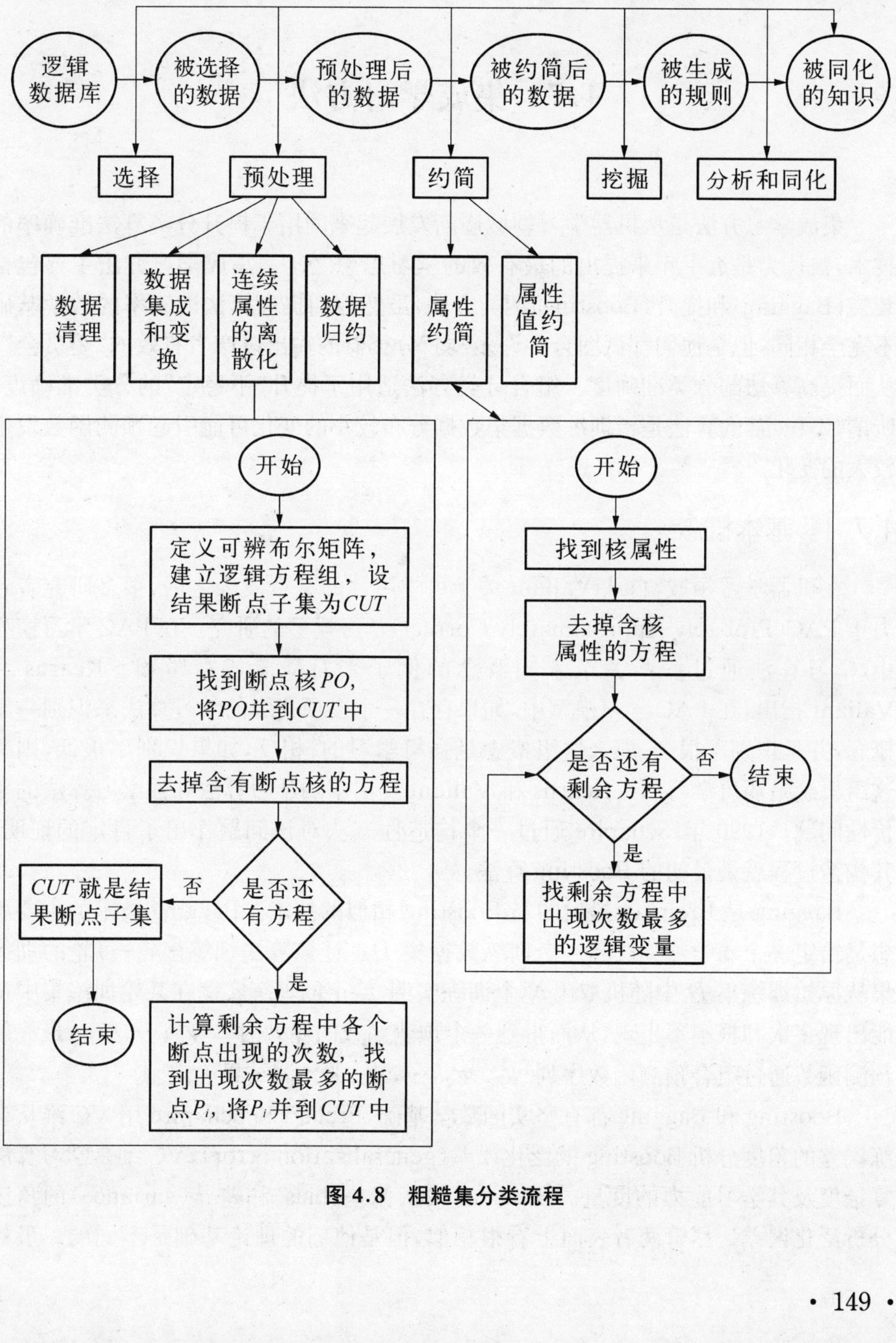
逻辑数据库
被选择的数据
预处理后的数据
被约简后的数据
被生成的规则
被同化的知识
选择
预处理
约简
挖掘
分析和同化
数据清理
数据集成和变换
连续属性的离散化
数据归约
属性约简
属性值约简
开始
定义可辨布尔矩阵，建立逻辑方程组，设结果断点子集为CUT
找到断点核PO，将PO并到CUT中
去掉含有断点核的方程
是否还有方程
否
CUT就是结果断点子集
结束
是
计算剩余方程中各个断点出现的次数，找到出现次数最多的断点Pi，将Pi并到CUT中
开始
找到核属性
去掉含核属性的方程
是否还有剩余方程
否
结束
是
找剩余方程中出现次数最多的逻辑变量

图 4.8　粗糙集分类流程

4.7 集成学习方法

集成学习方法是从机器学习领域逐渐发展起来的用于提升分类算法准确率的技术,被认为是近十年来提出的最有效的学习思想之一。集成学习方法主要包括装袋(Bagging)和提升(Boosting)两类方法,虽然他们提高算法准确率的数学基础不完全相同,但是他们都试图合并许多"弱"分类器的输出以产生有效的"委员会",从而提高算法的分类准确度。组合分类方法适用于提升"不稳定"的分类准确度,所谓"不稳定"的算法是指训练数据集数据分布较小的变化可能引起预测函数发生较大的变化。

4.7.1 基本概念

在机器学习领域,自从 Valiant 关于可学习性的文章发表之后,很多研究者致力于 PAC(Probably Approximately Correct)学习模型的研究。在 PAC 学习模型中,学习算法通过一些关于未知概念的例子来对概念进行学习。Kearns 和 Valiant 指出,在 PAC 学习模型中,如果存在一个多项式级的学习算法来识别一组概念,并且识别率很高,那么这组概念是强可学习的;相反,如果识别率很低,则称这组概念是弱可学习的。Kearns 和 Valiant 提出了弱学习算法和强学习算法的等价性问题。1990 年,Schapire 通过一个构造性方法对该问题作出了肯定的证明,其构造过程就是最初的 Boosting 算法。

Bagging 是 Breiman 提出的与 Boosting 相似的技术。Bagging 技术的主要思想是给定一个弱学习算法和一个训练数据集 D。让该算法训练多轮,每轮的训练集从原始训练集 D 中随机取出 N 个训练实例,给定的训练实例在某轮训练集中可能出现多次和根本不出现,从而得到一个预测函数的序列 $\Psi_1, \Psi_2, \cdots, \Psi_m$,最终的预测函数通过组合预测函数序列 $\Psi_1, \Psi_2, \cdots, \Psi_m$ 的预测结果确定。

Boosting 和 Bagging 都有坚实的数学基础,Freund 和 Schapire 用 VC 维从训练误差的角度分析 Boosting 的泛化误差(generalization error),VC 维是学习算法复杂度及其学习能力的度量。Breiman 又从偏差(bias)和差异(variance)的角度分析泛化误差。尽管两者表面上看很相似,但是他们的理论基础是不同的。虽然两者的理论基础不同,但都是能够明显改善某些分类算法的分类准确度的有效方法。这里不对两者进行深入的理论分析,更多的是关注 Bagging 和 Boosting 的基本思想及其工作过程。

假设训练数据集 D 包含数据$\{(y_i,x_i),i=1,2,\cdots,N\}$,其中 y 是类标号,那么一个分类就是在训练数据集上获得预测函数 $\Psi(x,D)$:即给定一个 x,使用 $\Psi(x,D)$预测 y。假设可以通过某种方式从数据集 D 构造一系列的训练数据集,记作$\{D_\lambda\}$。组合分类方法的任务是利用这一系列的预测函数$\{\Psi(x,D_\lambda)\}$构造预测函数 $\Psi_\lambda(x,D)$,从$\{D_\lambda\}$获得的预测函数 $\Psi_\lambda(x,D)$比从单个训练数据集 D 获得的$\Psi(x,D)$更好。

定义 4.2　函数 $\Psi(x,D_j)$被称作基函数或基分类器,如果 $\Psi(x,D_j)$满足以下两个条件:

(1) $D_j \in \{D_\lambda\}$;

(2) $\Psi(x,D_j)$被用来构造最终的预测函数 $\Psi_\lambda(x,D)$。

如何构造训练数据集序列$\{D_\lambda\}$和如何组合$\{\Psi(x,D_\lambda)\}$得到 $\Psi_\lambda(x,D)$是组合分类方法的两个重要问题。不同的策略产生了不同的组合分类技术,比较有代表性的有提升和装袋。两者都有很成功应用。

4.7.2　Bagging

Bagging 是 Breiman 提出的一种通过自助(bootstrap)方式构造基分类器的组合分类方法。在装袋方法中,每一个基分类器是建立在原训练数据集 D 的自助样本集 D_B上的。

自助样本集 D_B采用如下方式建立:从数据集 D 中有放回的随机抽去 N 个样本,其中 N 是原训练的样本总数。因此,训练数据集 D 的某些样本可能在D_B重复出现多次,而另外一些样本可能根本不在 D_B中出现。采用自助方式可以从数据集 D 获取一系列相互并列的自助样本集,记作$\{D_B\}$。

每一个基分类器 $\Psi(x,D_{Bi})$是由训练数据集 D 的不同自助样本集D_{Bi}训练获得,其中 $D_{Bi} \in \{D_B\}$。所有属于$\{D_B\}$的自助样本集产生的预测函数的集合,记作$\{\Psi(x,D_{Bi})\}$。聚合这一系列的基分类器构成最终的预测函数,记作 $\Psi_B(x,D_B)$。装袋(Bagging)不仅可以用来处理分类属性,也可以处理连续属性。但是分类属性和连续属性将由$\{\Psi(x,D_B)\}$形成不同的 $\Psi_B(x,D_B)$。

如果 y 是连续属性,那么多个预测函数的 $\Psi(x,D_B)$的平均值,记作$\Psi_B(x)=E_D(\Psi(x,D_B))$,其中 E_D 表示 $\Psi(x,D_B)$在 D 上的数学期望值。则利用预测 $\Psi_B(x)$取代直接由训练样本集 D 上获得预测函数$\Psi(x,D)$。

如果 y 是分类属性，那么假设有共有 K 个类，即对于任意一个类 $C_i(1\leqslant i\leqslant K)$。一种可选的方法是采用表决的方式聚集 $\Psi(x,D_B)$，即令 $\Psi_B(x)=\max(\Psi(x,D_B))$，其中 max()表示选择 $\Psi(x,D_B)$中出现次数最多的类标号。

装袋方式采用自助抽样的方法，构造出一系列的基分类器，并合并多个基分类器的预测结果形成最终的预测函数。该方法通过随机抽样，进行多轮相互独立的学习过程。决定装袋能否改善分类准确度的关键因素是构造预测函数 Ψ 的过程是否稳定，即算法的稳定性。如果数据集 D 的改变对 Ψ_B 影响很小，那么 Ψ_B 接近 Ψ。然而如果 D 较小的变化可能引起 Ψ 较大变化，那么 Ψ_B 对 Ψ 的改进效果比较明显。

4.7.3 Boosting

Boosting 是近十年来提出的最有效的学习思想之一。提升方法的动机是合并许多"弱"分类器的输出以产生有效"委员会"的过程。从这一角度看，提升与装袋以及其他基于委员会的方法具有相似之处。然而，这种联系只是极其表面的，本质上却是各不相同的。

考虑一个两类问题，输出变量编码为 Y 属于$\{-1,1\}$。给定预测子变量的向量 $\boldsymbol{X}$，分类器 $\Psi(x)$产生在$\{-1,1\}$中取值的预测。训练样本上的误差率是：

$$err=\frac{1}{N}\sum_{i=1}^{N}I(y_i\neq\Psi(x_i))\tag{4.39}$$

而未来预测上的期望误差率是 $E_{XY}I(Y\approx\Psi(x))$。

一个弱分类器的误差率可能只比随机猜测略好一点。提升的目的就是连续地对反复修改的数据应用弱分类算法，由此产生一个弱分类器序列 $\Psi_m(x)$，$m=1,2,\cdots,M$。然后，通过一个带加权的多数表决来合并全部预测，以产生最终预测：

$$\Psi(x)=\text{sign}\left(\sum_{m=1}^{M}\alpha_m\Psi_m(x)\right)\tag{4.40}$$

这里，$\alpha_1,\alpha_2,\cdots,\alpha_M$由提升算法来计算，并对每个 $\Psi_m(x)$的贡献加权。它们的作用是对序列中较精确的分类器给予较高的影响。

在每个提升步，数据修改就是对每一训练观测$(x_i,y_i)(i=1,2,\cdots,N)$实施加权 $w_1,w_2,\cdots,w_N$。开始，所有权都置成 $w_i=1/N$，以便第一步能够简单地用通常的方式在数据上训练分类器。对每一个相继的迭代 $m=2,3,\cdots,M$，观测的权值被分别修改，并且分类算法被再次应用于加权观测。在第 m 步，那些被前一步导出的分类器 $\Psi_{m-1}(x)$误分类的观测权值提高，而被正确分类的观测权值降低。这样,随着迭代的进行,那些很难正确分类的观测受到了不断增长的影响。因此,每个后继分类器被强制关注被前面的分类器误分类的训练观测。

AdaBoost.M1 是第一个有效的 Boosting 算法,此后产生了一系列的 Boosting 算法,如 AdaCost、Arcing、LogitBoost、BrownBost 等算法,以下简要介绍 AdaBoost.M1 算法来了解 Boosting 的工作过程和基本思想。

图 4.9 给出 AdaBoost.M1 算法处理流程。其中:行 2(a)在加权观测上导出当前分类器 $\Psi_m(x)$。行 2(b)计算结果加权误差率。行 2(c)计算权值 α_M,该权值在产生最终分类器 $\Psi(x)$时(行 3)赋予 $\Psi_m(x)$。在行 2(d),为下一步迭代更新每个观测的权值。被 $\Psi_m(x)$误分类的观测的权值被放大一个因子 $\exp(\alpha_M)$,增加了对导出序列中下一个分类器 $\Psi_{m+1}(x)$的相对影响:

1. 初始化观测权值 $w_i = 1/N,\ i = 1, 2, \cdots, N$。
2. 对于 $m = 1$ 到 M:
(a) 使用权值 w_i,用分类器 $\Psi_m(x)$拟合训练数据。
(b) 计算 $err_m = \dfrac{\sum_{i=1}^{N} w_i I(y_i \neq \Psi_m(x_i))}{\sum_{i=1}^{N} w_i}$。
(c) 计算 $\alpha_m = \log_2(1 - err_m/err_m)$。
(d) 置 $w_i \leftarrow w_i \cdot \exp[\alpha_m \cdot I(y_i \neq \Psi_m(x_i))],\ i = 1, 2, \cdots, N$。
3. 输出 $\Psi(x) = \text{sign}[\sum_{m=1}^{M} \alpha_m \Psi_m(x)]$。

图 4.9 AdaBoost.M1 算法

AdaBoost.M1 算法能够显著提高很弱的分类器的性能,如果基分类器的分类精度大于 50%,随着提升迭代过程的进行,误差率平稳地降低。自从它被引入以来,许多资料对 AdaBoost 算法在产生精确分类方面的成功给出了详细的解释。这方面的工作大部分集中在把分类树用作“基本学习器”$\Psi(x)$。事实上,Breiman 将 AdaBoost 算法说成是“世界上最好的现货供应分类器”。在数据挖掘中的应用中,Boosting 成为提升算法分类准确率有效方法。

Bagging 与 Boosting 的区别在于 Bagging 的训练集的选择是随机的,各轮训练集之间相互独立,而 Boosting 的训练集选择是不独立的,各轮训练集的选择与前面各轮的学习结果有关。Bagging 的各个预测函数一般没有权重,而 Boosting 是有权重的。Bagging 的各个预测函数可以并行生成,而 Boosting 的各个预测函数只能顺序生成,对于像神经网络这样极为耗时的学习方法,Bagging 可通过并行训练节省时间开销。

Breiman 指出，稳定性是决定组合分类方法能否提高分类准确率的关键因素：对于不稳定的学习算法，组合分类方法能够显著提高分类准确率，而对于稳定的学习效果并不明显。

相关研究表明，判定树、神经网络以及贝叶斯方法是不稳定的，而 k -最近邻方法是稳定。通常情况下，Boosting 方法和 Bagging 方法都能显著提高分类准确率，而 Boosting 的效果比 Bagging 更好。但是在某些情况下 Boosting 可能表现出过分适应，而 Bagging 通常情况下总能提高分类准确率。另外由于 Bagging 每一个训练集使用较少的样本，能够增加学习过程的不稳定性，从而对于比较稳定的算法获得较好的效果。

4.8 本章小结

分类通常可分为两个过程。

第一步，建立一个模型，描述预定的数据类集或概念集。通过分析由属性描述的数据元组来建立模型。为建立模型而被分析的数据元组形成训练数据集，训练数据集中的单个元组称为训练样本。由于提供了每个训练样本的类标号，该步也称为有指导的学习（即模型的学习在被告知每个训练样本属于哪个类的“指导”下进行）。通常学习模型用分类规则、决策树或数学公式的形式提供。

第二步，使用模型进行分类。首先评估模型的预测准确率。如果模型的准确率根据训练样本评估，评估可能是乐观的，因为学习模型倾向于过分拟和训练数据（也就是说，它可能并入训练数据中的某些异常，这些异常不出现在总体样本群体中），因此通常使用测试集来评估准确率。评估准确率的方法有保持方法、k -折交叉确认、引导和留一等。如果认为模型的准确率可以接受，就可以用它对类标号未知的数据元组或对象进行分类。

分类技术是数据挖掘研究的重点和热点之一。机器学习、专家系统、统计学和神经生物学等方面的研究者已经提出了很多分类算法。大部分算法是内存驻留算法，通常假定数据量很小。最近的数据挖掘研究建立在这些工作之上，开发了可伸缩的分类技术，能够处理大量的、驻留磁盘的数据。

分类模型的构造方法有统计方法、机器学习方法和神经网络方法等等。分类算法的种类很多，本章主要介绍了贝叶斯方法，主要是朴素贝叶斯分类算法，以及 k 近邻方法、人工神经网络方法、遗传进化方法、支持向量机方法、粗糙集方法；最后介绍了集成学习方法，包括 Boosting 和 Bagging 等方法。

第5章　关联挖掘

关联规则(association rules)的挖掘是数据挖掘(DM)中一个重要的问题。关联规则发现最初的形式是零售商的货篮分析，货篮分析是通过发现顾客放入其货篮中的不同商品，即不同项之间的关联，这种关联的发现可以帮助零售商制定营销策略。货篮分析的典型应用是可以帮助经理设计不同的商品布局。一种策略是：经常一块购买的商品可以摆放近一些，以便进一步刺激这些商品一起销售。例如，如果顾客购买计算机的同时常也会购买一些财务管理软件，那么如果将电脑硬件摆放得离电脑软件近一点，就可能有助于增加两者的销售；另一种策略是：将电脑硬件和电脑软件分别摆放在商品的两端，这就会促使顾客在购买这两种商品时走更多的路，从而达到诱发他们购买更多商品的目的。比如：顾客在决定购买了一台昂贵电脑之后，在去购买相应的财务管理软件的路上可能会看到安全系统软件，这时他就有可能购买这一类软件。

Agrawal等人于1993年首先提出了挖掘顾客交易数据库中项集间的关联规则问题，其目的是为了发现交易数据库中不同商品之间的联系规则。这些规则刻画了顾客的购买行为模式，可以用来指导商家科学地安排进货、库存以及货架设计等。

关联规则的主要应用对象是事务数据库，侧重于确定数据中不同项目(商品)之间的联系，找出这样的数据信息对于确定市场策略是很有价值的。此背景下的例子如“90%的客户在购买面包和黄油的同时也购买牛奶”，“70%的顾客在购买啤酒的同时也买了尿布”。这两个例子的直观的意义都是说，客户在购买某些商品的时候有多大的倾向会购买另一些商品，找出所有类似这样的规则，对于企业制定生产销售策略、产品分类设计、产品摆放、市场分析以及市场营销策略等方面都是很有价值的。

5.1 关联挖掘简述

关联规则提出后，人们对关联规则挖掘进行了广泛而深入的研究。这些研究主要在于解决以下五个方面的问题：首先，由于频繁关系在不同数据对象、应用环境中具有不同形式，称这种频繁关系为关联关系，关联关系是一种模式或知识形式。因此，关联关系的研究是关联规则挖掘研究中需首要解决的问题。二是提高关联规则挖掘的效率，即提高关联规则挖掘的速率和减少关联规则挖掘的存储空间需求；三是如何在稠密集、大量或海量数据集中进行关联规则挖掘；四是如何挖掘有价值的关联规则；五是如何利用关联规则。

在关联规则挖掘研究中，大量研究均集中于关联规则挖掘效率的研究。这些研究主要通过提高串行算法的效率，利用并行和分布式挖掘算法、各种有效的数据结构、增量算法等来提高关联规则的挖掘效率，取得了较好的结果。

第一个有效的关联规则挖掘算法是 Apriori 算法。该算法是一个串行算法，以后，人们对之进行了很多改进、完善，提出了多种有效的串行算法，典型的有：采用动态 Hash 和剪枝策略的 DHP 算法、采用分块挖掘的 Partition 算法、采用前缀树存储候选集的 Sear 和 Spear 算法、采用分块和动态项目频度计算的 DIC 算法、采用抽样策略的 Sampling 算法。此外，Zaki 博士提出了四个有影响的串行关联规则挖掘算法 Eclat、MaxEclat、Clique 和 Maxclique，其中 Eclat 采用了基于前缀的等价类技术和自底向上搜索策略；MaxEclat 采用了基于前缀的等价类技术和混合搜索策略；Clique 采用了基于团的等价类技术和自底向上搜索策略；MaxClique 采用了基于团的等价类技术和混合搜索策略。

并行算法方面，基于 Apriori 类的并行算法有 CD（Count Distribution）、DD（Data Distribution）、IDD（Intelligent Data Distribution）、HD（Hybrid Distribution）等，这几种算法的数据都是分布的。在 CD 算法中各节点通过交换项目的局部支持度而获得全局支持度，在 DD 和 IDD 算法中，各节点是通过交换数据而获得全局支持度的，IDD 是 DD 的改进，CD、DD 是基于松耦合计算机系统的，IDD 是基于环形广播网络，HD 算法结合了 CD 和 IDD 的基本思想。其他是基于 DHP、Sear & Spear、DIC 等的分布式关联规则挖掘算法，Zaki 提出的基于

Eclat、MaxEclat、Clique 和 MaxClique 的并行算法 Par(Max)Eclat、Par(Max)Clique。

典型的增量挖掘算法有参数增量算法和数据增量算法两大类,参数增量算法主要有 IUA 和 PIUA,数据增量算法主要有 FUP、FUP2 和 Border 等。

以上这些算法都是挖掘产生所有频繁项 AFI(All Frequent Itemsets)的,为了进一步提高挖掘效率,还提出了挖掘产生另外两类频繁项 MFI 和 CFI。MFI(Maximal Frequent Itemsets)表示极大频繁项集, CFI(Closed Frequent Itemsets)表示闭集频繁项,MFI 和 CFI 的数量都远小于 AFI。

挖掘 MFI 的典型算法有 ALL-MFS 算法、Pincer-Search 算法、Max-Miner 算法、Depth-Project 算法、Mafia 算法、GenMax 算法等;挖掘 CFI 的算法主要有 A-Close、Pascal、Closet、Charm。此外 Mafia 算法也可以挖掘闭集频繁项。有关研究表明,上述这些算法各有其应用环境,对 MFI 较好的算法是 Mafia、Depth-Project、GenMax,对 CFI 较好的算法是 Mafia、Closet、Charm。

在解决关联规则挖掘效率方面,还提出了带约束的关联规则挖掘策略,如元制导关联规则挖掘。

在 1999 年 Han 等人提出的 FP-Growth,以及 Agrawal 等人提出的树投影 Tree Project 关联规则挖掘算法,它们在性能上均获得了突破,与 Apriori 算法相比,挖掘效率有了数量级的提高。利用 FP-Tree,可以压缩事务数据集,压缩比有的达到 100 多倍。树投影方法从原理上讲,是适应任何数据集的,无论其数据量多大该算法都能有效运行,从而使得关联规则挖掘可以应用于大量、海量数据的挖掘和稠密数据集的挖掘。对关联规则挖掘的第三个问题,上述算法及其各种改进是很有效的,典型的算法有 FP-Growth、TopDown、FP-Growth、TreeProject、H-mine、Opportunistic 等。

为了挖掘有价值的关联规则,人们提出了关联规则的兴趣度、价值规则等办法。在利用关联规则方面,已开展了关联规则挖掘与其他数据挖掘方法相结合的研究,如与分类、聚类挖掘方法的结合研究;利用关联规则进行属性选择、数据缩减等。

5.1.1 关联挖掘应用

(1) 商业零售行业

商场以获得最大的销售利润为目的,零售商都在考虑如下问题:销售什么样的商品?采用什么样的促销策略?商品在货架上如何摆放?了解顾客的购买习惯和偏爱会使他们对以上问题做出正确的决策时具有指导意义。关联规则挖掘能够对商场销售数据进行分析，从而得到顾客的购买特性，并根据发现的规律而采取有效的行动。分析商场销售商品的构成，发现不同类别商品的共同特征及其规则，而这些规则对商场的市场定位、商品定价、新商品采购等决策问题都有非常重要的指导意义，从而进行商品销售预测、商品价格分析、零售地点的选择等。

(2) 金融和保险服务行业

该行业已经很广泛地应用了关联规则挖掘技术，证券分析家运用关联规则挖掘技术去分析大量的金融数据，从而为投资活动建立贸易和风险模型。已经有些金融公司尝试这种技术并得到了有效的结果。关联规则挖掘技术将来可以应用于货币交易、自动保险业、股票选择、信誉评估、识别欺骗行为等业务中。

利用数据挖掘工具，从已有的数据中分析得到信用评估的规则和标准，并将得到的规则和评估标准应用到新账户的信用评估，这是一个获取知识并应用知识的过程。剔除无关的甚至是错误的、相互矛盾的数据，以更有效地进行金融市场分析和预测。另外，一个人在相当长的一段时间里，其使用信用卡的习惯往往是较为固定的。通过分析信用卡的使用模式，一方面可以监测到信用卡的恶性透支行为；另一方面可以识别非法用户。从股票交易的历史数据中得到股票交易的规则和规律；发现隐藏在数据后面的不同财政金融指数之间的联系；探测金融政策与金融行情相互影响的关联关系；对受保险人员的分类将有助于确定适当的保险金额；分析购买了某种保险的人是否又会同时购买另一种保险；预测什么样的顾客将会购买新险种。

(3) 科学研究领域

数据挖掘在科学研究中是必不可少的，它可以从大量的、漫无头绪的而且真假难辨的科学数据和资料中提炼出对科研工作者有用的信息。例如在信息量极为庞大的天文、气象、生物技术等领域中，对于所获得的大量实验和观测数据，仅依靠传统的数据分析工具已难以处理，因此，迫切需要一种功能强大的智能化自动分析工具，这种需求推动了关联规则挖掘在科学研究领域的应用发展，并取得了一些重要的应用成果。

(4) 电信网络管理

在电信网络运行过程中，会产生一系列警告，虽然某些警告可以置之不理，但是，如果有些警告不及时采取措施，则会带来不可挽回的损失。由于警告产生的随机性很大，究竟哪些警告可以不予理睬，哪些警告必须迅速处理则往往很难判断，一般需要由人工根据经验来进行处理，因此效率不高，使用关联规则技术，则可以通过分析已有的警告信息的正确处理方法以及警告之间的前后关系，来得到警告之间的关联规则，这些有价值的信息可用于网络故障的定位检测和严重故障的预测。

(5) 其他应用领域

医疗数据挖掘可用于病例、病人行为特征的分析，以及用于药方管理，以安排治疗方案、判断药方的有效性等。司法数据挖掘可用于案件调查、案例分析、犯罪监控等，还可用于犯罪行为特征模式的分析，从而为案件的侦破提供指导，进而为教育和改造罪犯寻求有效方法。工业部门数据挖掘技术可用于进行故障诊断、生产过程优化等。制造业应用数据挖掘技术来进行零件故障诊断、资源优化、生产过程分析等，通过对生产数据进行分析可发现容易产生质量问题的工序以及相关的故障因素等。

在网络入侵检测领域中，如何从大量审计数据发现用户的行为模式，并提取出具有代表性的系统特征模式，从而发现异常的访问模式，是入侵检测急需解决的关键问题。数据挖掘技术是从海量数据中提取对用户有用的数据，将该技术用于入侵检测领域，利用数据挖掘中的关联分析、序列模式分析等算法提取相关的用户行为特征，并根据这些特征生成安全事件的分类模型，应用于安全事件的自动鉴别。

5.2 关联挖掘基本方法

5.2.1 关联挖掘基本概念

下面介绍一下关联规则挖掘领域中涉及的一些基本概念：

(1) 数据项与数据项集

设 $I=\{i_1, i_2, \cdots, i_m\}$ 是 m 个不同项目的一个集合，每个 $i_k(k=1, 2, \cdots, m)$称为数据项(Item)，数据项的集合 I 称为数据项集(Itemset)，简称为项集，其元素个数称为数据项集的长度。长度为 k 的数据项集称为 k 维数据项集，简称为 k -项集(k-Itemset)。

(2) 事务

事务 T(Transaction)是数据项集 I 上的一个子集，即 $T\subseteq I$。每个事务均有一个唯一的标识符 TID 与之相联，不同事务的全体构成了全体事务集 D(即事务数据库)。

(3) 数据项集的支持度

设 $X\subseteq I$ 为数据项集，B 为事务集 D 中包含 X 的事务的数量，A 为事务集 D 中包含的所有事务的数量，则数据项集 X 的支持度(support)定义为：

$$\text{Support}(X) = \frac{B}{A} \tag{5.1}$$

项集 X 的支持度 Support(X)描述了项集 X 的重要性。

(4) 关联规则

关联规则(association rule)可以表示为：

R：$X\Rightarrow Y$，其中，$X\subset I$，$Y\subset I$ 且 $X\cap Y=\Phi$，它表示如果项集 X 在某一事务中出现，则必然会导致项目集 Y 也会在同一事务中出现。X 称为规则的先决条件，Y 称为规则的结果。

(5) 关联规则的置信度

对于关联规则 R：$X\Rightarrow Y$，其中：$X\subseteq I$，$Y\subseteq I$，并且 $X\cap Y=\Phi$。规则 R 的置信度(confidence)定义为：

$$\text{Confidence}(R) = \frac{\text{Support}(X\cup Y)}{\text{Support}(X)} \tag{5.2}$$

规则的置信度描述了规则的可靠程度。

(6) 最小支持度与强项集

最小支持度(minimum support)表示发现关联规则要求数据项必须满足的最小支持闭值，记为 *minsup*，它表示数据项集在统计意义下的最低重要性。只有满足最小支持度的数据项集才有可能在关联规则中出现，支持度大于最小支持度的数据项集称为频繁项集或强项集(large itemset)；反之，称为弱项集(small itemset)。

(7) 最小置信度

最小置信度(minimum confidence)表示关联规则所必须满足的最小可信度，记为 *minconf*，它表示关联规则的最低可靠性。

(8) 支持度和置信度的特性

① 有用性：是定义模式兴趣度的一个重要因素。用一个实用函数(如支持度)来评估，关联模式的支持度是模式为真的任务相关的元组(或事务)所占的百分比。同时满足最小置信度阈值和最小支持度的阈值的关联规则称为强关联规则(strong association rule)，并认为是有趣的。具有较低支持度的规则多半是噪声、少见的或异常。

② 确定性：每个发现的模式都应有一个表示其有效性或“值得信赖性”的确定性度量，这个确定性度量是事务的置信度。

③ 新颖性：新颖的模式是那些提供新信息或提高给定模式集性能的模式。检测新颖性的另一策略是删除冗余模式。若发现的规则被知识库中导出的规则集中的另一规则所蕴涵，则两个规则都要重新审查，以便去掉潜在的冗余。

④ 简洁性：模式的简洁性的客观度量可以看作为模式结构的函数，用模式的二进制位数或属性数，或模式中出现的操作符数来定义。

规则长度是一种简洁性的度量，对于用合取范式（即合取谓词的集合）表达的规则，规则的长度也可简单地定义为规则中合取符的个数。关联判别或分类规则的长度超过用户定义的阈值时，则被认为是不感兴趣的。

(9) 有价值的稀有数据（significant rare data）

有价值的稀有数据是指它在数据库中的出现频率不满足用户给定的最小支持度，但是在它的出现次数中，又以很高的比率与某一特定的数据同时出现。

例如：高速公路的 A 站口出现塞车事件（稀有数据）将导致在一段时间后 B 站口出现塞车，那么 A 站口的塞车事件，就被称为有价值的稀有数据。

5.2.2 关联挖掘问题

关联规则挖掘的一般对象是大型事务数据库（transactional database）。关联规则挖掘的一般表示式为：$A_1 \wedge A_2 \wedge \cdots \wedge A_m \Rightarrow B_1 \wedge B_2 \wedge \cdots \wedge B_n$，其中 $A_i(i=1, 2, \cdots, m)$，$B_j(j=1, 2, \cdots, n)$ 是数据库中的数据项。数据项之间的关联即根据一个事务中某些数据项的出现可以推导出另外一些数据项在同一事务中也出现。

关联规则挖掘问题可以分为两个子问题：

(1) 找出事务数据库中所有大于等于用户指定的最小支持度的频繁项集；

(2) 利用频繁项集生成所有的关联规则，根据用户设定的最小置信度进行取舍，最后得到强关联规则。即对于任意一个频繁项集 L 和 L 的任何非空子集 $S \subseteq L$，如果比率：

$$\frac{\text{Support}(L)}{\text{Support}(S)} \geqslant minconf \tag{5.3}$$

则生成有效关联规则 R：$S \Rightarrow (L - S)$，且该规则的置信度和支持度分别为：

$$\text{Confidence}(R) = \frac{\text{Support}(L)}{\text{Support}(S)} \tag{5.4}$$

$$\text{Support}(R) = \text{Support}(L) \tag{5.5}$$

例如，设数据库中有四项事务 $T_1 = \{A, B, C\}$，$T_2 = \{A, B, D\}$，$T_3 = \{A, B, E\}$，$T_4 = \{A, B, D\}$。设最小支持度 $minsup = 0.5$，最小置信度 $mincof =$

0.8,则最大频繁项集为:{*ABD*},有效的关联规则为: $BD \Rightarrow A$,$AD \Rightarrow B$ 和 $D \Rightarrow AB$,三者的置信度都为100%,支持度为50%。

关联规则挖掘所面临的主要问题是数量巨大,因此如何提高算法的效率是关键。对于第二个子问题,即由给定的频繁项集及其支持度产生关联规则相对较为容易和直观,因此,目前大量的研究工作都集中在第一个子问题上,即如何快速有效地找出数据库中的频繁项集,它是关联规则挖掘算法中最复杂的问题,也是关联规则挖掘算法的核心。

5.2.3 关联挖掘类型

(1) 多层次关联规则

最初的关联规则大多基于单层次概念,但有不少规则是由多层次概念组成的。比如"80%买牛奶的人也会买面包"是在较高层次上的规则,但若在较低层次上得到"75%买佳宝牌牛奶的人也会买稻香园牌面包"规则也许会更有趣,因为它传递的消息更具体更明确。因此,R. Srikant 等人提出了广义(generalized)/多层次(multi-level)关联规则,它是基于不同层次项目间的关联规则以及同一层次间不同项目的关联规则。大多数情况下,项目间关系是可以建立类(taxonomy)的,如图5.1所示。其中的关系可以表示为"夹克衫和滑雪衫是外套,外套和衬衫是衣服,皮鞋和旅游鞋是鞋"。

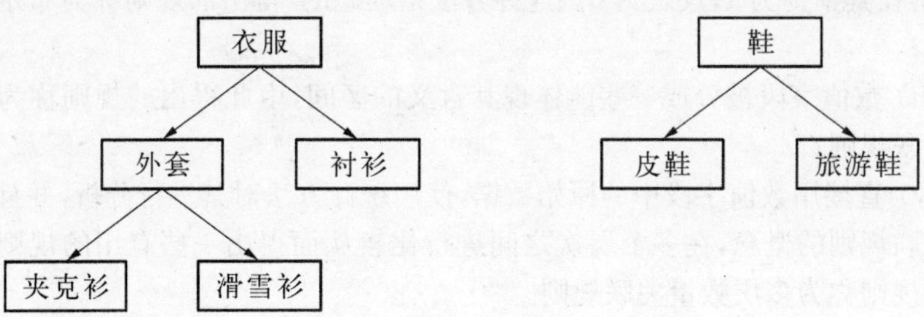

图 5.1 概念层次树示意

挖掘多层次关联规则一般有两种途径:一种是把单层次关联规则挖掘算法直接应用于多层次;另一种是在不同的层次应用不同的支持度阈值和置信度阈值。

第一种方法可能会出现两种结果:① 若希望在较低的层次得到强关联规则,那必须降低项目集的支持度阈值,这势必会在较高层次上产生许多无意义的规则;② 若在较高层次上挖掘强规则,会容易得到常识性的规则或无意义的规则。

针对此问题,结合第二种方法,R. Srikant 等人给出了高效的算法 ML_T2L1,

ML_T1LA，ML_TML1，ML_T2LA。提出了一种面向对象(object-oriented)的方法，Li Shen 等人讨论了灵活多层次关联规则。

(2) 多维关联规则

以上讨论的都是基于同一个字段值之间的关系，或称为单维数据库内的关联规则。但实际上很多规则都是在交易数据库(或称多维数据库)中挖掘的。对于多维数据库而言，挖掘的是多维关联规则。

例如，在年龄(X,"20～30")∪职业(X,"学生")⇒购买(X,"笔记本电脑")规则中就涉及三维数据，即年龄、职业、购买。根据是否允许同一维重复出现，又分为维间关联规则(不允许维重复出现)和混合维关联规则(允许维在规则的左右同时出现)。

如年龄(X,"20～30")∪购买(X,"笔记本电脑")⇒购买(X,"打印机")即为混合维关联规则。在挖掘维间关联规则和混合维关联规则时，还要考虑不同字段的种类，即种类型字段和数值型字段。对于种类型字段，原算法可以处理。而对于数值型字段，则需要一定处理后可以进行。

处理方法通常有以下几种：

(i) 数值字段被分成一些预定义的区间，由此得出的规则也叫静态数量关联规则；

(ii) 数值字段被分成了一些布尔字段。每个布尔字段也表示一个数值字段的区间，落在其中则为 1，反之为 0。这种分法是动态的，得出的规则称为布尔数量关联规则；

(iii) 数值字段被分成一些能体现其含义的区间，由此得出的规则称为基于距离的关联规则；

(iv) 直接用数值字段中的原始数据，使用统计方法对其进行分析，并且结合多层次关联规则的概念，在多个层次之间进行比较从而得出一些有用的规则。由此得出的规则称为多层数量关联规则。

(3) 基于约束的关联规则

在实际应用中，用户通常对关联规则的子集感兴趣，即用户只想看到某些项目间的关联关系。为此 R. Srikant 等人提出了基于约束的关联规则(constrain-based association rules)，其中约束用布尔表示。例如((夹克衫∧皮鞋)∨(descendants(衣服))∧(-ancestors(旅游鞋))，就表示对规则的约束。该规则中要么包含夹克衫和皮鞋，要么包含衣服的后代(descendants)但不包含旅游鞋的前辈(ancestors)。该算法没有采取先发现所有的规则再修剪不满足约束的规则，而是直接把约束结合到算法中去，大大提高了规则发现的效率。Raymond T. Ng 等人介绍了约束关联查询,用它来处理规则发现过程中更复杂的约束问题。

例如,设$\{(S_1, S_2) \mid S_1.Type \subseteq \{快餐\} \wedge S_2.Type \subseteq \{啤酒\} \wedge \max(S_1.价格) \leqslant \min(S_2.价格)\}$,它描述的是发现便宜的快餐和贵的啤酒组合对。J. Roberto等人提出把约束加进支持度阈值和置信度阈值中,这样即可保证每一条规则在简化上有一定优势。

(4) 定量关联规则

以上介绍的关联规则算法处理的只是布尔属性的情况,对于有多个值的数值属性和类别属性,R. Srikant 等人提出了定量关联规则挖掘问题。

定量关联规则挖掘是从包含连续属性的数据集中挖掘关联规则,但可以通过将其离散化而转化为布尔关联规则。

它的基本做法是,把一个数字属性划分为若干个等分区间,一个三元组$\langle X, l, u\rangle$对应于一个布尔项目,其中$[l, u]$表示一个数值区间,之后再用类似于布尔关联规则的挖掘算法进行挖掘。

例如〈Age:30…39〉∧〈Married:yes〉⇒〈NumCars:2〉(40%,90%),它的意思是40%的交易中,年龄在30到39之间已经结婚了的人中有90%的有两辆汽车。

定量关联规则问题比较复杂,一种自然的想法是将它转化为布尔关联规则问题,当全部属性的取值数量都是有限的时候,只需将每个属性值映射为一个布尔型属性即可,当属性的取值范围很宽时,则需将其分为若干区段,然后将每个区段映射为一个布尔型属性。

这里的关键是如何划分区段以实现转化,在转化中会出现两个互相牵制的问题,即当区段的范围太窄时,可能使每个区段对应的属性的支持度很低,出现“最小支持度问题”;当区段范围太宽时,又可能使每个区段对应的属性的置信度很低,出现“最小置信度问题”。另外有人提出了一种简单直观的方法,即将属性值区域相等的划分成区段,但这种方法存在三点不足:① 致使信息丢失;② 经常使规则具有误导性;③ 产生许多冗余规则,加之某一数值属性的取值分布往往并非均匀的,因此等深分割(equi-depth partitioning)难以反映数值的真实分布及其对应的行为。J. Roberto 等人采用类似定义,但不同的是采用了聚类算法对数值属性进行了分割,这在一定程度上减少了规则的误导性。如何最优地把定量属性值分割成互不重叠的区段,Fukuda 等人提出了优化关联规则(optimized association rules),即找出最优数值属性值的划分,以最大化支持度和置信度。Chan Mar Kuok 等人则提出了模糊(fuzzy)关联规则,模糊关联规则形如“if X is A; then Y is B”,其X, Y是属性集合,A, B分别是描述X, Y的模糊结合。有人则利用聚类来提取这些模糊集合。

(5) 周期关联规则

在数据的序列模式中,关联规则有时会显示出一些周期特性(periodical properties)。而且有些规则在一个小的时间区段内有较高的支持度,但在整个数据库中却没有。Ozdn 等人提出了 Cyclic 关联规则,Cyclic 关联规则是在有规律(regular)时间区段内有特定的支持度和置信度的规则,例如"每个星期日顾客买报纸的同时也会买牛奶"。Ozdn 提出的 Cyclic 关联规则,只处理每个时间 t 重复出现的情况:而 Sridhar Ramaswarny 等人扩展了此概念,提出了 Calendric 关联规则,规则是在用户明确日期内模式的条件下,给出任意日期内提取关联规则的算法。这里两种算法都是基于整个周期的(full periodicity),而在每一个时间点是无效的。

(6) 加权关联规则

前面介绍的关联规则挖掘算法,均存在两大前提。即:① 数据库中各项目有相同的性质和作用;② 数据库中各项目的分布是均匀的。然而往往并非如此,当数据库中项目分布不均匀而出现频率相差较大时,会导致最低支持度设置过高或过低的问题。设置过高,会漏掉很多有趣的规则;设置过低,会引到大量没有意义乃至虚假的关联规则,甚至还会导致组合爆炸。

对于第一个问题,情况不同的项目往往有着不同的重要性。为了反映各个项目的不同重要性,C. H. Cai 等人给每个项目分配了一个反映其重要程度的权值,并给出了项目集和规则的加权支持度,从而扩展了现有的关联规则问题模型,提出了所谓加权关联规则的问题。

加权关联规则算法计算支持度时,要考虑规则中所有项目在数据库中同时出现的频率,也要考虑所有项目的加权值。对此问题一个简单的方法是忽略权值较小的项目,但有的规则在高权值项目相关的同时,很可能也与低权值项目相关。

例如,在促销商品 A 时,可能发现商品 A 销售受到商品 B 的影响,即有规则 $B \rightarrow A$,而商品 B 最初由于不感兴趣而被赋予较低的权值。如果因权值较低而忽略了商品 B,那么规则 $B \rightarrow A$ 就不可能被发现,因此,该方法在这种情况下是不可取的。另一种方法是直接采纳现有的关联规则发现算法,如 Apriori 算法,这些算法基于所谓的向下封闭特性,即频繁项目集的任一子集必是频繁的。

然而在加权关联规则模型中,该性质不再成立。因此采用以前的算法只改变支持度的计算是不行的。

为此提出了项目的 k-支持期望概念,并以此为基础提出了加权关联规则的发现算法。在加权关联规则模型中,应设法在权值和支持度之间取得恰当的平衡。

实际上可用项目权值、项目集支持度和置信度这三个参数来对加权关联规则进行评价。这里引入的项目集的加权支持概念，将加权支持度定义为项目集中每个项目的权值之和与该项目集支持度的乘积。如果将支持度和权值分开考虑，那么将会发现具有足够支持度和权值的项目集。然而这样也许会遗漏令人感兴趣的模式。权值是项目或项目集重要性的度量。如果某项目集非常重要，比如说正处于促销过程中或利润很高，即使没有很多顾客购买，对用户来说他们仍然是令人感兴趣的。

另一方面，如果某项目集从权值上考虑不是非常重要，但它却十分流行，有大量顾客购买，那么它也是令人感兴趣的项目集。另一种似乎可选的方法是发现具有足够支持度或足够权值的项目集。不过这样一来，就不能有效地处理权值为0的项目了。对此，C. H. Cai 等人给出了有关的算法，但也存在一个问题，就是如果项目集中项目的个数较多，即使每个项目的权值较低，各权值之和也可能是高的。而且算法只是针对单层次概念，没有引入多层次概念。另外将项目加权的思想应用到定量关联规则的发现中也是一个值得研究的问题。在加权关联规则中权值的选择也是一个问题。

(7) 负关联规则

A. Savasere 等人在零售数据的背景下讨论了项目间的负关联规则算法问题，所谓负关联规则是指顾客买了某些项目，就可能不会去买另一些项目。在挖掘规则时，如果也考虑负关联规则，一个直接的做法是对关联规则的内涵进行扩展，即把项目的补项目也考虑到项目集合中去，如：i_1 表示购买速冻食品，$\overline{i_1}$表示未买速冻食品，i_2 表示购买蔬菜，$\overline{i_2}$表示未买蔬菜，等等。项目集合则变成 $I=\{i_1, \overline{i_1}, i_2, \overline{i_2}, \cdots, i_n, \overline{i_n}\}$。其完整描述为：$X\rightarrow Y$，其中 X，Y 分别为一项目集，X，$Y\subset I$，且 $X\cap Y=\varnothing$。如果 $X\subset T$，称交易 T 支持项目集 X；如果 $X\subset I$，则对于任意 $x\in X, x\notin T$，称交易 T 支持项目补集 $\overline{X}$，即交易 T 不包括项目集X。一个项目集由项目和补项目组成(可以只包含项目或补项目)。

若对项目集中的项目和补项目，交易 T 都支持时，则称交易 T 支持该项目集。关联规则扩展模型的支持度和置信度的定义与一般形式的关联规则模型的定义相同，这里不再描述。最初的挖掘包含负项目的关联规则算法和 Apriori 算法大致相同，只是在第一遍扫描数据库时要考虑项目补集。但是，挖掘负关联规则并不是一件简单的事，这是因为在一零售商店中有上百万个项目，可能会包含有上百万次交易，但有些项目组合还是没有在交易中出现过甚至一次，如果把这些没有出现过的交易组合都看成是负规则的话，将会产生大量的且是无意义的规则。所以用最初的方法挖掘负关联规则是不行的。

针对此问题，A. Savasere 等人提出挖掘有趣负关联规则(强负关联规则)，并给出了称之为负关联规则算法。此处的负关联并不是真正意义上的负关联，而是与期望值相差很大的规则。主要思想就是只看那些期望正关联度很高的规则，如果它实际的支持度比期望的小得多，则说规则是负关联的。不过这种提法还有三点需要说明，即一是它依赖于领域知识，而领域知识则是用类(taxonomy)表示的对相似项目的分组；二是方法中使用了一个基本的假设，即在类中属于同一父辈的项目与其他项目的关联程度是相似的；第三，由于考虑的只是在类上可以计算期望支持度的规则的情况，所以产生的负规则不是所有的负规则，而只是它的子集。

(8) 序列模式

序列模式发现指的是一定时间内项目间的共同出现(co-occurrence)，它构建于关联的基本结构上，和关联有些类似，不过在分析和产生规则时把时间的概念加了进去。序列模式例子如，“顾客通常租了‘Star Wars’，以后又去租‘Empire Strikes Back’，然后再租‘Return of Jedi’”。序列模式中的项目不一定要连续出现，但是出现的顺序是一定的。它的算法和关联算法有一些不同之处在于序列算法需要一个原始(primary)ID，例如顾客 ID，此 ID 把不同时间的交易连在了一起，通过分析有相同 ID 的交易组合对，计算出每对之间的不同时间，从而识别出所有的 before and after 项目对。由于时间的属性不是类别的，所以不得不对它进行变体，即将用户设置的时间对象(time-related-objectives)转换成类别值。Time-related-objectives 的例子是“以后(at any later time)”，“六个月之内”，“下一次”或类似“下一天、下一周、下个月、下一年”的时间范围，一些执行算法只支持“at any later time”，其他的可以支持很大范围的“time related objectives”。Agrawal R. 等人提出了三种算法从交易数据库中提取序列模式；Srikant R. 等人对此概念进行了拓展，考虑了变化的 Windows 和有 Hierarchy 信息的情况。Agrawal R. 等人则在一数据序列中发现了频繁 episode(一定模式的事件的集合)和广义 episode(满足一定条件的 episodes)。Gantam Das 等人也对如何发现频繁 episodes 提出了有效的方法。

(9) 比例规则

关联规则反映的是项目间的关联，而 Flip Korn 等人介绍的则是不同项目的数量或价钱之间的相互关系，例如“顾客经常花 1∶2∶5 的钱去购买面包∶牛奶∶黄油”。还给出了发现比例规则的一种 one-pass 算法，该算法引入了估计误差(guessing error)的评价指标，以此来评价得到的规则是否好；比例规则还可以用来估计丢失的值，即使有多个值同时丢失也没关系。

5.2.4 关联挖掘基本方法

关联规则挖掘方法可以分为两个主要步骤：(1) 找出所有频繁项集；(2) 由频繁项集产生强关联规则。对于第二步骤所要解决的问题，相对较为容易和直观。目前大量的研究工作都集中在第一步所要解决的问题上，它是关联规则挖掘算法中最复杂的问题，也是关联规则挖掘算法的核心。

在目前的许多串行算法中，以 Agrawal R. 等人提出的 Apriori 算法最为著名，其他大多数算法也是以 Apriori 算法为核心的。这些算法的关键在于尽可能生成较小的候选项目集，它们都利用了这样一个基本性质：即一个频繁项目集的任一子集必定也是频繁项目集。

Apriori 算法是通过项目集元素数目不断增长来逐步完成频繁项目集发现的。首先产生 1-频繁项集 L_1，然后是 2-频繁项集 L_2，直到不再能扩展频繁项集的元素数目而算法停止。在第 k 次循环中，过程先产生 k-候选项集的集合 C_k，然后通过扫描数据库生成支持度，并测试产生 k-频繁项集 L_k。

Apriori 算法主要包含以下三个步骤：

(1) 由频繁 $k-1$ 项集通过自连接产生长度为 k 的候选 k 项集 C_k；

(2) 对至少有一个非频繁子集的候选项进行剪枝；

(3) 扫描所有的事务来获得候选项集的支持度。

表 5.1 所示的 Apriori 算法调用了 Apriori-gen(L_{k-1})是为了通过($k-1$)-频繁项集产生 k-候选集。表 5.2 所示的算法 Apriori-gen(L_{k-1})描述了 apriori-gen 过程。

表 5.1　Apriori 算法的基本框架

```
Input: Database, D, of transactions; minimum support threshold, min_sup.
Output: L, frequent itemsets in D.
L1 = {large 1-itemsets};
FOR(k = 2; Lk-1 ≠ ∅; k++) DO BEGIN
    Ck = apriori-gen(Lk-1); //Ck 是 k 个元素的候选集
    FOR all transactions t ∈ D DO BEGIN
        Ct = subset(Ct, t); //Ct 是所有 t 包含的候选项集元素
        FOR all candidates c ∈ Ct DO
            c.count++;
    END
    Lk = {c ∈ Ck | c.count ≥ min_sup_count}
END
Answer = ∪k Lk;
```

表 5.2　Apriori-gen(L_{k-1})：产生候选项集

```
FOR all ite mset p∈L_{k-1} DO BEGIN
FOR all itemset q∈L_{k-1} DO BEGIN
    IF
(p.item_1 = q.item_1) ∧ (p.item_2 = q.item_2) ∧ … ∧ (p.item_{k-2} = q.item_{k-2}) ∧
(p.item_{k-1} < q.item_{k-1})
    THEN
        c = p∞q//把 q 的第k-1个元素连到 p 后
        IF has_infrequent_subset(c, L_{k-1}) THEN
            delete c; //删除含有非频繁项目子集的候选元素
        ELSE
            add c into C_k;
    END
END
RETURN C_k;
```

表5.2所示的算法 Apriori-gen(L_{k-1})中调用了 has_infrequent_subset(c, L_{k-1}),是为了判断“是否需要加入到候选 k-项集中”。根据频繁项目集的性质：含有非频繁项目子集的元素不可能是频繁项目集,因此应该裁减掉,以提高效率。例如,如果 $L_2=\{AB, AD, AC, BD\}$,对于新产生的元素 ABC 不需要加入到 C_3 中,因为它的子集 BC 不在集中。而 ABD 应该加入到 C_3 中,因为它的所有 2-项子集都在 L_2 中。表5.3所示的算法 has_infrequent_subset(c, L_{k-1})描述了这个过程。

表 5.3　has_infrequent_subset(c, L_{k-1})：判断候选集中的元素

```
FOR all(k-1)-subset s of c DO
    IF s∉L_{k-1} THEN
        Return TURE;
Return FALSE;
```

下面给出一个样本事务数据库,见表5.4,利用 Apriori 算法发现所有强项集。

表 5.4　样本事务数据库

TID	Itemset	TID	Itemset
1	A, B, C, D	4	B, D, E
2	B, C, E	5	A, B, C, D
3	A, B, C, E		

对表5.4所示的事务数据库实施 Apriori 算法的执行过程如下(设 $minsupport = 40\%$):

(1) L_1 生成：生成候选集并通过扫描数据库得到它们的支持度，$C_1 = \{(A, 3), (B, 5), (C, 4), (D, 3), (E, 3)\}$；挑选 $support \geqslant 2$ 的项目集组成1-频繁项目集，$L_1 = \{A, B, C, D, E\}$。

(2) L_2 生成：由 L_1 生成2-候选集并通过扫描数据库得到它们的支持度，$C_2 = \{(AB, 3), (AC, 3), (AD, 2), (AE, 1), (BC, 4), (BD, 3), (BE, 3), (CD, 2), (CE, 2), (DE, 1)\}$；挑选 $support \geqslant 2$ 的项目集组成2-频繁项目集，$L_2 = \{AB, AC, AD, BC, BD, BE, CD, CE\}$。

(3) L_3 生成：由 L_2 生成3-候选集并通过扫描数据库得到它们的支持度，$C_3 = \{(ABC, 3), (ABD, 2), (ACD, 2), (BCD, 2), (BCE, 2)\}$，挑选 $support \geqslant 2$ 的项目集组成3-频繁项目集，$L_3 = \{ABC, ABD, ACD, BCD, BCE\}$。

(4) L_4 生成：由 L_3 生成4-候选集并通过扫描数据库得到它们的支持度，$C_4 = \{(ABCD, 2)\}$，挑选 $support \geqslant 2$ 的项目集组成4-频繁项目集，$L_4 = \{ABCD\}$。

(5) L_5 生成：由 L_4 生成5-候选集。因为 $C_5 = \{\}$，所以 $L_5 = \{\}$，算法停止。

1. Apriori 算法的性能瓶颈问题分析

基于频繁项集的 Apriori 算法采用了逐层搜索迭代的方法，算法简单明了，没有复杂的理论推导，也易于实现。但也有一些难以克服的性能瓶颈：

(1) 多次扫描事务数据库，需要很大的I/O负载。对于第 k 次循环，候选集 C_k 中的每个元素都必须通过扫描数据库一次来验证其是否加入 L_k。假如有一个频繁大项集包含10个项的话，那么就至少需要扫描事务数据库10遍。

(2) 可能产生庞大的候选集。由 L_{k-1} 产生 k-候选集是指数增长的。例如 10^4 的1-频繁项集就有可能产生接近 10^7 个元素的2-候选集。如此大的候选集对时间和主存空间都是一种挑战。

随着现有数据库的规模日益增大，导致扫描一次数据库所花费的时间越来越长。致使 Apriori 算法对于大型交易事务数据库的应用存在着一定的局限性。为了克服 Apriori 算法的性能瓶颈，人们提出了许多改进的关联规则挖掘串行算法(如 BOM 算法和 RS BUIG 算法)，提高了对大型交易数据库的处理效率。

2. 由频繁项集产生关联规则

一旦由事务数据库中找出频繁项集，下一步就是由它们产生出关联规则。也就是要产生满足最小支持度和最小可信度的强关联规则，可以利用以下公式来计算所获得关联规则的可信度。这里的条件概率是利用项集的支持度来计算的。

$$\text{confidence}(A \Rightarrow B) = P(B \mid A) = \frac{\text{support\_count}(A \cup B)}{\text{support\_count}(A)}$$

其中 support_count($A \cup B$)为包含项集 $A \cup B$ 的事务数目；support_count(A)为包含项集 A 的事务数目。基于上述公式，具体产生关联规则的操作说明如下：

(1) 对于每个频繁项集 l，产生 l 的所有非空子集。

(2) 对于每个 l 的非空子集 s，若 $\frac{\text{support\_count}(l)}{\text{support\_count}(s)} \geqslant min\_conf$，则产生关联规则"$s \Rightarrow (l - s)$"，其中 min_conf 是最小可信度阈值。

由于规则是通过频繁项集直接产生的，因此关联规则所涉及的所有项集均满足最小支持度阈值。频繁项集及其支持频度可以存储在哈希表中以便它们能够被快速存取。

以上面的数据为例，来说明关联规则的生成过程。其中的频繁项集 $L_4 = \{(ABCD, 2)\}$，以下将给出根据 L_4 所产生的部分关联规则。L_4 的部分非空项集为：$\{ABC, 3\}$，$\{BC, 4\}$，$\{B, 5\}$，则相应的所获得的关联规则及其可信度为：

$ABC \Rightarrow D$ $\quad$ $confidence = 2/3$

$BC \Rightarrow AD$ $\quad$ $confidence = 2/4$

$B \Rightarrow ACD$ $\quad$ $confidence = 2/5$

如果最小可信度的阈值为 50%，那么仅有第 1 个和第 2 个规则，由于它们的可信度大于最小可信度阈值而被保留下来作为最终的输出。关联规则的生成算法的优化问题主要集中在减少不必要的规则生成尝试方面。

定理 5.1 设项目集 X，X_1 是 X 的一个子集，如果规则"$X \Rightarrow (l - X)$"不是强规则，那么"$X_1 \Rightarrow (l - X_1)$"一定也不是强规则。

根据这个定理，在生成关联规则尝试中可以利用已知的结果来有效避免测试一些肯定不是强规则的尝试。例如，已经知道"$BC \Rightarrow AD$"不是强关联规则时，就可以断定所有形如"$B \Rightarrow *$"和"$C \Rightarrow *$"的规则一定不是强关联规则，因此在之后的测试中就不需要再考虑这些规则了。

定理 5.2 设项目集 X，X_1 是 X 的一个子集，如果规则"$Y \Rightarrow X$"是强规则，那么规则"$Y \Rightarrow X_1$"一定也是强规则。

根据这个定理，在生成关联规则尝试中可以利用已知的结果来有效地避免测试一些肯定是强规则的尝试。这个定理也保证把注意点放在最大频繁项目集的合理性。实际上，只要从最大频繁项目集出发去测试可能的关联规则即可，因为其他频繁项目集生成的规则的右项一定包含在对应的最大频繁项目集生成的关联规则右项中。

5.3 关联挖掘方法改进

5.3.1 Apriori 算法改进

从上面的分析可知,Apriori 算法仍然存在很多缺点,人们对它进行了大量的改进,希望能够找出一个高效、可靠的挖掘频繁项目集的算法。比较著名的有以下几种:

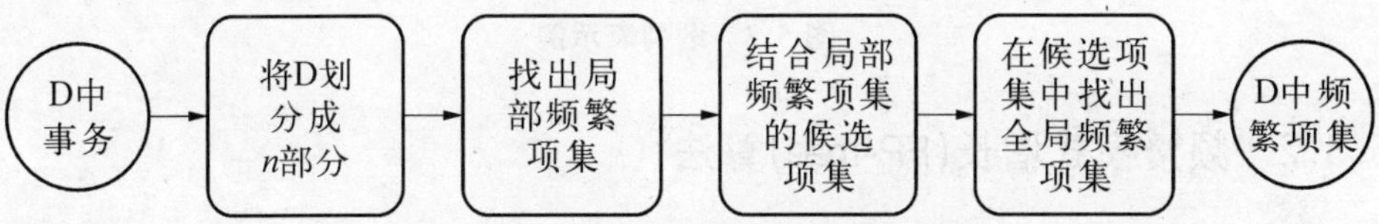

图 5.2 基于划分的频繁项集挖掘流程

(1) 基于划分的算法。它首先把数据库逻辑地分为几个互不相交的块,每次单独考虑一个分块,对它生成所有频繁项目集。接着把产生的频繁项目集合并,用来生成全局的频繁项目集。这样只需要扫描数据库两次便可找出全部频繁项目集。第一次对数据库进行分块,可以把各个分块分配给不同的处理器进行处理,同时局部的频繁项目集不一定就是整个数据库的频繁项目集,但数据库的任何频繁项目集不一定会作为局部频繁项目集出现,这样可以把局部频繁项目集作为数据库的候选频繁项目集。在第二次扫描数据库的时候,计算每个候选的全局支持度,从而得出要求的频繁项目集。

(2) 基于事务压缩的算法。其基本原理就是当一个事务不包含任何 k-项集的时候,它必然也不可能包含任何$(k+1)$-项集,从而可以将这些事务删除,因为在为产生$(k+1)$-项集而扫描事务数据库的时候已经不再需要它们。这样通过减少不必要的事务个数来减少扫描的事务数据库的大小,以提高挖掘的效率。

(3) 基于散列的优化算法。可以用于压缩候选 k-项集的集合 C_k($k \geqslant 2$):当扫描事务数据库,由候选 k-项集产生频繁 k-项集的时候同时产生每个事务的$(k+1)$-项集,然后把它们散列到散列表的不同桶中,增加桶的计数,在下次产生候选$(k+1)$-项集时可以根据散列表和最小支持度排除一些无意义的候选项集。

当$k=2$时这种技术特别有效。

使用散列函数 $h(x, y)=(\text{order of } x)\times 10+(\text{order of } y) \bmod 7$ 创建散列表如图 5.3 所示。

桶地址	0	1	2	3	4	5	6
桶计数	2	2	4	2	2	4	4
桶内容	$\{I1, I4\}$ $\{I3, I5\}$	$\{I1, I5\}$ $\{I1, I5\}$	$\{I2, I3\}$ $\{I2, I3\}$ $\{I2, I3\}$ $\{I2, I3\}$	$\{I2, I4\}$ $\{I2, I4\}$	$\{I2, I5\}$ $\{I2, I5\}$	$\{I1, I2\}$ $\{I1, I3\}$ $\{I1, I2\}$ $\{I1, I2\}$	$\{I1, I3\}$ $\{I1, I3\}$ $\{I1, I3\}$ $\{I1, I3\}$

图 5.3　散列表示例

5.3.2　频繁模式增长(FP-tree)算法

针对 Apriori 算法的固有缺陷，Han 等人提出了一个称为 FP-tree（Frequent Pattern growth)的算法。它是不产生候选集而直接生成频繁集的频繁模式增长算法，该算法能更有效地产生关联规则。

该算法采用分而治之的策略：在第一次扫描数据库之后，把数据库中的频繁项目集压缩到一棵频繁模式树 FP-Tree 中，形成投影数据库，同时保留其中的关联信息，随后继续将 FP-tree 分成一些条件树，对这些条件树分别进行挖掘。有关实验表明，该方法对不同长度的规则都有很好的适应性，同时在效率上比 Apriori 算法要快一个数量级。

FP-tree 算法构造频繁模式树的过程如下：

(1) 按 Apriori 算法，扫描数据库一次生成 1-频繁集，并把它们按降序排列，放入 L 表中；

(2) 创建根节点，并标志为 null，扫描数据库一次，当得到数据库的一个项目集(即一个元组)时，就把其中的元素按 L 表的次序排列，然后递归调用 FP-growth 来实现 FP-tree 增长。

由于这个算法较为抽象，为了正确理解它，下面通过一个具体的实例来说明它的执行过程。对于表 5.5 所给出的事务数据库及导出的频繁项(1-项集)的集合，并得到它们的支持度计数。设最小支持度计数为 3，频繁项的集合按支持度计数的递减排序，实施 FP-tree 算法。

表5.5 事务数据库

Tid	原项集顺序	排序后顺序
$T1$	f, a, c, d, g, i, m, p	f, c, a, m, p
$T2$	a, b, c, f, l, m, o	f, c, a, b, m
$T3$	b, f, h, j, o	f, b
$T4$	b, c, k, s, p	c, b, p
$T5$	a, f, c, e, l, p, m, n	f, c, a, m, p

构造 FP-tree 的步骤：

(1) 扫描数据库一次，确定每个项的支持度，丢弃非频繁项(设最小支持度为3)；

(2) 频繁项的集合按支持度的大小降序排列，结果记为 $L=[f:4,e:4,a:3,b:3,m:3,p:3]$(支持度相同的项按字典顺序排列)；

(3) 再一次扫描数据库，每个事务按支持度的大小降序排列，并对每个事务创建一个分枝。例如第一个事务 $T1$：$\{f,a,c,d,g,i,m,P\}$，按支持度大小递减排序包含5个项$\{f,c,a,m,p\}$，其中(d,g,i)为非频繁项而被丢弃。

建立树的第一个分枝$\langle(f:1),(e:1),(a:1),(m:1),(p:1)\rangle$。如图5.4(a)，该分枝具有5个节点，其中，$f$作为根的子女链接，$c$链接到$f$，$a$链接到$c$，$m$链接到$a$，$p$链接到$m$。第二个事务$T2$包含项$f,c,a,b,m$，同理$l,o$被丢弃。$T2$产生一个新的分枝，其中，$f$链接到根节点，$c$链接到$f$，$a$链接到$c$，$b$链接$a$，$m$链接到$b$。然而，该分枝应当与$T1$已存在的路径共享前缀$\langle f,c,a\rangle$。这样，将节点$f,c,a$的计数加1，并创建两个新节点$(b:1)$，$(m:1)$，$(b:1)$作为$(a:2)$的子女链接，$(m:1)$作为$(b:1)$的子女链接(如图5.4(b))。同理$T3,T4,TS$的加入增加树的分枝，如图5.4(c)、5.4(d)、5.4(e)。一般地，当为一个事务考虑增加分枝时，沿共同前缀上的每个节点的计数增加1，为跟在前缀之后的项创建节点并链接。为方便树的遍历，创建一个项头表，使得每个项通过一个节点链指向它在树中的出现，且相同的项链到一起，这样便于扫描。扫描所有的事务之后得到的树展示在图5.5中，它带有相关的节点链。这样，数据库频繁模式的挖掘问题就转换成挖掘 FP-tree 问题。

挖掘 FP-tree 的主要步骤：

(1) 从 FP-tree 的头表开始，按照每个频繁项的连接遍历，列出能够到达此项的所有前缀路径，得到条件模式基；

(2) 用条件模式基构造对应的条件 FP-tree；

(3) 递归挖掘条件 FP-tree，直到结果 FP-tree 为空，或者只含有唯一的一个路径(此路径上的每个子路径对应的项目集都是频繁集)。

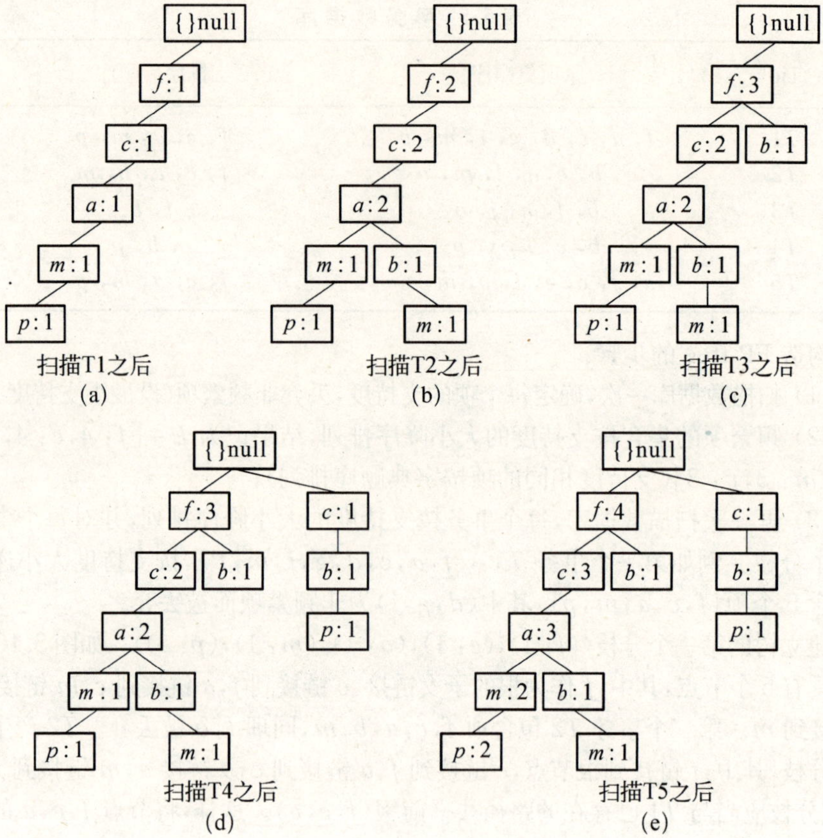

图 5.4 FP-tree 构造过程

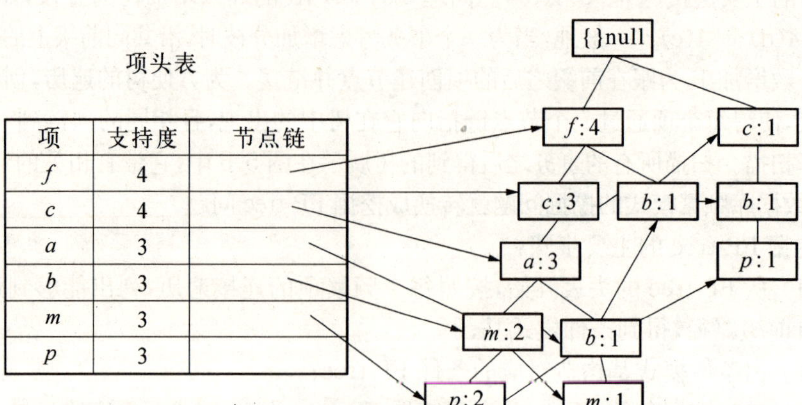

图 5.5 所有事务构造的 FP-tree

上述步骤说明如下：

步骤(1)：从 FP-tree 到条件模式基

首先考虑 p，它是项头表的最后一项，而不是第一项。p 出现在 FP-tree 的两个分枝。这些路径由⟨($fcamp$：2)⟩和⟨cbp：1⟩形成。这样，考虑 p 为后缀，它的两个对应前缀就是⟨($fcam$：2)⟩和⟨cb：1⟩，它们形成 p 的条件模式基。然后依次考虑其他各个节点，就可得到由 FP-tree 形成的条件模式库(如图 5.6 所示)。

步骤(2)：建立条件 FP-tree

对每个模式库，计算每个项的支持度，用模式库中的频繁项建立条件 FP-tree。例如考虑模式库中的 m 节点，它的条件 FP-tree 包含单个路径((f：3)，(e：3)，(a：3))(如图 5.7 所示)不包含 b，因为 b 的支持度计数为 1，小于最小支持度 3。由 m-条件模式基：fca：2，$fcab$：1，形成如下的 m-条件 FP-tree：

项	条件模式库
c	f：3
a	fc：3
b	fca：1，f：1，c：1
m	fca：2，$fcab$：1
p	$fcam$：2，cb：1

图 5.6 由 FP-tree 形成的条件模式库

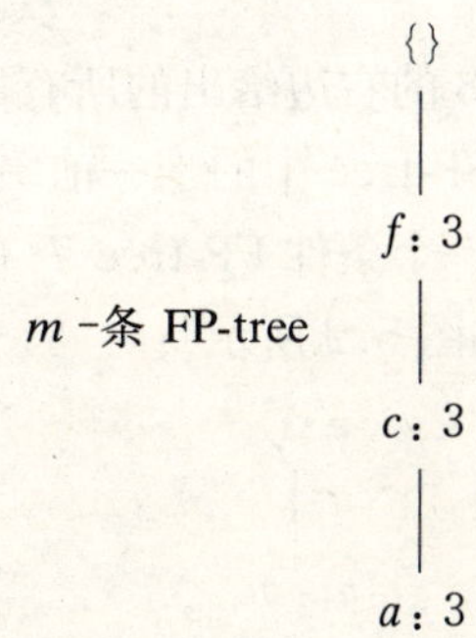

图 5.7 m-条件模式树

通过建立条件模式库得到频繁集如表 5.6 所示。

表 5.6 通过建立条件模式库得到的频繁集

项	条件 FP-tree	产生的频繁模式
p	{(c：3)}	cp：3
m	{(f：3，c：3，a：3)}	fm：3，cm：3，am：3，fcm：3，fam：3，cam：3，$fcam$：3
b	空	空
a	{(f：3，c：3)}	fa：3，ca：3，fca：3
c	{(f：3)}	fc：3
f	空	空

步骤(3)：递归挖掘条件 FP-tree

为了正确挖掘条件模式树以生成频繁模式，需要对下面的两种情况加以讨论。

(i) 单 FP-tree 路径生成

假定 FP-tree T 只包含一个路径 P，那么 P 的子路径的所有可能组合就是 T 包含的所有频繁集。如图 5.8 所示，对应的条件模式树就属于这种情况。

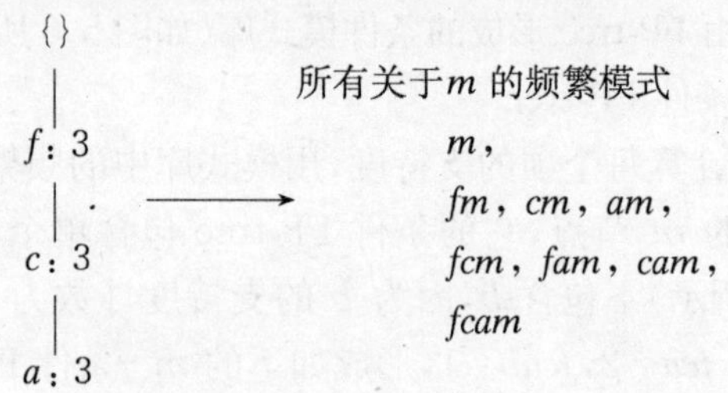

图 5.8　单 FP-tree 路径生成

图 5.8 的右边给出的所有可能组合都是频繁集。

(ii) FP-tree 中的唯一前缀路径

假定一个条件 FP-tree T 有一个共享的唯一前缀路径 P，那么可分解为如下两个步骤(如图 5.9 所示)：

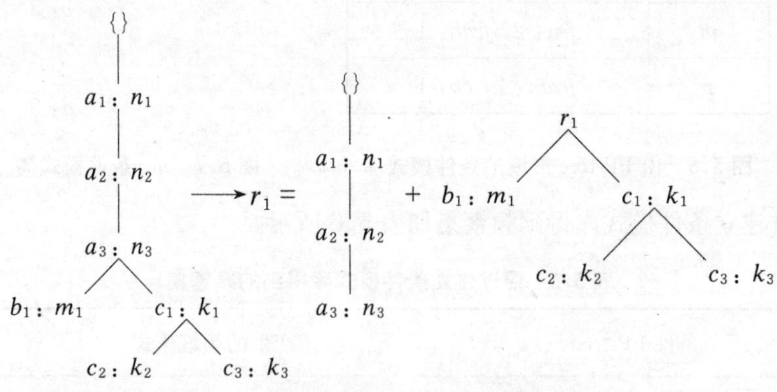

图 5.9　FP-tree 中的唯一前缀路径处理

① 用一个节点代替此前缀路径 P；② 分别计算两个部分的结果。

前缀路径性质为计算路径 P 上的一个节点代的频繁模式，只需要计算 P 中 a_i 的前缀子树，并且前缀子树中的每个节点的频繁数和节点 a_i 相同。

定理 5.3　片断增长假设 α 是数据库 DB 中的一个项集，B 是 α 的一个条件模式库，β 是 B 中的一个项集，那么，$\alpha \cup \beta$ 在 DB 中的支持度和 β 在 B 中的支持度是相同的。

定理 5.4 模式增长假设α是数据库DB中的一个频繁项集，B是α的一个条件模式库，P是B中的一个项集。当且仅当β在B中是频繁的，$\alpha\cup\beta$在DB中才是频繁的。

根据定理 5.4，可以实现频繁集的增长。频繁模式树生成算法如表 5.7 所示。

表 5.7 频繁模式树生成算法

```
Procedure FP-growth(Tree, α)//频繁模式树的生成
(1) if(Tree 只包含单路径 P) then
(2) 对路径 P 中节点的每个组合(记为 β)
(3) 生成模式 β∪α，支持数 = β 中所有节点的最小支持度；
(4) else 对 Tree 头上的每个 α_i, do{
(5) 生成模式 β= α_i ∪α，支持度 = α_i · support；
(6) 构造 β 的条件模式基和 β 的条件 FP 树 Tree_β；
(7) if Tree_β ≠ ∅ then
(8) 调用 FP-growth(Tree_β, β)；}
```

Apriori 算法和 FP-tree 算法的共同点：对于频繁 1-项集的获得方式相同，通过扫描事务数据库一次，找到大于最小支持度的项。

Apriori 算法和 FP-tree 算法的区别：

(1) FP-tree 算法中需要对项目数为 l 的频繁集进行降序排列，而 Apriori 算法不需要对此进行处理；

(2) FP-tree 算法对于频繁集的搜索过程形成一棵 FP-tree，在 FP-tree 中包含了各个项之间的相关信息。而 Apriori 算法是采用逐层搜索迭代方法，需要对数据库进行不断地扫描，不断地利用上一次的结果产生频繁集；

(3) FP-tree 算法关联规则挖掘模式的挖掘是通过对 FP-tree 进行遍历产生的，而 Apriroi 算法是通过频繁集最终产生关联规则模式的。

Apriori 算法和 FP-tree 算法的性能比较：

(1) FP-tree 算法采用压缩的结构存储数据库中的信息，且只进行两次数据库扫描，在扫描时间的消耗上要少于 Apriori 算法；

(2) FP-tree 算法完全不生成候选集，也不对候选项目集进行测试(即支持度计数)，因此时间性能上要优于 Apriori 算法；

(3) FP-tree 算法在挖掘频繁模式时不可避免地需要递归地创建附加数据结构，并且每当模式增长时就要创建一次。动态地创建如此大量的附加数据结构，将耗费大量时间和空间，具有空间利用率低的缺点；

(4) 对于 FP-tree 算法而言，如果生成的条件 FP-tree 非常茂盛(在最坏情况下，是一棵满前缀树)，此算法的性能将受到影响，因为算法必须产生大量的子问

题，并且需要合并每个子问题返回的结果，因此 FP-tree 算法对计算机的内存有较高的要求；

(5) FP-tree 算法所采用的数据结构比较复杂，实现具有难度。而 Apriori 算法步骤比较清晰，编程实现的难度要小些。

综上所述，对于 Apriori 算法和 FP-tree 算法作为关联规则挖掘的两种重要算法，都有各自的优缺点。而在具体编程实现的过程中，要根据具体的情况和条件来选择算法。

5.3.3 其他改进算法

针对如何提高大规模数据库关联规则挖掘算法的效率以及可用性问题，这里介绍三个关联规则挖掘算法：基于矩阵的 BOM(Base On Matrix)算法、仅扫描数据库一次的并行算法 SO(Scan Once)算法、基于无向项集图使用相关支持度方法的 RS_UIG(Relative Support Based on Undirected Itemsets Graph)算法。

BOM 算法使用矩阵来表示基础数据，并且通过矩阵的直接运算直接得到频繁 k-项集，避免生成大量的候选项集，解决了经典 Apriori 算法对大型交易事务数据库挖掘关联规则时的瓶颈问题，提高了大型交易事务数据库的处理效率。

SO 算法是一种新的基于共享内存多处理机、更有效的并行挖掘策略，仅扫描数据库一次，解决了大多数挖掘关联规则并行算法需要扫描数据库至少两次，严重影响了算法性能的问题，提高了并行算法的执行效率。

RS_BUIG 算法是一种在无向项集图的基础上，采用多支持度的方法来发现数据库中有价值的稀有数据的新算法，解决了大部分关联规则挖掘算法对整个数据库的各个属性的数据样本采用单一的支持度挖掘关联规则，导致无法高效地发现有价值的稀有数据的问题。RS_UIG 算法提高了发现有价值的稀有数据关联规则的效率和得到规则的可用性。

1. BOM 算法

0-1 矩阵是一种很好的数据表示形式。Bit Matrix 算法中也采用了利用矩阵来发现关联规则，但是 Bit Matrix 算法仅把矩阵作为数据库数据的存储形式，没有利用矩阵的直接运算特性，其算法思想仍然基于 Apriori 算法，执行过程中仍然要产生大量的候选项集，且需要依次获得各级频繁项集。这里介绍一个关联规则挖掘算法，BOM(Base On Matrix)算法，不但使用矩阵来表示基础数据，而且通过矩阵的直接运算直接得到频繁 k-项集，避免了生成大量的候选项集，提高了对大型交易数据库的处理效率。

BOM 算法的思想是：首先，扫描数据库，生成对应的初始矩阵；其次，利用分析得到的频繁项集的大小 k，对矩阵进行修剪；最后，直接生成频繁 k -项集。

Apriori 算法中的每一事务中的数据项要以字典顺序排序。而 BOM 算法中，不需要进行排序，通过编程就可以使在频繁项集中的项目和具有相同长度的频繁项集以字典顺序排序。定义 L_k 表示所有频繁 k -项数据项集。每一个 k 项数据项 c，包含数据 $c[1]$，$c[2]$，…，$c[k]$，($c[1]<c[2]<\cdots<c[k]$)。

表 5.8 BOM 算法

```
BOM算法描述如下：
Step 1：Initializing the Matrix;            //初始化矩阵
Step 2：k = PreProcess_Matrix()；           //对初始矩阵进行预处理
Step 3：Lk = GetLargeItemsets(k)；          //直接获得频繁 k -项集
Step 4：Answer = Lk；                       //返回频繁 k -项集
```

BOM 算法如表 5.8 所示。算法的第一步，按以下方式初始化矩阵：首先，构造一个矩阵，它的行和列分别代表数据项和事务。矩阵是一个位矩阵，矩阵中的每一个位置在内存中仅占一位。然后，扫描事务数据库，如果在第 j 项事务中，存在数据项 i_1，i_2，…，i_k，那么位 $A[i_1, j]$，$A[i_2, j]$，$A[i_3, j]$，…，$A[i_k, j]$被初始化为 1，否则，初始化为 0。表 5.9 是一个事务数据库和初始化后的对应矩阵。

表 5.9 事务数据库及初始化后的对应矩阵

Tid	Itemsets
100	*ABD*
200	*ABC*
300	*ABCE*
400	*BCE*
500	*AB*
600	*AE*
700	*A*

Item	T100	T200	T300	T400	T500	T600	T700
A	1	1	1	0	1	1	1
B	1	1	1	1	1	0	0
C	0	1	1	1	0	0	0
D	1	0	0	0	0	0	0
E	0	0	1	1	0	1	0

算法的第二步，执行 PreProcess_Matrix()过程对初始矩阵进行预处理：对每一行，每一列计数，其中：

(1) 删除矩阵中出现次数小于指定阈值的单个数据项。

在 BOM 算法中，频繁项集依然满足反单调性质：即频繁项集的所有非空子集必然也是频繁项集。在表 5.9 中，应删除 D 数据项，因为其出现次数小于用户设定的阈值与事务总数的乘积(假设 $minsup = 25\%$)。

(2) 根据用户设定的支持度阈值分析得出待发现的频繁项集的大小 k。

在表 5.9 中,假设 $minsup = 25\%$,k 的合适取值为 3,因为包含 4 个数据项的事务仅出现一次,小于用户设定的支持度阈值 $minsup$ 与事务总数的乘积。

(3) 删除事务中数据项少于等于 1 项的事务。

因为在 BOM 算法中,不需要借助频繁$(k-1)$-项集获得频繁 k-项集;另外,对于超大型交易事务数据库,删除数量少于等于$(k-1)$的事务,一方面可以降低矩阵的大小,另一方面可以提高算法的执行效率。在表 5.9 中,删除事务 T500、T600、T700,修剪后的矩阵如表 5.10 所示:

表 5.10 修剪后的矩阵

Item	T100	T200	T300	T400
A	1	1	1	0
B	1	1	1	1
C	0	1	1	1
E	0	0	1	1

算法的第三步,使用 GetLargeItemsets(k)过程来直接获得频繁 k 项集,如表 5.11 所示。

表 5.11 GetLargeItemsets(k)过程的算法

```
GetLargeItemsets(k)过程的算法描述如下:
for(i1 = 1; i1 <= m - k + 1; i1 + +)//m 为修剪后矩阵的行数,代表单个
    数据项个数
    for(i2 = i1 + 1; i2 <= m - k + 2; i2 + +)
        ……
            for(ik = i1 + k - 1; ik <= m; ik + +)
                for(t = 1; t <= n; t + +) //n 为修剪后矩阵的列数,代表事务项
                个数
                    count + = A[i1][t] × A[i2][t] × … × A[ik][t]
                    if(count >= minsup × |D|) then
                        c = Pi1 ∪ Pi2 … ∪ Pik ;//Pi1, Pi2, …, P2k 分别为修剪后矩阵
                                                //t 列 i1, i2, …, ik 行所对应的单个数
                                                //据项
                        Lk = Lk ∪ c;
                        break;
                    end
                end
end
return Lk;
```

GetLargeltemsets(k)过程的第1)步到第6)步，通过矩阵向量相乘后相加得到待生成 k-项集的支持度，在计算支持度时，按照如下规则：

i_1 从第一行开始，到 $m-k+1$ 结束，i_2 从第 i_{l+1} 开始，到 $m-k+2$ 结束，……，i_k 从 $i+k-1$ 开始，到矩阵末尾 m 结束，实现了频繁项集中的项目和具有同样长度的频繁项集以字典顺序排序。算法第7)步到第11)步，判断待生成 k-项集 c 的支持度，如果该支持度满足用户设定的支持度阈值与事务总数的乘积，那么生成 k-项集 c，并将其加入到频繁 k-项集中。

在 GetLargeltemsets(k)过程中输入修剪后的位矩阵 A，如果矩阵 A 第 i 行第 j 列的值是1，表示第 j 个事务项中包含第 i 个数据项。如果在第 j 个事务项中同时包含 k 个数据项 $i_1, i_2, \cdots, i_k$，那么 $A[i_1, j]=A[i_2, j]=\cdots=A[i_k, j]=1$。在第6)步，求出所有可能的 k-项集的支持度 $count$，并且 k-项集以字典顺序排序；第7)步，如果 $count>=minsup\times|D|$，生成 k-项集，并且 $L_k=L_k\cup c$，停止本次矩阵向量相乘操作。

如果 $count>=minsup\times|D|$，那么不生成该 k-项集。另外，GetLargeltemsets(k)过程也同样满足频繁项集的反单调性，即频繁项集的所有非空子集必然也是频繁项集。

因为，一旦 k 个数据项在同一事务中出现，那么其超集也必然出现在这个事务中。因此，算法得到的频繁 k-项集是正确的。

例 5.1 使用表5.10所表示的事务数据库。假设 $minsup=25\%$，修剪后的初始矩阵为 A。矩阵 A 的行依次代表单个数据项 A、B、C、E，列依次代表事务项 T100、T200、T300、T400，即：

$$A=\begin{pmatrix}1&1&1&0\\1&1&1&1\\0&1&1&1\\0&0&1&1\end{pmatrix}$$

执行 BOM 算法，依次得到的候选3-项集为{ABC, ABE, BCE}，最终得到的频繁项集为{ABC, BCE}。

BOM 算法与 Apriori 算法的比较：

(1) 时间复杂性分析

BOM 算法仅需扫描一次数据库，初始化矩阵后，数据库就不再被使用。其时间复杂度为 $O(nm^k)$，m 为修剪后矩阵的行数，n 为修剪后矩阵的列数，k 为待发现的频繁项集的大小；Apriori 算法在执行过程中，需要多次扫描数据库，算法的时间复杂性为 $O(|D|^{k+1})$，$|D|$为交易事务数据库中包含的交易数量。在实际应用

中，大型交易事务数据库中交易的数量一般远大于商品的数量，即$|D| \gg m$。

所以，BOM 算法具有较 Apriori 算法好的时间特性。

(2) 空间复杂性分析

Apriori 算法会产生大量的候选项集，并且所有具有相同长度的候选项集必须被存储在内存中，这将会占用大量的内存空间，导致内存不停地换进换出操作。

而 BOM 算法采用位矩阵进行存储，不需要在内存中存储所有的候选项集，不需要借助频繁$(k-1)$-项集而直接获得频繁 k-项集，大大地节省了存储空间，具有良好的空间特性。

(3) 总体效果分析

在实际应用中，大型交易事务数据库的使用是非常普遍的，并且大型交易事务数据库中的记录数量也是非常巨大的。与 Apriori 算法相比，BOM 算法利用位矩阵可以更方便地来处理数据，矩阵的编码方式也被用来判断一个待生成的 k-项集是不是频繁项集，大大地提高了挖掘关联规则的效率，并且基于矩阵的算法也便于在实际应用中被实现和理解。

2. SO 算法

许多计算频繁项集的并行算法已经被提出，大部分算法采用分布式存储多处理机系统。随着共享存储多处理机(SMP)系统的流行和较高的性价比，使它成为了另外一种重要的并行计算机体系结构。另外，以上的算法不得不扫描数据库两遍或更多遍，极大地影响了算法的效率。这里介绍一种新的有效的并行算法 SO(Scan Once)算法，在 SMP 系统中进行关联规则挖掘。它具有以下优点：(1) 仅扫描数据库一次；(2) 采用位矩阵来存储数据库信息；(3) 通过采用向量“与”运算来获得项集的支持度。

SO 算法被设计用于 SMP 系统(一种并行计算机体系结构)。这种并行计算机体系结构存在多种计算模型，例如 PRAM 和 APRAM 等。SO 算法采用 PRAM (Parallel Random Access Machine)计算模型。

著名的 RAM(Random Access Machine)是用于传统的串行计算机(SISD class)的理论模型。PRAM 是 RAM 的并行化，它是一个共享内存的并行计算机的抽象模型。在这种抽象模型中，忽略了处理机与内存之间的互联网络细节，并且认为所有的处理机在一次机器周期中，可以访问任意的内存位置，而无需考虑其他处理机的状态。图 5.10 描述了抽象的 PRAM 模型。

SO 算法的核心思想是：首先扫描数据库，获得初始的 0-1 矩阵。接着，产生频繁项集。SO 算法处理流程如下：

(1) 所有的处理机并行扫描数据库，获得初始的 0-1 矩阵。频繁 1-项集在这个过程中获得；

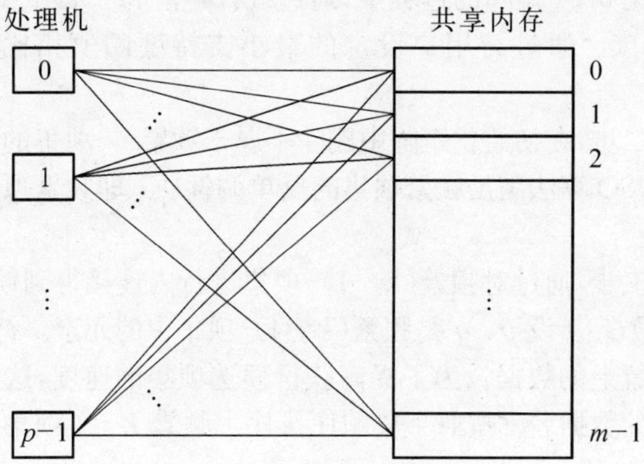

图 5.10 PRAM 计算模型

(2) 从初始的 0-1 矩阵中删除以后不用的向量;

(3) 频繁$(k-1)$-项集,L_{k-1},对自己进行内连接,产生候选 k-项集,C_k;

(4) 由过程 GetLargeItemsets(k)产生频繁 k-项集;

(5) 判断频繁 k-项集是否为空,如不为空,转向(3);如为空,算法结束。

在算法的第一步,数据库中的所有事务会被均衡地分配到所有的处理机。每一个处理机扫描分配给它的事务集合,得到在初始化矩阵中对应位置的值。当数据库中的所有记录被扫描完成后,初始矩阵也同时被获得。初始化矩阵的行代表数据项,列代表事务。初始化矩阵按照以下规则产生(与 BOM 算法第一步相同):

如果数据项 Item_1, Item_2, …, Item_k 存在于第 j 条事务中,矩阵中的对应位置 $A[1,j]A[2,j]\cdots A[k,j]$的值,被初始化为 1,否则初始化为 0。这个矩阵是一个 0-1 矩阵。表 5.12 描述了一个事务数据库和其对应的初始化 0-1 矩阵。

表 5.12 事务数据库和相应初始化矩阵

Tid	Itemsets
100	*ABD*
200	*ABC*
300	*ABCE*
400	*BCE*
500	*AB*
600	*A*

Item	T100	T200	T300	T400	T500	T600
A	1	1	1	0	1	1
B	1	1	1	1	1	0
C	0	1	1	1	0	0
D	1	0	0	0	0	0
E	0	0	1	1	0	0

在产生初始化 0-1 矩阵的过程中，通过统计矩阵每一行中 1 的个数，得到单个数据项的支持度。通过与用户设定的最小支持度阈值相比较，可以得到频繁1-项集。

在算法的第二步，在初始化矩阵中删除不属于频繁 1-项集的单个数据项所对应的向量。因为，SO 算法满足频繁项集的反单调性质：即频繁项集的所有非空子集也是频繁项集。

在算法的第三步，通过对频繁$(k-1)$-项集进行内连接得到候选 k-项集。候选 k-项集被记做C_k。设 p，q 是频繁$(k-1)$-项集中的元素。符号 $p.item_j$ 指元素 p 的第j 个位置上的数据。为了提高获得候选项集的速度，这个算法假定一条事务或数据集中的数据名称按照字典顺序排序。频繁 $k-1$ 项集中的元素 p 和q 如果满足：

$$(p.\text{item}_1 = q.\text{item}_1) \wedge (p.\text{item}_2 = q.\text{item}_2) \wedge \cdots \wedge$$
$$(p.\text{item}_{k-2} = q.\text{item}_{k-2}) \wedge (p.\text{item}_{k-1} < q.\text{item}_{k-1})$$

那么元素 p 和q 可以执行一次内连接。执行后的结果为 $p.\text{item}_1 p.\text{item}_2 \cdots p.\text{item}_{k-1} q.\text{item}_{k-1}$。

在算法的第四步，执行过程 GetLargeltemsets(k)来产生频繁 k-项集。在这个过程，所有的处理机并行工作。首先，定义一个向量“与”操作。

定义 5.1 向量“与”操作

假设有向量 $A_i=(i_1, i_2, \cdots, i_n)$，$A_j=(j_1, j_2, \cdots, j_n)$，…，$A_k=(k_1, k_2, \cdots, k_n)$，$(\forall t, 1\leqslant t\leqslant n, i_t=0, 1; j_t=0, 1; \cdots; k_t=0, 1)$。如果向量 A_i，A_j，…，A_k 执行一次向量“与”操作，那么结果为 $B=\{i_1\wedge j_1\wedge\cdots\wedge k_1, i_2\wedge j_2\wedge\cdots\wedge k_2, \cdots, i_n\wedge j_n\wedge\cdots\wedge k_n\}$。

过程 GetLargeltemsets(k)描述如下：

(1) 将候选 k-项集平均分配给所有的处理机；

//所有的处理机并行执行以下步骤

(2) 第 i 个处理机从 0-1 矩阵中读取数据项 c 的相关向量；

(3) 执行一次向量“与”操作，获得数据项 c 的支持度；

(4) 如果数据项 c 的支持度满足用户设定的最小支持度阈值，那么将数据项 c 加入频繁 k-项集 L_k。

在算法的第一步，候选 k-项集中的数据被均衡地分配给所有的处理机，每一个处理机从磁盘中读取分配给它的数据。因此，所有的候选 k-项集中的数据项不需要同时保留在内存中。

在并行执行过程中，每个处理机从 0-1 矩阵中读取相关的向量。执行一次向量“与”操作后，获得数据项 c 的支持度。例如，假设数据 AB 被分配给第 i 个处理机，处理机 i 读取数据 A、B 在 0-1 矩阵中对应的向量，(111011) 和 (111110)。然后执行一次与操作，得到一个新的向量 (111010)。数据项 AB 的支持度可以通过统计这个向量中 1 的个数来获得，它的支持度为 4。

通过比较数据项 c 的支持度和用户设定的最小支持度阈值，来判断是否将其加入至频繁 k-项集。频繁 k-项集被存储在硬盘上。以上步骤会被重复执行，直至处理机处理完分配给它的所有的数据。

至此，算法结束。

算法扫描数据库得到初始化 0-1 矩阵。

第一步，通过对矩阵每一行中 1 的个数进行统计，得到单个数据项的支持度，通过与用户设定的最小支持度阈值相比较，得到频繁 1-项集。

第二步，假设通过算法得到的频繁 $k-1$ 项集是正确的。

第三步，证明频繁 k-项集是正确的。

为此，算法首先对频繁 $(k-1)$-项集执行一次内连接。内连接的规则保证得到所有可能的候选项集。接着，对于每一个候选数据项，执行一次向量“与”操作，得到它的支持度。如果它的支持度大于用户设定的最小支持度阈值，那么，将这个候选数据项加入频繁 k-项集。因此，算法获得的频繁 k-项集是正确的。

所以，这个算法是正确的。

例 5.2 参考表 5.12 中列出的数据库，假定最小支持度 $minsup = 30\%$。在获得初始化 0-1 矩阵的过程中，得到所有单个数据项的支持度，如表 5.13 所示。

表 5.13 单个数据项支持度

Item	T100	T200	T300	T400	T500	T600	Sup
A	1	1	1	0	1	1	5
B	1	1	1	1	1	0	5
C	0	1	1	1	0	0	3
D	1	0	0	0	0	0	1
E	0	0	1	1	0	0	2

通过比较单个数据项的支持度和用户设定的最小支持度阈值，得到频繁 1-项集 $L_1 = \{A, B, C, E\}$。

接着，通过对频繁项集 L_1 执行一次内连接，得到候选 2-项集 $C_2 = \{AB,$

AC, AE, BC, BE, CE}。为了获得数据项 AB 的支持度,处理机读取单个数据项 A、B 在 0-1 矩阵中对应的向量(111011)和(111110)。接着执行一次向量"与"操作,得到一个新的向量(111010)。统计这个向量中 1 的个数,得到数据项 AB 的支持度为 4。同理,其他数据项的支持度分别为 2,1,3,2,2。通过将各个数据项的支持度和用户设定的最小支持度阈值相比较,得到频繁 2-项集,$L_2=\{AB, AC, BC, BE, CE\}$。

接着,通过对频繁 2-项集及进行一次内连接,得到候选 3-项集,$C_3=\{ABC, BCE\}$。通过执行向量"与"操作,得到数据项 ABC 和 BCE 的支持度,两个支持度均为 2。频繁 3-项集为 $L_3=\{ABC, BCE\}$。

因为,没有候选 4-项集,故算法至此结束。

CD 算法是 Apriori 算法的一个直接的并行化实现。该算法将数据库在各处理机之间大致相等地划分,将候选集在各处理机上完整复制,各处理机计算完整候选集的局部支持度,在每步迭代结束时,同步、汇总,产生全局支持度。

CD 算法能够线性扩展、高加速比,但也有两个问题:首先,建立哈希树的过程非并行,在串行算法中,建树的过程所花时间相对较少,但在并行计算中,建树过程是个瓶颈;其次,如果哈希树不能完全放入到主存中,则在各个分块之间传递数据还需要额外的磁盘 I/O 操作,对于 I/O 较慢的计算机而言这是不小的开销。所以,CD 算法,与串行的 Apriori 算法类似,从增大候选集的大小的角度是不能扩展的,因此,CD 算法适合于处理较小的项数、较高的最小支持度的情况。

(1) 时间复杂性分析

SO 算法仅扫描数据库一次,其代价为 $O(|D|/p)$(其中,$|D|$代表数据库 D 中 p 事务的数量;p 代表处理机的个数)。在获得初始化 0-1 矩阵后,将不再使用数据库。接着,算法花费 $O(|L_{k-1}|\times|L_{k-1}|)$获得候选 k-项集。然后,花费 $O(c\times|C_k|)$产生频繁项集(其中,c 代表一个常量;$|C_k|$代表候选 k-项集的元素数量)。

常量 c 代表一次向量"与"操作所花费的时间。与$|D|$相比,$c\ll|D|$。所以,SO 算法相对于 CD 算法有着较好的时间性能。

(2) 空间复杂性分析

CD 算法需要产生大量的候选项集,并且具有相同长度的候选项集必须同时存储在内存中。而 SO 算法不必将所有的候选项集都存放在内存中,这些候选项集被逐步地从磁盘读进内存进行处理。和 CD 算法相比,SO 减少了被候选项集占据的内存空间,提高了算法的效率。

(3) 综合评价分析

与CD算法相比,SO算法采取位矩阵处理数据。并且矩阵代码的形式被用来判断一个潜在的数据项是不是频繁数据项。它极大地提高了获得所有频繁项集的效率。另一方面,基于矩阵的算法也易于被实现和理解。

3. RS_BUIG算法

现有的大部分关联规则发现算法对整个数据库的各个属性的数据样本采用单一的支持度来找出符合的关联规则,这样从客观上就要求必须具有一个预先设定的前提:挖掘数据库的各属性的事件具有非常相似的发生概率。但现实生活中这种假设是不能成立的,恰恰相反,一些事务发生得非常频繁,而有些事务发生得却非常稀疏(例如对于交通堵塞现象),而这种非常稀疏的事件又具有特别重要的意义。这样对数据挖掘来说就提出了一个新的问题,如果挖掘的最小支持度定得较高,那么就会覆盖较少的数据,一些有意义的关联知识将不能被发现;如果最小支持度定得过低,那么就会有大量的、无实际意义的数据关联充斥在挖掘过程中,大大降低了挖掘的效率和得到规则的可用性。

RSAA从算法成功地解决了这一问题,但是其发现频繁项集的方法是基于Apriori算法的,这种方法存在两种大的开销:一种是在获得频繁 k-项集过程中要进行大量的自连接(L_{k-1}, L_{k-1});还有就是要重复扫描数据库,I/O开销非常巨大,所以其算法的效率有待于被进一步地提高。本节在基于无向项集图生成频繁项集BUIG算法的基础上,引入了多支持度的思想,介绍一种有效挖掘有价值稀有数据关联规则的算法(RS_BUIG算法)。

(1) BUIG算法

BUIG(Based on Undirected Itemsets Graph)算法是一种基于无向项集图快速找出所有频繁项集的一种新的关联规则挖掘算法,仅需要扫描数据库一次,即可生成所有频繁项集,改善了挖掘关联规则的效率。共分三步:

第一步是将事务数据库进行转化,将一般的事务数据库转化成纵向数据库,以0,1来表示某一商品是否包含在某一事务中;

第二步是扫描数据库构造无向项集图UIG(Undirected Itemsets Graph),统计出结点以及结点与结点之间的关联边的出现次数;

第三步是根据给出的最小支持度,结合无向项集图UIG中的一些相关信息(如结点信息、关联边的信息等),找出所有的频繁项集。

由于BUIG算法基于单一的最小支持度来获得频繁项集,所以存在着不能高效地挖掘出有价值的稀有数据的问题。

RSAA算法通过采用多支持度的方法来发现包含有价值的稀有数据的关联规

则。RSAA算法中提出了有价值的稀有数据,第一、第二支持度和相对支持度的概念。

有价值的稀有数据是指它在数据库中的出现频率不满足用户给定的最小支持度,但是在它的出现次数中,又以很高的比率与某一特定的数据同时出现的数据。

第一支持度(1st support)是指用户指定的用于在发现频繁项集过程中使用的特定值。第二支持度(2nd support)是指用户指定的用于在发现稀有数据项集过程中使用的特定值(注:第一支持度>第二支持度)。

相对支持度(relative support)是指如果一个数据库定义成数据集 $I=\{i_1, i_2, \cdots, i_n\}$,并且数据项 i 的支持度被描述为 $\sup(i)$,那么数据项集 $\{i_1, i_2, \cdots, i_k\}$ 各数据间的相对支持度 RSUP 是:

$$\mathrm{RSup}(i_1, i_2, \cdots, i_k) = \max(\sup(i_1, i_2, \cdots, i_k)/\sup(i_1), \sup(i_1, i_2, \cdots, i_k)/\sup(i_2), \cdots, \sup(i_1, i_2, \cdots, i_k)/\sup(i_k))$$

相对支持度是用来发现有价值的稀有数据的,这些有价值的稀有数据与一些特定的数据具有很高的置信度。RSAA算法采用了Apriori算法的处理步骤,它将支持度进一步分为第一支持度和第二支持度,并且提出了相对支持度的概念,用来确定有价值的稀有数据。对于某一项集,如果其支持度大于第一支持度,就可以按照以往的Apriori算法求出相应的关联规则;如果其支持度小于第一支持度,但是大于第二支持度,那么它可能是所谓的有价值的稀有数据,再通过使用相对支持度进行判定,找出包含有价值的稀有数据的频繁项集,最终发现包含有价值的稀有数据的关联规则。由于RSAA算法是采用Apriori算法的处理方法(连接,剪枝,扫描数据库),所以其效率可以被进一步地改善。

由于BUIG算法采用单一支持度,在挖掘过程中存在着不能高效地挖掘出有价值的稀有数据的问题。为了提高挖掘有价值的稀有数据的效率,在BUIG算法的基础上,结合RSAA算法,就产生了一种发现有价值的稀有数据的有效算法。常用的基本概念表示如下:

(1) 定义5.1 普通频繁项集,普通频繁项集是指那些满足第一支持度的项集。

(2) 定义5.2 包含有价值的稀有数据的频繁项集,包含有价值的稀有数据的频繁项集是指那些不满足第一支持度,但是满足第二支持度和相对支持度的项集。

所产生的算法处理流程如下:

(1) 将事务数据库转化成纵向数据库,以0,1来表示某一商品是否包含在某一事务中。如果事务 T 包含商品 A,那么 A 的对应位置用1表示,反之用0表示。

(2) 扫描纵向数据库，构造无向项集图 UIG(Undirected Itemsets Graph)。

其中，定义如下：

(i) 无向项集图中的结点集 v 为数据库中商品的集合 $\{v_1, v_2, \cdots, v_n\}$，每一个结点包含三个属性：结点名称，结点的出现次数(support)和指向关联结点的指针。

(ii) 无向项集图中的边集 E 为边 $\langle v_i, v_j\rangle$ 的集合，每一条边包含三个属性：边的名称 $\langle v_i, v_j\rangle$，边的出现次数和指向边所在项集的事务编号的指针。

(3) 根据无向项集图的相关信息，采用多支持度进行度量，发现所有的普通频繁项集(记做 L_k, $k\geqslant1$)和包含有价值的稀有数据的频繁项集(记做 SRI_L_k, $k\geqslant1$)。

(i) 生成普通频繁一项集和包含有价值的稀有数据的频繁一项集。

根据给出的第一支持度，依次比较各个结点的支持度(即结点的出现次数)，得到普通频繁一项集 L_1；利用第二支持度和相对支持度，依次比较各个结点的支持度，生成包含有价值的稀有数据的频繁一项集 SRI_L_1。

(ii) 生成普通频繁二项集和包含有价值的稀有数据的频繁二项集。

根据给出的第一支持度，依次比较边集 E 中各个边的支持度(即边的出现次数)得到普通频繁二项集 L_2；利用第二支持度和相对支持度，依次比较各个边的出现次数，生成包含有价值的稀有数据的频繁二项集 SRI_L_2。

(iii) 生成普通频繁三项集和包含有价值的稀有数据的频繁三项集。

● 根据 L_1，SRI_L_1，L_2，SRI_L_2对图进行剪枝，保留图中属于 L_1和 SRI_L_1的结点，删除其他结点；保留图中属于 L_2，SRI_L_2的边，删除其他边。

● 采用 Gaston 算法遍历剪枝后的无向项集图，找出图中的三结点环，比较第一支持度和环的出现次数，得出普通频繁三项集 L_3；将环的出现次数和第二支持度、相对支持度进行比较，得出包含有价值的稀有数据的频繁三项集 SRI_L_3。

(iv) 生成普通频繁 $n(n\geqslant4)$项集和包含有价值的稀有数据的频繁 n 项集同生成L_3和 SRI_L_3的过程相似，从无向项集图中找出 n 结点环即可。

(4) 由普通频繁项集和包含有价值的稀有数据的频繁项集生成所有大于或等于最小置信度的关联规则。

例 5.3 假设第一支持度 $1st\_support = 30\%$，第二支持度 $2nd\_support = 20\%$，相对支持度 $relatiive\_support = 80\%$。某一事务数据库如表 5.14(a)所示。

算法第一步：将事务数据库转化成纵向数据库存储。如表 5.14(b)所示。

算法第二步，扫描纵向数据库，构造无向项集图 UIG，如图 5.11 所示。

表 5.14(a) 事务数据库

TID	Itemsets
T100	A, B, E
T200	B, D
T300	B, C
T400	A, B, D
T500	A, C
T600	B, C
T700	A, C
T800	A, B, C, E
T900	A, B, C

表 5.14(b) 纵向数据库存储

TID	A	B	C	D	E
T100	1	1	0	0	1
T200	0	1	0	1	0
T300	0	1	1	0	0
T400	1	1	0	1	0
T500	1	0	1	0	0
T600	0	1	1	0	0
T700	1	0	1	0	0
T800	1	1	1	0	1
T900	1	1	1	0	0

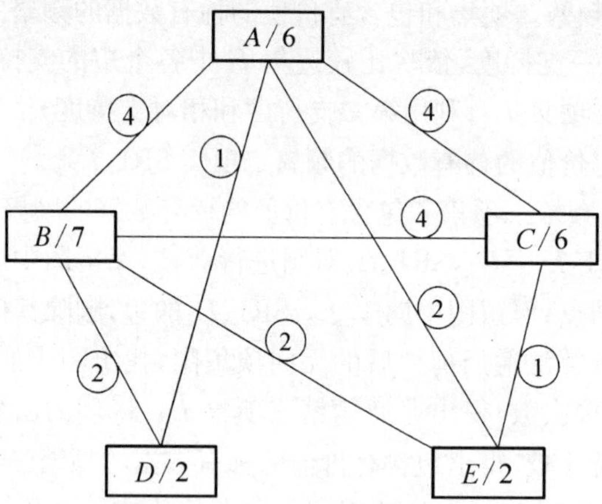

图 5.11 对应的无向项集图

算法第三步，根据第一、二支持度，相对支持度，获得普通频繁项集和稀有数据的频繁项集。

根据给出的第一支持度，依次比较各个结点的支持度(即结点的出现次数)，得到普通频繁一项集 L_1，$L_1=\{A, B, C\}$；利用第二支持度和相对支持度，依次比较各个结点的支持度，生成包含有价值的稀有数据的频繁一项集 SRI_L_1，SRI_$L_l=\{D, E\}$。

根据给出的第一支持度，依次比较边集 E 中各个边的支持度（即边的出现次数）得到普通频繁二项集 L_2，$L_2=\{AB, AC, BC\}$；利用第二支持度和相对支持度，依次比较各个边的出现次数，生成包含有价值的稀有数据的频繁二项集 SRI_L_2，SRI_$L_2=\{AE, BD, BE\}$。

对无向项集图进行剪枝，剪枝后如图 5.12 所示。

遍历剪枝后的无向项集图，找出图中的三结点环，比较第一支持度和环的出现次数，得出普通频繁三项集；将环的出现次数和第二支持度、相对支持度进行比较，得出包含有价值的稀有数据的频繁三项集 SRI_L_3，SRI_$L_3=\{ABE\}$。

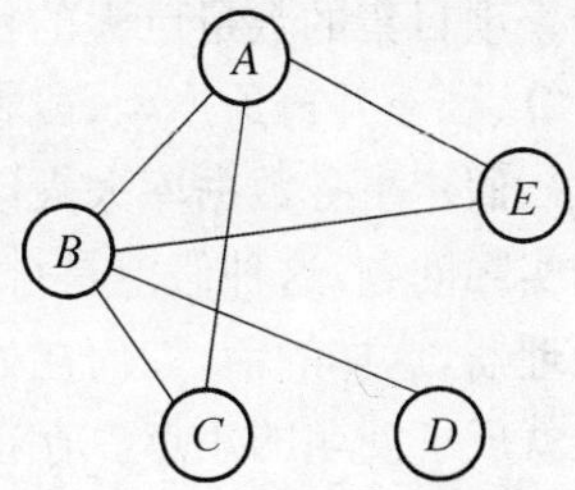

图 5.12　剪枝后的无向项集图

至此，算法结束。

算法性能比较分析：

在 RS_BUIG 算法中，通过采用多支持度和相对支持度来获得频繁项集，避免了单一最小支持度设置不当而带来的系列问题。随着数据库中数据项目的增多，数据间的相互联系也逐渐增大，图是描述这种多联系关系的一种有效的方式，RS_BUIG 算法正是基于这种思考来设计的，符合当今某些领域的数据描述的发展方向。

在频繁项集的发现过程中，RS_BUIG 算法和 RSAA 算法的思想是相同的，都是采用第一、二支持度和相对支持度来获得所有的频繁项集（包括普通频繁项集和包含有价值的稀有数据的频繁项集）。不同之处在于，RSAA 算法采用 Apriori 算法中发现频繁项集的方法，即连接、剪枝、重复扫描数据库的思想，用这种方法产生频繁二项集是这一类算法的瓶颈所在；而 RS_BUIG 算法采用 BUIG 算法的思想来发现频繁项集，即只需要扫描数据库一次，没有连接操作，提高了频繁项集的发现效率，具有比 RSAA 算法更好的性能。

因此，可以看出，RS_BUIG 算法结合了 BUIG 算法和 RSAA 算法的优点，改善了它们的缺点，具有更好的性能。

5.4　关联挖掘并行方法

在挖掘关联规则的过程中，找出频繁项目集所花费的代价远比从频繁项目集中找出关联规则要大得多。因此,主要讨论发现频繁项目集的并行算法。产生候选集的算法的计算工作大致可分为两个部分,其一是生成候选集的过程,其二是对候选集的计数。为了在处理器间进行工作的分配,如何将事务和候选集分配给各处理器存在着多种组合形式。对并行算法的需要来自事务数据库的大规模特性和频繁项目集的数量巨大的特征。因此,为了获得很好的并发度,候选集要么并行地计算、要么并行地产生,或者两者都需并行地完成。

假定事务数据库太大以至于无法在处理器间进行复制,对于大多数数据挖掘的实际问题,这种假定是合理的往往也是必需的。通常,事务数据被均匀分配给各处理器,这样的话,如何在处理期间分配候选集以便于有效地并行计数和生成候选集就成了问题的焦点。存在两种可能,其一是在所有的处理器上复制候选集,另一个是避免复制。下面就详细回顾这类算法的不同特性,包括并行开销的最小化、提高并发度以及如何有效地利用系统的整体可用内存。

5.4.1 基于候选集复制的算法

一种可能的并行措施就是在各处理器上简单地复制候选集生成过程,然后并行化其计数过程,以下是采用该策略的几种有代表意义的算法。

1. CD 算法(Count Distribution)

在此基于 Apriori 算法的并行模式中,每个处理器仅计算本地事务中候选集的出现次数。先给出算法的具体处理过程如下:

(1) 每个处理器 P_i,利用完全的频繁项目集 F_{k-1} 在第 $k-1$ 次遍历结束时生成完全的 C_k,注意到由于每个处理器具有相同的 F_{k-1},因此会生成相同的 C_k;

(2) 处理器 P_i,访问本地数据块 D_i,并对 C_k 中的候选集进行本地计数;

(3) 处理器 P_i 与其他所有处理器交换本地 C_k 计数并计算全局 C_k 计数,在这一步,所有处理器被迫同步;

(4) 每个处理器 P_i 通过 C_k 计算 F_k;

(5) 每个处理器独立决定是终止还是继续到下一个循环,由于每个处理器具有相同的 F_k,因此它们的决定应该是相同的。

在第一次循环时,每个处理器 P_i 根据出现在本地数据划分中的项目动态地生成其本地候选项目集 C_{i1},因而,不同的处理器所计算的候选集有可能不同,这样就需要谨慎地处理通过局部计数的交换来确定全局 C_1。在每次循环的过程中,每个处理器可以异步地扫描本地的数据,然而,它们必须在每次循环的结束进行同步来计算全局计数。通过建立整个候选集的哈希树,并进行一次本地事务的遍历来进行计数。然后再将各个节点的计数进行全局归约,就能得到候选集在所有事务中的出现次数，此算法思想如图 5.13 所示。

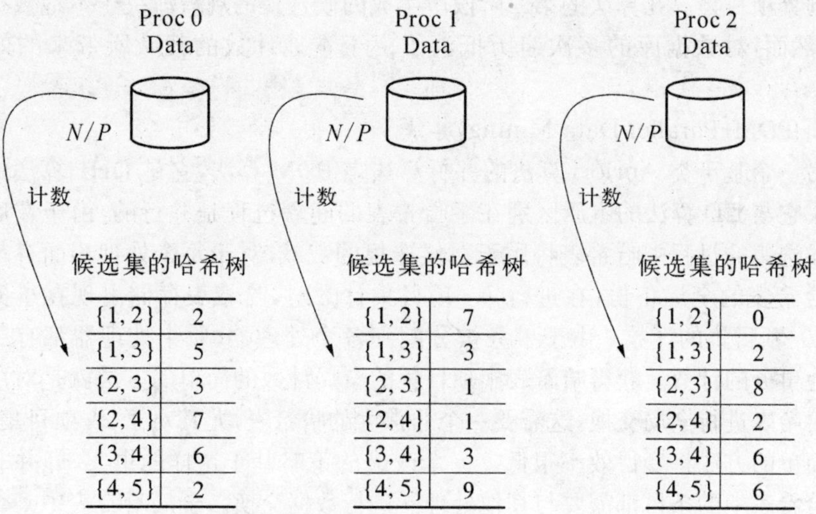

N：数据项的大小　　P：处理器数目

图 5.13　CD 算法示意

需要注意的是每个节点构造的哈希树都是针对所有候选集的，因此每个节点的哈希树完全相同，所以，除全局归约操作外，各个节点仍然是在本地事务上运行串行 Apriori 算法。另一算法 NPA(Non-Partitioned Apriori)的思想，与 CD 算法相似。

CD 算法复杂度随着事务数的增长成线性增长，这是因为该算法中每个节点独立计数，仅在进行全局归约时相互通信。但是，CD 算法并没有并行构造候选集的哈希树，在大量处理器的时候构造哈希树的过程将成为瓶颈。还有一个问题是，如果候选集数量太大，那么整个哈希树不能完全放在内存中，则还要增加额外的 I/O开销。再注意到当数据库中的不同的项数增加或者最小支持度的要求降低，都将使得候选集数量增加。因此，CD 算法适合于处理较小的项数、较高的最小支持度的情况。

2. 并行 Partition 算法

Toivonen H. 等人给出了串行 Partition 算法的并行模式。该算法与 CD 算法非常相似，但两者不同的是前者对频繁项目集的计数分成四个阶段。在第一阶段，每个处理器找出局部的频繁项目集；接下来，这些项目集在处理器间进行交换，形成全局候选项目集；在第三阶段，再次扫描本地数据计算出这些候选集的本地计数;最后,通过通信操作,将本地计数累加起来获得候选集的全局计数,从而确定全局的频繁项目集。在算法的第二阶段所生成的候选集的规模取决于本地数据集的大小,然而,对数据库的多次遍历抵消了由于本地计数的裁减所带来的效率的提高。

3. PDM(Parallel Data Mining)算法

另一个基于类Apriori算法的并行算法是PDM算法,它是DHP算法的并行模式。它与CD算法的本质区别在于哈希表的建立过程是并行的,由于在后续的生成候选集的过程中哈希表将用于对候选集的裁减,对于每个处理器而言都该能得到哈希表的全局备份,在进行 k-项目集计数时,哈希表存储出现在事务中的 $(k+1)$-项目集的计数。由于事务被分配到各个处理器,每个处理器都有一个基于本地事务的计数。获得哈希表中项目集的全局计数的简单的方法就是对所有的局部哈希表进行全局交换,这需要一个非常大的哈希表,尤其对于2-项目集而言,这种简单的方法将变得效率很低。一个改进的策略基于这样的事实,即并非所有局部哈希表中的条目都需要与其他处理器进行数据交换。全局哈希表中某个条目的支持度应大于支持度阈值 s,仅当至少一个处理器其对应条目的局部支持度大于 s/p,其中 p 是处理器的个数。此事实用于确定哪个条目可用于全局广播。由于所有处理器都能得到全局哈希表和所有的候选集,DHP算法对事务进行裁减的特性能在PDM中得到很好的保持,每个处理器可以削减本地事务数据库的规模。总体上,PDM算法类似于CD算法,要获得比CD算法更好的性能的前提是能够有效地构建并行哈希表,选择好的哈希函数并能对事务进行有效裁减。

4. CDTP(Count Distributed Tree Projection)算法

Agrawal R.等人提出的算法是基于CD算法的,该算法采用字典树的数据结构,各处理器建立相同的本地字典树,在每一层进行通信以确定全局计数。与CD算法相比,此并行模式取得优势的条件是字典树能装入主存,但是,随着候选集数目的增加,其可扩展性较差。

5.4.2 划分候选集的算法

1. DD算法(Data Distribution)

CD算法的优点是处理器之间不进行数据元组的交换,而只交换计数。于是在读取数据时各处理器可以独立进行;然而,其缺点是算法没有利用系统的整体存储功能,假定每个处理器存储器的大小为 $|M|$,这样在每次循环时计算的候选集的数目取决于 $\{M\}$,当处理器的个数从1增加到 N 时,系统总的存储空间为 $N\times|M|$。但是针对每次循环,算法仍计算同样数目的候选集,这是因为每个处理

器计算相同的候选集。CD 算法在每次循环时所计算的候选集不比串行算法的多。

DD 算法针对 CD 算法存在的存储问题进行改进,将候选项目集按照 Round Robin 方式划分到各个节点,每个节点计算本地存储的候选项目集在所有事务中的出现次数,因此每个节点需要访问存放在其他节点的事务。

DD 算法通过下面的方法实现对存放在其他节点的事务的访问:每个处理器分配 P 个缓冲区,缓冲区的大小为存储器一页的大小,并对应相应的节点。对于节点 I,它的第 I 个缓冲区用于存放本地事务,而余下的用于存放其他节点的事务。然后节点 I 检查这 P 个缓冲区,找出其中包含数据的,设为 L,则处理器处理 L 中的事务并修改自身的候选项目集计数,接下来分为两种情况:如果这个缓冲区恰好是对应本地事务,即为 $L = I$,则通过异步发送方式发送给其他节点,然后再从本地数据库中读入新的一页;如果这个缓冲区对应其他节点事务,即为 $L \neq I$,则显然应该将这个缓冲区标志置为“可用”,并准备下一次异步接收。上述操作一直执行到每个节点处理完所有事务。由于已经得到了候选项目集的计数,则各个节点可以找出频繁项目集,然后通过 all to all 方式广播通知其他节点,具体过程如图 5.14 所示。

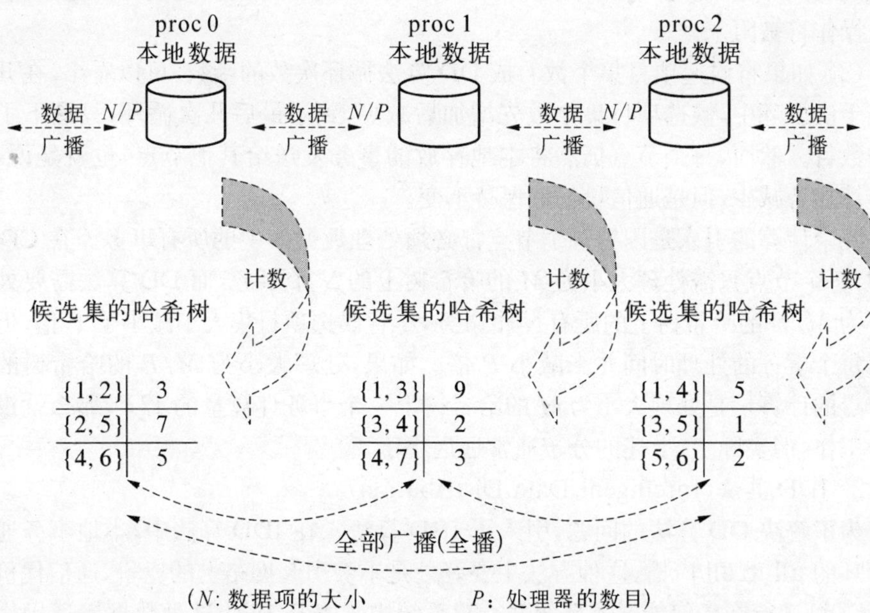

图 5.14 DD 算法示意

DD算法相比CD算法更好地利用了内存,因为它将候选项目集分配到各个节点。而且随着处理器个数的增加,算法能处理的候选项目集个数也相应增加。

但是,DD算法的性能比CD算法差很多,在16个节点的并行机上其运行时间大约是CD算法的10到20倍,主要原因是由于算法的通信模式存在缺陷,而且在处理所有事务时采用了冗余处理方式。

DD算法的通信模式导致了以下三个问题:

(1) 每次所有节点向其他节点发送本地事务,即为每个节点同时进行 $P-1$ 个发送操作和 $P-1$ 个接收操作。如果节点间网络为全相连结构,那么这种通信模式性能会非常好。例如每个节点的事务数目为 $O(N/P)$,则通信时间也为 $O(N/P)$。但是,即使是全相连结构,如果一个节点同一时刻只能与另外一个节点通信的话,则通信时间为 $O(N)$。在所有现有的并行机中,处理器都是通过稀疏网络连接的,而且一个节点同一时刻只能与另外一个节点通信,则由于网络上的竞争现象,上述通信模式在这种情况的通信时间远远大于 $O(N)$。

(2) 如果是在通信缓冲区有限、没有异步通信模式的节点组成的并行机上 all to all 广播将导致节点闲置。例如,考虑一个节点完成对本地事务的一页的计数之后,应该将该页发送给其他节点,如果通信缓冲区已满,并且发送缓冲区也是满的,发送操作将被阻塞。

(3) 如果将候选项目集个数看成DD算法循环次数的函数,可以看出,在开始的若干次循环中,候选项目集个数先增加后减少,到了最后几次循环,只剩下了很少的数目。然而,每个节点仍然将本地存放的事务发送给其他节点,也就是说,尽管计算显著减少,但是通信量仍然保持不变。

冗余计算的引入是因为每个节点都必须处理数据库中的所有事务。在CD算法中,每个节点只需处理大小为 M 的哈希树上的 N 个事务,而DD算法需要处理大小为 M/P 的哈希树上的所有 N 个事务,尽管候选项目集大小减小了 P 倍,但是针对每个事务的处理时间并未减小 P 倍。如果,处理大小为 M/P 的哈希树的一个节点的计算量是处理大小为 M 的哈希树上一个事务计算量的 $1/P$,那么就没有额外工作,但实际上,上述的分子通常远远小于 P。

2. IDD 算法(Intelligent Data Distribution)

为了解决DD算法的问题,引入了IDD算法。在IDD算法中,本地事务通过基于环的 all to all 广播,这种方法主要好处是不会引起网络上的竞争,通信代价为 $O(N)$,可运行在任何能嵌入环的并行机系统中。表5.15为这种数据搬运操作的伪码表示的算法。

表 5.15 数据搬移的算法代码

```
while(! done){
    FillBuffer(fd, Sbuf);
    For(k=0; k<P-1; ++k){
        /* send/receive data in non-blocking pipeline */
        MPI_Irecv(Rbuf, left);
        MPI_Isend(Sbuf, right);
        /* process transactions in Sbuf and update hash tree */
        Subset(Htree, Sbuf);
        MPI_Waitall();
        /* swap two buffers */
        tmp = Sbuf;
        Sbuf = Rbuf;
        Rbuf = tmp;
    }
    /* process transactions in Sbuf and update hash tree */
    Subset(Htree, Sbuf);
}
```

首先,在这个逻辑环上的节点检测它的左邻节点和右邻节点,每个节点都有一个发送缓冲区(*sbuf*)和一个接收缓冲区(*rbuf*)。初始化时将 *sbuf* 置为一块本地事务数据,然后所有节点向右邻节点进行异步发送操作,发送的数据存放在 *sbuf*,同时向左邻节点进行异步接收操作,接收的数据存放在 *rbuf*。在处理这些异步操作的同时,各个节点的处理器处理 *sbuf* 中的事务,并修改该节点处理的候选项目集的计数,完成上述操作后,等待异步操作的完成。

接下来,交换 *sbuf* 和 *rbuf* 中的内容。整个循环进行 $P-1$ 次。与每个节点都要向其他节点发送数据的 DD 算法相比,IDD 算法只进行相邻节点之间的点对点通信,以此来消除网络竞争。而且,如果处理缓冲区的时间不是特别大的话,处理器等待的时间也会很短。

为了消除划分候选项目集带来的冗余工作,必须找出一个快速的方法检测一个事务是否含有该节点应处理的候选项目。在使用 Round Robin 方式划分候选项目集的情况下很难找到快速的方法。但是,如果根据事务中项目的开头的一个前缀进行划分,则可以通过检测事务中项目的前缀以决定哈希树中是否含有以该前缀开头的项目集。如此一来,解决了冗余工作的问题。

3. HPA(Hash Partitioned Apriori)算法

HPA 算法,其本质上类似于 IDD 算法,它试图降低将每个事务发送给各处理器的通信开销。它使用一个哈希函数将候选集分配给各处理器。在计数阶段,在对 k -项目集计数时,首先对本地数据库中的每个事务进行处理,找出出现在事务中的所有 k -项目集。用于将候选集分配给目标处理机的散列函数,也用来将项目集散列到相应的处理机上。这种基于散列函数的划分类似于 IDD 中的候选集划分机制,但与 IDD 不同的是,HPA 没有任何保证负载平衡的措施。

4. IDDTP(Intelligent Data Distributed Tree Projection)算法

IDDTP 算法是基于上述 IDD 算法的投影树算法,根据树中第一个项目的值将其分配给不同的处理机。通过使用位于每个处理器的字典树的根部的动态项目列表,只有相关的事务才与给定的处理机通信,这样可以进一步降低通信开销。

5.4.3 混合策略:候选集部分复制

前面已看到两种策略:单纯的候选集复制和单纯的候选集划分。通过对这些方法的分析,尤其是 CD 和 IDD 算法,可以发现,CD 随着事务的增加可以扩展,而 IDD 随着候选集的增加可以扩展。混合策略试图通过两者的结合,获得更好的可扩展性。IDD 算法通过划分候选项目集,最大地利用了系统存储空间。分配到每个节点的候选项目集个数平均为 M/P。随着节点个数的增加,分配到每个节点的候选项目集个数减少,这隐含了两个意思:(1) 如果分配到每个节点的候选项目集个数减少,则平衡各个节点的负载更加困难;(2) 较小的候选项目集个数使得哈希树较小,因此每个事务所花时间也较少,有可能出现通信代价开销高于计算开销,在最后的若干次循环中哈希树很小情况下更是如此。以上两点,都降低了并行的效率,并且对于不能异步通信的系统而言,这更是个十分严重的问题。

HD 算法(Hybrid Distribution)通过结合 CD 算法和 IDD 的算法来解决上述问题。考虑一个 P 个节点的系统,将 P 个节点分成大小相等的 G 组,每组 P/G 个节点。在 HD 算法中,将上述系统当成含有 P/G 个节点的并行机执行 CD 算法,即为:将所有的 N 个事务分成 P/G 部分,每部分 $N/(P/G)$ 个事务,并分配给这 P/G 组节点进行本地计数。而在组内,使用 IDD 算法,即为:每个节点大约处理 $|C_k|/G$ 个候选项目集和 N/P 个事务,每组节点通过 IDD 算法得到候选项目集的计数,然后对这 P/G 组节点进行组间归约得到候选项目集的总的计数。

实际上可以把 P 个节点当成一个 G 行 P/G 列的网格来理解,首先将 G 按列进行划分,然后各列的节点再使用 IDD 算法得到候选项目集计数,然后按行归约即可得到所有事务的候选项目集计数。最后通过列内的 all to all 广播,使得所有节点得到频繁项目集。

HD算法继承了IDD算法的一切优点，并且能平衡负载。而且，数据搬运量与IDD算法相比减小到了$1/G$。

相比其他算法而言，IDD算法和HD算法具有较好的效率和可扩展性。然而，无论是HD算法还是IDD算法都必须处理划分候选项目集带来的冗余工作。具体说，必须找出一个快速的方法检测一个事务是否含有该节点应处理的候选项目，在使用轮转方式划分候选项目集的情况下很难找到快速的方法；同时，对哈希树的静态划分导致了负载不平衡，随着处理器数目的增加，由于负载不平衡而导致了算法的效率严重下降，况且，即使是最优通信方案，通信代价也会随着事务个数增长成线性变化。

并行算法对大型数据库的处理明显优于串行算法。但是，现有的并行挖掘算法仍然有许多不完善的地方，存在一些需要解决的问题，主要包括：

● 数据分配：并行算法的一个优势就是每个处理器可以对一个规模减小了的数据库子集进行处理。一个好的并行算法应该能有效地分配数据，尽可能减少处理器之间的依赖关系，使各处理器能独立地进行处理。如果数据库中的数据分布不均匀，简单地将数据库分成大小相等的分块，可能会造成负载不均，一些节点在进行大量的计算，而另一些则处于空闲等待状态；

● 减少I/O操作：并行算法也还必须注意减少对数据库的I/O操作，这对算法的性能也有重要的影响。特别是那些共享存储器系统，它们多是串行的I/O。频繁的I/O操作，会大大降低算法效率；

● 负载平衡：要最大化算法并行的效率，每个处理器节点的工作量应该尽量相等。已经提出的算法中，绝大部分都是基于最初数据分配的静态负载平衡。实际计算中，各处理器节点的工作量可能会有很大差别，而系统的总体性能取决于最后完成工作的节点。所以，运行期间的动态负载平衡就显得十分重要；

● 减少处理器间的通信和同步：好的并行算法应该允许各节点异步操作，不应该受到通信延迟和同步的要求的限制而经常停下来等待；

● 伸缩性：伸缩性最初的定义是指执行应用时随着处理机的增加而获得的加速比的总量。在这种情形下，理想的伸缩性指在N台处理机上执行并行应用的速度是在单处理机上执行串行应用速度的N倍。在实际情况下，问题的规模决定了任务量和能有效使用的处理机数目。目前被普遍接受的伸缩性的定义认为应用的执行时间是问题规模和处理机数量的函数。在这种情形下，理性的伸缩性是指随着问题规模的线性增大，执行时间是不变的，或者处理机数目增大，而执行时间减少。

另外,减小计算冗余,充分利用系统资源也是并行算法所应关注的问题。要求在一个并行算法中达到上述所有目标是不现实的,甚至它们之间会产生相互矛盾,好的并行算法要能在这些因素中找到一个平衡点。

5.5 基于粒计算的关联挖掘

5.5.1 基本思想

粒计算(Granular Computing,GrC)是一种基于粒子的问题求解和信息处理方法,其基本思想存在于许多领域,如经典集合论及其扩展(Fuzzy 集、Rough 集、Vague 集等)、区间分析、证据理论、神经网络、决策树、语义网络、聚类分析等。人类在解决和处理大量复杂问题时,按其各自的特征和性能将复杂信息分成若干简单的部分(粒子)。这种处理过程,就称为信息粒化(Granulation)。

粒计算可以从两大方面来进行研究:粒的结构和粒的计算。粒的结构涉及粒的形式化表示和解释,主要包括三个方面的问题:① 如何定义粒;② 如何度量粒之间的近似度;③ 如何将多个粒合成为更为复杂的粒。粒的形式化表示涉及粒结构的算法问题,主要研究如何将两个个体放在同一个粒中的问题,为了构造粒,必须开发有效的算法。粒的解释着重于粒的语义,研究两个个体为什么处于同一个粒的问题。粒的计算要研究语义和算法两个方面。一方面,需要解释粒之间的各种关系,例如:邻近(closeness)、依赖(dependency)、关联(association)等,并且要定义和解释基于粒的各种算子;另一方面,要设计一些算法和工具来计算粒。

信息表是由满足条件的样本所组成,可以将其划分为满足原子公式的基本粒,这些基本粒构成描述信息表的粒空间。首先从粒空间中寻找满足支持度大于最小支持度的基本粒,并将其列入属性列的向量中,然后将粒空间基于前缀的等价关系进行自上而下搜索。使用粒子项集矩阵乘法和子集检查进行优化,并用压缩的二进制位串表示信息粒,直至获取全部的频繁向集;最后通过所获取的频繁项集生成相应的规则。

基于粒计算的关联规则挖掘算法(GrcAR),主要解决如何从粒空间中有效地获取频繁项集。GrcAR 算法的输入为:信息表 Table 和支持度 min_sup;输出为:频繁项集合 L。其具体描述如表 5.16 所示。

表 5.16 GrcAR 算法

```
[1] 将信息表根据其属性值域对论域粒化,得到每个属性的原子信息粒向量 grc =
    {a1, a2, …},其中 a1 = {Cg1, Cg2, …}。m 为粒空间的分解层数即粒空间中
    向量的个数。
[2] If(grc≠∅)
[3] {for i=1 to m
[4] T=i;
[5] {for j=1 to length(ai)   /*计算每个向量中元素的支持度*/
        {if(count(grcj)>=minsup)
        Li=Li∪{grcj}
        L=L∪Li
        }
[6] for(k=i+1 to m){
        T=T∪k
        LT=GrcVectorMul(LT, ak+1)/*调整粒度空间,运用粒度向量乘
                                  法进行深度搜索*/
        L=L∪(LT 的每个元素的所有子集);
        }
[7] 输出 L,算法结束。
}
```

例 5.4 如表 5.17 所示为一个信息表,GrcAR 算法从此信息表中获取频繁项集的过程如下所示,设最小支持度为 2:

表 5.17 信息表

Object	Height	Hair	Eyes
O_1	short	blond	blue
O_2	short	blond	brown
O_3	tall	red	blue
O_4	tall	dark	blue
O_5	tall	dark	blue
O_6	tall	blond	blue
O_7	tall	dark	brown
O_8	short	blond	Brown

(1) 划分基于粒度空间和基本信息粒,可以得到 $a_{100}=\{C_{g1},C_{g2}\}$、$a_{010}=\{C_{g3},C_{g4},C_{g5}\}$、$a_{001}=\{C_{g6},C_{g7}\}$和如表 5.18 所示的信息;

表 5.18 原子信息粒以及支持度

原子公式(a, v)	机器码表示 $m(a, v)$	支持度
(he, short)	$C_{g1}=\{O_1, O_2, O_8\}=11000001$	3/8
(he, tall)	$C_{g2}=\{O_3, O_4, O_5, O_6, O_7\}=00111110$	5/8
(ha, blond)	$C_{g3}=\{O_1, O_2, O_6, O_8\}=11000101$	4/8
(ha, red)	$C_{g4}=\{O_3\}=00100000$	1/8
(ha, dark)	$C_{g5}=\{O_4, O_5, O_7\}=00011010$	3/8
(ey, blue)	$C_{g6}=\{O_1, O_3, O_4, O_5, O_6\}=10111100$	5/8
(ey, brown)	$C_{g7}=\{O_2, O_7, O_8\}=01000011$	3/8

(2) 先考虑由 height 的属性值划分的基本信息粒$\{C_{g1}, C_{g2}\}$，由于基本粒C_{g1}、C_{g2}的最小支持度大于2，则频繁项$L_{100}=\{C_{g1}, C_{g2}\}$；

(3) 调整粒度空间，将由 height 属性值构成的粒度转换为由 height 和 hair 两者的属性值构成的粒度。计算由 height 导出的粒子和由 hair 导出的粒子连接生成的频繁 2-项集。C_{g1}，C_{g2}是根据属性 height 的值域划分的等价关系，所以 C_{g1}，C_{g2}不需要连接，同理 C_{g3}，C_{g5}也不需要。用粒子项集矩阵乘法公式，将$\{C_{g1}, C_{g2}\}$和$\{C_{g3}, C_{g5}\}$相乘，得到频繁 2-项集 $L_{110}=\{C_{g1}, C_{g3}, C_{g2}, C_{g5}\}$。由 Apriori 性质得知 C_{g3}、C_{g5}也是频繁项集即 $L_{010}=\{C_{g3}, C_{g5}\}$。然后由 C_{g1}和 C_{g3}与 $C_{g1}C_{g3}$相减后得到 C_{g1}(00000000)、C_{g3}(00000100)的支持度均小于2，则删除，再将 C_{g1}和 C_{g5}以及 C_{g2}和 C_{g3}连接。得到频繁 2-项集；

(4) 调整粒度空间，将由 height 和 hair 属性值构成的粒度转换为由 height，hair 和 eyes 三者的属性值构成的粒度，计算频繁 3-项集。用粒子项集矩乘法：将$\{C_{g1}, C_{g3}, C_{g2}, C_{g5}\}$与$\{C_{g6}, C_{g7}\}$相乘得到频繁 3-项集 $L_{111}=\{C_{g1}, C_{g3}, C_{g7}, C_{g2}, C_{g5}, C_{g6}\}$。由 Apriori 性质得到频繁 2-项集 $L_{101}=\{C_{g1}, C_{g7}, C_{g2}, C_{g6}\}$，$L_{011}=\{C_{g3}, C_{g7}, C_{g5}, C_{g6}\}$和频繁 1-项集 L_{010}与步骤(3)计算的相等和 $L_{001}=\{C_{g6}, C_{g7}\}$；

(5) 粒度已经调整为最细一层，不能再细分，则调整粒度空间，由 height，hair 和 eyes 构成的粒度，转换为由 height 和 eyes 属性值构成的划分，频繁 2-项集向量 L_{101}。由步骤(4)已知 $L_{101}=\{C_{g1}, C_{g7}, C_{g2}, C_{g6}\}$然后由 C_{g1}和 C_{g7}与 $C_{g1}C_{g7}$相减后得到 C_{g1}(10000000)、C_{g3}(00000010)的支持度均小于2，则删除，再将 C_{g1}和 C_{g6}以及 C_{g2}和 C_{g7}连接；

(6) 以 height 为前缀的粒度空间已全部搜索完毕，计算以 hair 为前缀的粒度空间。由步骤(3)得 $L_{010}=\{C_{g3},C_{g5}\}$ 而计算 C_{g4} 的支持度小于2,则由商空间的保假原理得知以 C_{g4} 为前缀的所有粒子都不是问题的解;

(7) 调整粒度空间,将粒度转换为由 hair 和 eyes 的属性值构成的粒度。由步骤(4)得 $L_{011}=\{C_{g3},C_{g7},C_{g5},C_{g6}\}$ 然后由 C_{g3} 和 C_{g7} 与 $C_{g3}C_{g7}$ 相减后得到 C_{g3}(01000001)的支持度等于2,而 C_{g1}(10000000)的支持度小于2则删除,然后计算 C_{g3},C_{g6} 的支持度为2,为频繁项集。则 $L_{011}=\{C_{g3},C_{g7},C_{g3},C_{g6},C_{g5},C_{g6}\}$;

(8) 粒度调整完毕,算法结束。图5.15为GrcAR算法从表5.17中获取的规则粒的层次结构。

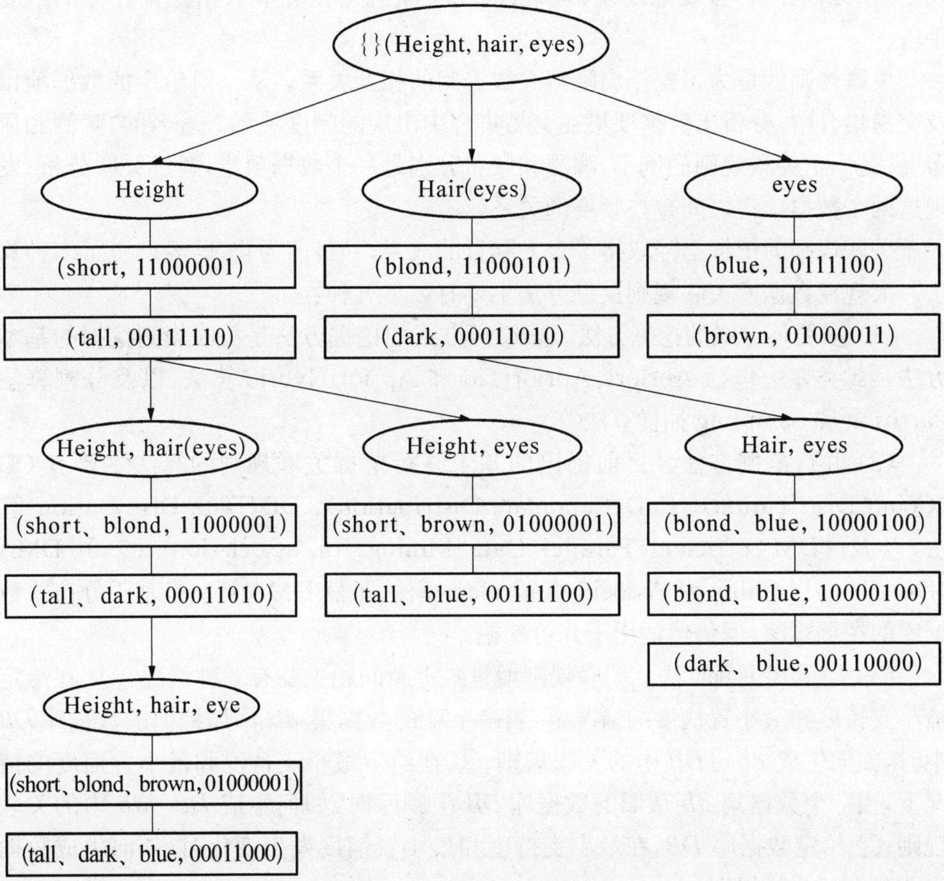

图5.15 频繁项集的结构层次

5.6 本章小结

关联规则是数据挖掘领域中的一个非常重要的研究课题，广泛应用于各个领域，主要包括顾客购物分析、目录设计、商品广告邮寄分析、追加销售、仓储规划、网络故障分析等。关联规则挖掘既可以检验行业内长期形成的知识模式，也能够发现隐藏的新规律。有效地发现、理解、运用关联规则是完成数据挖掘任务的重要手段。

关联规则就是为了挖掘出隐藏在数据间的相互关系。从一组给定的数据项以及交易集合中，分析出数据项集在交易集合中出现的频度关系。著名的“啤酒和尿布”就是一个关联规则的例子，啤酒和尿布分别是一个数据项集，通过关联分析，发现这两个数据项集之间存在频度的关系。

关联规则的挖掘已经取得了令人瞩目的成果，到目前为止，已经产生了多种算法。大规模数据库关联规则挖掘方法主要有以下五种：

(1) 多循环方式的挖掘方法。多循环方式的挖掘方法是关联规则挖掘的基本方法。此类算法包括 Apriori、AprioriTid 和 AprioriHybrid 算法，以及分割算法 Partition 和 Sampling 抽样算法等。

(2) 并行挖掘方法。目前提出的基于并行挖掘关联规则的算法主要有 CD (Count Distribution)、CaD(Candidate Distribution)、DD(Data Distribution)算法，以及 PDM(efficient Parallel Data Mining for association rules)、DMA (Distributed Mining of Associtation rules)算法，虽然 DMA 算法是基于分布式数据库的挖掘算法，但仍然适用于并行挖掘。

(3) 增量式更新算法。关联规则增量式更新问题主要有三种情况：① 在给定最小支持度和最小置信度的情况下，当一个新的数据集 db 添加到旧的数据库 DB 中时，如何生成 $db \cup DB$ 中的关联规则；② 在给定最小支持度和最小置信度的情况下，当一个数据集 db 从旧的数据库 DB 中删除时，如何生成 $DB - db$ 中的关联规则；③ 给定数据库 DB，在最小支持度和最小置信度发生变化时，如何生成数据库 DB 中的关联规则。

关联规则更新算法主要有 FUP(Fast UPdate)算法、IUA(Increment

Updating Algorithm 算法、PIUA(Parallel Incremental Updating Algorithm)算法和 NIUA(New Incremental Updating Algorithm)算法。

(4) 基于约束的挖掘方法。基于约束的关联规则挖掘是在用户提供的各种约束的指导下发现更有趣、更实用、更特别的关联规则的挖掘方法。这些约束条件包括：① 数据约束。用户可以指定对哪些数据进行挖掘，而不一定是全部的数据；② 指定挖掘的维和层次。用户可以指定对数据哪些维以及这些维上的哪些层次进行挖掘；③ 规则约束。可以指定哪些类型的规则是所需要的。另外也包括知识类型约束、兴趣度约束等。

(5) 基于多值属性的挖掘方法。多值属性关联规则可分为数量关联规则和类别关联规则。Agrawal 等人扩展了布尔属性的关联规则挖掘方法，将其应用于数量关联规则的挖掘；Srikant R. 等人提出了基于支持度的部分 K 度完全方法；Fukuda 提出了等深度划分的实现方法。目前提出的类别属性关联规则挖掘算法是将类别属性中的每一个类别当作一个属性，进而将问题转化为布尔关联规则挖掘问题。

本章介绍了基本的关联挖掘算法：Apriori 算法；在此基础上，介绍了 Apriori 算法的改进算法：FP-tree 算法；然后介绍了三类关联规则并行方法；最后介绍了基于粒计算的关联挖掘方法。

第6章 聚类挖掘

聚类分析将大量数据划分为性质相同的子类,以便于了解数据的分布情况。因此,它广泛应用于模式识别、图像处理、数据压缩等许多领域,例如:

(1) 在市场分析中,通过聚类分析能帮助决策者识别不同特征的客户群以及各客户群的行为特征;

(2) 在生物工程研究中,聚类分析能够用于推导动植物的分类,按照功能对基因进行划分并获取种群中的固有结构特征;

(3) 在非关系数据库领域(如空间数据库领域),聚类分析能够识别具有相同地理特征的区域以及该区域的环境和人的特征;

(4) 在 Web 信息检索领域,聚类分析能够对 Web 文档进行分类,提高检索效率。

聚类就是把一组个体按照相似性归成若干类别,即"物以类聚"。它的目的是使得属于同一类别的个体之间的距离尽可能的小,而不同类别上的个体间的距离尽可能的大。聚类的结果可以得到一组数据对象的集合,称其为簇。簇中的对象彼此相似,而与其他簇中的对象相异。在许多应用中,可以将一个簇中的数据对象作为一个整体来对待。

聚类技术最早在统计学和人工智能等领域得到广泛的研究。在人工智能中,聚类又称作无监督归纳(unsupervised induction)。因为和分类学习相比,分类学习的例子或数据对象有类别标记,而要聚类的例子则没有标记,需要由聚类学习算法来自动确定。近几年来,随着数据挖掘的发展,聚类以其特有的优点,成为数据挖掘研究领域中一个非常活跃的研究课题。在数据挖掘里,面临的常常是含有大量数据的数据库,因此要探讨面向大规模数据库的聚类方法,以适应新问题带来的挑战。

6.1 聚类挖掘简述

目前在文献中存在大量的聚类算法。算法的选择取决于数据的类型、聚类的目的和应用。大体上,主要的聚类算法可以划分为如下几类:

(1) 划分方法(partitioning method)

给定一个 n 个对象或元组的数据库,一个划分方法构建数据的 k 个划分,每个划分表示一个聚类簇,并且 $k \leqslant n$。也就是说,它将数据划分为 k 个组,同时满足如下的要求:(i) 每个组至少包含一个对象;(ii) 每个对象必须属于且只属于一个组。注意在某些模糊划分技术中,第二个要求可以放宽。

给定要构建的划分的数目 k,划分方法首先创建一个初始划分。然后采用一种迭代的重定位技术,尝试通过对象在划分间移动来改进划分。一个好的划分的一般准则是:在同一个类中的对象之间尽可能"接近"或相关,而不同类中的对象之间尽可能"远离"或不同。还有许多其他划分质量的评判标准。

为了达到全局最优,基于划分的聚类会要求穷举所有可能的划分。实际上,绝大多数应用采用了以下两个比较流行的启发式方法:(i) k-平均算法。在该算法中,每个簇用该簇中对象的平均值来表示。(ii) k-中心点算法。在该算法中,每个簇用接近聚类中心的一个对象来表示。这些启发式聚类方法,对在中小规模的数据库中发现球状簇很适用。为了对大规模的数据集进行聚类,以及处理复杂形状的聚类,基于划分的方法需要进一步的改进。

(2) 层次的方法(hierarchical method)

层次的方法对给定的数据对象集合进行层次的分解。根据层次的分解如何形成,层次的方法可以分为凝聚的和分裂的。凝聚的方法,也称为自底向上的方法,一开始将每个对象作为单独的一个组,然后相继合并相近的对象或组,直到所有的组合并为一个(层次的最上层),或者达到一个终止条件。分裂的方法,也称为自顶向下的方法,一开始将所有的对象置于一个簇中。在迭代的每一步中,一个簇被分裂为更小的簇,直到最终每个对象在单独的一个簇中,或者达到一个终止条件。

层次的方法的缺陷在于,一旦一个步骤(合并或分裂)完成,它就不能被撤销。这个严格规定是有用的,由于不用担心组合数目的不同选择,计算代价会较小。但是，该技术的一个主要问题是它不能更正错误的决定。有两种方法可以改进层次聚类的结果：(i) 在每层划分中，仔细分析对象间的“连结”，例如 CURE 和 Chameleon 中的做法；(ii) 综合层次聚类和迭代的重定位方法。首先用自底向上的层次算法，然后用迭代的重定位来改进结果。例如在 BIRCH 中的方法。

(3) 基于密度的方法(density-based method)

绝大多数划分方法基于对象之间的距离进行聚类。这样的方法只能发现球状的簇，而在发现任意形状的簇上遇到了困难。随之提出了基于密度的另一类聚类方法，其主要思想是：只要邻近区域的密度(对象或数据点的数目)超出某个阈值，就继续聚类。也就是说，对给定类中的每个数据点，在一个给定范围的区域中必须包含一定数目的点。这样的方法可以用来过滤“噪音”孤立点数据，发现任意形状的簇。

DBSCAN 是一个有代表性的基于密度的方法，它根据一个密度阈值来控制簇的增长。OPTICS 是另一个基于密度的方法，它为自动的和交互的聚类分析提供一个聚类顺序。

(4) 基于网格的方法(grid-based method)

基于网格的方法把对象空间量化为有限数目的单元，形成了一个网格结构。所有的聚类操作都在这个网格结构(即量化的空间)上进行。这种方法的主要优点是它的处理速度很快，其处理时间独立于数据对象的数目，只与量化空间中每一维的单元数目有关。

STING 是基于网格方法的一个典型例子。CLIQUE 和 WaveCluster 这两种算法既是基于网格的，又是基于密度的。

(5) 基于模型的方法(model-based method)

基于模型的方法为每个簇假定了一个模型，寻找数据对给定模型的最佳拟合。一个基于模型的算法可能通过构建反映数据点空间分布的密度函数来定位聚类。它也是基于标准的统计数字自动决定聚类的数目，考虑“噪音”数据或孤立点，从而产生健壮的聚类方法。

一些聚类算法集成了多种聚类方法的思想，所以有时将某个给定的算法划分为属于某类聚类方法是很困难的。此外，某些应用可能有特定的聚类标准，要求综合多个聚类技术。

聚类分析的研究工作集中在为大型数据库的有效和实际的聚类分析寻求适当的方法，目前的研究方向包括下列几个方面：

(1) 算法的可伸缩性：在很多聚类算法中，数据对象小于 200 个的小数据集合上鲁棒性执行多种数据模型；而对于包含几百万个数据对象的大规模数据库进行聚类时，将会导致有不同的偏差结果，这就需要聚类算法具有高度的可伸缩性，能有效地处理海量数据。

(2) 处理不同类型属性的能力：设计的很多算法是用于聚类数值类型的数据，但在实际应用中可能要求聚类其他类型的数据，如分类/标称类型(categorical/nominal)，序数型(ordinal)，二元(binary)数据，或者这些数据类型的混合。

(3) 发现任意形状的聚类：许多聚类算法是基于欧几里德距离，趋向于发现具有相近密度和尺寸的球状簇。但一个簇可能是任意形状的，提出能发现任意形状簇的算法非常重要。

(4) 用于决定输入参数的领域知识最小化：在聚类分析中，许多聚类算法要求用户输入一定的参数，如希望簇的数目。聚类结果对于输入参数很敏感，通常参数较难确定，尤其是对于含有高维对象的数据集更是如此。要求人工输入参数不但加重了用户的负担，而且也使聚类质量难以控制。

(5) 对于输入记录顺序不敏感：一些聚类算法对于输入数据的顺序是敏感的。如对于同一个数据集合，以不同的顺序提交给同一个算法时，可能产生差别很大的聚类结果。研究和开发对数据输入顺序不敏感的算法具有重要的意义。

(6) 高维性：一个数据库可能含有若干维或者属性。很多聚类算法擅长处理低维数据，一般只涉及两到三维。通常最多在三维的情况下能够很好地判断聚类的质量。聚类数据对象在高维空间是非常有挑战性的，尤其是考虑到这样的数据可能高度偏斜，非常稀疏。

(7) 处理噪声数据的能力：在现实应用中绝大多数的数据都包含了孤立点、空缺、未知数据或者错误的数据。有些聚类算法对于这样的数据敏感，将会导致质量较低的聚类结果。

(8) 基于约束的聚类：在实际应用中有可能需要在各种约束条件下进行聚类。既要找到满足特定的约束，又要具有良好聚类特性的数据分组是一项具有挑战性的任务。

(9) 可解释性和可用性：通常用户希望聚类结果是可解释的、可理解的和可用的，因此，应用目标如何影响聚类方法的选择也是一项重要的研究课题。

同时，聚类方法存在下列主要问题，也需要进一步研究解决：

(1) 初始敏感性：初始值的选择以及输入顺序对聚类算法的最终结果影响很大。在数据挖掘领域中可采取的措施：可以用多组不同的初始值并进行多次迭代，最终选取其中最佳者作为计算结果，但是不能保证一定达到全局最优解。

(2) 最优解：聚类过程的本质是一个优化的过程，通过一种迭代运算使得系统的目标函数达到一个最优解。然而这个目标函数在状态空间中是一个非凸函数，它有许多极小值，而其中只有一个是全局最小值，其他都是局部最小值。优化的目标就是达到全局最优，因此一个非凸函数的优化问题是待解决的研究课题。

(3) 算法的效率问题：提高算法的效率是当前聚类领域中研究的又一个重要问题。通过改进现有的聚类算法，使之具有增量聚类的能力，并具有较好的伸缩性，在处理大数据库时，对数据库仅扫描一次，以提高算法的效率。

(4) 小波变换聚类算法的研究：目前有关聚类的研究成果大都是对 k 均值算法、模糊 c 均值算法及 SOFM 算法的推广和改进，这些研究成果对聚类的性能都有不同程度的提高。然而对小波聚类算法及其改进方法的研究文献极少。由于它符合一个好的聚类算法的许多要求，因此对小波聚类算法的进一步研究与开发将会取得意想不到的成果。

(5) 基于不同媒体的挖掘：目前大多数聚类挖掘算法都是基于关系数据库或事务数据库的算法，设计应用于其他类型数据库（如面向对象数据库、面向属性的数据库、时态数据库、文本数据库、异质数据库、Web 数据库、多维数据库、地理数据库、数据仓库等）的聚类挖掘算法也将是十分有意义的工作。

1. 类（簇）的定义表示

由于客观事务繁杂的特性，以及在特征提取过程中用来表示样本点性质的特征变量的不同选择，使得样本点的表示很不相同，在不同的问题中类的定义也是不同的。以下提出几种不同的类的定义。

定义 6.1 设 G 表示一个有 k 个样本的集合，S_i 表示其中的样本，T 和 V 为预设阈值，则：

(1) 如果对于任意 S_i，$S_j \in G$，都有 $D(S_i, S_j) \leqslant T$，则 G 称为一类；

(2) 如果对每个 $S_i \in G$，都有 $\frac{1}{k-1}\sum_j D(S_i, S_j) \leqslant T$，那么 G 称为一类；

(3) 如果对于任意 $S_i, S_j \in G$，都有 $\frac{1}{k\times(k-1)}\sum_i \sum_j D(S_i, S_j) \leqslant T$，且 $D(S_i, S_j) \leqslant T$，那么 G 称为一类；

(4) 对于任意样本 S_i，都存在 G 中的一个样本 S_j，满足 $D(S_i, S_j) \leqslant T$，则称 G 为一类。

显然，以上几种定义均通过限制元素间的距离来定义类，只是限制方法有所不同，定义(1)是要求最高的，凡是满足定义(1)要求的类，肯定满足其他几种定义；凡是满足定义(2)的集合，也必定满足定义(3)。

聚类的表示方法一般有以下几种：

(1) 自然语言描述：直接用自然语言描述符合某些条件的数据点属于某个类；

(2) DNF描述：用析取范式表示简洁、准确，例如：$(18<PT<30)\vee(800<AM<2\,000)$；

(3) 聚类谱系图：大部分聚类算法的输出结果为一个聚类谱系图，它可以详细展示从总体归为一类到所有样本点自成一类之间所有的中间情况，如果聚类谱系图的每个类均标有其平台高度，则称之为标度聚类谱系图。

2. 相似性测度

聚类分析按照样本在性质上的亲疏远近进行分类。为了使类分得合理，必须描述样本之间的亲疏远近的程度。描述样本点之间的相似性主要有距离和相似系数：

(1) 距离：设使用 n 个指标特征变量来描述样本，那么就可以把每个样本点看作 n 维空间的一个点，进而使用某种距离来表示样本点之间的相似性，距离较近的样本点性质较相似，距离较远的样本点差异较大。

距离函数：设 Ω 是样本点集合，如果函数满足以下条件，称之为距离函数：

① 正定性：$D(\boldsymbol{X},\boldsymbol{Y})\geqslant 0$，如果 $\boldsymbol{X}\neq\boldsymbol{Y}$；$D(\boldsymbol{X},\boldsymbol{Y})=0$，if $\boldsymbol{X}=\boldsymbol{Y}$；

② 对称性：$D(\boldsymbol{X},\boldsymbol{Y})=D(\boldsymbol{Y},\boldsymbol{X})$；

③ 三角不等式：$D(\boldsymbol{X},\boldsymbol{Y})+D(\boldsymbol{Y},\boldsymbol{Z})\geqslant D(\boldsymbol{X},\boldsymbol{Z})$；

有时定义的距离函数不满足三角不等式，从广义的角度也称为距离。而在另外一些场合，条件③被减弱为：

④ $D(\boldsymbol{X},\boldsymbol{Y})\leqslant\max(D(\boldsymbol{X},\boldsymbol{Z}),D(\boldsymbol{Z},\boldsymbol{Y}))$　　对于一切的 Z

使用条件④替代条件③得到的距离，也称之为极端距离，它在系统聚类法的分析中有很重要的应用。

(2) 聚类分析中常用以下三种距离函数：

① 明氏距离

$$D_q(\boldsymbol{X},\boldsymbol{Y})=\left\{\sum_i |X_i-Y_i|^q\right\}^{\frac{1}{q}} \tag{6.1}$$

当 q 取 1, 2, ∞ 时，则分别得绝对距离、欧式距离、切比雪夫距离。

② 马氏距离

$$D(\boldsymbol{X},\boldsymbol{Y})=(\boldsymbol{X}-\boldsymbol{Y})^{\mathrm{T}}\times\Sigma^{-1}(\boldsymbol{X}-\boldsymbol{Y}) \tag{6.2}$$

Σ 是样本矩阵 A 的协方差阵，是总体分布的协差估计量。马氏距离是明氏距离的改进，它对于一切线性变换是不变的，克服了明氏距离受量纲影响的缺点。

马氏距离还部分克服了多重相关性。

③ 兰氏距离

$$D(\boldsymbol{X},\ \boldsymbol{Y}) = \sum_i \frac{|X_i - Y_i|}{|X_i + Y_i|} \tag{6.3}$$

兰氏距离克服了明氏距离受量纲影响的缺点,但没有考虑多重相关性。

聚类分析中不仅要将样本点聚类,在有些场合还需要对特征变量进行聚类。特征变量之间的相似性测度除了可以使用上述的距离函数之外,更常用的是相似系数函数。

(3) 相似系数

如果一个函数 $C: V\times V\to[-1,1]$满足以下条件,就称之为相似系数函数。

① $C(\boldsymbol{X},\ \boldsymbol{Y})\leqslant 1$;

② $C(\boldsymbol{X},\ \boldsymbol{Y}) = 1$;

③ $C(\boldsymbol{X},\ \boldsymbol{Y}) = C(\boldsymbol{Y},\ \boldsymbol{X})$。

$C(X,\ Y)$越接近1,两个特征变量间的关系越密切。经常采用的相似系数有以下两种:

● 夹角余弦

$$C(\boldsymbol{X},\ \boldsymbol{Y}) = \frac{\sum_i X_i \times Y_i}{\sqrt{(\sum_i X_i^2)\times(\sum_i Y_i^2)}} \tag{6.4}$$

这是受相似形的启发而来的,夹角余弦函数忽略各个向量的绝对长度,着重从形状方面考虑它们之间的关系。当两个向量方向相近时,夹角余弦值较大,反之则较小。特殊的当两个向量平行时,夹角余弦值为1,而正交时余弦值为0。

● 相关系数

$$C(\boldsymbol{X},\ \boldsymbol{Y}) = \frac{\sum_i (X_i - \overline{\boldsymbol{X}})\times(Y_i - \overline{\boldsymbol{Y}})}{\sqrt{(\sum_i (X_i - \overline{\boldsymbol{X}})^2 \times \sum_i (Y_i - \overline{\boldsymbol{Y}})^2)}} \tag{6.5}$$

相关系数是对向量做标准差标准化后的夹角余弦。它表示两个向量的线性相关程度。

3. 类间的测度函数

类间的测度一般使用距离作为测度函数。一般有如下六种:

(1) 最短距离法:也叫单连接(single link)法或最近邻(nearest neighbor)连接,使用两类间的最近两点的距离来描述两类间的相似程度。

$$D(G_1,\ G_2) = \min\{D(\boldsymbol{X},\ \boldsymbol{Y}) \mid \boldsymbol{X}\in G_1,\ \boldsymbol{Y}\in G_2\} \tag{6.6}$$

(2) 最长距离法:也叫完全连接(complete link)或最远近邻连接,使用两类间的最远两点的距离来描述两类间的相似程度。

$$D(G_1, G_2) = \max\{D(\boldsymbol{X}, \boldsymbol{Y}) \mid \boldsymbol{X} \in G_1, \boldsymbol{Y} \in G_2\} \tag{6.7}$$

(3) 中间距离法：类与类之间的距离如果不取两类元素间的最短距离，也不取最长距离，而是取中间的距离，就称为中间距离法。

(4) 重心法：

$$D(G_1, G_2) = D(\bar{\boldsymbol{X}}, \bar{\boldsymbol{Y}}) \tag{6.8}$$

其中 $\bar{\boldsymbol{X}}$ 是 G_1 的重心，$\bar{\boldsymbol{Y}}$ 是 G_2 的重心。重心法是从物理意义出发，以类的重心代表此类，使用两类重心之间的距离来描述类间相似性。

(5) 类平均法：

$$D(G_1, G_2) = \frac{1}{n_1 \times n_2} \sum_i \sum_j D(X_i, Y_j) \tag{6.9}$$

(6) 离差平方和法：Ward 从方差分析的观点出发，认为正确的分类应当使得类内方差尽量小，而类间的方差尽量大。样本集 G 的类内方差为：

$$S(G) = \sum_i (X_i - \bar{\boldsymbol{X}})^{\mathrm{T}} (X_i - \bar{\boldsymbol{X}}) \tag{6.10}$$

定义类间距离为：

$$D(G_1, G_2) = S(G_1 \cup G_2) - S(G_1) - S(G_2) \tag{6.11}$$

每次选择类间距离最小的两类合并，使得 $S(G)$ 增量最小，最终得到一个 $S(G)$ 的局部极小值。

4. 常用的聚类策略

聚类的输入是样本矩阵，它把样本视为 N 维空间中的一个点，目标是找出样本点之间最本质的"簇"的关系。有以下几种聚类策略：

(1) 排序法(sorting)：这种策略适用于采用离散型特征变量的样本。将特征变量按照重要性次序，首先选择最重要的特征变量，按在这个特征变量取值的不同将样本划分不同的子集。对于每个子集，接着选择次重要的特征变量进行分类，重复这种操作直到最后一个特征变量。排序法得到的结果是一个分类树，它的运行速度很快，但是对于特征变量很多的情况则很不适用。

(2) 调整法(switching)：首先粗略地分一下类，然后根据使分类函数最小的原则对分类进行调整，这种策略中以动态聚类法为典型。这就对分解或并类操作提出了很高的要求，初始操作失误会严重影响整体的聚类效果。调整法在这一点上表现得比较灵活，它可以允许对前面的聚类结果进行调整。调整法非常类似数值计算中的迭代法。

(3) 合并法(joining)：开始时每个样本自成一类，然后将最相似的两类合并成一个新类,使类的数目减少,重复这种操作直到最后所有样本合并成一类。这种策略中以系统聚类法为代表,聚类过程可以使用聚类谱系图来表示。

(4) 分裂法(splitting):和合并法相反,分裂法刚开始时将整个样本集合视为一类,然后遵循某种最优准则将它分为两类,一直分裂为每个样本点各成一类。同时使用一个分类函数的值来控制。是否需要分裂操作,当一类分得比较合理时,分类函数的值最小,反之则较大。分裂法试图寻求一种分类方案,使得分类函数值达到极小。

(5) 加入法(adding):设已经存在一个分类方案(使用聚类谱系图或分类树表示),每次加入一个新样本,按照某种规则确定其在分类系统的合适位置,当样本全部加入之后,分类即告结束。

除了以上提到的策略之外,还有其他的一些方法,例如应用模糊数学理论的模糊聚类法、应用最小支撑树的图论法等等。

5. 聚类的一般步骤

第一步是特征提取。它的输入是原始样本,由领域专家决定使用哪些特征来描述样本的本质性质和结构。特征提取的结果是输出一个矩阵,每一行是一个样本,每一列是一个特征指标变量。

选取特征的优劣将直接影响以后的分析和决策。如果第一步就选择了与聚类意图毫不相关的特征变量,试图得到良好的聚类结果则无异于缘木求鱼。因为无论后续步骤采用多么优良的聚类算法和阈值选择方案,都不可能计算出执行者的意图。合理的特征选取方案应当使得同类样本在特征空间中相距较近,异类样本则相距较远。

在有些场合还需要将得到的样本矩阵进行一些后处理工作。比如为了统一量纲就对变量进行标准化处理,这样采用相同量纲的变量才具有可比性,在有些场合可能选择的特征变量太多,不利于以后的分析和决策,这时可以先进行降维处理,仅凭经验和领域知识选择的特征变量有可能是相关的,进行主成分分析就可以消除变量间的相关性,从而得到一些相互独立的特征变量。

接下来就是执行聚类算法,获得聚类谱系图。聚类的输入是一个样本矩阵,它把一个样本想像成为特征变量空间中的点。

聚类算法的目的就是获得能够反映 N 维空间中这些样本点的最本质的"簇"的性质。这一步没有领域专家的参与,它除了集合知识外不考虑任何的领域知识,不考虑特征变量在其领域中的特定含义,仅仅认为它是特征空间中的一维而已。

聚类算法的输入一般是一个聚类谱系图,由粗到细地反映了所有的分类情况或者直接给出分类方案,包括总共分为几类,每类具体包含哪些样本点等等。

最后是选取合适的分类阈值。在得到了聚类谱系图后,领域专家凭借经验和领域知识,根据具体的应用场合决定阈值的选取。选定阈值以后,就能够从聚类谱系图上直接看出分类方案。没有领域专家的参与,不考虑具体的应用背景,而仅仅依赖从聚类谱系图出发寻找聚类指数的突变点或者求最小生成树的长边等等,往往不会得到满意的结果。领域专家还可以对聚类结果结合领域知识进行进一步的分析,从而加深样本点和特征变量的认识。实际应用聚类分析是一个需要多方参与的过程,它无法脱离领域专家的参与,聚类算法仅仅是整个聚类流程中的一个环节而已,仅依靠聚类算法一般不会得到令人满意的结果。

6.2　基于划分的聚类挖掘

k-means 方法和 *k*-medoid 方法是最典型的划分方法。算法的处理思路基本相同,即给定一个数据库 D,用户输入要获得聚类簇的个数 k。开始任意将 D 划分为 k 个部分,然后通过更新簇的中心来调整划分,当整体差异函数收敛的时候结束处理过程。它们之间的差别是簇中心的表示方法,划分调整策略和整体差异函数的定义。

k-means 方法稍后会有详细介绍,这里主要对 *k*-medoid 算法做说明。*k*-medoid 算法有三种实现方式 PAM,CLARA 和 CLARANS。PAM(Partition Around Medoid)方法:对于一个数据库 D,D 中含有 N 个元素:作为参数需要给出要生成的簇的个数 $k(1\leqslant k\leqslant N)$。PAM 方法首先随机选择 k 个对象作为簇的中心,对于每一个中心点 $O[j]$,PAM 方法试图用所有 $N-k$ 个非中心点替换它。如果平方-误差减小则进行替换。RAM 方法对于小数据库处理能得到很好的结果,但是它的计算代价非常高。需要用 $N-k$ 个点替换 k 个点,每次替换都要检验 $N-k$ 次代价函数,所以复杂度是 $O(N(N-k)^2)$。

CLARA(Clustering LARge Application)方法是 PAM 方法的增强版,专门用于处理大量数据。CLARA 方法的思想是:从所有的数据中取出 5 组样本,对每个样本实行 PAM 算法。比较 5 组的平方差,选取最小的作为输出结果。CLARA 方法的确在处理大数据量时提高了运算速度,但是它所得出来的结果只是关于样本点最优的,并不是所有数据的最优解。CLARA 方法结果的优劣依赖于采样方法。

CLARANS(Clustering LARge Application based upon RANdom Search)方法是CLARA方法的加强版,用以提高结果的质量和伸缩性。CLARANS方法的思想是:任意从 k 个中心点中取出一个点,从 $N-k$ 中任意取一个点去替换它,如果替换成功则重新开始。如果尝试几次(参数由人给出)没有发现更好的结果,就认为已经达到局部最优。CLARANS 方法的复杂度是 $O(N^2)$。实验显示 CLARANS方法比PAM和CLARA更有效。

6.2.1 *k*-means 方法

k-means 算法是很典型的基于距离的聚类算法,采用距离作为相似性的评价指标,即认为两个对象的距离越近,其相似性就越大。该类算法认为簇是由距离靠近的对象组成的,因此把得到紧凑且独立的簇作为最终目标。

k-means 算法是硬聚类算法,是典型的基于原型的目标函数聚类方法的代表,它是数据点到原型(类别中心)的某种距离和作为优化的目标函数,利用函数求极值的方法得到迭代运算的调整规则。*k*-means 算法以欧式距离作为相似性测度,它是求对应某一初始聚类中心向量 $\boldsymbol{V}=(v_1,\ v_2,\ \cdots,\ v_k)^{\mathrm{T}}$ 最优分类,使得评价指标 J_c 值最小。算法常采用误差平方和准则函数作为聚类准则函数,误差平方和准则函数定义为:

$$J_c=\sum_{i=1}^{k}\sum_{p\in C_i}\|p-M_i\|^2$$

其中,M_i 是类 C_i 中数据对象的均值,p 是类 C_i 中的空间点。

分析误差平方和准则函数发现:*k*-means 算法是一个最优化求解问题,目标函数存在着许多局部极小点,只有一个是全局最小点。目标函数的搜索方向总是沿着误差平方和准则函数减小的方向进行。不同的初始值使得聚类中心向量 V 沿着不同的路径使目标函数减少。如图 6.1 所示,目标函数分别沿着 V_A、V_B、V_C 三种不同的初始值向量的路径逐步减小,分别找到各自对应的最小值。其中,只有 B 点对应的最小值才是全局最小点,而 A、C 两点对应的最小值是局部极小点。*k*-means 算法是一种爬山算法(hill climbing),算法终止时往往找到的是局部极小值。

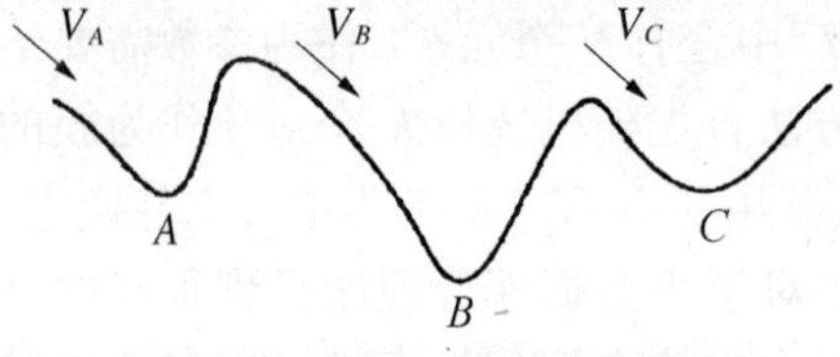

图 6.1 局部极小与全局最优

k-means 算法采用迭代更新的方法,在每一轮迭代中,依据 k 个聚类中心将周围的点分别组成 k 个簇,而重新计算的每个簇的质心(即簇中所有点的平均值,也

就是几何中心)将被作为下一轮迭代的参照点。迭代使得选取的参照点越来越接近真实的簇质心,所以目标函数越来越小,聚类效果越来越好。

1. k-means 算法框架分析

k-means 的目标是根据输入的参数 k,将数据划分成 k 个簇。该聚类方法用到的数学思想很简单,但聚类的效果很好。

算法首先随机选取 k 个点作为初始聚类中心,然后计算各个样本到聚类中心的距离,把样本归到离它最近的那个聚类中心所在的类;对调整后的新类计算新的聚类中心,如果相邻两次的聚类中心没有任何变化,说明样本调整结束,聚类准则函数 J_c 已经收敛。

该算法属于动态聚类法(也称逐步聚类法),其迭代过程采用按批修改方法,即在每次迭代中都要考察每个样本的分类是否正确,若不正确,就要调整。在全部样本调整完后,再修改聚类中心,进入下一次迭代。如果在一次迭代算法中,所有的样本被正确分类,则不会有调整,聚类中心也不会有任何变化,这标志着 J_c 已经收敛,算法结束。该算法框架如下:

(1) 给定大小为 n 的数据集,令 $I=1$,选取 k 个初始聚类中心 $Z_j(I)$, $j=1,2,3,\cdots,k$;

(2) 计算每个数据对象与聚类中心的距离 $D(x_i,z_j(I))$, $i=1,2,3,\cdots,n$; $j=1,2,3,\cdots,k$,如果满足:

$D(x_i, Z_k(I)) = \min\{D(x_i, Z_i(I)), j = 1, 2, 3, \cdots, n\}$,则 $x_i \in w_k$;

(3) 计算误差平方和准则函数 J_c:

$$J_c(I) = \sum_{j=1}^{k}\sum_{k=1}^{n_j} \| x_k^{(j)} - Z_j(I) \|^2$$

(4) 判断:若 $|J_c(I) - J_c(I-1)| < \xi$,则算法结束;否则 $I = I+1$,计算 k 个新的聚类中心, $Z_j(I) = \frac{1}{n}\sum_{i=1}^{n_j} x_i^{(j)}$, $j = 1, 2, 3, \cdots, k$,返回(2)。

2. k-means 算法的步骤

k-means 算法如表 6.1 所示。

k 个初始聚类中心点的选取对聚类结果具有较大的影响,因为在该算法第(1)步中是随机的选取任意 k 个点作为初始聚类中心,初始地代表一个簇。该算法在每次迭代中对数据集中剩余的每个对象,根据其与各个簇中心的距离,将每个对象重新赋给最近的簇。当考察完所有数据对象后,一次迭代运算完成,新的聚类中心和 J_c 值也计算出来。如果在一次迭代前后, J_c 值没有变化,说明算法已经收敛,即准则函数 J_c 作为算法是否结束的依据。在迭代过程中, J_c 值逐渐减小,直到它的最小值为止。图 6.2 显示了 k-means 算法的迭代过程。

表 6.1　k-means 算法流程

```
算法 k-means(s, k), S = {x_1, x_2, …, x_n}
input：n 个数据对象集合 x_i
output：k 个聚类中心 Z_j 及 k 个聚类数据对象集合 C_j
Begin
      m = 1
      initial k prototype Z_j, j∈[1, k]
      repeat
         for i = 1 to n do
            computer D(x_i, z_j) = |x_i - z_j|
         if D(x_i, z_j) = min{D(x_i, z_j)} then x_i ∈ C_j
      end
if m = 1, then
J_c(m) = Σ_{j=1}^{k} Σ_{x_i∈C_j} |x_i - z_j|^2
m = m + 1
for i = 1 to k do
      Z_j = (1/n_j) Σ_{i=1}^{n_j} x_i^{(w)};
      J_c(m) = Σ_{j=1}^{k} Σ_{x_i∈C_j} |x_i - z_j|^2;
Until |J_c(m) - J_c(m-1)| < ξ
End
```

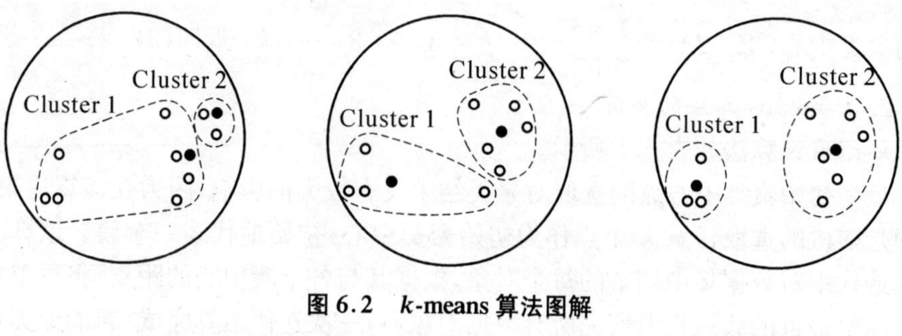

图 6.2　k-means 算法图解

这个算法需要的时间复杂度为 $O(tknd)$，其中 t 是算法循环的次数，$t \ll n$，$k \ll n$。

3. *k*-means 算法的问题分析及现有改进

k-means 算法存在着不少缺点,主要的问题有以下几个方面:

(1) *k*-means 算法中聚类个数 *k* 需要预先给定。

这个 *k* 值的选定是非常难以估计的,很多时候,事先并不知道给定的数据集应该分成多少个类别才最合适,这也是 *k*-means 算法的一个不足。有的算法是通过类的自动合并和分裂得到较为合理的类型数目 *k*,例如 ISODATA 算法。关于 *k*-means 算法中聚类数目 *k* 值的确定,有文献根据方差分析理论,应用混合 *F* 统计量来确定最佳分类数,并应用模糊划分熵来验证最佳分类数的正确性。

还有文献使用一种结合全协方差矩阵 RPCL 算法,并逐步删除那些只包含少量训练数据的类。也有文献针对"聚类的有效性问题"提出一种新的有效性指标:$V_{km}(k) = Intra(k) + Inter(k)/Inter(k_{max})$,其中 k_{max} 是可聚类的最大数目,目的是选择最佳聚类个数使得有效性指标达到最小。为此使用的是一种称为次胜者受罚的竞争学习规则来自动决定类的适当数目。它的思想是:对每个输入而言不仅竞争获胜单元的权值被修正以适应输入值,而且对次胜单元采用惩罚的方法使之远离输入值。

(2) 算法对初始值的选取依赖性极大以及算法常陷入局部极小解。

不同的初始值,结果往往不同。*k*-means 算法首先随机地选取 *k* 个点作为初始聚类种子,再利用迭代的重定位技术直到算法收敛。因此,初值的不同可能导致算法聚类效果的不稳定。并且,*k*-means 算法常采用误差平方和准则函数作为聚类准则函数(目标函数)。目标函数往往存在很多个局部极小值,只有一个属于全局最小。由于算法每次开始选取的初始聚类中心落入非凸函数曲面的"位置"往往偏离全局最优解的搜索范围,因此通过迭代运算,目标函数常常达到局部最小,得不到全局最小。对于这个问题的解决,许多算法采用遗传算法(GA),例如可采用遗传算法 GA 进行初始化,以内部聚类准则作为评价指标。

(3) 从 *k*-means 算法框架可以看出,该算法需要不断地进行样本分类调整,不断地计算调整后的新的聚类中心,因此当数据量非常大时,算法的时间开销是非常大的。所以需要对算法的时间复杂度进行分析,改进提高算法的应用范围。可从该算法的时间复杂度进行分析考虑,通过一定的相似性准则来去掉聚类中心的候选集,也可使用的 *k*-means 算法是对样本数据进行聚类。无论是初始点的选择还是一次迭代完成时对数据的调整,都是建立在随机选取的样本数据的基础之上,这样可以提高算法的收敛速度。

(4) 由于将簇的质心(即均值点)作为聚类中心进行新一轮聚类计算,远离数据密集区的孤立点和噪声点会导致聚类中心偏离真正的数据密集区,所以 *k*-means算法对噪声点和孤立点很敏感。对于这个问题,早期的 k-medoid 方法很好地解决了这个问题,即考虑不采用簇中对象的平均值作为参照点,而选用簇中位置最中心的对象,即中心点。

(5) *k*-means 算法一般只能发现球状簇。

k-means 算法常采用误差平方和准则函数作为聚类准则函数(目标函数),而且是基于欧氏距离的相似性度量。通过考察可以发现:如果各簇之间区别明显且数据分布稠密,则基于欧氏距离的误差平方和准则函数比较有效;但是如果各簇的形状和大小差别很大,为使误差平方和 J_c 值达到最小有可能出现将大的聚类簇分割的现象。

6.3 基于层次的聚类挖掘

层次化聚类方法就是将数据对象组成一棵聚类的树。根据层次分解是自底向上生成还是自顶向下生成,层次的聚类方法可以细分为凝聚的(agglomerative)和分裂的(divisive)层次聚类。

(1) 凝聚的层次聚类:凝聚的层次聚类是自底向上的策略。首先将每个对象作为一个类,然后合并这些原子类为越来越大的类,直到所有的对象都在一个类中,或者某个终结条件被满足。绝大多数聚类方法属于这一类,它们只是在簇间相似度的定义有所不同;

(2) 分裂的层次聚类:这种自顶向下的策略与凝聚的层次聚类相反,它首先将所有对象置于一个簇中,然后逐渐细分为越来越小的簇,直到每个对象自成一簇,或者达到了某个终止条件,例如达到了某个希望的簇数目,或者两个最近的簇之间的距离超过了某个阈值。

层次化聚类方法尽管简单,但如何恰当地选择合并或分裂点,是个很困难的工作,这样的选择是非常关键的,因为一旦一组对象被合并或者分裂,下一步的处理将在新生成的簇上进行。已做的处理不能被撤消,聚类之间也不能交换对象。如果在某一步没有很好的选择合并或者分裂的决定,可能会导致低质量的聚类结果。

而且,这种聚类方法不具有很好的可伸缩性,因为合并或者分裂的决定需要检查和估算大量的对象或簇。

改进层次方法的聚类质量的一个有希望的方向是将层次聚类和其他的聚类技术进行集成,形成多阶段聚类。

BIRCH(Balance Iterative Reducing and Clustering using Hierarchies)聚类算法是一个综合的层次聚类方法。它首先将数据集以一种紧凑的压缩格式存放,然后直接在压缩的数据集(而不是原始的数据集)上进行聚类,所以其I/O成本与数据集的大小呈线性关系。BIRCH特别适合大数据集,且支持增量聚类或动态聚类。算法扫描数据集一遍就可生成较好的聚类,增加扫描次数可用来进一步改进聚类质量。它引入用于概括簇信息的两个概念:聚类特征(Clustering Feature)和聚类特征树(CF树)。一个聚类特征是一个三元组,给出对象子聚类信息的汇总描述。假设某个子聚类中有 N 个 d 维的点或对象 $\{\boldsymbol{O}_i\}$,则该子聚类的CF定义如下:

$$CF = \{N, \boldsymbol{LS}, SS\}$$

其中 N 是子类中点的数目,$\boldsymbol{LS}$是N个点的线性和即 $\sum_{i=1}^{N} \boldsymbol{O}_i$, SS 是数据点的平方和 $\sum_{i=1}^{N} \boldsymbol{O}_i$。

从统计学的观点来看,聚类特征是对给定子聚类的统计汇总:子聚类的0阶矩,1阶矩,以及2阶矩。它记录了计算聚类和有效利用存储的关键度量,因为它汇总了关于子聚类的信息,而不是所存储的对象。一个CF树是高度平衡的树,它存储了层次聚类的聚类特征。

BIRCH采用了一种多阶段聚类技术:数据集的单遍扫描产生一个基本的聚类,一遍或多遍的额外扫描可以进一步改进聚类质量。这个算法的所需时间复杂度是 $O(n)$,n 是对象的数目。BIRCH算法具有对对象数目的线性伸缩性,及较好的聚类质量。但是,CF树的每个节点由于大小限制只能包含有限数目的条目,一个CF树节点并不总是对应于用户所认为的一个自然聚类。而且,如果类不是球形的,BIRCH不能很好地工作,因为它用了半径或直径的概念来控制聚类的边界。

BIRCH算法的步骤如下:

(1) 扫描数据集,将密集的数据点分组成为子簇,而将稀疏的数据点作为孤立点去除,并利用得到的数据总结,建立一棵初始存放于内存的CF树。算法试图使CF树在内存许可范围内尽可能详细地反映数据集的聚类信息。

(2) 有选择地压缩。对初始 CF 树中的叶条目进行扫描，重建一棵更小的 CF 树，同时去掉多余的孤立点，并将比较密集的子簇组合成更大的子簇。

(3) 采用一个已有的全局或半全局的聚类算法对 CF 树中所有跨不同节点边界的叶条目进行聚类。

(4) 有选择地对聚类结果提炼。将(3)产生的簇质心作为种子，将数据点重新分配给距离其最近的种子，以得到一个新的聚类集合，从而更正了不精确的地方，提炼出更好的聚类结果。

CURE(Clustering Using REpresentatives)聚类方法采用了一种新颖的层次聚类算法，该算法选择基于质心和基于代表对象之间的中间策略。CURE 的另一个优点在于它可以识别非球形的簇和规模相差较大的簇。

CURE 是一种自底向上的层次聚类算法，首先将输入的每个点作为一个聚类，然后合并相似的聚类，直到聚类的个数为 k 时为止。它不用单个质心或对象来代表一个类，而是选择数据空间中固定数目的具有代表性的点。在 CURE 中指出，基于中心点的方法和所有的点的距离计算方法都不适合非球形或任意形状的聚类，因此 CURE 采用了折衷的方法，即用固定数目的点表示一个聚类，从而提高了算法挖掘任意形状的聚类的能力。

一个类的代表点通过如下方式产生：首先选择类中分散的对象，然后根据一个特定的分数或收缩因子向类中心“收缩”或移动。在算法的每一步，最近距离的点对(每个点来自一个不同的类)代表的两个类被合并。

针对大型数据库，CURE 采用随机取样和划分两种方法的组合：一个随机样本首先被划分，每个划分被部分聚类。然后这些结果类被聚类产生希望的结果。

CURE 算法的主要处理步骤：

(1) 从源数据对象中抽取一个随机样本 S；

(2) 将样本 S 分割为一组划分；

(3) 对每个划分局部地聚类；

(4) 通过随机取样剔除孤立点。如果一个类增长得太慢，就去掉它；

(5) 对局部的类进行聚类。落在每个新形成的类中的代表点根据用户定义的一个收缩因子 a 收缩或向类中心移动。这些点代表和捕捉到了类的形状；

(6) 用相应的类标签来标记数据。

每个类有多于一个的代表点使得 CURE 可以适应非球形的几何形状。类的收缩或凝聚有助于控制孤立点的影响。因此，CURE 对孤立点的处理更加健壮，而且能够识别非球形和大小变化较大的类。对于大型数据库，它也有良好的可伸缩性,而且没有牺牲聚类质量。

在孤立点存在的情况下,CURE可以产生高质量的聚类结果,支持复杂形状和不同大小的聚类。该算法要求整个数据库的一遍扫描。给定 n 个对象,CURE算法的时间复杂性为 $O(n^2)$(低维数据)和 $O(n^2\log_2 n)$(高维数据),算法在处理大量数据时必须基于抽样、划分等技术。对CURE中用户给出的参数(例如样本大小,希望聚类的数目及收缩因子 a)的敏感度分析显示,尽管一些参数变化可能不影响聚类质量,一般来说,参数设置确实对聚类结果有显著的影响。

ROCK方法是基于簇间的互联性进行合并。Chameleon方法则是在层次聚类中发现动态模型。

6.4 基于密度的聚类挖掘

绝大多数划分方法基于对象之间的距离进行聚类,这样的方法只能发现球状的簇,而在发现任意形状的簇上遇到了困难。因此人们提出了基于密度的另一类聚类方法,其主要思想是:只要邻近区域的密度(对象或数据点的数目)超过某个阈值,就继续聚类。也就是说,对给定类中的每个数据点,在一个给定范围的区域中必须至少包含某个数目的点。这样的方法可以用来过滤"噪声"孤立点数据。发现任意形状的簇。

DBSCAN(Density-Based Spatial Clustering of Applications with Noise)是一个有代表性的基于密度的方法。

DBSCAN算法的基本思路说明如下:

(1) 给定对象半径 ε 内的区域称为该对象的 ε 邻域;

(2) 如果一个对象的 ε 邻域至少包含最小数目MinPts个对象,则称该对象为核心对象;

(3) 给定一个对象集合 D,如果 p 是在 q 的 ε 邻域内,而 q 是一个核心对象,则称对象 p 从对象 q 出发是直接密度可达的;

(4) 如果一个对象链 $p_1, p_2, \cdots, p_n, p_1 = q, p_n = p$,对 $p_i \in D_i\ (1 < i < n)$,p_{i+1}是从 p_i关于 ε 和MinPts直接密度可达的,那么对象 p 是从对象 q 关于 ε 和MinPts密度可达的;

(5) 如果对象集合 D 中存在一个对象 O 使得对象 p 和 q 是从 O 关于 ε 和 Minpts密度可达的,那么对象 p 和 q 是关于 ε 和 MinPts 密度相连的。

DBSCAN 算法的主要处理步骤:

(1) 数据集中任取一对象 p;

(2) 若 p 的 ε 邻域内包含多于 MinPts 个对象,则创建包含 p 的新聚类,循环收集直接密度可达的对象,否则继续下一个点;

(3) 聚类中再无新对象加入时,算法结束。

通过分析可知,DBSCAN 算法可以发现任意形状的簇,并且对输入数据顺序不敏感,不用事先指定聚类数目,缺点是对用户设置参数敏感,算法复杂度较高,通常情况下算法复杂度为 $O(n^2)$,在数据库索引的前提下,算法复杂度为 $O(n\log_2 n)$。

该算法将具有足够高密度的区域划分为簇,并可以在带有"噪声"的空间数据库中发现任意形状的聚类。基于密度的簇是基于密度可达性的最大的密度相连对象的集合。不包含在任何簇中的对象被认为是"噪声"。

如果采用空间索引,DBSCAN 的计算复杂度是 $O(n\log_2 n)$,这里 n 是数据库中对象的数目。否则,计算复杂度是 $O(n^2)$。如图 6.3 所示。

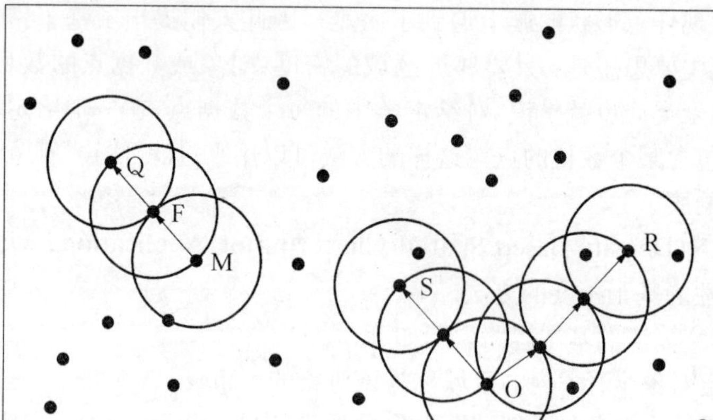

图 6.3 基于密度的聚类中的密度可达和密度相连

OPTICS(Ordering Points to Identify the Clustering Structure)是另一个基于密度的方法,它没有显式地产生一个数据集合簇,而是为自动的和交互的聚类分析计算一个聚类顺序(cluster ordering)。它包含的信息等同于从一个宽广的参数设置范围所获得的基于密度的聚类。每个对象需要存储两个值:核心距离(coredistance)和可达距离(reachability distance)。

● 对象 p 的核心距离是使得 p 成为核心对象的最小 ε。如果 p 不是核心对象,p 的核心距离没有定义;

● 对象 q 关于对象 p 的可达距离是 p 的核心距离和 p 与 q 的欧几里德距离之间的较大值。如果 p 不是核心对象,p 和 q 之间的可达距离没有定义;

● 由于 OPTICS 算法与 DBSCAN 在结构上的等价性,OPTICS 算法具有和 DBSCAN 相同的时间复杂度,即当采用空间索引时,复杂度为 $O(n\log_2 n)$。

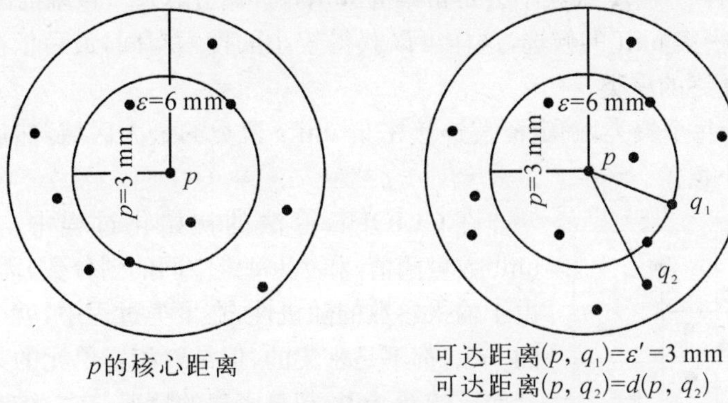

图 6.4 OPTICS 中的核心距离和可达距离

6.5 基于网格的聚类挖掘

在聚类分析方法中,基于网格的聚类方法采用了多维网格数据结构,将空间划分为有限数目的单元,以构成一个可以进行聚类分析的网格结构。

常用的基于网格聚类算法有 STING(STatistical INformation Grid)算法和 CLIQUE(CLustering In QUEst)算法。其中,STING 算法是一个基于网格多分辨率的聚类方法,它将空间划分为方形单元,不同层次的方形单元对应不同层次的分辨率,方形单元存放(均值、方差、最小值、最大值)等统计信息。STING 方法的优点是单元存放统计信息与查询要求无关,网格结构有助于实现并行运算和增量更新,聚类后的查询复杂度仅与最底层的网格数相关,缺点是所有的聚类形状是直方形,没有考虑子女与其父单元的相邻单元在空间中的相互关系。

CLIQUE 算法是将密度算法和网格算法结合在一起，对于处理数据库中的高维数据比较有效，CLIQUE 将一个聚类定义为连接的密集 unit 的最大集合。CLIQUE 方法的操作步骤如下：

(1) 将 N 维数据空间划分为不重叠的矩形 unit，再从中对每一维识别出其中的密集 unit，从搜索空间候选中识别出真正的密集 units。利用关联规则中的 apriori 性质，若一个 K 维 units 是密集的，那么它在 $(K-1)$ 维的投影 unit 也是密集的，这样就给定一个 K 维候选密集 unit；若它的 $(K-1)$ 维的投影 unit 中有不密集的，那么这样一个 K 维就不会是密集的 unit，可以利用 $(K-1)$ 维的密集 unit 来产生 K 维的密集 unit 的候选，这样可以获得较小的搜索空间，最后依次检查密集 unit 来产生最终的聚类。

(2) 对于每个聚类，确定覆盖连接密集 units 聚类的最大区域，然后再确定每个聚类的最小覆盖。

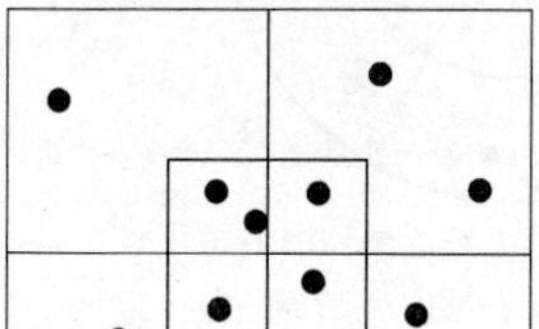

图 6.5　相连区域组成的新的 unit

在 CLIQUE 算法的初始化过程中，参数（密集 unit 数量阈值）和 N（每维空间的划分数）需要初始化，由于输入参数的随机性，在聚类过程中，就会出现相连的 unit，都不是密集的，但是取相连单元的某一部分组合而成的新 unit，却是密集的情况，在二维空间中示例如图 6.5 所示。

如果参数 $z=4$，则如图 6.5 所示的四个 unit 中没有一个密集的，但是如果在四个单元的中心再产生一个新的 unit 单元，则新的单元为密集的。为此有人提出了基于移动单元的网格聚类算法，定义 unit 单元中心点为 $UC_i=(l_i+h_i)/2$，unit 单元重心点 $PU=(P_{1i}+P_{2i}+\cdots+P_{ni})/n$，也就是 unit 中的所有点的平均值，直接关联单元 U_i，U_j 至少在某一维上有交集或具有一个共同的面，改进后的聚类定义为连接的最初密集 unit 和新增密集 unit 的最大集合。其过程描述如下：

(1) 将数据集中 K 维数据空间映射到划分好的单元中；

(2) 计算非密集单元的重点心，初始化一个新的单元，其中心点为非密集单元的重心点，单元的大小不变，判断新的单元是否密集，若密集则保留，否则丢弃；

(3) 为连接的密集 unit 的最大集合，标识 ClusterID。

从上述分析可知，CLIQUE 算法的优点是能自动发现最高维中存在的大密集聚类，对数据的输入顺序不敏感，也不需要假设任何特定的数据分布，时间复杂性与输入数据量大小呈线性关系，当数据维数发生变化时具有较好的可扩展性，缺点是追求方法简单化的同时，降低了聚类的精度。

6.6 基于模型的聚类挖掘

基于模型的方法为每个簇假定了一个模型，寻找数据对给定模型的最佳拟合。一个基于模型的算法可能通过构建反映数据点空间分布的密度函数来定位聚类。它也基于标准的统计数字自动决定聚类的数目，考虑“噪声”数据或孤立点，从而产生健壮的聚类方法。

COBWEB是一种流行的简单增量概念聚类算法。它的输入对象用分类属性-值对来描述。它以一个分类树的形式创建层次聚类，并采用一个启发式估算度量-分类效用来指导树的构建。分类效用定义如下：

$$\frac{\sum_{k=1}^{n} P(C_k)\left[\sum_i \sum_j P(A_i = V_{ij} \mid C_k)^2 - \sum_i \sum_j P(C_k \mid A_j = V_{ij})^2\right]}{n} \tag{6.12}$$

这里 n 是在树的某个层次上形成一个划分$\{C_1, C_2, \cdots, C_n\}$的结点、概念或“种类”的数目。分类效用是随无此种知识时期望的正确猜测的数目而增加的。

● 概率 $P(A_i = V_{ij} \mid C_k)$表示类内相似性。该值越大，共享该属性-值对的类成员比例就越大，更能预见该属性-值对是类成员；

● 概率 $P(C_k \mid A_i = V_{ij})$表示类间相异性。该值越大，在对照类中的对象的共享该属性-值对就越少，更能预见该属性-值对是类成员。

COBWEB也存在若干局限。首先，它基于这样一个假设：在每个属性上的概率分布是彼此独立的。此外聚类的概率分布表示使得更新和存储聚类相当昂贵。

6.7 高维海量数据的聚类挖掘

近年来，随着聚类分析应用领域的扩展和深入，高维聚类问题成为当前聚类分析研究的重点。典型的高维聚类应用有 Web 挖掘、文本聚类、搜索引擎、客户分析等。

6.7.1 高维海量数据特点

假设一个 d 维的数据集 D 存在于一个超立方体单元 $\Omega[0,1]$ 中，数据在空间中均匀分布，并且各个维之间是独立的。对一个边长为 s 的超级立方体范围，一个点在这个范围内的概率为 $s^d(s<1)$，因此随着维数 d 的增大，这个概率的值会越来越小。也就是说即使在一个很大的范围内很可能连一个点也不包含。例如当 $d=100$ 时，一个边长为 0.95 的超立方体范围只包含 0.59% 的数据点。由于这个超级立方体范围可以位于数据空间 a 的任何地方，因此得出结论，在高维空间中数据点是非常稀疏的。

通过基于网格的直方图来反映高维空间中数据的分布特点。在高维空间中均匀分布是不可能的，因为从统计学的角度讲，不可能在高维空间中有足够的点来通过统计的方法得到它的分布，但是均匀分布可以很好地说明问题，所以仍以均匀分布为例，设 $d=50$，数据集中的数据点的数目 $N=10^{12}$，对它做直方图并且把每个维只从中心划分成两个部分，原来的空间就被划分成 2^{50} 个单元，这时会得到 10^{12} 个包含数据的单元，其中每个单元中包含一个数据，包含数据的单元数仅占总单元数的大约千分之一。实际上这种划分还是非常粗略的，但是从这个简单的划分可以看出不可能从这些点的千分之一来决定这些数据的分布。因此不可能在高维空间中通过数据的统计特征得到它们的分布，但是可以看到当把这些数据投影到一维时可以看出是均匀分布，这就是子空间聚类算法的基础。同时在高维空间中也存在着空间现象。

“维度困扰”这一术语用来泛指在数据分析中遇到的由于变量(属性)过多而引起的所有问题。问题主要表现在两个方面：一方面随着维数的升高，索引结构的修剪效率迅速下降，当维数增加到一定的程度，采用索引结构还不如顺序扫描。另一方面，在高维空间中由于查询点到它的最近邻和最远邻在很多情况下几乎是等距离的，最近邻的概念常常会失去意义。

研究表明，在数据维数大于 20 时，传统聚类分析和索引方法的性能会急剧下降，甚至无法完成聚类任务。在维度 $d<16$ 时，聚类算法中使用的索引会有效地发挥作用，但当维数 $d>20$ 时，它们的性能会降低到顺序搜索的水平。

高维数据聚类的难点在于：

(1) 距离函数难于定义。聚类操作的基础是数据对象之间相似性的度量，而许多传统的聚类算法，如 k-means，BIRCH 等都用到了距离来表示两个对象间的相似度,相似度高的对象归为一类。低维空间中经常使用欧氏距离等距离函数来度量相似性,但在高维情况下,由于数据量不可能随着维数的增加而指数级增加,因此在高维空间中,存在着大量的稀疏部分。其结果是,最远的两个数据点之间的距离和最近的两个数据点间的距离差别将很小,或者几乎没有。必须重新考虑新的度量数据对象相似性的度量标准或准则;

(2) 基于距离的聚类方法经常需要计算簇的均值或近邻,但在高维情况下,按距离计算的簇的均值会很接近,聚类操作由于无法明确区分簇的中心而无法进行;

(3) 由于维数很高,传统聚类算法的计算复杂度会很高,其应用受到很大局限性。对基于距离或基于密度的聚类算法来讲,许多算法为了提高效率都基于某种索引结构如 R^*-树等。这种索引结构在高维空间中由于性能下降而不能有效地工作。例如基于 R^*-树实现的 DBSCAN 算法在高维空间中几乎是平方的时间复杂度。

基于网格的聚类算法如 STING、DENCLUE、WaveCluster 等可以发现任意形状的聚类而且速度也较快,但这些方法都没有谈及当数据量较大不能置于内存时如何进行有效聚类的问题,并且这些方法只能用于低维或中维的数据。因为随着空间维数的增长,基于网格的方法将面临严重的问题,一个簇很可能被多个($d-1$)维的超平面分割,使得这个簇中的数据点散落在不同的网格中。用一个例子来说明这个问题,为了简单,在划分网格时每个维只被分割一次,这样一个 d 维的空间就被 d 个 $d-1$ 维的超平面划分成 $2d$ 个单元,所有的超平面都平行于坐标轴。通过这种划分,数据点之间的自然的邻居关系就会丢失。假设数据点在$[0,1]$中,每个坐标轴都在 0.5 处分割,数据点在一个以$(0.5,0.5,\cdots,0.5)$为中心,一个小的 $\varepsilon>0$ 为半径的超级球体内。尽管这时它们形成一个数据簇,但当 $d>20$ 时,绝大多数的数据点都会处在一个单独的网格内。在高维情况下,这种情况是经常发生的,这也是基于网格的聚类方法对高维数据有效性下降的原因。

处理这个问题的方法之一就是将这些相邻的网格连结起来。一个质朴的方法就是测试一个蕴涵数据点的网格的所有相邻网格是否也蕴涵有数据点。但在高维空间中,这种测试几乎是不可能实现的。

在高维空间中进行聚类是一个异常困难的问题。这种困难性不仅指聚类算法效率的下降,更重要的是由于高维空间的稀疏性和最近邻特性使得在如此高维的空间中还存在数据簇几乎是不可能的。因为在这样的数据空间中,任何地方点的密度都是很低的,再加上许多维或者维的组合还可能存在一些均匀分布的噪声。由此可见,在高维空间中,全空间上的距离函数可能失效。因此基于全空间距离函数的聚类方法不适合用于高维空间中。这样大多数的传统聚类算法在高维空间中会失去作用。

6.7.2 高维海量数据聚类算法

对高维数据的聚类，主要有三类算法：属性转换，子空间聚类，协同聚类。

1. 属性转换(dimensionality transformations)

对于高维数据，可以采用属性转换或属性约简方法以减少数据维度，然后利用传统的聚类算法在较低维的数据空间中完成聚类操作，如主成分分析(PCA)、多维缩放(MDS)、自组织映射网络(SOM)、小波分析等，都是普遍应用的降维方法。

在多变量统计分析中，PCA 经常被采用以降低数据维度。它首先计算原始数据的协方差矩阵和该矩阵的前 k 个特征向量，然后把原始数据映射到这 k 个主特征方向上，映射后的数据维很低，可以应用传统聚类算法如 k-means、AutoClass 等。PCA 在确定 k 值时有较大的难度，若设得太小，将使数据丢失很多有用的信息；若设得太大，虽然可以保留较多的特征信息，但对传统聚类算法来说维数太高，无法有效地聚类。另外，PCA 的计算量大，内存需求高，均为 $O(m^2)$，当 m 值很大时，其算法复杂度无法接受。

在信息获取领域，经常用以减少维度的技术是奇异值分解(Singular Value Decomposition，SVD)。类似 PCA 的潜在语义分析(Latent Semantic Indexing，LSI)，它是与 PCA 类似的一种属性约简方法。与 PCA 使用协方差矩阵的特征向量不同的是，LSI 直接使用原始数据的奇异值分解技术。由于它不再计算协方差矩阵，其对内存和 CPU 的需求比 PCA 少。傅立叶低频调谐(Low-frequency Fourier harmonics)与帕赛伐尔理论(Parsevalv's theorem)相结合，以及小波变换等多种转换技术，已成功应用于时间序列的分析。

另一较著名的方法是自组织映射网络 SOFM(The Kohonen Self-Organizing Feature Map)，是一种基于神经网络把高维数据映射到低维特征空间的技术。其主要缺点是无法确定其完成的属性转换是否有效，即无法进行质量评价。另外，当数据的维数很高时，训练网络的收敛速度极慢，影响正常使用。但是，降维后的噪声数据与正常数据之间的差别缩小，聚类质量无法保障。另外，降维技术的使用虽然缩小了数据维度空间，但其可解释性、可理解性较差，可能会丢失重要的聚类信息，其结果的表达和理解存在着一定的难度。总之，基于属性转换的降维技术对极高维数据的处理有着很大的局限性，无法满足当前高维聚类应用的发展需要。

2. 子空间聚类

子空间(subspace)聚类是从另一角度处理高维数据。由于直接在高维空间中寻找簇(clusters)很困难，有些算法就把原始数据空间划分为不同的子空间，从子空间考察聚类的存在。首先找出密切相关的维，然后在对应的子空间中再进行聚类。传统的特征选择算法可用来确定相关维。然而在典型的数据挖掘应用中，不同的簇可能对应不同的子空间，并且每个子空间的维数也可能不同，因此不可能在一个子空间中发现所有的簇。为了解决这个问题，对全空间聚类问题进行了推广，称为"子空间聚类"或"投影聚类"。意在发现数据集中的所有的簇以及它所蕴涵的子空间。下面首先给出投影聚类的正式定义：

考虑在某个多维空间中的一个数据集，一个投影聚类就是一个数据点的子集 C 以及一个维的子集 D，使得 C 中的点在 D 中很紧密地聚集在一起。

根据子空间聚类算法的特点，将这种算法划分为重叠划分子空间聚类算法、非重叠划分子空间聚类算法和最优投影聚类算法。

(1) 重叠划分子空间聚类算法

在进行子空间聚类时，可以对全空间中包含的所有子空间都进行检查，看其中是否包含簇，最后标识出包含簇的所有子空间及蕴藏其中的簇，这种聚类算法称之为重叠划分子空间聚类算法。因为对同一个对象来说，它可能属于不同子空间中的不同的簇。下面首先介绍 CLIQUE 算法，然后论述其优化和改进算法。

在 CLIQUE 算法中，给定一个数据集和两个参数 ε 和 τ。把数据空间 S 中每个维都划分成 ε 个等长区间，这样就将 S 划分成互不重叠的矩形单元。如果在某个单元中所包含的数据点的比例高于阈值 τ，则说明这个单元是稠密的。需要在不同的子空间中识别稠密单元。一个簇就是在一个子空间中相接的稠密单元的并集。CLIQUE 算法可以分成以下三个步骤：(1) 寻找稠密单元并识别包含簇的子空间；(2) 在选定的子空间中确定簇；(3) 用合取范式生成簇的最小描述。

虽然从理论上来说，可以在所有的空间中建立密度直方图来识别稠密单元，但当维数很多时这种方法从计算代价上来看是不可行的。为了缩减搜索空间，CLIQUE 采用一种自底向上的算法，它利用了一个单调性准则：如果一个点集 D 在 k 维空间 S_k 中是一个簇，那么 D 一定也是 S_k 中任何一个 $k-1$ 维子空间的簇的一部分。算法首先通过数据扫描找到一维的稠密单元，一旦知道 $k-1$ 维稠密单元 D_{k-1}，就可以用一个候选单元生成过程来确定 k 维的候选单元 C_k，然后通过扫描数据在 C_k 中确定 k 维空间中的稠密单元。算法随着维数的增长，重复以上过程直到没有新的候选单元产生为止。

候选单元的生成过程类似于著名的关联规则挖掘算法 Apriori 中所采用的方法，它通过自连接 D_{k-1} 生成 C_k，连接条件是单元共享前 $k-2$ 维。随着维数的增加，不同维的组合会产生大量的子空间，但并不是所有的子空间都是人们感兴趣的。CLIQUE 采用一个基于"覆盖"的修剪原则对子空间进行修剪。在检查 k 维子空间时，将所有的 k 维子空间按照它们的覆盖从大到小排序基于 MDL 原理找到一个切点，切点左边的具有较高覆盖的子空间被保留，而切点右边的具有较低覆盖的子空间被修剪。一旦确定包含簇的子空间被确定以后，就可以用一种深度优先算法来确定子空间中的簇。最后用 DNF 表达式给出簇的描述。

在 CLIQUE 算法中用子空间的覆盖作为衡量该子空间中数据聚类是否良好的标准，实际上这个标准并不能完全反映该子空间中聚类的好坏。例如根据覆盖的定义，含有一个高密度的稠密单元的子空间与含有多个低密度的稠密单元的子空间可能具有同样的覆盖，但显然前者的聚类质量更好。另外还希望含有聚类的子空间的各个维之间相关性越强越好。因此将衡量好聚类的准则扩充为：高覆盖、高密度和维相关。可以用“熵”这一概念来反映扩充后的准则。Cheng 等人给出了一种基于熵的子空间聚类算法 ENCLUS。ENCLUS 算法继承了 CLIQUE 算法的主要精神，但采用了一种不同的子空间选择标准，根据属性的信息熵来选择子空间。由于多出了对于属性的信息熵的运算，所以 ENCLUS 的计算复杂度高于 CLIQUE。

CLIQUE 算法的计算代价取决于稠密单元的识别。产生和处理的候选稠密单元的数目取决于每个维上单元的尺寸。CLIQUE 在划分网格时，不考虑数据的分布，不论是在稠密区域还是在稀疏区域都采用同样的网格尺寸，这样在包含簇的区域可能被划分成多个候选的稠密单元，而包含噪音的区域也可能由于其密度超过给定阈值被确定为稠密单元。

为了改进 CLIQUE 算法的性能，可以按照数据分布采用一个自适应的间隔对维进行划分。其过程如下：先对数据进行一遍扫描，在非常小的间隔（如将每个维划分成 1 000 个等间隔单元）上划分确定每个维的密度直方图，然后将密度相似的区间进行合并，最后得到数目较少的随数据分布变化的区间划分。注意这时每个单元的密度阈值要随着单元体积的变化而变化。采用这种思想的算法有 MAFIAL 和 AGCMD（Adaptive Grids for Clustering Massive Datasets）。

MAFIA 是对 CLIQUE 算法的一个改进算法，它在数据空间的每一维建立大小可以调整的网格，这些网格单元更好地反映了数据在每一维的分布情况。CLIQUE 更多地使用的是如图 6.6 所示的网格，它把稠密的一维间隔分成了多个大小相等的子间隔，而 MAFIA 从每维数据的大量的小间隔开始，然后合并邻近的相近密度的间隔成为更大的间隔，因此，MAFIA 的网格大小是不相等的，很可能是更理想的网格单元，如图 6.7 所示。MAFIA 除了要求用户输入密度阈值外，还要求输入一个用于合并相邻窗口大小差值的特定阈值。通过调整网格的边界来减少 CLIQUE 算法运行过程中生成的箱的数量，以减少在更高维运算中的运算量，实验表明 MAFIA 的效率优于 CLIQUE。

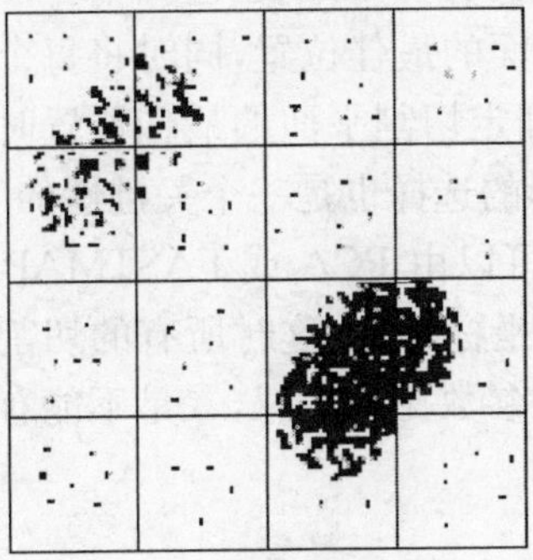

图 6.6　CLIQUE 算法的聚类示例

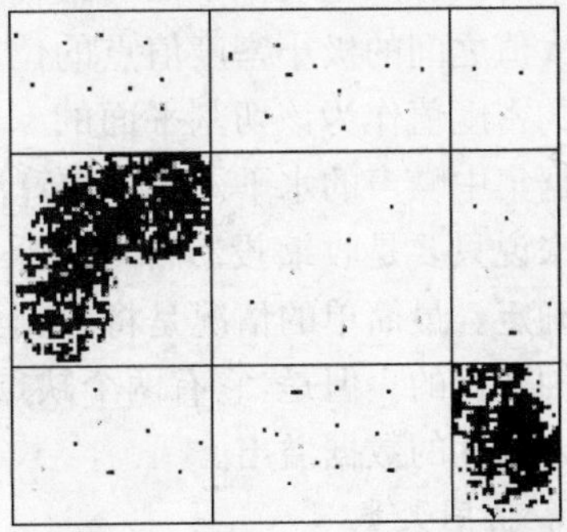

图 6.7　MAFIA 算法的聚类示例

如果将一个数据集划分成 K 个互不重叠的子集及对应的 K 个子空间，使得每个数据子集中的对象在其对应的子空间中很紧密地聚集在一起，这种聚类称为无重叠划分子空间聚类算法，其中最典型的算法是 PROCLUS 算法。

PROCLUS 算法的基本原理是用爬山法找到最好的种子 medoids 集。整个算法分为三步：初始化阶段、循环阶段和聚类提纯阶段。在初始化阶段，先对整个数据集进行随机采样，再用贪婪算法以期尽可能得到 medoids 集的一个小的超集 M。在循环阶段，先从 M 中随机选取 k 个 medoids，然后不断地用 M 中其他的点替代当前 medoids 集中最坏的点，如果这样得到的 medoids 集比原来的好，就在新得到的 medoids 集上按照上述过程进行下一轮循环，直到经过多次替代都不比当前的 medoids 好为止。同时还计算出对应每个 medoids 的维集。在将点分配到 medoids 时，采用 Manhattan 部分距离（用维数除 Manhattan 距离）。最后在聚类提纯阶段通过对数据集的一次扫描使聚类的质量进一步提高。

PROCLUS 算法只能发现轴平行子空间的聚类，但实际中许多簇存在于非轴平行的子空间中。PROCLUS 采用一个类 k-means 的模型，定义簇就是一个在某个子空间中具有较小的差平方和的点的集合。在算法中用 SVD 寻找簇蕴藏的子空间，它是由协方差矩阵中最小的 L 个特征值对应的特征向量组成的。算法在开始时建立在大于 L 维的子空间中的多于 k 个的聚类，然后逐渐减少聚类的数目并同时减小子空间的维数，最终得到 k 个聚类及其对应的 L 维子空间。

(2) 优化的网格聚类方法

优化的网格聚类方法关键在于选择合适的切割平面。一个好的切割平面应具备两种特性：一是切割平面应位于低密度的区域，二是要尽可能多地分辨数据簇。

在高维空间中确定最优网格分割的典型算法为OPTIGRID。在算法中,需要一个函数来为投影产生切割平面的最佳位置。在具体实现时,可以通过扫描将两个密度极大值之间的极小密度值点的位置作为切割平面的最佳位置,同时将每个切割点处的密度值作为该切割平面的score。注意在确定切割平面的最佳位置时应考虑数据集中噪声的水平。另外在算法中,收缩投影的选择也是一个关键性的问题,一般来说只要是收缩投影都可以采用,收缩投影可以由PCA或FASTMAP等技术来确定。最简单的情况是将数据集投影到每个坐标轴上,这时所有的切割平面都是轴平行的。但是,它有两个缺点:一是对输入参数比较敏感,二是不能有效控制进入内存的数据溢出。

3. 协同聚类

与只进行数据点的聚类相对应,协同聚类从对象-属性两个角度同时进行聚类操作,在数据点聚类和属性聚类之间求得一种平衡。

假设X是数据属性和数据对象构成的矩阵,一般称为影响矩阵、关系矩阵、频率矩阵、可能性矩阵等无负值元素,其典型应用如反映基因响应的强度、一个Web页面的点击频率或一个仓库里每项商品的销售数量等。Govaert于1995年研究了可能性矩阵表中行列块的同时聚类算法。Dhillon于2001年提出了一种与文本挖掘相关的,基于二部图(bi-partite graphs)和它们的最小切割的协同代数聚类算法。Oyanagi等于2001年提出一种在稀疏二元矩阵中发现相应区域的简单Ping-Pong算法,该算法通过建立矩阵元素的横向联系重新分布列对行的影响,并反过来进行。

协同聚类技术经常用于文本挖掘中的关键词聚类,为文本聚类和分类中的凝聚型协同聚类方法提供了便利,一般称为信息瓶颈技术(Information Bottleneck Method)。Berkhin和Beeher揭示了分布式聚类与k-means之间深厚的代数关系。他们使用适合于KL距离的k-means方法作为SIMPLIFYRELATION算法中主要的迭代步骤,逐步得到数据点与数据属性的协同聚类。这个发展已经广泛应用于Web分析中。由于KL距离具有非对称性特征,因此并非一种真正的距离,但在Jensen-Shanon散度式(divergence)中经过改造使其具备对称性,Dhillon等在k-means模型中应用Jensen-Shanon散度式对文本挖掘的关键词进行聚类,取得了很好的成果。除了文本和Web挖掘,协同聚类的理论也在其他领域得到应用,如基因微排列的聚类等。

4. 其他高维聚类技术

前面介绍的三种高维聚类方法各有利弊,各有其不同的适应领域。当数据维数较低时($d<100$),可以使用属性转换加传统聚类技术,也可以使用子空间聚类

方法。当数据维数较高($d>100$)时,协同聚类较为有效,尤其适用于文本聚类、Web挖掘等领域。除三类典型高维聚类技术之外,一些最新研究的高维聚类技术提供了新的思路。

一种是基于图/超图的高维聚类技术,如首先利用关联规则的频繁项集来定义对象之间的相似度,并以此建立超图模型,利用图的优化分割技术得到聚类结果。算法的主要思想是把一个求解高维空间数据聚类问题转换为一个超图分割寻优问题。包括两个步骤,第一步:构造带权的超图来表示不同的数据项之间的关系。把存在于高维空间中原始数据之间的关系映射到一个带权的超图,把数据集中的每一个数据项看成超图的一个顶点,把一个记录看成是一个超边,把由频繁项目集产生的关联规则的平均置信度看成是超边的权重。第二步:得到超图以后,在此基础上对数据点进行聚类。聚类方法使用超图分割算法HMETIS,每次将超图分成两部分,并保证被截断的超边的权重最小。反复使用超图分割算法,直到每个分割内部都紧密联系为止,得到的分割就是簇。传统定义的对象之间的相似度,只能比较两两之间的相似性,而利用频繁项集的方法来定义相似度,则可以同时比较多个对象之间的相似性。

该方法新颖之处在于:

(1) 采用频繁项集来定义多个对象的相似性,考虑了数据高维的特性;

(2) 利用较为成熟的超图分割算法寻找聚类,提高了算法效率。

HGHD是另一种基于超图的聚类算法,它建立模型的方法与前面所提到的算法是相同的,二者不同的是前面中的算法是自顶向下对超图进行分割以得到最终的簇,而HGHD是采用自底向上的方法。首先将每个顶点看成一个单独的簇,然后在算法中不断合并,以得到最终的簇。实验表明,算法在运行时间和聚类精度上都优于文献提到的算法。但该算法对于属性值连续的情况效果不太理想。

有文献给出属性分布相似度定义后,提出基于属性相似度的超图高维聚类算法,算法中超图的建立过程与前面两种算法不同,每个记录对应一个顶点,相似度大于某一阈值的两个顶点之间存在一条超边,超边的权重等于两个顶点之间的相似度,超图建立后应用超图分割算法HMETIS进行分割以得到簇。与前面算法不同的是,它以聚类奇异特征值对其进行质量评价,以提高算法的整体性能。

另一高维聚类技术是专门处理高维、稀疏数据的。高维稀疏数据在高维聚类中经常遇到。CABOSFV是一种全新的基于稀疏特征向量的聚类算法,用于求解二态变量的高属性维稀疏聚类问题,该算法不仅对数据进行了有效压缩,使得数据处理量大大减少,并且该算法只需进行一次数据扫描就可以生成聚类结果。

CABOSFV算法的主要思想是:

(1) 针对二态变量,CABOSFV 提出一种新的差异度计算方法,称为“集合的稀疏差异度 SFD”。集合的稀疏差异度反映的是一个集合内对象间的相似程度。

(2) CABOSFV 算法对数据的压缩,是通过定义“稀疏特征向量 Sparse Feature Vector,SFV”完成的。一个稀疏特征向量可以概括一个对象集合所包含的全部聚类相关信息,并且可以方便地计算集合内对象稀疏情况的相似程度。CABOSFV 在不减少用于聚类信息的情况下减少了算法需要处理的数据量。

(3) 在两个集合合并时稀疏特征向量具有可加性。根据这种可加性可以在对象集合合并时精确进行稀疏特征向量的计算,得到新的集合内对象稀疏特征的相似程度。

5. 基于网格和密度的子空间聚类算法 ENCLUS

信息熵是一种基于信息的度量,假定 X 是一个随机变量,Ω 是其取值集合,$p(x)$是随机变量 X 取值为$x(x\in\Omega)$的概率。信息熵 $H(x)$的定义如下:

$$H(X) = -\sum_{x\in\Omega} p(x)\log_2 p(x)$$

当随机变量不止一个的时候,信息熵的定义如下:

$$H(X_1,\cdots,X_n) = -\sum_{x\in\Omega}\cdots\sum_{x_n\in\Omega_n} p(x_1,\cdots,x_n)\log_2 p(x_1,\cdots,x_n)$$

ENCLUS 中信息熵的计算过程如下:

先扫描一遍数据库,确定每一维的最大值和最小值,用户输入每维间隔的大小 A,将每一维划分成间距为 Δ 的等间距的空间,高维空间就被划分成多个网格。从低维子空间到高维子空间,对子空间中的网格的数据对象进行计数。在子空间中,数据集合被扫描一遍并对每个网格单元中的数据对象进行计数,记录每个网格单元中的数据对象的个数。假定 X 为所有网格单元的集合,$d(x)$为网格单元的密度。

$$d(x) = \frac{\text{网格单元中的数据对象的个数}}{\text{整个数据集合中数据对象的个数}}$$

网格的信息熵为:

$$H(x) = -\sum_{x\in\Omega} d(x)\log_2 d(x)$$

当数据对象均匀分布的时候,信息熵的值很大;当数据对象聚集在某些区域的时候,信息熵的取值比较小。数据对象聚合得越紧密,形成的数据聚簇越小,那么信息熵的取值就越小。ENCLUS 算法就是根据信息熵的这个特点来发现可能存在的聚类的。

传统的算法中,通过相关系数来表示维之间的相关性,在 ENCLUS 算法中可以利用信息熵来计算维之间的相关度,在这里定义维的相关度为:

$$\text{维的相关度} = \sum_{i=1}^{n} H(x_1) - H(x_1,\cdots,x_i)$$

维的相关度越大，子空间的维相关性越高。只考虑那些相关度很高的子空间。一维子空间的维的相关度为零。

算法 ENCLUS 的主要步骤如下：

(1) 将数据集合的每一维划分成等间距，形成网格，计算子空间网格的信息熵，根据信息熵选择可能存在类的子空间；

(2) 在(1)步骤中选出的子空间中进行聚类操作，确定子空间中的簇；

(3) 将结果显示给用户。

算法的伪码描述如表 6.2 所示(算法输入：划分网格的间隔大小 A，数据集合 D，信息熵阈值 ω，维相关度阈值 ε)。

表 6.2　ENCLUS 算法伪码

```
1  k=1;//k 为当前循环的次数
2  Let c_k be all one-dimensional subspace.
3  For each subspace c∈c_k do
4  f_c(.)=cal_density(c)//计算子空间中网格的密度
5  H(c)=cal_entropy(f_c(.))//计算子空间的信息熵
6  If H(c)<ω then //信息熵满足阈值条件
7     If interest (c)>ε then //子空间中的各个维的相关度大于阈值
8     S_k = S_k ∪ c//将此 k 维子空间放到预备进行聚类的有意义的子空间集合 S_k
9  Else
   NS_k = NS_k ∪ c//将此 k 维子空间用于生成 k+1 维候选子空间集合中
11 End for
12 C_{k+1} = candidate gen(NS_k)//生成 k+1 维的候选子空间
13 If C_{k+1} = ∅, go to step 16. //
14 k=k+1
15 Go to step 3.
16 Result = ∪_{∀k} S_k
```

ENCLUS 算法中用到的集合的意义如下：

(1) C_k：k 维子空间的候选集合，即从这个集合的子空间中选出进行聚类操作的有意义的子空间。

(2) S_k：有意义的 k 维子空间，即计算 C_k 中各个子空间的信息熵和维的相关度以后，从中选出具有较小的信息熵和各维相关度较低的子空间并入这个集合。

(3) N_{Sk}：从 C_k 中选出具有较小的信息熵，但是各维不是最小相关的子空间并入这个集合，以生成 C_{k+1}。

ENCLUS 算法中用到的函数：

(1) cal_density(c)：建立子空间中的网格，扫描数据库对每个网格的密度进行计算。

(2) cal_entropy(f,(.))：利用扫描数据库得到的密度信息，计算子空间的信息熵。

(3) C_{k+1} = candidate_gen(N_{Sk})：利用 N_{Sk} 生成候选的 $k+1$ 维子空间的候选集合。

在这个函数中有一个连接步骤和一个修剪步骤。连接步骤可以用以下的伪码来表示，它连接了两个具有 $k-1$ 个相同的维的 k 维子空间。连接操作伪码描述如表 6.3 所示。

表 6.3 ENCLUS 算法中的连接操作伪码

```
Insert   into C_{k+1}.
Select   p.dim_1,   p.dim_2, …, p.dim_k, q.dim_k
From N_Sk p,   N_Sk q
Where   p.dim_1 = q.dim_1, …, p.dim_{k-1} = q.dim_{k-1}, p.dim_k < q.dim_k
```

在修剪步骤中，任何连接后生成的子空间，如果它的 k 维映射子空间不在 N_{Sk} 中，则将生成的子空间移除。

ENCLUS 算法对于子空间的搜索是自底向上的，子空间中存储了聚类所需要的所有的信息。图 6.8 表示了搜索子空间的过程。其中实线以上的子空间的各维都是相关的，虚线以下的部分的子空间是具有类的子空间。

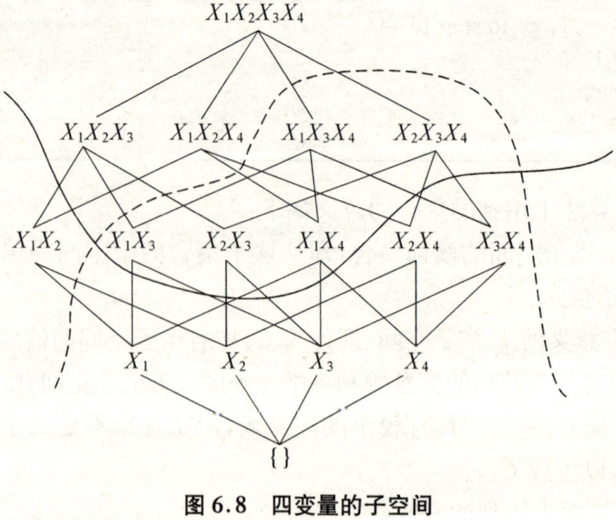

图 6.8 四变量的子空间

ENCLUS 算法的缺点主要是：

(1) 要求用户输入间隔的大小一致，这对于对数据集合不是很了解的用户来讲是比较困难的；

(2) 采用均匀的网格划分，这样可能导致人为将某一类分割成多个区域，如图 6.9 所示。

如图 6.9，在 5×5 的网格中，分布着许多的数据点，根据网格的划分，可以清晰地看到有的网格中点的数目较多，有的网格中点的数目较少。应该将点的数目较多且相邻的网格进行聚类，也就是说在归为一类的网格中的数据点，它们有着比较相近的属性分布，或者说在这个子空间中，大部分数据点都分布在一个特定的区域之中。为了进行这种网格聚类，应该首先定义密度阈值 MinDen，它表示在网格划分之后，进行基于密度的划分时，当一个网格内的点的数目大于多少时，进行密度聚类。

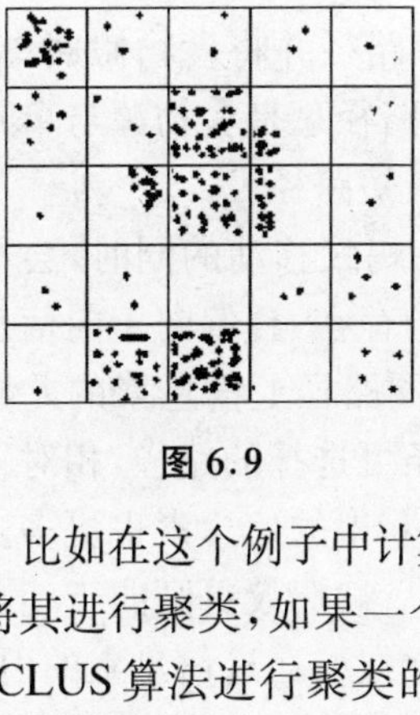

图 6.9

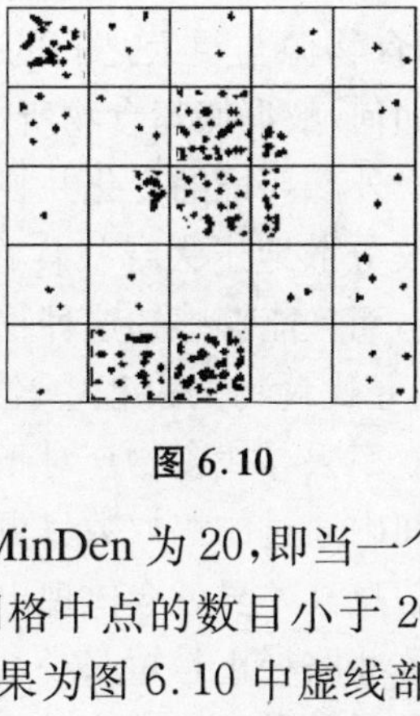

图 6.10

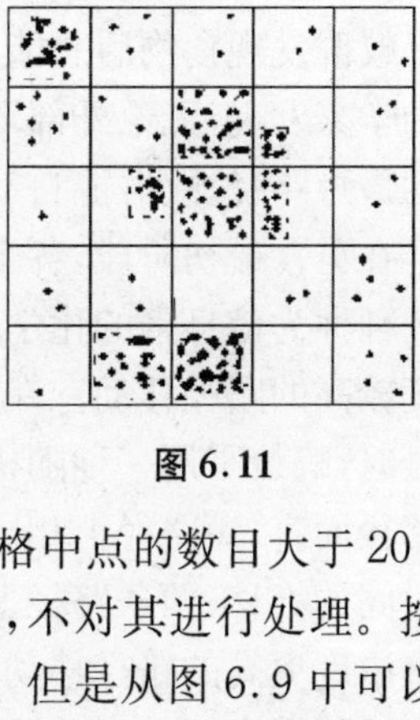

图 6.11

比如在这个例子中计算 MinDen 为 20，即当一个网格中点的数目大于 20 时，便将其进行聚类，如果一个网格中点的数目小于 20 时，不对其进行处理。按照 ENCLUS 算法进行聚类的结果为图 6.10 中虚线部分。但是从图 6.9 中可以看出，虽然网格 Grid(2,2)的密度小于阈值，但是可以发现这个网格中的数据点和网格 Grid(2,3)和 Grid(3,3)是属于同一个类的，但是在第二步中采用 ENCLUS 算法，Grid(2,2)中的数据点可能就被当成孤立点处理了。

而正确的聚类结果应该是图 6.11 的虚线部分。问题产生的原因是，由于网格的划分，将本该属于同一个类的数据点分在不同的网格中，而且数据点所在的网格是稀疏网格。考虑完全可以通过将阈值 MinDen 减小来克服这种缺陷，但同时这种减小阈值 MinDen 的方式，可能造成将一些本不应聚类的网格又重新聚类到一起的现象发生，使得孤立点的检测变得困难，同时，由于 MinDen 参数值是人为给定的，有时需要依靠经验给出较合适的阈值，但如果缺乏经验，要给出比较准确的阈值是十分困难的。

6.8 基于蚁群算法的聚类挖掘

6.8.1 蚁群算法概述

蚂蚁是一种高度社会化的生物，社会性高于个体性。蚁群通过高度社会化的组织和分工协作，常常可以完成一些对于单个蚂蚁而言不可能完成的任务。在蚁群群落中，有三种具有代表性的群体行为引人关注：觅食行为、任务分配行为和巢穴清理行为。

1. 觅食行为

蚁群发现食物后总能找到食物源与巢穴之间的最短路径并将食物搬回巢穴。生物学家发现，无论外部环境如何，蚁群搬运食物所走的路径总是食物源与巢穴之间的最短路径，蚁群能自动适应外部环境的变化并找出最短路径。

在觅食最初阶段，各个蚂蚁分散地出去寻找食物，在蚂蚁移动的同时，会释放出一种称为信息素的化学物质，而且能够感知这种物质的存在，且偏向于向信息素浓度较高的路径移动。在蚂蚁寻找食物的过程中，当不同路径上信息素的差异不明显时，蚂蚁采用一种随机的概率去寻找食物。对于两条可选择的路径，相对较长的路径而言，短路径上相同时间内通过的蚂蚁数目更多，获得的信息素也更多。随着时间的推移，两条路径上的信息素差异就会体现出来，后续蚂蚁更倾向于朝着信息素浓度更高的路径移动，而这些路径正是短路径。这样蚁群通过信息素的引导，不断地修正自己走过的路径，并最终找到蚁穴与食物源之间的最短距离。不难看出，蚁群在选择路径过程中表现出了一种正反馈现象，某条路径上走过的蚂蚁数目越多，则后续蚂蚁选择该路径的可能性就越大。由于寻找最短路径的过程可以视为一种优化过程，所以基于这种现象得出的蚁群算法被称为蚁群优化算法或蚁群最优化，一般称为蚁群算法。

2. 任务分工

蚁群的任务分工是指蚁群内部能根据任务的紧急度合理分配蚂蚁数量，这是蚂蚁群体行为的一个非常显著的特点。研究表明，蚁群是一种高度社会化的群体，内部分工非常明确，有的负责生育，有的负责蚁穴的建筑，有的负责整个群落的安全，有的负责寻找食物等等。不同分工的蚂蚁对不同任务具有不同的响应，但是它们可以通过角色的协调和相互协作来很好地完成许多任务，使得从事不同任务的蚂蚁之间数量上的比例是会变动的。也就是说，从事任务 A 的蚂蚁可能会根据需要而从事任务 B。当正在执行任务的蚂蚁收到外部环境所赋予的新任务时，相当于受到一个刺激。当蚂蚁受到的刺激较小时，蚂蚁仍然执行着自己正在做的任务。随着时间的推移，新任务对蚂蚁的刺激将变得越来越大，直到超过了该蚂蚁的反应阈值，蚂蚁就会放弃正在执行的任务而去处理新任务。

在基于蚁群任务分工行为的模型中，规定了每只蚂蚁的反应阈值(response threshold)，同时每一个任务都有一个相关的激励(task-related stimuli)。蚂蚁的反应阈值与任务相关的激励之间的关系是：当某个新任务的激励数值没有达到蚂蚁的反应阈值，那么蚂蚁将不会理会新任务而保持原有的状态，直到新任务的激励数值比蚂蚁的反应阈值大为止。

3. 巢穴清理

在蚂蚁部落中，有一部分蚂蚁专门从事巢穴的清理工作。一个有趣的现象是，蚁群通常会在巢穴中构造一个固定的场所作为墓地专门存放死去的蚂蚁，死蚂蚁被堆积为一个个大堆。对于一只死蚂蚁，蚂蚁会判断周围死蚂蚁的数量，如果死蚂蚁数量很少，那么蚂蚁就会将死蚂蚁拖动到其他位置。在一只蚂蚁拖动死蚂蚁的过程中，会判断目前位置周围死蚂蚁的数量，如果死蚂蚁的数量很多，那么蚂蚁就将目前拖动的蚂蚁放于当前位置，否则继续拖动死蚂蚁到其他位置。这是一个正反馈现象，某个区域的死蚂蚁数量越大，那么更多的死蚂蚁将被放于该区域；某个区域的死蚂蚁数量越少，那么该区域的死蚂蚁将更可能被移动到其他区域而变得更少。这样，蚂蚁就将随机散布于巢穴中的死蚂蚁存放到了一个固定的区域起到清理蚁穴的作用。蚁群在安排蚂蚁幼体的位置时，会按照幼体大小不同而分别将其堆积在蚁穴的周围和中央位置。这两种蚁群行为由于与聚类操作相类似，所以也将这两种行为称为蚁群的聚类行为。目前，基于蚁群聚类行为的算法在数据聚类分析中已经获得成功应用。

6.8.2 蚁群算法特征

蚁群算法中所使用的蚂蚁是现实蚂蚁行为特征的一种抽象，称为人工蚂蚁。人工蚂蚁与现实蚂蚁一样，都需要通过使用信息素进行间接通讯；都是通过相互协作以群体的方式完成一个共同的任务。但是如果完全依照现实蚂蚁行为机制来设计蚁群算法，实验表明算法需要很多的时间才会收敛，而且可能会收敛于一些局部优解。故人工蚂蚁又有不同于现实蚂蚁的地方。以下以 TSP 问题为例介绍人工蚂蚁与现实蚂蚁的区别：

(1) 人工蚂蚁有一定的记忆能力，它可以记住已经走过的路径，以保证不会重复走相同的路径。现实的蚁群没有记忆，蚂蚁间的信息交换主要依靠留在所经过路径上的信息素实现；

(2) 人工蚂蚁不仅仅依据信息素来确定要走的路径，还引入了与问题相关的启发信息，比如相邻边的长度；

(3) 人工蚂蚁处于一个离散的时间环境下。仅考虑人工蚂蚁位于某个城市的状态，而不考虑人工蚂蚁在城市间的移动过程，即只考虑人工蚂蚁在某些离散时间点上的存在。而现实世界中的蚂蚁处于一个连续的时间维中。

1. 系统性

蚁群具备了系统的三个基本特征：多元性、相关性和整体性。在蚁群系统中，蚂蚁的个体行为是系统的元素，各个蚂蚁之间的相互影响体现了系统的相关性，而蚁群群落在完成任务的过程中所体现出来的协作性和彼此之间相互依存体现了系统的整体性。作为基于蚁群行为抽象的蚁群算法，如果把算法本身看成是一个整体，同样也将蚁群的多元性、相关性和整体性引入到算法中，体现了系统性。这也是仿生优化算法最重要的特征之一。

2. 自组织

自组织性是指系统在没有外界特定干预的情况下，自行完成某些特定功能。更抽象地讲，自组织性就是在没有外界作用下使得系统熵增加的过程(系统从无序到有序的过程)。在蚁群算法中，单只人工蚂蚁无序地寻找解，经过一段时间的算法演化，人工蚂蚁越来越趋向于寻找一些接近最优解的解，这正体现了一种从无序到有序的自组织过程。自组织大大增强了算法的鲁棒性。传统的算法都是针对某一具体问题而设计的，这往往建立在对该问题有了全面清晰认识的基础上，通常很难适应其他问题。而自组织的蚁群算法只需要了解问题的目标，并且结合与目标相关联的启发信息就可以应用于问题的求解过程中来。

3. 正反馈

正反馈是指系统当前的行为对于未来是起一种增强的作用。蚁群算法的求解过程中，开始时整个求解空间中信息素平均分布，蚂蚁更多地在与问题相关的启发因子的引导下构造解。蚂蚁所构造的解将获得更多的信息素，从而使得解空间中的信息素产生差异化分布，这种信息素的差异化分布将导致正反馈现象的产生。

蚁群算法的正反馈性体现在：当某个解较优时，该解就会得到更多的信息素，而信息素的增多，会吸引更多的蚂蚁选择该解，解越优，获得蚂蚁选择的概率就越大。这个正反馈的作用使得蚂蚁的选择朝最优解收敛，最终获得最优解。

4. 负反馈性

负反馈性是指系统当前的行为对于未来是起一种削弱的作用。系统的自组织性需要正反馈和负反馈同时存在，这样系统才能实现自我创造和更新。在蚁群算法中，负反馈性体现在蚂蚁构造解的过程中所采用的概率选择技术。在蚂蚁构造解的过程中，并不是完全依照概率大小来选择解，而是采用赌轮机制来确定。这意味着即使某个解的被选择概率很大，但是蚂蚁仍然不会选择该解。这在一定程度上是对解的一种退化，但是这样使得蚂蚁在解空间的搜索范围进一步地扩大。

正反馈的作用是不断地增加优解的被选择概率，促使算法朝着优解收敛；负反馈是不断地扩大蚂蚁的搜索范围，使得解具有多样化，避免最终收敛于局部优解。在正反馈和负反馈的共同作用下，蚁群算法以一种自组织的方式进化并最终得出问题的最优解。

5. 分布并发性

蚁群总是多个蚂蚁个体同时协作完成某项任务，并且单个蚂蚁出现的偏差并不会影响到整个蚁群的正确运作。以 TSP 问题为例来讲蚁群算法的实现，整个蚁群是随机分布于 TSP 图的多个结点上并且同时构造自己的路径，在构造路径的过程中，各个体之间还会通过互相交换信息素来实现彼此之间的通讯，引导对方的搜索。这样在问题空间的多个点同时进行解的搜索，不仅使得算法具有较强的全局搜索能力，也增加了算法的可靠性。

此外，蚁群算法还有易于与其他算法相结合等特点。比如通过与遗传算法、免疫算法等算法的结合，可以取长补短，得出一些更有应用价值的新算法。

6.8.3 蚁群算法的研究热点

蚁群算法自诞生至今，尽管已经证明其在解决一些困难问题方面具备了比较大的优势，但是它仍然不可避免地存在或多或少的不足和缺点，这也是未来研究的方向和一种发展趋势。

1. 蚁群算法的参数设置

在蚁群算法中具有大量的参数，比如：蚂蚁的数目，信息素的初始数值，信息素的挥发因子等。这些参数的设置在很大的层面上决定着算法的执行效率，对参数设置方面的研究是蚁群算法研究中所不能忽视的一个问题。参数的具体设置往往需要通过实验的方式来获取最佳的数值，但是这样做缺乏系统性，同一个参数在不同的应用中会设置为不同的数值。各个参数之间的关系是怎样的？各个参数对算法的运行又有什么样的影响？参数在具体设置方面是否存在具有一定普遍适用性的规则？这些问题都有待研究。假如在参数设置方面的研究获得突破，那么将极大地推动蚁群算法的发展。一方面,假如参数的设定存在特定的规则,比如为某些量的函数,或者给出精确的数值,那么这将对算法的数学分析带来方便,而这正是制约蚁群算法发展的一个瓶颈。另一方面,参数设定问题的解决可以加深对蚁群算法的理解,进而更有利于蚁群算法本身的发展与应用。目前这方面的研究开始逐步走向深入。

2. 运行效率与全局收敛

蚁群算法本身的特点决定了蚁群算法需要从开始时信息素平均分布的状态,经过在整个问题空间中的搜索,演变出信息素浓度差异明显的状态。这通常需要耗费大量的时间。针对蚁群算法运行效率低下这一问题,曾先后提出了带精英策略的蚂蚁系统(ASelist)和基于优化排序的蚂蚁系统(ASrank)。虽然它们在运行效率方面取得一定的进展,但是同样也付出了容易收敛于局部最优解的代价。也就是说,它们通过减少蚁群的搜索空间来提高算法的运行效率。在它们之后,MMAS以及ACS针对上述问题进行了改进,扩展了蚁群的搜索空间,但是它们在效率方面同样也付出了代价。通常对于复杂问题,要获得最优解,往往要以低效率作为代价,而要想获得高效率又常常得不到最优解,这似乎是一个必然关系。在算法运行效率与全局收敛之间能否找到一个平衡点呢?从蚁群算法本身角度来讲,两者之间发生制约的内在机制是什么呢?目前的研究是将注意力集中到将蚁群算法与其他智能仿生算法相结合。比如,将蚁群算法与遗传算法相结合,利用遗传算法的随机搜索、快速性、全局收敛性产生问题的初始信息素分布,然后利用蚁群算法的并行性、正反馈机制以及求解效率高等特性进行求解。

3. 蚁群算法在连续优化问题中的应用

一般情况下,蚁群算法所解决的问题的解空间都是离散化状态。但是,现实中的很多问题的解空间又不是离散化的,比如线性以及非线性规划问题。那么,构造蚁群算法与连续优化问题求解之间的桥梁,是拓宽蚁群算法应用范围的重要方面与途径。就目前的研究情况来看,一些研究途径是采用与遗传算法相结合来将蚁群算法应用于连续优化问题的求解过程中。

G. Bilchew等人曾用蚁群算法辅助遗传算法来解决工程中的连续空间优化问题。有研究者利用蚁群算法的运行机理提出了一个解决连续空间优化问题的算法,算法包含了全局搜索、局部搜索和信息素强度更新规则。另有研究者提出了一种基于蚁群算法的求解连续参数优化的方法。改变了蚁群算法一般固定可选路径的做法,而进行动态地变化。此外,对各路径所对应的分量进行遗传操作,使可选路径趋于多样化、全局化,使得对应值可以在连续空间中取值。

4. 蚁群算法的理论基础研究

理论基础方面研究的不足已经是阻碍蚁群算法发展的一个关键问题。在蚁群算法的收敛性和复杂性方面的研究目前已经取得了一定的进展，但是其中很多研究都采用了一定的限制而进行近似分析。比如已证明，在事先进行一定的初始限制并且给定一些算法参数后，对于任意的一个大于零的正数 ε，经过若干次循环之后，算法将以 1 − ε 的概率收敛到最优解。算法复杂度分析的困难在于算法结束时刻的不确定性，这是因为，蚁群本身通过相互协作进行路径选择的过程具有随机性，这使得算法得出最优解的时刻也是随机的。现在在蚁群算法中常用的一种方法是：让算法进行多次循环，直到算法运行过程中不能得到更好的解为止。最后需要说明的一点是，目前还没有关于算法的可靠性与正确性证明方面的研究出现。如何保证多个简单个体通过相互协作而得出高层次的复杂行为是蚁群算法中的一个极为困难的问题。

6.8.4 基于蚁穴清理行为的聚类算法

在诸多聚类算法中，蚁群算法是一种较新且具有较高效率的算法。蚁群算法在数据挖掘聚类中的应用所采用的生物原型为蚁群的蚁穴清理行为和蚁群觅食行为。这里主要阐述两种行为与聚类应用的结合点。在蚁群蚁穴清理行为中，蚁群会将在蚁穴中分布离散的蚂蚁尸体堆积成相对集中的几个大堆。在聚类分析中，将这些离散分布的蚂蚁尸体视为待分析的数据集合，而最终堆积而成的大堆则对应于最终的聚类结果。在蚁群的觅食行为中，蚂蚁依据一定的概率选择觅食路径，使得蚂蚁所寻找的路径呈现多样化状态。在基于蚁群觅食行为的聚类分析中，将数据视为具有不同属性的蚂蚁，而将聚类结果视为食物源，所不同的是，此时认为存在多个食物源。这样，各个蚂蚁通过一定的概率实现移动，并聚集在不同的食物源而实现聚类。

对于基于蚁穴清理行为的蚁群聚类算法，以死蚂蚁堆积为例，基本机制是蚁堆对工蚁搬运死蚂蚁具有吸引。蚁堆规模的大小决定着对工蚁的吸引大小，即蚁堆越大，越吸引工蚁将死蚂蚁堆积到该堆，使得蚁堆的规模越来越大，由此而形成一个正反馈。由以上机制可知，数据的空间分布状态将直接影响着聚类的结果。

这种聚类分析方法是 J. L. Deneubourg 于 1991 年最早提出的，而后 E. Lumer 和 B. Faieta 将该模型推广到了数据分析范畴。其主要的思想是将待聚类的数据初始随机地散布在一个二维平面内，然后在该平面上产生一些虚拟的蚂蚁对其进行聚类分析。这些蚂蚁在平面中随机地选择一个数据对象，依据该数据对象在局部区域的相似性决定自己的行为，随机地将该数据对象执行搬运、移动、放下或者不理会这样几种行为中的一种。经过这个过程的不断迭代，平面上随机分布的数据就按照其相似性而聚集成几个大堆。

在这种模型中，需要计算每个数据对象 $\boldsymbol{O}_i$ 在自己所在的某个特定的有限区域内的相似度，这个相似度是以 $\boldsymbol{O}_i$ 与该区域中的其他数据对象的平均相似度来确定的，假如该数据对象位于 r 处，则平均相似度的定义为：

$$f(\boldsymbol{O}_i) = \max\left\{0, \frac{1}{s^2}\sum_{\sigma_j \in \mathrm{Neigh}_{s\times s(r)}}\left[1 - \frac{d(\boldsymbol{O}_i, \boldsymbol{O}_j)}{\alpha(1 + (v - 1)/v_{\max})}\right]\right\} \tag{6.13}$$

上式中，α 为一个相似性参数，该参数越大，意味着数据 $\boldsymbol{O}_i$ 的平均相似度就越大，这会使得最终的聚类数目变少，反之，α 越小，最终得到的聚类数目就越多；v 表示蚂蚁在平面中的运动速度，这决定了蚂蚁在拿起某个数据对象到放下该数据对象所走过的距离，蚂蚁速度越大，意味着蚂蚁最终可以将距离更远的数据集中到同一个堆中，这就使得最终聚类的数目就变少。$\mathrm{Neigh}_{s\times s(r)}$ 规定了数据对象相邻区域，为 r 周围以 s 为边长的正方形局部区域。一般，平面区域可以预先分为若干个正方形区域，那么 $\mathrm{Neigh}_{s\times s(r)}$ 就是指数据对象 $\boldsymbol{O}_i$ 所在的正方形区域。$v_{\max}$ 是一个给定的参数，表示蚂蚁的最大速度，在这个模型中，不同的蚂蚁可以有不同的速度，$v_{\max}$ 是指速度最快的蚂蚁所对应的移动速度。$d(\boldsymbol{O}_i, \boldsymbol{O}_j)$ 表示对象 $\boldsymbol{O}_i$ 与同一个区域中的 $\boldsymbol{O}_j$ 之间在属性空间中的距离，一般以欧几里德距离来计算。假定 $\boldsymbol{O}_i = (O_{i1}, O_{i2}, \cdots, O_{im})$，$\boldsymbol{O}_j = (O_{j1}, O_{j2}, \cdots, O_{jm})$，则 $\boldsymbol{O}_i$ 与 $\boldsymbol{O}_j$ 之间的欧几里德距离定义为：

$$d(\boldsymbol{O}_i, \boldsymbol{O}_j) = \sqrt{\sum_{k=1}^{m}(O_{ik} - O_{jk})^2} \tag{6.14}$$

对于一个有着一定相似度的数据，若该数据是放在某区域内的，无负载的蚂蚁采用一种随机的概率决定对该数据是将其搬运走还是不理会它，若该数据已经被蚂蚁搬运着，则蚂蚁采用一种随机的概率决定将该数据放到目前所在的位置还是继续搬运该数据。模型中定义了两个概率函数来定义蚂蚁在某个位置处将某个数据对象放下的概率或者将某个数据拾起的概率。这两个概率函数都是数据平均相似度的一个函数。对于一个无负载的蚂蚁，将数据 $\boldsymbol{O}_i$ 拾起的概率 P_p 依据公式(6.15)计算。

$$P_p = 1 - \mathrm{Sigmoid}(f(\boldsymbol{O}_i)) \tag{6.15}$$

而对于一个有负载的蚂蚁，该蚂蚁将自己负载的数据 $\boldsymbol{O}_i$ 放下的概率 P_d 依据公式(6.16)计算。

$$P_d = \mathrm{Sigmoid}(f(\boldsymbol{O}_i)) \tag{6.16}$$

以上两式中函数 Sigmoid()的定义为：

$$\text{Sigmoid}(x) = \frac{1 - e^{-\tau x}}{1 + e^{-\tau x}} \tag{6.17}$$

由公式(6.15),(6.16)的定义可知,当某个数据在位置 r 处的相似度函数越高,那么蚂蚁在位置 r 处放下该数据的概率就越大而拾起该数据的概率就越小。

结合以上内容,模型的算法描述为:

(1) 初始化蚁群中蚂蚁的个数 n_ant,最大迭代次数 M,局部区域边长 r 以及其他参数;

(2) 将一个高维的数据随机投射到一个平面,具体的位置与数据对象各维内容无关;

(3) 将每一只蚂蚁标识为未负载状态。标识所有数据对象为未拾起状态。所有的数据对象同时为未曾被拾起状态;

(4) 对于每一只为未负载状态的蚂蚁,若有一个数据对象处于未曾被拾起状态,计算该数据对象在自己所在区域内的平均相似度,同时计算某一只蚂蚁对该数据对象的拾起概率。若该拾起概率较某个随机概率要大,则拾起该对象,标识该蚂蚁为负载状态,标识该数据对象为被拾起状态,同时也被标识为曾被拾起状态。否则考察该蚂蚁对其他处于未曾被拾起状态的数据对象的拾起概率,直到蚂蚁为负载状态为止。这样一直进行,直到所有未负载状态的蚂蚁转化为负载状态,或者所有处于未曾被拾起状态的数据对象都已经被考查过了;

(5) 利用蚂蚁对数据对象进行移动操作,即蚂蚁在平面空间中移动;

(6) 对于每一只为负载状态的蚂蚁,计算该负载的数据对象在蚂蚁所在区域内的平均相似度以及放下概率,若放下概率大于某个随机概率,则将数据对象放于蚂蚁当前所在的区域内。标识蚂蚁为未负载状态,标识数据对象为未拾起状态。否则继续负载该数据对象。

转(4)直到所有的数据对象都进行了移动的操作。

/*所有的数据对象均发生一次移动表示一次迭代完成*/

转(3)直到迭代的次数达到最大迭代次数为止。

(7) 对于所有的对象,若该对象没有分配聚类序列号:如果数据对象所在的区域中,数据对象的数目少于某个常数时,标记该数据对象为孤立点。否则,给该数据对象分配一个聚类序列号,并将在同一个区域内的其他数据对象分配同样的聚类序列号。

6.8.5 基于蚁群觅食行为的聚类算法

在这种模型中,将数据对象视为具备若干属性的蚂蚁,而将聚类中心视为食物源。与基于蚁穴清理行为的聚类方法不同的是，该算法需要预先明确类的数目。具体的实现思想就是将聚类过程等同于蚂蚁的觅食过程。在这种模型中，蚂蚁分布在若干个食物源中，并在不同食物源之间“移动”，与此同时，食物源本身的特征由于内部所含蚂蚁发生变化也跟着发生变化。这样通过蚁群与食物源之间的互动，实现蚂蚁在不同食物源中的分布，并且使得同一食物源内部的蚂蚁之间相异度最小。假设待分析的数据对象有 N 个，每个数据对象有 m 个属性，则数据对象定义为 $X=\{\boldsymbol{X}_i \mid \boldsymbol{X}_i=(x_{i1}, x_{i2}, \cdots, x_{im}), i=1, 2, \cdots, N\}$，不同对象之间所存在的相异度用彼此之间的欧几里德距离来度量，距离越小，相异度就越小。

在这种聚类的初始化阶段，需要指定聚类分析过程中类的数目，假设为 M 个类；对应于每个类需要指定一个聚类中心点，由于初始化时聚类中心点的选择很大限度地制约着最终的聚类效果，一般需要依据问题的实际情况来确定；对于聚类来说，还需要指定类的簇半径 r，代表了类的规模；聚类分析需要一个参数 ε 来判定聚类的结束条件，即当所有类的类内部相异度之和小于该参数时，则认为数据聚类结束，这个参数要在初始化时指定；由于采用基于蚁群觅食行为的蚁群算法进行聚类分析，初始化阶段需要设置各个蚂蚁之间信息素的量。在这种模型中，将蚂蚁视为具有不同属性的数据，而数据的属性对应着蚂蚁当前所在的位置。显然，聚类分析过程中数据不会发生变化，这对应着蚂蚁的位置是固定不变的。故在初始化的过程中还可以计算各个蚂蚁之间的距离，而这些距离在聚类分析过程中是恒定不变的量。

在初始化的基础上，依据彼此之间的距离决定各个蚂蚁之间信息素的量，如公式(6.18)所示。

$$\tau_{ij} = \begin{cases} 1, d_{ij} \leqslant r \\ 0, d_{ij} > r \end{cases} \tag{6.18}$$

由公式(6.18)可知，只有彼此之间距离小于 r 的蚂蚁(只有这类蚂蚁方才可能归并到同一个类之中)之间方才有信息素的存在。在已知各个蚂蚁之间的距离以及相互之间信息素的基础上，蚂蚁就能在彼此所在的食物源之间“移动”，这里的“移动”并不是蚂蚁本身的位置移动，而是蚂蚁改变自己所属的食物源。比如 $\boldsymbol{X}_i$ 向 $\boldsymbol{X}_j$ 移动即表示 $\boldsymbol{X}_i$ 将自己的所属类变更为 $\boldsymbol{X}_j$ 的所属类。这说明某个数据可能同时属于多个类，但是具体聚类于哪个类由蚂蚁的移动不断地发生改变。依据蚁群算法的定义，不同蚂蚁之间采用随机的方式进行移动，蚂蚁 $\boldsymbol{X}_i$ 向蚂蚁 $\boldsymbol{X}_j$ 所在的食物源移动的概率由公式(6.19)给出。

$$p_{ij} = \frac{\tau_{ij}^{\alpha}(t)\eta_{ij}^{\beta}(t)}{\sum\limits_{s \subset S}\tau_{sj}^{\alpha}(t)\eta_{sj}^{\beta}(t)} \tag{6.19}$$

上式中，$S=\{X_s \mid d_{sj}\leqslant r,\ s=1,2,\cdots,j,j+1,\cdots,N\}$。在这种模型中，只要移动概率大于某个阈值，蚂蚁就发生“移动”，更改自己的所属类 $\eta_{ij}^{\beta}(t)$ 是指 t 时刻蚂蚁 i 与蚂蚁 j 之间的启发信息的数值，一般定义为两者之间距离的倒数。需要特别说明的是，这种模型中并不会发生信息素的更新操作，不同蚂蚁之间信息素的量是恒定的，见公式(6.18)。

当所有的蚂蚁都经过“移动”操作之后，相当于每个类中所包含的数据对象发生了变化，这意味着各个类的聚类中心点要重新计算，相当于类发生了变化。这使得同一类内部数据的相异度也需要重新计算。同一类内部数据的相异度依照公式(6.20)计算。

$$D_j = \sum_{k=1}^{J}\sqrt{\sum_{i=1}^{m}(x_{ki}-x_{ji})^2} \tag{6.20}$$

而对于一个类，中心点依照下式确定：

$$C_j = \frac{1}{J}\sum_{k=1}^{J}X_k \tag{6.21}$$

如果所有类的相异度之和小于参数 ε，则聚类结束，给出分析结果。否则需要重新进行分析，如此循环，一直到结束条件满足为止。

结合以上内容，模型的算法描述为：

(1) 依据预先确定的类的数目 M，确定 M 个聚类中心点；

(2) 设置分析过程中需要的参数。比如聚类半径，信息素的权重参数，启发因子的权重参数等等；

(3) 计算任意两个数据对象之间的欧几里德距离。依据公式(6.18)确定数据之间的信息素强度；

(4) 计算任意两个数据对象之间的转移概率，若概率数值大于阈值参数，则两个数据对象归并为同一类中。直到每一个数据对象均发生“移动”；

(5) 重新确定每个类的中心点；

(6) 计算每个类内部数据对象之间的相异度数值；

(7) 将所有类的类内相异度数值相加，若数值较某个阈值参数要小，则结束，否则转(4)重新迭代。

6.8.6 蚂蚁聚类算法分析

蚁群算法在聚类中的应用主要集中在第一种模型，即基于蚁穴清理行为的聚类分析。从算法的实现机制来看，这类似于一种基于网格和密度的聚类算法。将具有多维的数据映射到划分为多个矩形方格的二维平面，然后通过蚂蚁的搬运在二维平面中对数据进行聚类分析。平面中矩形方格的划分和蚂蚁的移动速度将会影响到最终的聚类结果,方格划分得越大,则相似度函数越小,最终簇的数目会变多。而蚂蚁的移动速度越大,说明蚂蚁会将更多的数据放于同一簇中,这样使得最终簇的数目减少。基于蚁穴清理行为的聚类分析不需要预先指定簇的数目,而且分析得出的簇可以是任意形状。

基于蚂蚁觅食行为的聚类算法,并不能算是完全意义上的基于蚂蚁觅食行为的蚁群算法。因为在这种作用机制下,没有充分利用信息素作为一种全局信息所起到的指导作用。在这种模型中,信息素的作用仅仅是为了计算蚂蚁的移动概率。基于蚁群觅食行为的蚁群算法更多地应用于优化领域,而优化的实现正是依靠信息素在全局解空间中所提供的指导知识,这种全局指导是基于觅食行为的蚁群算法的核心和根本特点。虽然聚类在某种角度上也可以看成是一种优化,使得同一类中数据对象之间的相异度尽可能地小,不同类中的数据对象之间的相异度尽可能地大。但是,显然在这种模型中信息素并没有体现出一种指导知识的作用(在聚类分析过程中信息素一直是恒定的量)。从实现机制方面来讲,这种模型是一种基于划分的聚类算法,采用蚁群算法的状态转移规则而非单纯地采用欧几里德距离来判断某个数据对象的所属类。

通过以上分析可知,两种蚁群聚类算法之间存在一定的差异。从蚂蚁的作用角度来讲,基于蚁穴清理行为的聚类算法将蚂蚁视为一种数据移动的工具,而基于觅食行为的聚类算法将蚂蚁直接视为数据。从聚类方法角度来讲,基于蚁穴清理行为的聚类算法是一种基于网格和密度的聚类算法,而基于觅食行为的聚类算法是一种基于划分的聚类算法。从聚类的效果来讲,基于蚁穴清理行为的聚类算法可以聚类出任意形状的簇,而基于蚁群觅食行为的聚类算法仅仅能发现球形的簇。

6.9 本章小结

在机器学习领域,聚类是无指导学习的一个例子。与分类不同,聚类和无指导学习不依赖预先定义的类和带类标号的训练实例。由于这个原因,聚类是观察式学习,而不是示例式学习。在概念聚类中,一组对象只有当它们可以被一个概念描述时才形成一个簇,这不同于基于几何距离度量相似度的传统聚类。

聚类分析按照样本在性质上的亲疏远近进行分类。为了使类分得合理，必须描述样本之间的亲疏远近的程度。描述样本点之间的相似性主要有距离和相似系数：

(1) 距离：设使用 n 个指标特征变量来描述样本，那么就可以把每个样本点看作 n 维空间的一个点，进而使用某种距离来表示样本点之间的相似性，距离较近的样本点性质较相似，距离较远的样本点差异较大。

聚类分析中不仅要将样本点聚类，在有些场合还需要对特征变量进行聚类。特征变量之间的相似性测度除了可以使用上述的距离函数之外，更常用的是相似系数函数。

(2) 相似系数：经常采用的相似系数有夹角余弦和相关系数。

类间的测度一般使用距离作为测度函数。一般有如下六种：

(1) 最短距离法：也叫单连接(single link)法或最近邻(nearest neighbor)连接，使用两类间的最近两点的距离来描述两类间的相似程度。

(2) 最长距离法：也叫完全连接(complete link)或最远紧邻连接，使用两类间的最远两点的距离来描述两类间的相似程度。

(3) 中间距离法：类与类之间的距离如果不取两类元素间的最短距离，也不取最长距离，而是取个中间的距离，就称为中间距离法。

(4) 重心法：重心法是从物理意义出发，来描述类间相似性。

(5) 类平均法：以类的重心代表此类，使用两类重心之间的距离。

(6) 离差平方和法：Ward 从方差分析的观点出发，认为正确的分类应当使得类内方差尽量小，而类间的方差尽量大。每次选择类间距离最小的两类合并，使得的局部极小值。

聚类的输入是样本矩阵，它把样本视为 N 维空间中的一个点，目标是找出样本点之间最本质的"簇"的关系。有以下几种聚类策略：

(1) 排序法(sorting)：这种策略适用于采用离散型特征变量的样本。将特征变量按照重要性次序，首先选择最重要的特征变量，按照在这个特征变量取值的不同将样本划分不同的子集。对于每个子集，接着选择次重要的特征变量进行分类，重复这种操作直到最后一个特征变量。排序法得到的结果是一个分类树，它的运行速度很快，但是对于特征变量很多的情况则很不适用。

(2) 调整法(switching)：首先粗略地分一下类，然后根据使分类函数最小的原则对分类进行调整，这种策略中以动态聚类法为典型。这就对分解或并类操作提出了很高的要求，初始操作失误会严重影响整体的聚类效果。调整法在这一点上表现得比较灵活，它可以允许对前面的聚类结果进行调整。调整法非常类似数值计算中的迭代法。

(3) 合并法(joining)：开始时每个样本自成一类，然后将最相似的两类合并成一个新类，使类的数目减少，重复这种操作直到最后所有样本合并成一类。这种策略中以系统聚类法为代表，聚类过程可以使用聚类谱系图来表示。

(4) 分裂法(splitting)：和合并法相反，分裂法开始时将整个样本集合视为一类，然后遵循某种最优准则将它分为两类，一直分裂为每个样本点各成一类。同时使用一个分类函数的值来控制。是否需要分裂操作，当分类比较合理时，分类函数的值最小，反之则较大。分裂法试图寻求一种分类方案，使得分类函数值达到极小。

(5) 加入法(adding)：设已经存在一个分类方案(使用聚类谱系图或分类树表示)，每次加入一个新样本，按照某种规则确定其在分类系统的合适位置，当样本全部加入之后，分类即告结束。

除了以上提到的策略之外，还有其他的一些方法，例如应用模糊数学理论的模糊聚类法、应用最小支撑树的图论法等等。

本章介绍了基于划分、层次、密度、网格和模型等五种类型的聚类方法；在此基础上，介绍了高维海量数据的聚类方法；最后介绍了基于蚁群算法的聚类挖掘方法。

第7章　异类挖掘

数据库中可能包含一些数据对象，它们与数据的一般行为或模型不一致。这些数据对象就是异常点或异类点(outlier)。许多数据挖掘算法试图使独立点的影响最小化，或者排除他们。但是由于一个人的噪声可能是另一个人的信号，所以这可能导致重要的隐藏信息的丢失。换句话说，异常点本身可能是非常重要的，例如在欺诈探测中，异常点可能预示着欺诈行为。异常点检测和分析是一个有趣的数据挖掘任务，被称为异常点挖掘。

7.1　异类挖掘简述

异常点挖掘可以描述如下：给定一个 n 个数据点或对象的集合，及预期的异常点的数目 k，发现与剩余数据相比是显著相异的、异常的或不一致的头 k 个对象。

异常点检测技术一开始是来源于数据采集，但是目前，它的应用已经不单单局限于数据采集中了，从科学研究、金融、保险、电信、股票到 Internet 等等领域都有异常点数据的检测。下面从以下几个方面来看看异常点检测技术在实际中的应用。

(1) 号码盗用模式分析。在电信行业，盗用行为每年可以耗掉电信业数百万元的资金。确定潜在的盗用者和他们的非典型的使用模式，检测想侵入用户账户的企图，以及发现需要引起的异常模式，这都是非常重要的。这些模式包括：长时间占线无法接入，转换和路由阻塞，从被恶意篡改过的自动拨出设备(如传真机)发出的周期性呼叫。通过聚集检测和异常点检测，可以发现许多这类模式。

(2) 信用卡欺骗和客户信用分析。在金融领域,信用卡欺骗是一个常见,也是一个令金融业头疼的问题。信用卡欺骗主要原因是客户的信用度太低。一般情况下,对客户信用度的分析主要是用聚集检测来对客户的信用等级进行判定,而在发生信用卡欺骗时的用户一般都不是靠聚集检测就可以分析出来的,对于这些异常用户,使用聚集检测分析起到的效果是微乎其微的,这个时候,比较高效的做法是进行异常分析,分析用户的异常信用度,这种分析得出的结果,才有可能对信用卡欺骗起到避免作用。

(3) 客户流失的避免。在很多服务行业,例如保险、金融、电信,它们工作的一个重要方面就是要留住客户,争取长期的服务,因而客户流失就成了它们必须解决的一个重要问题。一个客户在流向竞争对手之前,会有一些不同寻常的行为,使用异常检测技术分析客户的这种不同寻常的行为,及早发现问题,针对实际情况给出相应的解决方案,避免客户的流失。

(4) 金融犯罪的侦破。对于金融犯罪行为,它们所体现的也是一组不寻常的行为模式。对于这些不寻常的行为模式,采用常用的分析工具很难得到预期的效果。对于这种情况,采用异常检测工具,找出异常模式,分析异常行为,可以得到理想的分析结果。

(5) 医学中特殊病情与特殊药物的研究。引起疾病的原因可能不只一个,同样,疾病的发展也会出现不同的情况,有些病情可能是医学史上从未遇见过的,对于这种病情,相应地应该采用不一般的方法来进行治疗。使用异常方式进行医疗研究,会取得更有效的治疗效果。

(6) 证券的风险分析。利用异常检测技术,对资金数据进行分析,可以控制营业风险,及时发现证券经营中的不正常行为,起到风险预警的作用。

(7) 网络入侵检测。现在的网络十分发达,而且也很方便,很多公司、单位都在利用这一方便、庞大的资源,这种方式固然为公司赢得了很多利益,不过也带来了很多麻烦,例如,非公司人员通过网络盗用公司资源,这种做法会给公司造成很大的损失。使用异常检测技术以及其他相应的分析工具,可以探测出这种非法的入侵,以便解决非法网络入侵问题。

异常点挖掘问题可以被看作两个子问题:① 在给定的数据集合中定义什么样的数据可以被认为是不一致的;② 找到一个有效的方法来挖掘这样的异常点。

现在比较成熟的异常点检测方法主要有以下几类:基于统计的方法(statistical-based);基于距离的方法(distance-based);基于偏差的方法(deviation-based)等。

基于统计的异常检测方法对给定的数据集合假设了一个分布或概率模型(例

如一个正态分布),然后根据模型采用不一致检验(discordancy test)来确定异常点。基于统计的方法对于有一定分布规律的数据集合效果是明显的,但是大多数情况下,数据的分布都是未知的。

基于距离的异常点的检测根据数据或对象间的距离来探测不一致的对象。它根据在特定领域内某一对象所包含的邻居对象数目是否足够多来判断该对象是否异常。

基于偏差的异常点检测不采用统计检验或者基于距离的度量值来确定异常对象,相反,它通过检查一组对象的主要特征来确定异常点。与给出的描述“偏离”的对象被认为是异常点。常用的基于偏离的异常点检测技术有序列异常技术,OLAP数据立方体技术等。

基于密度的方法,通过对计算数据集中的数据点的局部异常因子来检测局部异常数据点。

高维数据的异常检测,通过把高维数据映射到低维子空间,根据子空间映射数据的稀疏程度来确定异常数据的存在。

7.1.1　基于统计的异常点检测

利用统计学方法处理异常点数据检测问题已经有很长的历史了,并有一套完整的理论和方法。统计学的方法对给定的数据集合假设了一个分布或者概率模型(例如正态分布),然后根据模型采用不一致性检验来确定异常点数据。不一致性检验要求事先知道数据集模型参数(如正态分布)、分布参数(如均值、标准差等)和预期的异常点数目。

不一致性检验是如何进行的?一个统计学的不一致性检验检查两个假设:一个工作假设(working hypothesis)即零假设以及一个替代假设(alternative hypothesis)即对立假设。工作假设 H 是描述总体性质的一种想法,它认为数据由同一分布模型,F,即 H: $O_i \in F$, $i=1, 2, \cdots, n$;不一致性检验验证 O_i 与分布 F 的数据相比是否显著地大(或者小)。如果没有统计上的显著证据支持拒绝这个假设,它就被保留。根据可用的关于数据的知识,不同的统计量被提出来用作不一致性检验。假设某个统计量 T 被选择用于不一致性检验,对象 O_i 的该统计量的值为 V_i,则构建分布 T,估算显著性概率 $SP(V_i) = Prob(T > V_i)$。如果某个 $SP(V_i)$ 足够的小,那么检验结果不是统计显著的,则 q 是不一致的,拒绝工作假设,反之,不能拒绝假设。对立假设 H_a 是描述总体性质的另外一种想法,认为数据 O_i 来自另一个分布模型 G。对立假设在决定检验能力(即当 O_i 真的是异常点时工作假设被拒绝的概率)上是非常重要的,它决定了检验的准确性等。

目前利用统计学研究异常点数据有了一些新的方法,如通过分析统计数据的散度情况,即数据变异指标,来对数据的总体特征有更进一步的了解,对数据的分布情况有所了解,进而通过数据变异指标来发现其中的异常点数据。常用的数据变异指标有极差、四分位数间距、均差、标准差、变异系数等等,变异指标的值大表示变异大、散布广;值小表示离差小,较密集。用统计学的方法检测异常点数据的有效性如何呢?一个主要的缺点是绝大多数检验是针对单个属性的,而许多数据挖掘问题要求在多维空间中发现异常点数据。而且,统计学方法要求关于数据集合参数的知识,例如数据分布。但是在许多情况下,数据分布可能是未知的。当没有特定的分布检验时,统计学方法不能确保所有的异常点数据被发现,或者观察到的分布不能恰当地被任何标准的分布来模拟。

7.1.2 基于距离的异常点检测

为了解决统计学带来的一些限制,引入了基于距离的异常点检测的概念。什么是基于距离的异常点检测?如果数据集合 S 中独享至少有 p 部分与对象 o 的距离大于 d,则对象 o 是一个带参数的 p 和 d 的基于距离的 DB 的异常点,即 $DB(p, d)$。换句话说,不依赖于统计检验,可以将基于距离的异常点看作是那些没有"足够多"邻居的对象,这里的对象是基于距给定对象的距离来定义的。与基于统计的方法相比,基于距离的异常点检测拓展了多个标准分布的不一致性检验的思想。基于距离的异常点检测避免了过多的计算。

目前,比较成熟的基于距离的异常点检测的算法有:

(1) 基于索引的算法(index-based):给定一个数据集合,基于索引的算法采用多维索引结构 R-树,k-d 树等,来查找每个对象在半径 d 范围内的邻居。假设 M 为异常点数据的 d-领域内的最大对象数目,如果对象 o 的 $M+1$ 个邻居被发现,则对象 o 就不是异常点。这个算法在最坏情况下的复杂度为 $O(k*n^2)$,k 为维数,n 为数据集合中对象的数目。当 k 增加时,基于索引的算法具有良好的扩展性。

(2) 嵌套-循环算法(nested-loop):嵌套-循环算法和基于索引的算法有相同的计算复杂度,但是它避免了索引结构的构建,试图最小化 I/O 的次数。它把内存的缓冲空间分为两半,把数据集合分为若干个逻辑块。通过精心选择逻辑块装入每个缓冲区域的顺序,I/O 效率能够改善。

(3) 基于单元的算法(cell-based):在该方法中,数据空间被划为边长等于 $d/(2k^{1/2})$ 的单元。每个单元有两个层围绕着它。第一层的厚度是一个单元,而第二层的厚度是$[2k^{1/2}-1]$。该算法逐个单元地对异常点计数,而不是逐个对象地进行计数。对于一个给定的单元,它累计有三个计数——单元中对象的数目(cell count),单元和第一层中对象的数目($cell\_+\_1\_cell\_count$),单元和两个层次中的对象的数目($cell\_+\_2\_cell\_count$)。该算法将对数据集的每一个元素进行异常点数据的检测改为对每一个单元进行异常点数据的检测,它提高了算法的效率。

它的算法复杂度是 $O(c^k+n)$,这里的 c 是依赖于单元数目的常数,k 是维数。它是这样进行异常检测的:若 $cell\_+\_1\_cell\_count > M$,单元中的所有对象都不是异常;若 $cell\_+\_2\_cell\_count \leqslant M$,单元中的所有对象都是异常;否则,单元中的数据某一些可能是异常。为了检测这些异常点,需要逐个对象加入处理。

基于距离的异常点检测方法要求用户设置参数 p 和 d,而寻找这些参数的合适设置可能涉及多次试探和错误。

7.1.3 基于偏差的异常点检测

基于偏差的异常点检测不采用统计检验或者基于距离的度量值来确定异常对象,它是模仿人类的思维方式,通过观察一个连续序列后,迅速地发现其中某些数据与其他数据明显的不同来确定异常点对象,即使不清楚数据的规则。基于偏差的异常点检测常用两种技术:序列异常技术和 OLAP 数据立方体技术。这里简单介绍序列异常的异常点检测技术。

序列异常技术模仿了人类从一系列推测类似的对象中识别异常对象的方式。它利用了隐含的数据冗余。给定 n 个对象的集合 S,它建立一个子集合的序列 $\{S_1, S_2, \cdots, S_m\}$,这里 $2\leqslant m\leqslant n$,由此,求出子集间的偏离程度,即“相异度”。该算法从集合中选择一个子集合的序列来分析。对于每个子集合,确定其与序列中前一个子集合的相异度差异。光滑因子最大的子集就是异常数据集。这里对几个相关概念进行解释:

(1) 异常集:它是偏离或异常点的集合,被定义为某类对象的最小子集,这些对象的去除会产生剩余集合的相异度的最大减少。

(2) 相异度函数:已知一个数据集,如果两个对象相似,相异函数返回值较小,反之,相异函数返回值较大。一个数据子集的计算依赖于前个子集的计算。

(3) 基数函数:数据集、数据子集中数据对象的个数。

(4) 光滑因子:从原始数据集中去除子集,相异度减小的程度,光滑因子最大的子集就是异常点数据集。

基于偏差的异常点数据检测方法的时间复杂度通常为 $O(n)$,n 为对象个数。基于偏差的异常点检测方法计算性能优异,但由于事先并不知道数据的特性,对异常存在的假设太过理想化,因而相异函数的定义较为复杂,对现实复杂数据的效果不太理想。

7.1.4 基于密度的异常点检测

基于密度的异常点检测技术是在基于密度的聚类算法基础之上提出来的,它采用局部异常因子来确定异常数据的存在与否。

它的主要思想是:计算出对象的局部异常因子,局部异常因子愈大,就认为它愈可能异常,反之则可能性愈小。

下面介绍几个概念:

(1) 对象 p 的 k-距离(k-distance):对任意的自然数 k,定义 p 的 k-距离(k-distance(p))为 p 和某个对象 o 之间的距离,这里的 o 满足:

(i) 至少存在 k 个对象 $o' \in D\backslash\{p\}$,使得 $d(p,o') \leqslant d(p,o)$;

(ii) 至多存在 $k-1$ 个对象 $o' \in D\backslash\{p\}$,使得 $d(p,o') < d(p,o)$。

(2) 对象 p 的 k-距离邻域(k-distance):给定 p 的 k-距离 k-distance(p),p 的 k-距离邻域包含所有与 p 的距离不超过 k-distance(p)的对象。

(3) 给定自然数 k,对象 p 相对于对象 o 的可达距离为:

$$reach\text{-}\mathrm{dist}_k(p,\ o) = \max\{k\text{-}\mathrm{distance}(o),\ d(p,\ o)\}。 \tag{7.1}$$

(4) 对象 p 的局部可达密度(local reachable distance,LOF)为对象 p 与它的 *Minpts*-邻域的平均可达距离的倒数。

对象 p 的局部异常因子表示 p 的异常程度,局部异常因子愈大,就认为它愈可能异常,反之则可能性愈小。簇内靠近核心点的对象的 LOF 接近于 1,那么不应该被认为是局部异常。而处于簇的边缘或是簇的外面的对象的 LOF 相对较大。

7.1.5 高维数据的异常点检测

以上几种异常检测算法一般都是在低维数据上进行的,对于高维数据的效果并不是很好,基于这个原因,Agrawal 和 Yu 等人提出一个高维数据异常检测的方法。它把高维数据集映射到低维子空间,根据子空间映射数据的稀疏程度来确定异常数据是否存在。

高维数据异常点检测的主要思想是:首先它将数据空间的每一维分成 Φ 个等深度区间。所谓等深度区间是指将数据映射到此一维空间上后,每一区间包含相等的 $\int-1/\Phi$ 的数据点。然后在数据集的 k 维子空间中的每一维上各取一个等深度区间,组成一个 k 维立方体,则立方体中的数据映射点数为一个随机数 ξ。设 $n(D)$为 k 维立方体 D 所包含点数,N 为总的点数。定义稀疏系数 $s(D)$为:

$$s(D)=\frac{n(D)-N\times f^k}{\sqrt{N\times f^k(1-f^k)}} \tag{7.2}$$

$s(D)$为负数时，说明立方体 D 中数据点低于期望值，$s(D)$越小，说明该立方体中数据越稀疏。

数据空间的任一模式可以用 m_1, m_2, …, m_i, …来表示。m_i指此数据在第 i 维子空间映射区间，可以取值 1 到 Φ，或者 $*$（$*$ 表示可以为任意映射值）。异常检测问题可以转化成为寻找映射在 k（k 作为参数输入）维子空间上的异常模式以及符合这些异常模式的数据。如四维空间中一个映射在二维子空间上的模式（$\Phi=10$）。

高维数据中寻找异常模式是非常困难的，一个简单办法是对所有数据维进行组合，来搜索可能异常模式，但是效率极其低下。

7.2 基于属性的异常点检测

前面介绍了常用的比较成熟的异常点检测技术，他们在应用中都有着各自的优势，当然同时也有不足。基于统计的异常检测的优势是能根据数据分布函数确定地检测出异常点数据，它主要应用于科研计算，它的不足是很难事先知道数据的分布特征，这就限制了它的应用范围。

基于距离的算法跟基于统计的算法相比，不需要用户拥有任何领域知识，而且它在概念上也更直观。更重要的是，距离异常更接近异常本质的定义，但是基于距离算法的参数很难设置，参数设置的不当，会严重影响算法的结果。

基于密度的异常观点比基于距离的异常观点更贴近异常定义，能够检测出基于距离异常算法所不能识别的一类异常数据——局部异常。局部异常观点摒弃了以前所有的异常定义中非此即彼的绝对异常观念，更加符合现实生活中的应用。其缺点就是不能检测出全部的异常，它检测的只是局部异常。

实际数据往往具有较大的噪声，因此异常模式经常只存在于低维空间中，而在全维空间中难以确定；且以前算法在维数较高时，性能急剧下降。因此 Agrawal 和 Yu 等人提出一个高维数据异常检测的方法，但是在高维数据中寻找异常模式却是非常困难的。

从现有的异常点检测技术可以看出，虽然它们对于解决异常点检测有很大的帮助，但是还是很难有效地挖掘异常点数据。而异常点挖掘具有很大的实用价值，现实应用对其有巨大需求，在此背景下，人们提出了基于属性的异常点检测，用来解决异常点检测问题。这里介绍的基于属性的异常检测技术是基于距离的数据挖掘方法和基于密度的数据挖掘方法的融合，这个算法虽不是万能的，但是它也解决了异常点检测一些实际问题，弥补了一些现有异常点数据挖掘算法的不足。基于属性的异常点检测技术不但检测的效果提高了，而且大大简化了参数的设置，方便了用户的使用，也扩大了使用范围。

7.2.1 基于属性的异常点检测

首先对异常点数据挖掘进行如下描述：已知 N 个数据对象，异常点挖掘的目标是从该 N 个数据对象中发现一部分与其余数据有明显不同的例外数据。异常点数据挖掘可以分成三个子问题：(1) 数据集中异常点数据的定义；(2) 异常点数据的挖掘方法；(3) 检测到的异常点数据的分离。基于属性的异常点检测方法就从以上三个方面进行研究。

基于属性的异常点检测技术的基本思想是：按照数据对象属性逐个判断数据点是否是异常点。根据输入的预期异常点数目，利用距离函数 F 计算数据对象间的属性距离值 d，根据异常属性的定义检测并标记出数据对象的异常属性，根据数据对象属性的异常标记分离并输出异常点数据。下面给出算法的一些定义：

定理 7.1 数据集 T，N 为数据对象的数目，对象 o 为异常点数据是这样定义的：以数据对象 o 为领域中心，以 d 为领域半径内所包含的数据对象最大个数为 k，$k \ll N$，k 为异常数据参数（人为设定），d 为半径参数（人为设定）。其中包含在 d 领域内的数据对象 q 满足这样的要求：$q \in T$ 且 $F(o,q) \leqslant d$，$F(o,q)$ 是对象 o 和对象 q 的距离函数。

定理 7.2 数据集 T，N 为数据对象的数目，M 为对象的属性个数，对象 o 的 i 属性为异常属性是这样定义的：以对象 o 的属性 i 为中心，d 为领域半径，该领域内所包含的数据对象最大个数 k，$k \ll N$ 且 k 为输入的异常属性参数。当对象 o 的 i 属性的 d 领域所包含的数据对象数目大于 k 时，对象 o 的 i 属性就为非异常属性。其中包含在 d_i 领域内的数据对象 q 满足这样的要求：$q \in T$ 且 $F_i(o,q) \leqslant d$，$F_i(o,q)$ 为对象 q 的 i 属性和对象 o 的 i 属性的属性距离函数。对于领域半径 d_i 是这样定义的：d_i 的数值等于数据集 T 中的所有数据对象的 i 属性值的平均，除去数据对象 o 的 i 属性值，d_i 是半径参数，它是由算法自动计算的一个参数。

这一定理就是基于属性的异常点检测技术的理论基础。

定义 7.1　异常信用度，设数据集 T，$T = t_1, t_2, \cdots, t_n$，其中 k%的数据为异常点数据，称 k 为异常信用度。

$$k = 异常点数据个数\ C\ /数据集\ T\ 中的对象总数\ N$$

$$（C\ 为异常点数据最大个数，C = k \times N）$$

一般情况下，k 作为异常信用度参数由人为设定，在设定 k 时，可以用百分比，也可以输入具体数值，基于属性的异常检测中 k 的值采用具体数值形式。

定义 7.2　异常标记，设数组 Array，数组的大小为数据集 T 中的对象数目，当对象 o 的 i 属性为异常时，就将数组 Array 的相应元素的值置为异常标记值，例如 0 代表正常，1 代表异常。数组 Array 可以是一维的，也可以是多维的。

基于属性的异常检测技术的算法描述如图 7.1 所示。基于属性的异常点检测技术的算法流程图如图 7.2 所示。

基于属性的异常点检测算法伪代码描述由两部分构成：连续型和离散型。连续型属性的异常检测算法如图 7.3 所示，该算法的基本思想基于定理 7.2。

离散型属性的异常检测算法如图 7.4 所示，该算法的基本思想是：判断具有某一值属性的对象的总数，当该总数少于 k 时，就认为该对象的此属性为异常。

```
输入：异常信用度参数 k；
输出：C 个异常点数据。
方法：
 1) 初始化异常标记数组；
 2) repeat 对象属性
 3)     repeat 数据对象
 4)         检测数据集中对象的属性的异常性；
 5)         更新异常标记数组；
 6)     until 数据集中所有对象；
 7) until 对象的所有属性；
 8) 分离出检测到的异常点数据；
 9) 输出异常点数据；
10) 算法结束。
```

图 7.1　基于属性的异常点检测算法

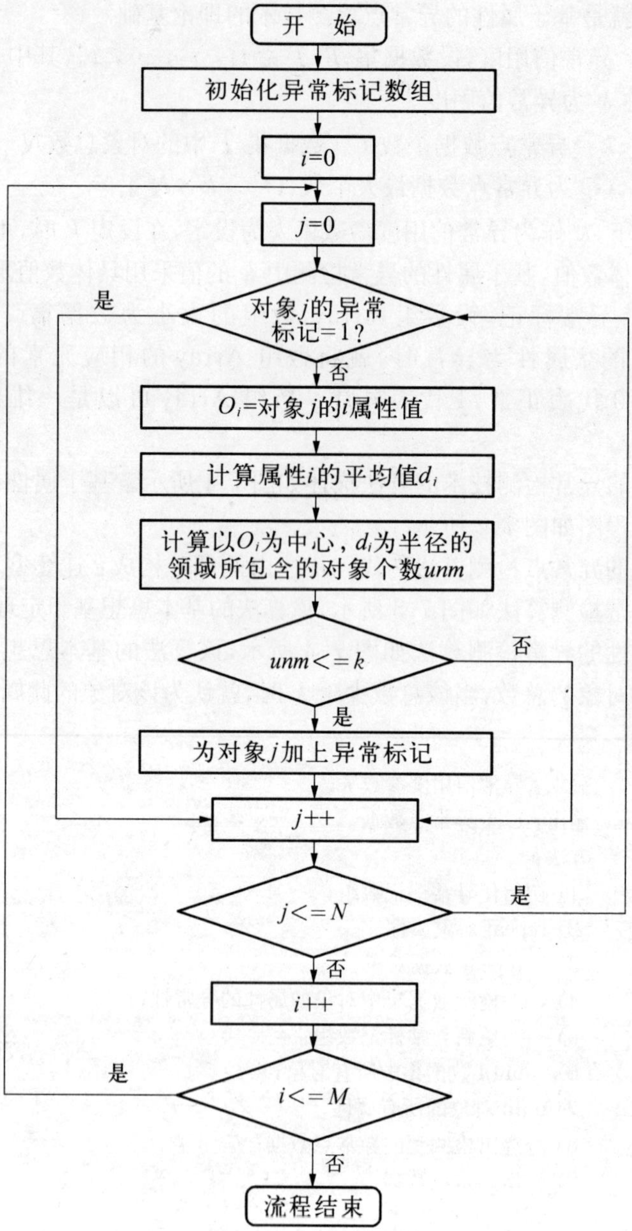

图 7.2 基于属性的异常点检测技术的算法流程图

```
for (i=0; i<=M; i++)
    {
        for (j=0; j<=N; j++)
        //判断异常标记
        if (outlier[j]=1) then
            continue;
        else
        {
            d_ji = 对象 j 的 i 属性值;
            tmpsum=0;
            for (l=0; l<=N; l++)
                if (l! =j)
                    tmpsum = tmpsum + 对象 l 的 i 属性值;
                else
                    continue;
                d_t = tmpsum/(N-1);      //计算领域半径 d_t
                num=0;
                for (l=0; l<=N; l++)
                {
                    d_li = 对象 l 的 i 属性值;
                    tmp = d_p - d_li;
                    if (tmp>=-d, AND tmp<=d_i)
                        num++;
                if (num<=k)
                    outlier[j]=1;//如果 num 小于k,则为对象 j 加上
                                  //异常标记
                if (num>k)
                    break;
            }
        }
```

图 7.3 基于连续型属性的异常检测算法的伪码

```
for (i=0; i<=M; i++)
    {
        for (j=0; j<=N; j++)
          //判断异常标记
          if (outlier[j]=1) then
              continue;
          else
          {
              d_ji = 对象 j 的 i 属性值;
              num = 0;
              for (l=0; l<=N; l++)
              {
                d_li = 对象 l 的 i 属性值;
                if (d_ji = d_li)
                   num++;
                if (num>=k)
                   break;
              }
          if (num<=k)
              outlier[j]=1;//如果 num 小于 k,则为对象 j 加上异常标记
    }
}
```

图 7.4　基于离散型属性的异常检测算法的伪码

算法中预期的异常点数目是作为算法参数由相关人员输入的,相关人员可以输入具体的数目,也可以输入数据异常点数据的百分比,这时算法根据异常信用度公式 $k=c\%\times N$ 自动计算出 k 的值。

基于属性的异常点检测技术的理论基础是定理 7.2,定理 7.2 只是它的理论基础,对于具体的处理过程定理 7.2 并未涉及,下面分析算法的处理过程。

(1) 算法参数与距离函数的设定

每个算法都有自己的参数,基于属性的异常点检测算法也有自己的算法参数。该算法的输入参数有一个：异常信用度参数。算法的内部参数有：领域半径 d_i 和领域所包含的对象个数 num。

输入参数异常信用度是由用户在算法执行时自行设定的。领域半径 d_i 是由算法自动计算的,对于不同的属性,不同的数据对象,该参数的值都是不同的。对象数目参数 num 由算法自动计算获得,不同的对象,不同的属性,num 的值也不

相同。d_i采用下式计算：

$$d_i = \frac{i\ 属性值的总和}{对象总数 - 1} \quad （连续型属性的\ d_i\ 计算） \tag{7.3}$$

(2) 数据预处理

存在不完整的、含噪声的和不一致的数据是大型的现实世界数据库或者数据仓库的共同特点。数据预处理的工作就是试图填充空缺的值，识别异常点和噪声数据，并纠正数据中的不一致。识别异常点和噪声数据已经有了相应的算法，因而数据预处理的工作主要就是填充空缺值，也即处理缺失值。

基于属性的异常点检测对于缺失值的处理采用的是如下方法：对于 double 型和 integer 型属性，使用属性的平均值进行填充；对于 string 型属性，使用一个全局常量字符来进行填充。

(3) 连续型与离散型属性的处理

一般算法对于这两种类型的属性处理通常做法是将连续型数据转化为离散型数据，然后再对数据进行处理。基于属性的异常检测算法对于这两种类型的属性处理方法不同于以前的方法，在该算法中，对于这两种类型的数据是分别处理的，连续型数据有连续型的处理方法，离散型数据有离散型的处理方法。

(4) 属性值的标准化处理

虽然所有的数据对象都具有相同的类型，或者具有相同的值范围，但不同数据对象之间的属性值还是有一定的差别的，直接对这些属性值进行处理对算法的精确度、准确度会产生一定的影响，因而，基于属性的异常检测算法在处理前对属性值进行了标准化处理，这种标准化处理主要是针对连续型属性的。连续型属性标准化采用下式计算：

$$X_{inorm} = \frac{X_i - Min_i}{Max_i - Min_i} \quad （第\ i\ 个属性\ X_i\ 的标准化） \tag{7.4}$$

(5) 异常标记数组的定义

对于算法检测到的异常点数据，使用不同的变量值来标记异常点和非异常点数据。基于属性的异常点检测算法首先定义了一个大小为数据集中对象总数（系统自动计算）的数组，初始时每个数组元素的值都设置为 0，当算法检测到数据对象为异常时，就将相应的数组下标元素设置为 1。对于异常标记数组，最简单的就是定义一维数组，只为每个元素设置一个标记位；还可以定义二维数组，以数据对象总数和属性总数为下标，用于记录每个数据对象每个属性的异常性，这种数组计算量稍大，但是它可以十分清晰方便地了解出现异常的对象到底是哪些属性不符合数据的一般模式。

(6) 结果数据的分离

当算法检测完毕后,需要对异常数据进行分离。基于属性的异常检测算法通过异常标记数组来输出异常点数据。通过循环来找出异常数据,对于异常标记数组元素值为 1 的对象,将其从原数据集中移动到异常数据集中,并进行输出;对于其他数组元素对应的对象不做处理。

基于属性的异常点检测算法的计算复杂度,与数据集中的数据量、数据对象的属性个数、异常信用度等有关。下面根据以上参数来分析算法的复杂度。

假设数据集中的数据个数总量为 N(在算法中,此参数由系统自动计算,存储于 numInstances 属性中),数据对象的属性个数为 M(在算法中,此参数也是由系统自动计算,存储于 numAttributes 属性中),异常信用度参数 K(该参数一般情况下由人给定)。下面分三种情况讨论算法的计算复杂度:正常情况、最优情况和最坏情况。

在正常情况下,基于属性的异常点检测算法的算法复杂度 $F(M,N,K)=M\times[Q\times(N+P)]$,$1\leqslant Q\leqslant N$,$K\leqslant P\ll N$。在最坏的情况下,就是系统要为每个数据对象的每个属性都进行检测,计算领域所包含的对象时也检测了所有的数据对象,这时 $Q=N$,$K=N$,此种情况下算法复杂度 $F(M,N,K)=M\times N\times(N+N)=2\times M\times N^2$。在最优情况下,系统只需要对数据对象的每个属性计算一次,这时 $Q=1$,$P=K$,此种情况下,算法复杂度 $F(M,N,K)=M\times(N+P)$。

7.3 时序异常点检测

7.3.1 时序异常点检测概述

近年来由于现代传感技术和 GIS 技术的飞速发展,激发了人们研究空间数据库的热情。空间数据库中同时存储了空间数据的空间属性和非空间属性,二者之间通过指针相连。由于事实上所有数据都存在在一个空间参考框架下,所以空间数据可以说是无处不在的,比如超市的交易数据、高速公路的流量数据、城市的人口统计数据等。空间数据的大量保存产生了从空间数据库进行知识发现的需求。

空间异常点检测是空间数据挖掘的一个重要部分,它是指从大规模的空间数据集中发现局部不稳定的观察点,或者说与其空间邻居相比属性值有很大不同的空间对象。

传统的异常点检测方法需加以扩展后用于空间异常点挖掘，二者之间的不同主要在以下两个方面：一是传统的异常点检测方法大多是全局异常点，而对于空间数据集来说，关注的是局部异常点，全局的异常点是无意义的；二是空间数据的固有特性，即空间数据间的相互依赖和分布特性的不一致，这两个特性在空间异常点检测算法中要充分考虑。

由于时态数据库的发展及时序数据的无所不在，从时序数据集中发现知识也得到了越来越多的重视。时序数据中隐藏着大量人们感兴趣的知识，时序数据挖掘就是从大量的历史时序数据中抽取潜在的、有价值的知识的过程。异常挖掘是时序挖掘的一个重要部分，它是指从大量的时序数据集中挖掘出明显偏离其他数据，不符合数据一般模式，与存在的其他数据不一致的数据或数据模式。

时序数据的异常主要有三种：

(1) 异常序列：异常序列是在时序数据集中与其他时序数据显著不同的、可能来源于不同机制的时序数据；

(2) 异常时序点：异常时序点是在一条时序数据中与其他时序点存在显著差异的、具有明显不同特征的时序点；

(3) 异常时序模式：异常时序模式是在一条时序数据中与其他时序模式存在显著差异的、具有明显不同表现的时序模式。

对于异常序列，通过将各条时序数据抽取特征，映射到特征空间的对象集，可看作是一种无序数据集的异常检测，就可采用传统的异常点检测方法。由于时序数据的不稳定性，大部分时序数据的异常不是由单个时序点引起的，而且异常时序点可看作长度为1的异常时序模式。

时序模式简单地说，就是若干个相邻时序点的组合，时序模式的异常可以指模式结构的异常，也可以指出现频率的异常。

巨量的地理空间数据在连续更新(比如遥感数据)，不断挑战着人类的分析能力。时空数据的大量收集推动着时空数据库和时空数据挖掘的发展。时空数据库是一类重要的、特殊的数据库，它同时存储对象的空间属性、时间属性和其他属性数据，有着比一般关系数据库和事务数据库更加丰富和复杂的语义信息，隐藏着丰富的知识。

时空数据挖掘是指从时空数据库中提取用户感兴趣的时空模式与特征、时空与非时空数据的普遍关系及其他隐含在数据库中知识的过程，它是数据挖掘技术在时空数据库方面应用的延伸。时空异常点检测是时空数据挖掘的一个重要部分，理应得到充分的重视。最近有些研究关注的是从空间数据库中挖掘出空间异常点，但未考虑对象的时态方面。也有些从时序数据挖掘异常模式的研究，但又未考虑对象间的空间属性关系。值得注意的是，发现异常的随时空演化的对象，即同时考虑对象的空间特性和时间特性来确定对象的异常，在许多领域中是很重要的，比如气候变化分析，高速公路交通流量检测，住宅小区发展分析，城市人变化分析。

7.3.2 时序异常模式挖掘

时序数据在现实生活中是常见的，比如股票交易数据，病人的脑电图数据等。时序数据的大量存在和大量积累产生了对时序数据进行分析的需要。以往对于时序数据的分析主要集中在统计领域，称之为时间序列分析。时间序列分析的不足是时序数据误差互不相关性和正态分布的假设难以满足，而且它是一种验证性的工具，不适用于发现型的任务。时序数据中隐藏着大量人们感兴趣的知识，时序数据挖掘就是从大量的历史时序数据中抽取潜在的有价值的知识的过程。

时序异常挖掘是时序数据挖掘的一个重要分支，时序异常检测是异常点检测在时序数据上的扩展。如果从异常点比较的范围来分，异常点检测可分为全局异常点检测和局部异常点检测两大类。显然，时序异常检测属于局部异常点检测。

时序数据的异常主要有三种：异常序列、异常时序点和异常时序模式。由于异常序列和异常时序点都可以看作是异常时序模式的特例，下面只重点讨论异常时序模式。

依据时序异常模式的检测方式来分，又可分为三种情况：一是通过参照时序数据建立时序数据的正常模型，检测的时序数据与正常模型作比较判断异常，称为基于训练模型的检测方法；二是划分检测时序数据的一部分作为训练数据建立正常模型，另外部分检测是否有异常模式，称为在线训练检测方法；三是基于分段的时序数据异常模式检测方法，它不需要用作训练的完整时序数据，也不需要划分时序数据的一部分作为训练数据。

Dasgupta 等人提出采用人工免疫系统的负选择(negative-selection)机制来检测时间序列的异常模式。负选择机制可以辨别自我(self)和异己(non-self)，其中 self 表示从参考数据集学习得到的正常的数据模型，non-self 表示在某个方差允许范围内不符合正常模型的数据模式，被定义为时间序列的异常模式。采用负选择机制的缺点是必须保证 self 数据完整准确，否则会产生许多错误的 non-self。Keogh 等人特别指出，当采用负选择机制来检测随机游走数据比如金融数据时，self 将被每种可能的模式所充斥，导致 non-self 总是为空。

Shahabi 等人采用基于小波的树结构 TSA-Tree 来代表不同尺度的数据，比如上个月的天气趋势和前十年的天气趋势，把异常模式定义为时序数据上的突然变化，通过小波系数的局部极大值来发现。由于他们对异常模式的定义是建立在小波系数的基础上，因此不够准确和全面，有些异常模式无法发现。

Keogh 等人提出了线性时间和空间范围的异常模式发现方法。如果一个模式的出现频率与它的期望出现概率显著差异时，认为是异常模式。该定义的优点在于不需用户预先指出异常模式的特征，只需提供同类正常的时序数据作为训练数据，便于普通用户发现异常模式。他们提出的 Tarzan 算法采用后缀树来编码所有出现的模式，后缀树的内部结点存储从根结点到内部结点相连所代表模式出现的次数，用马尔科夫模型预测未出现模式的期望出现概率，期望出现概率与实际出现概率的差异大于一个给定的阈值判为异常模式。

上述的几种检测均属于第一种基于训练模型的检测方法。由于许多时序数据往往实时产生，用作参照的训练时序数据有时难以获取，能够在线训练建立模型，然后用来检测异常模式的方法就显得很有意义。Ma 和 Perkins 等提出基于支持向量回归 SVR(Support Vector Regression)模型的算法，可以在线发现时序数据的异常模式。采用 SVR 模型对历史时序数据建立回归模型，判断新到来的时序点与 SVR 回归模型的匹配程度，考察连续一段时间的匹配情况，给出其为异常模式的置信度。训练样本集能够随着时间的推移动态更新，SVR 回归模型可增量更新。

在线训练的检测方法假设划作训练用的一段时序数据是完全正常的数据，即不含异常模式的时序数据，这个假设在很多情况下是不成立的。相比较，无训练的检测方法有着更广泛的适用范围。

基于分段的时序异常模式检测方法不建立时序数据的正常模型，而是对时序数据进行合理的分段，对分段后的模式抽取特征，把模式映射到 k 维特征空间，再采用合适的异常点检测方法检测异常模式。

1. 时序数据的分段

时序数据的分段主要有两个目的：一是获取数据的主要特征；二是降低异常检测算法的计算复杂度。

子序列的划分可依据应用要求或依据时序数据自身特点来进行。对于有明显的周期性或规律性数据可依据时序周期或时序规律来划分，如有根据电力负荷的特点，以天即 24 小时为时间区间划分时序数据。对于没有明显周期性或规律性应用数据，需从数据的自身特点出发，找出一种划分方法。下面重点讨论依据时序数据自身特点划分的方法。

Perng 等人提出了界标(Landmark)用于时序数据的分段，其中 m 阶界标点被定义为 m 阶导数为 0 的点，通过最小距离和百分比原则选择部分界标点作为分段点，在时序数据的相似性查询中取得了较好的效果。

Prantt 和 Fink 提出了基于重要点的分段方法，重要点定义为在局部范围内与局部端点的比值超过 R 的极值点，将重要点作为时序数据的分段点。通过选择不同参数的 R，可以获得不同精细程度的分段表示。这种分段方法较好地应用在时序数据的压缩表示、索引和查找中。

还有人提出了一种根据时序数据自身特征划分子序列的分段方法。首先引入时态边缘系数 TEO(Temporal Edge Operator)的概念，每个时序点的时态边缘系数反映了它的边缘程度，通过选择最大最小边缘系数与模式段的最小长度相结合划分子序列，称之为基于时态边缘系数的分段方法(以下简称 TEO 方法)。

TEO 方法的不足是两个参数检测窗口直径和模式段的最小长度难以确定，影响了这种方法的使用范围。

2. 基于时序分段的异常检测方法

基于分段的时序异常模式检测方法主要有三个步骤：一是对时序数据进行合理的分段；二是对分段后的模式抽取特征，把模式映射到 k 维特征空间；三是采用合适的异常点检测方法检测异常模式。

基于时序分段的异常检测方法，采用前面介绍的基于时态边缘系数的分段方法 TEO 方法对时序数据分段，模式段抽取的特征分别是模式段的斜率、模式段的长度和模式段的均值，把模式段的特征作为模式段的属性，把模式段映射为特征空间的对象集，再通过引入对象的 k-可达邻域的概念对典型的基于密度的异常检测方法 LOF 作了改进，使它更适合于异常时序模式的检测。

这里介绍一种新的异常模式检测算法，它依赖于本文提出的时序数据分段方法 IPS(Important Points based Segment，以下简称 IPS 方法)。IPS 也是根据时序数据自身特征划分子序列的分段方法。首先引入突变系数的概念，每个时序点的突变系数反映它的异常程度，然后通过结合重要点和突变系数来得到一种基于重要点划分子序列的分段方法。基于时序数据的 IPS 分段方法，从而得到一种新的时序异常检测算法。

3. 基于 IPS 的异常模式检测算法

IPS 从时序数据的自身特点出发，依赖于序列、突变系数、重要点等概念。

定义 7.3 时间序列：用 X 表示时间序列，$X=\{x_1,x_2,\cdots,x_n\}$，其中 x_i 是实数，表示时间序列 X 在时刻 i 的值，n 表示时间序列的长度。

通过对时间序列的观察，发现时间序列异常变化的部分既可能是极大值和极小值时序点，也可能是与左右邻相比变化明显不同的时序拐点，为此这里给出时序点突变系数的概念，通过它对极值点和拐点进行概化，用来表示时序点的变化程度。

定义 7.4　时序点的突变系数(breaking factor)：

设时间序列 $X=\{x_1,x_2,\cdots,x_n\}$，时序点 X_i 的突变系数按下式定义：

$$BF(x_i)=|(x_i/x_{i-1})\times(x_i/x_{i+1})| \tag{7.5}$$

从定义 7.4 看出，某个时序点的突变系数是与前后邻时序点比值相乘的绝对值。突变系数反映了该时序点的变化程度，突变系数远大于或远小于 1，该时序点就可能是异常模式的组成部分；突变系数接近 1，该时序点就可能是正常模式的组成部分。从图 7.5 可看出 1 点是拐点，2, 3, 4, 5 点是极值点，这 5 点的突变系数都远大于或远小于 1，表明通过突变系数可概化极值点和拐点。

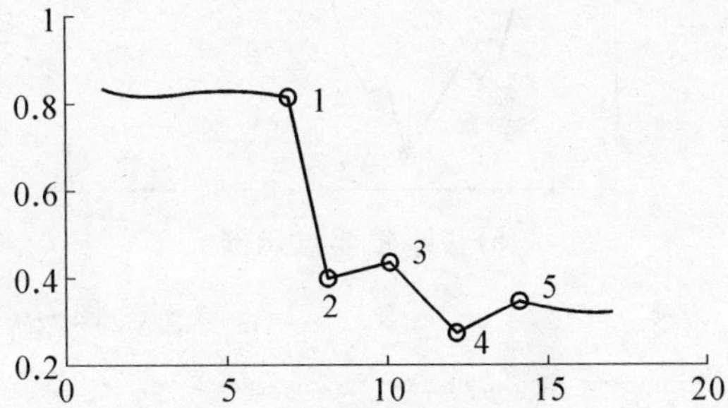

图 7.5　突变系数计算示例

为降低时间序列不稳定的影响和减少计算复杂度，通过选择部分极大突变系数值和极小突变系数值的时序点，舍弃其他时序点的方法来压缩时间序列。这样做的直观理由是舍弃时序数据的小的波动，保留主要的极大突变系数值和极小突变系数值的时序点，不会影响时序数据的主要形态。通过一个大于 1 的参数 R 的设置来调整压缩率，即舍弃的时序点数与时间序列总点数比值的百分数。比如，80%的压缩率意味着选定 20%的时序点作为重要点，舍弃掉其余的 80%的时序点。

定义 7.5　重要点，设时间序列 $X=\{x_1,x_2,\cdots,x_n\}$，i,m,j 分别是时间序列的位置，$i<m<j$，如果

(i) $BF(x_m)$是$[x_i,x_j]$区间突变系数的极小值；

(ii) $BF(x_i)/BF(x_m)\geqslant R$ 且 $BF(x_j)/BF(x_m)\geqslant R$。

则 x_m 是一重要极小值。

定义 7.6　相似地，设时间序列 $X=\{x_1,x_2,\cdots,x_n\}$，i,m,j 分别是时间序列的位置，$i<m<j$，如果

(i) $BF(x_m)$是$[x_i,x_j)$区间突变系数的极大值；

(ii) $BF(x_m)/BF(x_i)\geqslant R$ 且 $BF(x_m)/BF(x_j)\geqslant R$。

则 x_m 是一重要极大值。

重要点包括重要极小值和重要极大值，如图 7.6 所示。可以通过参数 R 的调整选定不同数量的重要点，得到时间序列不同压缩率下的分段线性表示，如图 7.7 所示。

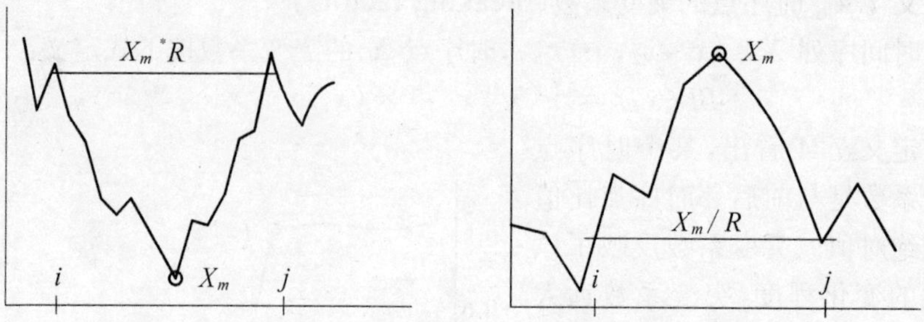

(a) 极小重要点示例　　(b) 极大重要点示例

图 7.6

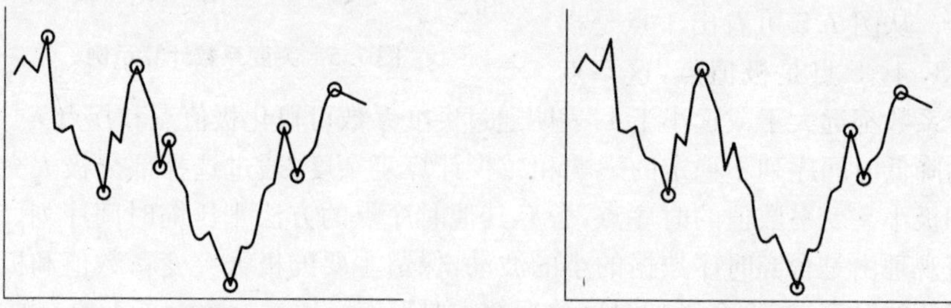

(a) 80%压缩率下的重要点　　(b) 86%压缩率下的重要点

图 7.7

时序模式是根据时序数据的特点划分得到相邻的时序点的组合，进一步从分段模式中抽取若干个特征，每个特征作为模式的一个属性，就能把分段模式映射到无维空间中的点，再采用传统的异常检测方法检测异常模式。

根据时序数据的特点划分模式段后，较有效的特征抽取方式是根据模式的几何形状来抽取特征。

给定一个时序模式，根据几何特征，可以定义许多特征参数，由于提取特征的目的是为了异常检测，一般从以下的特征参数中选择若干作为时序模式的属性。设 i,j 分别是模式段的起始位置和结束位置。

模式长度：$length = j - i$

模式高度：$height = \max(x_i,\cdots,x_j) - \min(x_i,\cdots,x_j)$

模式斜率：$slope = (x_j - x_i)/(j - i)$

模式平均值：$mean = \dfrac{1}{(j-i)}\sum_{k=i}^{j} x_k$

模式起始端点值：$start = x_i$

模式结束端点值：$end = x_j$

对分段模式的特征抽取完成后，每个分段用若干个特征参数或变换后的系数表示，作为对象的属性值。

特征参数的具体选择是一个与应用领域高度相关的课题。由于模式长度、模式斜率和模式平均值较好地刻画了模式段的几何特征，同时为了与前面所提的检测方法作比较，所以选择了这三个参数作为模式段的特征表示。

时序数据的模式段映射到特征空间后，可采用传统的异常点检测方法。但由于时间序列的非稳态特性使得模式之间的距离变化很大，不同时间段的距离不具有可比性。较好的选择是采用基于密度的方法，模式的密度越大，与该模式相似的模式就越多，它是异常模式的可能性就越小；模式的密度越小，与该模式相似的模式就越少，它是异常模式的可能性就越大。

基于密度的检测方法可采用不同的概念来反映对象邻域内的密度，简单起见，采用对象的 k-距离来度量。下面给出数据对象的 k-距离定义。

定义 7.7　数据对象的 k-距离，给定正整数 k 和数据集 D，对象 $p, o \in D$，对象 p 的 k -距离用 $k\text{-dist}(p)$ 表示，满足下列两个条件：

(i) 至少存在 k 个对象 $q \in D \backslash \{q\}$，$\text{dist}(p, q) \leqslant \text{dist}(p, o)$；

(ii) 至多存在 $k-1$ 个对象 $q \in D \backslash \{q\}$，$\text{dist}(p, q) < \text{dist}(p, o)$。

根据上述定义和分析，k-距离可以衡量对象 p 的异常程度。k-距离的值越小，则 p 邻域的密度越大，p 的异常程度越小；反之，k-距离的值越大，则 p 邻域的密度越小，p 的异常程度越大。

4. 基于 IPS 的时序异常模式检测算法

基于 IPS 的时序异常模式检测的算法包含三个步骤：第一步是规范化时序值，计算时序值的突变系数，依据突变系数得到基于重要点的时序数据的分段；第二步是提取每一分段的特征；第三步是采用模式段的 k-距离检测出异常模式。

算法输入：时间序列 X，重要点调整参数 R，最小邻域数 k。

算法输出：时间序列的异常模式。

具体步骤：

(1) 扫描时间序列，找出时间序列值中最大值 $x_{\max}$ 和最小值 $x_{\min}$；

(2) 对时间序列做规范化处理，对各点的序列值按下式作变换：

$$x_i = \frac{x_i - x_{\min}}{x_{\max} - x_{\min}} \tag{7.6}$$

由于时间序列可能来自各个领域，序列值变化范围相差很大，经规范化处理后序列值被规范化到[0, 1]之间。这可以消除时间序列值的巨大差异，增强算法的适用性。

(3) 依据式(7.5)按时间为序计算时序点的突变系数；

(4) 按时间为序以 R 为参数，选择部分极大突变系数值和极小突变系数值作为时间序列的重要点。按重要极大值和重要极小值交替的顺序选取重要点；

重要点的检索过程就是动态地扫描时间序列的一部分，通过基于突变系数值的比较来确定。根据实际情况，可通过动态调整参数 R，得到不同压缩率下的重要点；

(5) 以重要点作为时间序列的分段点，提取每个分段的斜率、均值和长度作为它的特征；

(6) 以最小邻域数 k 为参数，计算模式之间的 k-距离，k-距离大的模式就是异常模式。

参数 R 的设置是一个与用户多次交互的过程，可通过可视化的帮助及检测结果的反馈最终确定参数 R。总的原则是 R 设置得越大，得到的分段表示的压缩率越大，这样会忽略异常程度低的模式段；R 设置得越小，得到的分段表示的压缩率越小，这样会检测出异常程度低的模式段，但 R 的调整对异常程度高的模式段影响很小。

考虑到时序数据的不稳定因素，k 一般可设置为 10～20。

7.4 空间异常点挖掘

空间数据在人们发现知识和改造自然的过程中具有越来越重要的作用，由于雷达、红外、光电、卫星、电视摄像、电子显微成像、CT 成像等各种宏观与微观传感器的使用，空间数据的数量、大小和复杂性都在飞快地增长，而用户不可能详细地分析所有的数据，并提取感兴趣的空间知识。空间数据的大量保存产生了从空间数据库进行知识发现的需求。空间异常点检测是空间数据挖掘的一个重要部分，它是指从大规模的空间数据集中发现局部不稳定的观察点，或者说与其空间邻居相比属性值有很大不同的空间对象。

空间异常点检测是异常点检测在空间对象上的扩展。局部异常点是指在局部范围内表现与其他数据点表现不一致的观测点，空间异常点属于局部异常点。

空间对象包含空间的和非空间的属性，空间属性包括位置、形状和其他几何或拓扑性质；非空间属性是指对象标识、名称、年龄等。空间邻域是基于空间维的一个空间数据的子集（如位置）。空间邻域基于空间属性（如位置）使用空间关系（如距离或邻接）进行定义。空间对象之间的比较基于非空间属性进行。空间数据固有的重要性质是空间数据的相互依赖和空间数据分布特性的不一致。

空间异常点是与其空间邻域中其他空间参照对象的非空间属性值有极大不同的空间参照对象。空间异常点是非空间属性值的局部不稳定，或者相对于邻居表现极端的空间参照对象（即使它们与总体没有太大的区别）。例如，在一个新兴大都市的老社区中，一栋新房屋就是基于非空间属性房屋年代的空间异常点。检测空间异常点在地理信息系统和空间数据库的很多应用中非常有用。这些应用领域包括交通、生态、公共安全、公共健康、气候和基于位置的服务。

全局异常点与空间异常点的检测方法有着本质的不同：全局异常点检测方法忽略每个数据点的空间位置，拟合非空间属性值的分布模型；空间异常点检测将空间属性与非空间属性分隔开来。空间属性用于刻画位置、邻域和距离；非空间属性用于比较空间参照对象与其邻居的偏差。

空间异常点检测可分为两类：图形测试（graphical test）和定量测试（quantitative test）。图形测试基于空间数据的可视化，该方法突出了空间异常点，例如变差云图（variogram cloud）和 Moran 散点图。定量方法提供了一个精确测试，将空间异常点与其他数据区分开来。散点图和 Z-值法是定量方法族中有代表性的技术。

变差云图显示数据点及其邻域的关系。对于每一对位置，绘出其位置上属性值差的绝对值平方根与位置间的欧氏距离。在表现出强空间依赖性的数据集中，属性值的方差随着位置间距离的增加而增大。互相接近而属性值差很大的位置可能就是一个空间异常点，即使在非空间参照情况下检查数据集时，两个位置上的属性值看起来很合理。

Moran 散点图绘制归一化属性值（$Z[f(i)]=(f(i)-\mu_f)/\sigma_f$）与归一化属性值（$\boldsymbol{W}\cdot\boldsymbol{Z}$）的邻域平均，这里 W 是行归一化（如 $\sum_j W_{ij}=1$）的邻域矩阵（$W_{ij}>0$，当且仅当满足 neighbor$(i,\ j)$时）。那些被异常高或低的邻居属性值包围的数据点就是空间异常点。

散点图在 X 轴显示属性值，在 Y 轴显示邻域中属性的平均值，利用最小二乘回归线来确定空间异常点。远离最小二乘回归线的数据点判断为可能的空间异常点。

Z-值法通过构建一个空间统计量 $Z_{s(x)}$ 来判断可能的空间异常点，$Z_{s(x)}=$

$\left|\dfrac{S(x)-\mu_s}{\sigma_s}\right|>\theta$。对于属性值为 $f(x)$ 的每个位置 x，$S(x)$ 是位置 x 处属性值的邻居的平均属性值之差，μ_s 是 $S(x)$ 的平均值，σ_s 是所有观察点上 $S(x)$ 的标准差。θ 的选择和指定的置信度水平有关。例如，若置信度水平为 95%，则 $\theta\approx2$。

Shekhar、Lu 和 Zhang 提出将空间属性与非空间属性区分开来的二分算法，计算对象与其邻域的非空间属性值的差异，在此基础上构建统计量来判断异常点，简称该算法为 SLZ 算法。SLZ 算法基于空间属性确定邻域，在全局范围比较对象的异常程度，本质上仍属全局异常点。

为了避免邻域中含异常点而出现的误检现象，Lu 等人还提出用邻域的平均属性值和邻域的中心值代替异常点的属性值的两种方法，并重新计算所有包含该异常点的邻域的平均值，增强了算法的鲁棒性，但同时也增加了算法的复杂度。

Chawla 和 Sun 等人用邻域距离解决空间对象与其邻域间的相互依赖约束，用波动参数 β 度量空间对象邻域的稳定性，二者的乘积称为空间局部异常度量 SLOM(Spatial Local Outlier Measure)，用来度量空间对象的异常程度，简称该算法为 SLOM 算法。SLOM 算法的不足是波动参数 β 在某些条件不能正确表现邻域波动，导致该算法退化为全局异常点检测。

这里介绍基于 SLOC(Spatial Local Outlier Coefficient)的空间异常点检测算法，它较好地解决了对象邻域分布特性的不一致约束，得到度量空间对象的局部异常程度的系数 SLOC，通过对 SLOC 的排序，可判断出异常点。SLOC 算法具有较高的检测准确率、较低的用户依赖性，在某种程度上避免了退化为全局异常点检测的问题。

SLOM 算法的主要问题是波动参数 β 在某些条件不能正确表现邻域波动情况。图 7.8 所示为对象 o 的邻域距离及其邻域对象各自的邻域距离，可看出图 7.8(a)与(b)对象 o 的邻域波动情况比较接近，图 7.8(b)对象 o 的邻域波动程度明显要高于图 7.8(c)的邻域波动程度。然而通过计算各自的波动参数，可知图 7.8(a)与(b)的 $\beta(o)$ 有很大不同，而图 7.8(b)与(c)的 $\beta(o)$ 完全相同，这充分说明波动参数不能正确反映邻居的波动情况。

分析波动参数的计算过程，发现其统计对象 o 的 $N+(o)$ 邻域中大于和小于平均邻域距离 avg($N+(o)$)的对象数目的差值，然后基于这个差值作变换后得到波动参数。由于差值的计算只是定性地判断 $N+(o)$ 邻域中对象邻域距离与平均邻域距离的大小，而未精确地计算二者差异的多少，所以会造成波动参数不能正确反映邻居波动的问题。为此，这里介绍的 SLOC 算法中，计算对象的空间局部异常系数 SLOC 时，定量地结合了对象邻域距离与平均邻域距离的大小和分布情况，较好地体现了对象邻域的分布特性。

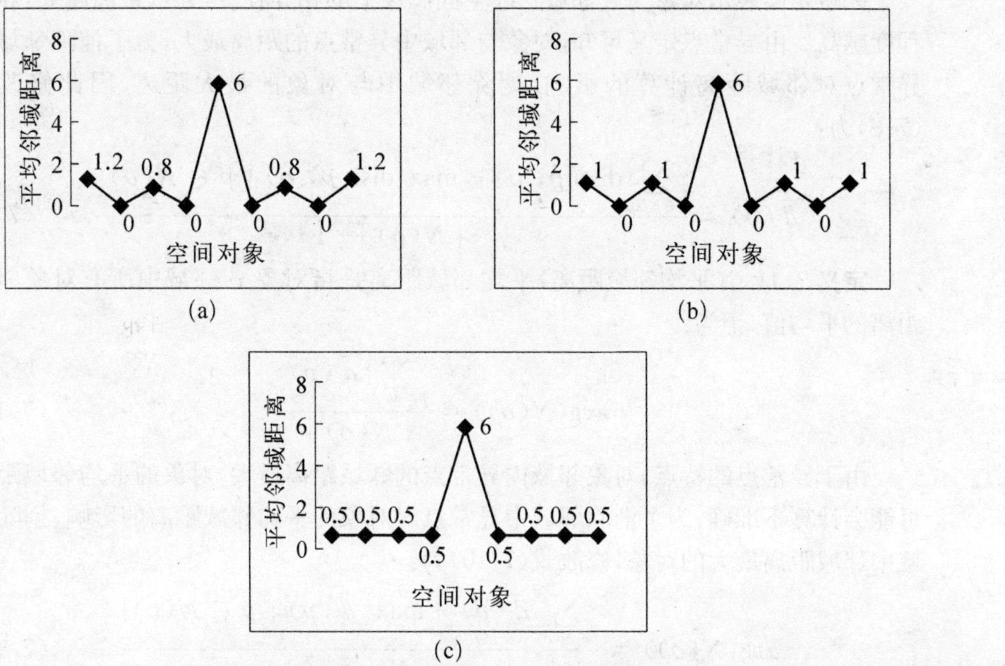

图 7.8　对象 o 及其邻域对象的邻域距离

假设对象集 $O=\{o_1,\ o_2,\ \cdots,\ o_n\}$，由 n 个对象组成，非空间属性函数是 $f(o)$，$f(o)$ 的维度为 d-维。d-维非空间属性 $f(o)$ 表示为 $(f(o_1),f(o_2),\cdots,f(o_d))$，$\sigma_c$ 表示在指定条件 c 下的空间邻接关系。

定义 7.8　(空间对象距离)设 $\boldsymbol{o}_i,\boldsymbol{o}_j\in O$，$o_i$ 和 o_j 的 d-维非空间属性是 $f(\boldsymbol{o}_i)$ 和 $f(\boldsymbol{o}_j)$，其中 $f(o_{ik})$ 和 $f(o_{jk})$ 是第 $k(k=1,\cdots,d)$ 维规则化属性，即 $0\leqslant f(o_{ik})$，$f(o_{jk})\leqslant 1$，则空间对象 $\boldsymbol{o}_i$ 和 $\boldsymbol{o}_j$ 之间的距离为：

$$\text{dist}(\boldsymbol{o}_i,\ \boldsymbol{o}_j)=\sqrt{\sum_{k=1}^{d}(f(o_{ik})-f(o_{jk}))^2} \tag{7.7}$$

定义 7.9　(空间邻域)对象 o 的空间邻域 $N(o)$ 是指对象 o 的所有空间邻居的集合，即 $\forall o\in O, N(o)=\{p\mid s(p)\sigma_c s(o)=\text{true},\ p\in O\backslash\{o\}\}$。

定义 7.10　(邻域距离)邻域距离是指对象 o 与空间邻域中所有对象距离的平均值，即：

$$\bar{d}(o)=\frac{\sum_{p\in N(o)}\text{dist}(p,\ o)}{|N(o)|} \tag{7.8}$$

邻域距离表示对象与其邻域在非空间属性上的相异程度,邻域距离越大,相异程度越高。由异常点定义可知,对象与邻域中异常点的距离最大,为了消除邻域中异常点对邻域距离计算的影响,剔除邻域中与对象的最大距离,因此修改式(7.8)为:

$$\bar{d}(o) = \frac{\sum_{p \in N(o)} \text{dist}(p,\ o) - \max\{\text{dist}(p,\ o) \mid p \in N(o)\}}{|N(o)| - 1} \tag{7.9}$$

定义 7.11 (平均邻域距离)平均邻域距离是指对象 o 邻域中所有对象邻域距离的平均值,记为:

$$\text{avg}(N(o)) = \frac{\sum_{p \in N(o)} \bar{d}(p)}{|N(o)|} \tag{7.10}$$

由于异常点的特点,对象邻域内异常点的邻域距离最大,对象的平均邻域距离可能会计算不准确,为了消除邻域中异常点对对象的平均邻域距离的影响,剔除邻域中邻域距离最大的对象,修改式(7.10)为:

$$avg(N(o)) = \frac{\sum_{p \in N(o)} \bar{d}(p) - \max\{\bar{d}(p) \mid p \in N(o)\}}{|N(o)| - 1} \tag{7.11}$$

空间对象的异常程度既与对象与其邻域的相异程度有关,也与对象邻域的分布特性相关,结合这两个因素得出度量空间对象异常程度的系数 SLOC(Spatial Local Outlier Coefficient),并按降序排列,异常度最大的前 m 个对象就是所求的空间异常点。

定义 7.12 (空间局部异常系数)对象 o 的异常系数定义为:

$$SLOC(o) = \frac{\bar{d}(o) - \text{avg}(N(o))}{\sqrt{\dfrac{\sum_{p \in N(o)} (\bar{d}(p) - \text{avg}(N(o)))^2}{|N(o)|}}} \tag{7.12}$$

由于异常点可能会使相邻的空间对象误检为异常点,为了减少异常点对其他对象检测的影响,同样地剔除邻域中邻域距离最大的对象,修改式(7.12)为:

$$SLOC(o) = \frac{\bar{d}(o) - \text{avg}(N(o))}{\sqrt{\dfrac{\sum_{p \in N(o)} (\bar{d}(p) - \text{avg}(N(o)))^2 - \max\{(\bar{d}(p) - \text{avg}(N(o)))^2 \mid p \in N(o)\}}{|N(o)| - 1}}} \tag{7.13}$$

为了避免 SLOC 计算中分母为 0 的情况,设 δ 为非常小的正数,分子、分母同时加上则式(7.13)修改为：

$$SLOC(o)=\frac{\bar{d}(o)-\text{avg}(N(o))+\delta}{\sqrt{\dfrac{\sum\limits_{p\in N(o)}(\bar{d}(p)-\text{avg}(N(o)))^2-\max\{(\bar{d}(p)-\text{avg}(N(o)))^2\mid p\in N(o)\}}{|N(o)|-1}}+\delta} \tag{7.14}$$

这样利用邻域距离解决了空间对象与其邻域的相互依赖约束，利用空间局部异常系数 SLOC 解决了空间数据分布特性的不一致约束，利用 SLOC 的顺序解决了异常点的判断问题。

SLOC 算法：

输入：对象集 $O=\{o_1,o_2,\cdots,o_n\}$；对象 $o_i(s(o_i),f(o_j))$的空间属性是 $s(o_i)$，d-维非空间属性$f(o_i)$表示为$(f(o_{i1}),f(o_{i2}),\cdots,f(o_{id}))$；$\sigma_c$表示在指定条件 c 下的空间邻接关系。

输出：空间异常点集。

算法步骤：

(1) 根据对象的空间属性 $S(o)$和指定条件 c 下的空间邻接关系 σ_c，确定每个对象的空间邻域；

(2) 规则化每个对象的非空间属性值 $f(o)=(f(o)-\min)/(\max-\min)$，从而保证 $f(o)$在[0, 1]区间内；

(3) 根据式(7.9)计算每个空间对象与其邻域距离；

(4) 根据式(7.11)计算每个对象的平均邻域距离；

(5) 根据式(7.13)计算每个空间对象的异常系数 SLOC；

(6) 根据异常系数 SLOC 将对象按降序排序；

(7) 输出前 m 个对象，前 m 个对象就是空间异常点。

基于距离的异常点检测算法的关键步骤是最近邻居的搜索，这个过程需要遍历整个数据集，成为算法的瓶颈，在属性高维时尤其严重。对于空间异常点检测算法，虽然它也需计算对象间的距离，但由于空间数据的空间邻居通过空间信息确定，通常用空间上的三维来限制，可利用高效的空间索引 R^*-树来有效地确定空间邻域。

假设空间数据对象数目为 n，非空间属性维度为 d 维，对象的邻居数为 k(k 可变)，s 为 R^*-树中每个索引结点的最少项数，则：

(1) 确定空间邻居计算复杂度为 $O(n(k\log_s n))$；

(2) 规则化非空 M 属性为[0, 1]，其复杂度为 $O(dn)$；

(3) 计算对象与其邻域距离，其复杂度为 $O(n(k\log_s n + kd))$；

(4) 计算对象平均邻域距离的复杂度是 $O(n(k\log_s n))$；

(5) 计算 SLOC 的复杂度是 $O(n(k\log_s n))$；

(6) 排序的计算复杂度为 $O(n\log_2 n)$；

(7) 取前 m 个异常对象并输出的复杂度是 $O(m)$。

故总的复杂度为 $O(n(k\log_s n + kd + \log_2 n))$。由于空间对象邻居的搜索决定着算法的复杂度，可采取两种方法有效地降低计算复杂度，一是在内存中开辟缓冲区存储对象的邻居信息，这样计算邻域距离、平均邻域距离和 SLOC 就可直接从内存中获取邻居信息，减少对磁盘的访问次数；二是得到空间对象的邻居信息后预先存储在表格中以备下步计算使用，避免了多次空间查询，空间属性改变时更新这个表格。

基于 SLOC 的算法充分考虑了空间数据的特点，即空间数据间的相互依赖约束和空间数据分布的不一致约束。通过对象的邻域距离解决了空间对象间的相互依赖约束，然后结合空间对象邻域的分布特性得到空间对象的局部异常程度的度量 SLOC，通过对 SLOC 降序排列，解决了异常点的判断问题，降低了用户的依赖性。通过与相关算法 SLZ 和 SLOM 算法的比较，可以看出 SLOC 算法既有较强的检测空间局部异常点的能力和较低的用户依赖性，又由于更好地捕捉了空间对象的局部特性，在检测的正确性上优于 SLOM 方法。

7.5 时空异常点挖掘

时空异常挖掘包含有三个子问题，一是时空异常挖掘对象的确定，二是时空挖掘对象邻域的确定，三是时空挖掘对象异常的判断。时空异常点是与其时空邻域中其他时空对象的非时空属性值有极大不同的时空对象。时空异常点是非时空属性值的局部不稳定，或者相对于邻居表现极端的时空对象(即使它们与整个时空范围内的总体没有太大的区别)。时空异常点是异常点检测在时空对象上的扩展，同样也属于局部异常点检测。

时空对象的属性按性质可分为三类：时间属性、空间属性和非时空属性。时间属性、空间属性用于确定邻域，非时空属性用于与邻域对象作比较。

时空异常点检测在时态 GIS 和时空数据库的很多应用中非常有用，这些应用包括气候变化、地势变迁、地块变化、流域演变、交通监测等领域。

Adam 等人提出了一种在高维时空数据集中基于邻近关系的异常点检测方法。它给出了一个五步骤的时空异常点检测方法：

(1) 通过 Voronoi 图产生对象的微邻域；

(2) 用邻接矩阵表示微邻域的接近关系，有着共享边的 voronoi 图表示对象微邻域的空间相邻关系；

(3) 微邻域的语义相邻关系通过 Jaccard 系数和轮廓系数 *SC* 来判断；

Jaccard 系数代表两个微邻域范围内二元属性的相似性，*SC* 代表两个微邻域范围内非二元属性代表的对象所形成的聚类的重叠程度。

(4) 宏邻域的产生。如果两个对象的微邻域空间相邻且语义相邻，即 Jaccard 系数大于一个设定的阈值，*SC* 小于一个设定的阈值，两个微邻域合并为一个宏邻域；

(5) 采用传统基于距离的方法检测异常点。

Adam 提出的方法本质上是一种空间异常点检测方法。但它在微邻域的语义相邻关系中考虑了时间因素，认为在考察的时间区间内大部分时间点的二元属性和非二元属性相似，即判定两个微邻域语义相似。

有人提出了一种清晰的多步骤的时空异常点检测方法：

(1) 基于语义知识对输入数据分类或聚类，形成重要语义的区域；

(2) 在空间尺度上提升一个层次对输入数据进行聚集，用来检查数据的稳定性；

(3) 比较第(2)步和第(1)步的聚类区域的差异，差异的对象就是时空异常点候选集；

(4) 时空异常点候选集与其时序上的直接邻居进行比较，以验证是否是真正的时空异常点。如果候选时空异常点与时序邻居没有重大差异，就认为不是时空异常点，如有重大差异就判定为时空异常点。

基于语义知识聚类，考虑了时空对象的空间属性和时间属性，同时结合了空间属性的多尺度特征。它检测得到的时空异常点是空间异常点的一个子集，它基于空间异常点与其时序直接邻居相比较的差异判断是否是时空异常点，时间属性明显度量不足。

还有人提出了针对气候栅格数据集的两种时空异常点的定义和检测方法。

第一种时空异常点是给定时间段的位置异常点，实质是基于时间约束的空间异常点。某一位置给定时间段的时序数据与空间相邻位置的时序数据作比较。通过对时序数据抽取趋势项和季节性实现时序数据的降维，趋势项为年平均降雨量，季节项为月平均降雨量。比较函数用某空间位置的时序数据与其空间位置相邻的时序数据平均值的差异的标准化值来表示。这种时空异常点检测实质是通过空间关系确定空间邻居后判断异常时序数据的过程。

第二种时空异常点是给定区域表现异常的时间段。给定区域往往有若干个数据对象，时间段往往也较长。简化方法是筛选出关键区域重点时间段对象降雨量的时空分布，基于前述类似的比较函数判断异常点。如果把给定区域退化为一个位置的话，就成为在划分好的时序数据上找出异常子序列的过程。

Birant 等人提出了一种基于聚类的时空异常点检测方法。第一步对时空对象进行聚类，不在任何聚类的时空对象认为是候选的时空异常点；第二步在候选时空异常点的空间邻域进行验证；第三步在候选时空异常点的时态邻域进行验证。同时满足空间验证和时态验证的候选异常点确认为真正的时空异常点。由于时空对象演化的不一致性和复杂性，聚类的结果往往不能充分反映时空对象集的特征，另外这种方法也缺乏时间属性和空间属性相结合的充分考虑。

对现有的几种时空异常点检测算法仔细分析，发现主要存在以下不足：

(1) 缺乏通用的时空邻居的定义。时空邻居的确定是时空异常点检测的关键步骤之一。现有的时空异常点检测缺乏这方面的深入讨论和研究。

(2) 用来检测一种或若干种特殊情况的时空异常点，通用性较差。现有的时空异常点检测算法往往有较多的假设条件，这些假设条件在很多应用场合是不成立的，影响了这些算法的适用性。

(3) 时空对象的时间维或空间维未能得到充分考虑。已有的时空异常点检测算法未能对时间维和空间维都作充分考虑。时间维和空间维是时空对象属性中与其他属性存在本质不同的属性，必须区别和充分对待。

(4) 狭义的时空异常点是占有某一空间位置或区域的时空对象在某一时间点的异常表现的反映，对许多时空异常现象无法恰当表示，为此需要引入新的表示时空异常现象的概念。

时空数据用来表示占据一定空间位置或空间区域的对象随时间演化的规律。时空数据的异常主要有两种：

(1) 时空异常点：时空异常点是某一时间点在其占有的空间位置上的表现与其时间、空间上相邻的对象存在显著差异的、具有明显不同特征的时空数据。

(2) 时空异常模式：时空异常模式是在某一连续时间段在其占有的空间位置上的表现与其时间、空间上相邻的时空模式存在显著差异的、具有明显不同特征的时空模式。

事实上，时空异常点是时空异常模式的特化，即模式长度为 1 的时空异常模式。前述的大多数时空异常点检测的研究是针对时空异常点的，这里重点关注的是时空异常模式的研究。

时空模式的获取实质就是占有同一空间位置的时空对象在时间维上的组合，如果不考虑时空对象的空间属性的变化，可把空间属性相同的时空对象集看作按时间维依次排列的时序数据。不同空间属性的时空对象集就形成了若干条时序数据。前面介绍了根据时序数据自身特点的划分方法，但由于时空对象集形成的多条时序数据按时间演变规律的不一致性和复杂性，不适合采用依据时序数据自身特点的划分方法，为简单起见，采用了一种有着广泛应用的等间隔划分方法 PAA (Piecewise Aggregate Approximation)。

时空模式获取算法：

输入：假设对象集 $O=\{o_1,o_2,\cdots,o_n\}$，对象 $o\in O$ 的时间属性函数是 $t(o)$，空间属性函数是 $s(o)$，非时空属性函数是 $f(o)$。d-维非时空属性 $f(o)$ 表示为 $(f(o_1),f(o_2),\cdots,f(o_d))$；模式长度为1。

输出：时空模式集 D。

算法步骤：

(1) 根据对象的空间属性 $s(o)$ 对时空对象分类，空间属性相同的时空对象归为一类；

(2) 对每一类时空对象按时间顺序以模式长度 1 进行划分，1 个同类的时空对象记为一个时空模式 p，它含有空间属性 $s(p)$，时间属性开始值 $st(p)$，时间属性结束值 $et(p)$，d-维非时空属性 $\overline{f(p)}$ 表示为 $(\overline{f(p_1)}, \overline{f(p_2)}, \cdots, \overline{f(p_d)})$。其中 $s(p)$ 为模式 p 所含对象相同的空间属性，$st(p)$ 为模式 p 中时间最前的时空对象的时间属性，$et(p)$ 为模式 p 中时间最后的时空对象的时间属性，$\overline{f(p_i)}$ 为模式中包含的 1 个时空对象 d-维非时空属性中第 i 维属性的平均值。

首先回顾一下对象的时空邻域的概念。对象 o 的时空邻域 $N_{k1,k2}(o)$ 是这样一些对象的集合，集合中任一对象的空间属性与对象 o 的空间属性为 $k1$ 空间相邻，同时这一对象的时间属性与对象 o 的时间属性为 $k2$ 时间相邻。$k1$，$k2$ 是用户设定的两个参数。模式的时空邻域与对象的时空邻域密切相关，模式的时空邻域概念基于对象的时空邻域概念得出，下面是相关定义。

假设时空模式集 $D=(p_1,p_2,\cdots,p_m)$，由 m 个时空模式组成，每个时空模式 P 记为 $(s(p),st(p),et(p),\overline{f(p)})$，$\overline{f(p)}$ 为 d-维非空间属性 $(\overline{f(p_1)}, \overline{f(p_2)}, \cdots, \overline{f(p_d)})$。

由于时空模式实质上是时空对象在时间维上的组合，所以时空模式的空间相邻关系与时空对象类似。

定义 7.13 时空模式的 k 空间相邻(k-order spatial adjacency)

设有时空模式 p_i, p_j，如果 p_i, p_j 的时间属性开始值与时间属性结束值都相同，空间属性满足 k 次相接、k 次连通、k 次 Voronoi 相邻三种相邻关系中的一种仅且一种，称为 k 空间相邻，k 为用户设定的一个正整数参数。记为

$$k\_\mathrm{SA}(p_i,\ p_j) = \{(k\text{-}\mathrm{meet}(s(p_i),\ s(p_j)) \vee k\text{-}\mathrm{conn}(s(p_i),\ s(p_j)) \vee k\text{-}\mathrm{voronio}(s(p_i),\ s(p_j))) \ \&\ (st(p_i) = st(p_j)\ \&\ (et(p_i) = et\ (p_j)\} \tag{7.15}$$

定义 7.14 时空模式的 k 空间邻域，时空模式 p 的 k 空间邻域 $S_{Nk}(p)$ 是指与模式 p 在空间属性上 k 次相接，k 次连通或 k 次 Voronoi 相邻，且时间属性开始值与时间属性结束值都相同的时空模式集，即

$$\forall p \in D,\ SN_k(p) = \{q \mid (k\_\mathrm{SA}(q,\ p),\ q \in D,\ k > 0)\} \tag{7.16}$$

定义 7.15 时空模式的 k 时序相邻（k-order temporal adjacency），设有时空模式 p_i, p_j，如果 p_i, p_j 的空间属性相同，时间属性开始值与时间属性结束值同时满足 k 次时序相邻或 k 次时序周期相邻，称为 k 时序相邻，k 为用户设定的一个正整数参数。记为

$$k\_TA(p_i,\ p_j) = \{((k\text{-}\mathrm{tmeet}(st(p_i),\ st(p_j))\ \&\ k\text{-}\mathrm{tmeet}(et(p_i),\ et(p_j))) \vee (k\text{-}\mathrm{tcmeet}(st(p_i),\ st(p_j))\ \&\ k\text{-}\mathrm{tcmeet}(et(p_i),\ et(p_j)))) \ \&\ (s(p_i) = s(p_j))\} \tag{7.17}$$

定义 7.16 时空对象的 k 时间邻域，时空模式 p 的 k 空间邻域 $T_{Nk}(p)$ 是指与模式 p 在时间属性开始值与时间属性结束值同时满足 k 次时序相邻或 k 次时序周期相邻，且在空间属性上相同的时空模式集，即

$$\forall p \in D,\ TN_k(p) = \{q \mid (k\text{-}\mathrm{TA}(q,\ p),\ q \in D,\ k > 0)\} \tag{7.18}$$

定义 7.17 时空模式的时空邻域（spatial-temporal neighbor），模式 p 的时空邻域 $N_{k1,k2}(p)$ 是这样一些模式的集合，集合中任一模式的空间属性与模式 p 的空间属性为 $k1$ 空间相邻，时间属性开始值与时间属性结束值同时满足 $k2$ 次时序相邻或 $k2$ 次时序周期相邻。$k1, k2$ 是用户设定的两个参数。即 $\forall p \in D$

$$STN_{k1,\ k2}(p) = \{q \mid q \in \{SN_{k1}(p) \times TN_{k2}(p)\} \backslash \{p\},\ k1 > 0,\ k2 > 0\} \tag{7.19}$$

前面讨论了什么是时空模式，如何得到时空模式及如何确定时空模式的邻域，基于 STLOC 的时空异常模式检测算法需要下面一些概念。

定义 7.18 （时空模式的距离）设 $p_i, p_j \in D$，p_i 和 p_j 的 d -维非时空属性是 $\overline{f(p_i)}$ 和 $\overline{f(p_j)}$，其中 $\overline{f(p_{ik})}$ 和 $\overline{f(p_{jk})}$ 是第 k（$k=1,\ \cdots,\ d$）维规则化属性，即 $0 \leqslant \overline{f(p_{ik})},\ \overline{f(p_{jk})} \leqslant 1$，则时空模式 p_i 和 p_j 间的距离为：

$$\mathrm{dist}(p_i, p_j) = \sqrt{\sum_{k=1}^{d}(\overline{f(p_{ik})} - \overline{f(p_{jk})})^2} \tag{7.20}$$

定义 7.19　时空模式的邻域距离,邻域距离是指时空模式 P 与邻域中所有时空模式距离的平均值,即:

$$\bar{d}(p) = \frac{\sum_{q \in N_{k1,k2}(p)} \mathrm{dist}(q, p) - \max\{\mathrm{dist}(q, p) \mid q \in N_{k1,k2}(p)\}}{|N_{k1,k2}(p)| - 1} \tag{7.21}$$

邻域距离的计算中剔除邻域中与模式的距离最大的模式,是因为模式与邻域中异常模式的距离最大,剔除后可消除邻域中异常模式对邻域距离计算的影响,避免正常模式被误检为异常模式。

定义 7.20　时空模式的平均邻域距离,平均邻域距离是指时空模式 p 邻域中所有模式邻域距离的平均值,记为:

$$avg(N(p)) = \frac{\sum_{q \in N_{k1,k2}(p)} \bar{d}(q) - \max\{\bar{d}(q) \mid q \in N_{k1,k2}(p)\}}{|N_{k1,k2}(p)| - 1} \tag{7.22}$$

平均邻域距离的计算中剔除邻域中邻域距离最大的模式,是因为模式邻域内异常模式的邻域距离最大,剔除后可消除邻域中异常模式对模式的平均邻域距离的影响。

时空模式的异常程度既与模式又与其邻域的相异程度有关,也与模式邻域的分布特性相关,结合这两个因素得出度量时空模式局部异常程度的系数 STLOC (Spatial Temporal Local Outlier Coefficient),并按降序排列,异常度最大的前 m 个对象就是所求的时空异常模式。

定义 7.21　时空局部异常系数。模式 p 的时空局部异常异常系数定义为:

$$STLOC(p) = \frac{|\bar{d}(p) - \mathrm{avg}(N_{k1,k2}(p))| + \delta}{\sqrt{\dfrac{\sum_{q \in N_{k1,k2}(p)} (\bar{d}(q) - \mathrm{avg}(N_{k1,k2}(p)))^2 - \max\{(\bar{d}(q) - \mathrm{avg}(N_{k1,k2}(p)))^2 \mid q \in N_{k1,k2}(p)\}}{|N_{k1,k2}(p)| - 1}} + \delta} \tag{7.23}$$

分母中去除邻域中邻域距离最大的模式是为了减少异常模式对模式邻域波动情况计算的影响;分子、分母同时加上 δ(δ 为非常小的正数)是为了避免 STLOC 计算中分母为 0 的情况。

这样就利用模式邻域距离解决了时空模式间的相互依赖约束,利用模式的时空局部异常系数 STLOC 解决了时空模式邻域分布特性的不一致约束,同时利用

STLOC 的顺序解决了异常点的判断问题。

基于 STLOC 的时空异常模式检测算法：

输入：对象集 $O=\{o_1,o_2,\cdots,o_n\}$；对象 $o_i(s(o_i),t(o_i),f(o_i))$的空间属性是 $s(o_i)$，时间属性是 $t(o_i)$，d-维非时空属性 $f(o_i)$表示为$(f(o_{i1}),f(o_{i2}),\cdots,f(o_{id}))$。

模式长度 1，空间相邻窗口直径 $k1$，时间相邻窗口直径 $k2$。

输出：时空异常模式集。

算法步骤：

(1) 规则化每个对象的非空间属性值 $f(o)=(f(o)-\min)/(\max-\min)$，从而保证 $f(o)$在[0, 1]区间内；

(2) 调用时空模式获取算法得到时空模式集 D；

(3) 根据式(7.20)确定每个模式的时空邻居；

(4) 根据式(7.20)计算模式间的距离；

(5) 根据式(7.21)计算模式与其邻域的邻域距离；

(6) 根据式(7.22)计算每个模式的平均邻域距离；

(7) 根据式(7.23)计算每个时空模式的时空局部异常系数 STLOC；

(8) 根据异常系数 STLOC 将模式按降序排序；

(9) 输出前 m 个模式，前 m 个模式就是时空异常模式。

模式长度 1 是一个与应用领域高度相关的参数。如果领域知识较丰富的话，可以提供直接的设置方法。如果无法提供足够的信息，按如下原则选取，如果模式长度 1 设置较大，检测出的时空模式的价值较大，但异常程度往往较小；如果模式长度 1 设置较小，检测出的时空模式的价值较小，但异常程度往往较大，一般可取 2～100。空间相邻窗口直径 $k1$ 主要与时空模式在空间维上的相关程度有关，相关程度越大，空间相邻窗口直径 $k1$ 应设置越大。

时间相邻窗口直径 $k2$ 的设置与时空模式在时间维上的相关程度有关，相关程度越大，时间相邻窗口直径 $k2$ 应设置越大。

7.6 数据流异常挖掘

数据流普遍存在于商务过程管理中的性能监测，网络流量管理中的异常检测及报警，零售业中的事务(transaction)处理，银行业的自动柜员机(ATM)管理，网站访问记录的统计和分析，以及传感器网络数据的管理等应用中。

用 t 表示时间戳，x_t 表示在该时间戳到达的数据，数据流 X 可以表示成点的序列…，x_{t-1}，x_t，x_{t+1}，…。区别于传统应用模型，流数据模型具有以下四点共性：(1) 数据实时到达；(2) 数据到达次序独立，不受应用系统所控制；(3) 数据规模宏大且不能预知其最大值；(4) 数据一经处理，除非特意保存，否则不能够被再次取出处理，或者再次提取数据代价昂贵。

数据流模型与传统数据模型的主要区别如下：

(1) 部分或者所有待操作的输入数据无法通过读取磁盘或者内存进行任意的存取。获得的只是一个或多个连续到达的数据点；

(2) 与等待处理的数据流的大小相比，可以使用的内存空间非常有限。例如，AT & T 每天可以采集到 100 GB 的统计数据；

(3) 在每次得到数据流中新到达的数据点后，应该更新所有的查询结果，即要做到连续回答用户提出的查询；

(4) 在一个数据流或者多个数据流中，无法设定数据流中数据点的到达顺序。数据流的大小是没有上限的。

7.6.1 基于单调搜索空间的突变检测

基于对实际应用的分析，数据流上的突变检测可以形式化地定义如下：

定义 7.22 设数据流 X 为下标按照升序排列的点的序列 $x_1, \cdots, x_n$。已知聚集函数 F 和 m 个不同长度的滑动窗口 $w_i, i=1, \cdots, m, T(w_i), i = 1, \cdots, m$，是与 m 个滑动窗口对应的突变阈值。检测数据流 X 上的突变就是找到数据流中所有长为 w_i 的滑动窗口，在这些滑动窗口上的聚集函数 F 的值 $F(w_i)$ 大于或等于滑动窗口对应的 A 值 $T(w_i)$。

聚集函数 F 在这里是指单调聚集函数 sum, count 以及非单调聚集函数 average, variance。现有的研究工作只能在数据流上检测单调的聚集函数值的突变。max, min 虽不具有分形特性，但它们的突变检测较为简单。

数据流上的突变检测主要存在以下难点：(1) 处理非单调的聚集函数时，无法依赖函数值的单调性减少要检测的不同长度的滑动窗口数目，因此突变检测的时间复杂度较大；(2) 鉴于流数据的实时性、无限性和连续性的特点，在数据流上维护任意长度滑动窗口的聚集值是困难的。

一般把在自然界存在的自相似的现象称为分形(fractal)。分形的基本思想是：客观事物具有自相似的层次结构，局部与整体在形态、功能、信息、时间、空间等方面具有统计意义上的相似性,称为自相似性。

分形技术已被用于处理时间序列数据、数据挖掘、聚类分析、图像压缩等。幂律伸缩性关系(power law scaling relationship)作为分形模型的重要性质,是对自相似性进行数学描述的有力工具。幂律伸缩性关系被定义为式(7.24)。s 为特征线度,如时间、长度;q 为 s 上的度量,如聚集计算;p 为比例常数;d 为伸缩性指数。对式(7.24)两端同时取对数可得式(7.25)。

$$q = ps^d \tag{7.24}$$

$$\log_2 q = \log_2 p + d\log_2 s \tag{7.25}$$

准确分形的数据就是指在任意长度 s 上的度量 q 的值都遵守式(7.24)的数据,例如 Cantor 集和 Koch 曲线。幂律伸缩性关系是判断准确分形的充要条件。因此,对于准确分形的数据,所有的点($\log_2 s$, $\log_2 q$)都在式(7.25)代表的直线上,d 为直线的斜率。而对于近似分形的数据,式(7.25)两端的值只具有相同的分布,d 则是所有点($\log_2 s$, $\log_2 q$)的线性回归线的斜率。

对于离散的时间序列数据,以及流数据,式(7.24)可以变换为式(7.26)。t 为基本的时间单位,s 为度量 q 所需的基本时间单位的数目,s 在数据流中就是滑动窗口的大小。因此,d 可以由式(7.27)求得。

$$q(st) = s^d p(t) \tag{7.26}$$

$$d = \frac{\log_2(q(st)/p(t))}{\log_2 s} \tag{7.27}$$

1. 建立单调的搜索空间

现有的突变检测算法,虽然通过多种索引结构尽量减少每次检测突变时要检查的窗口数目,优化了对多个窗口进行检测的时间开销,但是在最坏的情况下仍需逐一检查所有长度的窗口,因此其时间复杂度仍为 $O(m)$,m 为不同长度的滑动窗口的数目,本文提出了单调的搜索空间,即将所有要检测的滑动窗口排序,进而把无序的搜索空间变为单调的搜索空间。搜索空间的单调性是指,如果在某个窗口上检测到聚集函数值的突变,那么排在其前面的所有窗口上的聚集函数值也必然发生了突变。因此,检测突变时只需对单调的搜索空间进行折半查找(binary search),其时间复杂度仅为 $O(\log_2 m)$。

2. 基于准确分形的单调搜索空间

这里,假设数据流 $x_1,\cdots,x_n$ 是准确的分形数据。对近似分形的数据流的处理将在稍后介绍。如图 7.9 所示,设单位时间长度滑动窗口上的聚集函数值为 $F(1)$,$F(1)>0$,数据流 $x_1,\cdots,x_n$ 可以确定一条形如式(7.25)的斜线,其斜率为 $d = \log_2(F(w_i)/F(1))/\log_2(w_i)$。$d$ 是聚集函数 F 的幂律指数,可由式(7.27)

求得。不同的 F 在不同的数据集上具有不同的 d。

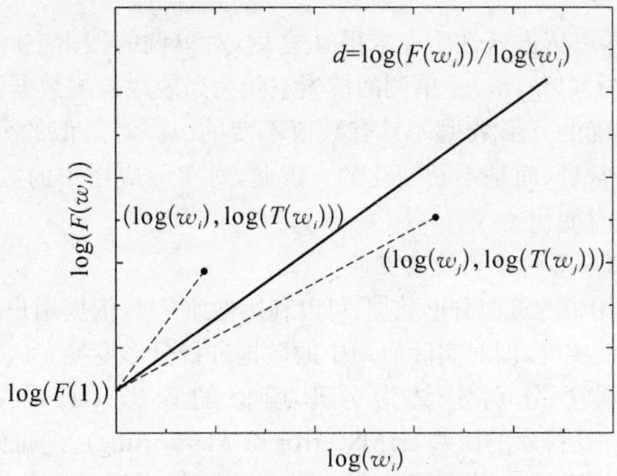

图 7.9 理论分析示意图

假设给定聚集函数 F 的幂律指数 d 已知，$T(w_i)$和 $T(w_j)$分别是窗口 w_i 和 w_j 上给定的突变阈值。将两个点($\log_2(w_i)$，$\log_2(T(w_i))$)和($\log_2(w_j)$，$\log_2(T(w_j))$)描于图上。由图 7.9 可以看到，点($\log_2(w_i)$，$\log_2(T(w_i))$)在斜线上方，点($\log_2(w_j)$，$\log_2(T(w_j))$)在斜线下方，因此有以下两个不等式成立：

$$\frac{\log_2(T(w_i)/F(1))}{\log_2(w_i)} > d = \frac{\log_2(F(w_i)/F(1))}{\log_2(w_i)}$$

$$\frac{\log_2(T(w_j)/F(1))}{\log_2(w_j)} < d = \frac{\log_2(F(w_j)/F(1))}{\log_2(w_j)}$$

当处理数据流 X 时，总能够在 w_j 上检测到突变，而 w_i 上则永远不可能发生突变，这是因为总有 $\log_2(T(w_j)/F(1)) < \log_2(F(w_j)/F(1))$ 成立，即总有 $\log_2(T(w_j)) < \log_2(F(w_j))$ 和 $\log_2(T(w_i)) > \log_2(F(w_i))$ 成立。因此可以通过比较 $\log_2(T(w_i)/F(1))/\log_2(w_i)$ 与 d 的大小达到检测突变的目的。

接下来讨论更加复杂的情况，如果 m 个阈值 $T(w_1), T(w_2), \cdots, T(w_m)$ 由用户预先给定，聚集函数 F 和 d 未知。当前的搜索空间为 m 个不同长度的滑动窗口的集合$\{w_1, w_2, \cdots, w_m\}$，那么将搜索空间$\{w_1, \cdots, w_m\}$中的每一个窗口按照其比值 $\log_2(T(w_i)/F(1))/\log_2(w_i)$ 的升序排列，则构成了单调的搜索空间$\{w_1, \cdots, w_m\}$。在此基础上，可以得到如下性质：

性质 7.1 设 $T(w_1), T(w_2), \cdots, T(w_m)$ 是与数据流 $x_1, \cdots, x_n$ 上的 m 个滑动窗口$\{w_1, \cdots, w_m\}$对应的突变阈值，并且所有窗口按照比值 $\log_2(T(w_i)/$

$F(1))/\log_2(w_i)$的升序排列。如果窗口 w_i 上发生了突变，那么排在其前面的所有窗口均会产生突变。

检测突变时，可依据该性质在求得 d 之后，对单调的搜索空间进行折半查找，时间复杂度仅为 $O(\log_2 m)$。单调的搜索空间为高效地检测数据流上的突变提供了支持。只有准确的分形数据才具有数值不变的 d。对近似的分形数据来说，d 并不总是同一个常量，而是不断变化的。因此，对实际应用中的数据来说，单调的搜索空间也在随时变化。

3. 基于近似分形的单调搜索空间

对于实际应用中的近似分形数据，可以利用性质 7.1，依据用户给定的阈值对窗口进行排序并检测突变，即对实际应用中的数据进行分形变换。这样会导致两种误差，将这两种误差分别定义为分形近似的误差 errFA（error of Fractal Approximation）和错排序的误差 errMS(error of Mis-Sorting)。下面将分析这两种误差以及最小化误差的方法，并在稍后给出最小化误差的单调搜索空间构建算法。

分形近似的误差 errFA 是由于对数据进行分形变换导致的。设 $F(w_i)$ 的数学期望和标准差分别为 $E(F(w_i))$ 和 $D(F(w_i))$，假设：

$$\frac{F(w_i) - E(F(w_i))}{D(F(w_i))} \sim N(0, 1)$$

分形变换就是用幂律伸缩性关系来近似实际应用中的数据，即用统计值来近似 $F(w_i)$。如果有 $F(w_i) < T(w_i)$，那么这种近似不会带来任何误差，因为它不会导致错误的报告突变。而如果有 $F(w_i) \geqslant T(w_i)$，那么窗口 w_i 上的突变则有可能被误报。设 errFA 是产生这种误差的概率，当 $T(w_i)$ 给定时，errFA 的上限可以被确定：

$$\begin{aligned} errFA &= P(F(w_i) \geqslant T(w_i)) \\ &= P\left(\frac{F(w_i) - E(F(w_i))}{D(F(w_i))} \geqslant \frac{T(w_i) - E(F(w_i))}{D(F(w_i))}\right) \end{aligned}$$

错排序的误差 errMS 是由使用固定不变的 $F(1)$ 导致的。如前所述，对准确分形数据来说，$F(1)$ 和 d 都是定值。而对于近似分形数据，$F(1)$ 和 d 都是随时变化的。例如，对聚集函数 sum 来说 $F(1)$ 等于 $\frac{1}{n}\sum_{i=1}^{n} x_i$，当有新的 x_n 到来时，$F(1)$ 就可能产生变化。为了避免错误排序的误差，接下来首先分析一种比较简单的情况。如图 7.10 所示，已知两个给定的阈值 T_i 和 T_j。两个不同的幂律关系 d_1 和 d_2 具有不同的 $\log_2(F(1))$，它们与 Y 轴的交点分别为 $A(0, \log_2 F(1)_{d2})$ 和 $B(0, \log_2 F(1)_{d1})$，当 x_n 到达时，幂律关系为 d_1，此时直线 BT_i 的斜率小于直线 BT_j 的斜率。根据性质 7.1，与 d_1 对应的单调搜索空间为(w_i, w_j)，即如果在 w_i

上检测到突变,那么 w_i 上也必然发生了突变。当 x_{n+1} 到达时,幂律关系为 d_2,此时直线 AT_i 的斜率大于直线 AT_j 的斜率,因此与 d_2 对应的单调搜索空间为 (w_i, w_j),显然,此时的单调搜索空间与 x_n 到达时的不同。通过对图 7.10 的分析,可以得到性质 7.2。

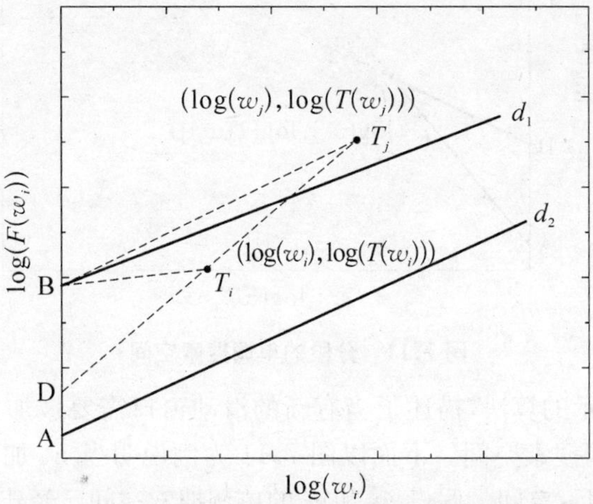

图 7.10 不同的幂律关系对应不同的单调搜索空间

性质 7.2 已知两个突变阈值 $T(w_i)$ 和 $T(w_j)$,$w_i < w_j$。通过两点 $(\log_2(w_i), \log_2 T(w_i))$ 和 $(\log_2(w_j), \log_2 T(W_j))$ 的直线交 Y 轴于点 D。如果点 $(0, \log_2(F(d_i)))$ 在点 D 上方,那么与 d_i 对应的单调搜索空间为 (w_i, w_j);如果点 $(0, \log_2(F(1)_{di}))$ 在点 p 下方,则与 d_i 对应的单调搜索空间为 (w_i, w_j)。

性质 7.2 提供了为两个窗口建立单调搜索空间的方法,当有更多窗口时,只需对每两个窗口运用该性质,最后再将结果合并即可。接下来将描述为三个以上窗口建立单调搜索空间的办法,并以三个窗口为例进行说明。如图 7.11 所示,已知数据流上的三个滑动窗口及其大小关系为 $w_i < w_j < w_k$。$T(w_i)$,$T(w_j)$ 和 $T(w_k)$ 分别为与窗口对应的突变检测阈值。直线 T_iT_j,T_iT_k 和 T_jT_k 分别交 Y 轴于点 A, B, C。并将 Y 轴划分为四个区间 $(-\infty, A]$,$(A, B]$,$(B, C]$ 和 $(C, +\infty)$。以区间 $(A, B]$ 为例,如果有 $\log_2(F(1)_{di}) \in (A, B]$,依据性质 7.2,为每两个窗口建立的单调搜索空间为 (w_i, w_j),(w_k, w_i) 和 (w_k, w_j)。将它们合并可以得到区间 $(A, B]$ 的单调搜索空间 (w_k, w_i, w_j)。同理可以得到其他区间上的单调搜索空间。因此,无论当前 d_i 对应的 $\log_2(F(1)_{di})$ 为何值,总能找到适合它的单调搜索空间。

前面分析了如何为准确分形数据和实际应用中的近似分形数据建立单调的搜索空间,下面将给出通用的单调搜索空间构建算法,并通过例子对算法的流程予以描述。

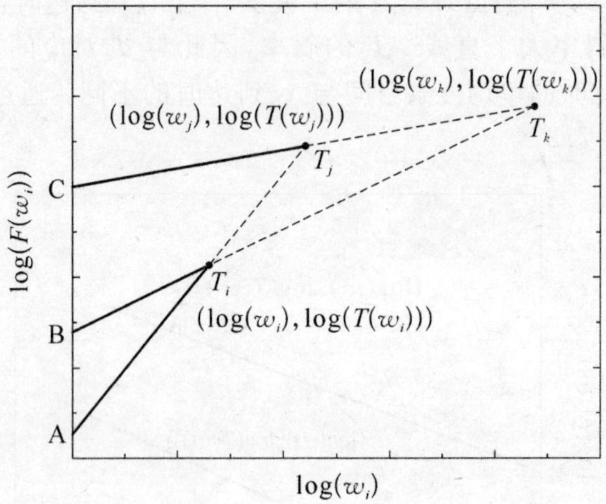

图 7.11 分段的单调搜索空间

如图 7.12 所示的算法，描述了当有新的滑动窗口需要被加入检测列表时，如何更新现有的单调搜索空间。下面以图 7.11 为例说明当 w_k 加入时，如何更新各个区间上的单调搜索空间。假设 w_i 和 w_j 的单调搜索空间已经建立，即区间$(-\infty, A)$对应(w_j, w_i)，区间$(A, +\infty)$对应(w_i, w_j)。

```
buildMonotonicSearchSpace (T(w_i), w_i)

create a new point T_i;
T_i ← (log_2(w_i), log_2(T(w_i)));
if m ≥ 1 then
   for j = 1 to m do
     line T_i and T_j intersects vertical axis at D_i;
     if w_i < w_j then
        add (w_j, w_i) to the lower intervals of D_i;
        add (w_j, w_i) to the upper intervals of D_i;
     else
        add (w_i, w_j) to the lower intervals of D_i;
        add (w_j, w_i) to the upper intervals of D_i;
     end if
   end for
end if
increase m by 1;
```

图 7.12 单调搜索空间构建算法

算法在第1行生成点 T_k，此时要检测的窗口数目为 $m=2$。第4行用直线连接两点 T_i 和 T_k，交 Y 轴于点 B，将$(A,+\infty)$分为两个区间(A,B)和$(B,+\infty)$。因为 $w_i<w_k$，所以将(w_k,w_i)添加到点 B 下方所有区间各自对应的搜索空间中，即将(w_k,w_i)添加到$(-\infty,A]$和(A,B)各自对应的搜索空间中。再将(w_i,w_k)添加到点 B 上方所有区间各自对应的搜索空间中，即将(w_i,w_k)添加到$(B,+\infty)$对应的搜索空间中。接下来回到算法的第4行继续执行，用直线连接两点 T_j 和 T_k，交 Y 轴于点 C，将$(B,+\infty)$分为两个区间(B,C)和$(C,+\infty)$，然后更新每个区间的单调搜索空间。最后将要检测的窗口数目增加到3，即赋值 $m=3$。

因为突变检测的阈值一般在检测突变前设置完成，所以该算法可以离线完成单调搜索空间的构建任务，其性能对数据流的检测不会有任何影响。该算法在检测过程中添加新的窗口以及阈值时的更新代价为时间复杂度 $O(m^2)$，m 是目前需要被检测的窗口数目。

4. *改进的单调搜索空间的构建算法*

前面的突变检测算法因为每次插入一个二元单调区间(w_j,w_i)时都要遍历当前所有的分段，所以其时间复杂度为 $O(m^2)$。m 是目前需要被检测的窗口数目。

这里开始在现有算法的基础上进行了改进，将建立单调搜索空间的时间复杂度降为 $O(m\log_2 m)$，接下来给出算法的伪码。

如图7.13所示算法描述了当有新的滑动窗口 w_{m+1} 需要被加入检测列表时，如何更新现有的单调搜索空间。该算法的基本思想同图7.12所示算法的类似，只是在更新已有的单调搜索空间时采用了更加高效的方法，即将遍历整个搜索空间改为只更新其中的一个分段，查找该分段的时间复杂度为 $\log_2 m$。图7.13所示算法在第1行生成点 T_{m+1}，设此时已被加入检测列表并要检测的窗口数目为 m。算法从第4行到第13行，分别将新加入的滑动窗口 w_{m+1} 与现有的 m 个滑动窗口进行组合，首先找到点 D_i，然后确定点 D_i 落在哪一个现有的分段中，该过程使用 locateInterval(D_i)，其时间复杂度为 $O(\log_2 m)$。当确定了 D_i 所在的分段后，将现有的分段一分为二，其中一个就是 w_{m+1} 加入后新生成的搜索区间。

因为突变检测的阈值一般在检测突变前设置完成，所以该算法可以离线完成单调搜索空间的构建任务，其性能对数据流的检测不会有任何影响。即使在检测过程中需要添加新的窗口以及闭值，该算法的更新代价也很小，时间开销仅为 $O(m\log_2 m)$，m 是目前需要被检测的窗口数目。

```
buildMonotonicSearchSpaceEnhanced (T(w_i), w_i)

create a new point T_i;
T_i ←(log_2(w_i), log_2(T(w_i)));
if m≥1 then
    for j=1 to m do
        line T_i and T_j intersects vertical axis at D_i;
        temp=locateInterval (D_i);
        if temp= =NULL then
            createInterval (D_i);
        else
            divideInsertInterval (D_i);
        end if
    end for
end if
increase m by 1;
```

图 7.13 改进的单调搜索空间构建算法

5. 突变检测算法

这里介绍一种高效的突变检测算法，如图 7.14 所示。它不但能够检测数据流上的单调聚集函数值，还能检测非单调聚集函数值的突变。该算法在数据流上检测多个不同长度滑动窗口上的聚集函数值时，其时间复杂度是次线性的。然而，现有的研究工作完成同样的检测任务时需要线性的时间复杂。这里介绍的算法还能用于检测某些二阶统计变量的值是否发生了突变。此外，该算法可以作为一个框架为其他类型的检测任务提供支持。

当数据流中的新点 x_n 到来并被保存后，算法被调用，以回答数据流上的聚集查询。该算法没有输入参数，它的输出为报警信息。在这里，发生突变的滑动窗口大小被作为报警信息返回给用户。在算法的伪代码中，从第 4 行到第 13 行对被检测的窗口进行折半查找，以检测满足条件的突变信息。在检测突变的过程中，函数调用 ComputeAGG($A[mid]$)用于从直方图等纲要数据结构中获取 $F(w_i)$ 的近似值，($w_i = A[mid]$)。这里使用的纲要数据结构为一种倒置桶序列的直方图(IH)。它是一种高精度的直方图技术。

图 7.14 的算法在数据流上回答聚集查询的时间复杂度为 $O(\log_2 m)$，m 是同时需要被检测的窗口数目，可以由用户指定。如果当数据流中的最新元素 x_n 到达时，用户只想知道是否有突变发生，而不是要获取突变的具体信息和突变的数目，那么所需的时间开销仅为 $O(1)$。设具有 B 个桶的直方图的空间开销为 B，则可以

得到如下的定理。

monitorAggregatesFalsePositively

```
locate x_n at interval I_k;
A←retrieve monotonic search space of I_k;
low←0, high←A.size()-1;
while low≤high do
   mid←(low+high)/2;
   if T(A[mid])≤ComputeAGG(A[mid]) then
      low←mid+1;
   else
      if T(A[mid])>ComputeAGG(A[mid]) then
         high←mid-1;
      end if
   end if
end while
return high;
```

图 7.14 突变检测算法

定理 7.3 图 7.14 所示的算法在长为 n 的数据流上,能够在时间复杂度为 $O(n\log_2 m)$和空间复杂度为 $O(B)$内,完成对 m 个滑动窗口的突变检测任务。

这里介绍的突变检测算法具有通用的特点,它可以基于任意一种支持聚集查询的数据结构。IH 是一种新颖的直方图技术,它可以回答诸如 $F(w_i)$的聚集查询。具体说来,$F(w_i)=\text{fss}(i)$,其中 $\text{fss}(i)=\sum_{j=n-w_i+1}^{n}x_j$,$F(w_i)$是数据流 X 的后缀和,即 X 中最近的 i 个值的和。由于数据流上的突变检测受到空间限制的影响,近似的突变检测技术只能通过两种途径获得近似解,即 False Positive 或者 False Negative 的检测方法。前者在突变检测过程中可能会将不是突变的数据当作突变报告,而后者可能会丢失应该报告的突变。在实际应用中,两种近似方法都有各自适用的领域。

7.6.2 基于分段分形模型的无参数异常检测

现有的异常检测方法存在以下一些问题:(1) 在检测到的异常数据中,包含大量的 False Positive 结果,也就是会把大量的正常数据误当作异常数据报告。(2) 检测算法需要训练数据集,并且合适大小的检测窗口和对应的 m 值难于确定，经常由经验值确定。(3) 算法的时间和空间复杂度较高。为了突破以上局限，这里介绍无需参数的异常检测算法。

首先介绍数据流上的分段分形模型，它是本节后续工作的基础。基于分段分形模型提出了突变检测算法和无参数的异常检测算法。无参数的异常检测算法只需 $O(1)$ 的空间复杂度，并且不需要预先进行训练工作。

数据中出现了异常行为，表明当前数据的特性正在发生变化。例如，当一段数据流上的聚集计算结果发生突变时，该段数据的分布信息也正在产生着变化，与此同时，该段数据的趋势可能已经出现了异常。现有方法在处理含有异常信息的数据流时受到诸多限制。首先，与具体应用相关的异常定义，导致每种算法只能检测出某一种异常行为，因此往往会忽视极具价值的异常信息。其次，大部分现有的算法都只能在给定长度的窗口上进行数据流的检测，然而因为用户往往不知道最合适的检测窗口的大小，所以现有的算法需要同时检测大量不同长度的窗口，尽量防止漏掉有价值的异常信息。这样的策略将会浪费大量的存储以及计算的开销，因此在数据流较大时，不可避免地会导致性能的恶化。第三，现有算法检测异常的基本模式是基于给定的训练数据得到学习后的模型，并将该模型作为判断异常情况的唯一依据，在当前数据流与该模型的偏差达到预先设定的阈值后，算法就报告发现了异常。然而，在实际情况中，数据流的分布情况经常发生变化，现有算法基于训练数据得到的模型是依赖分布的，所以现有算法在实际应用中检测到的异常信息，包含了大量的 False Positive 结果，也就是会把大量的正常数据误当作异常数据报告。

数据流处理中的最大限制是有限的内存空间；其最大需求是可以实时返回精确结果的顺序单遍扫描算法。大部分现有的异常检测研究工作都只能用于检测固定大小的滑动窗口。由于用户通常无法给出最合适的检测窗口的大小，所以现有的算法都需要同时检测多个不同长度的滑动窗口，以免漏掉重要的异常信息。因此，现有的方法将会导致过大的时间和空间开销。本节将介绍数据流上的分段分形模型，该模型能够很好地对异常信息建模，并且不需要用户预先设定要检测的窗口大小。

现有的异常检测算法基于不同的历史数据可以在同一条数据流上检测到完全不同的结果。此类方法的共同点是，它们都要在数据流上找到那些在长期或短期时间范围内与已有模型不相符的数据。然而，现有算法获得的检测结果在很大程度上依赖于当前数据流中数据的分布特性。对那些分布特性变化频繁的数据流来说，现有的检测算法将会导致大量的 False Positive 结果，也就是会把大量的正常数据误当作异常数据报告。另一方面，由于对异常的定义与具体应用相关，每一种现有的检测算法只能发现一种特定的异常。然而在实际应用中，多种异常情况经常共同出现，并且他们之间会相互影响。因此，从更加全面的意义上定义异常是更具价值的。此外，数据流上的异常检测也需要一种效率更高，更加准确，并且具有更好伸缩性(scalability)的异常检测算法。

1. 数学基础

收缩映射是一种线性变换，这种变换一般会改变图形中向量的夹角、点对间的距离、图形的面积等，但不会改变共线、平行、相交、共线点的顺序、中心对称、二次曲线的次数等。而正交变换则保持几何图形的度量性质(如向量的夹角、点与点之间的距离、图形的面积等)不变。举例来说，原来平行的线段，经收缩映射变换后仍然是平行的，但长度可能发生了变化，之间的距离也可能改变了。一个图形经变换后面积变小了，则此变换是收缩的，如果变大了则是扩张的，若保持不变则是恒等的。这里只用到收缩性的变换，因为极限图形 A 应当是所有映射 M_i 的吸引子，每个变换是收缩映射才能保证迭代收敛到 A 上。

在二维平面上进行讨论，二维收缩映射的形式为：

$$x' = ax + by + e$$
$$y' = cx + dy + f$$

上式中 x 和 y 为未知数；a, b, c 和 d 为系数；e 和 f 为常数。设平面上一有面积区域为 D，经仿射变换 M 变换后变成 D'，则 D 与 D' 的面积关系为：

$$S(D') = |\det(M)| \cdot S(D)$$

这里 $|\det(M)|$ 表示矩阵 M 的行列式的绝对值，它是小于1的正数，其中 M 为系数矩阵。

迭代函数系统(IFS)是度量空间的收缩映射的一个集合。它使用简单的数学模型来描述和控制复杂的吸引子(attractor)，吸引子跟具体系统的稳定状态相关。更准确地说，迭代函数系统通过有限个数的收缩映射，获得了对象系统的生成规则，因此可以大幅度压缩信息。每一个收缩映射从($i = 1,2,3,\cdots,m$)具有一个收缩因子 c_i，收缩因子必须小于1，表示该映射为收缩映射。如果度量空间是线性的，那么下面的 M_i 可以将一个度量空间映射的自身。一个数据点(x, y)可以被 $M_i[x, y]$ 映射或变换为如下的形式：

$$M_i\begin{bmatrix} x \\ y \end{bmatrix} = \begin{bmatrix} a_{11}^i & a_{12}^i \\ a_{21}^i & a_{22}^i \end{bmatrix}\begin{bmatrix} x \\ y \end{bmatrix} + \begin{bmatrix} b_1^i \\ b_2^i \end{bmatrix} \tag{7.28}$$

迭代函数系统的吸引子是固定的点，这些点经过变换后仍然为其自身即 $x = M(x)$。设 A 为一个迭代函数系统的吸引子，即有：

$$A = \bigcup_{i=1}^{m} M_i(A) \tag{7.29}$$

通过使用迭代函数系统为数据进行建模，就可以利用迭代函数系统的吸引子来近似原始数据。

当迭代函数系统中每一个收缩映射的参数给定时，其吸引子可以通过两种算法得到。

第一种算法是确定性的算法，它基于迭代函数系统中的每一个收缩映射，首先任意地选定集合 $A_0 \subset R^d$，d 是数据集的维数。然后基于该集合进行迭代的收缩映射的变换，$A_n = M^n(A)$，所生成的序列 $\{A_j\}_{j=1}^{\infty}$ 将会收敛于迭代函数系统的吸引子。

第二种算法是一种随机迭代算法。该算法使用与收缩映射从相关的动态系统的特性，并置初始值为 $x_0 \in \mathbf{R}^d$。然后循环地选择被变换的 x_n，$x_n \in \{M_1(x_{n-1}), M_2(x_{n-1}), \cdots, M_m(x_{n-1})\}$。其中每一个 M 被选中的概率为 $\{x_n\}_{n=1}^{\infty}$，这些点将会收敛于迭代函数系统的吸引子。

循环迭代函数系统(recurrent iterated function system)比已有的迭代函数系统(IFS)更为通用。与 IFS 不同的是，RIFS 能够适用于任意的度量空间，因此 RIFS 可以描述更为广泛的事物。RIFS 由多个收缩映射构成，并可用于生成结构复杂的对象。其原理已经被应用到图像、声音处理和压缩等领域中。

在循环迭代函数系统中，给定多个收缩映射，那么它们总的吸引子 $A \subset \mathbf{R}^d$ 为 $\bigcup_{i=1}^{N} A_i$，其中每一部分的吸引子 A_i 可能会有相互覆盖的区域 $A_i \subset \mathbf{R}^d$ ($i = 1, \cdots, N$)。此外，每一部分的吸引子满足 $M_j(A) = A_j = \bigcup_{\langle i,j \rangle \in G} M_j(A_i)$。在这里，$G$ 是一个有向图，并且总的吸引子为 $A = (A_1, \cdots, A_N) \in (\mathbf{R}^d)^N$。有向图中的边 $\langle i, j \rangle \in G$ 表示该边所连接的两个结点上的映射可以满足上述的关系，并用 $M_j \diamondsuit M_i$ 表示。总的吸引子也可以被表示为 $A = M(A)$，其中 M：$(\mathbf{R}^d)^N$，$(\mathbf{R}^d)^N$ 被定义为多个收缩映射 $(M_1, M_2, \cdots, M_N)$。因此，对于一个给定的向量 $\boldsymbol{D} = (D_1, D_2, \cdots, D_d)$，如果有 $D \in \mathbf{R}^d$，那么则有 $A = \lim_{i \to \infty} M_i(\boldsymbol{D})$ 成立。与 IFS 相似，循环迭代函数系统的吸引子 A 可以被用作近似原始数据。当 G 是一个完全图时，RIFS 退化为一个 IFS。

迭代函数系统和循环迭代函数系统经常被用于概括和压缩分形数据。在此过程中要解决的问题就是找到吸引子。由于吸引子可以由给定的收缩映射计算得到，那么首先需要解决的问题就是如何设置收缩映射的系数，该问题被称为迭代函数系统和循环迭代函数系统的逆问题。

给定收缩映射 M，并且有 $D' = M(D)$。这里主要考虑如下情况，即 $D' \subset D$。

在这种情况下,循环迭代函数系统具有开集属性(open set property),且拼接原理(collage theorem)可以被用于为使用吸引子近似原始数据的误差界限提供理论保证。

因为循环迭代函数系统所使用的变换皆为收缩映射,并且有 $D'\subset D$,所以映射后产生的 D'的尺寸小于原始的 D 的尺寸。

循环迭代函数系统比迭代函数系统更加适用于数据流的处理。因为从直观上就可以发现,在任何时间点处,算法只能获得数据流中的一个很小的片段,所以无法精确地获得总的吸引子。

2. 问题定义

设数据流 X 为下标按照升序排列的点的序列 $x_1,x_2,\cdots,x_n$。每个数据点的值大于等于 0。聚集函数 F 在这里是指单调聚集函数 sum、count 以及非单调聚集函数 average 等。

在这里介绍的算法中,函数 F 可以被扩展到诸如 variance 的二阶统计变量。在实际应用当中,由于对异常的定义不同,不同的检测方法只能用于检测不同种类的函数值的异常。例如,突变检测(burst detection)是对聚集函数 sum、count、average 的值进行检测,异常点检测(outlier/deviant detection)算法是检测统计量 variance 的值的异常情况。上面所介绍的这些函数的共性是他们的值都具有幂律伸缩性关系(power-law scaling relationship)。

在数据流上检测异常就是检测当前数据流上的幂律伸缩性关系的变化,也就是当数据流源源不断地到来时,检测其自相似性的变化。数据流上的异常检测可以形式化地定义如下:

定义 7.23　设数据流 X 为下标按照升序排列的点的序列 $x_1,\cdots,x_n$。当 X 中有新的数据点 x_n 到来时,如果检测到数据流 X 的自相似性发生了变化,那么认为此时数据流产生了异常。

在上述的定义中,使用数据流自相似性的变化描述数据流上的异常情况的发生。该定义比现有方法中对异常情况的定义更为全面。下面将描述如何度量当前数据流的自相似性的变化。表 7.1 给出了本节所用到的一些符号及其定义。

众所周知,循环迭代函数系统 RIFS(Recurrent Iterated Function System)可以被用于生成分形对象,以近似实际应用中的数据。RIFS 的逆问题则是,针对给定的具体应用,如何确定收缩映射的所有系数值。在数据流上构建分段分形模型等同于在数据流的场景中解决 RIPS 的逆问题。这里介绍两种解决该问题的算法。一种是使 L_2 误差最优化的算法,其时间复杂度为 $O(n^2)$,空间复杂度为 $O(n)$。另一种算法是一种近似算法,其产生的误差不会超过最优化的算法产生的误差的2倍。这种近似算法的时间复杂度为 $O(n)$，空间复杂度为 $O(m)$，m 为分段分形模型中的分段数目，且 $m<\log_2 n$。

表7.1 符号名表

x_i	数据流 X 中的第 i 个数据点
m	分段分形模型中的分段或收缩映射的数目
A_i	分段 P 中的点 y_i 与连接分段 P 的两个端点的直线之间的距离
B_i	分段 P'中的点 $y_{int(i\cdot a_{11}+b_1)}$ 与连接分段 P'的两个端点的直线之间的距离
α	分段分形模型的误差界限参数
M_i	分段分形模型中的第 i 个收缩映射
D_i	度量空间 D 的第 i 个分段
D_i'	分段 D_i 被映射到的分段，$D_i'\subset D_i$
P_i	分段分形模型中的第 i 个分段
P_i'	分段 P_i 被 M_i 映射到的分段，$P_i'\subset P_i$

由于迭代函数系统(IFS)和循环迭代函数系统(RIPS)都能基于有限的收缩映射产生复杂的分形对象，因此如何解决逆问题已经得到了广泛的注意和研究。逆问题就是，针对给定的数据集，如何决定所有收缩映射的参数取值，才能使所获得的吸引子能更好地近似原始数据。

与 IFS 相比，RIPS 是一种更为通用的模型，RIPS 可以用于对更多类型的对象建模。如果解决了 RIPS 的逆问题，那么循环迭代函数系统就可以被用于对任意对象进行建模，并获得高效的数据压缩。因此，这里着重于研究循环迭代函数系统的逆问题，以使用 RIPS 对数据流进行建模。

RIPS 是一个包含有限个收缩映射 $M_i(i=1,2,3,\cdots,m)$ 的集合，m 为该集合中收缩映射的数目。每一个收缩映射有如下的形式：

$$M_i\begin{bmatrix}x\\y\end{bmatrix}=\begin{bmatrix}a_{11}^i & 0\\a_{21}^i & a_{22}^i\end{bmatrix}\begin{bmatrix}x\\y\end{bmatrix}+\begin{bmatrix}b_1^i\\b_2^i\end{bmatrix}\tag{7.30}$$

映射表达式(7.30)通常被称为剪切变换(shear transformation)。这是因为竖直方向的线性因子 a_{22}^i 被映射到竖直方向。在表达式(7.30)中，因子 a_{22}^i 被称作为映射 M_i 的收缩因子。a_{22}^i 必须为一个实数，其值的大小满足 $|a_{22}^i|<1$。一般来说，分形模型的收缩映射不需要任何值为0的系数。然而，公式(7.30)的系数矩阵中值为0的系数确保该映射为单值映射。这里研究的 RIFS 就是这种具有单值映射的循环迭代函数系统。

循环迭代函数系统能够将整个度量空间 D 中的一个分段 D_i 映射到 D 中的另

外一个分段D'_j内。但度量空间 D 必须满足以下两点要求。第一,每一个收缩映射从都能够将 X 的一个分段$[x_{(i,0)}, \cdots, x_{(i,1)}]$,记为 D_i,映射到 D_i 自身中一个更小的分段$[x'_{(i,0)}, \cdots, x'_{(i,1)}]$,记为 D'_i。$x_{(i,0)}$和 $x_{(i,1)}$分别为区间 D_i的起始端点的时间戳和结束端点的时间戳。相应地,称 $x'_{(i,0)}$和 $x'_{(i,1)}$分别为区间侧的起始端点的时间戳和结束端点的时间戳。低一点要求可以表示为:

$$D'_i = M_i(D_i), D'_i \subset D_i \tag{7.31}$$

第二点要求,一个 RIFS 中的收缩映射要能够保证区间 D_i的两个端点$(x_{(i,0)}, y_{(i,0)})$和$(x_{(i,1)}, y_{(i,1)})$被分别映射到的区间 D'_i的两个端点$(x'_{(i,0)}, y'_{(i,0)})$和$(x'_{(i,1)}, y'_{(i,1)})$上。收缩映射从将数据流 X 上的一个较大的区间只映射到了同一条数据流上的一个较小的区间P'_i上。

由此可以得出,区间 D'_i的端点就是收缩映射中的吸引子的端点,所以有式(7.32)成立。

$$M_i\begin{bmatrix} x'_{(i,0)} \\ y'_{(i,0)} \end{bmatrix} = \begin{bmatrix} x_{(i,0)} \\ y_{(i,0)} \end{bmatrix}, M_i\begin{bmatrix} x'_{(i,1)} \\ y'_{(i,1)} \end{bmatrix} = \begin{bmatrix} x_{(i,1)} \\ y_{(i,1)} \end{bmatrix} \tag{7.32}$$

当每一个收缩映射的收缩因子 a^i_{22}确定后,收缩映射的系数矩阵中的其他系数可以由式(7.32)求出。这些系数的计算公式如下:

$$a^i_{11} = \frac{x'_{(i,1)} - x'_{(i,0)}}{x_{(i,1)} - x_{(i,0)}} \tag{7.33}$$

$$b^i_1 = \frac{x_{(i,1)} x'_{(i,0)} - x_{(i,0)} x'_{(i,1)}}{x_{(i,1)} - x_{(i,0)}} \tag{7.34}$$

$$a^i_{21} = \frac{y'_{(i,1)} - y'_{(i,0)}}{x_{(i,1)} - x_{(i,0)}} - a^i_{22}\frac{y_{(i,1)} - y_{(i,0)}}{x_{(i,1)} - x_{(i,0)}} \tag{7.35}$$

$$b^i_2 = \frac{x_{(i,1)} y'_{(i,0)} - x_{(i,0)} y'_{(i,1)}}{x_{(i,1)} - x_{(i,0)}} - a^i_{22}\frac{x_{(i,1)} y_{(i,0)} - x_{(i,0)} y_{(i,1)}}{x_{(i,1)} - x_{(i,0)}} \tag{7.36}$$

到目前为止,在数据流上构建分段分形模型的问题已经简化为如何对每一个收缩映射设定合适的收缩因子 a^i_{22}的问题了。当为 RIFS 中的收缩映射设定了合适的收缩因子后,就可以获得当前数据流上的具有最小 L_2 误差的分段分形模型。

在一个分段分形模型中,全局最优解的目标是使模型中所有分段产生的误差(欧氏距离的平方)的和最小。这种全局最优解的分段分形模型已被证明为NP-hard问题。然而在数据流上,该模型还必须能够被增量地维护,以适应数据流的特点。此外,维护算法的时间复杂度和空间复杂度要尽可能小。为了简化这个问题以在数据流上得到令人满意的解,接下来首先在数据流上给出局部最优问题的解,并提供这种解法对应的分段分形模型的构建算法。分段分形模型的局部最优解的目标是最小化每一个分段当中的误差欧氏距离的平方。然后给出数据流上的近似全局最优问题的解,并提供这种解法对应的分段分形模型的构建算法。这种具有近似最优解的分段分形模型构建算法只需单遍扫描数据流,其空间开销仅为 $O(m)$,其中 m 是收缩映射 M_i 的个数,即该模型在数据流上所维护的分段的数目,且有 $m < \log_2 n$。具有近似解的算法产生的误差不会超过具有最优解的算法产生的误差的 2 倍。

3. 最优的分段分形模型

为了方便后面的分析,设数据流 X 中的数据点的表示形式为(时间戳:i,值:y_i)。设数据流 X 上的分段 P 的起始端点为 (s, y_s),分段 P 的结束端点为 (e, y_e) 且有 $e > s$。由于数据中的点是离散的,收缩映射 M 可以被定义为形如 $M(i, y_i) = (\text{int}(i \cdot a_{11} + b_1), i \cdot a_{21} + y_i \cdot a_{22} + b_2)$ 的映射。数据流上一个较大的分段 $P\{(s, y_s), (e, y_e)\}$ 中的点被收缩映射 M 映射到同一个数据流上的一个较小的分段 $P'\{(s', y'_s), (e', y'_e)\}$ 中,并满足条件 $P' \subset P$ 且 $e - s > e' - s'$。每两个相邻的分段 P' 只在端点处重叠,其余没有相互覆盖的部分。但对整个数据流上的所有分段 P 来说,它们将会是相互重叠的,并且能覆盖整个数据流,即有 $\bigcup P_i = \bigcup P'_i = X$。设误差 L_2 为欧氏距离的平方,那么收缩映射 $M(P)$ 所获得的数据点与分段 P' 中原有的数据点时间的 L_2 误差为 $E(M) = (M(P) - P')^2$。因此,数据流经过收缩映射 M 变换后与原有的数据流之间的误差为:

$$E(M) = \sum_{i=s}^{e} ((i \cdot a_{21} + y_i a_{22} + b_2) - y_j)^2 \tag{7.37}$$

在这里,$j = \text{int}(i \cdot a_{11} + b_1)$。可见当给定分段 P 和 P',具有最优解的映射 Mopt 就是当获得误差 $E(M)$ 的最小值时的收缩映射。

在数据流 X 上,由于每一个收缩映射 M 都需要保证将任一分段 P 的起始端点和结束端点分别映射到对应分段 P' 的起始端点和结束端点上,也就是要满足 $(s', Y'_s) = M(s, Y_s)$,且 $(e', y'_e) = M(e, y_e)$,所以收缩映射 M 的系数 a_{21} 以及 b_2 可以通过等式(7.35)和等式(7.36)求得。由此可以得出式(7.38):

$$\begin{aligned} E(M) &= \sum_{i=s}^{e} (A_i a_{22} - B_i)^2 \\ A_i &= y_i - \left(\frac{e-i}{e-s} y_s + \frac{i-s}{e-s} y_e\right) \\ B_i &= y_j - \left(\frac{e-i}{e-s} y_s' + \frac{i-s}{e-s} y_e'\right) \end{aligned} \tag{7.38}$$

上式中的 A_i 和 B_i 分别有它们的几何意义。变量 A_i 表示分段 P 中的数据点 y_i 与连

接 P 的两个端点的连线之间的距离。变量 B_i 表示分段 P' 中的数据点 y_i 与连接 P' 的两个端点的连线之间的距离，且有 $j=\text{int}(i\cdot a_{11}+b_1)$。

具有最优解的收缩映射从 Mopt 的收缩因子 a_{22} 可由下式计算得出：

$$\frac{\partial E(M)}{\partial a_{22}}=2\sum_{i=s}^{e}(A_i a_{22}-B_i)A_i=0 \tag{7.39}$$

可以得出收缩因子的值为：

$$a_{22}=\sum_{i=s}^{e}A_iB_i\Big/\sum_{i=s}^{e}A_i^2 \tag{7.40}$$

因此，数据流上具有最优解的收缩映射从 Mopt 可以通过在数据流上维护 $\sum_{i=s}^{e}A_iB_i$ 和 $\sum_{i=s}^{e}A_i^2$ 的值而得到。图 7.15 所示算法给出了在数据流上构建具有最优解的分段分形模型的算法。

算法的输入值为 x_n。唯一的参数 m 为分段分形模型中能够保存的分段的最大数目。算法的第 1 行每当 x_n 到来时计算 $\sum_{i=s}^{e}A_iB_i$ 的值的时间复杂度为 $O(n)$，空间复杂度为 $O(n)$。算法的第 2 行每次增量地计算 $\sum_{i=s}^{e}A_i^2$ 的值。假如当前计算获得的收缩因子 a_{22} 小于 1，那么将新到来的数据点 x_n 加入到当前的分段中，否则为 x_n 新建一个分段。如果此时模型中分段的数目超过了预定义的阈值 m，那么算法的第 9 行将删除最早建立的分段。

算法的复杂度分析由定理 7.4 给出。

定理 7.4 设数据流 X 的长度为 n。算法在数据流 X 上维护最优的分段分形模型的空间复杂度为 $O(n+m)$，时间复杂度为 $O(n^2)$。

4. 近似的分段分形模型

在数据流的处理当中，因为数据流具有无限性、连续性和实时性的特点，需要能够单遍扫描数据就可给出结果的算法。因此，在前面所给出的算法(图 7.15)中，$\sum_{i=s}^{e}A_iB_i$

OptimalModel(x_n)

1: compute $\sum_{i=s}^{e}A_iB_i$;
2: compute $\sum_{i=s}^{e}A_i^2$ incrementally;
3: if $\sum_{i=s}^{e}A_iB_i/\sum_{i=s}^{e}A_i^2<1$ then
4:     add x_n to current piece;
5: else
6:     create a new piece for x_n;
7:     *pieceNumber*++;
8:     if *pieceNumber* $>m$ then
9:         delete the oldest piece;
10:     end if
11: end if
12: add x_n to all pieces;

图 7.15 分段分形模型的算法

的值在数据流的场景中无法获得。为了解决该问题，这里给出近似的分段分形模型构建算法，用于在数据流上近似地计算 $\sum_{i=s}^{e} A_i B_i$ 的值。

设 a'_{22} 为 a_{22} 的近似值，可以得到：

$$C_i = y_i - \left(\frac{e' - i}{e' - s'}y_s' + \frac{i - s'}{e' - s'}y_e'\right)$$

$$\sum_{i=s}^{e} B_i^2 = \frac{e - s}{e' - s'}\sum_{i=s'}^{e'} C_i^2$$

$$(a'_{22})^2 = \frac{\sum_{i=s}^{e} B_i^2}{\sum_{i=s}^{e} A_i^2}$$

因此只需在数据流上为当前的一组分段 P 和 P' 增量地维护 $\sum_{i=s'}^{e'} C_i^2$ 和 $\sum_{i=s}^{e} A_i^2$ 的值。通过这种方法，与具有近似最优解的收缩映射 Mapp 对应的收缩因子 a'_{22} 的值也可以被求得。

数据流上近似的分段分形模型包括 m 个分段，这些分段可以被用于重构原始数据流。经过重构的数据流与原始数据流之间的误差由拼接原理提供理论上的保证。

数据流上的每一个分段只对应一个收缩映射从以及一组分段 P 和 P'。每一个分段只需要保存的值有从该分段的起始端点（Si'，$y_{Si'}$）开始计算的后缀和 $F(n - Si')$，该后缀和被定义为 $F(w_i) = \sum_{j=n-w_i+1}^{n} x_j$。另外一个需要被每个分段保存的值为分段中的后缀和所包含的数据点的数目。在近似的分段分形模型的维护过程中，首先总是试图将数据流中每一个新到来的数据点加入到当前的分段中去。如果这种尝试失败了，那么就为该数据点新建一个分段。由于分段 P' 的结束端点就是新建分段 P_{i+1} 的起始端点，所以无需专门存储每一个分段的结束端点。如果只将近似的分段分形模型用于异常检测，而不使用它重构原始数据的话，每一个分段的收缩因子也无需保存。此外，如果近似的分段分形模型只是被用来检测数据流上的异常，那么整个模型只需保存一个分段即可，即 $m = 1$。

如图 7.16 所示的算法描述了如何在数据流上建立近似的分段分形模型。

算法中，如果有 $\sum_{i=s}^{e} B_i^2 / \sum_{i=s}^{e} A_i^2 < 1$，数据流中新到来的数据点 x_n 将被加入当前

的一组分段 P 和 P' 中。这个新加入的数据点 x_n 成为分段 P 和 P' 结束端点。当满足 $\sum_{i=s}^{e} B_i^2 / \sum_{i=s}^{e} A_i^2 \geqslant 1$ 时，算法中的第 6 行首先生成一个新的分段 P_{i+1}，即将原有的分段 P_i' 作为新的 P_{i+1}，然后生成一个新的 P'_{i+1}。此时，x_{n-1} 被作为分段 P'_{i+1} 的起始端点，x_n 作为分段 P'_{i+1} 和 P_{i+1} 的结束端点。因此，总有如下等式成立。

$$P_{i+1} = P_i' \cup P'_{i+1}$$

当分段分形模型中现有的分段数目超过了预定义的阈值 m 时，最早建立的分段将会被删除。只有数据流上最近的 m 个分段会被保留下来。图 7.17 中所示的为数据流 X 上的分段分形模型，及其中的两个收缩映射 M_i 和 M_j。

ApproximateModel（x_n）

1：compute $\sum_{i=s}^{e} B_i^2$ incrementally；
2：compute $\sum_{i=s}^{e} A_i^2$ incrementally；
3：if $\sum_{i=s}^{e} B_i^2 / \sum_{i=s}^{e} A_i^2 < 1$ then
4：　add x_n to current piece；
5：else
6：　create a new piece for x_n；
7：　*pieceNumber* + + ；
8：　if *pieceNumber* $>$ m then
9：　　delete the oldest piece；
10：　end if
11：end if
12：add x_n to all pieces；

图 7.16　近似的分段分形模型构建算法

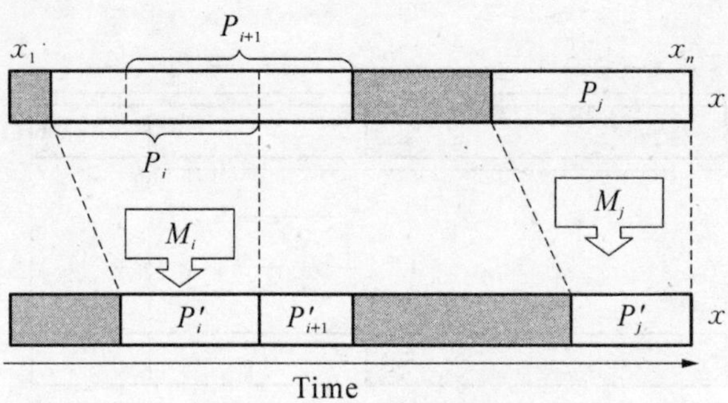

图 7.17　数据流 X 上的分段分形模型的收缩映射

图 7.16 所示算法的复杂度分析由定理 7.5 给出。

定理 7.5　图 7.16 所示算法能够在数据流 X 上维护近似的分段分形模型的空间复杂度为 $O(m)$，时间复杂度为 $O(n)$。

5. 面向全局的分段分形模型

这里介绍两种数据流上的分段分形模型，面向全局的分段分形模型在面向局部的分段分形模型的基础上进行了改进。如图 7.17 所示，面向局部的分段分形模型由最近的 m 个分段构成，其中变量 A_i 表示分段 P 中的数据点 y_i 与连接 P 的两个端点的连线之间的距离。变量 B_i 表示分段 P' 中的数据点 y_i 与连接 P' 的两个端点的连线之间的距离，且有 $j=\text{int}(i\cdot a_{11}+b_1)$。因此，面向局部的分段分形模型描述了数据中的一个分段与该分段自身某一部分数据的相似性。

由于分形描述了整段数据与其自身某一部分数据的相似性，为了对整个数据集进行更好的近似，面向全局的分段分形模型扩展了面向局部的分段分形模型中的 P，使其包括从 x_i 到当前数据点 x_n 之前的所有流数据，如图 7.18 所示。面向全局的分段分形模型仍然由 m 个分段构成，每个分段只对应一个收缩映射 M 和一组分段 P_i 及 P'_i。每个分段只需保存从分段 P'_i 的起始端点 (s'_i, y'_s) 开始的后缀和 $F(n-s'_i)$ 及其所包含的数据点的数目。由于数据流中不断有新数据点到来，所以需要将每一个新到来的数据点都添加到现有的分段中。在保证收缩因子 $a_{22}=\sum_{i=1}^{n}B_i^2/\sum_{i=1}^{n}A_i^2$ 小于 1 的前提下，不断向当前收缩映射 M_i 对应的分段 P_i 及 P'_i 内加入新到达的流数据 x_n，并以 x_n 作为 P_i 及 P'_i 的结束端点。当收缩因子 a_{22} 大于 1 时，创建一个新的分段 P_{i+1}，即将 P_i 作为新的 P_{i+1}，并生成新的 P'_{i+1}，将 x_{n-1} 作为 P'_{i+1} 的起始端点，新到达的 x_n 作为 P_{i+1}，及 P'_{i+1} 的结束端点。因此，总有如下等式成立：

$$P_{i+1}=P_i\cup P'_{i+1}$$

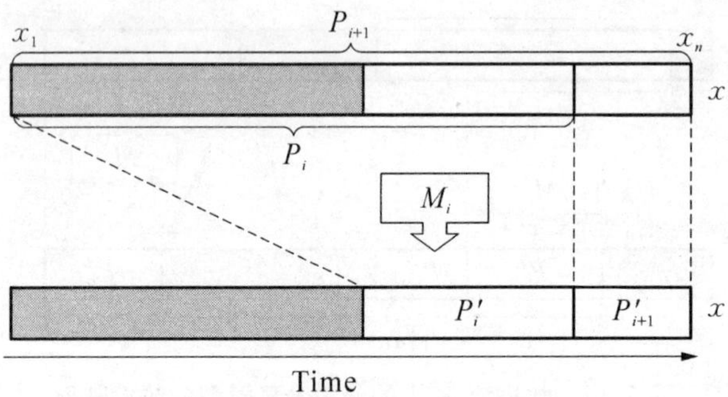

图 7.18　改进后的数据流 X 上的分段分形模型的收缩映射

当分段分形模型中现有的分段数目超过了预定义的阈值 m 时，最早建立的分段将会被删除，只有数据流上最近的两个分段会被保留下来。图 7.18 中所示为数据流 X 上的分段分形模型，及其中的收缩映射 M_i。

面向全局的分段分形模型是一种适用于数据流场景的近似最优解的分段分形模型，其构建算法和复杂度分析分别类似于图 7.16 所示算法及其分析，因此这里不再赘述。

6. 基于分段分形模型的突变检测算法

前面介绍了在突变检测中构建单调搜索空间的算法，在获得了单调的搜索空间以后，根据性质 7.1，只需求得当前的 d_p，将其与单调搜索空间中的窗口所对应的值 $\log_2(T(w_i)/F(1))/\log_2(w_i)$ 进行比较，从而高效地完成突变检测的任务。因此为了在数据流上维护任意长度的滑动窗口的聚集值以计算 d_p，下面介绍数据流上的基于分段分形模型的突变检测算法，这里对突变的定义与定义 7.1 相同。

分段分形模型利用不同长度滑动窗口上的聚集函数值的自相似性，既可以压缩单调的聚集函数值，又可以压缩非单调的聚集函数值。基于单调的搜索空间以及数据流上的分段分形模型，最后给出了数据流上的突变检测算法。

当前数据流上聚集函数值的幂律关系 d_p 就是点集 $\{(\log_2 w_i, \log_2 F(w_i)); i = 1, \cdots, n\}$ 的线性回归线的斜率。$F(w_i)$ 是需要被检测的滑动窗口 w_i 上的聚集函数值。假设 F 是 sum，那么 $F(w_i)$ 就是当前数据流 X 的后缀和，即 $F(w_i) = \sum_{j=n-w_i+1}^{n} x_j$。由此可见，在数据流上维护 d_p 的开销非常大，并且无法通过增量算法实现。然而，如果点集 $\{(\log_2 w_i, \log_2 F(w_i)); i = 1, \cdots, n\}$ 中的数据点是分段线性的，那么只需保留这些线性分段的端点就可求得 d_p，因为对这些端点求得的线性回归线与对整个点集求得的线性回归线完全相同。在接下来的叙述中，均假设 F 是 sum 且不失一般性。

因此，首先就是要为当前的数据流建立分段的分形模型，通过将数据流划分为具有分形特性的分段，便可求得点集 $\{(\log_2 w_i, \log_2 F(w_i)); i = 1, \cdots, n\}$ 中数据点的线性分段。因为前面已经给出了分段分形模型的构建算法，这里给出基于分段分形模型和单调搜索空间的突变检测算法。

当数据流 X 中新到达一个点 x_n 时，先将 x_n 加入到分段分形模型中，并对分段分形模型中所保存的 B 个分段的端点构成的点集 $\{(\log_2(n - S'_i), \log_2 F(n - S'_i); i = 1, \cdots, m\}$ 求得其线性回归线，d_p 为该线性回归线的斜率。计算线性回归线的方法较为简单，这里不再叙述。然后使用如图 7.19 所示算法检测此时是否有突变发生。该算法不含输入参数，它的输出是突变报警信息，返回的是发生突变的窗口大小。

该算法在第 1 行定位当前的 $\log_2 F(1)_{dp}$ 对应的区间 I_k，第 2 行获取区间 I_k 上的单调搜索空间，并放入数组 A 中。算法从第 4 行到第 13 行对单调的搜索空间 A 进行折半查找。算法的时间开销仅为 $O(\log_2 m)$，m 是需要被检测的滑动窗口的数目。如果用户只想在点 x_n 到达时检测是否有突变发生，而并不关心突变的数目以及发生突变的窗口大小，那么时间开销仅为 $O(1)$。

PFMBasedBurstDetection

```
locate log2 F(1)_dp at interval I_k;
A←retrieve monotonic search space of I_k;
low←0, high←A.size()-1;
while low≤high do
    mid←(low+high)/2;
    if log2(T(A[mid])/F(1)) / log2 T(A[mid]) ≤ d_p then
    low←mid+1;
    else
    if log2(T(A[mid])/F(1)) / log2 T(A[mid]) > d_p then
        high←mid-1;
        end if
    end if
end while
return high;
```

图 7.19 基于分段分形模型和单调搜索空间的突变检测算法

分段分形模型所用分段的数目为 B,数据流长度为 n,可以得到如下定理:

定理 7.6 算法在数据流上同时检测 m 个不同长度的滑动窗口上的突变信息时,空间复杂度为 $O(B)$,时间复杂度为 $O(n\log_2 m)$。

7. 无参数的异常检测算法

与现有的基于历史数据的异常检测模型相比,由于为用户省去了设置参数的繁重工作,无参数的异常检测模型更加适用于解决实际应用领域中的问题。

现有的异常检测方法为了检测当前数据流上的异常情况,总要依赖基于历史数据流上学习得到的模型,因此被称为基于历史数据的异常检测模型。例如,聚集函数 F 在数据流的第 i 个滑动窗口上的聚集函数值发生突变的阈值,要跟据对已有数据流的学习来设置。首先,在训练数据集上计算不同长度滑动窗口 w_i 的聚集值,这样对应每一个长度为 w_i 的滑动窗口将生成一个新的时间序列 y。突变阈值的设置方式如下:

$$T(w_i) = \mu_y + \lambda\sigma_y$$

μ_y 和 σ_y 分别是 y 的均值和方差,还可以用 λ 调节突变检测的 M 值。

通过学习历史数据建立突变的模型之后,现有的方法就开始在数据流上不同长度的滑动窗口内检测与历史模型不相符的数据点。由此可见，这种检测完全依赖于数据流中数值的分布情况。对那些在实际应用中分布经常产生变化的数据流来说，现有的异常检测方法必将带来大量的 False Positive 结果，即会把大量的正常数据误当作异常数据报告。图 7.20 和图 7.21 说明了在实际应用中这种情况的严重性。

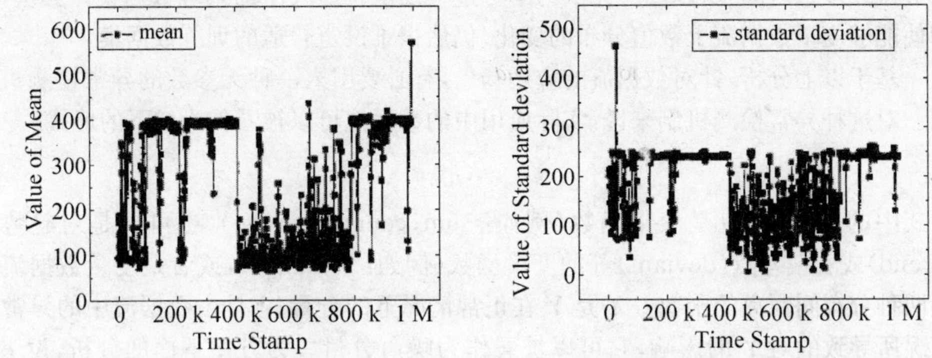

(a) 均值(mean)　　(b) 标准差(standard deviation)

图 7.20　某数据集上的数值分布的变化

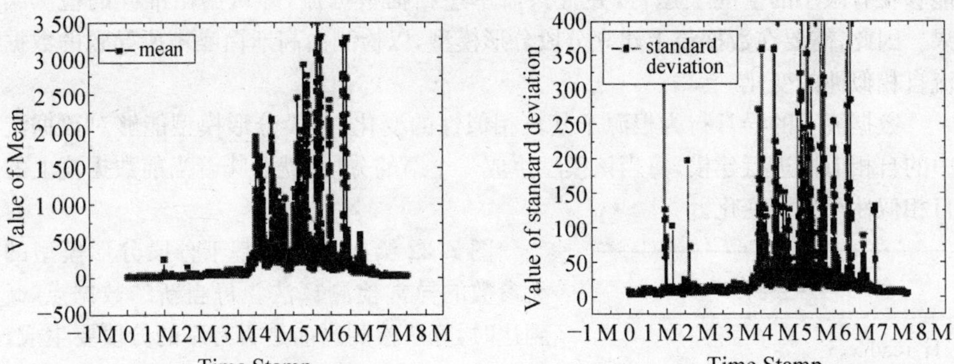

(a) 均值(mean)　　(b) 标准差(standard deviation)

图 7.21　某数据集上的数值分布的变化

在以上的两组实验当中，分别计算一定长度的窗口（例如，包含 1 000 个数据点的窗口）内的均值（mean）和标准差（standard deviation）。然后将获得的结果值数据点绘在图上。

从图 7.20 和图 7.21 中可以看到，数据流上的均值和标准差的变化有时非常大，且很频繁。在这样的应用场景中，现有的异常检测方法通过学习所获得的历史模型将会很快退化，因而导致算法产生大量的错误结果。在后面的实验部分，将在真实数据集上验证现有的异常检测算法会产生大量的 False Positive 结果。

基于历史数据的异常检测模型的另外一个缺点是，不可能在不断更新的数据流上实时地获得合适的训练模型。首先，用户无法知道数据流上数值的当前分布能够持续多长时间，所以用户无法为学习过程设定合适大小的训练数据集。其次，即使能够度量数据流上数值分布的变化，仍然很难设定合适的训练数据集。

基于以上分析，针对数据流的应用场景，有必要引入一种无参数的异常检测机制。对这种异常检测机制来说，实际应用中的数据流可以被看作为如下的形式：

$$Y = X + e$$

上式中的 Y 既可以是聚集函数（例如：sum，count，average），也可以是对趋势（trend）或者偏差点（deviant）等的度量函数（例如：variance），或者是度量数据流上两种分布间距离的函数。X 是 Y 在正常情况下的分量；e 是由数据流中的异常情况所导致的对 Y 的影响，它可以被看作为噪声分量。为方便下面的分析，设 e 为高斯白噪声（gaussian white noise），设 X 和 e 具有不同的分布。

鉴于数据流的实时性、无限性和连续性的特点，数据流上的异常检测算法需要能够在有限小的空间上运行，并且只需单遍扫描数据流，即可给出准确的检测结果。因此，需要在数据流上建立分段分形模型，以检测由高斯白噪声所导致的数据流自相似性的变化。

数据流上的异常行为根源于其自相似性的变化，分段分形模型能够对数据流中的自相似性进行建模，每当该模型生成一个新的分段，就意味着当前数据流上的自相似性产生了变化。

```
AnomalyDetection (x_n)

read x_n;
ApproximateModel (x_n);
if createNewPiece() then
    alarm anomaly;
end if
```

图 7.22　基于分段分形模型的无参数的异常检测算法

图 7.22 给出了一个基于分段分形模型的无参数的异常检测算法。每当新的数据点 x_n 到达时，算法检测当前是否有新的分段要生成，如果此时分段分形模型中生成了一个新的分段，那么就报告发现了异常。

基于无参数的异常检测机制，能将有价值的信号和无价值的噪声分得很清楚，异常检测只关心噪声的大小，如果其对自相似性产生了影响，那么就发生了异常情况。因此，对异常的评估不会受到信号的正常变化的影响。然而现有的方法只检测 Y 值的变化，不考虑信号正常变化的情况以及噪声的存在，只要 Y 值超过预定义的阈值就报告发生了异常情况。

7.7 本章小结

异常是在数据集中与众不同的数据，使人怀疑这些数据并非随机偏差，而是产生于完全不同的机制。聚类算法对异常的定义：异常是嵌于聚类中的背景噪声；异常探测算法对异常的定义：异常是既不属于聚类也不属于背景噪声的点。它们的行为与正常的行为有很大不同。

不符合数据的一般模型，这样的数据对象被称为异常点(outlier)，它们与数据的其他部分不同或不一致。异常数据可能来源于测量错误、计算机录入错误、执行错误、人为错误等。

许多数据挖掘算法都试图使异常点的影响最小化，或者排除它们。但是由于一个人的噪声信息可能是另一个人的信号，这可能导致重要的隐藏信息的丢失。换句话说，异常点数据本身可能是非常重要的数据，例如在欺诈检测中，异常点数据可能预示着欺诈行为。这样，异常点数据的探测和分析就是一个非常有趣和有意义的数据挖掘任务，即异常点数据挖掘。

现在常用的异常点数据检测方法有：(1) 基于统计的方法，它根据已知的数据分布或概率模型，使用不一致性检验来确定异常点数据；(2) 基于距离的方法，通过数据间距离的计算，求得异常点数据；(3) 基于偏离的方法，它通过数据中某项记录(集)的去除而对整个数据集的影响及变化来确定异常点数据的存在；(4) 基于密度的方法，通过对计算数据集中的数据点的局部异常因子来检测局部异常数据点；(5) 高维数据的异常检测，通过把高维数据映射到低维子空间，根据子空间映射数据的稀疏程度来确定异常数据的存在。

本章在介绍了上述五类异常检测方法的基础上，还介绍了基于属性的异常点检测和时序异常点挖掘方法；之后，介绍了空间异常点挖掘和时空异常点挖掘方法；最后介绍了两种数据流异常挖掘方法：基于单调搜索空间的突变检测方法和基于分段分形模型的无参数异常检测方法。

第8章 文本挖掘

随着互联网的大规模普及和企业信息化程度的提高，文本信息的快速积累使公司、政府和科研机构在信息处理和使用中面临前所未有的挑战。一方面，互联网和企业信息系统每天都不断产生大量文本数据，这些文本资源中蕴含着许多有价值的信息；另一方面，因为技术手段落后，从大量数据资源中获取需要的信息十分困难。人们迫切需要研究出方便有效的工具去从大规模文本信息资源中提取符合需要的简洁、精炼、可理解的知识，文本挖掘就是为解决这个问题而开展的研究。

8.1 文本挖掘

8.1.1 文本挖掘简述

自然语言是人们在社会经济生活中交流和表达思想的主要工具，虽然对自然语言的研究已有较长的时间，但对理解和使用自然语言这种能力的解释仍然有限。传统的自然语言理解是对文本进行较低层次的理解，主要进行基于词、语法和语义信息的分析，并通过词在句子中出现的次序发现有意义的信息。在这一层次遇到的问题多与句法和语义歧义性相关。

目前，对文本较高层次的理解主要集中在研究如何从各种形式的文本和文本集中抽取隐含的模式和知识。文本高层次理解的对象可以是仅包含简单句子的单个文本，也可以是多个文本组成的文本集。现有的技术手段虽然基本上解决了单个句子的分析问题，但是还很难覆盖所有的语言现象，特别是对整个段落或篇章的理解还无从下手。

以统计技术为基础的数据挖掘技术已经发展得较为成熟，并在大规模结构化关系数据库应用上取得了成功。人们自然想到将数据挖掘的成果用于分析以自然语言描述的文本，这种方法被称为文本挖掘（Text Mining，TM）或文本知识发现（Knowledge Discovery in Text，KDT）。与传统自然语言处理（Natural Language Processing，NLP）关注词语和句子的理解不同，文本挖掘的主要目标是在大规模文本集中发现隐藏的有意义的知识，即对文本集的理解和文本间关系的理解。因此，文本挖掘是自然语言处理和数据挖掘技术发展到一定阶段的产物。

在现实世界中，可获取的大部信息是以文本形式存储在文本数据库中的，由来自各种数据源的大量文档组成，如新闻文档、研究论文、书籍、数字图书馆、电子邮件和 web 页面。由于电子形式的文本信息飞速增长，文本挖掘已经成为信息领域的研究热点。

文本数据库中存储的数据可能是高度非结构化的，如 WWW 上的网页；也可能是半结构化的，如 E-mail 消息和一些 XML 网页；而其他的则可能是结构化的。结构化文本数据的典型代表是图书馆数据库中的文档，这些文档可能包含结构字段，如标题、作者、出版日期、长度、分类等，也可能包含大量非结构化文本成分，如摘要和内容。通常，具有较好结构的文本数据库可以用关系数据库系统实现，而非结构化的文本成分需要采用特殊的处理方法对其进行转化。

文本挖掘是一个交叉的研究领域，它涉及数据挖掘、信息检索、自然语言处理、机器学习等多个领域的内容，不同的研究者从各自的研究领域出发，对文本挖掘的含义有不同的理解，不同应用目的文本挖掘项目也各有其侧重点。因此，对文本挖掘的定义也有多种，其中被普遍认可的文本挖掘定义如下：

定义 8.1 文本挖掘是指从大量文本数据中抽取事先未知的、可理解的、最终可用的知识的过程，同时运用这些知识能更好地组织信息以便将来参考。

文本挖掘的主要目的是从非结构化文本文档中提取有趣的、重要的模式和知识。可以看成是基于数据库的数据挖掘或知识发现的扩展。

文本挖掘是从数据挖掘发展而来，因此其定义与所熟知的数据挖掘定义相类似。但与传统的数据挖掘相比，文本挖掘有其独特之处，主要表现在：文档本身是半结构化或非结构化的，无确定形式并且缺乏机器可理解的语义；而数据挖掘的对象以数据库中的结构化数据为主，并利用关系表等存储结构来发现知识。因此，有些数据挖掘技术并不适用于文本挖掘，即使可用，也需要建立在对文本集预处理的基础之上。

在文本挖掘过程中，文本的特征表示是整个挖掘过程的基础；而关联分析、文本分类、文本聚类是三种最主要也是最基本的功能。下面以文本特征表示和文本挖掘的三种核心功能为线索，对文本挖掘的研究现状和已经取得的成果作简要介绍。

1. 文本特征表示

传统数据挖掘所处理的数据是结构化的，其特征通常不超过几百个；而非结构化或半结构化的文本数据转换成特征向量后，特征数可能高达几万甚至几十万。所以，文本挖掘面临的首要问题是如何在计算机中合理地表示文本。这种表示法既要包含足够的信息以反映文本的特征，又不能太过庞大使学习算法无法处理。这就涉及文本特征的抽取和选择。

文本特征指的是关于文本的元数据，可以分为描述性特征，如文本的名称、日期、大小、类型；语义性特征，如文本的作者、标题、机构、内容。描述性特征易于获得，而语义特征较难获得。在文本特征表示方面，内容特征是被研究得最多的问题。

定义 8.2 当文本内容被简单地看成由它所包含的基本语言单位(字、词、词组或短语等)组成的集合时，这些基本的语言单位被称为项(term)。如果用出现在文本中的项表示文本，那么这些项就是文本的特征。

对文本内容的特征表示主要有布尔模型、向量空间模型、概率模型和基于知识的表示模型。因为布尔模型和向量空间模型易于理解且计算复杂度较低，所以成为文本表示的主要工具。

由于中文文档中的词与词之间不像英文文档那样具有分隔符，因此中、英文文档内容特征的提取步骤略有不同，如图 8.1 所示。

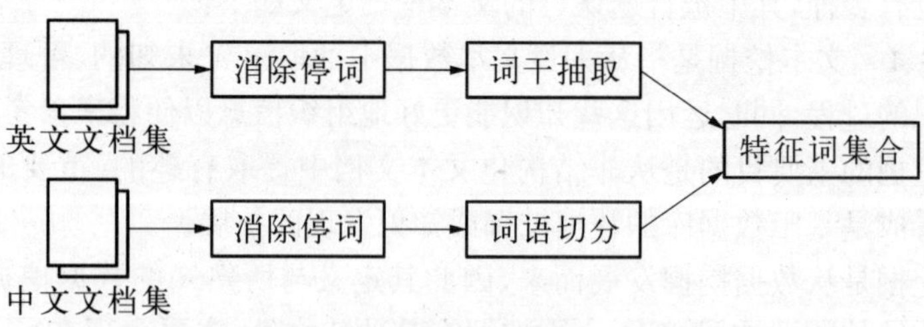

图 8.1 文本特征抽取的一般过程

文本集有时包含一些没有意义但使用频率极高的词。这些词在所有文本中的频率分布相近，从而增加了文本之间的相似程度，给文本挖掘带来一定困难。解决这个问题的方法是用这些词构造一个停词表或禁用词表(stop word list)。在特征抽取过程中删去停词表中出现的特征词。

定义 8.3 令 $V(s)$是由彼此互为语法变形的词组成的非空词集，$V(s)$的规范形式称为词干(stem)。

例如,如果 $V(s)=\{connected, connecting, connection, connections\}$,那么 $s=connect$是 $V(s)$的词干。

词干抽取(stemming)有四种不同的策略:词缀排除(affix removal)、词干表查询(table look up)、后继变化(successor variety)和 N-gram。其中,词缀排除最直观、简单且易于实现。多数词的变形是因添加后缀引起的,所以在基于词缀排除策略的抽取算法中后缀排除最为重要,porter 算法是后缀排除算法中最常用的一种。

词干抽取将具有不同词缀的词合并成一个词,以降低文本挖掘系统中特征词的总数,从而提高了挖掘系统的性能。

汉语的分词问题已经基本解决,并出现了多种分词方法。这些分词方法可以分为两类:一类是理解式分词法,即利用汉语的语法知识、语义知识及心理学知识进行分词;另一类是机械式分词法,一般以分词词典为依据,通过文本中的汉字串和词表中的词逐一匹配完成词语切分。第一类分词方法算法复杂,实际应用中经常采用的是第二类分词方法。机械式分词法主要有正向最大匹配法、逆向最大匹配法、逐词遍历法。

由于词典的容量有限,在大规模真实文本处理中,会遇到许多词典中未出现的词,即未登录词。未登录现象是影响分词准确率的重要原因。为解决这个问题,人们提出利用 N-gram 语言模型进行词项划分,从而摆脱基于词典的分词方法对词典的依赖。与基于词典的分词方法不同,基于 N-gram 技术得到的词项不一定具有实际意义。

特征选择也称特征子集选择或特征集缩减。经过特征抽取获得的特征词数量很多,有时达数万个特征。如此多的特征对许多文本挖掘方法,如文本分类、聚类、文本关联分析来说未必都是有意义的;而且过大的特征空间还会严重影响文本挖掘的效率,因此选择适当的特征子集十分必要。

通常采用机器学习的方法进行文本特征选择。虽然机器学习中有许多选取特征子集的算法,但有些算法复杂且效率低下,不适于处理庞大的文本特征集。

2. 文本挖掘

文本数据一旦被转化成结构化中间形式后,这种中间形式就成为文本挖掘过程的基础。

与关系数据库中关联规则的挖掘方法类似,基于关键词的关联规则产生过程包括两个阶段:(1) 关联挖掘阶段,这一阶段产生所有的支持度大于或等于最小支持度阈值的关键词集,即频繁项集;(2) 规则生成阶段,利用前一阶段产生的频繁项集构造满足最小置信度约束的关联规则。

文本分类是文本挖掘中一项非常重要的任务，其目的是提出一个分类函数或分类模型（也称作分类器），该模型能把数据库中的数据项映射到给定类别中的一个。

一般来讲，文本分类需要四个步骤：

(1) 获取训练文本集：训练文本集由一组经过预处理的文本特征向量组成，每个训练文本（或称训练样本）有一个类别标号；

(2) 选择分类方法并训练分类模型：文本分类方法有统计方法、机器学习方法、神经网络方法等。在对待分类样本进行分类前，要根据所选择的分类方法，利用训练集进行训练并得出分类模型；

(3) 用导出的分类模型对其他待分类文本进行分类；

(4) 根据分类结果评估分类模型。

需要注意的是，文本分类的效果一般和数据集本身的特点有关。有的数据集包含噪声，有的存在缺失值，有的分布稀疏，有的字段或属性间相关性强。

目前，普遍认为尚不存在某种方法能适合于各种特点的数据，但对文本分类的研究已经取得了很大的进展，提出了一系列有效的方法，其中分类质量较好的有 k 最近邻（k-Nearest Neighbor，kNN），支持向量机（Support Vector Machine，SVM）、朴素贝叶斯（Naive Bayes，NB）。

文本聚类是根据文本数据的不同特征，将其划分为不同数据类的过程。传统的聚类方法在处理高维和海量文本数据时的效率不很理想，原因是：

(1) 传统的聚类方法对样本空间的搜索具有一定的盲目性；

(2) 在高维很难找到适宜的相似度度量标准。

虽然，文本聚类用于海量文本数据时存在不足。但与文本分类相比，文本聚类可以直接用于不带类标号的文本集，避免了为获得训练文本的类标号所花费的代价。根据聚类算法无需带有类标号样本这一优势，Nignal 等提出从带有和不带有类标号的混合文本中学习分类模型的方法。其思想是利用聚类技术减少分类方法对有标号训练样本的需求，减轻手工标记样本类别的工作量，这种方法也称为半监督学习。

文本聚类包括以下四个步骤：

(1) 获取结构化的文本集，结构化的文本集由一组经过预处理的文本特征向量组成。从文本集中选取的特征好坏直接影响聚类的质量。如果选取的特征与聚类目标无关，那么就难以得到良好的聚类结果。对于聚类任务，合理的特征选择策略应是使同类文本在特征空间中相距较近，异类文本相距较远；

(2) 执行聚类算法，获得聚类谱系图。聚类算法的目的是获取能够反映特征空间样本点之间的“抱团”性质；

(3) 选取合适的聚类阈值。在得到聚类谱系图后，领域专家凭借经验，并结合具体的应用场合确定阈值。阈值确定后，就可以直接从谱系图中得到聚类结果。

8.1.2 文本分类

文本分类(Text Categorization, TC)是为每个元组对 $\langle \boldsymbol{d}_i, c_i \rangle \in D \times C$ 赋予一个布尔值的过程，其中 D 是文本域，$C = \{c_1, \cdots, c_{|C|}\}$ 是预定义的类别集。若文本 $\boldsymbol{d}_j$ 被分到 c_i 类，那么 $\langle \boldsymbol{d}_j, c_j \rangle$ 就为1，否则为0。进而，分类任务可以形式化地表示为寻求未知的目标函数 $h': D \times C \rightarrow \{1, 0\}$，$h'$ 说明待分类文档该如何被分类，该函数被称为分类器(classifier)，有时也称为分类规则(rule)、分类假设(hypothesis)或分类模型(model)。函数 h' 与实际的分类模型 $h: D \times C \rightarrow \{1, 0\}$ 应该尽可能一致，这种一致性可以通过具体的分类模型评估指标来确定。

若文本集中的每个文本必须属于也只能属于一个类别，即只能为文本指定一个类标号，那么这种分类称为单标号文本分类(single-label text categorization)，也称为非重叠分类。

若文本集中的每个文本可以属于一个或多个类，那么这种分类称为多标号文本分类(multi-label text categorization)，也称重叠分类。

利用分类器分类文档有两种不同的模式：类别中心分类(Category Pivoted Categorization, CPC)和文档中心分类(Document-Pivoted Categorization, DPC)。

类别中心分类是指给定类别 c_i，发现 c_i 类的所有文档。

文档中心分类则是指给定文档 $\boldsymbol{d}_i$，发现文档 $\boldsymbol{d}_i$ 所属的所有类别。

在各种分类方法中，k 最近邻分类、支持向量机分类、朴素贝叶斯分类是应用较广的文本分类方法。这里主要介绍这几种分类方法。

1. k 最近邻

k 最近邻(kNN)是一种传统的模式识别方法，可以用于文本分类。本质上讲，kNN 根据到测试样本最近的 k 个训练样本对测试样本进行分类，通常使用以下几种距离度量

$$D(\boldsymbol{p}, \boldsymbol{q}) = \sqrt{\sum_i (p_i - q_i)^2} \tag{8.1}$$

$$D(\boldsymbol{p}, \boldsymbol{q}) = \sum_i p_i q_i \tag{8.2}$$

$$D(\boldsymbol{p}, \boldsymbol{q}) = \frac{\sum_i p_i q_i}{\sqrt{\sum_i p_i^2}\sqrt{\sum_i q_i^2}} \tag{8.3}$$

对测试样本的分类以其最近的 k 个训练样本为基础，选取这 k 个训练样本中多数样本所属的类别作为预测结果，形式化地，测试样本 $\boldsymbol{x}$ 的类别 $y(\boldsymbol{x})$ 给出如下

$$y(\boldsymbol{x}) = \operatorname{argmax}\{n(x_j, c_i) \mid x_j \in kNN\} \tag{8.4}$$

这里 $n(x_j, c_i)$ 是 k 最近邻集 kNN 中属于 c_i 类的训练样本的数量。

2. 支持向量机

支持向量机(SVM)是机器学习领域较新的一种学习方法，最先由 Vapnik 和他的合作者提出。该方法基于计算学习理论的结构风险极小化原理，寻求一个决策面把训练数据点分成两类并且以训练集中选择的代表数据作为支持向量进行决策。

已知线性可分点集 $S=\{x_i\}$, $i=1, 2, \cdots, N$，点 x_i 属于两个被标记成 $y_i \in \{-1, +1\}$ 的类中的一个，由公式

$$\boldsymbol{w} \cdot \boldsymbol{x} + b = 0 \tag{8.5}$$

定义的分离超平面将 S 分成两部分，每部分只包含具有相同类标记的点。任何位于超平面上的点 x 和任一训练样本 $x_i \in S$ 满足

$$y_i(\boldsymbol{w} \cdot \boldsymbol{x}_i + b) \geqslant 1 \tag{8.6}$$

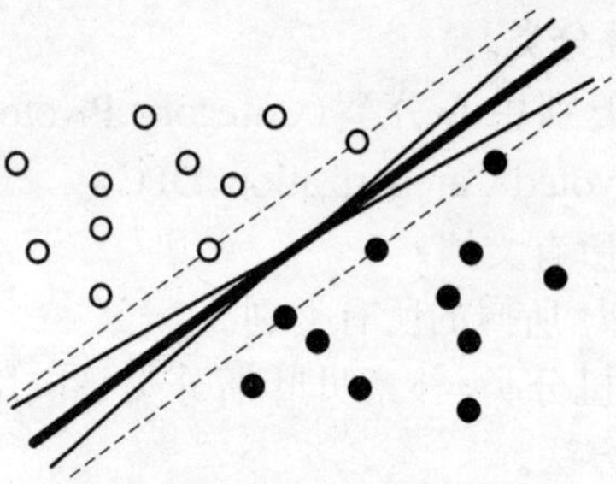

图 8.2 **分离超平面** 分离超平面(实线集)，最优分离超平面(粗实线)以及支持向量(虚线上的数据点)。虚线确定最大边缘。

SVM 学习的目标是找出最佳分离超平面(Optimal Separating Hyper-plane, OSH)，使其距离两侧的空白边界最大，可以公式化为

$$\text{minimize} \ \frac{1}{2}\|\boldsymbol{w}\|^2 \tag{8.7}$$

其中：$y_i(\boldsymbol{w} \cdot \boldsymbol{x}_i + b) \geqslant 1$

距 OSH 最近的点称为支持向量(如图 8.2)。

在分类过程中，SVM 基于全局最佳分离超平面作出决策。它只是简单地找出测试样本位于 OSH 的哪一边。

SVM 问题可以扩展到非线性的情况，采用基于函数卷积的非线性超平面，例如向量 $\boldsymbol{p}$ 和 $\boldsymbol{q}$ 的多项式函数(PolyNomial Function, PNF)

$$K(\boldsymbol{p}, \boldsymbol{q}) = \mathrm{e}^{-\gamma\|\boldsymbol{p}-\boldsymbol{q}\|^2} \tag{8.8}$$

和径向基函数(Radial Basis Function, RBF)

$$K(\boldsymbol{p}, \boldsymbol{q}) = (\gamma(\boldsymbol{p} \cdot \boldsymbol{q}) + c)^d \tag{8.9}$$

3. 朴素贝叶斯

贝叶斯分类是统计学分类方法，可以预测给定样本属于一个特定类的概率。

例如，某向量形式的文档 $\boldsymbol{d}_j = (w_{1f}, \cdots, w_{ml})$ 属于 c_i 类的概率，根据 Bayes 定理计算如下

$$P(c_i \mid \boldsymbol{d}_j) = \frac{P(c_i)P(\boldsymbol{d}_j \mid c_i)}{P(\boldsymbol{d}_j)} \tag{8.10}$$

式(8.10)中，先验概率 $P(c_i)$ 是从文档集中随机选取的文档属于 c_i 类的概率，可以用 $P(c_i) = s_i/S$ 计算，其中 s_i 是 c_i 类的文档数，S 是文档总数。$P(\boldsymbol{d}_j)$ 是文档 $\boldsymbol{d}_j$ 在整个文档集中出现的概率。

如果文档特征的维数较高，式(8.10)中 $P(\boldsymbol{d}_j \mid c_i)$ 的计算开销可能非常大。为降低计算 $P(\boldsymbol{d}_j|c_i)$ 的开销，通常使用类条件独立假设，即假设特征值对给定类的影响独立于其他特征值。根据类条件独立假设，可以利用公式

$$P(\boldsymbol{d}_j \mid c_i) = \prod_{k=1}^{m} P(w_{kj} \mid c_i) \tag{8.11}$$

简化 $P(\boldsymbol{d}_j \mid c_i)$ 的计算。使用类条件独立假设的 Bayes 分类器称为朴素贝叶斯(NB)分类器，而这一假设使朴素贝叶斯分类器的计算开销比非朴素贝叶斯分类器大为降低。

将式(8.11)代入式(8.10)就得到朴素贝叶斯公式

$$P(c_i \mid \boldsymbol{d}_j) = \frac{P(c_i)\prod_{k=1}^{m} P(w_{kj} \mid c_i)}{P(\boldsymbol{d}_j)} \tag{8.12}$$

朴素贝叶斯分类器的缺点是，实际应用中非独立特征也按独立特征对待，因此准确性难以保证。朴素贝叶斯分类器有许多种变形，其中最主要的、目前被广泛研究的是贝叶斯网分类器(Bayesian Network Classifiers，BNC)和基于频繁项集的贝叶斯分类器(Large Bayes Classifier，LBC)。

文本分类从根本上说是一个映射过程，所以评估文本分类系统的标志是映射的准确程度和映射的速度。映射的速度取决于映射规则的复杂程度，而评估映射准确程度的参照物是通过专家思考判断后对文本的分类结果(这里假设人工分类完全正确并且排除个人思维差异的因素)，与人工分类结果越相近，分类的准确程度就越高，这里隐含了评估文本分类系统的两个指标：查准率(precision，简记为 p)和查全率(recall，简记为 r)。

查准率是所有被分类的文本中被正确分类的文本所占的比率。公式表示为

$$\text{查准率(precision)} = \frac{\text{分类的正确文本数}}{\text{实际分类的文本数}} \tag{8.13}$$

查全率是人工分类结果应有的文本中正确分类的文本所占的比率，公式表

示为

$$查全率(recall) = \frac{分类的正确文本数}{应有文本数} \tag{8.14}$$

公式(8.13)和(8.14)直接借鉴了信息检索领域的检索性能评估公式,因此只适用于度量两类分类模型的性能。如果要评估多类分类模型的性能,需要采取特别的方法。

8.1.3 文本预处理

在信息检索领域,文本被看成是出现在文本中的关键词的集合,这些关键词就是特征项。一般说来,特征项主要是名词,因为名词本身就具有实际意义,有助于理解相关文档的内容。形容词、副词和连词等虚词一般不用作特征项。当然,有时也以文本中的所有词作为特征项,这种情况下的文档逻辑视图是全文(full text)。利用特征项,文本可以表示成布尔模型、向量模型和概率模型。

文本中不同的特征项在描述文档内容方面所起的作用不尽相同,为度量特征项与所描述的文本的相关性,引入项权重概念。

定义 8.4 项权重(term weight),令 m 是文本集中不同特征项的数量,f_j 是一个特征项,$\boldsymbol{F}=\{f_1, f_2, \cdots, f_m\}$是项集。文本 $\boldsymbol{d}_i$ 中的项f_i 的权重 $w_{ij}>0$,如果 f_j 在文本 d_i 中没有出现则权重 $w_{ij}=0$。项权重可以表示项在文本中的重要程度。

文本 $\boldsymbol{d}_i$ 可以表示成向量$\boldsymbol{d}_i=(w_{i,1}, w_{i,2}, w_{i,3}, \cdots, w_{i,m})$的形式,称为文本向量。文本的这种表示法有一个关键的假设,就是假设组成文本的字或词在确定文本类别方面所起的作用是相互独立的,文本中关键词的出现次序无关紧要。这样,就可以使用文本中出现的字或词的集合来代替文本。不言而喻,这样将丢失大量有关文本内容的信息,但是这种假设可使文本的表示和处理形式化,并且可以在文本处理,如分类、检索等领域中取得较好的效果。

在信息检索领域项称为索引项,在机器学习领域则被称为特征,相应的项权重被称为特征值。文本特征值的计算方法有多种,这里用到基于布尔值和基于词频两种,利用这两种方法可以得到文本的特征向量,并用文本特征向量组成文本集的特征矩阵:布尔矩阵或词频矩阵。

(1) 布尔矩阵。使用最简单的0,1表示特征值,即如果某个特征词在某文本中出现,定义该文本特征向量第 j 个分量值 $w_j=1$,否则 $w_j=0$。

例如,m 维布尔特征空间中,n 个文本向量可以组成以下形式的特征矩阵,如图8.3所示。

(2) 词频矩阵。布尔表示法虽然简单，但不能体现特征词在文本中的作用程度，所以在许多情况下0，1特征值被更精确的词频所代替。词频可分为绝对词频和相对词频。

绝对词频：特征词在文本中出现的次数。

利用绝对词频表示文本时，文本向量第 j 个分量值为特征词 f_j 在文本中出现的次数。

例如，如图8.4所示是一个绝对词频矩阵，其中每行代表一个文本向量，每列代表一个特征词，矩阵中的特征值 w_{ij} 用特征 f_j 在文档 $\boldsymbol{d}_i$ 中出现的次数表示。

$$
\begin{array}{c} \\ \boldsymbol{d}_1 \\ \boldsymbol{d}_2 \\ \boldsymbol{d}_3 \\ \boldsymbol{d}_4 \\ \vdots \\ \boldsymbol{d}_n \end{array}
\begin{array}{c}
\begin{array}{ccccccc} f_1 & f_2 & f_3 & f_4 & \cdots & f_{m-1} & f_m \end{array} \\
\begin{pmatrix} 1 & 0 & 1 & 1 & \cdots & 1 & 1 \\ 1 & 1 & 1 & 0 & \cdots & 0 & 0 \\ 1 & 0 & 0 & 1 & \cdots & 0 & 1 \\ 0 & 0 & 1 & 1 & \cdots & 0 & 0 \\ \cdots & \cdots & \cdots & \cdots & \cdots & \cdots & \cdots \\ 0 & 0 & 1 & 1 & \cdots & 0 & 1 \end{pmatrix}
\end{array}
$$

图8.3 文本集的布尔矩阵

$$
\begin{array}{c} \\ \boldsymbol{d}_1 \\ \boldsymbol{d}_2 \\ \boldsymbol{d}_3 \\ \boldsymbol{d}_4 \\ \vdots \\ \boldsymbol{d}_n \end{array}
\begin{array}{c}
\begin{array}{ccccccc} f_1 & f_2 & f_3 & f_4 & \cdots & f_{m-1} & f_m \end{array} \\
\begin{pmatrix} 32 & 0 & 4 & 13 & \cdots & 20 & 2 \\ 14 & 21 & 7 & 0 & \cdots & 0 & 0 \\ 3 & 0 & 0 & 8 & \cdots & 0 & 5 \\ 0 & 0 & 23 & 2 & \cdots & 0 & 0 \\ \cdots & \cdots & \cdots & \cdots & \cdots & \cdots & \cdots \\ 0 & 0 & 12 & 5 & \cdots & 0 & 1 \end{pmatrix}
\end{array}
$$

图8.4 文本集的词频矩阵

相对词频：特征词在文本中的权重。

文本向量中每一特征值用特征词在文本中的权重表示，权重用来刻画特征词在描述文本内容时的重要程度。一般采用相对词频作为特征权重，相对词频的计算准则是要最大限度地区分不同文档，所以计算相对词频需要考虑三方面的因素：

(1) 词频TF(Term Frequency)：特征词在文本中出现的频率，通常称为TF因子。

(2) 倒排文档频IDF(Inversed Document Frequency)：特征词在文本集中分布情况的量化，度量特征词在文本集中出现的频繁程度。常用的计算方法是 $\log_2(N/(n_f+0.01))$；其中 N 是文本总数，n_f 是出现该特征词的文本数。倒排文档频通常称为IDF因子。

(3) 归一化因子(normalization factor)：对文本向量的各个分量进行标准化，使对具有相同匹配特征数的文本，短文本比长文本更重要。

根据上述三个因素，可以得出TFIDF权重公式为

$$
W(f,\ \boldsymbol{d}) = \frac{\mathrm{TF}(f,\ \boldsymbol{d}) \times \log_2(N/(n_f + 0.01))}{\sqrt{\sum_{f \in \boldsymbol{d}} [\mathrm{TF}(f,\ \boldsymbol{d}) \times \log_2(N/(n_f + 0.01))]^2}} \tag{8.15}
$$

式中，$W(f, \boldsymbol{d})$ 为特征词 f 在文本 $\boldsymbol{d}$ 中的权重，而 $\mathrm{TF}(f, \boldsymbol{d})$ 为特征词 f 在文本 $\boldsymbol{d}$ 中的词频，N 为文本总数，n_f 为文本集中出现 f 的文本数，分母为归一化因子。

提出公式(8.15)是基于这样一种假设：对区别文本最有意义的词语应该是那些在文本中出现频率足够高，但在整个文本集的其他文本中出现频率足够少的词语。需要注意的一点是在计算 TFIDF 权重前应先去除停词(stop word)。例如，每个文本中助词“的”的词频总是最高，所以由 TFIDF 计算所得的单字词“的”的权重常大于一些实词的权重，换句话说，单字词“哟”在表达文本内容时所传递的信息量要大于一些实词的信息量。显然，这个结果是不合适的，通过删除停词可以避免这种情况的发生。目前虽然存在多种 TFIDF 公式，但是公式(8.15)是普遍使用的一种。

文本特征的研究对文本挖掘具有非常重要的意义，因为文本特征是影响挖掘系统性能的最主要的因素。目前对文本特征的研究主要集中在以下两个方面：

(1) 文本特征的抽取，即获取什么类型的特征。获取特征的过程也是形成原始特征集的过程。

(2) 文本特征选择，面对庞大的原始特征集，如何在其中抽取对挖掘任务最具代表性的特征。

对于英文语料，由于单词间以空格分隔，经过抽取词干(stemming)和删除停词就可以将文本表示成特征向量的形式。而中文句子中词与词之间没有固有的分隔符，因此在对中文文本进行处理或分析之前首先要进行分词处理。

中文分词是自然语言处理中较为成功的一个领域，以单词为特征的中文文本挖掘技术成为研究中文文本挖掘的主流。由于传统的基于词典的分词系统对词典有明显的依赖，通过这种方法获得的文本特征只能是词典中出现的词。同时，不同领域的词典在词的选择上各有侧重，而编撰通用的面向不同领域的词典又很困难，也不现实。自然语言具有的这种领域相关性和时间相关性使基于词典的分词技术在实际应用中受到很大限制。

过大的特征空间将导致此后的文本挖掘过程耗费更多的时间和空间资源，因此从原始特征集中选取最具代表性的特征是十分必要的。

在文本分类中，特征选择的一般方法是利用评估函数对每个原始特征进行评估并计算其得分，选取分值高的特征组成特征子集，其基本过程是：

(1) 初始情况下，特征集包含所有原始特征；

(2) 计算特征集中每个特征的评估函数值；

(3) 按特征评估函数值的大小排序特征；

(4) 选取前 k 个特征(k 是所要选取的特征数)作为特征子集。目前，还没有很好的方法确定应该选取多少个特征适宜。一般采用先定初始值，然后根据实验测试和统计结果调整 k 值。初始值设置过高会产生过多的冗余特征，降低文本挖掘的质量；设置过低则许多与文本内容高度相关的特征被除去，也会影响文本挖掘的质量；

(5) 根据选取的特征子集，进行文本向量维数压缩，简化文本向量的表示。

下面给出几种基于信息论和统计学原理的文本特征评估函数：

(1) 信息增益(Information Gain, IG)。信息增益表示文本中包含某一特征时文本类的平均信息量，定义为某一特征在文本中出现前后的信息熵之差。假定 c 是文本集的类别变量，C 是类别集合，$\boldsymbol{d}$ 是文本集中的文本，f 是文本集的特征。对于特征 f，其信息增益记为 IG(f)，计算公式为

$$\mathrm{IG}(f) = -\sum_{c\in C}P(c)\log_2(P(c)) + P(f)\sum_{c\in C}P(c \mid f)$$
$$\log_2(P(c \mid f)) + P(\bar{f})\sum_{c\in C}P(c \mid \bar{f})\log_2(P(c \mid \bar{f})) \quad (8.16)$$

信息增益的不足之处在于它同时考虑了特征出现与未出现两种情况，即上述公式中的第二和第三部分。虽然某个词不在文本中出现也可能对判断文本类别有所贡献，但实验证明，这种贡献往往远小于其所带来的干扰。特别在样本分布和特征分布不均匀的情况下，某些类别中出现的特征词通常只占全部特征词很少的一部分，绝大多数特征词在这些类别中是“不出现”的，即此时信息增益大的特征主要是信息增益公式中后一部分大(代表词不出现情况)，而非前一部分大(代表词出现情况)，导致信息增益的效果大大降低。

(2) 交叉熵(Cross Entropy, CE)。交叉熵与信息增益相似，二者的主要不同是信息增益需要计算所有可能特征分值的平均，而交叉熵仅考虑在一篇文档中出现的词。

$$\mathrm{CE}(f) = \sum_{c\in C}P(c \mid f)\log_2\frac{P(c \mid f)}{p(c)} \quad (8.17)$$

(3) 互信息(Mutual Information, MI)。互信息用于表征特征 f 与类别 c 之间的相关性。对于特征，f 其互信息记为 MI(f, c)，公式为

$$\mathrm{MI}(f, c) = \log_2\left(\frac{P(f, c)}{P(c)P(f)}\right) \quad (8.18)$$

互信息没有考虑单词发生的频度，这是互信息一个很大的缺点，它导致互信息评估函数经常倾向于选择稀有词。

(4) χ^2 统计(chi-square statistic)。同样地，χ^2 统计也用于表征两个变量间的相关性，但它比互信息更强，因为它同时考虑了特征在某类文档中存在与不存在时的情况。对于类别 c，特征 f 的 χ^2 统计值为

$$\chi^2(f, c) = \frac{(P(f, c)P(\overline{f}, \overline{c}) - P(\overline{f}, c)P(f, \overline{c}))}{P(c)P(f)P(\overline{c})P(\overline{f})} \tag{8.19}$$

上述四种特征评估函数中，利用互信息与 χ^2 统计函数计算得到的函数值仅表示特征在某一类文本中的重要程度。要评估特征在整个文本集中的重要程度，需要综合考虑特征在各类文本中的评估函数值，即对其进行全局打分。具体地有两种方法：

(1) 以特征在不同类中的评估函数值的平均值作为全局分值，如公式(8.20)；

(2) 以特征在不同类中的最大评估函数值作为该特征的全局分值，如下面的公式(8.21)。

$$\chi^2_{\text{avg}}(f) = \sum_{c \in C} p(c)\chi^2(f, c) \tag{8.20}$$

$$\chi^2_{\max}(f) = \max_{c \in C}\{\chi^2(f, c)\} \tag{8.21}$$

根据所使用的特征频率的不同，评估函数又分为基于文档频（Document Frequency，DF）的评估函数和基于词频（Term Frequency，TF）的评估函数。但无论是基于何种频率，都难以保证所选择的特征词与文本所在类别的主题相关。

与主题无关的特征可以分为两类：一类是在不同类别中的分布相差不大，通过该特征不能区分任何两类。文本预处理过程中删除的“停词”就属于这类特征；另一类是噪声词，如出现在 web 文档中的超链接、广告、版权声明等噪声信息中的词。由于噪声信息在不同类的文档中，内容往往不同，因此其包含的词在特征选择中往往会具有较高的分值而被选中。例如：在 reuter21578 数据集中，类别 earnings 和 earnings forecasts 都包含符号“&lt”，而其他类中均不含“&lt”，因此“&lt”很容易将 earnings 和 earnings forecasts 类样本与其他类样本区分开。但是显然，“&lt”与这两个类别的内容毫不相关。这类词的特点是在每篇文档中出现的频率较低。

有文献提出的最小类差异预处理算法可以减少第一类无关特征词的数量。方法是首先计算文本特征在不同类别间的分布差异，即特征的类区分度，然后滤除区分度较小的特征。

这里介绍一种简单的方法既可以有效地减少不相关特征，也可以减少第二类不相关特征，即低频噪声特征的数量。为此首先介绍基于文档频的评估函数和基于词频的评估函数；然后提出基于最小词频阈值的文档频（DF_n）评估函数并利用新的评估函数进行特征选择。该评估函数可以有效地减少噪声特征的数量。

1. 基于文档频的评估函数

文档频特征 f 的文档频是指出现特征的文档数，记为 DF。如果用文档频(DF)计算特征评估函数中的概率，则评估函数中用到的概率公式计算方法为

$$\left.\begin{aligned} P(c) &= \frac{|c|}{|D|} \\ P(f) &= \frac{\mathrm{DF}(f,\ D)}{|D|} \\ P(\bar{f}) &= \frac{\mathrm{DF}(\bar{f},\ D)}{|D|} \\ P(c \mid f) &= \frac{\mathrm{DF}(f,\ c)}{\mathrm{DF}(f,\ D)} \\ P(c \mid \bar{f}) &= \frac{\mathrm{DF}(\bar{f},\ c)}{\mathrm{DF}(\bar{f},\ D)} \end{aligned}\right\} \tag{8.22}$$

式中，$\mathrm{DF}(f,c)$是类别 c 中出现特征 f 文档数；$\mathrm{DF}(\bar{f},\ c)$是类别 c 中未出现特征 f 文档数；$\mathrm{DF}(f,\ D)$是整个文本集 D 中出现特征 f 文档数；$\mathrm{DF}(\bar{f},\ D)$是整个文本集 D 中未出现特征 f 的文档数；$|c|$是类别 c 的文档总数；$|D|$是整个文本集 D 中的文档总数。

将公式(8.22)代入信息增益，互信息和 χ^2 统计公式，得到相应的基于文档频的特征评估函数。例如，基于文档频(DF)的互信息公式为

$$\begin{aligned} \mathrm{MI}_{\mathrm{DF}}(f,\ c) &= \log_2 \frac{p(f,\ c)}{p(f)p(c)} = \log_2 \left(\frac{\dfrac{\mathrm{DF}(f,\ c)}{|D|}}{\dfrac{\mathrm{DF}(f,\ D)}{|D|} \times \dfrac{|c|}{|D|}} \right) \\ &= \log_2 \frac{\mathrm{DF}(f,\ c)}{\mathrm{DF}(f,\ D)} + \log_2 \frac{|D|}{|c|} \end{aligned} \tag{8.23}$$

文档频仅考虑词 f 在文档中出现与否，忽视了其在文档中出现的次数。由此带来的问题是如果特征词 f 的 $\mathrm{DF}(f,\ c)$和 $\mathrm{DF}(f,\ D)$相同，那么其在文档中出现多次和在文档中仅出现一次时的相关度相同。而文档中仅出现一次的词经常是噪声词。

2. 基于词频的评估函数

词频是指特征 f 在一篇文档中出现的次数，记为 TF。如果用词频(TF)计算特征评估函数中的概率，则评估函数中需要计算的概率的公式为

$$\left.\begin{aligned} P(c) &= \frac{|c|}{|D|} \\ P(f) &= \frac{\mathrm{TF}(f, D)}{|D|} \\ P(\bar{f}) &= \frac{\mathrm{TF}(\bar{f}, D)}{|D|} \\ P(c \mid f) &= \frac{\mathrm{TF}(f, c)}{\mathrm{TF}(f, D)} \\ P(c \mid \bar{f}) &= \frac{\mathrm{TF}(\bar{f}, c)}{\mathrm{TF}(\bar{f}, D)} \end{aligned}\right\} \tag{8.24}$$

式中，$\mathrm{TF}(f, c)$是 f 在 c 类文档中出现的次数；$\mathrm{TF}(\bar{f}, c)$是类别 c 中所有非 f 征出现的次数；$\mathrm{TF}(f,D)$是 f 文档集 D 中出现的次数；$\mathrm{TF}(\bar{f}, D)$是整个文档集 D 中所有非 f 特征出现的次数；$|c|$是 c 类文档集中特征词出现的次数；$|D|$是文档集 D 中特征词出现的次数。

将公式(8.24)分别代入信息增益，互信息和 χ^2 统计，即得到基于词频的特征评估函数公式。仍以互信息为例，基于词频的互信息公式为

$$\begin{aligned} \mathrm{MI}_{\mathrm{TF}}(f, c) &= \log_2 \frac{p(f, c)}{p(f)p(c)} \\ &= \log_2 \frac{\mathrm{TF}(f, c) \times |D|}{\mathrm{TF}(f, D) \times |c|} \\ &= \log_2 \frac{\mathrm{TF}(f, c)}{\mathrm{TF}(f, D)} + \log_2 \frac{|D|}{|c|} \end{aligned} \tag{8.25}$$

基于词频的特征评估函数往往选取在某类别中比其他类别更频繁出现的词作为特征词，而忽视了词在不同文档中的出现情况。

3. 基于最小词频阈值的文档频评估函数

前面已经提到，低频特征中经常包含与内容无关的噪声特征。通过实验可以发现，采用基于文档频的特征评估函数进行特征选择时，低频特征词中噪声特征所占的比例远远高于高频特征中噪声词的比例，而且随着词频的增加，特征集中噪声词的比例逐渐减少。基于这个原因，利用最小词频阈值方法，滤除这些低频特征，从而减少特征集中与内容无关的噪声特征。具体公式如下

$$\left.\begin{aligned}
P(c) &= \frac{|c|}{|D|} \\
P(f) &= \frac{\mathrm{DF}_n(f,\ db)}{|D|} \\
P(\bar{f}) &= \frac{\mathrm{DF}_n(\bar{f},\ db)}{|D|} \\
P(c \mid f) &= \frac{\mathrm{DF}_n(f,\ c)}{\mathrm{DF}_n(f,\ D)} \\
P(c \mid \bar{f}) &= \frac{\mathrm{DF}_n(\bar{f},\ c)}{\mathrm{DF}(\bar{f},\ db)}
\end{aligned}\right\} \tag{8.26}$$

式中，$\mathrm{DF}_n(f,\ c)$是类别 c 中，特征 f 至少出现 n 次的文档数；$\mathrm{DF}_n(\bar{f},\ c)$是类别 c 中，特征 f 出现少于 n 次的文档数；$\mathrm{DF}_n(f,\ D)$是在文档集 D 中，特征 f 至少出现 n 次的文档数；$\mathrm{DF}_n(\bar{f},\ D)$是在文档集 D 中，特征 f 出现少于 n 次的文档数。

同样地，将公式(8.26)分别代入信息增益，互信息及 χ^2 统计公式，即得到基于最小词频阈值的文档频(DF_n)评估函数。如果取最小词频阈值 $n=2$，则基于 DF_2 的互信息公式为

$$\begin{aligned}
\mathrm{MI}_{\mathrm{DF}_2}(f,\ c) &= \log_2 \frac{p(f,\ c)}{p(f)p(c)} = \log_2 \left(\frac{\dfrac{\mathrm{DF}_2(f,\ c)}{|D|}}{\dfrac{\mathrm{DF}_2(f,\ D)}{|D|} \times \dfrac{|c|}{|D|}} \right) \\
&= \log_2 \frac{\mathrm{DF}_2(f,\ c)}{\mathrm{DF}_2(f,\ D)} + \log_2 \frac{|D|}{|c|}
\end{aligned} \tag{8.27}$$

DF_2 表示了这样一层含义：与类别相关的特征词在该类别一篇文档中出现两次及两次以上的概率高于其在整个文档集一篇文档中出现两次及两次以上的概率。

公式(8.27)可以很容易地扩展到特征词在一篇文档中出现 n 次的情况($n=1,\ 2,\ 3,\ \cdots$)，如公式

$$\begin{aligned}
\mathrm{MI}_{\mathrm{DF}_n}(f,\ c) &= \log_2 \frac{p(f,\ c)}{p(f)p(c)} = \log_2 \left(\frac{\dfrac{\mathrm{DF}_n(f,\ c)}{|D|}}{\dfrac{\mathrm{DF}_n(f,\ D)}{|D|} \times \dfrac{|c|}{|D|}} \right) \\
&= \log_2 \frac{\mathrm{DF}_n(f,\ c)}{\mathrm{DF}_n(f,\ D)} + \log_2 \frac{|D|}{|c|}
\end{aligned} \tag{8.28}$$

而且随着 n 的增加，得到的特征词数量逐渐减少。

8.1.4 中文分词

信息处理已经成为当前最重要的研究内容，其中涉及属性选择、信息抽取、自然语言理解、自动聚类和分类、自动摘要、自动标注和主题识别、信息结构分析以及文本生成等。

1. 中文分词概述

由于中文的特殊性，词语之间没有空格、没有词形变化等，使得分词成为中文信息处理首要的工作，这也是中文处理与英文处理最大的区别之一。中文分词是一项非常复杂的工作。

分词的方法大致可以分为两大类：一是基于统计的方法，二是基于字典的方法。这两种方法各有优缺点。基于统计的方法，不用建立字典，从而与领域无关，但是精度低；基于字典的方法准确性高，但是需要建立字典，且与领域相关。

汉语的形态不丰富，书面语言的单词基本上没有形态变化。在这种情况下，书面汉语词法分析的主要任务不是分析单词的形态变化，而是进行单词的自动切分，使前后相继的词与词之间的界限暴露出来。词是语言中最小的能独立运用的单位，利用计算机把汉语的一个句子、一篇文章、一部著作中的单词，逐一地切分出来，才有可能对汉语进行进一步的分析。因此，书面汉语的自动切词，是汉外机器翻译、书面汉语文献自动表注、书面汉语自然语言理解等研究工作的基础和前提。

(1) 词表和切分规范。汉语的语素和单字词，合成词和短语之间没有清晰的界限。语言学界虽然对于词在概念上有一个十分清晰的定义：词是最小的、能够独立活动的有意义的语言成分。但从一些词典的编撰中，仍然可看出一些上述界限难以区分的问题。在建立分词系统词表时，仍然对于收词的标准难以把握，例如："鸡蛋"是词，那么"鹌鹑蛋"是否也作为词收入词表？至今为止，分词系统仍然没有一个统一的具有权威性的分词词表作为分词依据。

分词系统可以面向解决实际问题的需求和真实语料中使用的频繁程度来规定"分词单位"。分词单位可以是同词表中的词完全一致，也可以是包含未登录词识别以及一些词法分析的切分单位，例如，一些人名、地名、机构名、外国人译名，应予以识别和切分。一些动词和形容词重叠结构，如高高大大、甜甜蜜蜜等；一些附加词，如后缀亲和性、热敏性等；都可以作为分词单位予以识别和切分。因此，对于一个分词系统而言，制定一个一致性的分词单位切分规范无疑也是一个重要的问题。

(2) 歧义切分字段。分词系统要处理的第二个关键问题是文本中歧义切分字段的判别。汉语中歧义切分字段有以下两种最基本类型：一类是交集型歧义字段。据统计，这种歧义字段占全部歧义字段的 85% 以上，所以这也是分词系统所要重点解决的问题。如在字段“中国人”中,有“中国/人”,“中/国人”两种切分结果;第二类是组合型歧义。在字段“*ABC*”中,“*A*”,“*B*”,“*AB*”分别都是词表中的词,则称该字段为交集型歧义字段。

(3) 未登录词识别。大家知道,词表中不能囊括所有的词。一方面是因为语言在不断地发展和变化,新词会不断出现。另一方面是因为词的衍生现象非常普遍,没有必要把所有的衍生词都收入词典中。特别是人名、地名等专有名词,在文本中有非常高的使用频度和比例。而且由于未录词引入的分词错误往往比单纯的词表切分歧义还要严重。这就要求分词系统具有一定的未登录词识别能力,从而提高分词的正确性。除了人名、地名的识别,分词系统还需要有一定的词法分析能力,从而解决衍生词和复合词等词汇平面上的问题。

2. 中文分词方法

(1) 基于词表的分词方法:最大匹配(MM)。这是一种有着广泛应用的机械分词方法,该方法依据一个分词词表和一个基本的切分评估原则,即“长词优先”原则,来进行分词。这种评估原则虽然在大多数情况下是合理的,但也会引发一些切分错误。这种切分方法,需要最少的语言资源(仅需一个表,不需要任何词法、句法、语义知识),程序实现简单。

(2) 基于统计的分词。这种方法首先切分出与词表匹配的所有可能的词,这种切分方法称为“全切分”,运用统计语言模型和决策算法决定最优的切分结果。这种方法的优点是可以发现所有的切分歧义,但是解决歧义的方法很大程度上取决于统计语言模型的精度和决策算法。需要大量的标注语料,并且分词速度也因搜索空间的增大而有所缓慢。

(3) 基于规则和基于统计相结合。这种方法首先运用最大匹配作为一种初步切分,再对切分的边界处进行歧义探测,发现歧义。再运用统计和规则结合的方法来判别正确的切分,运用不同的规则解决人名、地名、机构名识别,运用词法结构规则来生成复合词和衍生词。目前这种方法可以解决汉语中最常见的歧义类型:单字交集型歧义。并对人名、地名、机构名、后缀、动词/形容词重叠、衍生词等词法结构进行识别和处理,基本解决了分词所面临的最关键的问题。而且由于优秀的词典结构和算法设计,分词速度非常快。

3. *N*-gram 分词算法

在没有字典支持的情况下,常采用 *N*-gram 算法进行分词,但是现有的 *N*-gram 算法需要切出文档中所有连续汉字的组合词串,作为待选的属性,因而效率有待提高。而且一般 *N*-gram 算法常常切出一些无意义的词。尽管有文献采用两条规则,取最长词,但还是难以完全避免这一问题。

为此，这里介绍 N - gram 算法的改进算法，试图提高其效率，并尽量减少无意义词语的数量。其改进的基本思路是，先建立一个停用字词表，将停用字词表中的字词作为分隔符号，与分隔符号一起，将原文档分割成一些字串，得到由这些字串组成的集合 U_1。将 U_1 分解成长度小于 3 的字串组成的集合 U_{11} 和长度不小于 3 的字串组成的集合 U_{12}。U_{11} 不参加 N - gram 分词过程，而是直接作为待筛选的词语，对 U_{12} 进行 N - gram 分词，得到词语集合 U_{121}。合并 U_{11} 和 U_{121}，得到分词结果 $U = U_{11} + U_{121}$。由于避免了大量不必要的分词过程，因而，效率得到了提高。为了进一步提高分词准确性，需要消除冗余词，依据 apriori 性质：频繁项集的所有非空子集都必须也是频繁的，得到下述规则 8.1，并用该规则取尽可能长的词，来进一步降维。在算法 8.1 中，可以看到，采用新的相互依赖模型来处理词语，也具有与规则 8.1 相同的功效。

规则 8.1 （消除冗余词）若有两个 N - gram 项 t_i 和 t_j，满足 $t_i \supset t_j$ 和 score(t_i) = score(t_j)，则 t_i 和 t_j 中有一个是冗余的，只需取 t_i。这里，score(*) 表示对 N - gram 项的评分，一般取该 N - gram 项出现的频率。

由于汉语中大多数词语都是两字词，所以通常情况下，取 N - gram 的 n 值为 4。

算法 8.1 改进的 N - gram 分词算法

输入：一篇待分词的文档；N - gram 的 n 值；停用字词表。

输出：原文档中词语的集合 U；所有相应的词语在原文中的频率表 W。

算法步骤如下：

Step 1 用停用字词表中的字词和分隔符号，将原文档分割成一些字串，得到由这些字串组成的集合 U_1，并记录相应字串的频率；

Step 2 将 U_1 分解成长度小于 3 的字串组成的集合 U_{11} 和长度不小于 3 的字串组成的集合 U_{12}；

Step 3 对 U_{12} 进行 N - gram 分词，得到词语集合 U_{121}，并记录相应词语的频率；

Step 4 合并 U_{11} 和 U_{121}，得到分词结果 $U = U_{11} + U_{121}$，并将相应词语的频率记入 W；

Step 5 利用规则 8.1 消除冗余词语，并相应调整频率表 W。

由算法 8.1 可以看出，改进的 N - gram 算法具有以下性能：

(1) 改进的 N - gram 算法利用停用词和分隔符，将原文分割成一些短的字串，避免了连续分割较长语句的过程，同时避免了切出过多的无用词语，从而既提高了分词的效率，又提高了分词的准确性；

(2) 在进行 N - gram 分词之前，改进的 N - gram 算法通过合并相同的字串，可以避免重复分割同一个字串，从而提高效率；

(3) 由于汉语中大多数词语都是两字词，因而，用停用词和分隔符分割得到的长度小于 3 的字串，将不进行 N - gram 分词，而是直接作为待筛选的词语，使得分词过程更加高效、准确；

(4) 相对于现有的分词算法，这里的分词算法，一方面，无须任何字典和训练样本支持；另一方面，既摆脱了领域约束，又提高了分词的准确性，并有效地实现了降维，从而可以为后续的信息分析处理工作提供较为准确的属性。

例 8.1 对于语句“他吃力地挪动着他的钢琴，直到累得疲惫不堪。”利用停用词和分隔符分割后，得到词语“吃力”、“挪动”、“钢琴”、“直到累”、“疲惫不堪”。由于词语“吃力”、“挪动”、“钢琴”长度小于 3，将不进行 N - gram 分词，只有“直到累”、“疲惫不堪”需要参与 N - gram 分词，从而提高了分词的效率和准确性。

8.2 文本挖掘方法

在已有的分类算法中，大多数都是基于向量空间模型的算法，其中使用范围最广的是 kNN 算法。由于大多数算法都因为计算复杂度太高，而且，当训练样本集增大时，都需要重新生成分类器，可扩展性差，因此不适合用于大规模的情况。

基于上述考虑，这里引入互依赖和等效半径的概念，并将两者相结合，提出新的分类算法——基于互依赖和等效半径、简单但高效的分类算法 SECTILE(a Simple and Efficient algorithm to Classify Texts based on equivalent radius and mutual dependence)。SECTILE 的计算复杂度较低，响应速度快，而且扩展性能较好。并且，SECTILE 算法利用等效半径构造出来的判断函数，是根据训练样本的实际分布计算得到的相对量，不是基于数量的绝对量，从而可以消除因不同类之间样本数量和分布范围的悬殊引起的误判，进而可以提高分类精度，适用于大规模场合。将 SECTILE 算法应用于中文文本分类，并与 kNN 算法和类中心向量法进行比较。结果表明，在保证不损失分类查准率和查全率的前提下，SECTILE 可以大大提高分类速度，有利于对大规模信息样本进行实时在线的自动分类。

定义 8.5 (等效半径，即 equivalent radius, ER)设类 w_i ($i=1,\cdots,c$)的训练

文档个数为 n_i，向量空间的维数为 d，共有 c 类，将 w_i 类的所有训练样本向各维坐标 $d_j(j=1,\cdots,d)$ 投影，得到 w_i 类在各维坐标上的投影范围 $range_{ij}=[R_{ij}^-, R_{ij}^+]$，并计算出 w_i 类在各维坐标上的重心 $center_{ij}$，其中 R_{ij}^- 表示从重心向原点方向的半径，R_{ij}^+ 为从重心沿正向的半径（一般情况下，$R_{ij}^- \neq R_{ij}^+$），n_{ij}^- 为投影处于原点至重心之间的样本数，n_{ij}^+ 为投影处于重心沿正方向的样本数，定义各类 $w_i(i=1,\cdots,c)$ 在各维 $d(j=1,\cdots,d)$ 上的等效半径 R_{ij}^{equal} 为 R_{ij}^- 和 R_{ij}^+ 的函数

$$R_{ij}^{\text{equal}} = a_{ij} \cdot R_{ij}^- + (1-a_{ij}) \cdot R_{ij}^+ \tag{8.29}$$

式中，$1\leqslant i\leqslant c$，$1\leqslant j\leqslant d$，a_{ij} 为分布系数，下面给出确定 R_{ij}^{equal} 和 a_{ij} 的算法。

算法 8.2 分类模型生成

输入：训练样本 $d_{ti}=(x_{ti_1}, \cdots, x_{ti_d})$，$1\leqslant t\leqslant n_i$，$1\leqslant i\leqslant c$，其中 n_i 为类 w_i $(i=1, \cdots, c)$ 的训练文档个数，c 为类别数。

输出：各类在各维坐标上的等效半径 R_{ij}^{equal} 和重心 $center_{ij}$ 及 a_{ij}，$1\leqslant i\leqslant c$，$1\leqslant j\leqslant d$。

第一阶段：计算 a_{ij}，R_{ij}^-，R_{ij}^+

(1) 将所分类别和特征属性顺序编号，类编号取 1～c，各特征坐标取 1～d；

(2) 取 $i=1$，对 w_i 类的所有训练样本向量进行归一化处理；

(3) 将 w_i 类的所有训练样本向各维坐标 $d_j(j=1,\cdots,d)$ 投影，得到 w_i 类在各维坐标上的投影范围 $\text{rang}_{ij}=[R_{ij}^-, R_{ij}^+]$；

(4) 计算出 w_i 类在各维坐标上的重心 $center_{ij}$；

(5) 计算出 n_{ij}^-，n_{ij}^+，R_{ij}^-，R_{ij}^+；

(6) 若所有类均处理完，则进入第二阶段；否则，i 增 1，转本阶段步骤(2)处理下一个类 w_i。

第二阶段：确定等效半径

(1) 取 $i=1$，对类 w_i 作如下运算：

(2) 取 $j=1$，对特征坐标维 d_j 作如下运算：

(3) 计算 $a_{ij}=n_{ij}^-/(n_{ij}^-+n_{ij}^+)$；$R_{ij}^{\text{equal}}=a_{ij} \cdot R_{ij}^- + (1-a_{ij}) \cdot R_{ij}^+$；

(4) 若所有特征坐标维均处理完，则转本阶段步骤(5)；否则，j 增 1，转本阶段步骤(3)处理下一个特征坐标维 d_j；

(5) 若所有类均处理完，则结束；否则，i 增 1，转本阶段步骤(2)处理下一个类 w_i。

分布系数 a_{ij} 可以采用黄金分割法、优化取优法等算法来确定，在下面的算法 8.3 中，根据样本分布取 $a_{ij}=n_{ij}^-/(n_{ij}^-+n_{ij}^+)$，这是因为，如果在从重心向原点方

向上训练样本分布较为密集，那么 $R_{ij}^{-} < R_{ij}^{+}$，$n_{ij}^{+} < n_{ij}^{-}$，所以 R_{ij}^{-} 应占有较高比重，所以取 $a_{ij} = n_{ij}^{-}/(n_{ij}^{-} + n_{ij}^{+})$，$R_{ij}^{\text{equal}} = a_{ij} \cdot R_{ij}^{-} + (1 - a_{ij}) \cdot R_{ij}^{+}$，反之亦然。

有了等效半径的概念，下面阐述基于互依赖和等效半径、实用且高效的分类算法 SECTILE。首先需要构造 w_i 类的判别函数。对于测试样本 $x = (x_1, x_2, \cdots, x_d)$，在判断函数中，用该样本和类 w_i 在特征维上的投影差，与 w_i 在 d_j 上的 R_{ij}^{equal} 之商的平方 $(x_j - center_{ij})^2/(R_{ij}^{\text{equal}})^2$，作为相对距离分量。如此形成的判断函数是相对距离，不是绝对距离，从而可以消除因不同类之间样本数量和分布范围的悬殊引起的误判，进而可以提高分类精度。当某类在特征维 d_j 上投影为 0 时，那么其等效半径 $R_{ij}^{\text{equal}} = 0$，这将产生除法溢出问题。为此，引入距离系数 $1/\beta^2$，用 $1/\beta^2$ 和测试样本在该特征维上投影平方的乘积，作为该特征维上的距离分量。由此考虑，判别函数为

$$g_i(x) = \sqrt{\sum_{j=1}^{k} \frac{(x_j - center_{ij})^2}{(R_{ij}^{\text{equal}})^2} + \sum_{j=k+1}^{d} \frac{x_j^2}{\beta^2}}, \ (i = 1, 2, \cdots, c) \tag{8.30}$$

如果某类 w_i 相对距离测试样本最近，也就是说，使 $g_i(x)$ 最小，那么测试样本就属于该类 w_i。因而决策规则为：若 $g_j(x) = \min_i g_i(x)$，$i = 1, 2, \cdots, c$，则决策 $x \in w_j$。在后面的应用中，将会看到分类性能对距离系数 $1/\beta^2$ 并不是十分敏感，其原因是，某类投影为 0 的特征大多数是别的类特有的属性，距离系数 $1/\beta^2$ 小的变动，不会给分类性能带来太大的影响。

算法 8.3 基于互依赖和等效半径、实用且高效的分类算法 SECTILE

输入：训练样本 $d_n = (x_{n1}, \cdots, x_{ni_d})$，$1 \leqslant t \leqslant n_i$，$1 \leqslant i \leqslant c$，其中 n_i 为类 w_i，$(i = 1, \cdots, c)$ 的训练文档个数，c 为分类数，测试样本 $t_j = \{x_{j1}, \cdots, x_{jd}\}$，$1 \leqslant j \leqslant m$，$m$ 为测试文档数。

输出步骤：测试样本的类别。

(1) 从训练样本集中抽取出特征属性；

(2) 由算法 8.2，得到分类器在各向量维上的重心和等效半径；

(3) 从测试样本集中，取一尚未分类的样本 S；

(4) 获取样本 S 的特征值；

(5) 由公式(8.30)计算 $g_i(x)$；

(6) 若 $g_j(x) = \min_i g_i(x)$，$i = 1, 2, \cdots, c$，则样本 S 属于类 w_j；

(7) 若测试样本集中的所有样本均分好类，则结束；否则，转步骤(3)。

下面对 SECTILE 分类算法的性能进行分析。先对所用符号作些说明，取类别数为 c，特征坐标数为 d，每类需测试文档数平均为 n，每类训练文档数平均为

m。由算法 8.3 可以得出，SECTILE 分类算法在最坏情况下的复杂度为 $O(cn\log_2 c!)$，kNN 算法的复杂度为 $O(c^2nm + cn(\log_2 cm)!)$。通常 $n \ll m$，所以 SECTILE 分类算法的复杂度远远小于 kNN 算法的复杂度。

其主要原因是：(1) 在计算相似度时，SECTILE 算法只需依据样本统计分布来计算与类重心的相对距离，而 kNN 算法却需要和所有的训练样本计算相似度；(2) 与 SECTILE 算法相比，kNN 算法需要寻找 k 个邻近点的额外的比较排序运算，而且这部分的运算量相当大。

此外，SECTILE 分类模型的更新性能较好，在增减训练样本时，只需要根据所增减样本的特征值，适当调整已训练好的分类器，就可以生成新的分类器，无需对所有的训练样本重新进行训练。而且，只需调整与所增减样本所属的类别相关的部分，与分类器的其他部分无关。因为在生成分类器时，希望训练样本集尽可能地大些，所以，下面以增加训练样本过程为重点，来叙述由原有分类器生成新分类器的过程。减少训练样本过程中生成新分类器的过程与此类同。当增加一个训练样本 $\boldsymbol{x} = (x_1, x_2, \cdots, x_d)$ 时，只需要调整其所属类 $w_i (i = 1, \cdots, c)$ 的重心 $center_{ij}$ 和等效半径 R_{ij}^{equal}（此处沿用定义 8.5 中说明的符号）。

定理 8.1 （重心更新的线性）更新后的重心 $center_{ij}^{(1)}$ 与原有的重心 $center_{ij}^{(0)}$，存在如下的关系

$$center_{ij}^{(1)} = (n \times center_{ij}^{(0)} + x_j)/(n+1) \tag{8.31}$$

证明　由于更新前的重心为 $center_{ij}^{(0)} = \sum_{h=1}^{n} x_h / n$，所以 $\sum_{h=1}^{n} x_h = n \times center_{ij}^{(0)}$。则有 $center_{ij}^{(1)} = \left(\sum_{h=1}^{n} x_h + x_j\right)/(n+1) = (n \times center_{ij}^{(0)} + x_j)/(n+1)$ 定理得证。

定理 8.2 （更新前后 R_{ij}^{-} 和 R_{ij}^{+} 的关系）更新后的 n_{ij}^{+1} 和 n_{ij}^{-1} 与原有的 n_{ij}^{+0} 和 n_{ij}^{-0} 存在如下的关系

$$n_{ij}^{+1} = \begin{cases} n_{ij}^{+0} + \Omega, & x_j < center_{ij}^{(0)} \\ n_{ij}^{+0} - \Omega + 1, & x_j \geqslant center_{ij}^{(0)} \end{cases} \tag{8.32}$$

$$n_{ij}^{-1} = \begin{cases} n_{ij}^{-0} - \Omega + 1, & x_j < center_{ij}^{(0)} \\ n_{ij}^{-0} + \Omega, & x_j \geqslant center_{ij}^{(0)} \end{cases} \tag{8.33}$$

式中

$$\Omega = \begin{cases} [(center_{ij}^{(0)} - center_{ij}^{(1)}) \times n_{ij}^{-0} / R_{ij}^{\text{equal}(0)}], & x_j < center_{ij}^{(0)} \\ [(center_{ij}^{(1)} - center_{ij}^{(0)}) \times n_{ij}^{+0} / R_{ij}^{\text{equal}(0)}], & x_j \geqslant center_{ij}^{(0)} \end{cases}$$

证明更新前后 R_{ij}^{+} 和 R_{ij}^{-} 的变化有两种情况：

(1) 当 $x_j < center_{ij}^{(0)}$ 时，由于 $center_{ij}$ 和 R_{ij}^{equal} 都是由数学平均得到的，而且，n_{ij}^{-} 的变化量是远小于 n 的极小量，因而可以得到具有实际意义的 n_{ij}^{-} 的变化量

$$\Omega = [(center_{ij}^{(0)} - center_{ij}^{(1)}) \times n_{ij}^{-} / R_{ij}^{\text{equal}(0)}]$$

相应地更新 n_{ij}^{+} 和 n_{ij}^{-}

$$n_{ij}^{-1} = n_{ij}^{-0} - \Omega + 1;\ n_{ij}^{+1} = n_{ij}^{+0} + \Omega$$

(2) 当 $x_j \geqslant \text{center}_{ij}^{(0)}$ 时，同样可以得到具有实际意义的 n_{ij}^{+} 的变化量

$$\Omega = [(center_{ij}^{(1)} - center_{ij}^{(0)}) \times n_{ij}^{+} / R_{ij}^{\text{equal}(0)}]$$

相应地更新 n_{ij}^{+} 和 n_{ij}^{-}

$$n_{ij}^{+1} = n_{ij}^{+0} - \Omega + 1;\ n_{ij}^{-1} = n_{ij}^{-0} + \Omega$$

定理得证。

定理 8.3 （更新前后的等效半径间的关系）更新后的等效半径 $R_{ij}^{\text{equal}(1)}$ 与原有的等效半径 $R_{ij}^{\text{equal}(0)}$ 存在如下的关系

$$R_{ij}^{\text{equal}(1)} = (n_{ij}^{+1} \times R_{ij}^{+(1)} + n_{ij}^{-1} \times R_{ij}^{-(1)}) / (n+1) \tag{8.34}$$

式中

$$R_{ij}^{+(1)} = \begin{cases} R_{ij}^{+(0)} + center_{ij}^{(0)} - center_{ij}^{(1)}, & x_j < center_{ij}^{(0)} + R_{ij}^{+(0)} \\ x_j - center_{ij}^{(1)}, & x_j \geqslant center_{ij}^{(0)} + R_{ij}^{+(0)} \end{cases}$$

$$R_{ij}^{-(1)} = \begin{cases} center_{ij}^{(1)} - x_j, & x_j < center_{ij}^{(0)} - R_{ij}^{-(0)} \\ R_{ij}^{-(0)} + center_{ij}^{(1)} - center_{ij}^{(0)}, & x_j \geqslant center_{ij}^{(0)} - R_{ij}^{-(0)} \end{cases}$$

证明 由于 n_{ij}^{+} 和 n_{ij}^{-} 已经更新，因而有

$$R_{ij}^{\text{equal}(1)} = (n_{ij}^{+1} \times R_{ij}^{+(1)} + n_{ij}^{-1} \times R_{ij}^{-(1)}) / (n+1)$$

下面需要更新 R_{ij}^{+} 和 R_{ij}^{-}，对于 R_{ij}^{+} 有两种情况：

(1) 当 $x_j < center_{ij}^{(0)} + R_{ij}^{+(0)}$ 时，有 $R_{ij}^{+(1)} = R_{ij}^{+(0)} + center_{ij}^{(0)} - center_{ij}^{(1)}$；

(2) 当 $x_j \geqslant center_{ij}^{(0)} + R_{ij}^{+(0)}$ 时，有 $R_{ij}^{+(1)} = x_j - center_{ij}^{(1)}$。

对于 R_{ij}^{-} 也有两种情况：

(1) 当 $x_j < center_{ij}^{(0)} - R_{ij}^{-(0)}$ 时，有 $R_{ij}^{-(1)} = center_{ij}^{(1)} - x_j$；

(2) 当 $x_j \geqslant center_{ij}^{(0)} - R_{ij}^{-(0)}$ 时，有 $R_{ij}^{-(1)} = R_{ij}^{-(0)} + center_{ij}^{(1)} - center_{ij}^{(0)}$。

定理得证。

当有多个训练样本需要加入时，反复按顺序迭代上述公式，便可以获得新的分类器。由此可见，分类模型的更新过程快捷且易操作。

综上所述，就 SECTILE 分类算法的计算复杂度和分类模型易更新而言，该算法适用于大规模场合，有利于对大规模信息样本进行实时在线的自动分类。

根据上述性能分析,分类模型的更新算法如下:

算法 8.4 更新已有的 SECTILE 分类器

输入:(1) 已有分类器的 $\text{center}_{ij}^{(0)}$, $R_{ij}^{\text{equal}(0)}$, n_{ij}^{+}, n_{ij}^{-};

(2) 需要加入的训练样本集 U。

输出:新分类器的 $center_{ij}^{(1)}$, $R_{ij}^{\text{equal}(1)}$, n_{ij}^{+}, n_{ij}^{-}

算法步骤如下:

(1) 从需要加入的训练样本集 U 中,取一个尚未加入的样本 $x=(x_1, x_2, \cdots, x_d)$;

(2) 由公式(8.31)和(8.29),计算新分类器中 x 所属类的 $center_{ij}^{(1)}$, $R_{ij}^{\text{equal}(1)}$;

(3) 由公式(8.32)和(8.33)更新 n_{ij}^{+} 和 n_{ij}^{-};

(4) 若需要加入的训练样本都加入完成,则结束;否则

$$center_{ij}^{(0)} = center_{ij}^{(1)};\ R_{ij}^{\text{equal}(0)} = R_{ij}^{\text{equal}(1)};$$

转步骤(1)。

8.3 中文摘要方法

随着大量信息的不断涌现,为了提高效率,对文档进行自动摘要的要求日益迫切。通过阅读较为准确的摘要,就可以快速、轻松地了解原文,而无须去通读全文,从而节约宝贵的时间和精力。所谓自动摘要就是利用计算机自动地从原始文献中提取文摘,文摘是准确全面地反映某个文献中心内容的简洁连贯的短文。

8.3.1 中文摘要概述

目前,大多数自动摘要方面的研究工作都是努力从文本中抽取出重要的文本片,这些自动摘要算法大致可以分为三大类:

(1) 领域相关的方法。这是基于知识理解的算法,为了获得较为准确的摘要,必须利用语义领域的先验知识和文本结构信息(如天气预报、财经、医疗信息等)。这类方法准确度高,但是应用范围受到领域限制。一些领域相关的自动摘要算法为了从文档中识别出重要的信息,采用了信息抽取技术。这方面的研究工作还包括从特定的数据库中生成报告和事件摘要的技术等。

(2) 领域无关的方法。这主要是基于统计的算法,采用统计的方法,如向量空间索引模型,同时利用语言学技术,如词汇相关性,来识别文档中的重要段落或语句。这类算法与领域无关,但是精度低。大多数领域无关的方法在采用统计技术的同时,还采用了健壮的浅层语言技术,来抽取重要的文档片段。所采用的统计技术与信息抽取中所采用的相似,如向量空间模型、项频率和反文档频率 TF/IDF。所采用的语言技术从词汇相关度技术到健壮的首语重复解决策略。

(3) 前两者方法相互融合得到的方法。为了获取文档中的核心信息,生成摘要,需要采用一些相关的策略。这些策略大致可以分为四种:自动摘录、基于理解的自动文摘、信息抽取和基于结构的自动文摘。

(i) 自动摘录。自动摘录策略将文本视为句子的线性序列,将句子视为词项的线性序列,评估语句的权重,选取权重较高的若干语句作为摘要语句,并将这些语句按照它们在原文中出现的顺序输出。目前已经提出了一些重要性评估规则,这些规则大致归纳如下:

① 语句位置规则。如标题、段落的首句和末句等,这些语句较为重要。标题是作者给出的提示文章内容的短语,借助停用词词表,在标题或小标题中剔除功能词或只具有一般意义的名词,剩下的词和原文内容有紧密的联系,可以作为有效词。调查结果显示:段落的论题是段落首句的概率为 85%,是段落末句的概率为 7%。因此,有必要提高处于特殊位置的句子的权重。

② 线索词。预先编制线索词词典,将线索词分为取正值的褒义词、取负值的贬义词和取零值的无效词,句子中每个线索词的权重之和就是该句子的权重。

③ 包含提示词串的句子十分重要。提出根据各种提示词串来选择摘要语句的方法。与线索词相比,提示词串的可靠性要强得多。

④ 平均内容词权重大的句子应受到特别重视。能够指示文章主题的所谓有效词(或内容词)往往是一些频繁词项,根据句子中内容词的个数(或频率)来计算句子的权重,可以评估语句的重要性。

⑤ 应该减小包括废弃指示词串的句子的权值。

⑥ 与所讨论内容的领域知识相关的内容较为重要。

⑦ 句法结构。句式与句子的重要性之间存在着某种联系,比如摘要中的句子大多是陈述句,而疑问句、感叹句等则不宜放入摘要中。

自动摘录存在以下不足之处表现在:

① 摘要结果的质量不稳定,对于不同的文章,会有不同的效果。并且,当加权函数调整时又总是顾此失彼,对这一类文章的效果很好,而对另一类文章的效果却变差了。

② 不全面。对于多主题的文献,用自动摘录方法生成的摘要有时仅包含了原文着重讨论的某个主题,而对其他方面的内容却只字不提,从而影响了摘要的全面性。这是由于自动摘录方法缺乏对文体结构的分析造成的。

③ 不简洁。作者常常在文章中的不同位置以不同形式的语句重复文章的中心内容,以便起到强调的作用。这些语句都是关键句,很容易同时进入摘要,从而造成摘要内容的冗余。

④ 不连贯。抽取文章中的若干原句组成的摘要往往缺乏连贯性,因为文章是一个有机的整体,每一条语句通过省略、指代、同义词、相同词以及内在的逻辑关系与其上下文融为一体。当把文章中不同位置上出现的若干关键语句连成一个段落时,由于这些关键语句脱离了上下文而难以准确地理解。同时,句子之间由于缺乏逻辑层次而显得杂乱无章,无法在整个段落中构成平滑的概念流。用户在阅读这样的段落时需要进行猜测和推理,不但加重了负担,有时还可能得出与原文不符的观点。

(ii) 基于理解的自动摘要策略。基于理解的摘要方法是以人工智能,特别是以自然语言立即技术为基础发展起来的摘要方法。这种方法与自动摘录的明显区别在于对知识的利用,它不仅利用语言学知识获取语言结构,更重要的是用领域知识进行判断、推理,得到摘要的意义表示,最后从意义表示中生成摘要。基于理解的自动文摘通常需要经过语法分析、语义分析、语用分析和信息提取、文本生成几个步骤。这类方法的中枢是篇章意义的机内表示,而且不同摘要系统所采用的篇章意义机内表示有所不同。常用的篇章意义机内表示方式有脚本(script)、概念从属结构(concept dependency structure)、框架(frame)以及一阶谓词等。

基于理解的摘要策略的不足在于领域严格受限。受限的原因是:面向大规模真实语料的语法语义分析技术尚未完全成熟,因此如果想获得高质量的语言分析结果,就必须将待处理的语料限制在某个范围之内。这类方法的基础是框架等知识表示,框架需要根据领域知识预先拟定,因此如果想把适用于某个领域的理解文摘系统推广到另一领域,则需要重新拟定框架,这种填充和组织领域知识的沉重负担使基于理解的自动文摘难以移植。

(iii) 信息抽取。基于理解的摘要方法需要对文章进行全面的分析,生成详尽的语义表达,这对于大规模真实文本而言是很难实现的。与其相比,信息抽取只对有用的文本片段进行有限深度的分析,其效率和灵活性显著提高。信息抽取的自动摘要以文摘框架为中枢,分为选择与生成两个阶段。选择阶段利用特征词从文本中抽取相关的短语或句子填充文摘框架;生成阶段利用文摘模板将文摘框架中的内容转换成文摘输出。

由于文摘框架的编写完全依赖于领域知识,所以信息抽取仍然是受领域限制的,只不过文摘框架比基于理解的摘要中的脚本等要简单得多,更易于编写。信息抽取要想应用于多个领域,就必须为每个领域都编写一个文摘框架,在处理文本时先进行主题识别,根据主题调用相应的文摘框架。另外,单凭特征词或特征短语的提示作用来填充文摘框架并不是非常准确的,而且由于语言的灵活多样性,一些有价值的文本片段可能没有明显的特征。最后,由于使用模板生成文摘,使得文摘的语言千篇一律,十分呆板。

(iv) 基于结构的自动文摘。篇章是一个有机的结构体,篇章中的不同部分承担着不同的功能,各部分之间存在着错综复杂的关系。篇章结构分析清楚了,文章的核心部分自然能够找到。由于语言学对篇章结构的研究还很不够,可用的形式规则就更少了,这使得基于结构的自动文摘到目前为止还没有一套成熟的方法,不同学者用来识别篇章结构的手段也有很大差别。现有的篇章结构识别策略有关联网络、修辞结构、语用功能等。

自动摘要研究尚无统一的性能评估标准,目前,大致有两种摘要性能评估方法:第一种方法是,以人工标注的摘要作为标准,将自动生成的摘要与其进行比较,得到查全率、查准率和 F 值,以此来评价自动摘要系统性能的优劣;由于这种方法是以手工标注的摘要为依据,所以主观因素较大,不同的人会有不同的理解,得不到一个唯一的、完全一致的摘要,很难统一;并且手工标记的工作量较大,受领域限制大,无法对任意的文档进行摘要。另一种方法是基于任务的,用生成的摘要来帮助完成信息处理任务,以该任务完成后所得结果的性能作为评估摘要系统性能的依据。相对第一种方法而言,基于任务的方法较为客观和灵活,并且,在最近的DARPA摘要性能评估会议上,该方法得到了广泛的关注。

8.3.2 基于聚类的摘要方法

通过观察可以发现,在一篇结构严谨、论述清晰的文章中,每一条语句都是为了支持一个分论点而存在,而所有这些分论点构成了整个文章的主题思想。基于这一考虑,这里介绍一种新的摘要生成算法,从原文中提取出各分论点,并结合本文提出的语句重要性评估规则,对语句的重要性进行评分,从而生成摘要。与现有的算法不同,基于主题聚类的自动摘要算法,采用统计方法的同时,适当结合知识理解,既摆脱了领域限制,又使自动摘要的结果更为准确,而且涵盖的内容更加全面,可读性更好,相邻语句间更加连贯。

在现有的这些众多的自动摘要方法中,大多数都是采用摘句的方法,而且都有一个共同的现象——摘要的长度均需事先给定。然而实际的情况是,由于信息样本的不同,该信息样本所包含的信息量也是不同的,简单地人为指定一个长度,必然会产生信息冗余,或者发生信息表达不全的问题。为了能够全面地反映信息样本的所有子主题内容,又不产生信息冗余,就要求根据具体信息样本,动态地确定结果摘要的长度。据此,提出了动态自适应确定摘要长度的算法,从具体样本中循序渐进地抽取出其所包含的所有子主题,这些子主题的集合构成了该信息样本的主题思想。然后,再根据子主题的数量确定摘要的长度,力图适应不同的样本、动态确定与原文所含信息量相对一致的摘要长度。

目前,关于动态确定摘要长度的研究尚不多见,这里介绍的动态确定摘要长度的算法,从具体样本中循序渐进地抽取出其所包含的所有子主题,再根据子主题的数量确定摘要的长度。此外,为了减少摘要长度确定算法中的计算量,将互依赖模型用于分词和属性选择,可以较为准确而有效地降维,并使后续算法的计算量大幅度减小。

这里提出的重要性评估规则依据支撑文档中心思想的各个分主题的语句在原文中的分布情况,对语句进行评分,从而使得评分结果更为全面和准确。此外,两条语句之间的相关性 δ_{ij} 至少应包含两个部分:① 两者之间的相似性 Sim_{ij};② 两者在原文中的距离的倒数 $1/d_{ij}$。$1/d_{ij}$ 还隐含了语句共现性的贡献。最终有

$$\delta_{ij} = \alpha \times Sim_{ij} + (1-\alpha) \times \beta / d_{ij} \tag{8.35}$$

调节系数 α 用于调节 Sim_{ij} 和 $1/d_{ij}$ 孰轻孰重,β 用于强调同一段落中和不同段落之间的两条语句之间的 $1/d_{ij}$ 的差异。由公式(8.35)最终得到语句间相关性矩阵 $\{\delta_{ij}\}$。至于选多少条规则的问题,根据现有的摘要研究工作,若规则太少,则不利于生成令人满意的摘要;过多的规则,又会使各规则之间相互干扰,同样会降低准确性。所以,这里采用六条规则,其中,前三条是提出的新规则,后三条是目前应用较为成熟且广泛的规则。

规则 8.2 语句重要性评估规则

(1) 如果一个语句类中的语句数量较其他类为多,而且该语句类中的语句分布范围较广,则认为与此语句类相对应的子主题被反复论述多次,应该给该语句类(子主题)的代表语句加分 $score_1$;

(2) 如果一个语句类中语句的分布相对较为密集,则认为用于表达与此语句类相对应的子主题的语句之间用语相对较为一致,应该给该语句类的代表语句加分 $score_2$;

(3) 在语句相关性矩阵 $\{\delta_{ij}\}$ 中,从对应于一条语句类代表句的行中,选出 H 个最高相关值,并求和,作为该代表语句的分值 $score_3$;

(4) 含标题和关键词中词语的语句较为重要,记分 $score_4$;

(5) 包含提示词串的句子,应当加分 $score_5$。为此需要建了一个提示词串表,由于提示词的数量很少,而且是与领域无关的,所以可以直接放入系统内存,以提高系统响应时间;

(6) 平均内容词权重大的句子,标题、首段、末段中的语句和段中首句、末句,应当加分 $socre_6$。

由此,得到语句总评分为

$$score_{\text{total}} = \sum_{i=1}^{6} score_i \times weight_i \tag{8.36}$$

式中,$weight_i$ 是各项规则所占的权重,并且符合

$$\sum_{i=1}^{6} weight_i = 1 \tag{8.37}$$

这里的目标应用场合是,缺少训练文档库,没有字典支持,在一定的准确度要求下,快速提供尽可能准确的摘要。所以,只能通过 EM 算法,或者通过经验数据来确定各项权重。

在一篇结构严谨、论述清晰的文章中,每一条语句都是为了支持一个分论点而存在,而所有这些分论点构成了整个文章的主题思想。基于这一考虑,这里介绍的摘要生成算法,从原文中提取出各分论点及背景知识类,结合所提出的语句重要性评估规则,对文档语句的重要性进行评分,去掉不感兴趣的背景内容,再选取出能够反映各子主题内容的中心句,将这些中心句组织起来最终生成一篇文章的摘要。

很多基于语意理解或统计分析的方法都可以用来从原文中抽取出子主题。下述算法中采用改进的模糊子均值算法,将语句聚类成 C 类,每一类代表一个子主题或者背景知识,选出能够表达该子主题内容的中心句,运用上述语句重要性的判据对各中心句进行评分,根据对结果摘要长度(设为 K)的要求,选出评分较高的 K 条中心句生成摘要。结果摘要长度 K 应当小于生成的子主题数量 C,没有被确定为摘要组成部分的 $(C-K)$ 类,被认为是背景知识,并被丢弃。另外,为了使生成的摘要语句之间尽可能通顺连贯,制订下述摘要润饰规则:

规则 8.3 (摘要润饰规则)如果生成摘要中的两条语句在原文中的距离不大于 ξ(通常取 $\xi=2$),则在生成的摘要中保留原文中处于两者之间的关联词。

为此,需要建立一个关联词表,与提示词一样,由于关联词的数量很少,而且是与领域无关的,所以可以直接放入系统内存,以提高系统响应时间。经过上述分词、语句映射、子主题生成、语句评分、润饰,就可以自动生成原文的摘要了,下面是完整的基于各子主题聚类的摘要生成算法。

算法 8.5 基于语句聚类的摘要生成算法

输入：一篇待提取摘要的文档；关联词表；最终生成的摘要的长度 K；需生成的语句类(子主题)数量 $C(C>K)$；语句重要性评估规则及各项规则的权重。

输出：原文的摘要

算法步骤如下：

(1) 采用前面介绍的属性选择算法，对原文进行分词和属性选择，得到有意义词的词表 U；

(2) 用词表 U 中的词语生成向量空间；

(3) 将原文中的所有语句影射到向量空间，同时记录各条语句在原文中的位置；

(4) 对原文采用改进的模糊 C-均值算法，得到 C 个子主题的语句类；

(5) 针对 C 个子主题语句类，选出每类中(欧氏距离)距离类中心最近的语句作为该类的代表句 $S_i(1\leqslant i\leqslant C)$；

(6) 采用规则 8.2，对 C 条代表句进行评分，得到各代表句的重要性分值 $score_i(1\leqslant i\leqslant C)$；

(7) 从 $score_i(1\leqslant j\leqslant C)$ 中选出分值最高的 K 个分值；

(8) 将与选出的 K 个分值相对应的 K 句代表句，按照其在原文中的顺序输出，得到初级摘要；

(9) 依据规则 8.3 和关联词表，对初级摘要进行润饰，得到并输出原文的摘要。

8.3.3 自适应确定摘要长度

为了能够全面地反映信息样本的主题思想，又不产生信息冗余，下述算法力图根据具体样本中的信息量动态确定摘要长度。在说明此算法之前，需要引入下述关于子主题分布的定义和性质。在自动确定摘要长度的算法中，将用到一些概念和符号，在此给出这些概念的定义和符号说明。

定义 8.6 (样本分布的投影焦点区及其上界和下界)设向量空间的维数为 d，样本分布的区域为 $\prod_{i=1}^{d}[0, D_i]$，按 D_k/ξ(整数 $\xi>0$)的间隔将向量空间的每一维 $k(1\leqslant k\leqslant d)$分割成 ξ 等份，则整个向量空间被分割成 ξ^d 个小单元。取 $\mathrm{count}\left(\prod_{i=1}^{d}[x_i^1, x_i^2]\right)$作为投影在 d 维向量空间区域 $\prod_{i=1}^{d}[x_i^1, x_i^2]$内的样本数，取计数下限值为 δ。定义满足以下条件的区域 $\prod_{i=1}^{d}[D_i^L, D_i^U]$为 d 维向量空间上的

一个投影焦点区。

(1) 对于任意的 $\boldsymbol{x}=\{x_1, x_2, \cdots, x_d\}\in\prod_{i=1}^{d}[D_i^L, D_i^U-D_i/\xi]$,有 $\text{count}\left(\prod_{i=1}^{d}[x_i, x_i+D_i/\xi]\right)\geqslant\delta$;

(2) 对于 $\boldsymbol{x}=\{x_1, x_2, \cdots, x_d\}\in[D_i^L-2D_i/\xi, D_i^L-D_i/\xi]\cdot\prod_{(j=1)\&(j\neq i)}^{d}[D_j^L, D_j^U](1\leqslant i\leqslant d)$,有 $\text{count}\left(\prod_{i=1}^{d}[x_i, x_i+D_i/\xi]\right)<\delta$;

(3) 对于 $\boldsymbol{x}=(x_1, x_2, \cdots, x_d)\in[D_i^U, D_i^U+D_i/\xi]\cdot\prod_{(j=1)\&(j\neq i)}^{d}[D_j^L, D_j^U]$ $(1\leqslant i\leqslant d)$,有 $\text{count}\left(\prod_{i=1}^{d}[x_i, x_i+D_i/\xi]\right)<\delta$。

相应地,定义 D_i^L 为投影焦点区在向量维 i 的下界,定义 D_i^U 为投影焦点区在向量维 i 的上界。

样本分布投影焦点区直观上的含义是,向量空间中任何一个点处的样本分布密度均大于定值的、连续且最小的区域。

定义 8.7 (子主题)一篇文章的中心思想由一些要点所组成,定义一个要点为一个子主题。即一篇文章中所有的子主题构成了该文章的中心思想。

定义 8.8 (摘要长度)在众多的自动摘要方法中,大多数都是采用摘句的方法。这里定义摘要长度为该摘要所包含的语句数量,而不是字数。

这里提出的摘要长度自动确定算法是基于向量空间的,将原文的语句样本放到由上述分词算法得到的词语所构成的向量空间,提取出原文的子主题,根据子主题的数量来确定摘要长度。那么,如何高效地提取出原文的子主题,将是算法的关键。

定义 8.9 (子主题分布)向量空间中,包容一个子主题所有语句的最小空间区域,称为该子主题的分布。

这里发现,一个子主题的所有语句如果在 k 维向量子空间上分布是集中的,那么其在 $k-1$ 维向量子空间上的分布也是集中的。

定义 8.10 (子主题分布的单调性)设向量空间的维数为 d,样本分布的区域 $\prod_{i=1}^{d}[0, D_i]$,按 D_k/ξ(整数 $\xi>0$)的间隔将向量空间的每一维 $k(1\leqslant k\leqslant d)$分割成 ξ 等份。对于任意的整数 $p, q(1\leqslant p\leqslant d, 1\leqslant q\leqslant d)$,取 $D_p=\prod_{i=1}^{p}[D_{ip}^L, D_{ip}^U]$

为一子主题在 p 维向量子空间上的分布，$D_q=\prod_{i=1}^{q}[D_{iq}^L, D_{iq}^U]$为该主题在 q 维向量子空间上的分布，取计数下限值为 δ。

当 $p\leqslant q$ 时，如果

(1) 对于任意的 $\boldsymbol{x}=(x_1, x_2, \cdots, x_q)\in D_q$，有 $\mathrm{count}\left(\prod_{i=1}^{q}[x_i, x_i+D_i/\xi]\right)\geqslant\delta$；

(2) 对于 $\boldsymbol{x}=(x_1, x_2, \cdots, x_q)\in[D_{iq}^L-2D_i/\xi, D_{iq}^L-D_i/\xi]\cdot\prod_{(j=1)\&(j\neq i)}^{q}[D_{jq}^L, D_{jq}^U]$ $(1\leqslant i\leqslant q)$，有 $\mathrm{count}\left(\prod_{i=1}^{q}[x_i, x_i+D_i/\xi]\right)<\delta$；

(3) 对于 $\boldsymbol{x}=(x_1, x_2, \cdots, x_q)\in[D_{iq}^U, D_{iq}^U+D_i/\xi]\cdot\prod_{(j=1)\&(j\neq i)}^{q}[D_{jq}^L, D_{jq}^U]$ $(1\leqslant i\leqslant q)$，有 $\mathrm{count}\left(\prod_{i=1}^{q}[x_i, x_i+D_i/\xi]\right)<\delta$。

必有

(1) 对于任意的 $\boldsymbol{x}=(x_1, x_2, \cdots, x_p)\in D_p$，有 $\mathrm{count}\left(\prod_{i=1}^{p}[x_i, x_i+D_i/\xi]\right)\geqslant\delta$；

(2) 对于 $\boldsymbol{x}=(x_1, x_2, \cdots, x_p)\in[D_{ip}^L-2D_i/\xi, D_{ip}^L-D_i/\xi]\cdot\prod_{(j=1)\&(j\neq i)}^{p}[D_{jp}^L, D_{jp}^U]$ $(1\leqslant i\leqslant p)$，有 $\mathrm{count}\left(\prod_{i=1}^{p}[x_i, x_i+D_i/\xi]\right)<\delta$；

(3) 对于 $\boldsymbol{x}=(x_1, x_2, \cdots, x_p)\in[D_{ip}^U, D_{ip}^U+D_i/\xi]\cdot\prod_{(j=1)\&(j\neq i)}^{p}[D_{jp}^L, D_{jp}^U]$ $(1\leqslant i\leqslant p)$，有 $\mathrm{count}\left(\prod_{i=1}^{p}[x_i, x_i+D_i/\xi]\right)<\delta$。

则称该子主题在 d 维向量空间上的分布具有单调性。

定理 8.4 （子主题分布的单调性）如果一个子主题的所有语句都分布在 $k(2\leqslant k\leqslant d$，$d$ 为向量空间的维数)维向量子空间上的一个投影焦点区内，那么其也应该分布在 $k-1$ 维向量子空间上的一个投影焦点区内。

证明　因为对于一篇给定的文档，其语句在向量空间的分布区域总是有限的，所以可以设其语句分布的区域为 $\prod_{i=1}^{d}[0, D_i]$，并将向量空间的每一维 $k(1\leqslant k\leqslant d)$，按 D_k/ξ 的间隔分割成 ξ 等份，则整个分布区域被分割成 ξ^d（整数 $\xi>0$）个小单元。

在 k 维向量子空间，一个子主题的所有语句向量，分布在一个投影焦点区内，这个投影焦点区是由一些连在一起的小单元组成的联合区域。根据定义 8.6，处于这些小单元中的语句数均大于计数下限值 δ，属于样本分布密集区，那么这些小单元在每一向量维上的投影也是样本分布密集区。由于这些小单元是连接在一起的，那么，它们在向量维上的投影也应该是连接在一起的。由 $k-1$ 个向量维上连续的投影密集区，正交组成 $k-1$ 维空间区域，其内的小单元必然全部都是投影密集区，且连续分布。因而，这个子主题的所有语句向量在 $k-1$ 维向量子空间上的投影，必然也分布在一个样本分布相对比较集中的同一个区域内，即这个子主题的所有语句向量分布在同一个 $k-1$ 维的投影焦点区内。

定理 8.5 （投影焦点区数量单调性）一组样本在 $k(2\leqslant k\leqslant d)$ 维向量子空间上的投影焦点区数量，不少于其在 $k-1$ 维向量子空间上的投影焦点区数量。

根据定理 8.4 和定理 8.5，下述摘要长度确定算法先从 1 维向量子空间开始寻找投影焦点区，然后再在 2 维向量子空间中寻找，循序渐进，继续处理，直到 d 维向量子空间。在 i 维向量子空间中寻找投影焦点区时，只考虑处于 $i-1$ 维投影焦点区内的样本，不考虑其他的样本，从而减少计算量，提高算法的时空效率。

此处，这一算法为逐维提取法。如果采用 C 均值聚类结合 EM 的方法，也可以获得摘要的长度值。但是，C 均值聚类结合 EM 的方法计算复杂度太高，需要将样本先聚成 n 类（n 为样本数），再聚成 $n/2$ 类，……，聚成 2 类，聚成 1 类。每聚一次类，都需要进行大量迭代以求收敛的运算。而且，在 EM 中的 M 运算中，涉及大量的向量运算。所以，聚类结合 EM 的方法效率太低。而这里的算法在最坏情况下的计算复杂度也只有 $O(d\cdot n)$（d 为向量空间的维数，n 为样本数），采用这里提出的分词和属性选择算法可以大幅度减小 d，而且算法 8.6 中所涉及的都是比较运算，效率较高。所以，下述算法放弃 C 均值聚类结合 EM 的方法，而采用逐维循序渐进地求解投影焦点区的算法。具体的自动确定摘要长度的算法如下：

算法 8.6 自动确定摘要长度的算法

输入：一篇待提取摘要的文档；投影焦点区计数下限值。

输出：最终摘要的长度 L_{Num}

算法步骤如下：

(1) 取 $K=1$；//K 是向量子空间的维数；

(2) 将原文中的语句向 K 维子空间投影；

(3) 根据定义 8.6 中的条件(1)，(2)和(3)，求得原文在 K 维子空间上的投影焦点区，将投影焦点区的数量记入 L_{Num}，并得到原文中所有投影在 K 维子空间投影焦点区内的语句的集合 V_k；

(4) $K = K + 1$;

(5) 根据定义 8.6 中的条件(1),(2)和(3),求得 V_{k-1}中的语句在 K 维子空间上的投影焦点区,将投影焦点区的数量记入 L_{Num},并得到原文中所有投影在 K 维子空间投影焦点区内的语句的集合 V_k;

(6) If $K = D$ then $//D$ 是向量空间的维数

　　转下一步;

　else

　　转步骤(4);

　endif

(7) 输出最终摘要的长度 L_{Num}。

定理 8.6 (算法 8.6 的正确性)算法 8.6 所获得的最终摘要长度 L_{Num}是摘要的最佳长度,即从 D 维向量空间上的 L_{Num}个投影焦点区分别生成一条能够反映该投影焦点区内容的语句,将这 L_{Num}条语句按原文序组织起来,生成的摘要,能够全面地反映原文内容,且无信息冗余。

证明　在一篇结构严谨、论述清晰的文章中,文章的作者会反复表述能够涵盖文档中心思想的各子主题,每一句话都是为了支持一个子主题而存在,所有这些子主题构成了整个文章的主题思想。在支持一个子主题的那些语句之间,由于它们所要表达的是同一个子主题,因而它们在用词上必然相一致,所以它们在空间上的分布必然处于同一个投影焦点区内。所以,最终的 D 维向量空间上的一个投影焦点区,对应着向量空间上反映同一个子主题的一类语句所构成的一个聚类,即最终的 D 维向量空间上的一个投影焦点区,对应着一个子主题。投影焦点区的数量 L_{Num}就是原文中子主题的数量。从每个投影焦点区生成的一条能够代表该投影焦点区的语句,也代表了原文中与此投影焦点区相对应的子主题的内容。将这 L_{Num}条恰好反映原文全部 L_{Num}个子主题内容的语句,按原文序组织起来,生成的摘要,能够全面地反映原文内容,且无内容冗余。

8.4　文本内容监管

针对有害信息在互联网络上的泛滥现象,各信息发达国家都展开了网络空间中的“污染控制”和“国土”保卫战争。

按照内容监管系统的工作方式，可以分为被动和主动两种网络内容监管模式。被动型内容监管模式就是被动地接受流过的网络流量并进行分析、过滤和报告。控制中心向分析过滤模块提供控制信息，包括过滤条件、分类模型、处理方式、报告方式等。而处理模块根据控制信息对通过的数据流进行分析处理，并作出相应的反应。

主动型内容监管模式的工作原理类似于搜索引擎，通过主动方式获取网络内容并进行分析，从而发现异常内容。

在现有的内容分析技术中，最简单快速的是多关键字匹配算法以及关键字表达式匹配算法，基于局部窗口的文本分类算法也被利用到内容监管。另外，还有一些基于自然语言理解的方法也在研究。

利用高速关键字表达式匹配技术作为主动内容监管的第一层。即定义由关键字组成的规则，只有当规则被满足时，相应网页进入第二层。进入到第二层的网页由其含有的关键字组合，可以知道其主题。从而在第二层分析中，目的是判断被分析的信息是否为敏感信息，即判断一个关于某个主题的语义倾向性问题，这在本质上是一个二值的文本分类问题。比如对于未知主题的文章，第一层根据文章中出现的关键字(组合)，判定其主题为邪教相关，进而被送入第二层进行进一步分析。第二层则选用精确的文本分类方法判别其语义倾向性，是属于宣扬邪教(负面)、还是批判邪教(正面)或者是关于邪教的普通介绍(中性)。

8.4.1　高效多关键字匹配算法

串匹配(string matching，pattern matching)是计算机科学领域中的基本问题之一，是指在一个符号序列中查找出一个或多个特定符号序列的过程。串匹配问题可以被简单的描述为：已知需要匹配的子串集合(通常称之为模式串集合或关键字集合，pattern set，keyword set)和需要被检索的字符串(通常称之为正文文本，text)，在正文文本中寻找所有关键字集合中的关键字，并报告关键字出现的位置。

依据在匹配过程中所要匹配的模式串个数，串匹配算法可分为单模式串匹配算法和多模式串匹配算法。依据其功能划分，串匹配算法可分为三类：精确串匹配算法(exact string matching)、近似串匹配(approximate string matching)算法和正则表达式匹配(regular expression matching，predicate matching)算法。

精确串匹配算法是指在数据序列中查找出与一个或多个特定的模式串完全一致的子串及其出现位置，例如串匹配在精确文本检索和入侵检测系统中的应用；近似匹配算法是指按照算法定义的相似程度，在数据序列中查找所有与一个或多个特定的模式串的相似程度在可接受范围内的所有子串及其出现位置，主要应用在计算生物学和信号处理等领域；正则表达式匹配算法是指根据正则表达式的描述，在数据序列中查找满足正则表达式的所有子串出现的位置，主要用来处理简单的关键字匹配无法描述的问题。另外，还可将某些串匹配问题用硬件实现，这就是所谓的硬件匹配(hardware matching)。

多模式串匹配问题可以被形式化的描述为：已知 $Pat=\{pat_1, pat_2, \cdots, pat_m\}$ 为一个大小为 m 的模式串集合，*minlen* 为最短模式串的长度，$TXT[0\cdots n-1]$ 表示正文文本，长度为 n，其中，每个模式串和文本串都由字符表 Σ 中的字符组成，字符表 Σ 的大小为 σ。多模式串匹配的任务是在文本串 TXT 中发现所有包含于 *Pat* 中的模式串，并报告出现位置。不失一般性，这里约定模式集 $Pat=\{$the, eat, with$\}$，TXT="there is a boy on the tree with a cat"，以此说明各算法的工作原理。

1. DFSA 算法

由 Aho 等提出的 DFSA(deterministic finite state automata)算法是多模式串匹配算法中的经典算法之一，该算法通过构造有限自动机来实现匹配，如图 8.5 所示。

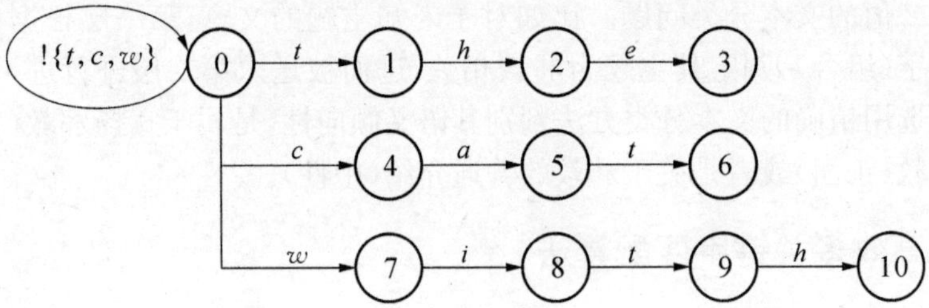

(a) goto 函数

状态 i	1	2	3	4	5	6	7	8	9	10
failure[i]	0	0	0	0	0	1	0	0	1	2

(b) failure 函数

状态 i	output[i]
3	the
6	cat
10	with

(c) output 函数

图 8.5　DFSA 算法构造的有限自动机

DFSA算法的基本思想是：在预处理阶段，通过模式串集合构造有限自动机，而构造有限自动机的过程其实就是将多模式串匹配问题转化为单模式串匹配问题。在匹配阶段，将文本串作为自动机的输入参数进行匹配，通过对文本的一次扫描实现所有的关键字匹配。

有限自动机由一系列的状态组成，每一个状态可以用某个数字来表示。自动机处理文本的过程，实质上就是顺序读入文本中的每个字符，并依据当前所处的状态进行状态跳转，直到扫描过程结束。

DFSA算法主要实现三个函数：goto函数，failure函数和output函数。goto函数负责进行状态的跳转，假如当前状态表示为cur_state，当前输入的字符为input_char，则跳转到状态goto(cur_state，input_char)；failure函数负责当goto函数的跳转值等于fail时的状态转移；output函数记录某一状态是否有成功匹配发生。

对于模式串集合 $Pat=\{$the，cat，with$\}$，构造出的有限自动机。在DFSA算法中，设定开始状态为0，goto函数的取值由当前状态和输入字符决定，或者为fail。在图8.5(a)中，从状态0到状态1的有向边 t 可以表示为goto(0, t)=1。并且，除状态0外的其他所有状态，没有画出的其他字符的跳转值都为fail，例如：goto(2, x)=fail($x\in\Sigma$ 且 $x\neq e$)。对于所有的 $x\in\Sigma$，状态0的跳转值goto(0, x)$\neq$fail。failure函数用于当goto函数为fail时从一个状态跳转到另一个可能存在匹配的状态。例如：当状态6的goto函数为fail时，根据已经匹配的“c”，“a”，“t”三个字符跳转到某个可能存在匹配的状态，因此failure(6)=1，同样failure(9)=1，failure(10)=2。output函数用来检查某一状态是否存在某个或多个模式串的匹配。例如：当匹配过程进行到状态3时，由output函数可知已经匹配的模式串有“the”，同样output(6)=“cat”，output(9)=“with”。

假设当前状态为cur_state，当前输入的字符为 x，*state* 为自动机某一状态，则DFSA算法的匹配过程分下述两种情况：

(1) 假如goto(cur_state, x)=*state*，则跳转到状态 *state*，并且检查output函数在此状态是否为空，如不为空，表明有模式串发生匹配；

(2) 假如goto(cur_state, x)=fail，则表明该状态下输入字符 x 发生失败，查找failure函数进行跳转，令 *state*=failure(cur_state)，则将 *state* 作为当前状态，x 作为当前输入字符，继续进行匹配。

以TXT=“there is a boy on the tree with a cat”为例，分析DFSA算法的匹配过程。如图8.6所示。

输入字符	t	h	e	r	e		i	s		a		b	o	y		o	n		t	h	e	
状态	1	2	3	0	0	0	0	0	0	0	0	0	0	0	0	0	0	0	1	2	3	0
是否匹配			Y																		Y	

t	r	e	e		w	i	t	h		a		c	a	t
1	0	0	0	0	7	8	9	10	0	0	0	4	5	6
								Y						Y

图 8.6 DFSA 算法的匹配过程

DFSA 算法匹配过程的主要代码说明如下。

输入：文本串 TXT 及其长度 n，跳转函数 goto，失效函数 failure 和输出函数 output

输出：匹配信息

算法伪码如下：

```
int state = 0;//initial state
for (int i = 0; i<n; i ++ ) {
while (goto(state,TXT[i]) == FAIL)
state = failure(state);
state = goto(state,TXT[i]);
if (output(state) != empty) //there is a match
//report a match
}
```

对于串匹配算法而言，在分析空间复杂度时，主要考察算法的预处理阶段和匹配阶段。在对较大的文本串进行匹配时，与匹配阶段所需的时间相比，预处理阶段所需的时间相对较小，可以忽略不计。并且，在关键字集合固定的实际应用中，可以将预处理结果存储为文件格式，匹配时只需载入即可。所以，主要关注匹配阶段的时间和空间复杂度。

DFSA 算法中，goto 函数的大小是状态总数 Num(*state*)×256，failure 函数和 output 函数的大小都为状态总数 Num(*state*)。DFSA 算法的空间复杂度依赖于模式串长度的总和，因为它决定了自动机的状态总数，时间复杂度为 $O(cn)$，其中 c 为与模式串个数无关的常数。

2. FS算法

FS算法是由Fan等在DFSA算法的基础上，结合BM算法设计出的一种改进算法。FS算法用类似于DFSA算法的方法构造有限自动机，然后采用现有的快速单模式串匹配BM算法来加快匹配速度，该算法在平均情况下比DFSA算法速度更快。

FS算法结合DFSA算法和BM算法的思想。与DFSA算法不同的是，不使用失效函数failure，而是通过两个跳跃函数skip1和skip2来进行文本串扫描位置的跳跃。FS与DFSA的主要区别在于：

(1) 由于FS算法在构造好自动机后采用BM算法的匹配思想，所以不同于DFSA算法，goto函数是从模式串的尾字符从后向前构造的。

(2) 在开始匹配中，FS算法从文本串的第*minlen*（*minlen*为最短模式串的长度）个字符开始匹配，并且采用BM算法思想，最大限度地跳过不可能发生匹配的位置，而DFSA算法要对文本的每一个字符进行扫描。

(3) 在匹配过程中，假如当前状态为开始状态。并且通过goto函数又跳转到状态0时，则访问skip1函数；假如当前状态不为0并且通过goto函数跳转到状态0时，则访问skip2函数。函数skip1和skip2是为了在匹配过程中尽可能的跳过不会发生匹配的字符，加快匹配速度。

FS算法的skip1函数对应当前窗口最后字符在模式串集合中的最右出现位置，skip2函数根据当前的状态*state*以及已经匹配的字符，向右进行最大可能的跳跃，对应于已匹配子串在模式串集合中的最右出现位置。

FS算法在预处理时，首先将模式串右对齐，把模式串集合转换成一个反向的有限自动机，构造出goto函数和output函数，然后构造skip1和skip2函数。在匹配过程中，采用BM算法的思想，从输入字符TXT[*minlen* - 1]和初始状态*state* = 0开始，根据goto函数进行状态跳转。如果goto(*state*, TXT(*i*)) ! = 0，则状态转移为*state* == goto(*state*, TXT(*i*))，并且检测该状态下的output(*state*)以判断是否出现成功的匹配；如果goto(*state*, TXT(*i*)) = 0并且*state* = 0，访问skip1函数，文本串跳跃skip1(TXT(*i*))个字符；如果goto(*state*, TXT(*i*)) = 0并且state! = 0时，文本串跳跃skip2(*state*, TXT(*i*))个字符。

仍以模式串集合*Pat* = {the, eat, with}，文本串TXT = “there is a boy on the tree with a cat”为例，说明FS算法的工作原理。图8.7为FS算法对模式串Pat的预处理结果。

FS算法中goto函数和output函数与DFSA算法的构造方法相同，这里主要介绍函数skip1和skip2。

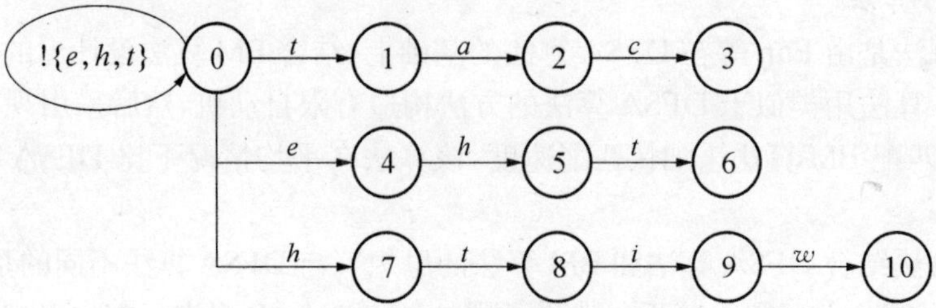

(a) goto 函数

字符 *char*	*a*	*c*	*e*	*h*	*i*	*t*	*w*	其他
skip1[*char*]	1	2	0	0	2	0	3	3

(b) skip1 函数

状态 *state*	字符 *char*	skip(*state*, *char*)
1	! {*a*}	2
2	! {*c*}	5
3	Σ	6
4	! {*h*}	4
5	! {*t*}	5
6	Σ	6
7	! {*t*}	2
8	! {*i*}	3
9	! {*w*}	4
10	Σ	5

(c) skip2 函数

状态 *i*	output[*i*]
3	cat
6	the
10	with

(d) output 函数

图 8.7 FS 算法的预处理结果

函数 skip1 对应于 BM 算法中的坏字符转移(bad character shift),等于当前窗口最后字符在模式串集合中除最后一个字符外的最右出现的位置偏移。例如:字符"t"在模式串 the,cat,with 中的最右出现位置偏移分别为 2,0 和 1,除去 0,函数 skip1 取其字符出现在模式串中最右位置偏移的最小值,即 skip1[t]=1。对于不出现在 *Pat* 中的字符,其 skip1 函数值为最短模式串的长度,即 skip1[x]=$minlen$, $x \in \Sigma$ 且 $x \notin Pat$。

函数 skip2 对应于 BM 算法的好后缀转移(good suffix shift),即根据当前的

状态 *state* 以及已经匹配的字符，向右进行最大可能的跳跃。例如：在状态 8，由图中可知已经匹配的字符串为"th"，则假如当前输入字符为"i"，那么根据 goto 函数转移到状态 9，继续向左扫描；否则，当前的扫描指针就要向右跳跃。由于"th"在模式集合中的除 0(字符串"with"中)以外的最小偏移为 1(字符串"the"中)，再加上已经向前跳跃的两个字符，所以安全的跳跃值为 3。

下面以 TXT＝"there is a boy on the tree with a cat"为例说明 FS 算法的匹配过程，如图 8.8 所示。

当前指针	当前状态	goto	skip1	skip2	output
there is a . . .	0	4			
there is a . . .	4	5			
there is a . . .	5	6			
_there is a . . .	6			6	the
there_is a . . .	0	0	3		
. . . re is a_boy . . .	0	0	3		
. . .					
. . . on the tre . . .	0	7			
. . . on the tre . . .	7	8			
. . . on_the tre . . .	8	0		3	
. . . on the tre . . .	0	4			
. . . on the tre . . .	4	5			
. . . on the tre . . .	5	6			
. . . on_the tre . . .	6	0		6	the
. . . . . .					

图 8.8　FS 算法的匹配过程

FS 算法匹配过程的主要代码说明如下：

输入：文本串 TXT 及其长度 *n*，跳转函数 goto，输出函数 output，函数 skip1 和 skip2

输出：匹配信息

算法伪码如下：

```
    int i = minlen - 1, state = 0;
    while (i <= n) {
    if (goto(state, TXT[i]) == 0) {
                if (state == 0) {
                i += skip1(TXT[i]);
    }
    else {
                i += skip2(state, TXT[i]);
                state = 0;
    else
                state = goto(state, TXT[i]);
                if (output[state] != empty) //there is a match
                //report a match;
                i --;
                }
    }
}
```

FS 算法结合 DFSA 算法和 BM 算法的思想，其算法性能高于 DFSA 算法。这是因为 FS 算法不必对文本串中的每个字符逐个进行扫描。FS 算法在预处理阶段构造出 goto 函数、output 函数、skip1 函数和 skip2 函数，goto 函数和 skip2 函数的大小都是状态总数 Num(*state*)×256，output 函数的大小为状态总数 Num(*state*)，skip1 函数的大小为字符表 Σ 的大小。FS 算法的时间复杂度在最好情况下为 $O(n/minlen)$，在最差情况下为 $O(n \times maxlen)$，其中 *maxlen* 为最长模式串的长度。

3. SunWu 算法

SunWu 算法是由 SunWu 等于近年基于单模式的 BM 算法设计出的一种多模式匹配算法。该算法使用块字符、hash 技术以及前缀表技术，使算法的效率得到了很大提升。在现有的多关键字匹配算法中，SunWu 算法通常被认为具有最高的效率。

与其他算法不同的是，SunWu 算法使用"块字符"(block character)作为基本工作单位，并将其作为进一步匹配的入口和进行跳转的依据。所谓块字符是指将长度为 B 的字符串作为一个"宽"字符考虑。依据关键字的最短长度和关键字集合大小，B 的取值为 2 或者 3。

与 BM 算法类似，对于每一次尝试，匹配在当前窗口中从右到左进行。由于计算机内存的限制，使用 hash 函数将长度为 B 的块字符映射为一个整数，并使用列表解决散列冲突。

SunWu 算法使用三张表：shift，hash 和 prefix。跳跃表 shift 存储安全跳跃距离，即 shift[h]存储当前窗口的最后一个长度为 B 的块字符的 hash 值为 h 时可以安全跳跃的距离。hash 表用于存储候选关键字集合，即 hash[h]对应所有当前窗口的最后一个长度为 B 的块字符的 hash 值为 h 的关键字列表地址。实际应用中 shift，hash 大小通常取为 $2^{15}=32\ 768$。前缀表 prefix 存储每个关键字的前缀值，用于过滤具有和正文窗口相同 hash 值而具有不同前缀的模式串，进一步减少需要实际进行比较的模式串数量。前缀值的计算通过将关键字的前 2～3 个字符映射为整数来实现，实际应用中取 2 是合适的。

设 $minlen$ 为所有模式串的最短长度，在预处理阶段只考虑每个模式串的前 $minlen$ 个字符，即假设所有模式串长度相等。对于所有可能的块字符 block，SunWu 算法按照以下规则生成跳跃表 shift：

(1) 如果 block 不出现在任何关键字中，则 shift[h] = $minlen - B + 1$。

(2) 如果 block 出现在某些关键字中，且在所有模式串中最右的结束位置为 q，则 shift[h] = $minlen - q$。

按照该规则，当 block 出现在某些模式串的末尾，即 $q = minlen$ 时，此时 shift[h]取值为 0，且对应 hash[h]非空。事实上只有此时 hash[h]中的模式串才可能与文本串的当前位置匹配成功。因此 SunWu 算法将 shift 表取值为零作为进一步比较的入口。

对于模式集合 Pat = {the, eat, with}，生成的 hash 和 shift 表如图 8.9 所示。

后缀块字符	候选模式串
at	cat
he	the
th	with
其他	NULL

(a) hash 表

后缀块字符 K_B	shift[K_B]
at	0
ca	1
he	0
th	1
it	0
wi	1
其他	2

(b) shift 表

图 8.9 SunWu 算法的 hash 表和 shift 表

SunWu 算法的匹配过程如下：

(1) 使用当前窗口的最后 B 个字符计算散列值 h；

(2) 如果 shift[h]>0，跳跃相应距离并转(6)；否则转(3)；

(3) 计算当前匹配窗口的前缀的散列值 *prefix_hash*；

(4) 对于 hash[h]指向的列表中的每个指针，检查是否等于 *prefix_hash*。如果相等，将其模式串与文本做逐字符比较，如果发现匹配则报告一次成功匹配；

(5) 将当前窗口向后跳跃一个字符；

(6) 转(1)继续，直到扫描完全部文本串。

SunWu 算法匹配过程的主要代码说明如下。

输入：文本串 TXT 及其长度 n，shift 表，hash 表，prefix 表

输出：匹配信息

算法伪码如下：

```
while (textbegin <= textend) {
    计算当前长度为 B 的字符块的值 hashblock;
    shift = shift[hashblock];//查找不良字符块的跳转表
    if (shift == 0) {//当前字符块出现在某个模式串的末尾
        p = hash[hash];//取出可能匹配的模式串
        while (p) {
            结合 prefix 表提供的信息，然后判断是否匹配；
            p = p→next; //继续取出可能存在匹配的模式串
        }
        shift = 1;
    }
    textbegin = textbegin + shift;//跳转至下一个可能匹配的位置
}
```

由于 SunWu 算法采用字符块技术，极大地降低了部分匹配的可能性，增加了直接跳跃的机会；使用前缀表进一步减少了进行逐字匹配的次数；采用散列技术降低算法对内存的需求，使得算法获得了很高的实际运行效率。SunWu 的实验表明，其算法的速度高于先前的 Egrep、Fgrep、GNU - grep 和 GRE 算法，并成为 Agrep 实用工具的一部分。

4. 快速多关键字匹配算法(QMS)

为进一步提高多关键字匹配的效率，提出了多种改进算法。基于 DFSA 算法和 FS 算法，结合单模式匹配的 QS 算法思想，改变 skip 函数，使算法效率高于 FS

算法。基于SunWu算法，通过引入“精确的不良字符转移”和“弱化良好后缀转移”来提高算法性能。

在分析SunWu算法不足基础上，进一步结合QS算法思想，并充分利用字符间的位置信息，提出了一种更加高效的多关键字匹配算法。为叙述方便，将新算法记为QMS(Quick Multi-pattern Search)。

SunWu算法采用字符块技术，降低了部分匹配的可能性，增加了直接跳跃的机会，而且使用前缀表进一步减少实际匹配的次数，使得算法获得了很高的实际运行效率。但是对SunWu算法进行仔细分析后，仍可发现其尚存在如下不足之处：

(1) hash表和shift表的功能有重合，都可以用来判别是否存在部分匹配。即shift表取值为零时对应的hash表项非空，而hash表中值为零的项对应的shift表项大于零。这使得空间的利用率不高。

(2) 当正文的当前窗口的最后一个块字符block不出现在任何模式串中时，跳跃距离等于为 $minlen - B + 1$ 是安全的，但也是保守的，使得算法不够高效，在模式串长度较短时对效率的影响尤其明显。事实上，当block不出现在任何模式串中且所有模式串的前缀和block的后缀没有任一长度的相同字符块时，最大的安全跳跃距离可以为 $minlen$。

(3) 由于采用shift表的值是否为零作为部分匹配的判断条件，当发生部分匹配时(包括成功匹配)，为了不漏掉匹配，跳跃距离只能为1。在部分匹配发生较多的情况下，该策略会在较大程度上影响算法的效率。事实上，此时应该在所有的前 $minlen - 1$ 个连续字符中寻找与block相同的子串，实际安全的跳跃距离可能为1到 m 的任意值。

为了克服以上不足，可以从两方面对SunWu算法进行改进：

首先，使用hash表作为进一步匹配的入口，从而“解放”shift表。匹配时不论是否发生部分匹配，依据shift进行跳跃；

其次，采用更加“准确”的方法计算shift表：block不出现在任何模式串中时，再考察block后缀与各关键字前缀的重合部分，计算跳跃距离使得重合部分对齐，最大可能的跳跃距离为 $minlen$。

另外，由单模式匹配的QS算法可知，由于每次尝试以后的跳跃距离至少为1，即下一次尝试中总能包含当前窗口的下一个字符。很自然地，计算跳跃距离可以利用该字符带来的信息。进而可以充分利用该字符与当前窗口的最后 $B-1$ 个字符一起考虑，作为长度为 B 的块字符，并以此计算跳跃距离。

QMS正是基于上述思想，继承了SunWu算法的块字符技术、散列技术以及前缀表的思想，考虑当前窗口的下一字符，使用更精确的跳跃距离计算方法，以在每次尝试之后获得尽量大的跳跃距离。QMS 也使用三个表：shift，hash 和 prefix。其中 hash 和 prefix 与 SunWu 算法中对应表完全相同。shift 表用于存储扫描正文时可以安全跳跃的距离，所不同的是使用不同的计算方法生成该表，使之具有比 SunWu 算法更大的平均跳跃值。并且使用 hash 表作为进一步匹配入口，使用 shift 表作为任何时候跳跃的根据，每次的跳跃距离与当前匹配情况无关。由于消除了 hash 表和 shift 表功能上的重合，且平均跳跃距离得到提高，算法效率也因此得到大幅提高。

预处理过程生成算法使用的三张表，其中 hash 和 prefix 与 SunWu 算法中生成方法相同，这里主要描述 shift 表的初始化。

首先需要计算的是全部模式串的最短距离 *minlen*，并且在预处理阶段只考虑每个模式串的前 *minlen* 个字符，即假设所有模式串的长度都为 *minlen*。在匹配阶段的尝试窗口大小也为 *minlen*。

由于每次跳跃距离至少为 1，在计算一跳跃距离时，使用当前窗口的紧邻后一个字符带来的信息。将该字符和当前窗口的最后 $B-1$ 个字符一起考虑，设该字符块为 $K_B = k_1 \cdots k_B$，该 K_B 通过一个散列函数映射为一整数，即访问 shift 表的索引值。shift 表中对应项的值确定此时可以安全跳过的字符数。设 K_B 的散列值为 i，针对 K_B 在模式串集合中的出现情况，按照如下规则计算跳跃距离：

(1) K_B 作为子串出现在某些模式串中。设 K_B 在所有的模式串中最右的出现位置为 q，此时可以安全的跳跃字符数为 $minlen - q + 1$，即 shift$[h] = minlen - q + 1$。

(2) K_B 不出现在任何模式串中，但是其某一长度的后缀出现在某些模式串的前缀中。设该后缀的长度为 $L(0<L<B)$，此时可以安全的跳跃 $minlen - L + 1$ 个字符，即 shift$[h] = minlen - L + 1$。

(3) K_B 既不出现在任何模式串中，其后缀也不出现在任何模式串的前缀中。此时可以安全的跳跃 $minlen + 1$ 个字符，即 shift$[h] = minlen + 1$。

此三种情况如图 8.10 所示。

出于对算法空间需求的考虑，shift 和 hash 表的大小可以被设置为 $2^{15} = 32\ 678$。并将多个具有相同散列值的块字符映射到 shift 表中的同一项，并将该项设为可以安全跳跃字符数的最小值以保证不漏掉正确的匹配。

为生成 shift 表，将其所有项的初始值设为 $minlen + 1$，然后逐一使用 *Pat* 中的每一个模式串来修改 shift 表。设 $p_i \in Pat$ 为 *Pat* 中的第 i 个模式串，对 p_i 的处理分为两步：

(1) 对 p_i 的每一个长 1 度为 B 的子串 $a_{j-B+1} \cdots a_j$，使用散列函数计算其散列值 h，并将 shift$[h]$项设为其当前值与 $m + 1 - j$ 中的较小者。

(2) 处理 p_i 的长度为1到 $B-1$ 的前缀：当 B 的取值为2时，对于任何字符块 $K_B = V_c + p_i[1]$，$V_c \in \Sigma$，计算其散列值，并将 shift 中相应项设为当前值与 *minlen* 的较小者。当 B 的取值为3时，对于任何字符块 $K_B = V_c + p_i[1] + p_i[2]$，$V_c \in \Sigma$，计算其散列值，并将 shift 中相应项设为当前值与 $minlen-1$ 的较小者；对于任何字符块 $K_B = V_{c1} + V_{c2} + p_i[1]$，$V_{c1}$，$V_{c2} \in \Sigma$，计算其散列值，并将 shift 中相应项设为当前值与 *minlen* 的较小者。

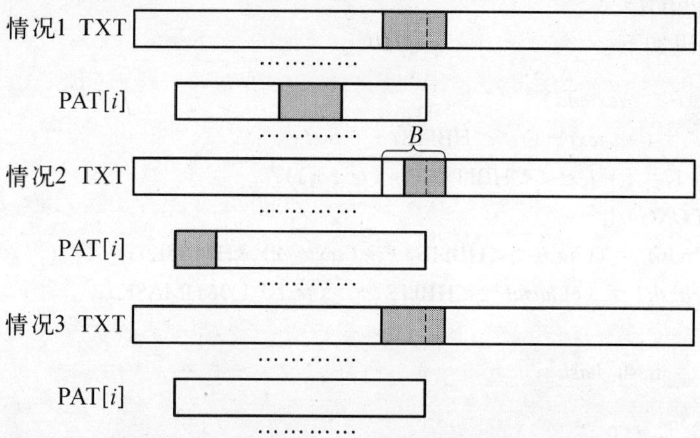

图 8.10　字符块在模式串集合中的出现情况

经过预处理，shift 表具有比 SunWu 算法中的 shift 表更准确和更大的跳跃距离，而且作用更加单一。

QMS 使用 hash 表作为判断部分匹配的条件和进一步比较的入口：只有在当前窗口的最后 B 个字符出现在某些模式串的第 $minlen-B+1 \cdots minlen$ 位置时，才有和正文相同散列值的模式串（地址）。这些模式串成为完全匹配的候选模式串进入下一步的匹配过程。如果不发生部分匹配，则 hash 中对应项的值为空（NULL）。

在每次尝试之后，不管成功与否，使用 K_B 计算散列值并查找 shift 表获得跳跃距离。匹配阶段的主循环主要包括如下步骤：

(1) 使用当前窗口的最后 B 个字符（$y_{minlen-B+1} \cdots y_{minlen}$）计算出散列值 h；

(2) 检查 hash[h]的取值：如果 hash[h]非空，转(3)，否则转(5)；

(3) 计算当前窗口的前缀的散列值 *text_prefix*；

(4) 对于 hash[h]指向的列表中的每个模式串，检查等式 prefix[p] = *text_prefix*是否成立。如果成立，将真实模式串和正文作逐字符比较，如果发现匹配则报告；

(5) 使用当前窗口的最后 $B-1$ 个字符和当前窗口的下一个字符组成的块字符，即（$y_{minlen-B+2}\cdots y_{minlen+1}$）计算出散列值 h'，向后跳跃 shift[h]个字符，转 1 继续，直到结束。

QMS 算法主循环部分的伪码说明如下：

输入：文本串 TXT 及其长度 n，shift 表，hash 表，prefix 表

输出：匹配信息

算法伪码如下：

```
while (text<=textend) {
    hash = (*(text-1)<<HBITS) + *text;
    hash 1 = (*text<<HBITS) + *(text+1);
    if (LONG) {
        hash = ((hash<<HBITS) + *(text-2))&HMASK);
        hash1 = (((hashl<<HBITS) + *(text+1))&HMASK);
    }
      p = hash[hash];
  If (p) {
      text_prefix = (*(text-minlen+l))<<8) + *(text-minlen+2);
  while (p) {
      if (text_prefix != prefix[p]) continue;
        px = PAT[p]+2;
        qx = text-minlen+3;
        while (*(px++) == *(qx++));
        if (pat_len[p]<= qx - text+2) {
          report a match;
        p=p->next;
        }
    }
  }
    text += shift[hash1];
}
```

QMS 算法使用大小为 $2^{15}=32\ 678$ 的 shift 表、hash 表以及大小等于模式串数量的 prefix 表，空间复杂度为 $O(2^{16}+p)$。

在预处理阶段，需要生成算法需要的三个表。生成 hash 表的时间复杂度为

$O(BP)$，生成 prefix 表的时间复杂度为 $O(2p)$。生成 shift 表较为复杂，其时间复杂度为 $O((\sigma^{B-1}+m-B+1)Bp)$。当 $B=3$ 且模式串数量 p 很大时（大于 5 000），预处理会花费数秒时间（与计算机性能有关）。由于在这种应用中的模式串集合通常比较固定，可以将预处理结果保存到文件中，在需要匹配时直接读入。

在匹配阶段，最好情况下 QMS 具有亚线性的算法复杂度：$O(n/(minlen+1))$，此时不发生任何部分匹配，跳跃值始终为 $minlen+1$。最坏情况下，QMS 的算法复杂度为二次：$O(n\times maxlen)$，$maxlen$ 为所有模式串的最长长度，此时跳跃值始终为 1 且每次尝试都有长度为 $maxlen$ 的模式串与正文匹配成功。

随着模式串数量的增加，任意长度为 B 的字符块作为子串出现在模式串集中的几率增大。这将导致跳跃距离相应减小（趋于 1）和扫描时间的增大，同时 QMS 和 SunWu 算法的扫描时间将趋于接近。在极限情况下，任何长度为 B 的字符块都结束于某些模式串的 $m-1$ 位置，此时两种算法的跳跃距离都始终为 1，并且具有完全相同的效率。

为估计 m 对算法时间的影响，假设所有字符块出现在模式串中的几率相等。则 QMS 的平均跳跃距离可被估计为 $(minlen+2)/2$，SunWu 算法的平均跳跃距离为 $(minlen-B+2)/2$。随 $minlen$ 的增大，两种算法的平均跳跃距离相应增大，扫描时间相应减少，算法效率得到提高。同时两种算法平均跳跃距离差别将趋于缩小，扫描时间的差距也趋于减小。

8.5 文本信息检索

信息检索是与数据库技术并行发展多年的领域，其中以文本为对象的文本信息检索是目前信息检索最主要的部分，它以非结构或半结构化数据为处理对象，研究大量文本的信息组织和检索问题。文本信息检索主要发现与用户检索要求（关键词）相关的文本。例如，基于关键词的文本检索是使用相关度计算文本与用户查询间的相关性并按相关程度高低排序获得的文档。

信息检索的主要对象是文档（document）资源，文本是文档的一种典型形式，文档的内容形式可以包括文本、图像、视频和音频等多种媒体。用户可以通过自然语言或者关键词（key word）表达检索需求，用户提交的检索需求称为一个查询（query）。

如图 8.11 所示，在检索开始以前，必须要先有一个定义好的文本数据库，它的功能为：(1) 存放文档内容；(2) 在该文档上可以进行操作；(3) 文本模型。文本数据库中存放的信息是通过人工方式或网络爬虫方式采集到的，它可以通过数据管理模块对文档进行索引的建立。索引是关键的数据结构，它支持在大量数据中进行快速查找。在索引过程中也许要用到不同的索引结构，如倒排文档（inverted file）、互关联后继树（inter-relevant successive tree）等。

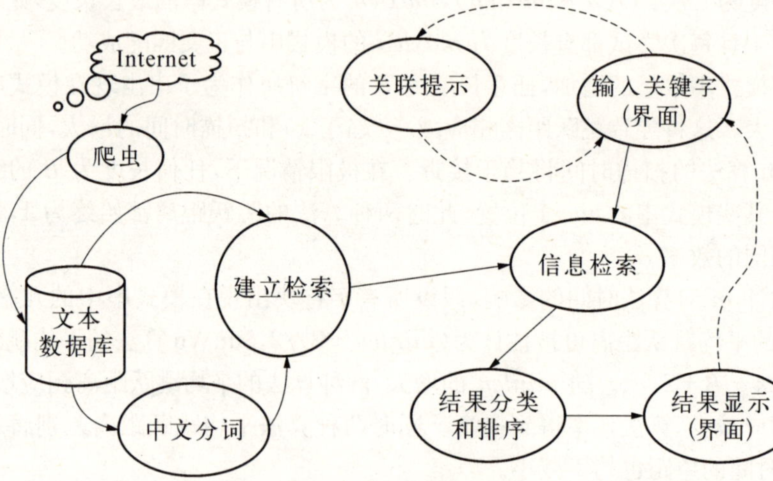

图 8.11　信息检索过程

在建好索引后，就可以进行检索了。用户首先详细说明用户需求，这个过程是个迭代的过程，用户会不断地对用户需求进行修正表达，系统也通过关联提示帮助用户对表达式进行描述。当用户表达式确定后，系统为用户的需求提供一个系统表达式。接着通过处理查询获得检出文档（retrieved document）。在把文档送出前，将根据检出文档的类别以及相关度（likelihood）对检出文档进行排序。随后，用户查看经过排序的文档集合，查找有用的信息。用户也可以根据兴趣查看文档，形成一个子集并且开始用户反馈（user feedback）循环。

索引模型在信息检索技术中处于一个非常重要的、核心位置，从某种意义上说，索引模型决定了信息检索。目前典型的全文检索模型主要有：倒排表模型（inverted files）、署名文件（signature files）、位图（bitMap）、Pat 树、Pat 数组以及互关联后继树。前三种索引模型从实质上讲，是同一基本观念的变体，即把文档看成索引项的集合，因此具有同样的弱点：索引数据必须具有文档-索引项结构，且只能实现简单的查询。Pat 树和 Pat 数组将索引数据看成一组半无限串的叠加，避免了这个弱点,但它的建立索引时间长而且膨胀比很大,也限制了它的应用。

1. 位图

位图为每个文档存储一个矢量(bit vector),矢量的每个位对应一个索引项。如果文档中出现某个索引项,该位就置1,否则置0。查询包含某索引项的文档时,只需察看哪些文档矢量对应那个索引项的位为1即可。查询仅仅涉及简单的位操作,因而位图使用简便,查询快捷,尤其适合布尔检索。但是即使使用了一些高效的压缩方法后,位图的空间开销还是很大。一些实验表明,位图的空间开销可能是原文本的几十倍。

2. 署名文件

署名文件有时也称散列函数法。它为每个文档设定一个宽度为 w 的矢量,把该文档的每个索引项都按照某个散列函数映射到矢量中的某几位上,并将那几位置1。所得结果,即为该文档的署名。

要检测一个查询项是否在给定的文档中出现,首先要计算此查询项的散列函数值。如果某文档署名中所有的对应位均被设定,则此查询项可能出现在该文档中,散列函数的使用,使署名文件的查询结果具有一定的不确定性。为了排除误匹配,必须扫描结果文档以检查查询项是否真正出现。

存在误匹配是署名文件的一个主要缺点。这可以通过加大文档署名宽度 w 来降低误匹配率,当然这是以索引空间的膨胀为代价的。但无论如何,总是需要进行误匹配检查,这在相当程度上增加了查询的开销。假定文档中不同索引项个数为 t,散列函数将每个索引项映射为 s 位,文档署名宽度为 w,则误匹配率可以表示为

$$p(w,\ s,\ t) = \left(1 - \left(1 - \frac{1}{w}\right)^{st}\right)^{s} \tag{8.38}$$

3. 例排表

在倒排表模型中,字符表 Σ 中的每个字符都对应一个链表,链表的每个节点记录了该字符所在的一个文档的文档号、该字符在该文档中的出现频度以及在所有出现位置等信息。具体结构如图8.12所示,其中,$T_{ij}(1\leqslant j\leqslant m)$表示含有字符 a_i 的文档的内部代号,N_{ij}表示文档 T_{ij} 中字符 a_i 出现的次数,$[O_{ija},\ O_{ijb},\ \cdots]$指出了文档 T_{ij} 中字符 a_i 出现的具体位置。

检索时,设待查字符串为 $a_1,\ a_2,\ \cdots,\ a_r$,首先通过字符列表定位各字符的索引数据,然后对数据进行分析:若 $a_1,\ a_2,\ \cdots,\ a_r$ 的索引数据中均含有文档 T 的索引记录,在 r 个关于文档 T 的索引记录中又含有 $o_1,\ o_2,\ \cdots,\ o_r$(o_i,是属于字符 a_i 的索引数据),且 o_i 和 $o_{i+1}(1\leqslant i\leqslant r-1)$的差值刚好是字符 a_i 所占字节数,

则文档 T 为一个命中文档。找到所有的命中文档后(或分析完毕后仍找不到命中文档),检索完成。

a_1	→	$\{T_{11}, N_{11}, [O_{11a}, O_{11b}\cdots]\}, \{T_{12}, N_{12}, [O_{12a}, O_{12b}\cdots]\}, \cdots\cdots$
a_2	→	$\{T_{21}, N_{21}, [O_{21a}, O_{21b}\cdots]\}, \cdots\cdots$
……		……
a_r	→	$\{T_{r1}, N_{r1}, [O_{r1a}, O_{r1b}\cdots]\}, \cdots\cdots$

图 8.12　倒排表模型结构

(1) 采用 N 元组索引的倒排文件

采用单字索引的倒排文件,不需要做词法分析,具有能查询任意字符串的特点。但是,由于随着查询表达式的长度增长,位置信息的匹配次数会大幅度增长,所以存在检索时间效率下降的问题。为了解决这一问题,就形成了以两个字符为单位的双元组索引(bigram index),以三个字符为单位的三元组索引(trigram index)以及以 n 个字符为单位的 N 元组索引(Nindex)。

下面以双元组索引举例说明。

在双元组索引中,把检索对象文本分割成每两个字符为单位的索引项。如"上海复旦大学",按单字索引需分割为"上"、"海"、"复"、"旦"、"大"和"学"6 个索引项。若用双元组索引,从字符串的开始每两个字符为分割单位,每次向右移动 1 个字符,形成了"上海"、"海复"、"复旦"、"旦大"、"大学"和"学"。检索时以单字符检索采用的技术类似。

N 的取值到底取多少为佳? 从空间效率来看,N 的值越大,位置信息越分散,各个位置索引项的信息量就越少,但由于各个索引项的模式数增加,结果索引的量将增加,所以从空间角度来看,N 的值不能太大。另外,从时间效率来看,N 的值小的话,查询词的数量会增加,位置信息的匹配次数也增加,从而降低检索时间的效率。如果 N 的值增大,查询词的数量减少,虽然能够缩短检索时间,但是 N 值大,就要频繁地查找比 N 短的字符串的查询表达式。

综合考虑,N 的取值为 2 或 3 比较好。在实际应用中,往往采用混合方式,即单词 + N-gram 的方式。

(2) 倒排文件的压缩

倒排表(inverted list)模型创建索引的速度较快,但是查询速度慢,空间开销也比较大。虽然有人研究出了一些适用于倒排表的索引压缩算法,大大提高了倒排表的空间效率,但是压缩和解压,也增加了创建索引和检索的时间开销。

倒排文件的索引，需要存储大规模文本信息，特别是要存储位置信息，一般说来，倒排文件的大小会是原文件的 200%～300%。因此倒排表模型研究中的一个热点是在基本不影响检索效率的条件下，尽量减少索引的空间开销。

倒排表位置数据的格式如下：$\langle T_i, f_i(d_1, d_2, \cdots, d_{fi})\rangle$ 也可以存储成：$\langle T_i, f_i(d_1, d_2-d_1, d_3-d_2, \cdots, d_{fi}-d_{fi-1})\rangle$，此时，所需空间必然更小，这种存储位置信息的方法称为差值存储。基于差值存储的压缩方法有许多，大体可以从两个方面进行分类：根据每个索引项是否使用相同的压缩算法可以分为全局压缩和局部压缩。全局压缩对整个倒排表使用同样的模型压缩，局部压缩对不同索引项根据参数（通常是该索引项的出现频率）采取不同的压缩模型。局部模型的压缩效率高于全局压缩，且解码过程中所需处理时间也较少。全局伯努利(Bernoulli)和局部伯努利模型都是比较常用的压缩模型。根据压缩中是否需要参数可以分为无参数压缩和参数化压缩。无参数压缩在压缩前预测索引项频率，然后用固定长度编码表示每个数组。参数化压缩能够在压缩过程中根据索引项频率的实际情况调整压缩参数。局部压缩一定是参数化压缩，而全局压缩既有无参数的，又有参数的。

4. Pat 树和 Pat 数组

签名文件和倒排文件是以词或字符串为单位建立索引的，对于特殊数据库如基因数据库的查询和以中文、韩文和日文为代表的东亚语言查询，签名文件和倒排文件在有时候不是很符合，难以满足查询的需求。

(1) Pat 树

Pat 树(patricia tree)是用文本内无限字符串(semi-infinite string)形成索引检索，它可以从文本中所有的字符任意位置开始的字符串。

Pat 结构上属于二叉查找树(binary digital search tree)。二叉查找树是把存储单词的 bit 串存储在树结构中的数据组织形式。

下面，用一个简单的例子来说明 Pat 树的原理。设文档为："ababc"。从每个字符到文档尾字符形成一个字符串（这种字符串称为半无限串），此文档包含了 5 个字符，也包含了 5 个半无限串，分别如下：(1) ababc，(2) babc，(3) abc，(4) bc，(5) c。这里用半无限串开始字符的位置标记该半无限串，对这些半无限串做词典排序，排序结果是①②③④⑤。文档对应的 Pat 树如图 8.13 所示。

对于 Pat 树，如果查询"abc"，则从 Pat 树的树根按照分支的标志下降，首先沿着根节点的第一个分支（标志 ab）找到第一层的第一个中间节点，而后再从该中间节点的第二个分支（标志 c）找到 abc 的匹配③。

(2) Patricia tree 数组

有人在改进 Pat 树模型的过程中将 Pat 树的叶节点串行化就得到了 Pat 数组模型。Pat 数组是一种不依赖字符数的 patricia tree 的压缩方法，把半无限字符串按 ASCII 的字符代码顺序排列之后，把各个开始位置存储在数组结构中的一种数据组织形式。如图 8.13 所示。

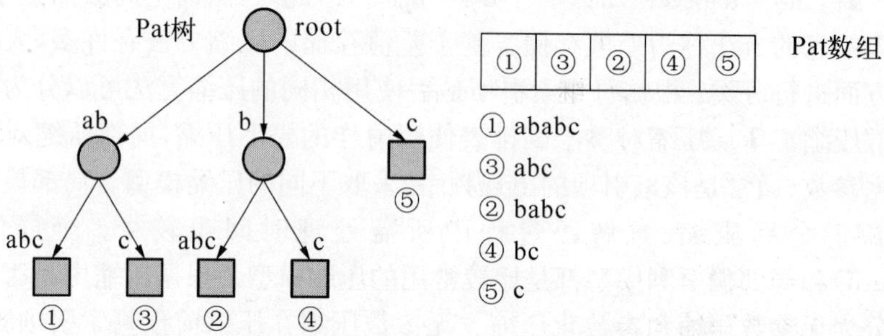

图 8.13　Pat 树和 Pat 数组示意图

Pat 数组的主要优点是空间效率高，适合一些要求广泛的查询，如前缀查询、近似查询、范围查询等，另外 Pat 数组可作为文本挖掘的基础数据，根据 Pat 数组能够容易地得到文本的词频、字频、最长重复字符串等。

Pat 数组查询效率比 patricia tree 要差；典型查询(一个普通的字符串，非正则表达式)效率是：在最坏情况下，字符串比较次数为 $2\log_2(n-1)$，读磁盘次数为 $4\log_2(n)$(n 是索引长度)，最坏的时间复杂度为 $O(p\log_2 N)$。

Pat 数组还有一个缺点是 Pat 数组的创建效率比较低。根据 Gonnet 的报告，他们以 600 M 的 Oxford english dictionary 为例，从最初的 3.4 年，提高到 45.9 天，到现在的 48 小时。

(3) Patricia tree 的压缩

对 patricia tree 的压缩方法中，比较有名的是 PaCB 方法。它是一种将二叉查找树压缩为精巧的 CB 树(Compact Binary)的 bit 串方法，所以又把 patricia tree 压缩称为 PaCB 树的 bit 串方法。

PaCB 树，由称为 tree cap 和 node map 两个 bit 串和称为 TBL 的一个表组成。其中，tree map 表示 patricia tree 的状态 bit 串，node map 表示各个内部节点内存放的删除节点树状态的 bit 串。TBL 存储各个半无限字符序列的开始点位置的表结构。

从空间效率来看，PaCB 树的 TBL 相当于 Pat 数组，把半无限字符串树设为 N，在 Pat 数组的情况下，索引的大小有 4 个字节，PaCB 树情况下，tree map 的大小是 $2N-1$ bit位，node map 的大小也需要$(N-1)$bit 位，索引的大小增加为 $3N/8$ 字节。

5. 互关联后继树

设 Σ 是构成文本的基本符号单元的集合 $a_1, a_2, \cdots, a_n, a_i \in \Sigma(i=1, 2, \cdots, n)$ 是 Σ 中的一些基本符号，它们的有序组合便可构成一个文本。在每个文本 T 的最后人为添加一个不在 Σ 中的符号，以表示该文本的结束，这个符号称为文本结束符，一般用 ASCII 为 0 的字符表示，为了阅读方便，使用“#”。通常把加入某一个索引库的所有文本的集合叫做该索引库对应的全文。

定义 8.11 前驱和后继对任意文本 T 中的任意字符串 $a_1, a_2, \cdots, a_n$，a_1 称为 a_2 前驱；a_2 称为 a_1 的后继，文本最后一个字符的后继为文本结束符。

若组成文本 T 的字符串 $a_1, a_2, \cdots, a_n$ 中，出现了 m 个相同的字符，不妨记该字符为 a_0 那么 a_0 有 m 个后继，记为 $a[k], k=1,2,\cdots,m$。$a[k]$表示 a_0 的第 k 个后继。

定义 8.12 （后继表达式与后继树）设全文 I 是由一字符串 $a_1, a_2, \cdots, a_n$，# 组成的，若其中 $a_{i1}=a_{i2}=\cdots=a_{im}=a$ 为相同的字符，$a_{i1+1}, a_{i2+1}, \cdots, a_{im+1}$ 分别是其后继，$a_{i1+1}, a_{i2+1}, \cdots, a_{im+1}$ 的后继又分别是 $a_{i1+1}[tag_1], a_{i2+1}[tag_2], \cdots, a_{im+1}[tag_m]$，那么称 $\{(a_{i1+1}, tag_1), (a_{i2+1}, tag_2), \cdots, (a_{im+1}, tag_m)\}$ 为 a 的后继表达式，可以用一棵后继树来描述此表达式，如图 8.14 所示，(a_{i1+1}, tag_1) 是 a 的一个（后继，位置）对。

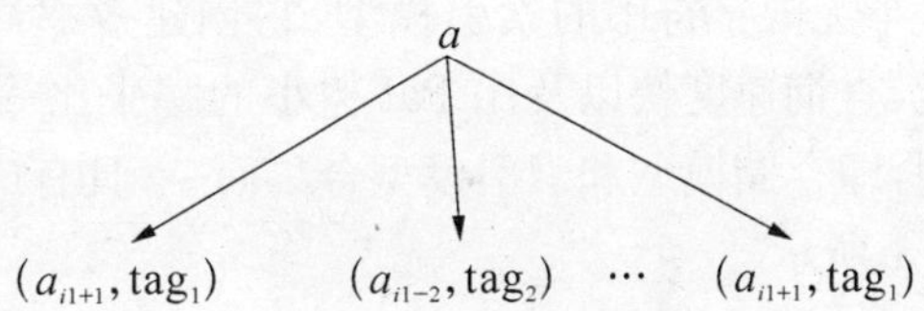

图 8.14 互关联后继树

倘若文本中有一段文字为…，a, a_{i1+1}, b，…，则 a 有（后继，位置）对 (a_{i1+1}, tag_1)，其中 a_{i1+1} 是 a 的一个后继，而 tag_1 是在以 a_{i1+1} 为根的树中 b 所在分支的序号。这个序号实际上也就是 b 在 a_{i1+1} 树中的位置。

定义 8.13 互关联后继树由一个索引库对应的全文 I 的所有后继树组成的森林，叫做 I 的互关联后继树（Inter-Relevant Successive Trees, IRST）。

例 8.2 对于全文 abcabaabc#，其中 # 为索引库的结束符，a 的后继表达式为 $\{(b, 1)(b, 2), (a, 4), (b, 3)\}$，其对应的后继树、全文的 IRST 如图 8.15 所示。

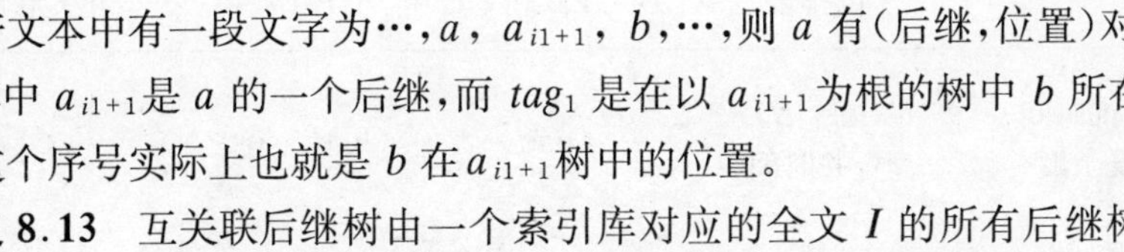

图 8.15 ISTR 创建实例

6. 各种索引模型的比较

前面介绍了位图、签名文件、倒排文件、Pat 树和 Pat 数组以及互关联后继树模型等。

签名文件主要适合在主存容量不太大的电脑上处理中等规模的文本数据的索引。它的长处是索引量小，创建时间短，动态更新比较容易，但它的缺点也明显，不能任意检索字符串。

倒排文件是目前使用最多的一种索引模型。以字符或 N 元组建立索引，检索时间快是它的最大优势，如果用 N 元组索引，也可能检索任意字符串。它的缺点是索引量大，难以动态更新，索引建立时间比较慢；如果以词为单位建立索引，索引量大幅减小，但是对于检索中文、日文这样没有空格等把字符序列分割开的语言，会导致检索精度的下降。

Pat 树的长处是可以检索任意字符串，但是它的缺点更明显，一是它的索引量大，建立索引的时间长。

目前从公开的资料来看，互关联后继树模型是国内唯一自己提出的处理中文等半无限字符串的索引模型，它创建效率高、与 Pat 树一样具有查询功能全的功能、查询速度快以及比 Pat 树小的膨胀比等优点。这是一种存储和检索的统一模型，即存储模型和索引模型合二而一，具有广泛的应用前景。几种模型的比较如表 8.1 所示。

表 8.1　各种索引模型比较

	倒排表	Pat 树	Pat 数组	互关联后继树
查询时间复杂度	$O(\log_2 N)+$ 合并时间	$O(M)$	$O(M+\log_2 N)$	$O(rf)$
膨胀比（压缩前）	2	5～6	2	1
查询完备性	不完备	完备	较完备	完备
适应性	强	中	中	强
动态性	强	弱	弱	强
对原文依赖程度	生成原文依赖	生成原文查询依赖	生成原文查询依赖	不依赖

说明互关联后继树的时间复杂度：在 ISTree 中查询 p 需要遍历所有与 p 具有相同前缀的字符串，直到该字符串与查询串不符或者完全相符。设 $p = a_1, a_2, \cdots, a_n$，在索引库中 a_1 出现 f_1 次；$a_1 a_2$ 出现 f_2 次；……；$a_1, a_2, \cdots, a_n$，出现 f_n 次，则算法需读取磁盘 $f = \sum_{i=1}^{n} f_i$ 次。若所有与 p 具有相同前缀的字符串的平均长度为 r，则算法时间复杂度 $O(rf)$。

8.6　本章小结

一般认为文本挖掘是指在大量文本集合或语料库上，发现其中隐含的、令人感兴趣的、有用的模式和知识。大多数用于数据库中的知识发现，例如：依赖关系分析、分类、聚类、偏差检测等，在文本挖掘中都能够或者有可能被实现。显然这种定义将文本挖掘视为数据挖掘从有结构的数据库到无结构文本的一种跳跃，或者说文本挖掘是数据挖掘的一个特殊的应用或方面。

文本挖掘框架可分为四个步骤：

(1) 信息检索：主要目标为检索与任务相关的文档集合；

(2) 信息抽取：从选择的文档集合中抽取信息，一种典型的方式是填充用户指定的期望信息模板。它的本质是形成数据库；

(3) 信息挖掘：采用标准数据挖掘技术从数据中发现模式；

(4) 解释：对在挖掘阶段中发现的模式进行解释，最佳的解释方式是自然语言的格式。该框架主要是从数据挖掘的角度来研究文本挖掘，缺乏在文本挖掘中利用语言信息处理的技术配合挖掘过程。

文本挖掘是一个正在出现的分析无结构文档集的技术，它的目标是抽取令人感兴趣的、复杂的模式和知识。文本挖掘是一门交叉学科，涉及信息检索、文本理解、信息抽取、聚类、分类、可视化、数据库技术、机器学习和数据挖掘。

文本是存储和交换信息的最自然的方式，文本挖掘具有非常高的商业前景。事实上，最近的研究表明即使在企业的信息中，也有 80%的信息保存在文本中，如电子邮件、备忘录、客户的信件以及报告等。利用这些信息的能力对在知识经济时代的企业的成功发展具有重要的作用。一些可能的文本挖掘的应用包括：

(1) 从客户的邮件中挖掘对产品的意见和反馈。

(2) 专利分析：对专利的技术人员、趋势和应用进行分析。

(3) 信息分发：适用于个人信息服务的贸易新闻、报告的组织和摘要。

(4) 公司的资源规划：挖掘公司的报告，活动及事件。

一个成功应用的例子是Tan对服务中心的电话记录进行文本挖掘。服务中心对公司的产品提供各种服务。他们希望确定使得产品的服务费用增加的原因。可能的原因是硬件设计问题、说明书问题、安装或配置问题等。这些问题不是采用一般的信息检索就可以解决的。他们首先进行数据抽取，然后利用关键词技术、奇异值分解(SVD)以及词聚类技术进行特征选择，最后采用决策树和贝叶斯分类器进行模式发现，取得了较好的结果。

本章首先介绍了文本挖掘中的文本分类、文本预处理和中文信息处理等基本方法，在此基础上，介绍了多种中文信息摘要方法；最后介绍了内容监管和文本信息检索的相关方法。

第9章　视 频 挖 掘

人类接收的信息约有70%来自视觉，视频所携带的信息量远远大于语音和文字，它具有确切、直观、具体、生动、高效等特点，这就决定了视频通信将成为人类最主要的通信手段之一。在文本、图形、图像、声音、视频、动画等多媒体信息的表现形式中，视频信息以其直观性、生动性备受人们青睐。视频信息由一帧帧图像数据构成。具有数据量大且内容丰富等特点。随着人们需求的增长，多媒体技术的进步，视频信息的数量和种类的分布也在不断迅速地增长和扩展。对视频数据进行有效地组织、表达、管理、查询和检索已成为视频检索研究领域的热点问题。

基于内容的视频检索就是用户通过浏览视频可视化目录找到自己感兴趣的视频片段，或者只要给出所要检索的视频段的例子或特征描述，系统就自动找到所需的视频片段的检索过程。

基于内容的视频检索首先要建立一个合理的视频数据模型，从视频信息的结构看，视频本质上是不同于文本的非结构化的流。为了便于用户的浏览和检索，Huang等将视频流自顶而下表达为五层，即视频、场景、镜头组、镜头和帧。帧是视频流的最小组成单元，是一幅静态的画面；镜头是指一个摄像机从打开到关闭的过程中记录下来的一组连续图像帧，一个镜头即一个物理实体，可由镜头边界界定。原始视频是非结构化的流，它由若干镜头组成；场景是指由一段视频的语义组成的单元，描述一个独立的故事单元，或者剧情，或者一则新闻，是一个高层的概念，场景由一些语义相关的镜头组成，不过这些镜头不一定在时间上连续；镜头组是指被视为在物理层镜头和语义层场景之间的中间层，可以是时间上邻近的镜头，也可以是在视觉上相似镜头，不同的组组成有语义联系的场景。

9.1 视频内容检索简述

基于内容视频检索通常包括4个主要的过程：视频内容分析、视频结构分解、视频摘要、视频索引。其通常做法是，通过检测视频内容的变化，首先将视频分割成一系列的镜头；然后从每个镜头中提出一个或几个关键帧，用关键帧来代表一个镜头；继而再把关键帧或镜头进一步组织成场景或故事情节；然后从原始的视频中提取一小段摘要作为镜头、场景、或故事的词目建立视频目录，或者进行视频聚类，建立视频索引。

这样用户就可以通过浏览可视化目录找到自己感兴趣的内容或者系统根据用户提交的查询按照一定的特征进行视频检索。将检索结果按相似程度提交给用户是其关键技术。下面分别介绍这四个过程。

(1) 视频内容分析

视频内容分析是对视频的图像、字幕、声音、语音等各种信息进行特征分析、提取的过程。视频内容分析的主要问题是很难把可提取的视觉特征(结构、纹理、形状、颜色、布局和运动)和语义概念(室内、室外、人物或赛车等场景)对应起来。虽然视觉内容是视频的主要信息来源，但媒体的其他部分，如字幕、声音、语音也同样带有很有价值的信息。在提取视频特征时，媒体的多个部分相互结合将更加有效。

(2) 视频结构分析

视频结构分析过程中很重要的一步是把视频分割成独立的场景。从叙述的角度看，场景通常由相同主题内容的连续镜头组成，描述一个独立的故事单元。检测这些视频场景的过程类似于文本分析的分段，但是需要比传统文本分析更高级的内容分析。相对文本中的词句，镜头是视频的实际的物理基本层，可作为视频内容索引中的基本单元。组合这些镜头就形成语义上有意义的段落(分段)，例如故事。通常利用包含视频帧和伴随视频帧的文本、声音和语音进行处理的多模型算法十分有效。

(3) 视频摘要

视频摘要(summarization)是视频结构中视觉信息再现的过程，其长度远小于原始视频。摘要类似于从文档提取关键词或作总结，也就是需要从原始视频提取一个子集，例如关键帧或精彩部分（high lights）作为镜头、场景、或故事的词目。给海量数据提取出不到几分钟的视频摘要是非常重要的。它不仅是视频内容再现的基础，而且是基于内容视频浏览的基础。结合从视频分析提取的结构信息和从视频摘要中提取的关键帧，为视频建立可视化目录。

(4) 视频索引

视频索引是在对视频内容分析、视频结构分解以及摘要的过程中，将提取的结构和内容属性归入不同类别或进行索引结构的聚类建立的属性表。

视频索引的作用类似于书的索引，例如，一本1 000页的书，可通过查书的目录来找到适合所需要的章节和片段，如果有特殊查询，例如找一个术语或关键词，就能直接到索引页，找到书中包含这个关键词的相应章节。书的目录帮助读者浏览，而书的索引帮助读者检索。所以浏览目录帮助用户掌握数据的全景，而检索索引帮助用户找到一个特殊的查询结果。

由于缺乏高效和鲁棒性强的检索技术，大多数情况下，依然是通过关键词或短语检索视频数据库。在某些情况下，也可以通过由低层视觉特征（如关键帧）定义的内容相似程度或示例查询进行检索，其效果也不错。

视频浏览和检索是支持用户直接访问视频内容的两种手段。浏览和检索作为访问视频数据的手段，两者应是同样重要的。到目前为止，视频分析阶段已经投入了大量的研究。虽然视频分析是其他所有研究活动的基础，但它不是终极目标。相对来说，在视频表示（representation）、浏览和检索的方面的研究还比较少。而且，遗憾的是，对于现在的视频数据，既缺乏可视化的目录也缺乏索引，急需研究自动或半自动的构建视频目录和视频索引技术，来加速浏览和检索。

国外很多研究机构都在进行与视频检索相关的工作，并取得了一些令人瞩目的成就，下面对已有的部分视频检索系统进行介绍：

QBIC是IBM研究中心研究开发的基于内容检索系统的典型代表，QBIC对于视频检索提供的功能有：自动分割、镜头关键帧提取、使用静态例子查询以及使用文本和标题内容查询。

CVEPS是Columbia大学开发的视频检索和操作系统的软件原型，支持自动视频分割，基于关键帧和对象的视频检索和压缩视频编辑。

JAKOB是意大利Plermo大学开发的视频数据库查询系统，该系统通过镜头提取器把视频数据分割成镜头，从每个镜头中选取一些具有代表性的帧，根据颜色和纹理描述这些代表帧，然后计算与这些短序列相关的运动特征并给出一个动态描述。当向该系统提交一个查询或是例子直接查询时，查询模型会对它作出解释，排列好匹配参数，给出最相似的镜头，用户可以浏览这些结果，必要的话，改变参数，反复地进行查询。

VISION 是 Kansas 大学开发的数字视频图书馆原型系统，在该系统中综合了视频处理和语音识别，根据基于视频和音频内容的两段式算法，自动把视频分成大量具有逻辑语义的视频剪辑，在系统中加入标题解码器和字指示器提取文本信息，通过他们索引视频剪辑。

SWIM 是 National University of Singapore 开发的集分析、检索和浏览为一体的统一系统，该系统将视频分割成镜头，从每个镜头中提取关键帧，使用颜色和纹理等视觉特征，表示这些关键帧的内容；另外，从同一镜头中的关键帧和相机运动的变换中获得时间信息，系统把关键帧分成不同的视觉类别以进行检索，也可以基于注释索引和低级图像特征进行索引。

Virage Search Engine 是同时支持图像和视频检索的商业系统，对于视频支持自动分割、镜头关键帧检索以及使用声音、文本和标题内容进行检索，Virage Search Engine 受到 infomix 和 orancle 数据库系统支持。

VisualSeek 系统是美国哥伦比亚大学图像和高级电视实验室开发的，它实现了互联网上的基于内容的图像视频检索系统，提供了一套工具供人们在 web 上搜索和检索图像和视频。

CMU 的 Informedia 系统主要研究如何建立和使用多媒体数据库，Informedia 计划构造视频（1 000 小时）音频、图像和文本等多种媒体信息组成的大规模数据库，将实现自动进行编码、分割和索引，采用语音识别、图像理解和自然语言处理等技术支持各种不同媒体实现全内容和基于知识的搜索和检索。它提出了 video skimming 技术得到视频摘要的方法，主要特点是结合了语音和文字识别技术。

VideoQ 是哥伦比亚大学研究的一个项目，它扩充了传统的关键字和主题导航的查询方法，允许用户使用视觉特征和时空关系来检索视频。它有以下几个特征：集成文本和视觉搜索方法，自动的视频对象分割和追踪；丰富的视觉特征库，包括颜色、纹理、形状、运动，通过互联网交互查询和浏览。

另外还有许多类似的系统，例如加利福尼亚大学 Santa Barbara 分校的 Netra，伊利诺依大学的 MARS。

国内的主要研究单位有：北京大学，清华大学，浙江大学，中国科学院计算技术研究所，上海交通大学，复旦大学，微软亚洲研究院，中国科学技术大学，中科院自动化所国家模式识别重点实验室，国防科技大学多媒体研究中心等大学和研究机构开展了对基于内容的视频检索技术的研究，获得了一定的成果。

Ifind 信息检索系统是微软亚洲研究院的张宏江博士带领的小组研制出的系

统,取得的成果最为突出。

NewVideoCAR 是国防科技大学多媒体研究开发中心研制开发的新闻节目浏览检索系统;MIRC 是国防科技大学系统工程系研制开发的多媒体信息查询和检索系统;TV-FI 系统是清华大学开发的视频节目管理系统,这个系统可以提供如下的几个功能:视频数据入库,基于内容的浏览、检索等。TV-FI 提供多种模式访问视频数据,包括基于关键字的查询、基于示例的查询、按视频结构进行浏览以及按用户自己预先定义的类别进行浏览。

9.2 镜头检测

视频可分割为视频序列场景镜头和帧图像四个自上而下的结构,其中镜头是适合视频序列检索和浏览的基本物理单元。一段反映语义内容的视频节目,总是由一系列镜头,通过不同的编辑手段加工而成的。基于内容的视频检索首先要解决的关键技术就是镜头检测,也就是如何从一个任意的视频序列中准确地得到各个镜头边界。因此镜头边界检测的好坏直接影响到基于内容的视频检索系统性能的优劣。

与视频高层信息的构造语义信息的提取以及视频检索和浏览密切相关,完全采用人工手段完成镜头检测是一件非常繁琐艰苦的工作。因此利用计算机进行镜头边界自动检测是该领域研究的热点。

镜头分割需要检测出各种复杂的镜头边界以便准确分割,保证对镜头内容的分析不受干扰。检测镜头的方法有:像素比较法,即比较相邻两帧对应的像素值的变化量来确定镜头边界;块比较法,即把帧分为互不重叠的块,将这些块在下一帧进行块匹配,根据匹配产生的运动矢量和匹配值来确定镜头的边界,块匹配能够避免采用像素比较分割平扫镜头时产生的误分;直方图比较法即根据相邻两帧的直方图的差异来决定是否为镜头边界。

上述方法对于镜头的突变切换有较好的效果,但对渐变切换检测效果不理想。渐变切换采取的方法有:双重比较法,即除了相邻两帧比较外,还检查多帧之间的累计差,确保渐变切换镜头边界检测准确;统计分析法,基于帧间像素变化的分布进行统计,根据像素变化的数目区分出各类渐变镜头的边界;根据视频的镜头边界编辑模型来检测镜头边界，这实际上是视频编辑的反过程，如果分割模型与编辑模型不一致，可能得不到理想的效果。

关键帧是表达镜头内容的代表帧，是从视频数据中抽取出来的、能概括镜头内容的静态图像。因此，关键帧的抽取是建立视频数据索引的关键，它不仅要解决如何从镜头的帧序列中抽取出能代表镜头内容的关键帧，还要从关键帧中析出其所含内容与所属类别等，所以一直受到国内外学者的广泛关注，并在这方面进行了大量的研究，也取得了一定的成果。目前，典型的关键帧提取算法包括：基于镜头边界提取关键帧、基于图像信息提取关键帧、基于运动分析提取关键帧和基于视频聚类提取关键帧，还有针对特定视频类型的视频帧提取算法，如基于图像和文字信息提取新闻视频关键帧。

现有的镜头检测及关键帧提取算法分别运用视频不同的特征，每种算法都有其各自的特点，但也存在一些问题：

(1) 镜头切变的检测方法很多，但是这些方法一般都没有考虑渐变的情况。单纯能识别切变镜头在一个实际的视频检索系统中意义不大，因此，目前越来越关注能够同时识别切变和渐变的方法。

(2) 在镜头转换中，并不是所有特征均能够同时反应镜头变化规律，如何提取合适的特征保证检测结果的正确性仍然是一个值得研究的问题。

(3) 算法所需要的计算时间也是需要考虑的问题，一个算法如果花费时间过长，即使有很高的精确率也很难在实际中得到应用。一个好的镜头检测算法既要保证查全率(recall)，也要保证查准率(precision)，并且算法必须简洁快速。

(4) 目前，镜头渐变检测算法还不成熟，还不能将镜头渐变与摇镜头、物体或摄像机移动很好地区分开来，容易造成误检。

(5) 在关键帧提取方面，如何根据视频内容的变化提取适量的关键帧以及将关键帧对应到相应的主题和类别，关键对象分割等都是目前比较受关注的问题。

镜头分割是视频结构层次化的基础，要求能够正确检测出各种复杂编辑的镜头边界，并能够有效地分辨镜头内的运动变化，排除它们对镜头边界识别的干扰。一般认为镜头之间的转换方式主要有两大类：突变(切变)和渐变。突变也称直接切割(abrupt change)，渐变也称光学切割(gradual change)。突变是镜头间的突然变化，常在两帧图像间完成，渐变则是从一个镜头缓慢地变化到另一个镜头，常延续十几或几十帧。突变可以认为只有一种，而渐变则有许多种类型，如淡入淡出、叠化、擦除/褪色等。也可以说，切变是没有时间长度的，切变在两帧间发生，切变前的帧属于上一个镜头，切变后的帧属于下一个镜头。两个镜头间的切变是将两个镜头直接连接在一起得到的，中间没有使用任何摄影编辑效果。切变一般对应在两帧图像间某种模式(由于场景亮度或颜色的改变,目标或背景的运动,边缘轮廓的变化等产物造成)的突变。在同一场景下,亮度的突然变化主要有两个原因,一是照明的变化(如开灯、闪光),一是景物的(快速)运动。在不同场景下,亮度的突然变化则主要是场景自身的变化产生的。不过在实际中,一般很难知道亮度的变化具体是由于上述哪一个原因(包括照明变化、景物运动、场景变化)产生的。渐变是许多镜头切换方式的总称,它的特点是整个切换过程是逐渐完成,从一个镜头变化到另一个镜头常可能延续十几帧或几十帧,比较常见的渐变主要有淡入、淡出和叠化等。

淡入、淡出和叠化效果都可以通过光学处理来获得,或者说通过改变像素的亮度或颜色来获得。此时前后两个镜头间的边界会跨越若干个帧,或者说构成了一个包括起始帧和终结帧的相应的过渡序列。淡入对应将一个镜头不断变亮,直至最后一帧变得完全白色(实际中到达正常显示就停止了)的光学过程。淡出对应将一个镜头不断变暗(一般也持续 10 多帧),直至最后一帧变得完全黑色的过程。

叠化可看作一个淡入镜头和一个淡出镜头的叠加。滑动是与叠化对应的对空间位置进行变换的操作,后一镜头不断推进以占据整个屏幕,而前一镜头不断退让逐步从屏幕中消失。与滑动中前后两帧都有动作,上拉和下拉都只有后一镜头运动而前一镜头不动。上拉和下拉方向相反,它们都可看作是擦除在一定方向上的特例。

翻页可看作把擦除中动静的两帧对换过来的一种手段,既不是去推后一帧以覆盖前一帧,而是拉走前一帧显露出后一帧。有人用擦除代表一类在电影制片术和广告片中常用的空间编辑手段,其基本思路是用后一个镜头的首帧去占领原来前一镜头的尾帧所占据的空间。擦除可以是水平擦除、垂直擦除或者翻转,这样就将滑动、上拉、下拉、翻页、翻转、都归在擦除名下了。旋转一般来说可看作将擦除中的平移运动换成旋转运动而得到的效果,特别是有些旋转变化中图像帧没有尺度上的变化。如果在渐变过程中,图像帧有尺度上的变化,则旋转更接近弹进的一个特例。

两种渐变形式都有平移以外的运动,只是后者的空间运动不太规则。而弹出弹进的关系类似于淡出与淡入的关系,可以看作是一个镜头两端的“括号”,标出该镜头的起终点。糙化是比较独特的空间编辑手段,它指一种利用多种暗的模板(常用的是圆环)通过侵入屏幕而渐进地把视场遮挡住的技术。糙化曾在无声电影中得到广泛应用,但现代电影中已用得很少了。

9.2.1 基于直方图的镜头检测方法

直方图作为图像的全局特征被广泛应用于图像处理中。基于直方图的镜头检测方法的主要优点是它的全局特性;缺点为当两幅图像有相似的直方图时,经常会有漏检现象发生。而且直方图有很多种应用方式:一些方法是直接计算直方图的距离,但是结果的可靠性与直方图类型有关,对该方法的一个延伸为计算直方图的加权距离,还有计算直方图的交或是采用不同的距离计算方式或是差异度量方法。

有研究者提出了一种基于灰度直方图的方法,仅通过计算直方图的距离来衡量图像差异

$$\sum_{v=0}^{V} \mid H(I_t,\ v) - H(I_{t-1},\ v) \mid > T \tag{9.1}$$

如果满足式(9.1)则认为发生了镜头变化。后来一些学者对这种方法做了扩展,如对直方图进行量化,计算量化后的直方图距离;分别计算各个颜色通道的直方图距离等。有代表性的主要有:将直方图量化为64级,用量化后的直方图来进行镜头检测

$$\sum_{v=0}^{63} \mid H_{64}(I_t,\ v) - H_{64}(I_{t-1},\ v) \mid > T \tag{9.2}$$

如果满足式(9.2)则认为发生镜头变化。有研究者提出了一种基于彩色空间的直方图距离

$$\sum_{k=1}^{2}\sum_{v=0}^{V} \mid H(I_t,\ C_k,\ v) - H(I_{t-1},\ C_k,\ v) \mid > T \tag{9.3}$$

如果满足式(9.3)则认为发生镜头变化。式中,C_k 代表颜色空间如 RGB 或 HIS 等。有人在计算直方图距离的基础上又提出了一种双阈值比较法(twin comparision)来进行镜头渐变的检测。此时可定义两个阈值,一个用来检测切变(使用较大的域值 T_c),一个用来检测渐变(使用较小的阈值 T_g),依次比较前后两帧的差,如果在某个时刻超过 T_c,就认为检测到一个切变。如果前后两帧的差没有超过 T_c,但超过 T_g,就认为检测到一个可能的渐变起始帧。继续检查其后的各帧,如果仍超过 T_c,则将新的帧差累积起来,持续累积直到前后两帧的差又不到 T_g,如果此时各帧间差的累积和超过 T_c,则认为检测到了渐变的终结帧;如果此时各帧间差的累积和不到 T_c,则认为刚才那些超过 T_g 的帧差是其他原因造成的。

在彩色图像中,一些彩色元素较之其他颜色对图像有较大影响,所以需要将不同的颜色空间区别对待,对图像影响较大的颜色通道设置较大的权值,对相对影响较弱的颜色通道设置较小的权值,这样计算出来的加权彩色直方图距离更能有效地反映图像之间的差异

$$\sum_{k=1}^{3}\sum_{v=0}^{V} \frac{L(I_t,\ C_k)}{L_{\text{mean}}(I_t)} \mid H(I_t,\ C_k,\ v) - H(I_{t-1},\ C_k,\ v) \mid > T \tag{9.4}$$

若满足式(9.4)则认为发生镜头变化。式中,$L(I_t, C_k)$代表第 t 帧 k 颜色分两的亮度,$L_{\text{mean}}(I_t)$表示第 t 帧考虑所有颜色分量所计算出的平均亮度。有研究者提出一种用学习过程通过最大最小函数来为每一个颜色分别设置一个权值,然后再计算加权的直方图距离

$$\sum_{k=1}^{3}\sum_{v=0}^{V} w(k, v) \mid H(I_t, C_k, v) - H(I_{t-1}, C_k, v) \mid > T \tag{9.5}$$

并以此来检测镜头变化。对直方图方法的另一个运用就是两帧图像直方图的交集,其中直方图的交可以有不同的方法得到,如最小函数法计算直方图的交,如果

$$\left(1 - \frac{1}{xy}\sum_{v=0}^{V}\min(H(I_t, v), H(I_{t-1}, v))\right) > T \tag{9.6}$$

则认为发生镜头变化,其中 xy 为图像中的像素总数,这样计算出的距离在[0, 1]之间。另一种在镜头检测中用到的计算直方图交集的方法为,如果

$$\left(1 - \frac{1}{xy}\sum_{v=0}^{V}\frac{\min(H(I_t, v), H(I_{t-1}, v))}{\max(H(I_t, v), H(I_{t-1}, v))}\right) > T \tag{9.7}$$

则认为发生镜头变化。为了使直方图帧差更好地反映两帧图像间的差别,可以把直方图差按下式归一化

$$\sum_{v=0}^{64}\frac{(H_{64}(I_t, v) - H_{64}(I_{t-1}, v))^2}{H_{64}(I_t, v)} > T \tag{9.8}$$

若满足式(9.8)则认为发生镜头变化。

9.2.2 基于运动分析的镜头检测方法

运动特征是视频序列中一个连续的过程,也可用来当作镜头检测的标准。一些文献已经提出了用运动分析来检测镜头变化的方法,下面分别介绍基于全局(摄像机)运动、运动向量、光流等方法。

1. 全局运动

全局运动可以用两个步骤来检测镜头变化,首先用仿射转换模型来估计全局运动参数;然后将估计的运动按照静止、摇镜头、缩放来对镜头进行分类。如果在一段时间内运动不连续,则认为发现了一个镜头变化。

也可用多分辨率主运动估计(multi resolution dominant motion estimation)来进行镜头检测。用一个包含6个参数的二维模型来进行估计。一旦估计出一个主运动方向,则对每一个像素 pixel(i, j) 设定一个运动系数 $W_{i,j}$,它代表该像素与主运动的相关程度,事先定义一个可以代表每一帧主运动相关性像素集合大小的阈值,通过时间分析这种集合的大小与事先定义的阈值进行比较来检测镜头

变化。

有人从前一方法中引申出一种检测擦除的方法。只有与主要运动不相关的像素被考虑,对每一帧按照水平和垂直方向计算与主要运动不相关像素的直方图,对每一对直方图计算直方图间的绝对距离,得到两个新的直方图,然后将直方图按水平轴和垂直轴标准化。如果有一个方向的直方图距离超过事先定义的阈值,则这个水平或垂直的擦除被检测出来。

2. 运动向量

可以用一个运动平滑标准来检测镜头变化。对一个视频序列进行抽样,每 k 帧抽取一帧。被选中的帧分成 8×8 块,每一块与下一帧相对应的块进行匹配。由最近匹配块来估计运动向量,同样用它来计算系数相关值,可以用这些相关值的平均值来定义帧之间的相似性。另一种运动平滑是用有明显运动的块数与这些块的置换数的比值来定义的,当在相关值和运动平滑比值出现极大值时,检测出镜头变化。

有人提出一种类似的方法,同样对视频序列进行抽样,将每一帧分成 12 块,搜索一帧中每一块与另一帧中相匹配的块,运动向量和系数值计算与以前相似,与前一方法主要不同是用非线性数字序列进行统计过滤。相关值按升序排列,一阶导数和各自运动向量用来计算一个平均值,这个平均值可以看作是相似性的度量。如果出现一个局部极大值则意味着镜头转化,用一个运动控制过滤来避免由于运动而产生的误检。

3. 光流法

有人用光流作为信息来检测镜头变化。首先将视频序列分成垂直子序列。定义 3 个连贯帧和第四个预言帧。每一帧分成 B 块,从第一帧到第二帧再从第二帧到第三帧,最后用前三帧中的三个匹配块组成的集合,用来预测最后一帧。如果预言没能正确估计最后一帧的内容,则发现镜头变化。

9.2.3 基于图像特征的镜头检测方法

1. 像素对差法

这种方法首先计算相邻帧图像对应位置的像素差,若像素差超过一个阈值的像素对数目达到一定比例,则认为发生一个切变。此方法优点在于计算简单易于实现,但对镜头和目标运动敏感,误检率很高。

通过对每两个连续的帧图像计算相同位置像素的亮度差异,并将结果与阈值进行比较,如果

$$\sum_{i=1}^{x}\sum_{j=1}^{y} \mid p(I_t,\ i,\ j) - p(I_{t-1},\ i,\ j) \mid > T \tag{9.9}$$

则认为发生镜头变化。

2. 基于边缘的方法

可以用边缘提取来检测镜头变化，在连续帧之间作运动补偿，然后用 Canny 算子和数学形态学膨胀算子来提取边缘，再对入边缘和出边缘进行规一化

$$\left.\begin{aligned} P(C_{\text{out}}, I_t) &= 1 - \frac{\sum_{i=1}^{X}\sum_{j=1}^{Y} E(I_{t-1}, i+\alpha_{t-1,t}, j+\beta_{t-1,t}) E_d(I_t, i, j)}{\sum_{i=1}^{X}\sum_{j=1}^{Y} E(I_{t-1}, i, j)} \\ P(C_{\text{in}}, I_t) &= 1 - \frac{\sum_{i=1}^{X}\sum_{j=1}^{Y} E_d(I_{t-1}, i+\alpha_{t-1,t}, j+\beta_{t-1,t}) E(I_t, i, j)}{\sum_{i=1}^{X}\sum_{j=1}^{Y} E(I_{t-1}, i, j)} \end{aligned}\right\} \tag{9.10}$$

E 和 E_d 分别代表轮廓图像和它膨胀后的图像，$(\alpha_{i-1}, \beta_{i-1})$代表两连续帧之间的全局运动平移向量，用边缘变化片断 ECF 作为相似性的度量：

$$\text{ECF}(I_t) = \max(P(C_{\text{out}}, I_t), P(C_{\text{in}}, I_t)) \tag{9.11}$$

如果 ECF $(I_t) > T$ 则发生镜头变化。也可以用边缘信息来检测溶解变化。首先，用 Canny 算子提取的边缘向量与两个阈值进行比较来找出强边缘和弱边缘

$$\left.\begin{aligned} E_w(I_t, i, j) &= \begin{cases} E(I_t, i, j), & \text{if } T_w \leqslant E(I_t, i, j) \leqslant T_s \\ 0 & \text{otherwise} \end{cases} \\ E_s(I_t, i, j) &= \begin{cases} E(I_t, i, j), & \text{if } T_s \leqslant E(I_t, i, j) \\ 0 & \text{otherwise} \end{cases} \end{aligned}\right\} \tag{9.12}$$

式中，T_w 和 T_s 分别代表低阈值和高阈值来检测强弱边缘。边缘的对比 EC 按如下计算

$$\text{EC}(I_t) = 1 + \frac{\sum_{i=1}^{X}\sum_{j=1}^{Y} E_s(I_t, i, j) - \sum_{i=1}^{X}\sum_{j=1}^{Y} E_w(I_t, i, j) - 1}{\sum_{i=1}^{X}\sum_{j=1}^{Y} E_s(I_t, i, j) + \sum_{i=1}^{X}\sum_{j=1}^{Y} E_w(I_t, i, j) + 1} \tag{9.13}$$

只有当前帧的 EC 是局部最小值的时候，才发生叠化。

3. 特征点比较

通过比较从两连续帧中提取的特征点的变化情况来检测镜头变化。用霍夫变换来提取特征点。根据两连续帧图像的特征点是否成功匹配来检测镜头变化。

4. 转换模型特征

根据淡化过程的编辑效果建立一个基于图像亮度标准差的检测模型，首先定位所有的单色帧，因为单色帧往往是淡化的开始帧或结束帧，这些帧的像素亮度标准差接近于零；然后在所有单色帧附近寻找亮度方差线性增加的帧，这些帧往往就是要定位的镜头渐变的位置。

可以用每一帧直方图的变化建立了一个叠化检测模型，对每一帧图像均需计算两个特殊的直方图

$$\left.\begin{aligned}\bar{H}(I_t) &= H_{1/2}(I_t) * H_{1/2}(I_t)\\ H_\Delta(I_t) &= H_{1/2}(I_{t-\Delta}) * H_{1/2}(I_{t+\Delta})\end{aligned}\right\} \tag{9.14}$$

式中，$H_{1/2}(I_t)$代表第 t 帧量化为一半的直方图，Δ 是一个固定的参数，$*$ 表示卷积计算，然后计算相似性度量

$$R(I_t) = \frac{\chi^2(H(I_t),\ \bar{H}(I_t))}{\chi^2(H(I_t),\ H_\Delta(I_t))} - 1 \tag{9.15}$$

$R(I_t)$的最大值代表叠化的位置。检测是否满足 $R(I_t) > R(I_{t'})$其中 t'在 t 的邻域范围内。

基于模型方法的要点是针对不同的镜头渐变效果，需要不同的镜头渐变效果模型。因此，算法总是带有很大的局限性，一种算法往往只能检测一种或几种渐变方式。此外，它对运动和噪声也十分敏感，因此只有在含有少量运动的视频序列中，才会有比较好的检测结果。在检测前，通常会通过对图像进行平滑处理来降低噪声和运动对检测的影响。

5. 视觉节奏特征

首先提取视频中每一帧图像的中线，将所有中线组合在一起形成视觉节奏(visual rhythm)，然后将视觉节奏中的每一行看作是一个字符串，计算字符串间的最长公共子串，运用字符串匹配的方法来检测镜头切变边界，得到可能的镜头切变位置，由于这种方法对镜头和目标运动比较敏感，所以误检率很高。

6. 统计特征

有研究者提出了一种基于连续视频帧共同信息量和信息熵的视频镜头边界测算法，共同信息量是信息从一帧转换到另一帧的度量，用图像亮度或颜色突然变化来检测镜头切变。两帧图像间内容有较大差别时，说明帧间依赖性薄弱，共同信息量 MI 较低，联合熵(Joint Entropy, JE)的引用为其提供了更好的结果。在淡出的情况下视觉亮度通常“减弱”一直到全黑图像，这时 JE 是递减的；在淡入的时候 JE 会逐渐增加，所以可以通过 JE 来检测镜头淡化。算法中对每一个 RGB 分量分别

计算 MI 和 JE，$C^R_{t,\,t+1}(i,\,j)$表示在 f_t 帧中像素值为i 在f_{t+1}帧中像素值变为 j 的像素的个数，则从 t 到$t+1$ 帧 R 的 MI 为

$$I^R_{t,\,t+1} = -\sum_{i=0}^{N-1}\sum_{j=0}^{N-1} C^R_{t,\,t+1}(i,\,j)\log_2\frac{C^R_{t,\,t+1}(i,\,j)}{C^R_t(i)C^R_{t+1}(j)} \tag{9.16}$$

总的 MI 为

$$I_{t,\,t+1} \triangleq I^R_{t,\,t+1} + I^G_{t,\,t+1} + I^B_{t,\,t+1}$$

同样 R 的 JE 为

$$H^R_{t,\,t+1} = -\sum_{i=0}^{N-1}\sum_{j=0}^{N-1} C^R_{t,\,t+1}(i,\,j)\log_2 C^R_{t,\,t+1}(i,\,j) \tag{9.17}$$

总的 JE 为

$$H_{t,\,t+1} \triangleq H^R_{t,\,t+1} + H^G_{t,\,t+1} + H^B_{t,\,t+1}$$

一个小的 MI $I_{i,\,j+1}$预示了在 t 和$t+1$ 帧间存在突变，这样切变可以通过一维的 MI 来检测。为了确定镜头突变，需要设定一个自适应阈值，在每一个大小为 W 的窗口中在每一个 t_c 时刻以 t_c 为中心计算局部 MI 期望。

$$\bar{I}_{t_c} = \frac{1}{N_W}\sum_{\substack{t\in W\\ t\neq t_c}} I_{t,\,t+1} \tag{9.18}$$

然后将 $\dfrac{\bar{I}_{t_c}}{I_{tc,\,tc+1}}$ 与阈值 θ_c 比较来检测切变。

JE 是衡量一组帧所携带的信息，在淡化的过程中它的值是逐渐减少的，因为所携带连接信息越来越少。因此只检测 $H_{t,\,t+1}$低于阈值的帧，通常这些帧与黑色帧对应，JE 的局部最小值标志着淡出的结束帧 t_e，这种情况下屏幕变黑，不包含任何信息。下一步寻找淡出的开始帧 t_s，在前面的帧中用

$$\frac{H_{t_s,\,t_s+1} - H_{t_s-1,\,t_s}}{H_{t_s-1,\,t_s} - H_{t_s-2,\,t_s-1}} \geqslant T \tag{9.19}$$

T 是一个事先确定的阈值，以确保在开始帧 t_s，JE 开始减少。只有当 $t_e - t_s > 2$ 时，认为是一个淡化，否则看作是一个切变。

7. 基于矩不变量

用矩不变量结合直方图来检测镜头变化，矩不变量对比例变化、旋转、平移具有不变性。第 t 帧的矩定义为

$$m_{p,\,q} = \sum_{i=1}^{X}\sum_{j=1}^{Y} i^p j^q (I_t,\,i,\,j) \tag{9.20}$$

计算连续帧之间由前三个矩组成的向量的欧式距离来进行镜头检测

$$\boldsymbol{\phi} = \begin{bmatrix} m_{2,0} + m_{0,2} \\ (m_{2,0} - m_{0,2})^2 + 4m_{1,1}^2 \\ (m_{3,0} - 3m_{1,2})^2 + (3m_{2,1} - m_{0,3})^2 \end{bmatrix} \tag{9.21}$$

当$(\|\boldsymbol{\phi}(I_t) - \boldsymbol{\phi}(I_{t-1})\|^2) > T$时,则发生镜头变化。

9.2.4 基于多分类器组合的镜头检测方法

前面所介绍的方法都是根据单一特征来检测镜头边界,还有一些方法将几种特征综合起来考虑来检测镜头边界。例如:有研究者结合 3 种图像特征来检测镜头变化:每一帧的平均亮度,两相邻帧像素值的变化和颜色分布。当至少满足下面两个条件中的一个时,认为发生镜头变化。

$$\left.\begin{aligned} &\sum_{i=1}^{x}\sum_{j=1}^{y} p(I_t, i, j) < T_1 \\ &\left(\sum_{i=1}^{X}\sum_{j=1}^{Y} | p(I_t, i, j) - p(I_{t-1}, i, j) | > T_2\right) \wedge \\ &\left(\sum_{v=0}^{255} | H(I_t, v) - H(I_{t-1}, v) | > T_3\right) \end{aligned}\right\} \tag{9.22}$$

式中,$P(I_{t,i,j})$表示第 t 帧图像第 i 行第 j 列位置的像素灰度值;$H(I_{t,v})$为第 t 帧图像的直方图;T_1, T_2, T_3 是运用统计知识在视频分析中自适应选择的阈值。

也有结合 5 个算法来进行镜头检测,它们分别是平均亮度度量、Euclidean 距离、直方图比较、相似率和运动统计,然后用预言错误计算作为原始帧和用运动信息得到的重建帧的绝对距离的总和,最后用多数表决来作出判断,即至少有三个算法认为这是一个镜头边界时,才最后确定这是一个真正的镜头边界。

还可以运用具有两个特征的 k - means 聚类算法来检测镜头边界,这两个特征分别是直方图距离和像素对差异,然后用 k - means 算法将所有帧分为两簇,具有较大值的那一簇代表可能包含镜头边界的帧,最后将直方图距离具有局部最大值的帧作为镜头边界。

9.2.5 关键帧提取方法

关键帧(有时也称代表帧)是用于描述一个镜头的关键图像帧,它通常会反映一个镜头的主要内容。依据镜头内容的复杂程度,可以从一个镜头中提取一个或多个关键帧。关键帧的使用大大减少了视频索引的数据量,同时也为查询和检索视频提供了一个组织框架,通过关键帧还可以为一段视频建立视频摘要,允许用户通过观看几个有限的关键帧来快速浏览整段视频。

由于关键帧提取在基于内容的视频检索中具有极其重要的作用，国内外学者在这方面进行了大量的研究，取得了一定的成果。目前，典型的关键帧提取算法包括：

1. 基于镜头边界的方法

把一段视频分割成镜头后，将每个镜头的首帧末帧作为镜头的关键帧这类方法优点是简单，但是缺点也很明显，即固定每个镜头一帧图像，不能很好地反映镜头的视觉复杂度，而且第一帧往往不够稳定，代表性不是很强。

2. 基于视觉内容的方法

这种方法基于每一帧的颜色、纹理等视觉信息的改变来提取关键帧。当这些信息有显著变化时，当前的帧即可作为关键帧。有研究者提出基于帧的颜色和运动等图像信息提取关键帧。首先镜头的第一帧总是被选为关键帧，而后的关键帧由如下两个标准决定：一是基于颜色的标准，计算前一个关键帧与当前帧之差，如果差值大于某一阈值，则选取该帧为关键帧；二是基于运动的标准：对于放大镜头至少选取首帧和末帧两个关键帧，一个表现全局，另一个表现聚焦的局部；对于摇镜头，交叠小于30%的帧都选取为关键帧。这种方法可以根据镜头内容的变化程度选择相应数目的关键帧，但是所选取的帧不一定具有代表意义，而且在有镜头运动时，容易选取过多。

3. 基于运动分析的方法

这类方法首先计算每一帧的光流(optical flow)，然后基于光流计算出一个简单的运动矩阵，最后把该矩阵作为时间的函数进行分析，从而选择出关键帧，依据是关键帧往往是通过静止性(stillness)指示的。

4. 基于镜头运动的方法

首先计算内联和引用直方图，然后计算出一个活动指示量，选取曲线中局部最小值作为关键帧。

5. 基于聚类的方法

利用一种被广泛运用在模式识别、语音分析和信息检索中的非常有效的技术即聚类算法来提取关键帧。通过镜头聚类将镜头中的帧序列分到 M 簇中(M 的大小是由预先给定的阈值决定)，再选取离簇中心最近的帧为关键帧。使用该技术提取关键帧的方法，能反映视频镜头的主要内容。但该算法比较复杂，实现起来有一定的困难，而且计算量较大。

9.2.6 镜头快速切变检测方法

现有的切变检测算法都有其各自的特点，但也存在一些的问题：

(1) 在镜头转换中,并不是所有特征均能够同时反映镜头变化规律,如何提取合适的特征保证检测结果的正确性仍然是一个值得研究的问题;

(2) 算法所需要的计算时间也是需要考虑的问题,一个算法如果花费时间过长,即使有很高的精确率也很难在实际中得到应用。一个好的切变检测算法既要保证查全率,也要保证精确率,并且算法必须简洁快速。

这里介绍一种将基于字符串匹配和直方图最小帧差法相结合的改进镜头切变检测算法。在这个算法中,首先提取视频中每一帧图像的中线,将所有中线组合在一起形成视觉节奏,然后将视觉节奏中的每一行看作是一个字符串,运用字符串匹配的方法来检测镜头切变边界,得到可能的镜头切变位置,由于这种方法对镜头和目标运动比较敏感,所以误检率很高。为了减少误检的镜头边界,对每一个可能的切变位置计算相邻帧间的直方图差异。当帧间差异大于一个预先设定的阈值时,则认为这是一个真实的镜头切变边界,否则认为这是一个误检。由于传统直方图忽略了颜色的空间信息,又引入了颜色聚合向量(Color Coherence Vector,CCV)直方图,在字符串匹配的基础上用 CCV 直方图的最小帧差法来进行二次检测。

由于镜头检测都是对视频中每一帧图像提取需要的特征,然后计算帧间的特征差异,寻找特征差异的变化规律从而进行镜头检测。下面首先介绍一下彩色图像的特征提取。

1. 彩色图像的颜色空间特征提取

根据人眼结构,所有颜色都可看作 3 个基本颜色:红(R,red)、绿(G,green)和蓝(B,blue)的不同组合。区分颜色常用 3 种基本特征量:亮度、色调和饱和度。其中 H 表示色调(hue),S 表示饱和度(saturation),I 表示亮度(intensity),对应成像亮度和图像灰度。当把红、绿、蓝三色光混合时,通过改变三者各自的强度比例可得到白色以及其他各种色调和饱和度的彩色。

一种颜色可用 3 个基本量来描述,所以建立颜色模型就是建立 1 个 3-D 坐标系统,其中每个空间点都代表 1 种颜色。目前常用的颜色模型可分两类:RGB 模型和 HIS 模型。两种模型可以相互转换。

$$\left.\begin{aligned} I &= (R+G+B)/3 \\ S &= 1-\frac{3}{(R+G+B)}\times \min(R,\ G,\ B) \\ H &= \arccos\left\{\frac{[(R-G)+(R-B)]/2}{[(R-G)\times(R-G)+(R-B)(G-B)]^{1/2}}\right\} \end{aligned}\right\} \tag{9.23}$$

对任何 3 个在[0, 1]范围内的 RGB 值,其对应的 HIS 模型中的 ISH 分量可分别由公式(9.23)计算。

由公式(9.23)直接算出的 H 值在[0, 180]之间,对应 $G>B$ 的情况;在$G<B$ 时,H 的应当大于 180。此时,令 $H=360-H$,把 H 转换到[180, 360]之间。

其中,I 分量与图像的彩色信息无关;H 和 S 分量与人感受颜色的方式是紧密相连的。彩色图像的灰度直方图就是通过以上各个颜色通道分别计算的,所以提取彩色图像的 RGB 和 HIS 分量,是基于直方图方法实现镜头检测的必要准备工作。

2. 视觉节奏

一个长为 K 的视频序列 S 是由 f_1 帧……f_k 帧连接在一起组成的,每一帧 f_i 是大小为 $i\times j$ 的灰度图像,像素(b, c)处的灰度值记为 $f_i(b, c)$。视频序列 S 的视觉节奏就是一个大小为 $i\times k$ 的灰度图像 $v_r(x, a)=f_a(x, j/2)$,其中 $x=1, \cdots, i$; $a=1, \cdots, k$。即视觉节奏中的每一行对应与它相应的那一帧的中线。

视觉节奏将一个 3 维的数据集合(视频序列)转化为一个二维的数据集合。在这种转中同时改变了信息的结构和数量。但是在镜头检测中所需处理的数据量还是很大,通过计算每一行的最长公共子串,将这个二维的数据集合转换为一维的数据集合。

可以将最长公共子串的长度作为 X 和 Y 相似程度的度量,因此,定义大小为 $N\times k$ 的视觉节奏 v_r 的每一行为一个字符串 X_a: $X_a=\{v_r(1, a), \cdots, v_r(N, a)\}$,那么一维信号 LCS_{v_r} 定义为 $\mathrm{LCS}_{v_r}[a]=\mathrm{LCS}(X_a, X_{a+1}), a=1, \cdots, k-1$。每一个 LCS_{v_r} 的值可以看作视觉节奏中两相邻行之间的相似程度。

同时这个值也反映了与视觉节奏中每一行对应的视频序列 S 中相邻两帧的相似程度。接着用最长公共子串 LCS_{v_r} 来检测镜头切变的边界。

3. 基于字符串匹配的镜头切变检测

两个镜头间的切变是将两个镜头直接连接在一起得到的,中间没有使用任何摄影编辑效果。切变一般对应在两帧图像间某种模式(由于场景亮度或颜色的改变,目标或背景的运动,边缘轮廓的变化等)产生的突变。

对 LCS_{v_r} 中每一个 a 定义它的 n 邻域 $N_n(a)=\{b=a\pm c\mid c=1, \cdots, n/2\}$,$n$ 是一个偶整数。例如: $a=8$, $n=4$,那么 $N_4(8)=\{16, 7, 9, 10\}$。计算每一个 a 的 n 邻域 LCS_{v_r} 的均值 $\mathrm{LCS}_{\mu}[a, n]=\dfrac{\sum_{b\in N_n(a)}\mathrm{LCS}_{v_r}[b]}{n}$。那么如果 f_a 和 f_{a+1} 帧之间发生镜头切变必然要满足

$$\left.\begin{aligned}&\mathrm{LCS}_{v_r}[a]\leqslant\mathrm{LCS}_{v_r}[b],\ \forall\, b\in N_n(a)\\&\mathrm{LCS}_{\mu}[a, n]-\mathrm{LCS}_{v_r}[a]\geqslant t\end{aligned}\right\}\tag{9.24}$$

式(9.24)中的条件1说明切变发生在LCS具有最小值的地方,条件2说明这个最小值是动态的,需要说明的是条件2中的$\mathrm{LCS}_{\mu}[a,\ n]-\mathrm{LCS}_{v_r}[a]$的最大值就是视觉节奏的宽度$i$。

由于基于视觉节奏的算法只考虑了每一帧图像的中线,因此,对镜头和目标运动比较敏感,有较高查全率的同时也有很高的误检率。

4. 传统直方图与颜色聚合向量直方图

在数字图像处理中,一种最简单且最有用的工具是灰度直方图。它概括了一幅图像的灰度级内容。任何一幅图像的直方图都包括了可观的信息,某些类型的图像还可以由其直方图完全描述。直方图的计算很简单,灰度直方图是灰度级的函数,描述的是图像中具有该灰度的像素的个数:其横坐标是灰度级,纵坐标是该灰度出现的频率(像素的个数)。直方图描述了每个灰度级具有的像素的个数,但不能为这些像素在图像中的位置提供任何线索,因此不相像的图像可以有着相同的直方图。

为解决传统直方图忽略视频内容空间信息的问题,这里引入保留内容空间信息的颜色聚合向量(CCV)直方图。CCV直方图是基于空间连贯性对图像像素点进行区域分割的一种方法。在一个大小可变的连续区域中,如果一个像素点灰度值与这个区域相似,则此像素点就作为空间连贯像素点。这样CCV直方图通过计算图像中色彩相似区域数目以及每个区域中包含的连贯像素点的数目,来解决传统直方图丢失相似像素点空间位置的问题。

由于视频都是由彩色帧图像组成,因此选择亮度为颜色空间,计算亮度直方图。灰度直方图的公式为

$$H(I_t,\ C_k,\ v)=\frac{v_n}{N}\quad n=0,\ 1\cdots,\ L-1 \tag{9.25}$$

I_t表示视频中t时刻的帧图像;C_k表示颜色空间;n表示图像的特征取值;L是特征可取值的个数,这里取256;v_n是图像中具有特征值为n的像素的个数;N是图像像素总数。

计算CCV直方图时,第一步,将彩色图像转换为灰度图像,然后将图像轻微模糊化,将图像中的每个像素点用与其相邻的8个像素点的像素均值取代;再将每个像素点的灰度值离散化,使图像中只有n种不同的灰度色彩,即n级。

第二步,对每个灰度值,将像素点值等于它的所有像素点分别为连通和不连通两部分。一个颜色区域就是一个拥有最大像素点数目的集合C,C中的任意两点都有相同的灰度值并且彼此有路径连通,求出该图像中所有的颜色区域。

第三步,根据颜色区域所包含的像素点个数的多少来决定着是否为一个颜色

连通区域，只有当该区域所包含的像素点个数大于一个阈值 T 时，则认为该像素区域是一个连通区域，否则为一个非连通区域。

经过以上步骤，CCV 直方图可以表示如下：灰度值为 i 的连同像素点数目为 α_i，非连通像素数目为 β_i，则一幅图像中 CCV 直方图表示为 $(\alpha_1+\beta_1, \cdots, \alpha_n+\beta_n)$。

第五步骤，对任意两幅图像 I 和 I'，可以用 CCV 直方图来比较它们的相似性

$$\Delta_{\mathrm{CCV}} = \sum_{j=1}^{n} \mid (\alpha_I - \alpha_{I'}) \mid + \mid (\beta_I - \beta_{I'}) \mid \tag{9.26}$$

而传统直方图是满足

$$\Delta_{\mathrm{CH}} = \sum_{j=1}^{n} \mid (\alpha_I + \beta_I) - (\alpha_{I'} + \beta_{I'}) \mid \tag{9.27}$$

显然，$\Delta_{\mathrm{CH}} < \Delta_{\mathrm{CCV}}$。当两幅图像直方图相同而空间分布很不一样时，用 CCV 直方图可以减少这种情况下的漏识别。

5. 基于字符串匹配和直方图分析的镜头切变检测方法

为了解决基于字符串匹配算法的误检问题，对字符串匹配算法检测得到的结果分别采用传统直方图和 CCV 直方图进行检测。对于传统直方图，通过计算直方图的相交来表示两帧图像的相似性；对于 CCV 直方图，用 Δ_{CCV} 来表示两帧图像的相似性，然后按照以下算法来检测：

(1) 选取字符串匹配算法得到的一个镜头切变帧号集合中的一个元素 a，以它为中心建立一个长度为 $2R-1$ 的窗口，计算该窗口中每一帧与它相邻帧间的差异，对于传统直方图，则

$$D = 1 - \frac{1}{XY}\sum_{v=0}^{V} \min(H(I_t, C_H, v), H(I_{t-1}, C_H, v)) \tag{9.28}$$

式中，$t \in [a-R+1, a+R-1]$，$H(I_t, C_H, v)$ 表示第 t 帧图像 H 空间的直方图。当选用 CCV 直方图时，则 $D = \Delta_{\mathrm{CCV}}$。

(2) 计算这个窗口内帧间差异均值，并找出窗口内帧间差异的最大值。

(3) 如果窗口中心 a 的直方图帧差大于等于一个阈值 T，则认为 a 是一个切变位置，当 a 的最大公共子串小于一个很小的阈值 *min_t* 时，也认为 a 是一个切变，插入最终结果链表 *real_cut* 中，否则认为 a 是一个误检的位置，不放入 *real_cut*。直到切变帧号集合中所有元素都计算过为止。

(4) 则最后 *real_cut* 中就是最终的切变检测结果。

9.2.7 基于 SVM 的镜头渐变检测方法

从以前的研究看来，突变镜头的检测方法都是基于不同镜头之间存在较大的

帧差来处理。而对于渐变镜头，整个变换是一个连续的过程，可以近似认为这个变化过程符合某个线性直线方程。由此，有研究者提出了基于模型的镜头检测方法。基于模型的方法也是一种重要的镜头渐变检测方法。基于模型的方法是基于视频编辑时使用的渐变效果的数学模型的方法。通过这些模型，可以系统地选取表示视觉差异的特征来检测这些渐变效果。视频制作的剪辑效果一般都是二维的图像变换。

根据视频编辑的实际情况，可得到常见的几种渐变，即淡入、淡出和叠化的近似模型为

$$f(x,\ y,\ t) = \alpha(t)p(x,\ y,\ t) + \beta(t)q(x,\ y,\ t),\ 0 \leqslant t \leqslant T \quad (9.29)$$

式中，$\alpha(t)$在渐变发生期间是单减函数，$\alpha(0)=1,\ \alpha(T)=0$；$\beta(t)$在渐变发生区间是单增函数，$\beta(0)=0,\ \beta(T)=1$。对淡入，有$\alpha(t)=0$，于是$f(x,\ y,\ t)=\beta(t)\cdot q(x,\ y,\ t),\ 0\leqslant t\leqslant T$；对淡出，有$\beta(0)=0$，于是$f(x,\ y,\ t)=\alpha(t)p(x,\ y,\ t)$，$0\leqslant t\leqslant T$.叠化可以看作淡入淡出的组合。

从上面的公式很容易得到：在淡出结束或淡入开始时，图像的亮度方差接近0，通过这一特点可以进行淡入和淡出的检测。在渐变的过程中$\alpha(t)=1-t/T$，$\beta(t)=t/T$是线性变化的单调函数，现有的镜头渐变检测算法多是利用这个特征。

目前基本的镜头渐变检测方法主要有：双阈值法、边缘检测法、基于产生式模型法。双阈值法和边缘检测法对阈值选取有很高的要求，选取不当则会对检测效果会有很大的影响。产生式模型法是用理想化的淡入淡出和溶解的模板来检测镜头，但是实际中上述模型经常由于两个原因不一定完全成立：一是淡入淡出过程中像素亮度变化不是严格线性的；二是淡入淡出过程中场景并不完全静止，场景中的运动也会导致图像亮度的变化。最近又有研究者提出用在复杂的人脸检测中表现出较高稳定性的模式识别和机器学习的方法来检测视频镜头变化。这首先要提取特征数据把它们作为训练样本进行机器学习的过程，然后用训练好的模型进行镜头渐变检测。这种方法避免了人为设定阈值对检测结果的影响，在渐变检测方面有较好的应用前景。因此可采用支持向量机的学习方法来检测镜头渐变。

为了达到较好的学习效果，这里采用三种特征作为训练样本：直方图特征、图像中心矩特征、图像边缘特征。然后对支持向量机进行训练，用训练好的模型来检测镜头渐变位置。镜头渐变和非渐变就是要区分的两类样本，在这两类样本中分别提取图像特征作为训练样本，也就是SVM的支持向量。然后让支持向量机找到一个最优分类面，将镜头中的渐变和非渐变完全区分开。

矩是刻画样本分布的一个统计量，若把灰度图像看作是二维密度分布函数，就

可以把矩技术应用于描述一幅图像的特征。对于一幅 $M\times N$ 的离散图像 $f(i,j)$，$f(i,j)$ 为 (i,j) 处的像素灰度值，$p+q$ 阶几何矩 m_{pq} 和中心矩 μ_{pq} 的定义为：

$$\left.\begin{aligned} m_{pq} &= \sum_{i=1}^{M}\sum_{j=1}^{N} i^p j^q f(i,j) \\ \mu_{pq} &= \sum_{i=1}^{M}\sum_{j=1}^{N} (i-\bar{i})^p (j-\bar{j})^q f(i,j) \end{aligned}\right\} \tag{9.30}$$

式中，$\bar{i}=m_{10}/m_{00}$；$\bar{j}=m_{01}/m_{00}$；$i\in M$；$j\in N$；p，q 分别为常数。

归一化的中心矩 η_{pq} 定义为

$$\eta_{pq}=\frac{\mu_{pq}}{(\mu_{20}+\mu_{02})^{p+q+2/4}} \tag{9.31}$$

式中 $p+q=2,3,\cdots$

由连续函数 $f(i,j)$ 组成的三阶矩规格化后的中心矩的非线性组合构成的7个量值，他们对目标的平移、伸缩、旋转保持不变，其定义为

$$\left.\begin{aligned} \Phi_1 &= \eta_{20}+\eta_{02} \\ \Phi_2 &= (\eta_{20}-\eta_{02})^2+4\eta_{11}^2 \\ \Phi_3 &= (\eta_{30}-3\eta_{21})^2+(3\eta_{21}-\eta_{03})^2 \\ \Phi_4 &= (\eta_{30}+\eta_{12})^2+(\eta_{21}+\eta_{03})^2 \\ \Phi_5 &= (\eta_{30}-3\eta_{21})(\eta_{21}+\eta_{03})\times[(\eta_{30}+\eta_{12})^2-3(\eta_{21}+\eta_{03})^2]+ \\ &\quad (3\eta_{21}-\eta_{03})(\eta_{21}+\eta_{03})\times[3(\eta_{30}+\eta_{12})^2-(\eta_{21}+\eta_{03})^2] \\ \Phi_6 &= (\eta_{20}-\eta_{02})[(\eta_{30}+\eta_{12})^2-(\eta_{21}+\eta_{03})^2]+4\eta_{11} \\ &\quad (\eta_{30}+\eta_{12})(\eta_{21}+\eta_{03}) \\ \Phi_7 &= (3\eta_{21}-3\eta_{03})(\eta_{30}+\eta_{12})\times[(\eta_{30}+\eta_{12})^2-3(\eta_{21}+\eta_{03})^2]+ \\ &\quad (3\eta_{21}-\eta_{03})(\eta_{21}+\eta_{03})\times[3(\eta_{30}+\eta_{12})^2-(\eta_{21}+\eta_{03})^2] \end{aligned}\right\} \tag{9.32}$$

这里计算图像的三阶中心矩，它是图像扭曲度的一种体现。在视频镜头渐变的过程中，经常发生目标的平移、伸缩、旋转等情况，这时如果选用矩作为图像特征将有效改善这些情况对检测结果的影响。

Canny 边缘检测的算法步骤为：(1) 用高斯滤波器平滑图像；(2) 用一阶偏导的有限差分来计算梯度的幅值和方向；(3) 对梯度幅值进行非极大值抑制；(4) 用双阈值算法检测和连接边缘。

在渐变过程中，视频中目标对象的边缘是逐渐减弱直至消失，接着再逐渐呈现出新的目标边缘，因此通过提取视频中目标对象的边缘，分析边缘的变换情况是检测镜头渐变的一个线索。

9.3 新闻视频挖掘

新闻视频节目可以分为多种类型,这里简单地将其分为播报类新闻节目和其他类新闻节目。所谓播报类新闻,是指以播报形式为主的新闻节目,即播音员播报一段新闻的主要内容后,再对新闻故事进行详细展开。大多数电视台的新闻节目都属于这种类型,如中央电视台的新闻联播、晚间新闻节目等。而其他类新闻节目则不采用这样固定的播报风格,以评述或访谈方式为主。

不同类型的新闻节目,其叙事结构也不尽相同。所谓叙事,指的是故事情节的展开。叙事结构则是指为了表现故事情节如何组织这些故事单元,即如何安排视频结构单元在时间和空间上的关系。就播报类新闻节目而言,其叙事结构较为固定,一般都以播音员镜头开始,接下来是详细的新闻故事内容,包含几个到几十个镜头,并以下一个播音员镜头的出现作为该则新闻故事的结束,如图 9.1 所示。

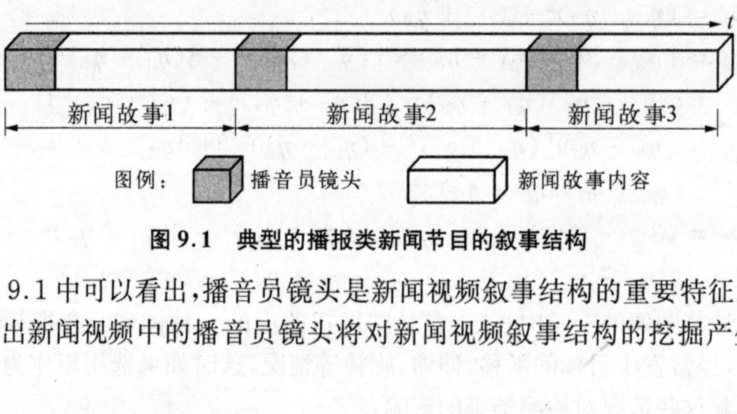

图 9.1 典型的播报类新闻节目的叙事结构

从图 9.1 中可以看出,播音员镜头是新闻视频叙事结构的重要特征之一。准确地探测出新闻视频中的播音员镜头将对新闻视频叙事结构的挖掘产生积极的作用。

9.3.1 自适应的镜头探测

镜头探测是视频结构挖掘的第一步,也是非常关键的一步,它是接下来故事单元探测的基础。镜头探测效果的好坏,将直接影响到后续的结构化分析过程,对高层视频摘要的生成以及检索也会产生相当大的影响。

目前的镜头探测方法存在以下一些问题需要解决:第一,阈值的设定问题。阈值对镜头探测结果有较大的影响,它的选取通常比较困难,其取值一般是经过反复测试得到的统计值，或者经验值。对于不同的视频而言，参数的选取也不同。第二，算法的准确率问题。采用直方图和边缘变化率的探测方法，对突变镜头的误判率大约在20%左右，对渐变镜头的误判率则更高。第三，算法的复杂度问题。现有的镜头探测方法复杂度大多为$O(m)$，其中m为帧内的像素数。对于大多数视频而言，这些方法无疑相当费时。第四，算法的适用性问题。目前对镜头探测的研究主要集中在具体算法的实现上，例如如何探测突变镜头，如何区分渐变中的划入/划出、渐隐/渐出、淡入/淡出等视频编辑类型，如何探测大运动等，很少从整体或者系统的角度去归纳分析这些不同的方法。造成的直接结果就是设计出来的镜头探测算法只能对某类视频有效，而对其他类视频其效果就大打折扣。人们更希望有这样一种工具，能够根据视频的格式或者内容自适应地选择相应的镜头探测方法，尽量减少人的参与。基于这种思想，这里提出了自适应的镜头探测模型。

1. 自适应的镜头探测模型

这里主要从三个方面来说明自适应的镜头探测模型。一是视频格式的自适应，即镜头探测时不必关心视频的具体格式；二是镜头探测算法的自适应，即模型能够自动区分视频中的各种复杂情况，并且选取相应的算法来进行镜头探测；三是阈值的自适应。在镜头探测过程中，阈值的选取是个比较困难的问题，在对不同类型的视频实施镜头探测时可能需要设置不同的阈值，阈值的自适应使得模型能够自动选取合适的阈值用于镜头探测。

镜头探测算法的自适应主要体现在模型能够自动分析视频的内容，并采用相应的镜头探测算法。例如，对于广告片，镜头突变的情况会比较多，相应地，模型将会选用突变的探测方法。大家知道，镜头的相邻帧之间往往具有较大的连续性和相似性。一旦这种连续性和相似性遭到破坏，就可能意味着镜头边界的出现。在实际应用中将会遇到许多干扰因素，如镜头内大物体的运动，或者摄像机的运动。再比如渐变，虽然发生了切换，但由于是平滑衔接，相邻两帧之间的连续性仍保持得很好，因此仅按照相邻帧间的相似性判断镜头边界就有可能漏掉渐变切换点。

为了便于模型针对不同的情况采用不同的处理算法，可以先把视频中镜头变化类型和影响镜头探测准确性的因素进行分类。首先将镜头的边界分为两类：突变与渐变。其中，渐变又包括渐隐/渐出、淡入/淡出等情形。对于镜头的非边界，可以分为摄像机运动、大物体运动以及其他噪声类。因此，原始的视频流可以看作是突变、渐变、运动与噪声四个类的集合，每个分类器处理的都是一个二分问题，算法可以有效地将某类与其他类区分开，并将剩下的类集合交给下一级分类器。有了这种分类层次，就可以综合利用各种镜头探测算法，从而优化镜头探测模型的评价指标。

在镜头探测过程中，阈值的选取是一个非常关键的问题。一般来讲，对于一段视频，选用全局阈值进行镜头探测是不太准确的，因为实验表明阈值的设定与镜头内视频的内容有很大的关系，一个阈值可能对于某段视频有效，而对于另一段内容不同的视频就不太适合，对于长视频文件更是如此。因此自适应的阈值选取尤为重要，它将使整个视频的镜头探测结果更加准确。

自适应的阈值选取采用这样的方法：在探测当前帧前选用一个滑动窗口，包括 M 帧，计算这 M 帧的颜色平均值 μ 和方差 σ，平均值用来计算阈值。一般在双阈值方法中，取低阈值为 μ 的 2 到 3 倍，取高阈值为 μ 的 5 到 6 倍，方差 σ 用来衡量此滑动窗口的值是否适合用作阈值。如果方差很大，表明此滑动窗口内的视频内容有较大的变化，则滑动窗口计算的 μ 不适合作阈值标准；反之，如果方差 σ 比较小，表明此窗口计算出来的 μ 适合作阈值标准，则此窗口内的镜头探测将采用它作阈值标准。

如图 9.2 所示，这是一个新闻视频的差值直方图，横坐标为帧号，纵坐标为差值直方图值。左边滑动窗口的差值直方图的方差比较小，用它的均值计算阈值比较合适；而右边滑动窗口的差值直方图的方差比较大，用它的均值计算阈值则不合适，因而在其中进行镜头探测时将采用左边窗口的阈值。

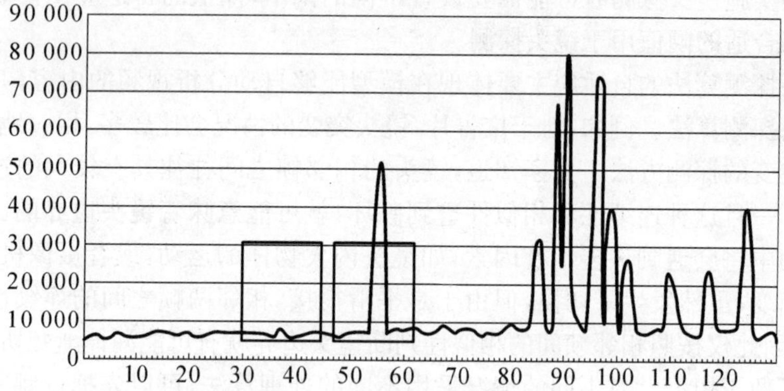

图 9.2　阈值自适应解决方案

2. 基于背景的镜头探测方法

为了从新闻视频中准确地提取出镜头这一基本结构单元，这里介绍基于背景的镜头探测方法。

镜头通常定义为摄像机的一次动作。通过对镜头的观察可以发现，同一镜头通常都含有相同的背景区域。摄像机在做摇动、推拉、旋转等运动时，其对象有可能移动、变化、快速运动或者消失，但是背景区域的变化相对而言却很小。基于这种观察,不妨认为具有相同背景区域的图像帧可能属于同一镜头,一旦背景区域发生了显著变化,则认为出现了镜头边界。同时,为避免出现背景相似而镜头内容完全不同的情况,即漏检某些镜头,在分析背景区域的基础上,对主要对象区域进行分析,以辅助镜头边界的准确探测。

这里对图像背景区域的理解沿用了已有的定义,它与图像分割中"对象"与"背景"的概念略有不同。如图 9.3 所示,为简化计算,将背景区域定义为图像帧的边缘区域,即图像帧的上部(H)、左列(V_1)与右列(V_2)三个矩形区域,将这些区域所围成的部分中间区域称为主要对象区域(main)。对主要对象区域进行适当的处理即可寻找到合适的视频关键帧。图像帧的上部区域可包含摄像机水平方向的运动,左列与右列区域分别包含摄像机垂直方向的运动,综合考虑上部、左列与右列区域,可包含摄像机两个对角线上的运动。

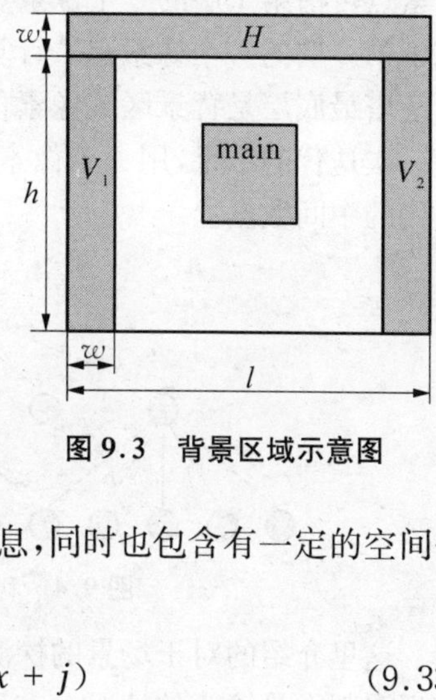

图 9.3　背景区域示意图

这样,通过对背景区域的分析,基本上可以获得摄像机的运动特征。图 9.3 中的 w 值取为图像帧宽度的 1/10,l 值为图像帧的宽度,h 值为图像帧的高度与 w 值之差,则图中背景区域的面积大概占整幅图像面积的 1/5 左右。

接下来分别针对三个子背景区域 H, V_1, V_2 进行处理,将每个子区域的像素值转换为一维数组,再利用图像编码中高斯金字塔迭代的方法得到图像帧中每个子背景区域的特征值 feature 和 FT。这两个特征值不仅含有背景区域的颜色信息,同时也包含有一定的空间信息。高斯金字塔迭代公式为

$$g_l(x) = \sum_{j=-2}^{2} \theta(j) g_{l-1}(2x + j) \tag{9.33}$$

式中,$g_l(x)$表示第 l 层位置为 x 的像素值,该值为第 $l-1$ 层位置为 $2x+j$($j=-2, \cdots, 2$)五个点像素值的加权和,其中 $\theta(j)$为权值。$\theta(j)$必须符合下面三个条件:

(1) $\theta(j) = \theta(-j)$,对于 $j = 0, 1, 2$;

(2) 令 $\theta(0) = a$, $\theta(1) = \theta(-1) = b$, $\theta(2) = \theta(-2) = c$,则 $a + 2b + 2c = 1$;

(3) $a + 2c = 2b$。

当 $a = 0.2$, $b = 0.25$, $c = 0.15$ 时取得了比较好的效果。需要强调的是,为了正确地使用高斯金字塔迭代公式,前面定义的 w, l, h 值都必须属于集合 $G = \{1, 5, 13, 29, \cdots\}$,若计算值不在该集合中,则在该集合中选取与之最近的那个值代

替。例如，w 经计算得到其值为 16，该值与集合 G 中的 13 最为接近，处于高斯金字塔的第三层，故 w 最终取值为 13。寻找最近值的公式。设 w 为经计算得到的 w 初值，j 为 w 值所在的层，w 为最终确定的属于金字塔集合的值。首先通过下式

$$j = \left[\log_2 \frac{w' + 3}{6}\right] + 2;\ w = 2^{j+1} - 3,\ (j = 1, 2, \cdots) \tag{9.34}$$

计算 w 值所在的层次 j，接下来根据所在层次 j 计算 w 在集合中最近的值。另外，主要对象区域的边长取为 w 值所在金字塔层的高一层的值。即若 $w = 13$，该位处于金字塔的第三层，则 main 的边长取为金字塔第四层的值，即为 29。

图 9.4 是利用高斯金字塔计算特征值 feature 和 FT 的示意图。第 1 层的每个像素值分别为第 0 层的五个像素值的加权和，经过一次迭代后，第 0 层的 13 个像素点可由第 1 层的 5 个像素点来代替；经过第二次迭代，第 1 层的五个像素点凝成了第 2 层的一个像素点。计算背景区域特征值 feature 和 FT 的过程与之类似。金字塔最底层是背景区域像素值的一维数组，FT 处于高斯金字塔的最高层，是最后一次迭代的结果，用一个像素点表示。Feature 处于高斯金字塔的中间层，反映迭代的中间数据。

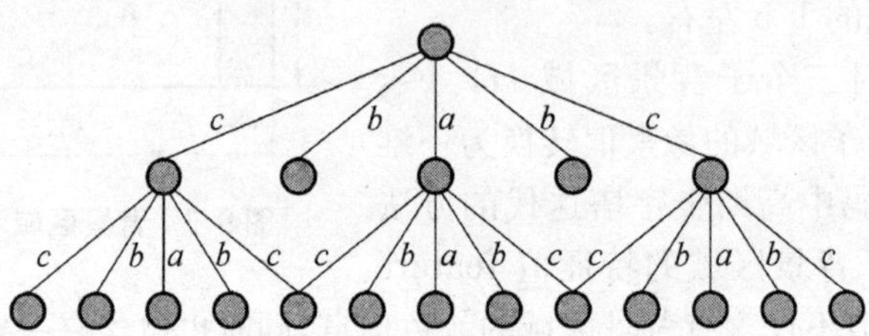

图 9.4 利用高斯金字塔计算特征值示意图

这里介绍的对于场景的探测较为有效，但如果直接将其应用于镜头探测，则会出现漏判大量镜头的情况。在该算法的基础上加以改进，即可将场景探测的算法用于镜头探测。整个算法主要包括两个过程，特征值 FT 的匹配过程以及根据另一特征值 feature 进行背景跟踪的过程，匹配与跟踪过程分别针对三个子背景区域 H，V_1，V_2 进行。具体过程如图 9.5 所示。

算法 9.1 基于背景的镜头探测方法

(1) 对两幅图像 V_1，V_2，H 三个背景区域的 FT 值分别进行匹配，若至少有两个区域的 FT 值不匹配，则可能出现了镜头边界。在此基础上，对主要对象区域的 FT 值进行匹配，若不匹配，则计算该区域的颜色直方图，若直方图仍不匹配，则可以判定此处一定出现了镜头边界。若上述条件均不满足，则进入第二步。该步骤中 FT 值的匹配方法定义如下：若 FT 值的每个颜色分量之差均小于阈值 D_s，

则认为 FT 值匹配,即两幅图像相近。实验中,对大运动较多的视频,取 D_s 为 35,对较为平稳的视频,取 D_s 为 25。

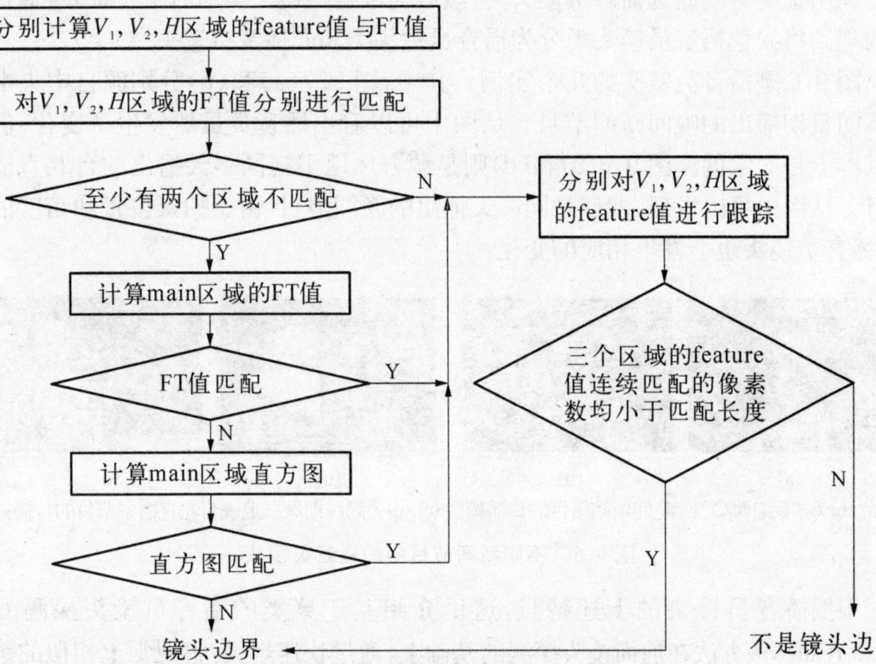

图 9.5 镜头探测算法的基本流程

(2) 分别对两幅图像 V_1, V_2, H 三个背景区域的 Feature 值进行跟踪,若三个背景区域的 feature 值连续匹配的像素个数均小于规定的匹配长度,则认为出现了镜头边界。这里将规定的匹配长度设为 w 值的两倍(如前所述,w 取值为图像帧宽度的 1/10)。

对于计算算法的复杂度。设 p 为背景区域的像素数,第一步,首先需要计算 FT 的值,计算复杂度为 $O(2^{\log_2(p+1)})$,实际上也就是 $O(p)$。第二步,由于 feature 值在前一阶段已经计算得到,这里只需计算跟踪算法的复杂度,为 $O((\log_2 p)^2)$,它小于 $O(p)$。总的来说,算法的平均复杂度应为 $O(p)$。

9.3.2 播音员镜头检测

在一段新闻节目中,播音员镜头的出现具有一定的规律性。首先,新闻故事通常以播音员镜头作为开始和结束,播音员镜头在新闻中多次出现;其次,播音员镜头运动较小,一般只存在播音员微小的动作变化;第三,同类播音员镜头之间非常相似,播音员衣着和播音室背景等一般不会改变太大;第四,播音员镜头比一般新闻镜头时间长,并且相邻的播音员镜头之间存在一定的时间间隔。根据这些规律,首先利用聚类得到候选播音员镜头类,然后提取这些镜头类的时空特征,再通过合适的规则将候选播音员镜头类分为播音员镜头类和非播音员镜头类。

图 9.6 是播音员镜头的几个实例。其中,图 9.7(a)和(b)分别源自中央电视台不同日期播出的晚间新闻节目。从图中可以看出播音员虽然发生了变化,但背景基本上是固定的。图 9.6(c)和(d)则是源自凤凰卫视同一天播出的台北直播室栏目。从图中可以发现,即使是同一天播出的新闻节目,由于拍摄位置和角度的不同,播音员镜头也会发生相应的变化。

(a) (b) (c) (d)

(a),(b)为不同日期CCTV晚间新闻节目的口播帧　(c),(d)为同一期凤凰卫视台北直播室节目的口播帧

图 9.6　不同新闻节目中的播音员镜头

根据播音员镜头的上述特点,这里介绍基于聚类的播音员镜头探测方法 AnchorClu。该方法在前面镜头探测的基础上,通过快速聚类,将视觉上相似的镜头聚集成一个个的类,并最终通过合适的判定规则确定出播音员镜头类。接下来将对该方法中镜头特征的提取、镜头聚类的过程以及播音员镜头类的确定逐一进行说明。

1. 镜头特征的提取

从图像中直接得到的一般都是 RGB 值,因此要把 RGB 值转换 HSV 值。给定 RGB 颜色空间的值(R, G, B),$R, G, B \in \{0, 1, \cdots, 255\}$。设 $v' = \max(R, G, B)$,则

$$v = v'/255,\ s = \frac{v' - \min(R, G, B)}{v'} \tag{9.35}$$

$$h' = \begin{cases} (5 + B'),\ \text{if } R = \max(R, G, B) \text{ and } G = \min(R, G, B) \\ (1 - G'),\ \text{if } R = \max(R, G, B) \text{ and } G \neq \min(R, G, B) \\ (1 + R'),\ \text{if } G = \max(R, G, B) \text{ and } B = \min(R, G, B) \\ (3 - B'),\ \text{if } G = \max(R, G, B) \text{ and } B \neq \min(R, G, B) \\ (3 + G'),\ \text{if } B = \max(R, G, B) \text{ and } R = \min(R, G, B) \\ (5 - R'),\ \text{otherwise} \end{cases} \tag{9.36}$$

式中，$h=60\times h'$，R'，G'，B'定义为

$$R' = \frac{v' - R}{v' - \min(R,\ G,\ B)},\ G' = \frac{v' - G}{v' - \min(R,\ G,\ B)},$$

$$B' = \frac{v' - B}{v' - \min(R,\ G,\ B)}$$

这里，R，G，$B\in\{0,1,\cdots,255\}$，$h\in\{0,\cdots,360\}$，$s\in\{0,1\}$，$v\in\{0,1\}$。

用颜色直方图来描述图像的整体颜色特征。对于一幅图像 I，其颜色（或灰度）由 L 级组成，每一种颜色（灰度）值为 $C(i=1,2,\cdots,L)$。在整幅图像中，具有 C_i 值的像素个数为 h_j，则一组像素的统计值 $h_1,\ h_2,\ \cdots,\ h_L$ 就称为该图像的颜色直方图，用 $H(h_1,\ h_2,\ \cdots,\ h_L)$表示。直方图特征描述了图像颜色（或灰度）的统计特性，反映了图像颜色的统计分布和基本色调，但是它不包含位置特征，因此不同的图像可能会具有相同的直方图特征。

一幅图像的颜色一般会比较多，尤其是真彩色图像，因此直方图矢量的维数也会比较多。如果对 HSV 空间进行适当的量化后再计算直方图，则计算量要少得多。将 H，S，V 三个分量按照人的颜色感知能力进行非等间隔的量化：

(1) 按照人的视觉分辨能力，把色调 H 空间分成 8 份，饱和度 S 和亮度 V 空间分别分成 3 份；

(2) 根据色彩的不同范围进行量化，量化公式如下

$$H = \begin{cases} 0, \text{ if } h \in [316,\ 20] \\ 1, \text{ if } h \in [21,\ 40] \\ 2, \text{ if } h \in [41,\ 75] \\ 3, \text{ if } h \in [76,\ 155] \\ 4, \text{ if } h \in [156,\ 190] \\ 5, \text{ if } h \in [191,\ 270] \\ 6, \text{ if } h \in [271,\ 295] \\ 7, \text{ if } h \in [296,\ 315] \end{cases},\quad \left. \begin{array}{l} S = \begin{cases} 0, \text{ if } s \in [0,\ 0.2] \\ 1, \text{ if } s \in (0.2,\ 0.7] \\ 2, \text{ if } s \in (0.7,\ 1] \end{cases} \\ V = \begin{cases} 0, \text{ if } v \in [0,\ 0.2] \\ 1, \text{ if } v \in (0.2,\ 0.7] \\ 2, \text{ if } v \in (0.7,\ 1] \end{cases} \end{array} \right\} \qquad (9.37)$$

(3) 构造一维特征矢量。按照以上量化级，把三个颜色分量合成为一维的特征矢量：$l = HQ_sQ_v + SQ_v + V$；其中，Q_s 和 Q_v 分别是分量S 和 V 的量化级数，$Q_s=3$，$Q_v=3$。因此上式可表示为：$l = 9H + 3S + V$；

这样，H，S，V 三个分量在一维矢量上分布开来。根据上式，l 的取值集合为$\{0,\cdots,71\}$，计算 l 可获得 72 箱(bin)的一维直方图。

假设示例图像为 Q，其直方图特征矢量为 $H_q(q_0,\ q_1,\ \cdots,\ q_L)$，图像数据库中的图像为 S，其直方图特征矢量为 $H_s(s_0,\ s_1,\ \cdots,\ s_L)$。其中，$0\leqslant q_i\leqslant 1$，

$0 \leqslant s_i \leqslant 1$为归一化的比例值,$L$ 为一维直方图矢量的维数。那么利用直方图交算法进行图像相似性度量的方法如下

$$\mathrm{Sim}(Q, S) = \sum_{i=1}^{L} \min(q_i, s_i) \tag{9.38}$$

如果两幅图像的颜色分布相同,那么相似度为 l,否则为 0 到 1 之间的一个数。直方图交算法实际上是计算两幅图像的公共部分,可以比较明显地区分出不相似的图像。

2. 聚类过程

根据新闻节目中同一组播音员镜头之间非常相似、不同组播音员镜头以及非播音员镜头之间相似度较小的特点,采用一种快速播音员镜头聚类算法。

算法 9.2 快速播音员镜头聚类方法

(1) 设一段视频中的镜头集合为 $S = \{S_0, S_1, \cdots, S_{n-1}\}$,共 n 个镜头。定义

$$d_{ij} = D(S_i, S_j) = 1 - \mathrm{Sim}(S_i, S_j) \tag{9.39}$$

式中,$\mathrm{Sim}(S_i, S_j)$的计算参见公式(9.35)。利用上式计算两两镜头之间的距离,得到距离矩阵 $\Delta = [d_{ij} | 0 \leqslant i, j < n]$。该距离矩阵为一个对角线值为 0 的对称矩阵。在算法设计时,为减少存储空间,采用一维数组存储上三角矩阵的值,数组元素个数为 $n(n-1)/2$ 个。

(2) 对于给定的阈值 θ,若 $d_{ij} < \theta$,则镜头 S_i 和 S_j 属于同一类,这样可以把镜头集 S 分为若干个类。由于这里的主要目的是完成播音员镜头的聚类,而播音员镜头在视觉上具有较高的相似度,故将阈值 θ 设为 0.25。

具体的算法描述如下:

```
for (i=0; 1<n; i++)//由于距离矩阵是对称矩阵,故只判断上三角矩阵
    for (j=i+l; j<n; j++)
        if dij<θ { //镜头 Si 和镜头 Sj 之间距离小于预定阈值 θ
            if O(i) =∅ and O(j) =∅ //镜头 Si 和镜头 Sj 所属的类均为空
                新建类 cluster,并将镜头 Si 和镜头 Sj 聚入该类;
            if O(i) ≠∅ and O(j) =∅ //镜头 Si 已经有所属类,而镜头 Sj 所属类为空;
                若镜头 Sj 与 O(i)类所有镜头的距离均小于 θ,则将镜头 Sj 聚入 O(i)类;
            if O(i) =∅ and O(j) ≠∅ //镜头 Si 所属类为空,而镜头 Sj 有所属类;
                若镜头 Si 与 O(j)类所有镜头的距离均小于 θ,则将镜头 Si 聚入 O(j)类;
        }
        else    //镜头 Si 和镜头 Sj 均有所属类
            do nothing;//不做任何操作
```

经过上述聚类操作,可以得到若干聚类。根据上述算法,可以肯定每个聚类中

镜头的个数都不会小于2,而且可能出现某些镜头没有所属类的情况。像这种没有所属类的镜头,不是需要考虑的对象。因为在一段新闻视频中很少出现只有一个播音员镜头的情况。也就是说,一般情况下播音员镜头类应该包含至少两个镜头。经过上述处理得到的聚类就是候选的播音员镜头类,聚类中两两镜头间的距离值都小于0.25,也即候选类内镜头间的相似度都大于0.75。

3. 播音员镜头类的确定

某些非播音员镜头在新闻中也会重复出现,而且视觉相似度较高,因而被探测为候选播音员镜头。然而,播音员镜头和非播音员镜头的出现在时间和空间上的规律明显不同,可以采用统计方法提取候选播音员镜头类的时空特征,并按照合适的规则进行判断,最后得到播音员镜头类。

在新闻节目中,播音员镜头和非播音员镜头在时间和空间特征上的不同表现在:播音员镜头重复出现次数较多,而非播音员镜头重复出现次数较少;通常播音员镜头需持续一定时间,并且至少播报一条新闻,故同类播音员镜头平均持续时间较长;同类的相邻播音员镜头间存在一定的时间间隔,而同样多次重复出现的非播音员镜头则经常连续出现。

基于上述差异,选取:(1) 类中镜头的平均时间跨度(播音员镜头的出现在时间上有较大跨度);(2) 类中镜头平均长度(播音员镜头类镜头平均长度较长);(3) 类中镜头数目(播音员镜头类中镜头数目较多);(4) 类中镜头平均距离(播音员镜头类镜头平均距离较小)这四个特征作为判定播音员镜头类的主要特征。综合考虑这几种特征,将有效地实现播音员镜头类和非播音员镜头类的分类。

算法9.3 播音员镜头类判定方法

(1) 设有 n 个候选播音员镜头类,记为 $C_1, C_2, \cdots, C_n$。对每个 $C_i(i=1, 2, \cdots, n)$,分别计算类中镜头的平均时间跨度 $Avgtime_i$、所含的镜头个数 Num_i、类中镜头的平均长度 $AvgLen_i$ 以及平均距离 $AvgDis_i$,计算方法如下:

设对某个候选类 C_i,有 m 个镜头,记为 $S_1, S_2, \cdots, S_m$,每个镜头均用镜头关键帧号表示,则镜头之间的时间跨度可简单地用镜头帧号之间的距离来计算,记为

$$T_{ij} = |S_i - S_j|, i, j = 1, 2, \cdots, m$$

设 C_i 类中每个镜头的长度分别为 $\mathrm{Len}_{i1}, \mathrm{Len}_{i2}, \cdots, \mathrm{Len}_{im}$,则有

$$Avgtime_i = \left(\sum_{i=1}^{m}\sum_{j=i+1}^{m} T_{ij}\right)/(m(m-1)/2)$$

$$Num_i = m$$

$$AvgLen_i = \sum_{j=1}^{m} \mathrm{Len}_{ij}/m$$

$$AvgDis_i = \left(\sum_{i=1}^{m}\sum_{j=i+1}^{m} d_{ij}\right)/(m(m-1)/2)$$

其中心的计算参见公式(9.36)。

(2) 寻找 n 个候选类中镜头平均时间跨度 *Avgtime* 最大的类、镜头平均长度 *AvgLen* 最长的类、镜头数目 *Num* 最多的类以及镜头间平均距离 *AvgDis* 最小的类,分别标记其类标号为 i, j, k, l。

(3) 若 $i=j=k=l$,说明该类同时满足镜头平均时间跨度最大、镜头平均长度最长、类内镜头数最多以及镜头间平均距离最小这四个条件,则标记该类为播音员镜头类。否则,若类标号 i,j,k,l 中有大于等于两个值相同(如 $i=j=k\neq l$, $i=j\neq k\neq l$),则标记同时满足多个条件的类为播音员镜头类。否则,若四个类标号均不相同(如 $i\neq j\neq k\neq l$),则选择镜头平均时间跨度 *Avgtime*。最大的类作为播音员镜头类。

经过上述判断,最终能够将播音员镜头类从候选镜头类中选择出来。当出现难以确定播音员镜头类的情况时,对上述四个条件按照满足镜头平均时间跨度最大、镜头平均长度最长、类内镜头数最多以及镜头间平均距离最小的优先次序来确定播音员镜头类。

9.3.3 新闻故事单元检测

对于故事单元的分割,目前常用的方法是镜头聚类,即通过对镜头底层物理特征的相似性分析,建立镜头之间内容的关联,从而达到分割故事单元的目的。从对各类视频分割的总体效果来看,这无疑是一种较好的解决办法,尤其对电影、专题片等同一场景内不同镜头之间相似性较强的视频类型有着很好的效果。但是,这种方法在处理同一场景内镜头之间变化较大的视频类型时效果不够理想。由于新闻视频中还存在许多特殊的情况,使得新闻故事的安排并不完全按照"播音员镜头-新闻故事详情"的方式来组织。为了使算法更具鲁棒性,需要根据多种特征进行综合处理,才能获得更为理想的故事单元探测结果。

特殊形式的新闻故事有以下四种:

(1) 无故事详情的新闻。这种新闻只有播音员播音的镜头,而没有详细的新闻故事详情,新闻标题字幕出现在播音员镜头中。这类新闻通常都是公告性新闻,它们与后续新闻故事之间不能以播音员镜头作为分界标志,故较难探测;

(2) 无播音员新闻。这类新闻不以播音员镜头开始,而是直接播放新闻故事的详细内容。无播音员新闻与其前续新闻故事之间没有播音员镜头相隔,也比较难探测;

(3) 多标题新闻。个别新闻包含多个新闻标题,同一新闻标题在同一新闻故事中出现多次。这种情况增加了故事探测的复杂度；

(4) 无标题故事。新闻节目的版块与版块之间会插播广告，有时还会有音乐动画字幕，对于这种不含新闻内容的故事，也把它看作新闻故事当中的一种，称为无标题故事。

除此之外，由于不同电视台在编排新闻节目时存在风格上的差异，还可能有其他特殊形式的新闻故事没有列入上述情况之中。

总的来说，大多数新闻节目都具有一个新闻故事对应一个新闻标题的形式，多标题新闻只在少数情况下出现。因此，新闻标题是新闻故事较为可信的一种标志。新闻故事的边界通常情况下总是位于两个新闻标题事件之间，因此可以把新闻故事边界的探测限定在两个相邻的标题事件之间。另外，音频作为与视频相伴的一种媒体，含有丰富的内容信息，因此将视觉特征与听觉特征融合起来进行分析，将有效地改善仅仅依靠视觉信息来判断新闻故事边界的不足。这里介绍一种融合多特征的新闻故事单元探测方法 SATS，该方法在对新闻故事单元的结构进行分析的基础上，通过静音探测、标题字幕事件探测、镜头探测、口播帧探测来达到融合多特征探测新闻故事单元的目的。

新闻视频一般都有比较固定的时间编排格式，而且在相当长的一段时间内（通常是一年或更长时间），这种格式都不会发生大的变化。以中央电视台晚间新闻节目为例，整个节目大约持续 40 分钟，包括四大版块，依次为：今日要闻、世界报道、国内新闻、体育新闻。前三部分的时间约为 30 分钟，体育新闻约为 10 分钟。各版块内还包括由音乐和动画字幕构成的片花、广告、具体的新闻内容、节目预告等不同内容。各种不同类型的内容排列的顺序基本上是固定的，如图 9.7 所示。

	节目板块	编排方式
1	片头：	音乐字幕→今日要闻→
2	世界报道：	音乐字幕→世界报道→国内要闻→广告→
3	国内新闻：	音乐字幕→国内新闻→体育要闻→广告→
4	体育新闻：	音乐字幕→体育新闻→节目预告→片尾

图 9.7　中央电视台晚间新闻节目的编排方式

对于新闻视频来说，新闻故事单元的确定可以由以下几个因素来共同决定，它们分别是播音员（anchor person）、静音（silence）、镜头（shot）和标题（title），这里称之为特征。不妨假定新闻视频的故事单元满足以下特点和规律：(1) 任意一段新闻视频均由一个新闻故事单元序列构成；(2) 除无标题故事（如广告）外，每个新闻故事至少存在一个标题字幕事件，即新闻的标题字幕在该新闻故事中出现至少一次；(3) 播音员镜头一般出现在两个相邻的标题字幕事件之间，也有可能与一个或多个标题字幕事件重合；(4) 新闻故事边界如果存在，则一定位于相邻的两个标题字幕之间或播音员镜头的开始处；(5) 在新闻故事的边界处，播音员的声音会出现一个明显的停顿，表现在音频流上，将出现一个较长的静音段。

根据上述特点和规律，新闻故事的边界与镜头边界、播音员镜头、标题字幕、静音等多个特征息息相关，因此需要对其进行综合的处理，才能获得更为准确的探测结果。这里将讨论与静音探测相关的问题。

静音探测主要与音频的两个物理特征有关，一个是短时能量，一个是短时平均过零率。下面对这两个特征进行说明，并在此基础上提出静音探测方法。

(1) 音频特征的提取

短时能量是音频信号一个短段的能量，连续帧的短时能量组成音频流的能量谱，它反映了声音的强度随时间和声音内容变化的规律。由于人耳对声音的感觉与音强的变化程度有关，因此，能量谱是音频的重要物理特征之一。

短时能量的定义为

$$E_n = \sum_{m=-\infty}^{\infty} [x(m)w(n-m)]^2 \tag{9.40}$$

式中，$x(m)$为音频帧序列，$w(n)$为加窗函数，这里选用矩形加窗函数，其定义如下

$$w(n) = \begin{cases} 1, & 0 \leqslant n \leqslant N-1 \\ 0, & \text{其他} \end{cases} \tag{9.41}$$

式中，N 为音频帧序列的长度。

短时能量是判断语音数据有声或无声的基本依据，因为语音有声段的能量要远远高于无声段的能量。并且短时能量也是判断音频是有声还是静音的重要参数。由于采样量化过程的局限性以及噪音的影响，在静音时的能量并不等于 0。一般来说，音频有声时的能量要高于静音时的能量，即其信噪比要高。

当两个相邻取样值有不同符号时，便出现“过零”现象。单位时间过零的次数称为“过零率”。短时平均过零率采用下式计算

$$Z_n = \frac{1}{2N}\sum_{m=-\infty}^{\infty} |\operatorname{sgn}[x(m)] - \operatorname{sgn}[x(m-1)]|\, w(n-m) \tag{9.42}$$

短时平均过零率是区分音频信号有声或无声的重要标志之一，因为有声区的过零率要远远高于无声区的过零率。由图 9.8(a)看出，对于语音数据，其过零率曲线有较明显的波峰和波谷，曲线变化剧烈。一般具有一个相对较低且稳定的最小值，其波峰值都比较高。

对语音来说，过零率高的区段对应于清音或无声区，过零率低的区段对应于浊音。因此，过零率是区别清音与浊音、有声与无声的重要标志。由图 9.8(b)看出，相对于语音数据，音乐的过零率曲线的变化就比较小，而且幅度也不大。这表明在一段时间内，音乐的过零率要稳定的多，而且其过零率曲线不太规则，没有一个较稳定的基线，其波峰相对较低。

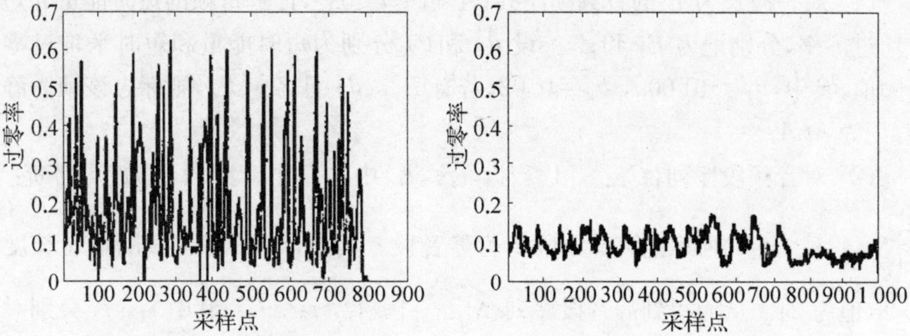

(a) 语音的ZCR曲线　　(b) 音乐的ZCR曲线

图 9.8　语音和音乐的短时平均过零率曲线

(2) 静音探测方法

静音是指在特定声音环境下，人耳听不到的声音。人耳的听觉阈值与人当前所处的环境声强和声音的频率有关。当前的环境声音高，听觉阈值就高；当前的环境声音低，听觉阈值相对变低。因此，静音阈值是随总体声音能量的变化而变化的，是一个相对值。

静音与音强、音长有关。这些特性表现在能量谱上，就是在一定的时间内音频流的能量较低。如图 9.9 所示，段 $a \sim b$，$e \sim f$，$k \sim l$ 是静音段。虽然 c，d，g，h，i，j 等点处的能量也很小，但其持续的时间较短，一般不能将其判为静音。此外，静音的短时平均过零率也具有一定的特殊性。经测试，静音的 ZCR 值在噪声和和谐音之间，一般为 4～20。

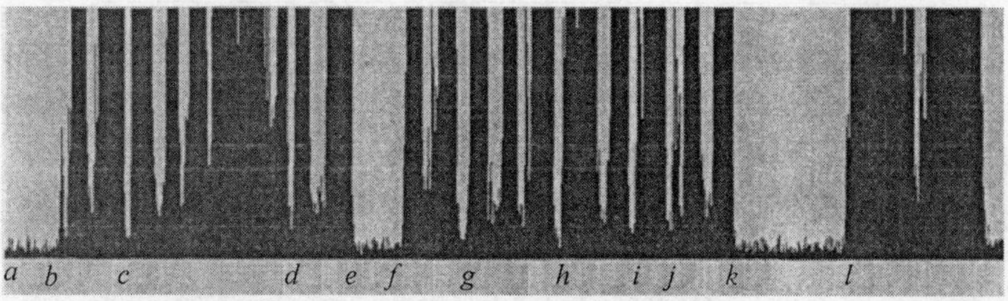

图 9.9　一段连续语音的能量谱

在新闻故事边界处，播音员的声音会有一个较为明显的停顿。相应地，在音频流中将出现一个静音段。与视频流类似，音频流也可以看作是由一帧帧的数据组成。设每个音频帧为 20 ms，每个音频段为连续的 30 个音频帧(0.6 s)。采用如下方法寻找音频流中的静音段序列。

算法 9.4 静音探测算法

(1) 对一段长为 L 的音频帧序列$\{A_i|1\leqslant i\leqslant L\}$，计算每帧的短时能量和短时平均过零率，分别记为 E_i 和 Z_i。设 θ_E 和 θ_Z 分别为短时能量和短时平均过零率的阈值，其中，$\theta_E=10\,000$，$\theta_Z=0.02$，若有 $E_i<\theta_E$ 且 $Z_i<\theta_Z$，则标志该帧为静音帧，记为 $S(A_i)=1$；

(2) 对音频段序列$\{C^i_{i_1,\,i_2}|1\leqslant i_1,\ i_2\leqslant L\}$中的每个音频段，作如下判断：若 $\sum\limits_{i=i_1}^{i_2}S(A_i)>\theta_S$，则标记该音频段 i 为静音段。其中，θ_S 为静音段的最短长度阈值，取值为 24。从而得到静音段序列$\{S^i_{i_1,\,i_2}|1\leqslant i_1,\ i_2\leqslant L\}$，其中 i_1，i_2 分别对应静音段的起始和结束帧。

经过上述算法，能够将新闻视频中的静音段序列探测出来，从而为后续融合多特征的新闻故事单元探测打下基础。

(3) 融合多特征的新闻故事单元探测方法(SATS)

根据新闻视频的结构特点，提出了融合多特征的新闻故事单元探测方法 SATS。该方法首先对视频流进行镜头探测、播音员镜头探测和标题字幕探测，同时对音频流进行音频特征的提取，并在此基础上进行静音探测，最终通过对各个边界的综合分析，得出准确的故事边界。该方法的过程如图 9.10 所示。图中的视音频分割器将通过微软 DirectXSDK 提供的工具来实现。

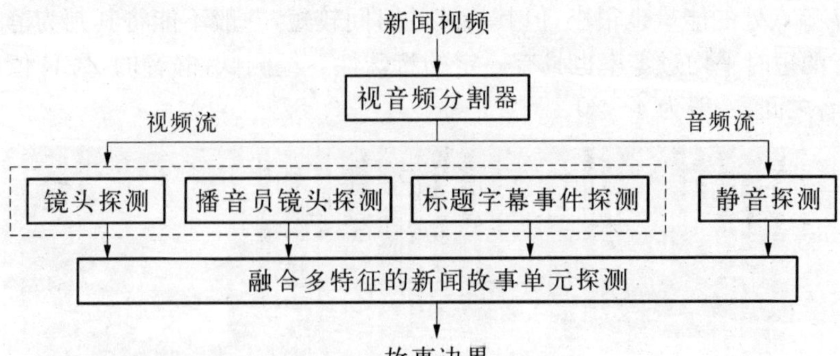

图 9.10 融合多特征的新闻故事探测过程

融合多特征的新闻故事探测(简记新闻故事为 U(storyunit))将综合考虑播音员、标题、静音、镜头等多个特征,分别简记为 A(anchor), T(title), S(silence)和 C(cut)。

记第 i 个 δ 特征为 $\delta_i^{t_1, t_2}$,其中,t_1, t_2 分别为特征 i 的开始和结束时刻,特征 $\delta \in \{A, T, S, C, U\}$。例如,$A_i^{t_1, t_2}$ 表示第 i 个 anchor 镜头,$T_i^{t_1, t_2}$ 表示第 i 个 title 事件,$S_i^{t_1, t_2}$ 表示第 i 个静音段等。记 C_i^t 为发生在时刻 t 的第 i 个镜头边界,U_i^t 为发生在时刻 t 的第 i 个故事边界。

记$[t_1^{\delta_i}, t_2^{\delta_i}]$为第 i 个特征发生的时间段,t^{C_i} 为第 i 个镜头边界的发生时刻,t^{U_i} 为第 i 个故事边界的发生时刻,则有如下判定条件:

判定条件 1　对于任意一段新闻视频流 V^{T_1, T_2},有 $V^{T_1, T_2} = \bigcup_{i=1}^{n} U_i^{t_1, t_2}$,其中 $t_1, t_2 \in [T_1, T_2]$。即任意一段新闻视频流均由若干故事组成,也就是说故事集合构成了对新闻视频流的一个划分。

判定条件 2　$\forall U_i^{t_1, t_2}$, if $\exists T_j^{t_1, t_2}$,则有$[t_1^{T_j}, t_2^{T_j}] \subseteq [t_1^{U_t}, t_2^{U_t}]$。即对于任意的新闻故事,如果它存在标题,则该标题事件必然发生在新闻故事中。

判定条件 3　$\forall [t_2^{T_i}, t_1^{T_{i+1}}]$, $\exists U_i^t$,满足 $t^{U_i} \in [t_2^{T_i}, t_1^{T_{i+1}}]$。即两个标题事件之间存在唯一的一个故事边界。

判定条件 4　$\forall U_i^t$, $\exists S_i^{t_1, t_2}$,满足 $t^{U_i} \in [t_1^{S_i}, t_2^{S_i}]$。即故事边界处必伴随静音段。

判定条件 5　$\forall [t_2^{T_i}, t_1^{T_{i+1}}]$,若$[t_2^{T_i}, t_1^{T_{i+1}}] \cap [t_1^{A_j}, t_2^{A_j}] = \varnothing$,则 $t^{U_i} \in [t_2^{T_i}, t_1^{T_{i+1}}] \cap t^{C_k} \cap [t_1^{S_t}, t_2^{S_t}]$。即若相邻字幕事件之间不存在播音员镜头,则故事边界位于相邻字幕事件之间静音段与镜头边界重合的位置。

判定条件 6　$\forall [t_2^{T_i}, t_1^{T_{i+1}}]$,若$[t_2^{T_i}, t_1^{T_{i+1}}] \cap [t_1^{A_j}, t_2^{A_j}] \neq \varnothing$,则 $t^{U_i} \in [t_2^{T_i}, t_1^{T_{i+1}}] \cap [t_1^{A_j}, t_2^{A_j}] \cap [t_1^{S_t}, t_2^{S_t}]$。即若相邻字幕之间存在播音员镜头(包括字幕与播音员镜头重合的情况),则故事边界位于相邻字幕之间静音段与播音员镜头重合的位置。

判定条件 7　$\forall A_i^{t_1, t_2}$,有 $t_1^{A_i} \in \{t^{U_j} \mid i = 1, 2, \cdots\}$。即任意播音员镜头的开始处均为一个故事边界。

根据上述判定条件以及新闻故事边界变换的几种情况,如图 9.11 所示,设计如下的新闻故事单元探测算法。

算法 9.5　融合多特征的新闻故事单元探测算法

(1) 将每个播音员镜头的开始时刻$\{t_1^{A_i} \mid i=1,2,\cdots,n\}$标注为故事边界。如图 9.11 所示；

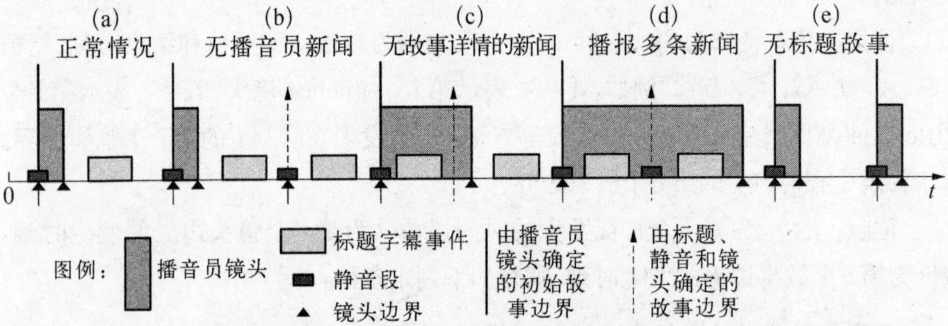

图 9.11　新闻故事边界变换的几种情况

(2) 若$[t_2^{T_i},\ t_1^{T_{i+1}}]\cap[t_1^{A_j},\ t_2^{A_j}]=\varnothing$，即相邻标题间没有播音员镜头，如图 9.11(b)。在$[t_2^{T_i},\ t_1^{T_{i+1}}]\cap t^{C_k}\cap[t_1^{S_t},\ t_2^{S_t}]$之间寻找静音段最长且与镜头边界重合的点作为故事边界；

(3) 若$[t_2^{T_i},\ t_1^{T_{i+1}}]\cap[t_1^{A_j},\ t_2^{A_j}]\neq\varnothing$，即相邻标题间有播音员镜头，如图 9.11(e)和(d)所示。在$[t_2^{T_i},\ t_1^{T_{i+1}}]\cap[t_1^{A_j},\ t_2^{A_j}]\cap[t_1^{S_t},\ t_2^{S_t}]$中寻找最长静音段的中点作为故事边界；

(4) 将探测到的所有故事边界以链表形式记录下来，记为$\{t^{U_i} \mid i=1,2,\cdots,n\}$。

算法 9.5 建立在播音员镜头探测、标题字幕事件探测、静音探测和镜头探测已经完成的基础上，图 9.11 形象地列举了故事边界所有可能发生的情况。图 9.11(a)是新闻节目最常出现的一种模式，即一个播音员镜头后接一个故事详情，在故事详情播放阶段出现标题；图 9.11(b)是无播音员的情况，即相邻标题事件间没有播音员镜头，这时取两个标题之间与镜头边界重合的最长静音段的中点作为边界；图 9.11(c)是无故事详情的新闻的情况；图 9.11(d)是播音员播报多条新闻的情况。后两种情况对故事边界的判定方法是一致的，都是在相邻标题间取与播音员镜头重合的最长静音段的中点为故事边界；图 9.11(e)为无标题故事的情况，如广告。将连续的广告节目看作一个故事，这种故事边界的判定以播音员镜头的开始作为故事的开始，以下一个播音员镜头的出现作为故事的结束。

从算法 9.5 中可以看出，第一步将所有播音员镜头的开始时刻作为故事边界将在很大程度上降低算法的复杂度，可以去除许多不必要的判定。例如播音员镜头与两个相邻字幕的后一字幕事件重合的情况，相邻字幕之间多个播音员的情况等，事实上已全部包含在了图9.11的情况中，使得算法的设计变得简单易操作，也符合现实中的情况。

9.4 广告检测

视频广告作为一种特殊的视频，在表现手法上和普通的节目视频存在着明显的差异，因为它要求在规定的时间内传递大量的商业信息，因此通过分析视频广告的特征可以实现对其检测和定位。这里主要针对电视连续剧里面插播的视频广告。

电视连续剧是一种常见的娱乐视频。电视连续剧的基本结构单位由“场”构成。不同的场在时间或空间段上有显著不同。因此嵌入的视频广告可以很好地从电视节目中分离出来。

视频广告的目的是通过多种表现方式和拍摄手法鲜明地向人们传达相应的商业信息，以达到指导消费、刺激需求的作用。从视频广告的主题出发，逐步分析广告的视频结构和它独有的特征。视频广告的主题就是一条广告所要传达的核心信息，它使广告的各个要素有机、和谐地组成完整的广告作品。同时，主题也是广告表现的基础，具有支持整个广告的力量。广告主题要求准确、鲜明、独特、统一、易懂、易记。与此相应，广告画面有具体、鲜明、准确、写实、动作连续、蒙太奇组合等特征。

由于视频广告是嵌入在普通节目视频内部的，以普通视频作为载体，因此它的存在时间不可能大于普通的节目视频，持续时间受到严格的控制。图9.12是一段包含若干段视频广告的电视连续剧的结构示意图。

为了达到在短时间内给予观众强烈的信息刺激，广告在拍摄手法和技术运用上无所不用，而且没有像新闻/体育节目那样存在一定的规律性。虽然广告在表现方式上不可捉摸，但只要是商业广告，无论手法如何变化，有一点是相同的，就是上面说的：要在短时间内给予观众强烈的信息刺激。基于这一点，可以抽取出广告的视频特征：镜头的快速切换。这一点在一个综合有各种节目的视频段落中更为明显地表现为一个镜头高强度切换的集合，它在时间上是连续的。

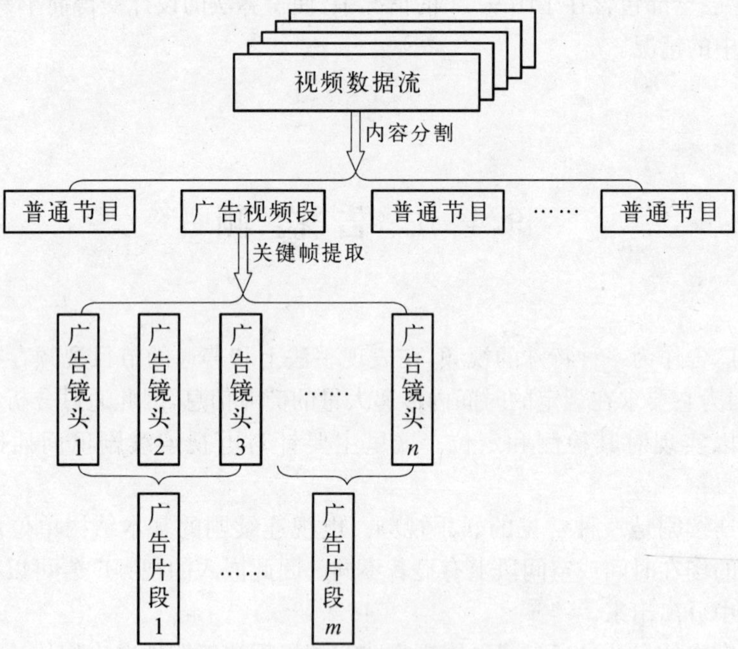

图 9.12　视频广告结构示意图

9.4.1　基于双重窗口的镜头切变检测方法

基于双重窗口的切变检测算法的主要特点是先利用在视频帧的大窗口中取全局阈值，从而能够确定候选切变位置，这一步是相对不精确的计算，只能大致地确定切变的位置区域。然后再利用以候选切变位置为中心的小窗口具体确定真正的切变位置。同时在小窗口中算法又结合了双侧和单侧检测方法以减少漏检率提高查全率。为了避免单侧检测可能造成的误检，算法中将图像分块，并通过比较前后两帧对应块的直方图作进一步确认。

基于双重窗口的切变检测算法的方法流程如图 9.13 所示。这里对于检测视频的要求相对比较简单，只需要对原始视频流提取平均或者对压缩视频数据提取直流分量就可以得到了。为了把闪光的影响除去，从检测视频流中先将闪光位置确定下来，然后再把这些位置从切变检测得到的候选位置中去除掉，就可以得到真正的切变位置。

整个算法的实现流程如下：

(1) 定义在 t 时刻(或 t 帧)的帧间差异度量为

图 9.13　基于重要区域的切变镜头检测算法示意图

$$D_t = \frac{1}{N_x \times N_y} \sum_{x=0}^{N_x-1} \sum_{y=0}^{N_y-1} S[\,|f(x, y, t) - f(x, y, t+1)|\,] \tag{9.43}$$

式中，N_x 和 N_y 分别是视频帧图像上两个方向的像素数，函数 $S(\cdot)$ 由下式定义（T 为阈值）

$$S(x) = \begin{cases} 1, & x > T \\ 0, & \text{其他} \end{cases} \tag{9.44}$$

(2) 定义一个大窗口，其大小为 W_B，它包含待检测的切变位置（但不一定在窗口正中间）。在该窗口中统计差异均值 m，均值 m 的引入是为了筛选出可能的切变位置，即大于 m 一定倍数的差异才被进一步检测。

(3) 再定义一个小窗口，其大小为 $W_S = 2r - 1$，使待检测的候选帧位于窗口正中间。

(4) 然后计算两帧间的差异度量，如果同时满足下列（双侧）条件（k_1 和 k_2 为预定的阈值）：

① $D_t \geqslant k_1 \times m$；

② $D_t \geqslant D_i$，$i = t - r + 1, t - r + 2, \cdots, t - 1, t + 1, \cdots, t + r - 1$；

③ $D_t \geqslant k_2 \times D_2$，$D_2$ 为窗口中第二大的差异值。

则认为第 t 帧为切变发生位置，返回第(2)步，从第$(t + r)$帧继续检测。

(5) 如果不满足(4)，但满足以下（单侧）条件（k_3 和 k_4 为预定的阈值）：

① $D_t \geqslant k_3 \times m$；

② $D_t \geqslant k_4 \times D_t$　　或者　　$D_t \geqslant k_4 \times D_r$。

式中，$D_t = \max(D_i)$，$i = t - r + 1, t - r + 2, \cdots, t - 1$，而 $D_r = \max(D_i)$，$i = t + 1, t + 2, \cdots, t + r - 1$，则认为可能出现切变，需要进一步判断。为此又定义一个基于直方图的帧间差异度量，即

$$d_t = \frac{\sum_{k=0}^{K-1}\left| H[f(x,\ y,\ t),\ k] - H[f(x,\ y,\ t+1),\ k]\right|}{\sum_{k=0}^{K-1}\left| H[f(x,\ y,\ t),\ k] + H[f(x,\ y,\ t+1),\ k]\right|} \tag{9.45}$$

如果 $d_t > k_c$，k_c 为阈值，则认为第 t 帧为切变位置，返回第(2)步，从第 $t+r$ 帧继续检测。

算法中以累计对应像素差异为主要度量。首先应用滑动大窗口 W_B，这是为了避免误检，类似于全局阈值法，通过引入差异均值 m 可以解决滑动窗口算法中的误检问题，同时减少了搜索量。其次在算法的第(5)步用单侧滑动小窗口解决由于图像中目标有较大运动而可能会造成的漏检现象。由于使用单侧窗口也有可能引入误检，因此加入判断条件 $d_t > k_c$。但是由于直接对全图进行直方图统计会丢失像素的空间分布信息，所以可将图像分割成 $n \times n$ 的子图像，对前后帧的各对应子图分别先求出基于直方图的差异度量，然后取平均

$$d_t^m = \frac{1}{n \times n}\sum_{i=1}^{n \times n} d_i(i) \tag{9.46}$$

这样可以有效地避免场景不同但直方图统计比较接近所产生的问题。基于双重窗口的切变检测算法是一种十分有效的镜头切变检测算法，但由上述可见，算法中参数较多，使得参数的选择变得尤为重要。参数选取可采用试验观察的方法，思路是变动一个参数，固定其他参数，记录漏检误检的变化，最终选取一种折中的参数。这种选取参数的方法有一定的局限性，首先对不同类型的视频片段，最优的参数值会略有不同，预先确定参数值不可能对每个视频片段都合适；其次由于观测数据有限，即便对同一类型的片段通过若干次观察所得到的参数范围也可能不合理。

视频广告段落与新闻、影视节目等相比，有较鲜明的自身特点。因此应该先充分了解广告的制作特点，然后针对广告区域的自身特点，综合考虑了各种镜头检测算法的空间复杂度和时间复杂度以及它们的有效性和实用性，介绍基于区域特征重要性的视频广告切变镜头检测算法。

与普通的节目视频相比，视频广告中出现切变镜头的频率更高。由于在大部分场景转换的过程中都是体现切变镜头的特征，所以一般用检测效果很好的颜色或灰度直方图差值检测切变镜头。但是根据上面的分析可知，全局直方图的检测方法忽略了视频广告的制作技巧。也就是说，在视频广告段中，比较重要的信息通常都位于视频帧的中间部分，相对不重要的信息一般被当作背景信息。因此，如果连续两帧中间区域的内容发生突然变化而同时背景却保持不变的话，应该认为它很有可能发生了切变。因此在计算统计直方图差值的时候应该对不同的区域赋予

不同的权重。基于这种理论，提出基于区域的切变镜头检测方法。

如图9.13所示，每一帧首先被分成多个回形的区域，通过计算的时候对这些不同区域赋予不同的权值，用以描述广告制作中的表现手法，即在视频广告帧中不同的区域在传递信息的过程中的重要性不同。因此在计算相邻视频帧的灰度直式中，w_i 表示归一化的权值，用来标识相应区域 i 的重要性，并且根据区域重要性的不同，权值大小排序如下：$w_n < w_{n-1} < \cdots < w_i < \cdots < w_1$，$n$ 表示区域标识。在系统实际运行中，这里采用3区域的划分，并有 $w_1 = 0.5$，$w_2 = 0.3$，$w_3 = 0.2$。

因此，通过对相邻帧的灰度直方图差值的计算，就可以确定切变镜头发生的位置。但是有一点：在判断切变发生的时候，需要事先确定一个阈值。阈值的确定是非常重要的，对于检测算法的效果影响非常大。

9.4.2 阈值的自适应选择

阈值选取是否合适，并没有客观的评价标准，而是依据人们的主观判断。如果人们判断的标准发生变化，阈值也应做出适当的改变。虽然说在阈值选取上通用的客观标准无法给定，但出发思想是一致的。所谓阈值合适，是指这个阈值既要能判别出个别帧之间的变化，又要能确保整体切分性能保持在一定水平上。

一个“严格”的切分阈值，如果对视频帧中细微差别都比较敏感，会使视频流切分过细，在没有发生镜头切换的时候可能会发生误检。这样切变镜头检测已经失去原本的意义；一个相对“宽松”的切分阈值，如果不能检测到视频帧发生的强烈特征变化，那么这个阈值就不能有效地对镜头切分进行检测，不利于后期视频处理。

计算出帧间的灰度直方图差值以后，应选取适当的阈值对边界和非边界进行判断，阈值选择最简单的方法是采用全局阈值，但是因为它在整个视频段上是固定不变的，不符合视频变化的特点，所以其检测效果不能令人满意。全局阈值方法的思想就是，将帧间差与一个事先设定好的全局阈值进行比较，若大于全局固定阈值则认为该两帧之间存在镜头突变，否则认为不存在镜头突变。如图9.14所示，黑点表示帧间差值的大小。第5帧、第23帧处存在镜头突变，第40帧处是由于物体运动造成的，并不存在镜头突变。如果选取全局阈值的话，为了能够检测出第23帧处的镜头突变，就应该设置0.10左右的全局阈值，但是这样的话就会将第40帧处误检为镜头突变；如果需要消除这种影响，将全局阈值设置为0.15，那么第23帧处的镜头突变将检测不出来。因此，设置全局阈值是一种很不鲁棒的做法，而且在实际应用中，不可能找到一个全局阈值能够适用于所有种类的视频。所以一种改进方法是，针对不同的视频种类（新闻、体育、商业等）设定不同的阈值。尽管这种方法相对前一种方法有了改进,但还是不能够满足实际应用的要求。

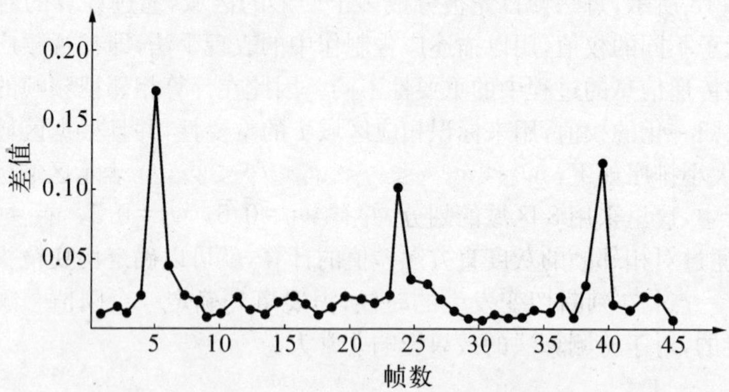

图 9.14　帧间的直方图差值示意图

为了提高切变镜头检测算法的准确性,采用自适应阈值的设定方法,自适应阈值反映了局部特性,能随着视频内容的变化而变化。针对不同类型的视频,采用统计方法来自动地确定阈值的大小。

根据常识,假设一段电视节目里面的大部分场景的切换都是平滑的,也就是说大部分的 *FD* 值(除了发生突变的位置)都是相对集中的落在一个固定的区间内的。根据统计 *FD* 值的特性可以近似地利用 Rayleigh 分布来描述。图 9.15 表示的是在两段不同的视频中的 *FD* 的分布图。图中实线表示计算所得的 *FD* 的真实分布图,虚线表示的是 *FD* 的 Raleigh 估计分布图。

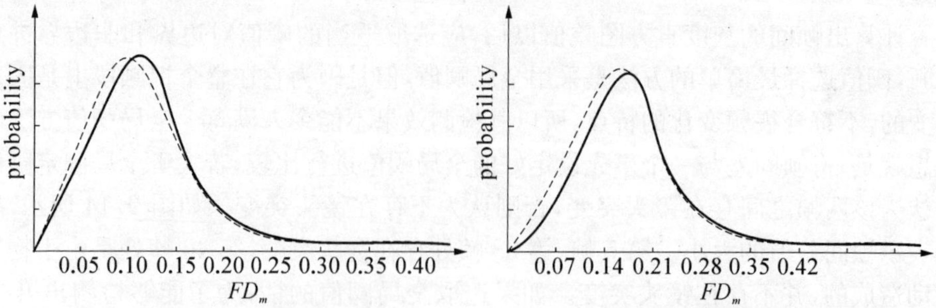

图 9.15　两段视频的 *FD* 的实际分布和 Rayleigh 估计分布图

在确定阈值的时候,可以通过 Rayleigh 分布的特性去估计阈值的选取。这样选取的阈值就很有针对性了。

根据统计 *FD* 值的分布特性可以近似的利用 Rayleigh 分布来描述

$$R(FD) = \frac{FD^2}{\sigma_g^2}\exp\left(-\frac{FD^2}{2\sigma_g^2}\right) \tag{9.47}$$

式中，σ_g 表示高斯噪声的方差，而且 $FD>0$。为了估计上式内的 σ_g，采用计算复杂度较低的中值估计算法，即有

$$\hat{\sigma}_g = \frac{M}{2}\sqrt{\frac{2}{\ln(2)}} \tag{9.48}$$

式中，M 是 $R(FD)$ 的中值，并有

$$\int_0^M R(FD)\mathrm{d}FD = \frac{1}{2}$$

图 9.15 表明了两段电视节目的 FD 的实际分布和它的 Rayleigh 估计分布。从图中可以看出，Rayleigh 估计分布与实际分布吻合得很好。

为了确定相邻的两帧是否发生突变，本文利用 FD 的估计分布的置信区间来计算得到阈值与 t_{out}。因此，如果第 i 帧的 FD 大于阈值与 t_{out}，就认为在第 i 帧发生了突变。在实验中，对于置信区间$[0, t_{\text{out}}]$，可以得到 97%的置信率。通过自适应阈值的采用，可以很好地避免切变镜头的漏检和错检问题。

9.4.3 基于音频融合的广告检测

要研究音频信息在视频广告检测中的应用，首先要用一些音频特征来刻画视频广告中的音频信息。由于音频信号具有短时性，即在一段短时间间隔中音频信号才可以保持相对稳定一致的特征。因此，在传统的音频处理和语音处理研究领域，更多的是考虑音频信号的短时特征。通常用来提取短时特征的这些短的时间间隔称为音频帧(frame)。在音频帧上提取的短时音频特征，在此基础之上就可以对音频进行切变检测，从而将视频广告内容的音频信息进行分割。

广告中音频流包含了各种音频信号：包括语音、音乐、背景音和噪声，可以说是无所不含。只要能提取对应于视频帧的音频信号的特征，就能够精确地定位镜头的边界。音频切变和镜头的转换位置是大致对应的。

对于音频切变点的检测最常用、最简单的方法是基于短时能量和过零率的方法。在这种方法中，先对音频的能量作一个统计估计，得到一个能量阈值，利用该阈值来确定音频的切变点。在能量幅度保持恒定的情况下，可以取得很好的效果。过零率可以用于更为精确的辅助检测，但是如果视频广告中的音频包含一些噪声，诸如一些背景物体发出的声音，一些周围场所环境的声音等。在这种情况下，基于短时能量和过零率的检测方法可能就不能很好地检测出分割点。

这里采用了短时能量作为衡量音频切变的标准。短时能量变化可以反映音频

信号的幅度变化,对不同的音频类型及在音频类型发生变化的时候,短时能量会出现突然的变化,这里取能量变化作为第一级阈值判断,公式表示为

$$E_{\mathrm{diff}} = \frac{|E_i - E_{i+1}|}{E_{\max}} \tag{9.49}$$

式中,E_i 表示的是第 i 音频帧的短时能量,$E_{\max}$是在提取识别特征时得到的该类型音频的前 t 时段内的能量的最大值。

$$\begin{aligned} Z_n &= \frac{1}{2N}\sum_{m=-\infty}^{\infty}\left|\mathrm{sgn}[x(m)] - \mathrm{sgn}[x(m-1)]\right| w(n-m) \\ &= \left|\mathrm{sgn}[x(n)] - \mathrm{sgn}[x(n-1)]\right| \times w(n) \end{aligned} \tag{9.50}$$

为了提高音频切变检测的准确性,同时也利用了过零率来计算切变位置。由上述公式可以计算得到过零率曲线的属性,从而判断音频的切变点。

当视频镜头检测出来以后,为了提高镜头边界的准确性,提出将音频切变信息融合到镜头边界检测的算法。

首先确定几个符号:$T_{\mathrm{VSC}}(i)$表示第 i 镜头变换的时间,$T_{\mathrm{ASC}}(j)$表示第 j 个音频帧发生切变的时刻。算法流程如下:

(1) 如果 $T_{\mathrm{VSC}}(i)$等于 $T_{\mathrm{ASC}}(j)$,那么认为 $T_{\mathrm{VSC}}(i)$就是镜头转变发生的时刻。

(2) 如果 $T_{\mathrm{VSC}}(i)$不等于 $T_{\mathrm{ASC}}(j)$,首先定位 $T_{\mathrm{VSC}}(i)$和 $T_{\mathrm{ASC}}(j'+1)$,在它们之间只能存在第 i 个发生切变镜头。然后按照下面式子计算 Diff_T 作为时间距离判断标准

$$\begin{aligned} \mathrm{Diff}_T(j') &= T_{\mathrm{VSC}}(i) - T_{\mathrm{ASC}}(j') \\ \mathrm{Diff}_T(j'+1) &= T_{\mathrm{ASC}}(j'+1) - T_{\mathrm{VSC}}(i) \end{aligned} \tag{9.51}$$

(3) 如果 $\mathrm{Diff}_T(j') < \mathrm{Diff}_T(j'+1)$,那么认为镜头切变发生的时间应该在 $T_{\mathrm{ASC}}(j')$,同时将位于 $T_{\mathrm{ASC}}(j')$和 $T_{\mathrm{VSC}}(j')$中间的视频帧合并到 V_{S_i} 中来。如果把镜头切变的时间修改为 $T_{\mathrm{ASC}}(j'+1)$,那么就把 $T_{\mathrm{VSC}}(i)$和 $T_{\mathrm{ASC}}(j'+1)$间的视频帧都合并到 $V_{S_{i-1}}$ 中来。然后重复判断,直到所有的镜头变换位置都处理完毕。

9.5 视频文本检测

文本检测的目的是在对视频源无先验知识的情况下,检测视频帧是否包含有

文本,以避免对所有的帧作费时的处理。这是文本识别过程的第一步,起着预过滤的作用。这个过程要求快速,宁愿误警率高一点,也不希望漏检率大。

(1) 文本定位。文本定位是在文本检测的基础上,进一步在空间和时间域上定位文本区域。空间域定位是指对视频帧内的文本区域进行定位。时间域定位是指在文本对象的生命周期内(帧间)定位文本区域。这两个过程不是截然分开的,而是紧密联系在一起的。

(2) 文本跟踪。文本跟踪是指在时间域上定位文本对象,也即指文本对象在帧间的可见性问题。文本跟踪一般可实现运动文本的定位,同时可消除一些引起误警的"似文本"区域。一般来说,视频背景变化较快,"似文本"区域不大可能一直出现在文本对象生命周期内的每一帧内。

(3) 文本区域分割。文本区域分割有时也叫文本区域抽取(简称文本抽取),是指在前面文本定位的基础上,把文本区域从背景中分离出来。

(4) 二值化。二值化是指把文本字符从背景中分离出来。该过程不同于文本区域分割,文本区域分割是指保留文本区域内的像素,此时文本区域内文本字符像素仍然与背景像素混杂在一起,而二值化的过程是在文本区域分割的基础上,把文本像素从背景像素中分割出来,以便用 OCR 软件进行识别。由于现有的 OCR 软件一般只能识别白色背景下的黑色字符,所以这一步骤是必要的。

(5) OCR 软件识别。用 OCR 软件进行识别的目的是将二值化图送入 OCR 软件进行识别,由于目前已有一些商业的 OCR 软件可供选择,文本字符被识别出来后,为基于语义检索提供了建立索引的依据。

在以上步骤中,文本检测和文本定位并不一定截然分开,往往是文本一旦被检测到,文本区域的位置也就定了。因此,这里将文本检测和文本定位并不严格区分。此外,文本定位与文本区域分割关系也很密切,因为一旦文本区域已经定位,文本区域分割就是很显然的了。

9.5.1 基于边缘信息和 LH 的视频文本检测

由于视频帧文本的低分辨率、视频文本所处的背景的复杂性、文本的颜色、字体大小、不同语种的可变性等,使得文本区域的检测仍然是难度较大的问题。这里介绍一种视频文本的检测方法,用基于边缘信息和 LH 的方法检测视频帧文本所在的位置,边缘检测用 Sobel 算子,将检测到的边缘,经强度、密度检测后,计算其 LH 值,经凸台检测后,得到文本区域的定位结果。这种方法比较简单,能快速地定位文本区域,且不受文本颜色、字形等限制。对水平或垂直方向排列的视频文本,检测和分割效果良好。

现有的文本检测方法有基于颜色的连通分量方法、基于纹理的分割方法以及基于边缘的方法等。

基于颜色的连通分量方法的基本思想是将文本视为颜色均匀的区域,根据其颜色值进行分类。将具有相同颜色的文本像素组成连通分量,再将同一方向的连通分量组成文本串。这种方法的优点是可检测任意方向的文本,但对颜色变化敏感,不适合复杂背景的文本检测。

基于纹理分割方法的基本思想是将文本视为一种纹理结构,用纹理分割算法检测纹理(如 Gabor 滤波器等)。例如,有多通道的方法、空间方差计算方法、神经网络方法等。通常,这种方法在处理复杂背景时比基于连通分量的方法更具鲁棒性。这种算法的主要缺点是比较费时,对检测嵌入在具有似文本纹理结构的复杂背景中的文本时会失效。

基于边缘的方法近年来得到了发展,这是因为文本区域包含了丰富的边缘信息。这种方法通过定义具有高边缘密度的区域来实现文本的分割。这种方法可用来检测各种字形的目标,是一个有发展潜力的方法。

由于视频文本的检测、定位、抽取和识别受背景复杂度、对比度、分辨率、字体大小、排列方向、字形、运动方式等因素的影响,算法比较复杂。现有的方法能在一定程度上解决文本检测的问题,但并不完善。

观察视频文本,可以发现,视频文本由于嵌入在复杂的背景中,文本字符与背景像素通常混杂在一起,文本不能保持其本身的颜色和亮度,因而采用基于颜色连通分量的方法并不可靠。但对于字幕文本来说,由于字幕文本是供人们阅读的,因而文本的颜色或亮度同周围背景应有一定的反差,即具有一定的对比度。且一般说来,一个文本区域由若干个文本字符组成,每一个文本字符都具有一定的笔画数,各笔画同背景之间形成一定的对比度,在文本区域内表现为具有一定密集程度的边缘,也就是说文本字符一般具有比较丰富的边缘信息。因此,文本边缘比文本颜色具有更可靠的特征。边缘特征可用两个参数来衡量,即边缘强度和边缘密度。对于简单背景下具有高对比度的文本,可用边缘强度或密度来区分文本和背景;对于简单背景下对比度较低的文本,可依靠边缘密度来区分;而对于具有较多“似文本”边缘的复杂背景,边缘强度可用来区分文本。此外,文本具有一定的空间黏附性,即同一文本行具有相似的高度、方向和距离。正是基于以上特征,设计了一个简单有效的方法检测复杂背景下的文本区域。该方法分为如下几步:① 边缘强度检测;② 边缘密度检测;③ 基于 LH 的凸台检测;④ 后处理;⑤ 文本块定位(结果输出)。

(1) 边缘强度检测。将 RGB 彩色图像变换到 HSI 空间,对其中的 I 分量——

亮度分量进行研究，这样处理可以不受文本颜色的影响。其中，I 分量与 R，G，B 分量之间的关系为

$$I=(R+G+B)/3$$

对 I 分量进行边缘检测。常见的边缘检测方法有 Sobel，Robert，Canny 等边缘检测算子。其中 Sobel，Robert 是梯度算子，而 Canny 边缘检测算子是将边缘问题转化为检测单位函数极大值问题。对 I 分量选择如下的 Sobel 掩膜算子

$$\begin{bmatrix} 1 & 2 & 1 \\ 0 & 0 & 0 \\ -1 & -2 & -1 \end{bmatrix} \begin{bmatrix} 1 & 0 & -1 \\ 2 & 0 & -2 \\ 1 & 0 & -1 \end{bmatrix}$$

按如下公式进行计算

$$E(x,\ y)=\sum_{i=-1}^{1}\sum_{i=-1}^{1} w_{i,\ j} I_{x+i,\ y+j} \tag{9.52}$$

经边缘检测后得到一边缘图。其中 $w_{i,\ j}$ 表示 Sobel 掩膜算子，$I_{x+i,\ y+j}$ 代表图像像素，$E(x,\ y)$ 代表边缘图。由于实际的图像存在噪声，用边缘算子提取的边缘像素存在大量的小的孤立的噪声。分析边缘图的直方图，也可以发现这一点，在边缘图低值区域，直方图统计值较大，这些点肯定不是文本区域的边界点，应将其滤除。因此，若 $E(x,\ y)$ 为文本边界，那么，应满足如下的关系式

$$E(x,\ y) \geqslant min\_edge\_int\text{ensity}$$

(2) 边缘密度检测。用上述方法检测到的边缘图，仍然存在一定量的噪声点以及其他非文本对象的边界点。一般说来，由于字符的笔画数较多，字符的笔画与背景有一定的对比度，也即文本的边界点较多，在空间上具有一定的稠密性，即单位面积内的边界点数较多，也就是说文本区域内的边缘密度较大。因此可以定义一个大小为 $m\times n$ 的观察窗，用此观察窗分别在水平和垂直方向以距离为 $m/2$（水平方向）、$n/2$（垂直方向）的步长扫描图像。分析观察窗里边界点的分布。可以发现：局部窗口边界点的直方图基本成双峰形状，在双峰之间的谷点即阈值点。去除低于此阈值点的边界点，就可简化复杂背景。

假设 A 为 $m\times n$ 的观察窗，A 的所有边缘点的集合为 $E(A,\ e)$，设 $|E(A,\ e)|$ 为 $E(A,\ e)$ 的边界点数，e 为 A 的边界，那么若 A 为文本区域，应满足如下的条件

$$\frac{|E(A,\ e)|}{(m\times n)} \geqslant min\_edge\_fill\_\text{factor}$$

(3) 基于 LH 的凸台检测。将上述边界经过强度和密度检测后，保留下来的大部分是文本的边界点。需要对文本候选区域进行定位。由于同一段字幕文本中

的字符通常具有相同的高度和方向，对传统的投影方法进行改进，引入了 LH 的概念。

给定一图像 $f(x, y)$，对于其中由若干连续的行或列（数量为 L）所构成的任意子图像，可分别按行或按列生成局部灰度直方图 LH。即：

$$\mathrm{LH}(k)=N(k)/T\times 100\%,\ k=1,\ \cdots,\ L$$

式中，k 为子图像的像素行（列）号；T 表示一行（列）中的像素总数；$N(k)$ 是子图像第 k 行（列）中的灰度或边界点的像素数。

传统的数字图像灰度直方图（Gray Histogram，GH）是灰度级的函数，它反映图像中各个不同灰度级的像素数，其中像素的统计是在整幅图像中进行。因此，它不具有描述图像局部特征的能力。而局部直方图 LH（Local Histogram）与传统的 GH 有相似之处，但又有不同，它反映图像的某些局部特征，因而具有一定的实用价值。

图像中某些局部区域，如文本，其灰度或高频分量点与其邻近的背景区域形成较大反差。因此，这些局部区域将使 LH 函数值发生突变，在 LH 图中生成凹谷（或凸台）。

(4) 凸台定义及参数。凸台定义：在 LH 中，如果存在一个具有一定宽度的连续区域，其函数值明显高于相邻区域，且边界比较陡峭，称它为凸台。

凸台可用如下参数来描述：① 凸台位置：界定凸台的分界点即为凸台位置；② 凸台宽度：凸台两边界点之间的距离为凸台宽度；③ 凸台高度：凸台高度为凸台范围内函数值的平均值；④ 凸台间隔：两个相邻凸台之间的距离。

从定义中可以知道凸台有如下的特点：边界陡峭，有较大的高度，两边函数值很小。利用这个特点，可实现相应的凸台检测算法。

凸台检测算法：① 输入行/列的 LH 值；② 逐段计算 LH 值大于一阈值的凸台长度。将凸台的起始位置和长度加入到二元数组 S 中；③ 计算 S 中凸台间隔，若距离低于一阈值，则将各凸台融合；否则，保留原凸台的位置和长度；④ 输出各凸台的位置和长度。

首先将简化后的边界二值图分别按行（水平方向）计算其 LH 值，然后进行凸台检测。设置参数 $convex\_height\_h$，$convex\_len\_h$ 分别表示水平方向凸台高度门限和凸台长度门限，对超过一定高度和长度的凸台进行标记。凸台高度门限反映了该行边界点的总数门限，只有超过一定高度门限才有可能是文本行；凸台长度门限反映了文本行最低像素点数，因为文本字符不可能太小，否则无法阅读；此外，设置 $convex\_dis\_h$ 为凸台间隔门限，将水平方向小于一定距离的凸台融合为一个凸台，该参数反映了文本块之间合并的距离门限。标记出来的凸台位置即为文本行所在的位置。

同理，对于垂直方向，取对应文本行所夹的子图像，计算其垂直方向的LH值。设置参数 *convex_height_v*，*convex_len_v*，*convex_dis_v* 分别表示垂直方向凸台高度门限、凸台长度门限、凸台间隔门限参数，对具有一定高度和长度的凸台进行标记，并将垂直方向小于一定距离的凸台融合。标记出的凸台位置即为文本列所在的位置。凸台之间的间隙对应字符之间的间隙。

(5) 后处理。由于文本字符局部笔画可能比较长，用上述方法定位后，可能会造成局部笔画被截断的现象，为避免这种情况，可将文本区域适当扩展几个像素的位置。应用中，将凸台检测到的位置，向各个方向扩展2个像素，即为文本区域所在的位置。

9.5.2 基于小波分析和LH的视频文本检测

这种检测方法，采用多分辨率的分析方法，首先尝试用具有良好时频局部特性和变尺度特性的小波分析方法，提取出纹理清晰、具有不同空间分辨率、不同方向的边缘子图像，然后将提取出的边缘子图像经过强度和密度检测，用LH方法定位文本目标区域，以便进一步进行识别和检索。这种方法由于采用了多分辨率的分析方法，可对不同字体大小的视频文本进行检测，且不受文本颜色、字形等限制。对水平或垂直方向排列的视频文本，检测和分割的效果良好，如图9.16所示。

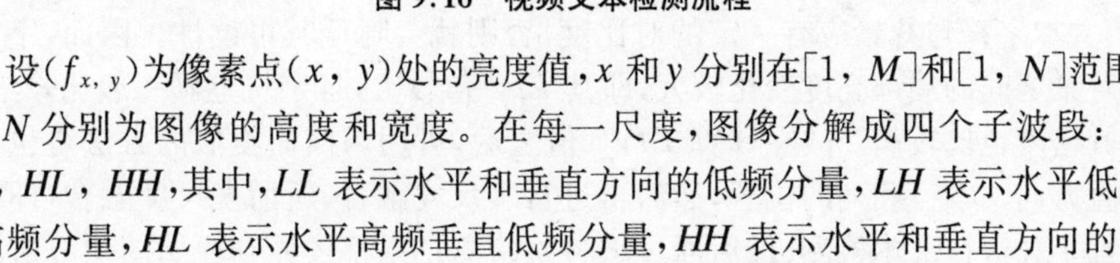

图9.16 视频文本检测流程

设($f_{x,y}$)为像素点(x, y)处的亮度值，x 和 y 分别在[1, M]和[1, N]范围内，M, N 分别为图像的高度和宽度。在每一尺度，图像分解成四个子波段：LL, LH, HL, HH，其中，LL 表示水平和垂直方向的低频分量，LH 表示水平低频垂直高频分量，HL 表示水平高频垂直低频分量，HH 表示水平和垂直方向的高频分量。

由Mallat小波分解算法，得二维Haar变换如下

$$LL_{x,y} = \frac{1}{4}(i_{2x,2y} + i_{2x,2y+1} + i_{2x+1,2y} + i_{2x+1,2y+1})$$

$$LH_{x,\,y} = \frac{1}{4}(i_{2x,\,2y} - i_{2x,\,2y+1} + i_{2x+1,\,2y} - i_{2x+1,\,2y+1})$$

$$HL_{x,\,y} = \frac{1}{4}(i_{2x,\,2y} + i_{2x,\,2y+1} - i_{2x+1,\,2y} - i_{2x+1,\,2y+1})$$

$$HH_{x,\,y} = \frac{1}{4}(i_{2x,\,2y} - i_{2x,\,2y+1} - i_{2x+1,\,2y} + i_{2x+1,\,2y+1})$$

式中，$LL_{x,\,y}$，$LH_{x,\,y}$，$HL_{x,\,y}$，$HH_{x,\,y}$分别代表近似、垂直、水平和对角分量，x，y代表坐标，i 代表亮度。上面四个公式构成 Haar 小波变换掩码(Haar mask)，如图 9.17 所示。

1	1
1	1

(a)

1	−1
1	−1

(b)

1	1
−1	−1

(c)

1	−1
−1	1

(d)

图 9.17　Haar 小波变换掩码

由于 $LH_{x,\,y}$，$HL_{x,\,y}$，$HH_{x,\,y}$这三个高频分量反映了图像相邻像素间的亮度差，可用作文本的特征值。设 $LH^k_{(x,\,y)}$，$HL^k_{(x,\,y)}$，$HH^k_{(x,\,y)}$分别为第 k 个尺度的 Haar 小波变换系数，$k=1,\,2,\,\cdots,\,L$；$x=1,\,2,\,\cdots,\,M_k$，$M_k=[M_k/2]$；$y=1,\,2,\,\cdots,\,N_k$，$M_k=[N_k/2]$；$[N]$表示不超过 N 的最大整数。并且设 $LIV^k_{(x,\,y)}$为(x,y)处第 k 阶的局部亮度变量，那么有如下的关系式

$$LIV^k_{(x,\,y)} = \alpha\times LH^k_{(x,\,y)} + \beta\times HL^k_{(x,\,y)} + \gamma\times HH^k_{(x,\,y)} \tag{9.53}$$

式中，α，β，γ 分别为各分量的权值。一般取 0.5，0.4，0.1。

从上式可知：$LIV^k_{(x,\,y)}$融合了水平、垂直、对角方向的局部亮度变量信息。在对象的边界处，LIV^k 的值较大；而在比较平坦的区域，LIV^k 的值较小。对于文本区域，文本字符与背景应有一定的对比度，否则就会降低其可读性。因而，字符笔画与背景之间的局部亮度变化较大，即其 LIV 值较大，且字符笔画一般比较集中，因而其密度也比较高。故在计算 LIV^k 值之后，可用与前面类似的方法定位水平和垂直方向文本行和列的位置，然后再进行多尺度融合，所谓多尺度融合，即对每一阶都单独进行文本检测，最后通过将各阶检测结果都还原到原始图像分辨率下合成来生成最终的文本定位区域。

9.5.3　基于形态学的视频文本检测

针对前面介绍的方法只能处理水平或垂直排列方向文本的不足之处，尝试用

形态学的方法对视频文本进行自动检测。这里提出两种方案,第一种方案是用小波分析方法提取视频帧文本的高频分量后,用形态学的方法进一步处理。第二种方案是直接用形态学的方法提取高频分量,再通过区域标记、连通分量分析、形态后处理等一系列步骤对视频帧进行滤波,得到视频文本检测结果,最后再对其进行二值化处理,把文本字符从复杂背景中分离出来。这两种方案都能检测非水平、非垂直方向的文本。实验表明,本章算法具有较强的抗噪性,且不受排列方向、文本形变的影响,因而具有较强的鲁棒性,定位精度较好,方法简单有效。

二值数学形态学将二值图像看成集合,并用结构元素来探测。结构元素是一个尺寸较小的、可以在图像上平移的集合。通过对图像内适合放入结构元素的位置作标记,便可得到图像结构的信息。数学形态学的基本运算是将结构元素在图像范围内平移,同时施加交、并等的集合运算。

数学形态学中二值图像的形态变换是一种针对集合的处理过程。其形态算子的实质是表达物体或形状的集合与结构元素间的相互作用。结构元素的形状就决定了这种运算所提取的信号的形状信息。其基本的运算是腐蚀和膨胀。腐蚀和膨胀的定义为:

$$\text{腐蚀}:X = E\Theta B = \{x: B(x) \subset E\}$$

$$\text{膨胀}:Y = E \oplus B = \{Y: B(y) \cap E \neq \varnothing\}$$

式中,$B(x)$代表结构元素;x 为工作空间各点。

用 $B(x)$对 E 进行腐蚀的结果就是把结构元素 B 平移后使 B 包含于 E 的所有点构成的集合;用 $B(x)$对 E 进行膨胀的结果就是把结构元素 B 平移后使 B 与 E 的交集非空的所有点构成的集合。先腐蚀后膨胀的过程称为开运算。它具有消除细小物体,在纤细处分离物体和平滑较大物体边界的作用;先膨胀后腐蚀的过程称为闭运算,它具有填充物体内细小空洞,连接邻近物体和平滑边界的作用。其具体的表达式为

$$\begin{aligned} X \circ B &= (X\Theta B) \oplus B \\ X \cdot B &= (X \oplus B)\Theta B \end{aligned} \tag{9.54}$$

由此可见,二值形态运算可转化为集合的逻辑运算,且算法简单,适于并行处理,易于硬件实现。适于对二值图像进行图像分割、细化、边缘提取、形状分析等。在不同的应用场合,结构元素的选择和相应的处理算法是不一致的,对不同的目标图像需设计不同的结构元素和不同的处理算法。结构元素的大小、形状选择是否合适,将直接影响图像的形态运算结果。

在二值图像分析和处理中,常常需要将满足一定准则的连通元素选取出来。这个目的可以由二值形态重构很方便地实现。此外,采用形态重构的方法可以快

速地实现任意大小的孔洞填充。所以将二值形态重构简介如下：用连通成分表示它的定义，便于人们从物理含义上理解。设 I 和 J 为定义于同一离散域上的二值图像，且 $J \subseteq I$，称 I 为掩模图像（mask），J 为标记图像（marker），则用 J 对 I 的形态重构是所有 I 中与 J 有交集的连通成分的并集。表示为

$$\rho_I(J) = \bigcup_{J \cap I_k \neq \varnothing} I_k,\ k = 1, 2, \cdots, n \tag{9.55}$$

式中，I_k 为 I 中的连通成分。

二值形态重构可以采用先进先出的队列的数据结构和宽度优先搜索方法对图像像素进行快速有效的读取和处理，因为它每次处理时只考虑那些可能被更新的像素，即每个点的邻域像素，这样就限制了搜索范围，从而加快了处理过程。首先对 J 图像扫描，检测用作处理起始点的像素，它们一般位于感兴趣物体或区域的边界。将其放入队列中。然后依次从队列中取出一个像素 p，检查其邻域像素 q 是否满足 $I(q)=1$，且 $J(q)=0$，若满足，则令 $J(q)=1$，并将其放入队列中进行处理。如此至队列为空。得到的 J 图像即为形态重构后的图像。

灰度数学形态学是二值图像对灰度图像的自然推广。它将二值处理中的对集合操作推广到对函数操作。其中，二值形态学所用到的交、并运算分别用最大、最小极值运算所代替。由此，将腐蚀和膨胀的定义扩展如下：

设灰度图像 I 可用函数 $f: Z^2 \to Z$ 表示，$f(x)$ 为图像像素点 x 处的灰度值。B_n 为一大小为 $n \times n$ 的平坦结构算子，则各算子定义为

$$\begin{aligned} \varepsilon_n(f)(x) &= \min(f(x+k)),\ k \in B_n \\ \delta_n(f)(x) &= \max(f(x-k)),\ k \in B_n \end{aligned} \tag{9.56}$$

从物理意义而言，灰度形态腐蚀是以结构元素 B_n 为模板，搜寻图像在结构元素范围内灰度和的极小值；灰度膨胀就是以结构元素 B_n 为模板，搜索图像在结构元素范围内灰度差的极大值。灰度形态腐蚀和膨胀运算与图像处理中的卷积积分非常相似（即以和、差代替连乘，用最小、最大代替求和）。从信号处理的角度来看，灰度形态运算是一种极值滤波，因此，灰度形态学是一种非线性的、不可逆的变换。灰度形态腐蚀与膨胀相当于局部最小最大滤波运算，因此与基于顺序统计的滤波密切相关。

同样，在腐蚀和膨胀的基础上，定义灰度开和闭运算为

$$\begin{aligned} \gamma_n(f)(x) &= \delta_n(\varepsilon_n(f))(x) \\ \varphi_n(f)(x) &= \varepsilon_n(\delta_n(f))(x) \end{aligned} \tag{9.57}$$

式中，形态开为先腐蚀后膨胀，它可以去掉灰度图像中小于结构元素大小的亮的细节。而形态闭为先膨胀后腐蚀，它可以去掉灰度图像中小于结构元素大小的暗的

细节。形态开、闭被广泛地用于灰度图像的平滑滤波等简化处理中。

(1) 基于小波形态学的文本检测。由于文本各字符的颜色可能并不一致，而亮度分量不受颜色的影响。首先按如下的公式将其转化为亮度分量

$$Y = 0.299R + 0.587G + 0.144B \tag{9.58}$$

将灰度图进行小波分解，小波分解后的图中有能较好地体现文本位置的信息，特别是水平、垂直以及对角方向高频分量图，文本区域表现为一些密集的边缘点，而背景边界则表现为一些孤立的边缘点或边缘线，要准确地提取出文本，还需进一步的处理。

首先将密集的边缘点连成一片，为此，取垂直方向的高频分量图，用8连通结构元素进行膨胀运算，再进行闭运算，可消除图像中的小洞，这样得到的结果虽然让文本边界连接成了一体，但也同时放大了噪声边界，为此，要进行两次腐蚀运算，消除噪声，但同时却削减了文本区域，再进行两次膨胀运算，这样得到的结果虽然已将大部分文本区域分割出来了，但有可能造成文本字符局部笔画的缺失，还需再一次将上述结果图进行膨胀运算，得到目标区域图，将目标区域与原图做与的运算，获得最终的分割结果。

(2) 基于形态学的文本检测。由于文本各字符的颜色可能并不一致，而亮度分量可不受颜色的影响。从视频序列中取一帧彩色图，按式(9.58)将其转化为亮度分量，为了尽量去掉由噪声点和量化误差等引起的干扰极小值，去掉图像中感知不重要的细节分量，将图像简化为平坦区域的集合，避免过分割及产生虚假边缘，首先用开-闭及闭-开滤波器(按式(9.56)和(9.57))对 Y 分量图像进行滤波。

形态开可以去掉灰度图像中小于结构元素大小的亮的细节，而形态闭可以去掉灰度图像中小于结构元素大小的暗的细节。其平滑图像为

$$Y_s = (\gamma_n(f) + \varepsilon_n(f))/2 \tag{9.59}$$

这里 n 取 3×3 的 8 连通结构元素。在简化时采用 3×3 的小尺度结构元素，能够保留面积大于 3×3 的图像细节，对于复杂背景和纹理丰富的小目标也有较好的结果。

因为平坦区域内部梯度值较低，而对应边界的位置形态梯度值较高。采用 3×3的结构算子按下式计算形态梯度(grad_Y_s)

$$\text{grad\_}Y_s = \delta_n(Y_s) - \varepsilon_n(Y_s) \tag{9.60}$$

所得到的形态梯度算子是前景和背景的对称算子，反映边缘强度用全局非直方图门限化的方法，阈值由下式确定

$$\gamma = (\sum \text{grad\_}Y \cdot s)/\sum s \tag{9.61}$$

式中，"·"表示像素的点积，s 由下式确定

$$s = \max(|g_1 ** \text{grad\_}Y_s|, |g_2 ** \text{grad\_}Y_s|) \tag{9.62}$$

在上式中，$g_1 = [-1 \quad 0 \quad 1]$，$g_2 = [-1 \quad 0 \quad 1]^t$，"$**$"表示二维卷积。于是可得到二值边界 e

$$e = \begin{cases} 1, & \text{若 grad\_}Y_s > \gamma \\ 0, & \text{若 grad\_}Y_s \leqslant \gamma \end{cases} \tag{9.63}$$

(3) 区域标记。区域标记的目的是对各个候选块所有连通的像素分配一个唯一的相同的标号，采用一种快速前-后双向标记算法，这种算法的伪代码如下：

```
算法：一种快速前-后双向标记算法
其中，A 为 N×M 二值图像，B 为 N×M 标记图像
//对非零像素指定临时标记
for i = 1: N
    for j = 1: M
        if A(i, j) =1 给 B(i, j)设定一个初始的整数标记值
            设置 max_temp_label = 指定的最大标记值
//对每个连通分量，推进最大标号
while B(i,j) 至少有一个像素发生改变
//行方向后向推进
for i = N: 2
    for j = 1: M
        if B(i, j)和 B(i-1, j)均>0
            设置 B(i, j)和 B(i-1, j)都为两者的最大值
//列方向后向推进
for i = 1: N
    for j = M: 2
        if B(i, j)和 B(i-1, j)均>0
            设置 B(i, j)和 B(i-1, j)都为两者的最大值
//行方向前向推进
for i = 1: N-1
    for j = 1: M
    if B(i, j)和 B(i-1, j)均>0
        设置 B(i, j)和 B(i+1, j)都为两者的最大值
//列方向前向推进
for i = 1: N
    for j = 1: M-1
```

```
        if B(i, j)和 B(i-1, j)均>0
            设置 B(i, j)和 B(i, j+1)都为两者的最大值
//顺序标记
for k =1: max_temp_label
初始 array_label(k) = 0
max_label = 0
for i = 1: N
    for j = 1: M
    if A(i, j)=l
        if array_label(B(i, j))=0
            增加 max_label
            array_label(B(i, j))=max_label
            B(i, j)=max_label
    else
            B(i, j)=array_label(B(i, j))
```

为了将二值边界聚集成块，首先将边界图用3×3的8连通结构元素进行膨胀，然后对膨胀图像进行腐蚀，以去除小的连通分量，得到文本候选区域。

对于每个被标记的连通分量，首先应滤除不可能是文本字符的区域。几何限制条件就是将这些区域滤除。它包括几何形状限制和几何尺寸限制。文本区域的横宽比、密度、宽度、高度等均有一定的限制。一般取参数为

$$\min(W/L,\ L/W) \geqslant 1/5$$

$$0.2 < A/(W \times L) \leqslant 1$$

$$\min(W,\ L) \geqslant 3$$

这里，A 表示连通分量的面积，W 表示宽度，L 表示长度。

为了将二值边界聚集成块，对其进行一系列的形态学运算。首先将边界图用3×3的8连通结构元素进行二次膨胀，再填充孔洞，然后再进行二次腐蚀，以去除小的连通分量，得到文本区域。

对分割出来的文本图像 Y 采用全局非直方图门限化方法，首先计算下式

$$t = \max(|\ g_1 ** Y\ |,\ |\ g_2 ** Y\ |)$$

式中，$g_1=[-1\quad 0\quad 1]$，$g_2=[-1\quad 0\quad 1]^{\mathrm{T}}$，“$**$”表示二维卷积。然后确定门限值

$$\beta = (\sum Y \cdot t)/t$$

式中，“·”表示像素的点积，于是可得到二值图(b)

$$b=\begin{cases}1, & 若\ Y>\beta\\0, & 若\ Y\leqslant\beta\end{cases}$$

9.5.4 基于小波-神经网络的视频文本检测

这里介绍一种小波和神经网络相结合的方案，首先用具有良好时频局部特性和变尺度特性的小波分析方法，提取图像中的尺度-空域特征，经神经网络分类器分类后，自动检测视频数据中的文本区域。神经网络采用无监督的自组织模糊聚类神经网络，网络通过自身训练，自动对输入模式进行分类，这样可以较少人工干预，更有利于开发一个完全自动的系统。这种方法不但能检测字幕文本，也能检测场景文本。

由于小波具有良好的时频局部特性和变尺度特性，而神经网络具有自学习、强鲁棒性和推广能力，如何把小波和神经网络结合起来，一直是人们所关注的问题。将小波和神经网络相结合，可先用金字塔分析方法将原始图像分解成三层，对每一层进行特征提取并归一化，经神经网络分类后，再复合各层图像，获得最后结果。其原理框图如图 9.18 所示。

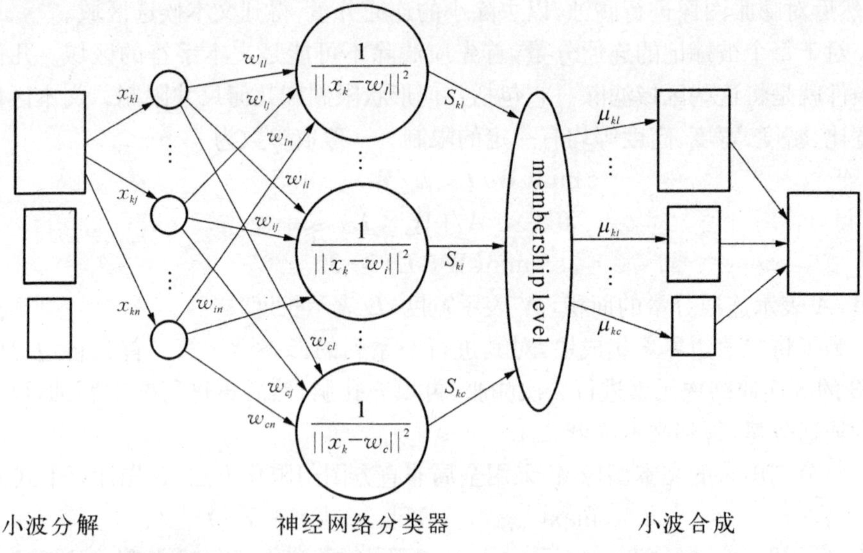

图 9.18 小波和神经网络相结合视频文本检测原理框图

1. 特征抽取和选择

由于小波可提供图像的近似表达和边缘检测，低通滤波器产生图像的近似表达，高通滤波器产生特征丰富的细节信号。取 16×16 的子窗口对整幅图进行扫描，由于小波的局部特征，小波系数大的地方总是出现在图像的边缘部分。

对视频帧进行三级小波分解，将特征建立在分解后的子波图像中。选用子波图像的均方、二阶和三阶中心矩作为其特征。对于一个 $N\times N$ 子块 I，计算 I 的均方值 mean(m)，二阶(μ_2)，三阶(μ_3)中心矩如下

$$
\begin{aligned}
M(I) &= \frac{1}{N^2}\sum_{i=0}^{N-1}\sum_{j=0}^{N-1} I(i,\ j) \\
\mu_2(I) &= \frac{1}{N^2}\sum_{i=0}^{N-1}\sum_{j=0}^{N-1} (I(i,\ j) - M(I))^2 \\
\mu_3(I) &= \frac{1}{N^2}\sum_{i=0}^{N-1}\sum_{j=0}^{N-1} (I(i,\ j) - M(I))^3
\end{aligned}
\tag{9.64}
$$

对于每个子窗口相应有36个($3\times4\times3$)特征值。为减少特征集，使用特征显著性分析方法(feature saliency analysis)，以贝叶斯误差作为依据，取具有最低贝叶斯误差率的8个特征值。

选取了特征之后，开始训练该神经网络。由于自组织神经网络是以一种无监督的方式进行网络训练的，网络通过自身训练，自动对输入模式进行分类，这样可以减少人工干预，更有利于开发一个完全自动的系统，所以选择自组织的神经网络作为分类器。此外，由于不同的特征之间并没有一个明显的分界线，所以考虑用模糊聚类的神经网络。

设有 N 个 n 维的样本数，表示为 $X=\{\boldsymbol{x}_1,\ \boldsymbol{x}_2,\ \cdots,\ \boldsymbol{x}_n\}$，设 c 表示竞争层的结点数(聚类数)。输入层直接连入到竞争层，设输入层到某个结点的连接权值为 $\boldsymbol{w}_i=(w_{i1},\ w_{i2},\ \cdots,\ w_{in})$，$1\leqslant i\leqslant c$，结点的输出，$S_i$ 表示与输入模式的相似度，$1\leqslant i\leqslant c$。对于输入矢量 x_k，S_{ki} 表示为

$$
S_{ki} = \frac{1}{\|\boldsymbol{x}_k - \boldsymbol{w}_i\|^2} = \frac{1}{\sum_{j=1}^{n}(x_{kj} - w_{ij})^2}
\tag{9.65}
$$

输入矢量与模糊类别的隶属度由下式确定

$$
\mu_{ki} = \frac{S_{ki}}{\sum_{i=1}^{c} S_{kt}} = \frac{1}{\sum_{i=1}^{c}\left(\frac{\|\boldsymbol{x}_k - \boldsymbol{w}_i\|}{\|\boldsymbol{x}_k - \boldsymbol{w}_j\|}\right)^2}
\tag{9.66}
$$

这里，$\mu_{ki}\in[0,\ 1]$，$\sum_{i=1}^{c}\mu_{ki}=1$。

为训练FCNN，能量函数定义为

$$
Q = \frac{1}{2}\sum_{K=1}^{N} Q_k = \frac{1}{2}\sum_{k=1}^{N}\sum_{i=1}^{c}(\mu_{ki}\cdot\|\boldsymbol{x}_k - \boldsymbol{w}_i\|)^2
\tag{9.67}
$$

当权值矢量接近样本矢量时,能量最小。为使能量函数最小,可利用梯度下降法调整权值。对于给定的训练样本,能量函数的梯度表达式如下

$$\begin{aligned}\frac{\partial Q_k}{\partial w_i} &= \frac{\partial}{\partial w_i}\left\{\frac{1}{2}\sum_{i=1}^{c}(\mu_{ki} \cdot \| \boldsymbol{x}_k - \boldsymbol{w}_i \|)^2\right\} \\ &= \frac{1}{2}\frac{\partial}{\partial w_i}\{(\mu_{ki} \cdot \| \boldsymbol{x}_k - \boldsymbol{w}_i \|)^2\} = -(\mu_{ki})^2 \cdot (\boldsymbol{x}_k - \boldsymbol{w}_i) \end{aligned} \tag{9.68}$$

由于能量函数负的梯度指向最速能量下降的方向,权值函数的修正公式如下

$$\boldsymbol{w}_i^{(t)} = \boldsymbol{w}_i^{(t-1)} + \alpha_t \cdot (\mu_{ki}^{(t-1)})^2 \cdot (\boldsymbol{x}_k - \boldsymbol{w}_i^{(t-1)}) \tag{9.69}$$

式中,α_t 为修正因子,为避免解发散,修正量应逐次减少。这里采纳 Pal 的方案,α_t 设为 $a_0(1 - t/T)$,其中 T 为迭代的最大次数,α_0 为学习参数的初始值。训练时,所有的训练样本一次性全部输入,当迭代权值修正小于一个预设值时,训练终止。

训练好神经网络后,将神经网络视为一个映射函数,将特征值映射为 0～1 之间的一个实值,取阈值为 0.5,大于此值为文本,否则为非文本。每次将窗口移动 3 个像素位置,可在精度和速度之间实现折中。

在小波合成阶段,如果某阶的某个窗口被判为文本,那么映射到原图像,该窗口中的所有像素就被标记为文本,否则为非文本。然后,用连通分量分析的方法,去除不符合文本几何限制的某些孤立的区域,得出最终的检测结果。

这里首先介绍一种基于边缘信息和 LH 的方法检测视频帧文本所在的位置,边缘检测用 Sobel 算子,将检测到的边缘,经强度、密度检测后,计算其 LH 值,经凸台检测后,得到文本区域的定位结果。然后给出一种基于小波和 LH 的检测算法,采用多分辨率的分析方法,用具有良好时频局部特性和变尺度特性的小波分析方法提取出不同空间分辨率、不同方向的边缘子图像后,经过强度和密度检测,用 LH 的方法进一步定位文本目标区域。

在此基础上,提出用形态学进行视频文本检测的两种方法。第一种方法,即是在用小波分析方法提取文本的高频分量后,用形态学的方法进一步处理,这样可不受文本排列方向的限制。第二种方法是提出用一种形态学的方法提取边缘子图像,所提取的边缘具有良好的形状保持性,字符笔画轮廓发生断裂、破损的现象得到改善。在提取到边缘子图像后,进一步通过连通分量分析、几何限制等进行处理,获得比较满意的检测结果。这种方法可以检测各种不同方向、各种形变的视频文本,不但适合字幕文本的检测,也适合场景文本的检测。

最后介绍了一种用小波和模糊聚类神经网络相结合的方法检测视频文本。首先用小波分析方法提取图像中的尺度-空域特征,经神经网络分类器进行分类后,自动检测视频数据中的文本区域。神经网络采用一种无监督的自组织神经网络,

网络通过自身训练，自动对输入模式进行分类，这样可以减少人工干预，有利于开发一个完全自动的系统。这种方法不但能检测字幕文本，也能检测场景文本。这种算法虽然复杂一些，但自动程度比较高。

总的说来，从简单性来考虑，第一种算法最简单，其次就是第二种，再次是第三种和第四种；若对不同字体大小的文本进行检测，则可利用第二种、第三种的方案一的多分辨率、金字塔算法；若对各种形变、各种排列方向的视频字幕文本或场景文本进行检测，则可利用第四种的算法；若选择适应性比较广、自动程度较高的算法，则可采用第五种算法。

9.6　本章小结

视频挖掘是一个新兴的研究领域，它隶属于多媒体数据挖掘的范畴。有关视频挖掘的概念、技术和方法在国内外的研究还处于萌芽阶段。尽管如此，与视频挖掘相关的视频处理技术、视频摘要技术已经有了较长时间的积累。

CMU 大学的 Informedia 工程首次将语音识别技术引入视频故事单元的切分，综合利用了语音识别、自然语言理解以及图像与音频处理技术，从视、音频中抽取信息，支持基于内容的检索。

本章首先介绍了视频挖掘中的基本操作：镜头检测的多种方法；接着介绍了新闻视频挖掘中的镜头检测、播音员镜头检测和新闻故事单元检测等方法；随后介绍了广告检测所涉及的基于双窗口的镜头切变检测方法、阈值的自适应选择方法和基于音频融合的广告检测方法。最后介绍了视频文本检测的四种代表性方法。

第10章 视频分析

为了实现对海量多媒体信息的高效访问,多媒体信息处理和检索工具的研发成为当务之急。视频是多媒体信息中最复杂的一种,是集图像、声音、文本等为一体的综合性媒体信息。如果没有有效的索引,人们就不得不采用“快进”和“快倒”这种耗时的方式查找感兴趣的信息。人们越来越希望能在海量视频库中快速找到自己感兴趣的视频片段,因此对视频内容进行分析和标注以及给视频数据建立有效的索引结构就成为当前研究的热点问题。

10.1 视频分析简述

视频分析包括视频解析(video parsing)、视频摘要(video abstraction)、视频检索(video retrieval)和语义分析(semantic analysis)四个部分。

1. 视频解析

视频解析是视频内容结构化的初始步骤,在这一步中,可以获得镜头、含有运动标注的子镜头以及视频对象等基本单位,这一步的成功对后期的视频摘要和检索有着重要的意义。然而,这其中绝大多数的研究工作都集中在视频切分(video partitioning),也就是常说的镜头分割,而对运动描述(motion characterization)和视频分割(video segmentation)关注不够,究其原因是由于在速度和质量两方面俱佳的结果在后两个研究方向上难以实现。

(1) 视频切分。视频切分是将整段视频切分成为单个的镜头,也称之为镜头分割。总体而言,切分的依据就是镜头内的画面特征相似而镜头之间的特征差异明显,利用特征差异找到镜头的边界,实现视频切分。在切分过程中,可供利用的特征有很多种类。Zhang 利用了颜色直方图，Zbaih 等利用了边缘特征，Bouhterny 等利用了运动特征，Vasconcelos 等则利用了视频数据的统计特征。视频镜头切换分为突变和渐变两类，突变镜头检测除了在照度变化和大尺寸或高速度的前景运动对象的情况下效果不佳外，在其他方面已经取得了较好的成果，而渐变镜头的检测仍然存在较大问题。

(2) 运动描述。摄像机和对象的运动描述在 CBVR(基于内容的视频检索)中具有重要的地位，这也是构造简洁的视频内容表示过程中必不可少的一步。通常使用的描述方式有 MPEG 运动向量、视频片段中的时空模式和 ZD 参数化运动模型。在理想情况下，如没有大面积同性区域和运动的前景对象的情况下，摄像机的运动可以通过对主要运动的估计得到。视频对象的运动描述则要复杂得多，因为它不像摄像机运动那样具有相对固定的模式。

在大多数的研究中，前景对象在抵消了摄像机运动的影响之后被分割出来，然后相关的运动信息通过估计、建模和比较来确定。

(3) 视频分割。视频分割是指分离视频中的前景和背景对象，通常被认为是朝向高层视频描述和检索应用的第一步。视频分割也是一个研究难点，因为在全自动方式下通常是不容易得到一个完美的分割，在大多数情况下，需要人机交互来指导分割的进行。在 VideoQ 系统中，就需要对待分割的对象人为表出原始的草图。Chang 等采用分层的方式来进行自动视频分割，他们从一个含有过渡分割的诸多小区域情况开始，Chang 使用边缘信息来合并具有连续颜色的小区域，Ngyuyen 等则使用运动的相似性度量来合并小区域，经过这样的试探，伪对象被不断地分层合并为较大的区域。

2. 视频摘要

常规的视频浏览是采用一种从头至尾的顺序或者叫线性的方式，视频摘要实际上就是提供了一种非线性的方式来浏览视频内容。它将有代表意义的视频帧组合成为镜头，通过检测运动对象的突变来形成对象的生命周期，将相似的镜头编组成为视频内容的故事流。从这三个方面，视频摘要可分为关键帧表示、关键对象表示和场景表示三个研究方向。

(1) 关键帧表示。关键帧表示是用一个简单有效的方式来总结视频内容以便于浏览和检索，其难点在于如何在感性和有意义的紧凑的方式下用关键帧表示镜头，一般有两种方式来实现这个目的：关键帧选择(key frame selection)和关键帧构造(key frame formation)。关键帧选择是直接从视频镜头中提取视频帧来表示镜头，而关键帧构造则是通过给定的图像序列形成新的图像。

传统的关键帧选择方法是基于镜头帧聚类，近年对关键帧选择的研究，又有了许多新的突破。研究人员将帧看作是高维特征空间的一个点，然后选择一个子集既能够在一个特征距离内覆盖其余点，又可以捕捉到镜头中内容的巨大变化。Chang 等使用图论的观点，将镜头看成是一个图而将帧看作图的顶点，这样，关键帧的选择就转化为图论中的顶点覆盖问题。Demnethon 等则是将镜头看成是一个特征曲线或者是高维点形成的曲线，将关键帧的选择转化为在曲线上检测交点和断点。Gong 等将镜头信息编码成为一个矩阵，对矩阵做奇异值分解(SVD)，由于镜头中的帧是高度相关的，做奇异值分解后选择极少的原始分量，即为关键帧。

在一定程度上，视频的紧凑描述不仅需要关键帧选择，而且也需要关键帧构造。例如，对于摄像机的摇镜头，直观上就需要通过构造全景图的方式进行摘要。Ngo 在时空切片(spatio-temporal slice)分析的基础上提出了基于运动的关键帧构造方法，能够很好地适应检索、浏览和场景转换检测的应用，只是这种方法高度依赖于运动分析算法的鲁棒性。

(2) 关键对象表示。关键对象是对视频中单个对象在生命周期中的摘要，并且能够支持基于对象的视频查询。Zhang 等首先提出了一个基于关键对象的视频描述和检索框架。而近年来，由于 MPEG - 4 标准的提出，许多算法利用了 MPEG - 4平台中视频对象平面(Video Object Plane，VOP)的信息。Erol 等提出了一种在 MPEG - 4 压缩域中使用形状信息自动选取关键视频对象平面的方法，他将 Hamming 和 Hausdorff 距离测度作为形状相似性的比较标准。Gunsel 等则将每一个视频对象用 ZD 自适应三角形网格来表示，这个网格描述对视频对象的运动改变进行建模，而且还可以浏览对象的动画。

(3) 场景表示。场景是由一系列从叙述的观点上来看连贯的连续镜头所组成，这些镜头可能是在同一个地方拍摄的，或者描述同一个主题内容。场景表示的难题在于如何对镜头进行编组，或者等同地说，在一系列连续的镜头中如何识别场景的改变。直觉上可以通过比较镜头间背景的相似性和分析声音特征这两种方法来确定场景的改变，但是这又引发了其他几个问题：背景与前景的分割、背景与前景的识别、相似性匹配和语音中的单词分割。因此，通常认为场景变化检测是一个很困难的任务。研究工作基本上是从两个方面来开展，其一是采用时间约束的聚类算法将镜头编组，保证这些镜头在视觉上相似，在时间上相近；其二是利用音频、视频的特性来检测场景的中断。

3. 视频检索

视频检索技术很大程度上直接或间接地是由图像检索技术延伸而来，用于获得镜头的关键帧，然后在这些关键帧中提取图像的特征，如颜色、纹理等。然而，由于这些视频关键帧所包含的时空关系没有充分利用，所以基于图像检索的延伸所获取的视频检索的成果是不确定的。近年来的许多研究专注于这个问题，试图利用时间维上的运动信息来为检索服务。

视频包含的信息除了以视频帧形式体现出来的图像信息之外，更包含了一个特殊的时间维度信息，视频检索被公认为一个难题，其原因除了缺少对时空信息进行描述和模型化的有效工具之外，还在于检索所利用的底层信息和人类的感知通常存在差异。研究者对于视频检索试图解决三方面的问题：检索相似的视频段、在视频中定位相似的片段以及检索相似的镜头，由此研究者重点研究两个领域：特征提取和相似性度量。

(1) 特征提取。Zhong 等提取了对象的运动轨迹特征，用于描述运动对象的时空关系，而这种关系可以被索引成为 2D 或 3D 字符串，以支持时空搜索。Sahouria 等利用了 MPEG 运动向量的基本分量，将运动信息汇总为几种主要的运动模式，这样，聚类和检索就够高效进行。Ngo 等则提取了视频的时间纹理特征，以便对更复杂的动态运动(如河流的运动、人群的运动等等)进行建模。

在特征提取前分解摄像机和对象的运动是非常重要的，特别是当检索的目标是感兴趣的对象的时候，这种分解更显得必不可少。在这样的应用环境中，摄像机运动通常通过全局运动的校正来消除，而前景对象常常利用求帧间差的方法分割。在某些情况下，如体育视频中，摄像机运动本身也是检索的重要因素，这就需要单独提取摄像机的运动信息，而不是简单地将其消除。

(2) 相似性度量。通常，相似性度量可以通过全局或局部的特征匹配来实现。局部的特征匹配需要在时间上校准和匹配视频帧或关键帧，Tan 使用一种动态校准算法来校准两个不同时长的视频序列。此外，全局的特征匹配是计算两个镜头描述特征间的距离。对于检索相似视频的应用，除了计算镜头间的相似性以外，也必须考虑相似镜头出现的时间顺序。

成熟的相似性度量方式包括时空匹配和最近特征线匹配。Chang 等提出的算法用于在时空域中度量以轨迹形式描述的视频对象的相似性，算法的前提是在对象的运动中，其时空的尺度保持不变。Zhao 等提出的算法则利用了最近特征线的概念，他将镜头中的所有帧看作一条曲线，位于拐点的帧作为关键帧，这些关键帧用线连接成一个完整的图，帧到图的距离就是视频帧到线的最近垂直投影距离。

(3) 基于聚类的检索。聚类是简化和组织视频内容的一种手段，由于相似的镜头被分在同一类，因此聚类对于视频检索实际上还提供了一种有效的索引机制。Chang，Ngo 和 Zhou 等的研究工作都利用了聚类结构来进行视频检索。Ngo 等提出了一种两层的层次聚类结构来组织体育视频的内容，其顶层为颜色特征聚类，而底层为运动特征聚类。这种组织形式不仅适合视频的组织和浏览，而且也适合高层次的视频处理任务。根据实验结果,基于聚类的检索不仅提高了检索速度,而且当查询目标是位于两个类的边界上时,通常也能够得到较好的结果。

4. 语义分析

尽管在CBR领域大量的研究工作是基于底层特征,但是用户还是愿意在语义层次上检索和浏览视频内容,因为这种方式毕竟与人类日常习惯相似。在目前的技术水平上,要填补底层特征与高层语义之间的鸿沟非常困难,这一方面是由于计算能力的局限,另一方面在于对人类知识本身的认识还缺少描述和模型化的工具。如今,视频内容语义分析这方面的研究工作要么限于一些特殊的领域,要么依赖用户交互来提高性能。这些工作可以大致划分为以下几个方面:视频编目(video categorization)、重要场面检测(high light detection)、概念模型和语义视频解析(semantic video parsing)。

(1) 视频编目。视频编目对视频图书馆是非常有用的,甚至在一个很粗略的语义层次上的编目也如此。现在编目的领域主要在于电影、商业和体育视频。Vasconcelos等在镜头持续时间和镜头活动状态的二维特征空间中将电影片断划分为浪漫喜剧、动作片和其他三类,Colombo等在商业视频中,在镜头持续时间和镜头活动状态的基础上增加了摄像机断点类型,来映射底层的感觉特征和所谓情绪特征之间的关系。其指导思想是:频繁的镜头突变发生可以推断为积极、兴奋和焦虑的情绪,而镜头的溶解渐变则意味着安静的情绪。这样,商业视频就被划分为实际、虚幻、危险和有趣四类。Sahouria等将MPEG运动矢量的基本分量作为输入特征来训练矢量量化(Vector Quantization, VQ)和隐性马尔科夫模型(Hidden Markov Model, HMM),对篮球、曲棍球和排球的视频实现了编目工作。

(2) 重要场面检测。重要场面检测在多数情况下需要相关应用领域的知识,目前最吸引研究者的两个重要场面检测的应用领域是体育视频和现场监视。Tan在MPEG编码的篮球视频中使用运动信息来检测镜头,Babaguchi等通过半自动检测镜头转变切换模式来找出美式橄榄球电视节目中的重要场面。在监视类的应用中,异常和危险物品的检测、索引和检索需要利用视频内容分析的手段。Srtinga等建立了一个用于室内环境的监视系统,能够检测遗弃物并且高亮标记遗弃这些物品的人。在这个系统中,因为背景信息是静态已知的,所以前景对象很容易分离出来。在离线情况下,系统训练多层感知器将前景对象分为遗弃物、人员以及灯光和结构变化三类。通过运动分析,放置遗弃物的人员被标记,同时遗弃物的形状和颜色信息也被索引。

(3) 概念模型。近年来,机器学习和人机交互技术常常结合起来,针对不同的视频对象来了解对象行为并针对语义概念建模。Naphade等提出利用HMM融合视频、音频、字幕信息，给多媒体对象做语义标签，然后将这些多媒体对象进一步组合并作为贝叶斯框架下的多媒体网络。Chang 等提出利用语义可视模板来描述事件的语义概念，这种方法强调双向交互和人机学习。理论上，不同的概念模板可以进一步组合从而合成新的语义可视模板。

(4) 语义视频解析。研究者常常考察视频，尤其是新闻视频的结构，以期解析语义事件。新闻视频由许多主题故事构成，Huang 等将每个故事都总结为播音员和其后的详细报道这种模式，并且在主题故事之间可能还插有商业片断。在这种结构下，新闻视频语义解析的关键步骤就在于定位播音员画面和新闻与商业片断的分离。前者常常通过模板匹配来实现，后者通过音频信号分析来进行。

10.2 慢镜头检测

慢镜头是对比赛中的一次行为事件不同角度的回放，并让观众在视觉上产生慢动作效果。足球比赛中，当出现精彩场面或观众感兴趣的片段之后，通常会出现从多个不同的角度对精彩片段进行回放和慢放的镜头。因此慢镜头包含着很强烈的语义信息，可以在足球视频高层语义分析中作为精彩集锦的索引以及比赛事件辨识的重要元数据。

由于在不同的比赛视频中，慢镜头的产生方法可能不同，编辑手法也因人而异，并且慢镜头也没有一个很明显的边界，因此很难找出一种通用有效的慢镜头检测算法。目前，研究人员通常采用寻找镜头的起始点和结束点的方法，实现慢镜头的检测，并提出了一些慢镜头检测算法。Pan 等对足球视频中的慢镜头进行了探测，他们的探测基于这样一个事实——慢镜头片段通常作为一个单独的镜头出现并位于两个渐变之间，在此基础上，首先将视频分割为单独的镜头，选取那些渐变之间的镜头作为候选慢镜头片段，然后根据慢镜头本身的诸如帧重复之类的特点作出进一步的判断。Kobla 等对压缩域中的慢镜头进行了研究，根据慢镜头由帧重复产生这一原理，提出了一种利用 MPEG 流中的宏块、运动以及比特率等信息对慢镜头进行检测的算法，用来判断视频中是否存在慢镜头。Noboru 等针对美式足球比赛中扫换编辑效果进行探测，通过人工交互的方法找出编辑效果的模板，然后设定一个阈值，用模板在视频里进行相似匹配，相似度超过阈值的区域被认为是扫换，取两个扫换之间的片段为慢镜头。这种方法不仅可以探测扫换，还可以扩展到其他的编辑效果。Pan 等对空间域中的慢动作重播镜头进行了研究，将提取的亮度和颜色直方图差值作为特征，提出了零交叉特征，并通过 HMM 实现对慢镜头的建模和识别，但这种算法本身复杂，并且对慢镜头边界定位的准确率有待进一步提高。

如图 10.1 所示，慢镜头过程中一般包括正常播放速率的镜头、视频编辑效果和慢镜头三种状态。编辑效果是指各种连续渐变，如淡入淡出、溶解和扫换等，标志着慢镜头过程的开始或结束，通常只有几秒。此外，有的渐变还包含徽标。

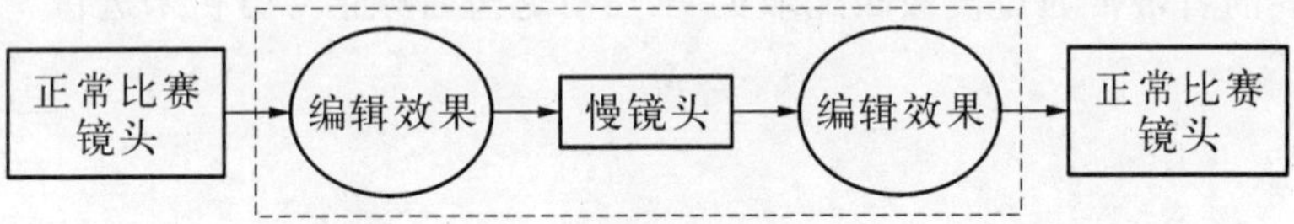

图 10.1　慢镜头结构模型

慢镜头主要有两种生成方式，一种是帧重复方式，即以标准摄像机进行正常录制，然后对某些帧进行重复形成慢镜头效果，这种方法实现简单、重播速度易于控制，能够满足大多数体育视频制作的需要；另一种是用高速摄像机进行拍摄，然后以正常速度进行播放形成慢镜头效果，这种方法的重播速度是固定的，而且由于制作成本较大，主要用于一些特定的科研研究领域，在足球视频转播中几乎没有使用。

慢镜头检测是足球视频分析中的一个难点。这里介绍基于帧间差模式识别和帧间差分图像分析的两种慢镜头检测算法。两种算法相互独立，因此检测结果可以互补，从而提高检测精度与速度。帧间差模式识别实现一段视频中慢镜头的定位，定位结果比较精确，但是计算量较大；帧间差分图像分析则是在镜头分段的基础上对视频片段是否为慢镜头进行判断，计算速度很快，但由于只是对视频片段是否存在慢镜头进行判断，所以检测结果不能达到很高的准确率。下面将分别介绍这两种方法。

10.2.1　基于帧间差模式识别的慢镜头检测方法

以帧重复模式生成的慢镜头，重复帧之间应该完全相同，但是考虑到噪声因素，如果两帧的帧差很小，也可认为两帧完全相同。具体步骤如下：

(1) 计算相邻两帧间的帧差；记时刻 t 相邻两帧间帧差为 $D(t)$，由下面的公式(10.1)计算，其中从 N 为帧的长度和宽度；一个镜头的 $D(t)$ 如图 10.2(a)所示，其中 86～250 为慢镜头。从图中可以看出，由于慢镜头效果是由帧重复形成的，重复帧间的差值主要是随机噪声，比较小，因此慢镜头的帧差表现为具有较大的起伏度。

$$D(t) = \frac{1}{M \times N} \sum_{i=1}^{M} \sum_{j=1}^{N} (I_t(i, j) - I_{t-1}(i, j))^2 \tag{10.1}$$

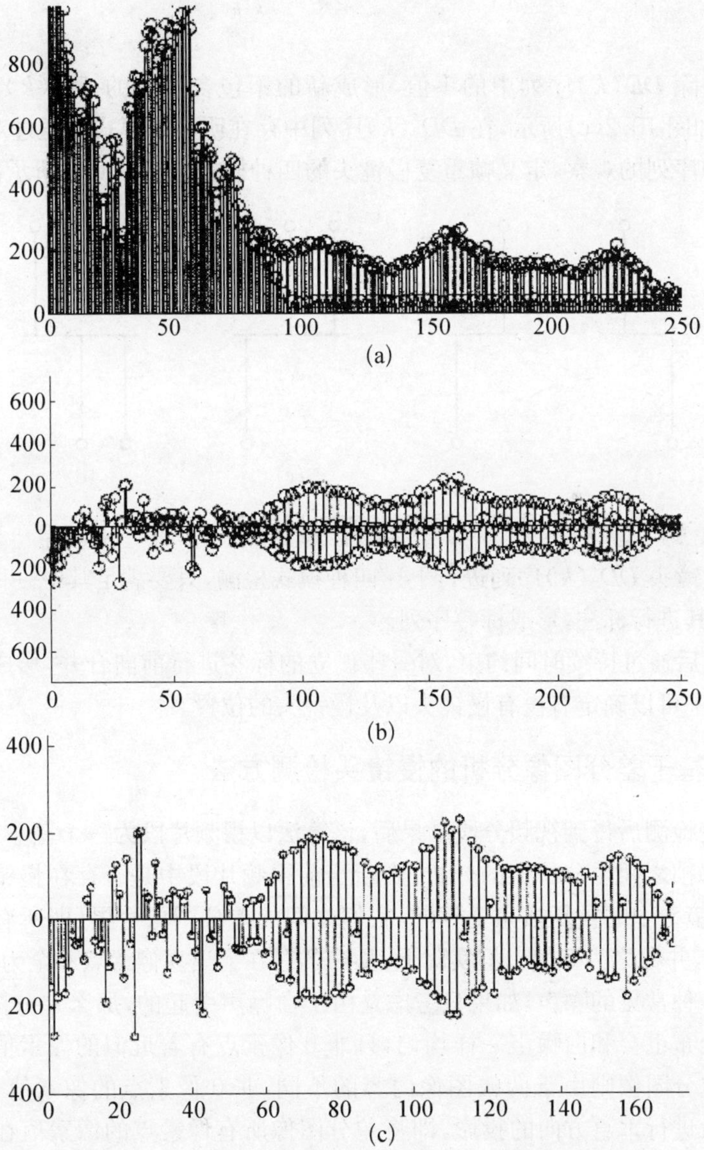

图 10.2 标准镜头和慢镜头的 $D(t)$, $DD(t)$ 和 $DD'(t)$

(2) 对帧间差值进一步作差，记为 $DD(k)$，由公式(10.1)计算，如图 10.2(b)所示，$DD(k)=D(k)-D(k-1)$。

(3) 对 $DD(t)$进行门限处理，即如果 $-T(k)<DD(k)<T(k)$，则设 $DD(k)=0$。其中 T 为一动态门限阈值，$T(k)=\dfrac{\lambda}{2n+1}\sum_{k-n}^{k+n}DD(k)$，$\lambda$ 为一由实验确定的系数。

(4) 去除 $DD(k)$序列中的零值，形成新的不包含零值的 $DD(k)$序列，记为 $DD'(k)$，如图 10.2(c)所示，在 $DD'(k)$序列中存在明显的模式。通过对多种慢镜头 $DD'(k)$序列的观察，定义帧重复慢镜头的四种模式，如图 10.3 所示。

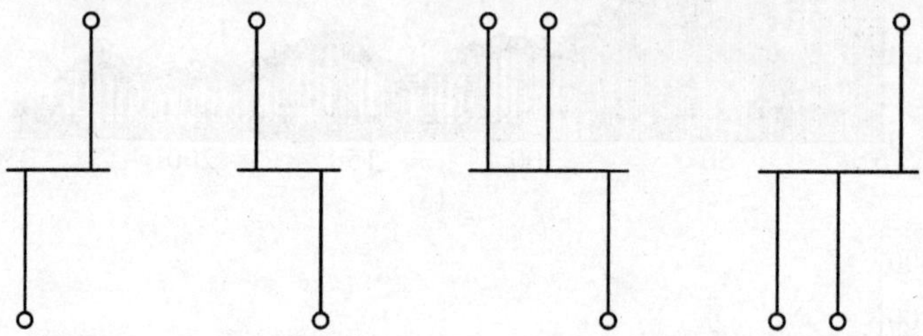

图 10.3　慢镜头 $DD'(k)$的四种模式

(5) 对镜头 $DD'(k)$序列进行上述四种模式检测，只要满足其中一种就认为是慢镜头，对其进行标注，形成标签序列。

(6) 最后通过持续时间约束，对一些孤立的标签进行前向合并，形成最终的标签序列，从中可以确定有没有慢镜头以及慢镜头的位置。

10.2.2　基于差分图像分析的慢镜头检测方法

在切变检测后得到视频分段结果后，该算法以视频片段为一个基本分析单元，通过对相邻帧之间差分特征的分析，判断当前视频片段中是否存在慢镜头。理想情况下，慢镜头中的重复帧完全相同，它们之间的差分图像全黑(即所有像素点的颜色值为 0，并称之为 0 帧)，但实际上，噪声的存在会出现像素点不全为 0 的情况。白噪声是一种常见的噪声，如果只考虑是由于白噪声引起的，那么差分图像中非 0 像素点的分布也会和白噪声一样均匀，且非 0 像素点有着近似的像素值。非重复帧之间的差分图像则由于两幅图像内容的不同，非 0 像素点的像素值也会不同。对差分图像进行垂直方向的投影，即将差分图像所有像素点的像素值在垂直方向作累加，得到投影图。由于非重复帧之间的差分图像的非 0 像素点的位置和像素值分布不均匀，所以投影图会呈现较大的起伏。

根据上面的分析，选取差分图像的均值 V_m 作为一个特征，用来描述非 0 像素点的像素值偏移 0 的程度；选取差分图像垂直方向投影的标准差 V_{vh} 作为另一个特征，用来描述投影图的起伏程度。然后设定阈值，即可判断当前帧是否属于慢镜头的重复帧。最后根据规则完成对视频片段的判断。具体步骤如下：

(1) 计算差分图像；

(2) 计算差分图像均值和垂直方向标准差的水平方向均值 V_m；

(3) 如果 V_m 大于 V_{vh} 的 2 倍，则认为该帧属于慢镜头生成的重复帧，并计数；

(4) 重复执行步骤(1)～(3)，直到将整个视频片段处理完毕；

(5) 如果认定为慢镜头生成的重复帧的数量大于 30 个，而且 0 帧的比例大于 0.3，则判断此视频片段中存在慢镜头，否则认为不存在。

10.2.3 基于零点穿越的慢镜头检测算法

因为只需判定一个镜头是否包含慢镜头片断，零点穿越的度量方法已经足够满足实际应用，而没有使用 HMM 模型。慢镜头制作中，帧重复与漏帧的制作方法使得帧差表现出剧烈和大幅度振荡的特征，利用这一特征，零点穿越度量方法先计算在一个 L 长度的窗口中帧差 $D(t)$ 的振荡幅度，当振荡的频率和幅度大于一定的阈值，则认为该镜头中包含慢镜头片断。

在离散时刻 t 的帧差以 $D(t)$ 表示，由下式计算

$$D(t) = \frac{1}{M \times N}\sum_{i=1}^{M}\sum_{j=1}^{N}(I_t(i, j) - I_{t-1}(i, j))^2 \tag{10.2}$$

式中，M 和 N 分别代表一帧的长度和宽度，$I_t(i, j)$，$I_{t-1}(i, j)$ 分别是帧在 t，$t-1$ 时刻在 (i, j) 位置的值。

衡量 $D(t)$ 振荡的频率，由 $Z_c(t, \theta_k)$ 表示，其含义指 $D(t)$ 在长度为 L 的窗口内穿过零点的次数，可由下式计算

$$Z_c(t, \theta_k) = \sum_{i=1}^{L-1} f(D(t-i) - \bar{D}(t), D(t-i-1) - \bar{D}(t), \theta_k) \tag{10.3}$$

$$f(x, y, \theta) = \begin{cases} 1, \text{ if } x \geqslant \theta \text{ and } y \leqslant -\theta \text{ or} \\ \qquad x \leqslant -\theta \text{ and } y \geqslant \theta \\ 0, \text{ else} \end{cases} \tag{10.4}$$

为了综合度量 $D(t)$ 振荡的频率和幅度，定义了 $p_{Z_C}(t)$，其含义指零点穿越次数大于一定阈值后，量化等级 θ_k 的最大脚标，由下式计算

$$p_{z_c}(t) = k, \text{ if } Z_c(t, \theta_k) > \beta \tag{10.5}$$

当 $p_{z_c}(t)$ 大于一定的阈值时，就表明这段镜头含有慢镜头。但实验显示，$D(t)$ 值的大幅度振荡不仅与慢镜头的帧重复有关，还受摄像机运动的影响，摄像机运动越大，$D(t)$ 的振荡幅度也越大，为了补偿摄像机运动对 $D(t)$ 的影响，用窗口中每个 $D(t)$ 的值减去该窗口所有 $D(t)$ 值的均值 $\overline{D(t)}$。从公式(10.5)表示的零点穿越次数 $Z_c(t, \theta_k)$ 可以看出，它表示振荡幅值 $D(t)$ 在满足大于某量化等级 θ_k 条件时，$D(t)$ 穿过零点的次数，所以零点穿越次数不只是穿过零点的次数，还与振荡幅值和量化等级 θ_k 密切相关。最后公式(10.5)定义的 $p_{z_c}(t)$ 是指 $Z_c(t, \theta_k) > \beta$ 时，θ_k 的最大脚标 k，β 是 $Z_c(t, \theta_k)$ 的阈值。零点穿越如图 10.4 所示，由图可以看出，当 $Z_c(t, \theta_k)$ 大于 β，$p_{z_c}(t)$ 的大小就依赖于 $D(t)$ 振荡幅度的大小。零点穿越检测方法综合考虑了 $D(t)$ 振荡幅度和振荡频率。图 10.5 显示了慢镜头样本的 $D(t)$ 值大幅度振荡的情况。

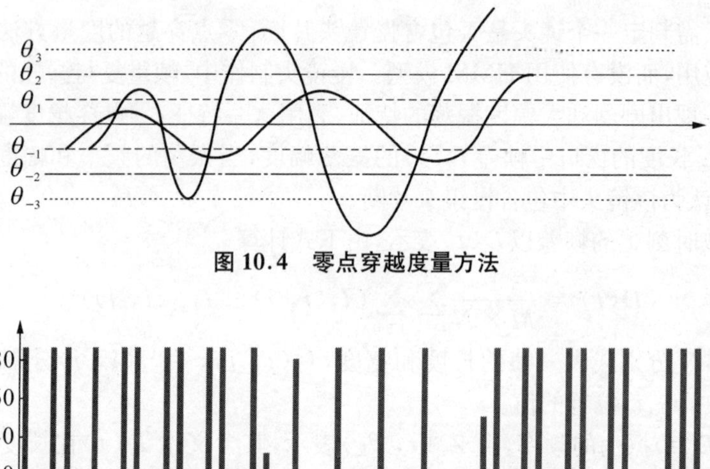

图 10.4　零点穿越度量方法

图 10.5　慢镜头回放中 $D(t)$ 值的振荡，及重复帧，插帧的帧差示意

需要注意的是,如果振荡幅度不考虑在内,两条曲线的零点穿越次数是一样的。此外,设置$\beta=2$,幅度低的曲线产生$Z_c(t,\theta_1)=3$, $Z_c(t,\theta_2)=0$, $Z_c(t,\theta_3)=0$,因为只有$Z_c(t,\theta_1)>\beta$,所以$p_{z_c}(t)=1$;而幅度高的曲线有$Z_c(t,\theta_1)=5$, $Z_c(t,\theta_2)=4$, $Z_c(t,\theta_3)=3$,因为这三个值都大于β,选择最大的θ_i,并且把i赋给$p_{z_c}(t)$,因此$p_{z_c}(t)=3$。但是,获得量化级θ_k,零点穿越数的阈值,β和窗口长度L的细节没有给出,为了准确的确定这些阈值,仔细观察后得到:首先$D(t)$值减去均值$\overline{D(t)}$,只是在某种程度上补偿了镜头运动的影响。例如,近景镜头中运动员运动和远景镜头中摄像机的运动都可以造成$D(t)$大幅度的振荡。因此,根据平均运动大小,自适应地调整量化级的θ_k大小,也就是说,θ_k的大小与$D(t)$在整个镜头中的平均值成正比。量化步长的范围从1到4,也就是说,运动量低的镜头,$\theta_0=1$,$\theta_1=2$,以此类推;而运动量大的镜头,$\theta_0=4$,$\theta_1=8$,以此类推。根据经验,当最大脚标k大于100时,则判定此镜头为慢镜头。另外,除了帧重复外,插帧也可以产生慢镜头,因此,慢镜头过程中,如图10.5中表示,$D(t)$值可能不是零值,而是一些很小的值。在重复帧数,f和窗口中零点穿越阈值β和窗口长度之间有个关系,可以表达为$L>f+\beta$,但是f值通常是不固定的,再者,L取较大的值通常效果不好,因为选择的窗口通常不应包含太多只有普通运动的帧,因此一般选择L为7,β为1。

10.2.4 基于帧差模式和镜头主色的慢镜头检测方法

足球视频中慢镜头通常是一个独立的镜头,而且在两个渐变之间,依据这个事实,通常把每两个渐变之间的镜头认为是候选镜头。

对于普通摄像机,通常通过放慢录制视频的播放帧速产生慢镜头效果。通常有两种方法降低帧速,一种是重复某些普通帧的方式,这里可以发现原始帧和重复帧的差别是非常小的现象。另一种是在两个目标帧间插入若干帧,这些帧是由两个目标帧间的线性或非线性的组合获得,可以看到插入帧与目标帧间的差别小于目标帧与普通帧间的差别。

高速摄像机产生的慢镜头一般不含有任何重复帧或插入帧,但是它可能通过漏掉一些普通帧,来产生慢镜头。这时可以发现慢镜头中两连续帧间帧差更大。基于上述三种现象,提出了慢镜头检测算法。

1. 普通摄像机慢镜头检测

普通摄像机的帧速通常是每秒30帧,普通播放机的帧速也一般是每秒30帧。为了把精彩事件从普通速度转换成慢镜头回放,需要扩展精彩事件部分的帧。例如,如果需要把5 s的150帧正常片段转换成8 s 240帧慢镜头回放,就需要加入额外的 90 帧。一般有两种方法达到这个目的。一个是重复这个片断的某些帧。一个是在两个目标帧间插入某些帧。

第一种方法是基于原始帧和重复帧的帧差非常小的事实，提取所有的重复帧。帧差取基于直方图的两帧帧差。对于每个候选镜头 CS，候选镜头的每帧 n 都被检测。

如果帧差 DF $[n]$ 非常小，那么帧 n 被认为是重复帧，当有一段相邻的重复帧在一起时，就称这一系列相邻的重复帧为重复帧组。

第二种方法是在两个目标帧间插入几个帧。令帧 p，q 为两个目标帧，令帧 $p+1, p+2, p+3, \cdots, q-2, q-1$，是插入帧。由于每个插入帧 k 是帧 p 和帧 q 的线性或非线性的组合，一般 $\mathrm{DF}[k] < \mathrm{DF}[p]$，且 $\mathrm{DF}[k] < \mathrm{DF}[q+1]$，而且通过观察，发现一个现象，就是 p, q 间存在一帧 n 满足下列不等式

$$\mathrm{DF}[p] > \mathrm{DF}[p+1] > \cdots > \mathrm{DF}[n];\ \mathrm{DF}[n] < \cdots < \mathrm{DF}[q] < \mathrm{DF}[q+1] \tag{10.6}$$

同时注意到，帧 p 左侧的序列和帧 q 右侧的序列，$\mathrm{DF}[p-i]$，$\mathrm{DF}[p-i+1]$，…，$\mathrm{DF}[p]$ 和 $\mathrm{DF}[q]$，$\mathrm{DF}[q+1]$，…，$\mathrm{DF}[q+j]$ 并非单调的，所以一定能在 p, q 附近找到局部的最大值 p', q'，基于这个现象和下面的公式(10.7)，能够提取所有这些插入帧。

首先，对于每个候选镜头，检测候选镜头中的每帧 n。如果 $\mathrm{DF}[n]$ 是局部最小值，那么可以搜索到离帧 n 最近且帧差为局部最大值的两帧 p 和 q，也就是

$$\begin{aligned} &\mathrm{DF}[p-1] < \mathrm{DF}[p],\ \mathrm{DF}[p+1] < \mathrm{DF}[p] \\ &\mathrm{DF}[q] < \mathrm{DF}[q+1],\ \mathrm{DF}[q+1] > \mathrm{DF}[q+2] \\ &p < n < q \end{aligned} \tag{10.7}$$

当帧 p 和帧 q 找到后，检查下面两个条件

$$\mathrm{DF}[p] > 2 \times \mathrm{DF}[n],\ \mathrm{DF}[q+1] > 2 \times \mathrm{DF}[n] \tag{10.8}$$

如果公式(10.7)的两个条件满足了，帧 $p+1$ 到帧 $q-1$ 被认为是插入帧帧组。图 10.6 是有插入帧帧组的示例。当候选镜头中所有的帧都被检测后，可以得到重复帧帧数 repeat$N$ 和插入帧组的帧数 insert$N$。若有下面的不等式(10.9)成立，则认为候选镜头是慢镜头回放。这里 repeat$N$ 和 insert$N$ 为连续的 30 帧内的帧。

$$\mathrm{repeat}N + \mathrm{insert}N > 10 \tag{10.9}$$

2. 从高速摄像机获得的慢镜头检测

因为高速摄像机每秒捕捉的帧数比普通摄像机多，所以，若慢镜头回放由高速

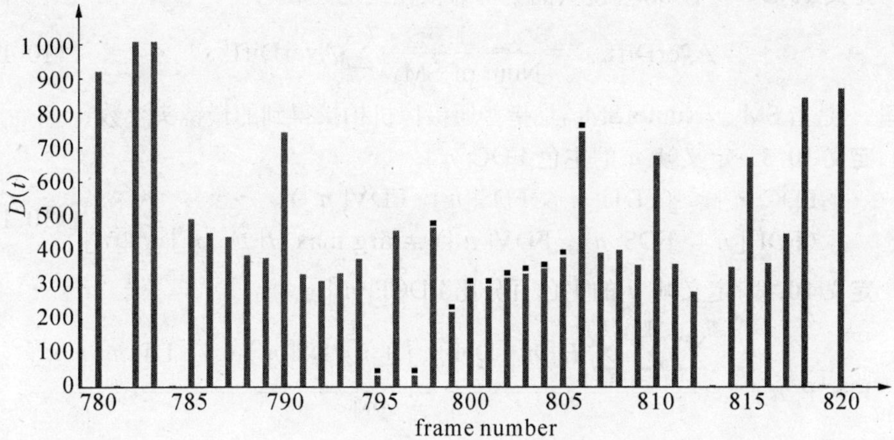

图 10.6 插帧帧组的示例

摄像机拍摄，就不需重复帧和插入帧的手法，而是通过把某些普通帧漏掉的方法产生。为了解释方便，由普通摄像机拍摄的精彩事件慢镜头回放，称作 SM_{Std}，而高速摄像机拍摄的慢镜头回放，称作 SM_{high}。

通过观察，SM_{high} 的出现通常有两种情况：一种是在相邻的在两个普通镜头中出现，另一种是在一组慢镜头回放中出现。当 SM_{high} 在两个普通镜头间出现时，SM_{high} 通常是 zoom-in 的视角，而且两连续帧有较大的帧差。当存在一组慢镜头回放时，组里至少存在一个 SM_{high}。

在足球视频中，当镜头拍摄距离越近，主色百分比越小，邻帧帧差越大。因此，近景镜头中的邻帧帧差也相当大，与 SM_{high} 中的邻帧帧差相似，仅以邻帧帧差的特征检测慢镜头，很容易将近景镜头误判为 SM_{high} 镜头。幸运的是，每个慢镜头回放都以绿色为主色，而近景镜头中的主色通常不是绿色，所以可以使用主色来避免这个问题。

这里提出一种提取这两种情况下 SM_{high} 的方法，在描述这种方法前，先给出一些定义。

定义 10.1 对于候选镜头 s，帧数从 i 到 j，其镜头 s 中所有邻帧帧差的平均值定义成 AverDiff[s]：

$$\text{AverDiff}[s] = \frac{1}{j - i + 1 - r}\sum_{k=i}^{j} DF'[k] \tag{10.10}$$

$$DF'[k] = \begin{cases} 0, & \text{若帧 } k \text{ 是重复帧或插入帧} \\ 1, & \text{其他} \end{cases} \tag{10.11}$$

这里，r 是镜头 s 中的重复帧与插入帧帧数和。

定义 10.2 所有 SM_{Std} 镜头的平均邻帧帧差定义成

$$\text{AverDiff}_{std} = \frac{1}{\text{Num of } SM_{std}} \sum_{s} \text{AverDiff}[s] \tag{10.12}$$

这里，s 是指 SM_{Std}，NumofSM_{Std} 是指普通摄像机拍摄得到的慢镜头个数。

定义 10.3 定义帧 n 的主色 FDC[n]

$$\begin{aligned} &\text{FDC}[n] = (\text{FDH}[n],\ \text{FDS}[n],\ \text{FDV}[n]) \\ &(\text{FDH}[n],\ \text{FDS}[n],\ \text{FDV}[n]) = \arg\max_{h,\,s,\,v} H[n][h][s][v] \end{aligned} \tag{10.13}$$

定义 10.4 定义帧 n 的主色百分比 FDCP[n]

$$\text{FDCP}[n] = \frac{\sum_{i=-1}^{1}\sum_{j=-1}^{1}\sum_{k=-1}^{1} H[n][\text{DH}[n]+i][\text{DS}[n]+j][\text{DI}[n]+k]}{\text{PN}} \tag{10.14}$$

这里，PN 是帧 n 像素的总数。

定义 10.5 定义镜头 s 的主色为 SDC[s]

$$\text{SDC}[s] = (\text{SDH}[s],\ \text{SDS}[s],\ \text{SDV}[s]) = \frac{1}{\text{FN}} \sum_{n} \text{FDC}[n] \tag{10.15}$$

定义 10.6 定义镜头 s 的主色百分比为 SDCP[s]

$$\text{SDCP}[s] = \frac{1}{\text{FN}} \sum_{n} \text{FDCP}[n] \tag{10.16}$$

这里，FN 是镜头 s 中帧的总数。

引入了帧主色 FDC[n]，帧主色百分比 FDCP[n]，镜头主色 SDC[s]，镜头主色百分比 SDCP[s]的概念，现在讨论高速摄像机拍摄的慢镜头回放的检测。

提取 SM_{high} 的算法包括两个部分，第一个部分是提取出现在两个普通镜头间的 SM_{high}，适合于第一种情况；第二个部分是提取出现在慢镜头组间的 SM_{high}，适合第二种情况。

检测两渐变之间的 SM_{high}。对于两渐变之间的 SM_{high}，镜头的平均帧差 AverDiff[s]比较大。用 AverDiff[s]这一特征对两渐变之间非 SM_{Std} 的候选镜头进行验证。当候选镜头的平均邻帧帧差较大，满足下面的不等式(10.17)时，它很有可能是 SM_{high} 慢镜头。反之，如果 AverDiff[s]≤AverDiff_{std}，镜头就一定不是慢镜头回放。也即 SM_{high} 必须满足下式条件

$$\text{AverDiff}[s] \geqslant \text{AverDiff}_{std} \tag{10.17}$$

满足不等式(10.17)的候选镜头不一定是 SM_{high} 慢镜头，这是由于两渐变之间的近景镜头邻帧帧差也很大，若它作为候选镜头 s，也可能满足上面的条件。为了

防止近景镜头被错判为 SM_{high} 镜头，这里利用主色特征进行区别。由于近景镜头中场地色通常很少，它与 SM_{Std} 慢镜头的主色差距必然很大。所以，先找出与候选镜头主色百分比最相近的 SM_{Std} 类型的镜头，然后验证候选镜头的主色与其主色差距是否过大，若差距不大，就说明候选镜头的主色是绿色，而且镜头的主(绿)色百分比也在正常范围内。

具体来说，当 AverDiff[s]大于阈值 $AverDiff_{std}$，在所有 SM_{Std} 类型的慢镜头帧组中，查找使得 SDCP[sn]与 SDCP[s]的差别最小的 SM_{Std} 类型的镜头 sn。当找到镜头 sn 后，验证下面的几个条件

$$|\mathrm{SDH}[sn]-\mathrm{SDH}[s]|<1\ |\mathrm{SDS}[sn]-\mathrm{SDS}[s]| <1\ |\mathrm{SDV}[sn]-\mathrm{SDV}[s]|<1 \tag{10.18}$$

如果上面的条件满足，镜头 s 就被认为是 SM_{high}，注意上述条件就是前面提到的使用主色防止错判近景镜头为 SM_{high} 的条件。

3. 检测慢镜头组间的 SM_{high}

由于慢镜头帧组中，一般至少有一个 SM_{high} 镜头，用来捕捉高速运动中的足球，所以可以通过验证慢镜头组中每个 SM_{Std} 相邻的镜头 s，来检测 SM_{high} 镜头。与第一部分相似，若存在一个和候选镜头的主色百分比最为相似的 SM_{Std} 镜头，那么比较这两个镜头的镜头平均帧差和主色差别，若候选镜头平均帧差大，则候选镜头满足了帧差特征的要求，若同时两镜头的主色差别不大，则认为候选镜头的主色也是绿色，则排除了近景镜头的可能，最终可以判断出候选 SM_{high} 镜头。

具体说来，如果镜头 s 是候选镜头，在所有 SM_{Std} 类型的镜头帧组中找到一个 SM_{Std} 类型镜头 sn，使得 SDCP[sn]与 SDCP[s]的差别最小，然后验证式(10.18)条件和下面的式(10.19)条件

$$\mathrm{AverDiff}[s]>\mathrm{AverDiff}[sn] \tag{10.19}$$

如果上述条件不满足，这个过程就停止。如果条件满足，就认为镜头 s 是慢镜头，然后依此类推，以同样的过程验证与镜头 s 相邻的镜头是否为慢镜头。

10.3 视频摘要

视频摘要是指从原始视频中提取出视频片段，同时保留比较完整的含义，像文

章的摘要一样，让用户能对视频内容有快速的了解。可以根据需要生成不同抽象层次和形式的视频摘要，例如通过提取关键帧可以获得由静止图像构成的视频摘要；而形成由运动图像序列构成的视频摘要，目前的技术有：通过先验知识选取专题的缩略和精彩画面的剪辑、通过压缩原始视频来加速视频回放的速度、通过多特征融合技术、通过检测镜头活动度和通过聚类方法等。目前的视频摘要技术的研究重点主要集中在低层特征上，从而所形成的视频摘要不太符合人类的理解。在如何建立低层特征与高层语义概念的关联方面的研究目前还很少。

10.3.1 视频摘要概述

基于内容的视频分析技术的快速发展产生了很多新的应用和新的技术。在这些新兴的研究领域中，有一类应用和研究针对的问题是如何利用分析视频内容来减小视频存储、分类和索引的代价以及如何提高视频的使用效率、可用性和访问性，这就是视频摘要(video abstraction)技术。

视频摘要就是对一个较长的视频文件的内容进行的一个简短的小结。事实上可以根据需要来生成不同抽象层次和形式的视频摘要。应该说，视频摘要是静止图像或者是运动图像的序列(这些图像序列可以附带音频也可以不带)，这个序列比原始视频要短很多，但是这个序列应保留原始视频的基本内容，以便能够实现对原始视频进行快速浏览和检索。

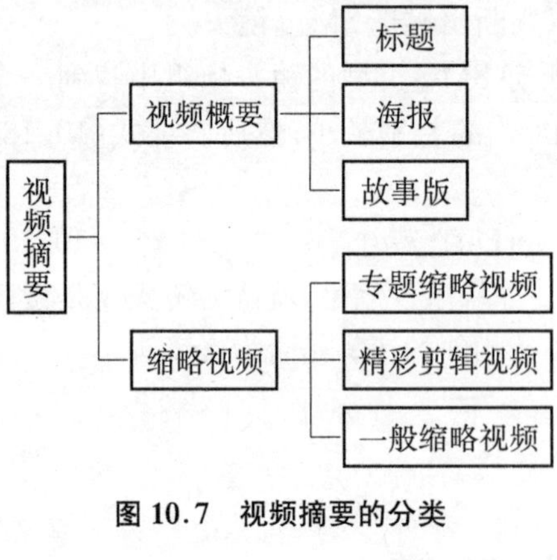

图 10.7 视频摘要的分类

视频摘要就是通过对视频进行分析处理来自动生成紧凑的能够充分表现视频语义内容的静止或者运动的图像序列。视频摘要还可根据是静止图像还是运动图像序列，分为视频概要(video summary)和缩略视频(video skimming)两大类，其进一步细分，如图 10.7 所示。

对于视频概要，可以分为标题、海报和故事版，其中标题是对视频内容的一段简短的文字描述，这种方式虽是最紧凑、最简单的视频摘要形式，但是却很难由计算机来自动生成能准确概括视频内容的文字描述；海报又称为视频代表帧，它是一幅对原始视频有代表意义的图像，它可以提供直观的可视信息，但是无法表现视频的动态特性；故事版是从原始视频中提取的，按照一定顺序和一定形式排列的多帧代表帧图像序列，它可以给用户提供视频的总体描述，在浏览中也可以方便地定位到用户感兴趣的部分。对于缩略视频，可以分为精彩剪辑视频、专题缩略视频和一般缩略视频。其中，精彩剪辑视频就是前面提到的在电影、电视中应用广泛的视频摘要，为了吸引观众，剪辑视频一般由原始视频中的精彩画面组成，并且不包含故事的结局；专题缩略视频是特定领域视频的摘要，专题缩略视频的实现一般都要结合该领域的知识来采用比较特殊的方法；一般缩略视频是相对于专题缩略视频而言的，它是一些视频片段的序列，用户可以通过播放这些相对短小的视频片段来了解整个视频的内容。

视频缩略综合利用了原始的视频、音频和文本信息，比单纯的静止图像更加有意义，对用户而言，理解起来更加自然有趣。例如，在纪录片中，视频的伴音就含有重要的信息。但是它的处理比较复杂，而且受人的主观影响比较大；而视频概要是利用视频的可视信息，从原始视频中提取关键帧（静止图像）而成的集合。视频概要建立过程快速简单，一旦建立，就可以很方便地显示和组织，并且可以提供非线性的浏览，还可以用全景图拼接法（mosaic）来表现更加全面和准确的信息，也可以通过一定的空间关系来显示时序图像。

1. 视频剪辑的实现技术

视频剪辑是一类比较特殊的视频摘要，它是原始视频中精彩场景的集合，但是它并不包含故事的结局。德国的曼海姆大学 Vabstract 系统，其研究焦点就是精彩场景的探测和选取。研究人员首先认为包含有强烈对比的前后帧，可能包含有重要对象的重要事件；然后他们把表示整个视频段的基本颜色基调的场景也包括在视频摘要中；最后把所有选取的场景按照时序组织起来。但是在他们的研究项目中，由于研究人员对问题的复杂性考虑不够，所采用的算法还比较简单，因此效果有时候不是很好，有待进一步提高。在其改进版本 MoCA 系统，通过检测重要事件，比如：爆炸和枪战等，来查找精彩场景。

2. 专题缩略视频的实现技术

专题缩略视频是一种针对某一特定领域视频数据的缩略视频。对于专题缩略视频，一般可结合该领域的专题知识，采用特殊的方法来生成视频摘要。有人设计了一种专门针对该研究机构每周例会的视频摘要系统，即利用例会比较统一的履行程序，把低层的信号事件和高层的语义事件关联起来生成缩略视频。也有从专题知识出发，更多地采用基于模型，而不是基于内容的方法来对家庭视频生成缩略摘要。

3. 一般缩略视频的实现技术

事实上，选取整个视频中最精彩的图像帧往往是由人主观确定的，而且如何把人的认识与计算机匹配起来是一件非常困难的事情，基于以上原因，目前缩略视频的重点集中在一般缩略视频的研究。

(1) 压缩原始视频来加速视频回放的速度方法。微软研究院采用时域压缩技术(time compression technology)来获取视频片段,这种方法虽然有一定的效果,但是它存在压缩比的限制,因为这些压缩算法是依赖于语音速度的,如果压缩比过高的话,语音将无法理解。

(2) 多特征融合的方法。这是结合文本、音频和视频等媒体的特征来生成视频摘要。比较有名的是卡内基梅隆大学的研究人员致力于从原始视频中提取最有代表意义的音频和视频信息,以创建一段简单的缩略视频,即首先从一些文字说明中提取关键字,同时从视频中探测字幕;然后根据这些关键字创建语音摘要;接下来就是抽取代表帧,主要包括以下几类:包含有关键人脸或者文本的帧、表明摄像机运动的帧、视频场景中的开头帧,由于以上这几类图像帧提取的优先级是依次降低的,因此这些提取出来的帧不一定按照时间顺序排列,但是从视觉效果上讲,这样的缩略视频更加合适;最后,按照文本、音频和帧的匹配关系来生成缩略视频。这种方法对于那种有附加语音或者文本信息的视频非常有效,如纪录片等,而对其他的视频效果则不是很好。

10.3.2 视频摘要实现方法

视频摘要是最能代表视频内容的静止图像集合,因此,关键帧(key frame)的提取是视频摘要实现的主要技术。基于构造方式可以分为基于时间采样、基于镜头和基于场景等方式。

1. 基于时间采样的关键帧提取方法

基于时间采样的关键帧提取方法就是从给定的视频序列中每隔一定的时间提取一个帧,把该帧作为关键帧。该方法比较简单,易于实现。但是所选取的关键帧不能很好地反映出视频的主要内容,例如在重要的片段内没有选取关键帧,而在持续时间长的片段中选取过多的冗余帧等。

2. 基于镜头的关键帧提取方法

在基于镜头的视频摘要生成方法中,除了提取关键帧的方法外,还有一个特殊的方法,即全景图拼接技术。全景图拼接技术不仅能将一个镜头中具有相同或者部分相同背景的图像帧连成一幅图像,而且能用一幅图像表示整个镜头的内容,并且从时间和空间上压缩了数据,即排除了连续视频帧时间和空间上的冗余。

全景图拼接法:全景图生成一般分为如下两步:第一步,对连续帧的运动,套用一定的全局运动模型,如平移模型、旋转模型、仿射模型、平面透视模型等,来进行变换;第二步,根据估算的摄像机的运动参数来对图像进行变形处理,之后拼接成一幅全景图像。如利用仿射模型得到的全景图,这种全景图拼接法虽然保存背景信息很完整,但是它不能保留前景对象的运动信息。为了解决这个问题,人们把全景图分为静止的背景全景图和前景动态对象的全景图两类,最后把两者结合起来恢复全景图。全景图拼接法的不足在于:它比较适合于包含有确定的摄像机运动的视频片段,而并不适合于真实世界中包含有复杂摄像机运动和频繁背景前景交替的视频。

3. 基于场景的关键帧提取方法

基于镜头的关键帧方法虽然能把用户从浏览整个视频中解放出来,但一般的视频节目都有成百上千个镜头,相应地也会有更多的关键帧,通过这样的帧序列不能提供给用户高效的浏览与查找手段。假如一个用户没有看过这段视频,他将不知道从何下手。另外一种方法是通过预定义视频上下文或者抽取更多的关键帧来区分视频内容,但不论是以上哪种方法,浏览都是通过一个线性图像序列或者基于视频内容的先验知识的分析结果来实现。为了方便用户浏览,就需要非线性、非顺序地存取视频,以便充分利用数字媒体的优势。实际上,视频是表现思想观点的一种媒体。对多数视频,都有通过其内容所反映的基本故事大纲,通过这种基本结构,一个视频浏览器应该能够让用户通过场景判定故事地点,在场景的各镜头间游历以选择所需场景。因此这就需要定义一种场景结构关系,让用户能够识别基本故事结构,使其能很快找到所需视频。基于此原因,人们开始考虑基于更高一层的视频单元的关键帧提取法,称为基于场景的关键帧提取法。

基于场景的关键帧提取方法中,比较有名的是 FX Palo Alto 实验室的漫画书(comic book presentation)。这种漫画书就是一种特殊的故事版。在该研究项目中,研究人员首先把所有视频帧聚类成预定数目的类;然后根据一段连续帧属于哪一类来对视频进行分割。对于每一分割的段,再根据它的长度和出现频率计算一个衡量值,如果这个值小于某一阈值,这个视频分割段就会被忽略;接着提取剩余分割段的关键帧,并通过关键帧的链接可以回放原始视频段。这里,最特别的是关键帧的显示,即比较重要的也就是衡量值较大的关键帧显示较大的图像,而不是很重要也就是衡量值较小的关键帧显示较小的图像,这样即得到一种类似漫画书形式的视频摘要。漫画书中图像帧是从分割的场景中提取的,且在关键帧的显示上也别具特色,即它能从空间顺序上来表示关键帧的重要程度。但是,聚类的数目如何定义,场景的重要程度如何衡量,阈值如何选取,这都是值得进一步深入研究的问题。

4. 基于场景的视频摘要算法

基于场景形成视频摘要就是选择场景中最主要的镜头,用这些镜头代表场景。

但是一方面，仅用一个镜头代表场景容易丢失其他镜头的信息、不够全面；另一方面，一个完整镜头的数量也是相当庞大的，用来表达一个情节不够紧凑。因此可以从场景包含的关键帧集合中选择具有代表性的关键帧来表示场景。

场景重要度和镜头类重要度。视频摘要是对原始视频内容的概括，因此是否包含了原始视频的重要信息是判断视频摘要好坏的重要标准。该类方法的核心就是首先定义了两个概念：场景重要度和镜头重要度，然后根据这两个概念提取场景的关键帧，从而捕捉视频序列的重要信息。

通过场景重要度可以获得候选场景。一般来讲，较长的场景在视频中越有可能是重要的，但是一个场景中的内容变化不大，即使很长也不该从中抽取多个关键帧，避免出现过多的冗余关键帧。因此用场景持续度和场景活动度来定义场景重要度，场景 SC_i 的持续度 α_{1i} 为

$$\alpha_{1i} = \frac{|SC_i|}{\max\limits_j(|SC_j|)} \tag{10.20}$$

式中，$|SC_i|$表明第 i 个场景的持续时间，$\max(|SC_j|)$表明该视频段中场景持续的最长时间。场景 SC_i 的活动度 β_{1i} 为

$$\beta_{1i} = \frac{n_i}{\max\limits_j(n_j)} \tag{10.21}$$

式中，n_i 为场景 SC_i 中的镜头个数，$\max(n_j)$为场景中镜头个数的最大值。场景 SC_i 重要度：

$$\lambda_{1i} = \omega_1 \times \alpha_{1i} + \omega_2 \times \beta_{1i} \tag{10.22}$$

式中，ω_1 和 ω_2 为权值，且 $\omega_1 + \omega_2 = 1$。

镜头类的重要度与场景的重要度类似，根据镜头类的持续度和镜头类的活动度来定义镜头类的重要度。镜头类 SH_i 的持续度 α_{2i} 为

$$\alpha_{2i} = \frac{|SH_i|}{\sum\limits_j(|SH_j|)} \tag{10.23}$$

式中，$|SH_i|$是镜头类 SH_i 的持续时间，$\sum|SH_j|$包含该镜头类的场景持续时间；镜头类 SH_i 的活动度 β_{2i} 为

$$\beta_{2i} = \frac{n_i}{\sum\limits_j(n_j)} \tag{10.24}$$

式中，n_i 为镜头类 SH_i 的镜头个数，$\sum\limits_j(n_j)$包含该镜头类的场景的镜头个数。镜头类 SH_i 重要度为

$$\lambda_{2i} = \theta_1 \times \alpha_{2i} + \theta_2 \times \beta_{2i} \tag{10.25}$$

式中，θ_1和 θ_2为权值，且 $\theta_1 + \theta_2 = 1$。

生成视频概要的算法：

步骤1：提取关键帧有以下两个方法：

(1) 视频概要中的关键帧的个数是未知的。首先基于类间、类内损失构造场景；然后计算场景重要度，根据场景重要度提取候选场景；最后从候选场景的每个镜头类提取一个关键帧。

(2) 视频概要中的关键帧的个数是确定的。首先基于类内、类间损失构造场景；然后计算场景重要度，根据场景重要度提取候选场景；接着在候选场景中，计算每个镜头类的重要度；最后根据给定的关键帧个数，从重要的镜头类中提取关键帧。

步骤2：将从场景中得到的关键帧集按时序进行组织排列，就生成了视频概要。

10.4 视频检索

图像和视频媒体是多媒体信息数据中运用最普遍的一种数据媒体，实现对它们的检索是实现多媒体内容管理的最基本的要求。如何让用户以最简便的方式来表述他们的检索目标进而提交检索请求，如何将最接近用户要求的结果检索出来，如何将这些结果以最佳的方式呈现给用户，如何提供一种机制使得用户可以进一步修改他的要求，这些都是信息检索需要研究的问题。

10.4.1 视频检索简介

图像与视频的检索方法实质上与数据库中模型的描述息息相关，目前，关系模型占据了数据库管理系统的主导地位，在这种背景之下，对图像和视频数据的管理是为其赋予属性信息，并在关系数据库中把这些属性当作格式化数据对待，形成数据表中的数据项。这样，检索就转化为对属性的匹配。这种基于属性的检索方法实质上是通过人工抽取图像和视频在语义层次上的描述，并将其归纳为属性特征，再利用 DBMS 中成熟的关键字索引与查询机制，完成检索目标与被检索的海量数据在属性上的匹配,其流程如图 10.8 所示。

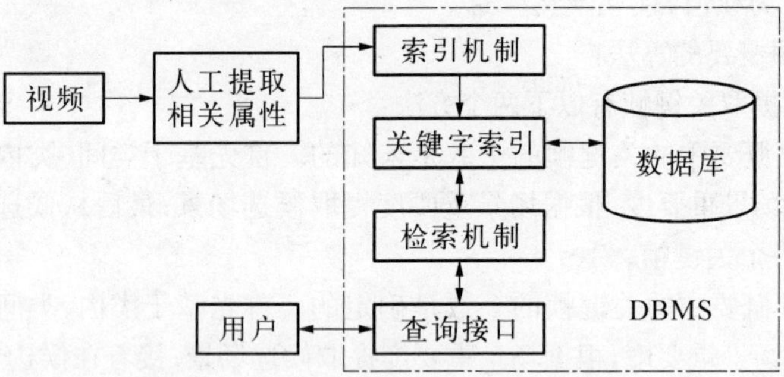

图 10.8　基于属性的视频检索流程图

这个流程实际上由数据建库和用户检索两个部分构成。数据建库是通过人工提取图像和视频相关属性的关键词,如主题、类别等,通过利用 DBMS 的内部管理机制,将这些关键词作为数据表的一个数据项录入数据库,而数据本身可以作为一个"大二进制字段"整体录入,或者将图像文件和视频文件的完全路径作为一个字符串纳入数据库记录中,通过路径访问来间接调用数据。

这种传统的检索方法的好处是显而易见的。首先,它将图像与视频检索转化成为关键字检索,这样就可以最大限度地利用大量成熟的算法和机制,查询速度快;其次,由于图像与视频属性的提取是人工方式进行的,从而充分利用了人的抽象思维能力,容易形成语义层次上的描述,刻画图像内容的准确度相对较高。

这种传统方法由于在逻辑上突出的是对字母和数字的注释,没有重视对象中真实的数据,这在实际应用中导致了两个问题。其一,对于给定的图像,把什么样的内容放进数据库的标识中,这是一个主观性很强的工作。由于图像与视频数据属性的复杂性,根本没有办法使用固定的一类或者几类标识来刻画其内容信息,在此情况下,标识的选取往往带有主观色彩。比如对于同一幅人脸图像,一个人可以解释它的表情为露齿微笑,而另一个人完全有可能解释为做鬼脸,这就会引起数据库中的数据一致性与完整性的诸多问题。其二,假设第一个问题已经解决,那么对于海量的图像和视频数据,人们不得不对每一幅图像、每一段视频逐一看过之后才能提取相应的标识。这样,不仅效率低下,而且直接限制了数据库的潜在容量。因此,图像和视频检索需要自动提取标识,而解决这个问题的方法就在于基于内容的检索。

基于内容的检索(Content-Based Retrieval,CBR)是相对于以前基于标识或关键字的检索方式而言的,事实上,从前使用的这种检索方式的基础也是来源于图像和视频的内容，只不过这是经过人工抽象后反映在语义层次上的内容，而它的检索手段没有利用到图像与视频自身的特征。CBR是指以数据本身的特征作为检索手段的检索方式，主要是基于图像与视频模型中的特征和描述，其工作流程如图10.9所示。

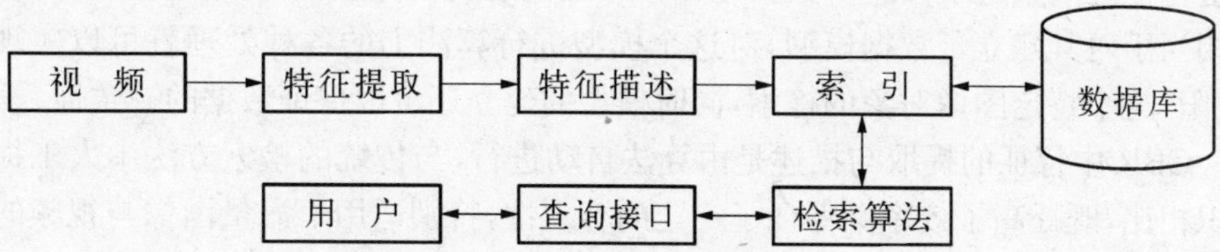

图10.9 基于内容的视频检索流程图

这个流程与基于属性的检索相似，同样由数据建库和用户检索两个部分构成。图像和视频数据建库是通过专门的特征提取算法提取多种特征属性，对图像而言一般有颜色、形状和纹理三类，对视频则还有运动特征。对这些特征采用特征描述方法组合起来，构造数据模型，进一步形成数据索引。用户检索时提交自己的检索请求，这种请求可以与图像和视频的底层特征相关，比如"请求查询红色色调为主的所有图像"，此时查询接口则将用户的请求转换为对一系列特征的描述，提交给检索算法。检索算法实质上是一种基于相似性的匹配算法，主要根据已有数据的特征与查询样本特征的相似性做出判断，将超过一定阈值的图像作为查询结果，通过查询接口提交给用户。用户可以根据初步检索的结果，挑选出符合要求的若干图像，再反馈给检索算法，算法自动修正参数，从而得到相对准确的检索结果。

从这个流程可以看出，基于内容的检索实质上是一种基于多维特征的近似匹配检索，从应用角度出发，CBR方法可分为以下两种：

(1) 样例查询(Query By Example，QBE)。基于内容的查询中，很多情况下用户想通过给出一个图像的样例，然后系统依照这个例子查找与它相似的图像，这就是样例查询。此时用户可以给出一幅准确的目标图像，也可以提交待查找图像的草图，甚至是对图像粗略轮廓和大致颜色的描述，检索算法通过相似性计算和模糊查询的方式返回相似的结果，用户可以在这些相似的结果中再次选择更接近于目标图像的结果，从而不断进行修正。目前大部分样例查询所用的实际上都是这种模糊查询的思想。

(2) 浏览查询(retrieval by browsing)。当用户没有明确要求时，可以通过浏览图像或视频的图标来选择其需要检索的目标。这种方式实质上是一种简单的图像与视频的显示，但是同样可以结合用户的相似性反馈，从而有选择地确定浏览的图像,这对于海量图像的浏览尤其具有现实意义。

CBR 利用图像与视频自身的底层特征来完成检索,这就使得其检索结果更加能够反映本质特征,图像与视频的颜色、形状、纹理甚至运动都可以作为检索的条件,并且通过几类特征的组合还能够定义具有语义概念的对象,从而在高层描述与底层特征之间架起了一座桥梁。比如,用"红色的圆形对象"来粗略地定义"太阳",就相当于对其建立了数据模型,对这个模型进行算法上的各种处理就可以实现对"太阳"这个特定图像对象的检索,同时模型的建立还可以保证数据的一致性。

CBR 中特征的提取与描述是由算法自动进行,与传统的检索方法中人工提取标识相比,既提高了效率又保证了一定的客观性,特别适用于海量图像与视频的应用。只有实现了特征提取与描述的自动化,才能将 CBR 应用于实践。

就目前的研究状况来看,CBR 还存在着一些不足。首先,内容检索主要运用模式识别中相似性度量的思想和神经网络的隶属度概念,这实质上是一种近似匹配的策略,换句话说,采用 CBR 方法检索出来的图像和视频只是检索目标的一种近似,它有可能包含大量视觉效果完全不相关的结果;其次,人们使用 CBR 系统进行检索时,仍旧习惯采用一种基于语义的描述方式来提交自己的查询请求,比如"查找画面中出现太阳的所有图像",对于大量的非专业用户,很难要求他们将语义描述转化为 CBR 系统所认可的特征描述,这个人机接口的难题给 CBR 的应用制造了很大障碍;第三,CBR 的实际应用必然需要数据库的支持,但是目前成熟的商用数据库管理系统对多媒体数据和非结构化数据的处理显得力不从心,要解决这个问题有三个途径:在现有的商用数据库管理系统上增加多媒体接口、建立基于一种或几种应用的专用多媒体信息管理系统、从数据模型入手研究全新的多媒体数据库管理系统。第一种途径实用,但是效率很低;第二种途径更容易打开市场,但缺乏通用性和可扩展性;第三种途径是目前学术研究的主流,但是其难度相当大并且与商业运用还有很大的距离。

10.4.2 视频特征的提取

特征提取是基于内容视频检索的基础。视频特征一般分成四个大类:颜色、形状、纹理和运动特征。其中,前三个特征静态图像也具备,只有运动特征是视频独有的特征属性。视频特征的提取就是将这四类特征属性数值化,以期用数据来反映不同的属性。这个独特的数据可以是一个简单的数值,也可以是一个复杂的数组或者矩阵,它的存在就是为了标识视频间的差异。

1. MPEG-7 标准中的视觉特征描述子

MPEG-7 标准规定的视觉描述子,定义了结构、颜色、纹理、形状、运动、位置六种描述子，这里重点介绍颜色、纹理、形状和运动四类描述子。

(1) 颜色特征描述子。在 MPEG－7 规范中，针对颜色特征定义了 7 种描述子：颜色空间、主颜色、颜色量化、GoF/GoP(Group of Frame/Group of Picture)颜色、颜色结构、颜色分布和可扩展颜色直方图，这七种描述子基本上覆盖了内容检索中所要用到的全部颜色特征。

目前视觉描述支持：RGB，YCrCb，HSV，HMMD，RGB 转换矩阵以及单色空间等六类颜色空间。

RGB 颜色空间是三维线性空间，任何一种具有一定亮度的颜色都是空间中的一个点(或向量)。

YCrCb 是一种亮度-色度空间，Y 表示颜色的亮度信息，色度信息组合在 Cr，Cb 中，其中 Cr 代表色度中的红色色差分量，Cb 代表色度中的蓝色色差分量。

HSV 颜色空间和人眼的视觉感知特点相符，在基于内容的视频检索中使用这种颜色模型更适合用户的肉眼判断，可使检索结果与人的主观感觉达到一致。它把彩色表示为三种属性：色调(hue)、饱和度(saturation)和亮度(value)。色调是一种颜色区别于另一种颜色的要素，它与物体反射或透射的光波长相对应；饱和度是颜色的纯度或称为颜色的深浅；亮度是颜色的明暗程度，也就是光的强度。

HMMD 是 MPEG－7 新支持的一种颜色空间。H 也表示色调；M，M 分别是 R，G，B 值中的最大值和最小值；D 是指最大值和最小值之间的差值。

颜色量化描述子定义了颜色空间的量化，它包括线性量化、非线性量化及查找表量化。量化时应根据不同应用规定量化比特数。该描述子必须和其他描述子联合使用。

对于静态图像，一般只需少数几种颜色就可表示重要区域的颜色信息，有时对整幅图像也适用，例如旗帜图片可只用红色表示颜色信息。因此可以通过颜色量化等方法提取每一区域或图像的少数几种表示色，即主颜色，并将其用于相似性检索。

可扩展颜色描述子是 HSV 空间中 Haar 变换编码后的颜色直方图。表达式随二进制位数变化，精度可变范围较大。可扩展颜色描述子用于图像间匹配和基于颜色特征的检索，检索准确度随着表达式中位数的增加而提高。

颜色结构描述子不仅提取颜色内容(相似于颜色直方图)，而且提取与该内容相关的结构信息。它的提取方法是：通过研究像素的局部邻域将颜色结构信息加入到描述子中。相对于一般的颜色直方图，颜色结构描述子对自然图像基于相似性检索的性能得到了提高。它主要用于图像间匹配和静态图像的检索。

颜色分布描述子定义了颜色的空间分布状态，主要用于快速检索和浏览。它还用于基于颜色分布的检索，如其他的颜色描述子均不能实现的草图与图像的匹配。它既可用于整幅图像,也可用于局部图像描述任意形状的区域。

GoF/GoP 颜色描述子将用于静态图像的可扩展颜色描述子延伸到对视频片段或静态图像群的描述,它增加了两比特用于规定如何计算在 Haar 变换前的颜色直方图,计算方式有三种:均值直方图、中值直方图和相交直方图。均值直方图就是将直方图每项在所有帧或图片上累加后取平均。中值直方图就是将直方图每项在所有帧或图片上累加后取中值,它对于舍入误差和相对于均值图像亮度值出现较大偏差的情况具有健壮性。相交直方图就是得到所有帧或图片上直方图每项的最小值,以获得一组图像“共有”的颜色特性。用于比较可扩展颜色描述子的相似性测度也可用于比较 GoF/GoP 颜色描述子。

(2) 纹理特征描述子。MPEG - 7 规范的纹理描述子分为三种:同类纹理(homogeneous texture)描述子、纹理浏览描述子和边缘直方图描述子。

有些图像可以看作是由同类纹理拼接而成,因此可以用和区域相关的同类纹理特征标记图像,它主要用来计算图像局部空间频域的纹理统计值。此外,为了满足基于纹理特征的图像检索,人们必须提出一种有效的纹理表达式作为检索的依据。

人们研究了同类纹理描述子的提取算法,依据人类视觉系统的模型,将图像在频域分区,然后提取图像的同类纹理描述子。同类纹理描述子由图像均值、图像标准偏差、各个分区的能量和频域能量偏差组成,各分量均用一个字节表示,所以表示整幅图像纹理特征所需的存贮量较小,可用于图像检索。通常将频域图像在角度和幅度方向分为 30 个区域,如图 10.10 所示,共用 62 个字节表示整幅图像。算

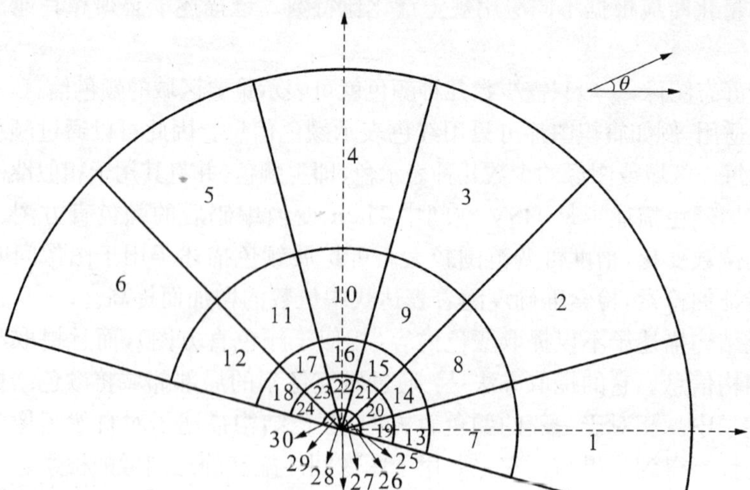

图 10.10 基于 HVS 的频域分区

法实现上对图像的频域分区可以通过 Gabor 滤波器组来完成。

纹理浏览描述子在浏览类应用中用于表示同类纹理。它在规则性、粗糙性和方向性等三个方面表现了纹理特征。其计算过程类似于同类纹理描述子，只不过在滤波输出中，选取两个主纹理方向，然后分析滤波图像在主方向上的投影的规则性和粗糙性。纹理浏览描述子和同类纹理描述子都较好地表示了图像的同类纹理区域。

纹理浏览描述子同时也是一种压缩描述子，它最多只需 12 bits 表示整幅图像，其中：2 bits 表示纹理规则性；两个 3 bits 表示纹理方向性（一个纹理可能有不止一个主方向）；两个 2 bits 表示纹理粗糙性（一个纹理可能有不止一种粗糙程度）。纹理规则性从 0 到 3 分为 4 级，0 表示不规则随机纹理，3 表示具有明确方向性和粗糙性的周期性图案。纹理方向量化为 6 个方向，从 0°到 150°每隔 30°为一个方向，3 bits 值中的全“0”表示图像没有主方向，其余 6 个值分别表示 6 个方向。粗糙性也分为 4 级，0 表示粗糙性较弱的颗粒纹理，3 表示粗糙性很强纹理。

边缘直方图描述子记录了边缘的五种空间分布状态，即垂直方向、水平方向、135°斜方向、45°斜方向和无方向，五种用于边缘检测的滤波器如图 10.11 所示。因为边缘在表示图像感知性方面很突出，所以可以根据相似性语义检索图像，利用样本或草图实现图像到图像的匹配，特别是对没有统一边缘分布的自然图像效果明显。

1	−1
1	−1

(a)

1	1
−1	−1

(b)

$-\sqrt{2}$	0
0	$-\sqrt{2}$

(c)

0	$-\sqrt{2}$
$-\sqrt{2}$	0

(d)

2	−2
−2	2

(e)

图 10.11 用于边缘检测的滤波器

边缘直方图描述子的提取算法很简单。首先，将图像分成 4×4 个子图像，然后统计每个子图像的边缘直方图。边缘直方图横坐标共有 5 个取值，即 5 种边缘状态。这样整幅图像的边缘直方图描述子横坐标共有 80(16×5)个取值。如果直方图纵坐标量化后用 3 bits 表示，那么整幅图像边缘直方图描述子就可用 240 bits 完全表示。

对于子图像进一步分为子块，这些子块的大小与整幅图像大小成一定比例，而且是 2 的指数次方，然后将每个子块看作是 2×2 像素的图像，对每一个子块用图 10.11 所示的边缘检测滤波器计算边缘强度（像素亮度用该像素对应的 1/4 子块像素亮度的平均值来代替)。如果最大边缘强度超过预定门限,那么该子块就被认为是与该最大边缘强度相对应的边缘方向。最后统计具有各边缘方向的总块数,即为每个子图像的边缘直方图。如果将边缘直方图描述子与其他描述子相结合,图像检索性能将显著提高。

(3) 形状特征描述子。MPEG-7 规范中的形状描述子分为三种:基于目标区域的形状、基于轮廓线的形状和三维形状。

目标的形状既可以是一个区域也可以是一组区域,即在目标上有一些空隙(如图 10.12 所示)。基于区域的形状描述子规定了一帧内构成形状的所有像素,它可以描述任何形状,既包括只有一个区域的简单形状(如图 10.12(a),(b)所示),也包括有空隙形状和由一些不相连区域组成的复杂形状(如图 10.12(c),(d),(e)所示)。

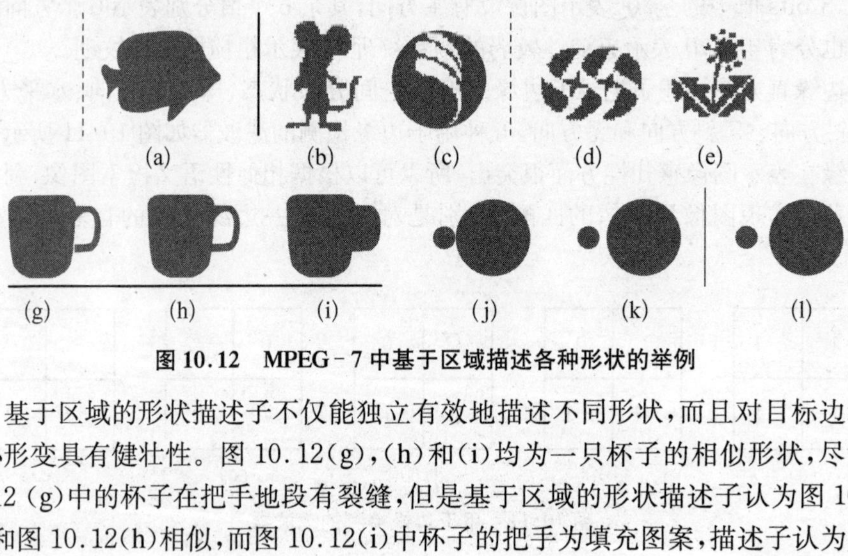

图 10.12　MPEG-7 中基于区域描述各种形状的举例

基于区域的形状描述子不仅能独立有效地描述不同形状,而且对目标边缘的微小形变具有健壮性。图 10.12(g),(h)和(i)均为一只杯子的相似形状,尽管图 10.12 (g)中的杯子在把手地段有裂缝,但是基于区域的形状描述子认为图 10.12 (g)和图 10.12(h)相似,而图 10.12(i)中杯子的把手为填充图案,描述子认为其与图 10.12(g),图 10.12(h)有一定不同;图 10.12(j)到图 10.12(l)表示了两个正在分开的圆盘,基于区域的描述子认为它们都相似。

该描述子字节数短,利于快速提取和匹配,表达式长度可固定为 140 比特。特征提取、匹配过程计算复杂度较低,适用于视频数据处理中形状的跟踪。

基于轮廓线的形状描述子提取了目标或区域基于轮廓线的形状特征,又称为曲率度空间表示,如图 10.13 所示,它由轮廓线的曲率度空间表达式构成。该表达式具有如下重要特性:① 较好的提取了形状的固有特征,并能用于相似性检索;② 反映了人类视觉系统的感知性,具有良好的概括性;③ 对于不是很明显的运动、形状的部分重叠、透视变换均具有健壮性；④ 表达式简洁。

(a) 形状描述子的概括性　　(b) 对不明显运动具有健壮性　　(c) 对部分重叠具有健壮性

图 10.13　基于轮廓线的形状描述子示例

随着多媒体技术、虚拟现实技术的发展，三维内容已成为信息系统的重要特征之一。三维信息通常主要表现为多边形网格，三维形状描述子则利用三维表面的一些局部属性对三维网格模型进行描述。在 MPEG - 7 标准的框架中，要求有基于内容访问三维信息的工具，用以查找、检索和浏览三维模型库。三维形状描述子对三维网格模型的固有形状描述作了详细的刻画，同时也用到了三维表面的局部属性。

(4) 运动特征描述子。MPEG - 7 标准中针对运动特征定义了四种运动描述子，分别为：摄像机运动(camera motion)、目标运动轨迹(motion trajectory)、参数目标运动(parametric motion)和运动活性(motion activity)。

摄像机运动描述子表示了摄像机三维运动的参数特征。该描述子描述了三维摄像机运动参数。这些参数可以基于自动提取或由捕捉设备产生的三维摄像机运动参数信息得到。

该描述子支持下面广为人知的基本摄像机操作：固定的、摇镜头(panning，水平旋转)、追踪(tracking，水平横向运动，在电影工业中也叫做漫游 traveling)、俯仰(tilting，竖直旋转)、升降(booming，竖直上下运动)、放缩(zooming，改变焦距长度)、推拉(dollying，沿着光轴移动)和滚动(rolling，绕着光轴旋转)。

将视频按摄像机的各种运动类型分为子镜头，这些子镜头就组成了摄像机运动描述子的基本组件。基本组件的信息由子镜头起始时间、持续时间、图像运动速度、持续时间与取定时间窗口的比值以及焦点扩大(Focus-Of-Expansion，FOE)或收缩(Focus-Of-Contraction，FOC)的描述组成。该描述子表示了这些基本部件的组合，并可以混合表示不同的运动类型。混合模式捕捉关于摄像机运动参数的全局信息，描述多个运动的组合而忽视细节的时间信息，即使这些运动类型同时发生，而非混合模式只描述单一运动类型或某一时间间隔内的运动组合。

对象的运动轨迹是一个简单但高级的特征，将其定义为这个对象的一个代表点在时间和空间上的位置。如果在上下文中给定一个先验知识，运动轨迹描述子就能具有更多的功能。该描述子可以应用在许多专有领域，如在监控方面，如果物体有一个辨识为危险的动作（例如，通过一个禁止的区域，不寻常的快速等）就可以触发警报。在体育方面，可以识别特定的动作（如排球的触网等）。此外，该描述子还允许加强对数据的交互与操作，在半自动多媒体编辑中，可以通过对运动轨迹的拉伸、移动等操作，把对象运动调整到任意给定的上下文环境中。

运动轨迹描述子实际上是关键点 (x, y, z, t)列表，描述了时空域中目标点的位置。在关键点之间，目标的路径根据加速度由插值函数给出，插值函数由 $x(t)$，$y(t)$和 $z(t)$分别定义。这种表示方法的特点在于：① 它独立于内容的空间时间分辨率（例如：24 Hz，30 Hz，50 Hz，CIF，SIF，SD，HD 等），即如果视频内容同时存在于多种格式中，则在这个内容的所有实例中只需要一组描述子描述对象轨迹；② 它是紧凑并且有弹性的。与存储每一帧对象的坐标不同，描述子的粒度可以通过选择每个时间间隔的关键点数目来确定。此外，由于关键点数据已经构成轨迹描述子，所以插值函数的数据可以丢弃；③ 它直接支持多种用途，如相似性查找，或根据速度（快、慢物体）、行为（当接近这个区域时加速）或其他高级运动特征分类。

在视频序列中主要用二维参数模型描述目标的运动，包括平移、旋转、缩放的仿射模型；考虑了由于透视投影而产生全局形变的平面透视模型；用于描述较复杂运动的二次模型。

为了在基于运动的目标检索中有效地使用运动模型，还要定义运动模型间的相似性测度。该测度不仅要能支持底层查询，如样本查询，还要支持高级语义查询。

参数化运动模型已经被广泛用于各种相关的图像处理和分析领域，包括基于运动的分割和估计、全局运动估计、马赛克效应和目标跟踪。在 MPEG-4 中，参数运动模型已用于全局运动的补偿和估计以及子图像生成。在 MPEG-7 中，运动特征是视频时空结构的重要特征，用于某些特殊应用，如视频数据库的存储与检索、超级链接。

对于 MPEG-7 框架下一些特殊领域的应用，运动特征也是一个至关重要的特征，例如手语检索等。

人们在观看视频或动画时，可以感觉到它的快慢，运动活性描述子捕捉了视频段中“动作强度”或“动作速度”这种直觉概念。“高活性”的例子包括像“足球比赛中的射门镜头”，“高速的汽车追逐”等场景，相反，像“新闻阅读的镜头”、“面试场景”、“静止镜头”这样的场景被感知为“低活性”镜头。一般而言，视频内容覆盖了从“高活性”到“低活性”的巨大范围，因此需要一个描述子来准确表达给定视频序列或镜头的活性，同时可以全面覆盖前面提到的全部范围。运动活性描述子对于像视频监控、快速浏览、动态视频摘要、基于内容的查询等方面的应用很有帮助。

2. 视频特征的提取方法

(1) 颜色特征的提取方法。常用的颜色特征有一阶直方图方法、累计直方图法、颜色矩方法、颜色对直方图法、颜色相关向量法(Color Coherence Vector, CCV)以及具有不变性的颜色特征等。其中，直方图是最常用的组织形式。颜色直方图通过计算不同颜色所包含的像素数目来反映颜色的统计特性，通过测量颜色直方图之间的相似性达到图像检索的目的。根据直方图所在的颜色空间的不同，研究者常常使用 RGB 颜色直方图和 HSV 颜色直方图。基于直方图的算法归纳起来，是对颜色的统计信息进行描述和度量，既没有反映颜色的位置信息，也没有反映颜色的结构信息，因此在应用上存在着固有的缺陷。而传统的颜色相关向量法虽然可以反映颜色的结构信息，但是其计算量大，并且无法反映位置信息，所以也难以广泛使用。

近年来，许多基于颜色特征提取的新方法也不断涌现，如基于小波的多尺度分析算法，利用离散余弦变换在压缩域中提取主色描述符的方法，综合颜色与形状特征的检索方法等。但是，能够将颜色的统计信息、位置信息和结构信息融合一体的方法，目前还有待进一步深入研究。

(2) 纹理特征的提取方法。图像纹理反映的是图像的一种局部结构化特征，具体表现为图像像素点某邻域内像素灰度级或者颜色的某种变化，而且这种变化是空间统计相关的，它由纹理基元和基元的排列两个要素构成，基元尺寸大的纹理显得粗糙，基元尺寸小的纹理显得细致。

目前分析纹理的方法多种多样，其中最经典的是 20 世纪 70 年代初期，由 Haralick 等提出的纹理特征的共生矩阵表示。在这种表示方法中，首先根据像素间的方向和距离构造一个共生矩阵，然后从共生矩阵中提取适当的统计量作为纹理表示。随后，表征纹理特征的方式层出不穷，灰度差分统计法、等灰度行程长度法、空间域能量法、区域纹理基元参数法等多种方法不断地应用在纹理特征的提取中。

20 世纪 90 年代以来，随着许多新思路在纹理特征提取方面的应用，研究者提出了诸多新的方法，如利用模糊理论的纹理特征提取、基于数学形态学的纹理特征提取、基于小波变换理论的纹理特征提取，基于纹理谱的特征提取等。

(3) 形状特征的提取。形状是描述视频内容的一个重要特征，它通过提取视频帧中对象的边界或者区域的特征来形成对形状特征的刻画。由于形状常常与视频帧中的目标联系在一起，常常具有一定的语义含义，因此形状特征可以看作比颜色和纹理特征要更高层的特征。

对形状的表达从本质上要比对颜色或纹理的表达复杂，因为要获得有关目标的形状参数，先必须对图像或者视频进行对象的分割，这样，形状特征的提取就会受到图像和视频分割效果的影响。此外，人类对形状的感觉不仅仅是一个视网膜的生理反应结果，而且是视网膜感受与人在现实世界中的知识两者综合的产物，至今在几何意义、统计意义和形态学意义上还没有找到一种测度，能与人的主观感觉一致。同时，考虑到在观察视频对象形状时，人的视角不同得到的结果完全有可能不同，对于形状特征的提取，还必须解决平移变换、尺度缩放和旋转变换的不变性的问题。

目前，针对形状特征的提取，典型的方法有几何参数法、不变矩法、小波重要系数法、小波轮廓表示法、隐含马尔可夫模型法等。值得关注的是，要进行形状特征的提取，必须首先进行图像和视频的分割，只有在良好分割的基础上，形状特征的提取才会有一个较好的效果。

(4) 运动特征的提取。运动作为视频一个重要的特征，是反映视频变化演进的重要信息，是视频区别于图像的地方，但它不是直观可见的，而是隐藏在其他视觉特征如颜色、纹理、形状的变化之中，必须运用特定的方法才能提取出来。一般而言，视频比静止图像所包含的信息更丰富。从压缩的角度看，视频的冗余更多；从检测的角度看，视频目标的信噪比更高。但是进一步深入分析，可以发现视频中的运动信息是复杂多样的，目前的视频检索应用没有充分地利用这些信息，从而导致不能有效利用“视频目标的信噪比更高”这一有利因素。所以要想对视频内容进行全面刻画，分析视频运动信息是必不可少的，以一段足球比赛录像为例，其中既有球员和足球的位置移动，又有摄像机跟踪球员和足球而引起的运动。于是在提取视频运动特征时，通常将摄像机移动形成的运动信息和视频对象产生的运动信息分开处理，分别称为全局运动和局部运动。

全局运动信息并不能全面反映视频中丰富的运动信息。随着 MPEG - 4 以及 MPEG - 7 等多媒体国际标准的相继提出，对视频进行基于内容的操作的要求变得越来越明确。MPEG - 4 标准第一次提出了视频对象(video object)的概念，将视频场景表示为各自相互独立的视频对象的组合；MPEG - 7 标准则定义了四个运动描述子，用来描述视频中的运动特征。

传统的获取视频运动特征的方法是运动估计，它基于“任意时间光流场亮度不变”的假设，通过匹配算法估计出每个像素或区域的运动矢量，并将其作为视频的运动特征。最简单的全局运动估计就是估计出图像中每个像素点的运动矢量，然后取主运动矢量为全局运动矢量,因此称其为像素域运动估计。像素域运动估计算法虽然结果很好,但是由于计算量太大,导致效率过低,于是又衍生了很多种快速算法,如块匹配运动估计、可变形块匹配、基于网格的运动估计以及分层块匹配估计等。

运动对象的轨迹也是常用的运动特征之一,它描述了视频对象的运动过程,通过从视频序列中抽取运动信息及其轨迹来提取视频特征。此外,还有基于运动建模的视频运动特征,利用张量直方图提取运动特征等。然而仅靠运动信息对一般的视频数据实现较好的检索还是相当困难的。运动信息是视频检索的一个重要手段,在大多数情况下仍需要结合其他的图像信息才有可能达到满意的检索效果。

10.4.3 视频数据的建模

1. 现状和面临的问题

目前视频数据结构模型的建立还没有经典完善的理论和技术,尚存在诸多问题,主要表现在以下两个方面。

(1) 模型的局限性。目前有许多学者从不同的角度和方向对视频的数据模型进行了研究,但是所建立的模型仅仅是针对某一特定的应用领域,反映或强调了视频数据的某类特征,通用性不强。如早期的时间线模型、时间层次模型,只在空间信息表达形式上增加了时间因素,并未反映视频的空间特征和视频内部特征。

由于视频本身的复杂性,建立一个统一的、可应用于不同领域的视频数据模型是一个非常困难的课题。受目前图像理解、计算机视觉、人工智能等学科发展水平的限制,当前视频数据的自动分段技术、视频高级语义特征的提取技术还存在不少困难。

(2) 模型难以反映视频内容。传统的视频数据模型主要是表现视频的时间因素,并没有反应视频的一些重要特征,如视频的空间特征、语义内容等,因此从严格意义上还不能算是一个完整的视频数据模型。对于视频数据模型,应该反映不同层次视频结构的各种特征,这些特征作为数据库中的模式把视频数据的逻辑层和物理层联系起来,以实现基于内容的视频检索。因此,视频数据模型中,不但要包含视频数据本身的结构,还应包含反映视频结构的特征内容。视频数据建模应满足的条件说明如下:

(1) 支持多级视频结构抽象。对于视频数据,有两个天然的基本层次结构:整个视频序列和单个视频帧。对于视频数据库的管理和检索来说,基于整个序列的结构不能深入到视频内部,无法体现基于内容的分析和检索;并且由于视频数据庞大的数据量,如果是基于视频帧的处理,则处理量是相当大的,而且用户也很少对视频中的单帧感兴趣。因此有必要构造中间级结构层次,在每一层中,加入视频特征,以支持基于内容的浏览和检索。

(2) 支持时空关系。视频数据的一个重要特征就是包含时空特征,空间关系主要反映了各个对象的拓扑关系,视频数据模型应能识别不同的对象以及它们在时间和空间上的关系。对视频数据库用户而言,应能支持包含时空维度的查询。

(3) 支持视频各层的理解。目前完全自动的基于内容的视频检索技术还不成熟,必须结合其他的检索方式。如传统的基于文本的检索和基于语音的检索,因此视频数据模型应支持视频各层数据的注释加入,即支持文本注释系统和语音注释系统,以取得更高的查询效率。

(4) 视频数据的独立性。数据的独立性即数据对用户的透明性。它是数据库管理系统的一个基本功能,其用处在于共享、重用数据以及对数据的保护。数据独立性实际上是一个将数据从物理存储映射到逻辑存储的问题,必须保证逻辑数据的改变不会影响物理数据的存储。目前关于视频数据独立性的问题还没有完全解决,这也是数据模型建立中需要深入研究的问题。

(5) 支持 MPEG-7 所提出的模型描述。虽然 MPEG-7 标准并未对视频数据模型给出具体建议,仅仅是提供了描述工具,但是视频数据模型必须要能满足 MPEG-7标准提出的各种规范性的准则,这样才能最大程度地保证模型的通用性。

目前主要有两类视频数据模型:结构化模型(structured model)和层次模型(stratification model)。

结构化模型方法是一种多级的数据抽象模型,将镜头作为视频段的基本单位。先将视频序列分割为镜头序列,然后对镜头进行顺序化管理。这种基本的结构化模型方法比较符合人的一般认识,符合视频的生成过程,容易应用到现有的系统。但是这种模型将镜头作为独立的实体,导致了视频序列中重要的上下文信息和语义信息的丢失。后来对这种模型进行了扩充,Rubin 等运用一个附加结构——场景(scene),将具有相似属性的镜头聚合在一起,再加入一些空间信息,如摄像机位置、运动等。

层次化模型方法将视频序列分割为子块集合,子块间可相互重叠,每个子块代表一个事件,形成一个语义信息,成为层(strata)。每一层结构独立,且容易描述。这种方法充分利用了上下文的信息,但是这种建模方式中,视频内容分割的过程相当复杂,而且语义内容的确定受当前人工智能、图像理解技术的限制,具有很大的困难。

结构化模型和层次化模型各有优缺点。一方面,结构化模型(包括改进后的)是基于视频的编辑单元——镜头,符合人们的常规理解,在实际中应用最为广泛,但是模型中的镜头组织,包括改进的场景层都是基于时间顺序的,这种时序性虽然符合视频的生成过程,但不能体现视频的语义特性,割裂了视频的时空关系以及更深层的语义关系,不能满足基于内容的视频分析的要求。另一方面,层次结构则过多地考虑了用户理解的语义层次,在实现上相当困难。

2. 基于 MPEG - 7 标准的视频镜头模型

视频有两个固定的抽象层次,整个视频段和单个视频帧,中间没有过渡层次。帧是组成视频的最小单位,一帧相当于一幅静态的图像,即使是一段很短的视频,帧数也相当多。一个单独的视频帧不能体现视频中时间和运动这两个重要的概念,因此很少作为感兴趣的单元来研究。如果将整个视频段作为一个整体来研究,不仅计算量大,而且语义上过于复杂,不利于计算机实现。为了对视频数据进行基于内容的查询,首要的工作就是要对无序的视频数据进行结构化处理,构造便于检索的视频结构。目前公认的典型视频结构如图 10.14 所示。一段视频由一些描述独立故事单元的场景构成;一个场景由一些语义相关的镜头组成;每个镜头是由一些连续的帧构成,它可由一个或多个代表帧表示。

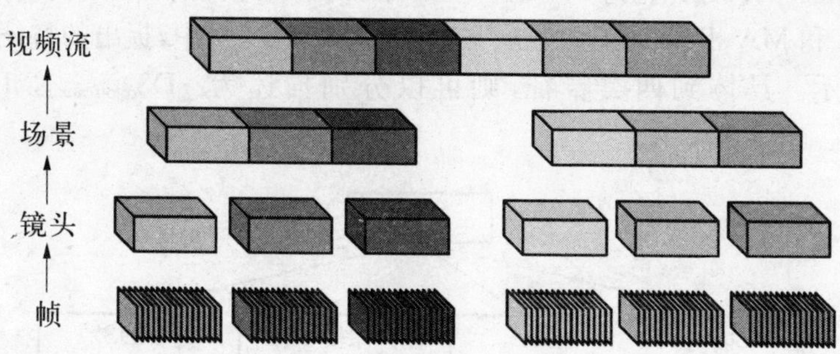

图 10.14 视频结构图

MPEG - 7 对模型的描述是通过描述子 D、描述机制 DS 以及描述定义语言 DDL 共同完成,描述子和描述机制共同刻画模型,而描述定义语言则可以针对特殊的应用定义新的描述子和描述机制。一个模型的描述常常由一个或者多个从属的描述子和描述机制合成,如图 10.15 所示。

在顶层的描述机制 A 由描述子 A 和 B 以及描述机制 B 构成,而描述机制 B 又由描述子 C 和 D 构成。在这里,存在着多级嵌套的描述机制,每一个描述子通常只描述所表示内容的单个特征,描述子的值根据种类的不同可以是数值也可以是矢量。

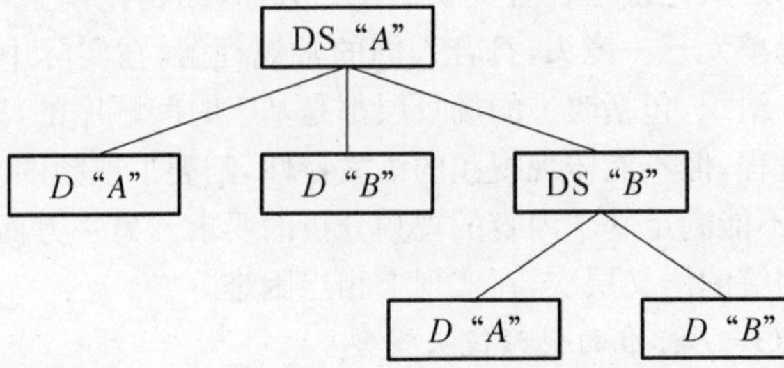

图 10.15 MPEG－7 模型描述示意图

(1) 视频镜头特征的描述。镜头的特征是由颜色、纹理、形状和运动特征值的描述特征构成，对这四类特征的描述完全一样，可以用四元组来描述：feature =（ID, V,EA,MA)，其中，ID 表示特征的标识，V 为定义的四类特征值的描述，EA (Extraction Algorithm)为特征提取算法的描述集合，MA(Math Algorithm)为特征匹配算法的描述集合。这样，特征就可以直观地描述为"标识为 ID 的特征，使用算法提取 EA，特征值为 V，做特征匹配时采用 MA 算法"。以颜色特征为例，其描述为 coolfeature，如 coolfeature = (ID_c, V_c, EA_c, MA_c)。

表示特征的四元组对应到 MPEG－7 标准中，ID 相当于反映特征标识的描述子，V、EA 和 MA 相当于描述机制。这样，在 MPEG－7 中，提出的特征描述如图 10.16 所示。具体到四类特征，则可以分别描述为：$DS_{colorfeature}$，$DS_{texturefeature}$ 和 $DS_{motionfeature}$。

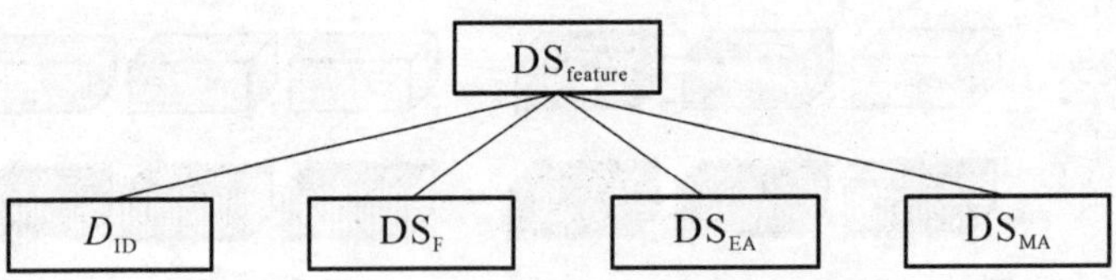

图 10.16 颜色特征的 MPEG－7 描述

一般而言，视频镜头有两类属性，其一称之为镜头的外部属性，如镜头的标识、镜头的长度、镜头在整个视频段中的位置等，这些属性和镜头所反映的内容基本无关；其二是与视频数据自身内容相关的属性，如颜色、纹理、视频对象的形状以及运动特征等，这就是视频的内容信息。作为视频镜头模型，这两方面的信息都必须考虑，所以提出的视频镜头模型是一个五元组的形式

SHOT = (colorfeature, texturefeature, shapefeature, motionfeature, externalattributes)

这个五元组中的元素由外部属性和镜头的四大类特征构成，全面反映了视频镜头的性质。其中 colorfeature，texturefeature，shapefeature，motionfeature 分别描述镜头的颜色、纹理、形状和运动特征，exetrantrtibuet 为视频的外部属性集合，视频的标识也属于这个集合。

在 MPEG－7 规范中，五元组中的每一个元素都是一个描述机制，其相应的结构如图 10.17 所示。

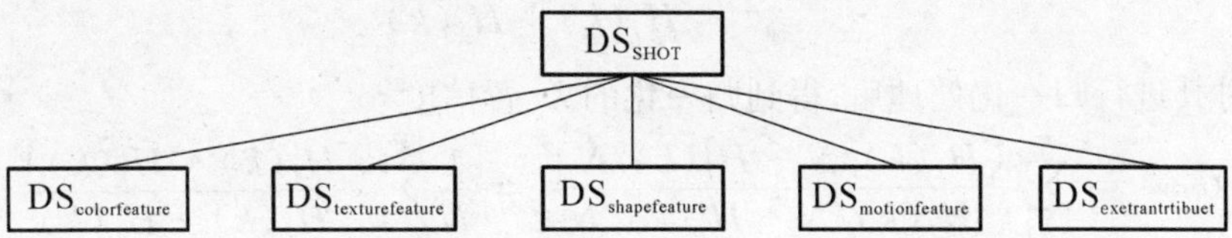

图 10.17 基于 MPEG－7 标准的镜头模型构成

10.4.4 视频检索方法

视频检索是一种相似性检索，通过比较特征的相似性，找出与指定视频段相近的视频，从而实现视频检索。

这里给出视频检索的数学定义。设用户提交的视频序列为 $X=\{x_1,x_2,x_3,\cdots,x_m\}$，序列长度为 m 帧，其特征描述为 $F(X)$；待检测的视频源序列为 $Y=\{y_1,y_2,y_3,\cdots,y_n\}$，一般有 $m\leqslant n$，其特征描述为 $F(Y)$；对于 Y 的子序列 $Y_i=\{y_i,y_{i+1},y_{i+2},\cdots,y_{i+m+1}\}$，$1\leqslant i\leqslant n-m+1$，其特征描述为 $F(Y_i)$，如果 $F(X)\approx F(Y_i)$，则 $X\approx Y_i$。此时该视频子集序列就是用户要查找的视频段，可以通过一定的形式反馈给用户。

视频检索的实施可以基于单个特征，测量特征或特征向量的相似性，再通过比较这种相似性得到检索结果。这种方式简便易行，但是由于单特征对视频的描述是不全面的，针对同一对象使用不同的特征、不同的相似性度量可能会产生完全不同的结果。

1. *视频检索中的相似性度量*

在视频检索中，相似性的判断是其中关键的步骤，它直接关系到检索结果是否准确，这种判断就是相似性度量(similarity measurement)。视频的相似性实际上包含了两个方面的含义，一方面是指视频特征的相似性，另一方面是指视频结构的相似性。

视频特征的相似性度量主要包括以下三类：基于直方图统计的度量、基于像素统计的度量和基于像素差的度量，下面分别进行说明。

(1) 基于直方图统计的度量。设 K 表示直方图中 bin 的数目，$H_i(k)$和$H_j(k)$分别表示两个不同的直方图，N 为直方图统计对象的总数，假设对图像灰度作直方图统计，则 K 就是灰度值的数目，N 就是图像像素的总数，$H_i(k)$是图像的灰度直方图。

对直方图统计的最好的度量方法是 χ^2 置信度

$$\chi^2 = \sum_{k=1}^{K} \frac{[H_i(k) - H_j(k)]^2}{H_i(k) + H_j(k)} \tag{10.26}$$

对其进行归一化处理后，得到归一化的 χ^2 置信度

$$\chi^2_{\text{normal}} = \sum_{k=1}^{K} \frac{[H_i(k)/N - H_j(k)/N]^2}{H_i(k)/N + H_j(k)/N} = \frac{1}{N}\sum_{k=1}^{K} \frac{[H_i(k) - H_j(k)]^2}{H_i(k) + H_j(k)} \tag{10.27}$$

χ^2 置信度对直方图的差异分辨力比较强，但是容易产生虚警。

δ 测度的定义式为

$$\delta = \frac{1}{N_i + N_j}\sum_{k=1}^{K} | H_i(k) - H_j(k) | \tag{10.28}$$

式中，N_i和N_j分别表示两个统计量的统计总数，δ的取值在[0,1]中，可以证明δ测度与直方图相交是等价的。

将直方图看成 K 维向量，其内积作为β测度，取值也在[0,1]中，其定义为

$$\beta = 1 - \frac{H_iH_j}{\| H_i \| \times \| H_j \|} \tag{10.29}$$

(2) 基于像素统计的度量。基于像素统计的度量利用像素的均值、方差等统计量来刻画相似性，设 μ，σ 分别表示统计量的均值和方差。

似然比检验

$$\lambda = \frac{p(D \mid H_1)}{p(D \mid H_0)} \tag{10.30}$$

式中，D 是数据集，$p(D|H_1)$表示假设 H_1成立时 D 发生的概率，$p(D|H_0)$表示假设 H_0成立时 D 发生的概率。当数据采样是均匀独立时，如果 H_1成立，则有 $p(D|H_1)>p(D|H_0)$，此时 λ 大于 1；如果 H_0成立，则有 $p(D|H_0)<p(D|H_0)$，此时 λ 小于 1。

t 检验用来检测两个数据集是否具有相同的均值，其定义为

$$t = \frac{\mu_i - \mu_j}{\sqrt{\sigma_i^2 + \sigma_j^2}} \tag{10.31}$$

F 检验用来检测两个数据集是否具有相同的方差,其定义为

$$F = \frac{\sigma_i^2}{\sigma_j^2} \tag{10.32}$$

(3) 基于像素差的度量。设 $f(x,y,i)$ 表示统计量 i 在 (x,y) 处的统计量值,基于像素差的度量有以下的几种表示形式。

明氏(Minkowshi)差分是一种通用的表示形式,如下所示

$$d = \left[\sum_x \sum_y [f(x, y, i) - f(x, y, j)^m]\right]^{1/m} \tag{10.33}$$

当 m 分别取 2, 1 和 ∞ 时,分别对应着均方根误差和、绝对误差和以及最大误差和,这是一种经典表示形式。阈值门限方法是对经典差分法的一种改进,是统计像素差大于某个阈值时的像素数目,其表达为

$$d_T = \frac{1}{N}\sum_x \sum_y p(x, y) \tag{10.34}$$

其中有

$$p(x, y) = \begin{cases} 1, & |f(x, y, i) - f(x, y, j)| > T \\ 0, & 其他 \end{cases}$$

2. 视频结构的相似性

镜头顺序相似性主要是针对基于多镜头视频的检测,用来判断这样的问题:单个镜头视觉内容相似但是出现的顺序不同,对于整体是否作为相似视频段输出。例如,样本对象中含有镜头 ABC,从原始对象中检测到有镜头 CBA,那么就必须判断这种情况是否相似。如果考虑这种情况,在检索时计算镜头的特征相似性后,还必须对匹配镜头的顺序相似性进行统计。设 V_1 和 V_2 分别表示两个视频序列,共有 N 对特征上相似的镜头,分别为 S_{1i} 和 S_{2i} $(i=1,2,\cdots, N)$,d 表示两者的顺序相似性,则整个序列的顺序相似性表示为

$$D_S(V_1, V_2) = \sum_{i=1}^{N} d(S_{1i}, S_{2i}) \tag{10.35}$$

在视频检索中,如果视觉特征和顺序都相同,还存在一种可能——由于镜头编辑手法的不同导致两个视频段的时间跨度不同。这种情况应该根据具体的应用作取舍,然后反映到匹配算法中去。此时的时间跨度相似性为

$$D_T(V_1, V_2) = w_f D_F(V_1, V_2) + w_t d(L_1, L_2) \tag{10.36}$$

式中,L_1, L_2 分别是 V_1, V_2 的长度,w_f, w_t 分别是特征相似性和跨度相似性权值,若 w_t 取为 0,则不考虑跨度的相似性。这里的视频检索中,匹配视频段对于整个视频段而言无需考虑时间跨度。

10.5 视频快速检索

由于视频数据是在时间上连续的帧的集合，是一种没有结构的流数据，如果不对其进行有效的组织管理就无法完成快速的视频检索。为了有效地组织视频数据以便于分析和处理，就需要把原始视频分割成视频单元，从中提取相应的高层语义特征或者低层物理特征来表示它。

当前的基于示例的视频查询多以镜头或者帧为数据单元，进行视频特征数据库的组织管理和查询。由于镜头运动和物体运动造成了镜头中包含过多的内容变化，如果以镜头为查询单位就会大大降低查询精度；而以帧为查询单位，虽然查询精度提高了，但是由于帧的数目过多(1 s 的视频片段包含 24～30 帧)，造成视频片段相似度计算量过大，很难达到快速查找的目的，而且由于相邻帧在视觉上极为相似，也没有必要采用逐帧匹配查询视频片段。因此需要将视频分割成子片段，在子片段的基础上进行视频片段的查询。子片段是介于帧和镜头之间的有序帧序列，子片段内的各帧在内容上十分相似而且保持了其在视频数据库中的时序关系。以子片段为基本的查询单位进行相似视频片段查询不仅提高了查询速度而且还尽可能地保证了查询精度。

10.5.1 子片断分割

1. 基于颜色分布相似性的子片段分割

该方法提取视频流中每一帧的 192 bin 的 HSV 颜色直方图。其中，H 为 12 bin，S 和 V 分别为 4 bin，作为特征表示每一帧，并利用相邻帧的色彩分布相似性，将原始视频流分割成子片段序列，这样，子片段内部的帧在色彩分布上极为相似，而不同的子片段之间颜色分布有较大差异。

根据颜色直方图的特点，采用一种序列分割算法对原始视频流进行分割。算法开始于视频的第一帧，并通过依次比较第一帧与后续帧之间特征值的差异递归分割视频，算法描述如下：

(1) 令原始视频流为 $D=\{F_1,F_2,\cdots,F_n\}$，设 F_1 为 F_s；

(2) 反复计算 F_s 与每一个后续帧 F_i 之间特征的距离 d_i，直到 $d_i=\gamma$，则转到

(3)；或者 $F_i = F_n$，算法结束；

(3) 如果 $d_i = \gamma$，将 D 分割成两个子片段 $\{F_s,\cdots,F_{i-1}\}$ 和 $\{F_i,\cdots,F_n\}$；将 $\{F_s,\cdots,F_{i-1}\}$ 保存为一个子片段，并设 $D=\{F_i,\cdots,F_n\}$，F_i 为 F_s，转到(2)。

在该算法中，距离 d 利用直方图的交计算，距离阈值 γ 通过实验得到，也可以根据用户的查询要求进行调整。该子片段分割算法能够快速有效地将原始视频流分割成具有一定色彩分布差异的视频片段的集合。根据不同的相似度阈值，可以得到不同长度和不同相似度要求的视频子片段。该子片段分割算法具有计算复杂度低、效率高的优点，并且该算法基于整个视频流而不是镜头进行子片段分割，其分割效果不会受到镜头边界检测效果不好带来的负面影响，分割得到的视频子片段具有更好的内部相似性和外部区分性，也更为准确。

将视频进行子片段分割后，采用 bin - wise 的平均颜色直方图来表示每一个子片段，定义如下：假定一段视频被分割成 M 个子片段 $S=\{S_1,S_2,\cdots,S_M\}$，每一个子片段 S_i 包含的帧为 $\{f_b,\cdots,f_r\}$，其对应的 HSV 颜色直方图为 $\{H_b,\cdots,H_r\}$。每一帧表示为 12×4×4 共 192 bin 的 HSV 颜色直方图，其中 H 为 12 bin，S 和 V 分别为 4 bin。则子片段 S_i 的颜色直方图表示为 H_{si}，其每一个 bin 的值定义为

$$H_{s_i}(k) = \text{median}\{H_b(k),\ \cdots,\ H_r(k)\} \tag{10.37}$$

图 10.18 给出了一个采用基于颜色分布相似性的子片段分割算法得到的跳水子片段的例子。每一行表示一个分割后的子片段，其中第一个图片为代表帧，剩下的图片为该子片段中部分连续帧的集合。这段跳水运动员在落水后游向岸边的视频在距离阈值 d 设置为 0.4 时被分成三个子片段，从图中可以看出该视频分割算法将运动员在水中游泳的不同姿态较为清晰地分割开来，子片段内部的帧极为相似，而子片段之间又可以因为不同的游泳姿态明显区分，取得了较好的分割效果。

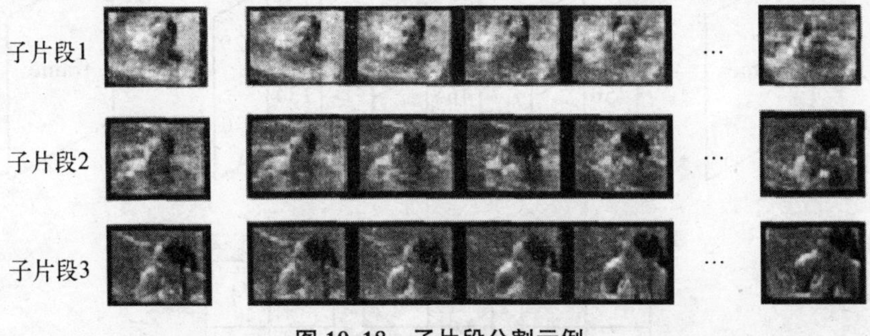

图 10.18 子片段分割示例

由于视频数据中存在慢速重放、不同帧率(NTSC/PAL)，不同播放速度和节奏等问题，视频数据库中很多相似的视频片段并不具有相同的长度(指包含的帧的数

目)。因此视频片段检索应该具有检测不同长度相似视频片段的能力。一些算法采用帧匹配的方法以得到视频片段之间较好的相似度关系,虽然这种方法可以在一定程度上解决不同长度相似视频片段的问题,但是基于帧匹配的相似度计算复杂度较大,严重影响了查询效率。

文中提出的视频检索算法以子片段作为查询单位,利用序列子片段分割算法有效地解决了不同长度的相似子片段的问题。子片段的分割是由帧之间的相似度决定的,因而分割出来的子片段能够在不同的视频内容上相互区分但却不一定具有相同的长度。视频片段的查询只根据子片段之间的相似度来决定,因而不仅有效地解决了不同长度相似视频片段的查询问题,而且由于子片段的数目远远小于帧的数目,从而大大提高了查询效率。

2. 基于亮度排序一致性的子片段分割

基于亮度排序一致性的子片段分割算法采用包含空间信息的亮度排序方法对视频流进行分割,将一个镜头中具有相同亮度排序的相邻帧分配到一个子片段中。从每一帧中读取 YUV 颜色信息,将其中的 Y,也就是亮度信息,提出来作为子片段分割的特征。首先将视频中的每一帧分割成 2×2 的子图片,计算每一幅子图片的亮度值的和,并对这些计算得到的亮度值进行排序,然后用排序值作为分割特征,将亮度排序相同的相邻帧分到一个子片段中。

图 10.19 给出了一个关于子图片分割以及亮度排序的例子。假设帧 i 的四个子图所包含的亮度值总和分别为 280,130,450,390,因而得到亮度排序特征值为

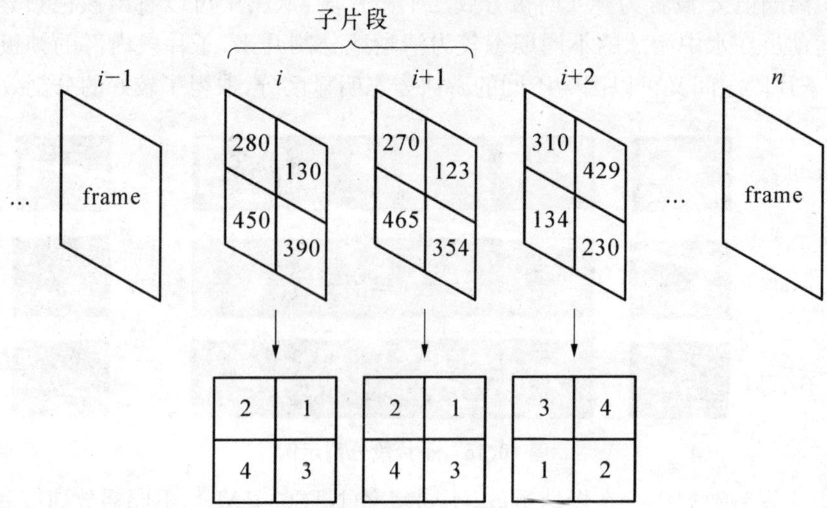

图 10.19　基于亮度排序相似性的子片段分割

{2,1,4,3},假定第 $i+1$ 帧的亮度排序特征值也为{2,1,4,3},则第 i 帧和第 $i+1$ 帧属于同一个子片段,由于帧 $i+2$ 的四个子图所包含的亮度值总和分别为 310,429,134,220,其亮度排序特征值为{3, 4,1,2},与第 $i+1$ 帧的亮度排序特征值不同,因而不属于同一个子片段。

采用基于亮度排序一致性的方法对视频子片段进行分割,能够将每一帧图像的空间位置关系通过亮度排序有效地表现出来,由于镜头中的相邻帧在内容上比较相似,通常只是物体或人物的空间位置发生变化,而物体或人物空间位置的改变通常会引起亮度的变化,采用该方法对视频进行分割可以有效地体察到物体的位置变化,特别对运动视频中运动员动的细节变化非常敏感,因而可用于运动视频的动作分解和细节查询。与基于颜色分布相似性的子片段分割算法相比,该方法对视频子片段的分割更细致,更容易捕捉视频内容的细微变化。

在利用亮度排序方法完成子片段分割后,同样采用 bin - wise 的平均颜色直方图来表示每一个子片段,定义与前面介绍的一样,只是这里采用 128 bin 的 YUV 颜色直方图,其中 Y 为 64 bin,U 和 V 分别为 32 bin。

由于亮度排序可以有效地表达图片中对象的位置变化,因此采用该方法对运动视频进行分割,可将运动员的不同运动姿态成功地表现出来,对运动的细节查询非常有效。比如:可以成功地查找出具有相同或相似难度系数的跳水动作,同一个球员有规律的发球动作等。图 10.20 给出了一个利用亮度排序一致性方法完成视频分割的例子,从图中可以清晰地分辨出网球运动员发球时姿态的变化。

图 10.20 子片段分割示例

另外,这种基于亮度排序的子片段分割方法可以有效地去除一些噪音对视频分割的影响,如全局闪光灯。由于全局闪光灯的存在,单纯的基于颜色分布的分割方法会因为亮度的巨大变化,将带有闪光灯的帧当成新的子片段分割出来。而对于基于亮度排序的方法,由于是全局亮度发生变化,不会在很大程度上影响亮度排序,因而可以有效地去除这类噪音的影响。而且,由于子片段长度由亮度排序一致的帧的个数决定，也可以有效地处理重放和不同帧率的问题。

10.5.2 视频特征数据的组织

由于视频数据被分割成子片段，并且以子片段作为视频查询的单位，因此视频数据库就表示成了子片段的集合 $S=\{S_i; i=1\cdots N\}$。提取子片段的平均颜色直方图作为视频特征，就形成了由高维向量组成的视频特征数据库。对于海量视频库，其分解得到的视频特征数据库也将是规模巨大的。为了提高查询效率，需要利用索引结构对其进行组织和管理。这里采用高维索引结构 VA - file 来组织视频特征库。

VA - file 是 Weber 等提出的一种高维索引结构，其实质是通过数据压缩和近似计算来减少查询时的磁盘读写代价以提高查询效率。它通过将原始矢量文件映射成规模小得多的近似文件，并在近似文件上查询，从而提高了查询效率。对于高维数据空间中的矢量，可以采用空间划分和矢量量化的方法得到其对应的近似矢量，方法如下：

首先将高维数据空间中的任一维 j 用 $2^{bj}+1$ 个分割点将其划分为 2^{bj} 个区间，每个区间按顺序可赋值为 0 到 $2^{bj}-1$，记为 $m[j, 0j]$，$m[j, 1j]$，…，$m[j, 2^{bj}]$。对任一矢量 $\boldsymbol{p}$，$a(\boldsymbol{p}, j)$表示户在第 j 维落入区间的序号，即 $m[j, a(\boldsymbol{p}, j)]=\boldsymbol{p}_j<m[j, a(\boldsymbol{p}, j)+1j]$，$a(\boldsymbol{p}, j)$可以用 b_j 个比特表示，将每一维对应的序号串起来就可以得到一个长度为 $b\left(b=\sum_{j=0}^{d-1} b_j\right)$（其中，$d$ 为高维矢量的维数）的比特串，该比特串为近似矢量，如图 10.21 所示。

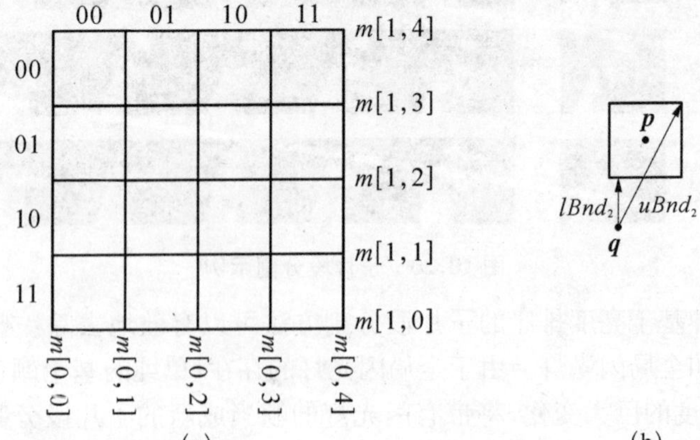

图 10.21 空间分割及矢量量化示例

对 VA - file 的查询通常采用 k 近邻查询,精确 k 近邻查询分为两步实现:第一步,扫描近似文件,通过计算查询矢量与每个近似矢量之间距离的上界和下界,得到 k 近邻查询的候选结果集;第二步,读出候选结果集对应的原始高维矢量,计算其与查询矢量之间的距离,得到最终的 k 近邻。

为了缩短 VA - file 的查询时间,进一步提高查询效率,有研究者给出了几种利用 VA - file。实现近似 k 近邻查询的技术,其中 VA - low 是效率最高的一个,其主要思想是完全放弃 VA - file 精确 k 近邻查询中的第二步,通过第一步计算得到查询矢量与近似矢量间的距离下界,选择下界最小的 k 个矢量作为结果返回。虽然 VA - low 得到的结果只是近似 k 近邻,但实验显示,它可以取得远高于精确 k 近邻查询的效率,而且查询结果的质量也完全可以接受。由于视频片段检索本身就是一种近似查询,因此为了提高查询效率,将 VA - file 用于视频片段检索,具有非常显著的优点。首先,VA - file 是一种基于矢量量化的高维索引方法,能够有效克服高维索引结构中存在的"维数灾难"问题。视频特征数据通常都是高达几百维甚至上千维的高维数据,用一般的高维索引结构如 R - tree,X - tree 等都会不可避免地产生"维数灾难"的问题。因此,要采用这些索引结构组织视频数据库就必须事先对视频数据进行降维处理,而降维又会衍生另外两个问题,一是用降维之后的数据进行查询会在很大程度上降低查询的精度;二是降维之后再建立索引结构,会大大增加更新的难度。而 VA - file 采用矢量量化的方法组织视频数据,不会产生"维数灾难"的问题,并且对于大型视频数据库的更新十分容易,因而被用来索引视频特征数据库。

10.5.3 相似度定义

经过视频分割和特征提取之后,视频片段就可以表示成若干视频子片段的集合,也就是视频子片段特征向量的集合,但是由于视频包含时序特征,也就是说特征向量集合中的特征向量具有时序关系,因此,视频片段之间的相似度定义就不仅仅是两个特征矢量集合之间的相似度,还应包含时序因子。由于视频片段的相似性判定受到人的主观感觉影响较大,因而即便经过多年的研究,也已经提出了一些相似度模型,但仍然未能产生一种得到公认的视频片段相似度定义。

这里将视频片段的相似度定义分成子片段和片段两个层次来考虑,并根据视频片段相似性的特点,提出两种子片段的相似度度量以及充分考虑了视频片段内部对应子片段之间视觉相似性和时序关系的视频片段相似度度量。该相似度定义不仅能够较好地表达视频片段之间的相似性,而且计算复杂度适中,适合大规模视频数据库的快速查询。

1. 基于直方图的交的相似度度量

视频特征数据库采用 HSV 颜色空间 12×4×4 的 192 bin 颜色直方图表示每一个子片段。其中，H 为 12 bin，S 和 V 分别为 4 bin。采用归一化的直方图的交表示两个子片段之间的相似度，定义如下

$$\mathrm{Sim}(S_i, S_j) = \frac{\sum_{k=1}^{n\ \mathrm{bin}} \min(H_i(k), H_j(k))}{\sum_{k=1}^{n\ \mathrm{bin}} H_i(k)} \tag{10.38}$$

式中，S_i，S_j 表示两个子片段，H_i，H_j 分别表示它们对应的 HSV 颜色直方图，n bin 是颜色直方图的 bin 的数目。

基于直方图的交的相似度度量，是视频/图像领域使用较为广泛的一种相似度计算方法，通过计算两个特征矢量的各维元素中相似成分的多少来决定它们的相似程度，能够较好地反映两幅图片之间的差异。但该相似度定义也有其缺点，由于其计算的是不同 bin 之间差值的和，因而模糊了不同含义的 bin 之间的差异。

2. 基于最优匹配的相似度度量

为了表现颜色直方图中不同 bin 对相似度的影响，提出一种基于最优匹配的相似度度量。该相似度度量采用 YUV 颜色空间的 128 bin 颜色直方图作为特征。其中，64 bin 表示 Y，32 bin 表示 U，32 bin 表示 V。该子片段相似度定义将颜色直方图分成 Y, U, V 三个子直方图来考虑，并用直方图的交分别计算每一个子直方图的相似度，然后取子直方图中相似度最大的值作为对应子片段的相似度。定义如下：设 $m = Y, U, V$；H_i^m、H_j^m 分别代表两个子片段 S_i，S_j 的 Y, U, V 子直方图，其对应的 bin 的数目为 bin^m，则 S_i，S_j 之间的相似度为

$$\mathrm{Sim}(S_i, S_j) = \max_{m=Y, U, V} \frac{\sum_{k=1}^{\mathrm{bin}^m} \min(H_i^m(k), H_j^m(k))}{\sum_{k=1}^{\mathrm{bin}^m} H_i^m(k)} \tag{10.39}$$

传统的用直方图的交来计算子片段相似度的方法，是把子片段的亮度和色度信息混合在一起考虑的，这样的度量方法对色度和亮度某一个方面的改变都非常敏感，无论是子片段的色度还是亮度任何一个方面发生变化都会大大影响子片段的相似度值。而基于最优匹配的相似度度量（如公式 10.39 所示）把亮度和色度分离开来，分别从三个独立的方面考虑子片段之间的相似性，并且只取相似度值最大的部分作为两个子片段的相似度，可以有效地去除单独的亮度变化或是色度变化对视频子片段相似度的影响，具有一定的抗噪声能力。

3. 视频片段相似度度量

为了充分利用视频的低层物理特征表现视频片段之间的视觉以及语义相似性，这里介绍一种新的视频片段相似度度量，该相似度度量以两段视频中匹配子片段的均值作为它们的相似度，并在其中加入了时序因子，充分考虑了视频片段之间的视觉相似性和时序关系，在一定程度上满足了人们对视频相似性的要求，能够较好地符合视觉的主观判断，并且有较低的计算复杂度，适用于快速视频片段检索。下面给出该相似度度量的形式化定义。

给定两个视频片段 $C=\{S_1,S_2,\cdots,S_n\}$，$C'=\{S'_1,S'_2,\cdots,S'_m\}$，每次从 C 中取出一个子片段计算它与C'中每一个子片段的视觉相似度，并且采用相关于子片段的序列号的指数函数表示其时间顺序关系。然后取这两项乘积最大的值所对应的两个子片段为匹配子片段，所有匹配子片段的平均相似度值即为视频片段 C 和 C'的相似度。相似度公式如下

$$\mathrm{Sim}(C,\ C')=\frac{\sum\limits_{i=1}^{n}\max\limits_{j=1\cdots m}\left[\mathrm{Sim}(S_i,\ S'_j)\times \mathrm{e}^{-\frac{|i-j|^2}{\delta^2}}\right]}{n} \tag{10.40}$$

式中，δ 为归一化参数，一般 $\delta=0.5\ Lq$（Lq 为查询片段的长度）。

这里介绍的视频片段相似度度量方法用示意图表示，如图 10.22 所示。以查询片段的第一个子片段为例，计算 S_1 与候选视频片段中所有子片段的相似度，图 10.22 中的实线表示对应的匹配子片段，而虚线表示不匹配的子片段，其中 S_1和 S'_3是相匹配的子片段且具有最大的相似度值。对于查询片段中的任意一个相似子片段 S_i，相似度度量可以表示为 $\mathrm{Sim}(S_i,\ S_j)\times \mathrm{e}^{-\frac{|i-j|^2}{\delta^2}}$，该公式合并了子片段的视觉相似度和子片段间的时序关系，用时序因子 $\mathrm{e}^{-\frac{|i-j|^2}{\delta^2}}$ 降低了位置上不对应的子片段的相似度权重，然后取匹配子片段的相似度值的平均值作为视频片段的相似度。

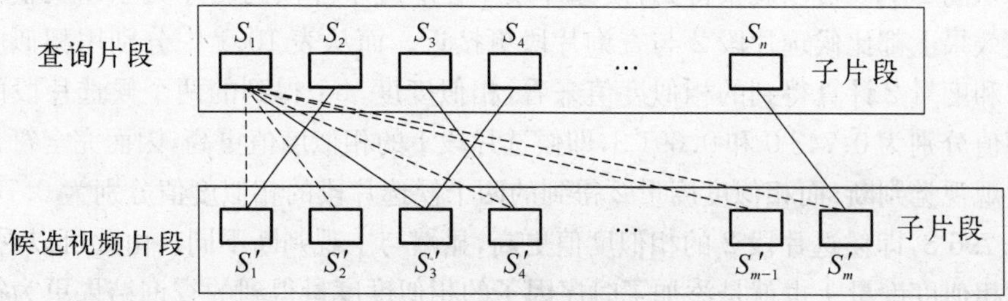

图 10.22 相似子片段对应图

由于该相似度度量充分考虑了子片段之间的视觉相似性以及时间顺序关系，因而能够更准确地表达两段视频的相似关系。

以上给出一个例子说明时序因子对于视频相似度度量的重要性，图 10.23 中给出了查询视频及查询得到的两个相似视频片段，表 10.1 给出了利用两个不同的相似度度量得到的相似片段的相似度值，其中相似度度量 1 是指公式(10.40)，相似度度量 2 表示去掉了 $e^{-\frac{|i-j|^2}{\delta^2}}$ 部分的公式(10.40)，也就是去掉了相似度定义中的时序因子。

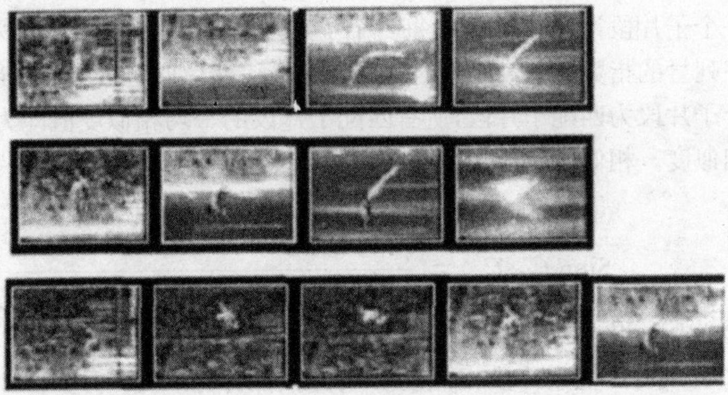

图 10.23　查询视频片段及其相似视频片段

表 10.1　图 10.23 中视频片段的相似度值

查询视频片段	相似度度量 1	相似度度量 2
片段 1	0.743 0	0.764 8
片段 2	0.691 3	0.796 3

从图 10.23 可以观察得到，候选片段 1 在对应子片段的时序关系以及整体的视觉效果上都比候选片段 2 与查询片段更接近。而从表 10.1 中分别用相似度度量 1 和度量 2 计算得到的相似度值来看，相似度度量 1 得到的两个候选片段的相似度值分别为 0.743 0 和 0.691 3，即候选片段 1 的相似度值更高，因而完全符合人的主观视觉判断；而相似度度量 2 得到的两个候选片段的相似度值分别为 0.764 8 和 0.796 3，即候选片段 2 的相似度值更高，显然与主观判断不同。由此可以看出，通过相似度度量 1 也就是添加了时序因子的相似度度量得到的查询结果更为符合人的主观判断，也更为准确。

该相似度度量与基于帧匹配和动态规划的相似度度量相比，不仅保证了相似度计算的准确性，还大大降低了计算复杂度，保证了查询效率。另外，该相似度度量对诸如闪光灯、过渡帧等噪音不是很敏感。由于采用子片段为查询单元，视频片段的相似度定义为匹配子片段的平均最大相似度值，包含噪音的子片段，由于其相似度的巨大差异而无法成为匹配子片段，也就不参与视频片段的相似度计算，从而消除了其对相似视频片段相似度计算的影响。

10.5.4　查询算法

视频片段检索算法主要包括两个部分：相似子片段查询和相似视频片段查询。整个查询过程为：首先，在 VA－file 上快速查询相似子片段，然后采用限定性滑动窗口构造候选片段并计算相似度得到最后的查询结果。

1. 相似子片段查询

给定一个待查视频片段，首先采用子片段分割算法把它分割成 m 个子片段，每个子片段用子片段内各帧的颜色直方图的平均值表示。然后在已经建好的高维索引结构 VA－file 上进行 k 近邻查询。采用 VA－low 的近似 k 近邻查询，得到每一个子片段的 k 个相似子片段。由于不是每个子片段都有 k 个相似子片段，为了进一步提高查询精度，这里设置一个相似度阈值来过滤掉相似度低于阈值的那些子片段，然后将得出的相似子片段按照其在原始视频库中的位置排列形成相似子片段文件。

2. 相似视频片段查询

在得到查询片段的相似子片段之后，接下来就是构造候选的相似视频片段进行相似视频片段的查询。构造候选的相似视频片段是查询中的一个较为困难的问题，它与视频片段的相似度定义密切相关，构造过少的候选片段或者构造方法不合理都可能导致丢失查询结果，而构造过多的候选片段则会由于复杂的相似度计算而降低查询效率。因此，如何在查询中构造尽可能少的候选片段并且保证较高的查全率是值得深入研究的问题。

这里采用一种称之为限定性滑动窗口的方法构造候选视频片段，它与普通的滑动窗口不同，滑动窗口每次滑动的距离由下一个相似的子片段的位置决定。滑动窗口的长度定为待查视频片段长度的函数，即：$a \times Lq$（Lq 为待查视频片段的长度）。限定性滑动窗口每次滑动到下一个相似子片段上，然后取出滑动窗口中的内容作为候选视频片段。采用这种方法构造候选视频片段不但可以保证找到所有根据当前相似度度量相似度值比较高的视频片段，而且由于不必扫描视频特征数据库中所有的子片段特征，因而大大提高了查询效率。

限定性滑动窗口如图 10.24 所示。实线矩形表示相邻的视频子片段，而其中 $S_1, S_2, \cdots, S_n$ 为通过前面介绍的相似子片段查询算法得到的相似子片段。虚线框表示限定性滑动窗口，从图中可以看出，限定性滑动窗口每次移到下一个相似子片段上，从而减少了扫描子片段的个数，提高了查询效率。

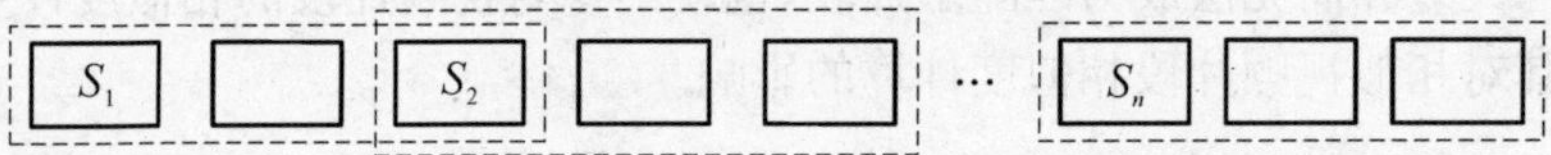

图 10.24　限定性滑动窗口示例图

相似视频片段的查询包括两个部分：查询和后处理。在第一步的查询阶段，主要是构造候选视频片段，计算候选视频片段与待查视频片段的相似度，采用 k 近邻查询，得到相似度最大的 k 个候选视频片段，作为查询的结果。查询算法的描述如下：

输入：queryclip；待查视频片段。
SimSeg；与 m 个查询子片段相似的子片段的集合。
W：限定性滑动窗口的长度，$W = a \times Lq$。
Lq：待查视频片段中子片段的个数。
k：返回的最近邻的个数。
输出：resultset；相似视频片段及其相似度。

算法步骤：

(1) 根据 SimSeg 中子片段在视频数据库中的位置，对其进行排序构成候选文件 Candfile；

(2) 顺序扫描 Candfile 找到下一个相似子片段，把它设为限定性滑动窗口中的第一个子片段，然后取出滑动窗口中的视频片段作为候选视频片段 Candclip。比较 Candclip 中子片段的数目与 W，如果小于 W，转向(3)，否则，运行结束；

(3) 利用公式(10.40)计算待查视频片段 queryclip 与 Candclip 之间的相似度；

(4) 如果当前得到的候选视频片段的个数小于 k，则将当前得到的候选视频片段 Candclip 和它的相似度集存入结果集合 resultset，并设 Sim_k 为 resultset 中 Sim 的最小值，然后转向(2)；否则比较 Sim 和 Sim_k 的大小；

(5) 如果 $Sim > Sim_k$，用 Sim 和它对应的 Candclip 替代相似度值为 Sim_k 的候选视频片段及其相似度值，并选择 resultset 中最小的相似度值为新的 Sim_k，然后转向(2)；否则直接转向(2)。

经过第一步查询阶段得到的 k 近邻查询结果并不十分准确，主要存在以下问题：一是查询得到的很多相似视频片段都包含有重复的子片段，即查询结果有重叠的现象；二是由于固定了滑动窗口的长度，因而得到的相似视频片段尾部可能包含一些多余的不相似的子片段。为了使查询结果更加精确，算法中加入了后处理这个步骤。在后处理阶段，主要针对第一步查询得到的结果作进一步的处理，使其更加准确。（后处理阶段）算法描述如下：

输入：resultset；通过查询阶段得到的相似视频片段及其相似度。

SimSeg；与 m 个查询子片段相似的子片段的集合。

queryclip；待查视频片段。

输出：queryresult；相似视频片段及其相似度。

算法步骤：

(1) 去除 resultset 中所有视频片段尾部不属于 SimSeg 的子片段，并存入 queryresult 中。重新计算 queryresult 中相似视频片段的相似度。

(2) 扫描 queryresult 中视频片段，对其中包含有相同子片段的那些视频片段，只保留其中相似度最大的作为最终的查询结果。

这里的查询算法采用限定性滑动窗口构造候选视频片段来提高查询效率和精确度。后处理步骤通过消除不相似的子片段进一步提高了查询精度。经过查询和后处理这两个阶段，最终得到的查询结果不但准确而且比较符合人的主观感受。

10.6 本章小结

视频信息是复杂的无结构的数据流，包含了图像、音频、文本等多种媒体表示形式，因而对其进行分析和检索需要涉及多种媒体分析方法。针对日益复杂的视频信息查询的需求，单纯的基于低层特征的视频检索方法显然已经不能满足人们的查询需求，因而越来越多的视频检索系统朝向视频语义分析以及多模态信息融合的方向发展。

当前视频检索系统的研究大都试图从低层物理特征和高层语义特征两个方面综合分析得到符合查询要求的视频片段，然后通过有效的多模态信息融合方法得到最终的查询结果。

视频内容分析是对视频的图像、字幕、声音、语音等各种信息进行特征分析、提取的过程。视频内容分析的主要问题是，很难把可提取的视觉特征（结构、纹理、形状、颜色、布局和运动）和语义概念（室内、室外、人物或车赛等场景）对应起来。

视频摘要技术主要有两种模式：视频略览（video summary）和视频梗概（video skimming）。其中视频略览提供快速方便的浏览方式，而视频梗概是视频内容的浓缩。

视频略览往往是静态视频摘要模式，即通过一系列关键帧（对象）组成相应的语义单元，概括表示镜头内容，并支持视频快速导航。而视频梗概为动态视频摘要模式，即保持了视频内容随时间动态变化的视频固有特征，一般是智能选择能够刻画原视频内容的小片段加以编辑合成的结果。

静态和动态视频摘要有明显的区别：静态视频摘要只考虑其关键帧（对象），忽略了音频信息，生成摘要的速度比动态的快；动态视频摘要表现的内容比静态视频摘要丰富，通常以镜头的方式表示，融合了图像、声音和文字等信息。

本章首先介绍了慢镜头检测的四种典型方法；在此基础上，介绍了视频摘要的基本实现方法；最后介绍了视频检索的基本方法和实现过程。

参 考 文 献

[1] 朱明. 数据挖掘 [M]. 合肥：中国科学技术大学出版社，2002.

[2] Han J，Kamber M. Data Mining：Concepts and Techniques [M]. 2nd ed. Morgan Kaufmann，2005.

[3] Gediga G，Duntsch I. Maximum Consistency of Incomplete Data via Non-Invasive Imputation [J]. Artificial Intelligence Review. Springer，2003，19(1)：93 - 107.

[4] Scheffer J. Dealing with Missing Data [J]. Research Letters in the Information and Mathematical Sciences，2002，3(1)：153 - 160.

[5] 王双成，苑森淼. 具有丢失数据的贝叶斯网络结构学习研究 [J]. 软件学报，2004，15 (7)：1030 - 1041.

[6] Jonsson P，Wohlin C. An evaluation of k-nearest neighbour imputation using Likert data [C]// Proceedings 10th International Symposium on Software Metrics，2004：108 - 118.

[7] Smolinski A，Walczak B，Einax J W. Exploratory analysis of data sets with missing elements and outliers [J]. Chemosphere，2002，49(3)：233 - 245.

[8] Manski C F. Partial identification with missing data：concepts and findings [J]. International Journal of Approximate Reasoning，2005，39(2 - 3)：151 - 165.

[9] Wasito I，Mirkin B. Nearest neighbour approach in the least-squares data imputation algorithms [J]. Information Sciences，2005，169(1 - 2)：1 - 25.

[10] RuedaM M，Gonzalez S，Arcos A. Indirect methods of imputation of missing data based on available units [J]. Applied Mathematics and Computation，2005，164 (1)：249 - 261.

[11] Zhang Huiying，Liang Wei. An Intelligent Algorithm of Data Pre-processing in Web Usage Mining [C]// Proceedings of the 50th World Congress on Intelligent Control and Automation，2004：3119 - 3123.

[12] Z. Li and B. Dambrosio. Efficient Inference in Bayes Networks as a Combinatorial Optimization Problem [J]. International Journal of Approximate Reasoning，2004，11 (1)：55 - 81.

[13] 周颜军，王双成，王辉. 基于贝叶斯网络的分类器研究 [J]. 东北师大学报，2003，35 (2)：21 - 27.

[14] 石洪波，王志海，黄厚宽，等. 一种限定的双层贝叶斯分类模型 [J]. 软件学报，2004，15(2)：193 - 199.

[15] 石洪波，黄厚宽，王志海. 基于 Boosting 的 TAN 组合分类器 [J]. 计算机研究与发展，2004，41(2)：340-345.

[16] 宫秀军，刘少辉，史忠植. 一种增量贝叶斯分类模型 [J]. 计算机学报，2002，25(6)：645-650.

[17] 宫秀军，孙建平，史忠植. 主动贝叶斯网络分类器 [J]. 计算机研究与发展，2002，39(5)：574-579.

[18] 张国云. 支持向量机算法及其应用研究 [D]. 长沙：长沙湖南大学电气与信息工程学院，2006.

[19] 阎威武. 支持向量机理论、方法与应用研究 [D]. 上海：上海交通大学电子信息与电气工程学院，2003.

[20] 李敏强，寇纪淞，等. 遗传算法的基本理论与应用 [M]. 北京：科学出版社，2002.

[21] 宋余庆，朱玉全. 基于 FP-Tree 的最大频繁项目集挖掘及更新算法 [J]. 软件学报，2003，14(9)：1586-1592.

[22] Grahne G, Zhu J F. High Performance Mining of Maximal Frequent Itemsets [C]//Proceedings of the 6th SLAM Int'l Workshop on High Performance Data Mining, 2003：135-143.

[23] 丛丹，王俊普，杨文，等. 基于 FP-Tree 的模式分解算法 [J]. 计算机工程，2005，31(16)：77-79.

[24] 杨君锐，赵群礼. 基于 FP-Tree 的最大频繁项目集更新挖掘算法 [J]. 华中科技大学学报(自然科学版)，2004，32(11)：58-90.

[25] 谢立宏. 面向高维数据的聚类算法研究 [D]. 武汉：武汉大学，2002.

[26] 赵艳厂. 数据挖掘中聚类算法研究与仿真 [D]. 北京：北京邮电大学，2003.

[27] 沈红斌，王士同，吴小俊. 离群模糊核聚类算法. 软州学报，2004，15(7)：1021-1029.

[28] 刘君强. 海量数据挖掘技术研究 [D]. 浙江大学，2003.

[29] 杨风召. 高维数据挖掘中若干关键问题的研究 [D]. 复旦大学，2003.

[30] 刘青宝，侯东风，邓苏，等. 基于相对密度的增量式聚类算法 [J]. 国防科技大学学报，2006，28(5)：73-79.

[31] 普运伟，金炜东，朱明，等. 核模糊 C 均值算法的聚类有效性研究 [J]. 计算机科学，2007，34(2)：207-210.

[32] 周晓云，孙志挥，张柏礼. 一种大规模高维数据集的高效聚类算法 [J]. 应用科学学报，2006(4)：70-74.

[33] 李士勇. 蚁群算法及其应用 [M]. 哈尔滨：哈尔滨工业大学出版社，2004.

[34] 连一峰，戴英侠，等. 基于模式挖掘的用户行为异常检测 [J]. 计算机学报，2002，5(3)：325-330.

[35] 李翠平，李盛恩，王珊，杜小勇. 一种基于约束的多维数据异常点挖掘方法 [J]. 软件学报，2003，4(9)：1571-1577.

[36] 马帅，王腾蛟，唐世渭，等．一种基于参考点和密度的快速聚类算法［J］．软件学报，2003，4(6)：1089－1095．

[37] 魏黎，宫学庆，等．高维空间中的离群点发现［J］．软件学报，2002，3(2)：280－290．

[38] He J，Tan A H，TAN C L．On Machine Learning Methods of Chinese Document Categorization，Applied Intelligenee，2003，18(3)：311－322．

[39] Han W L J，Pei J．CMAR：Accurate and efficient classification based multiple classification rules［C］// IEEE International Conference on Data Mining（ICDM'01）San Jose，California，November 29-December，2001：369－376．

[40] Sebastiani F．Machine learning in automated text categorization［J］．ACM Computing Surveys（CSUR）．ACM New York，NY，USA，2002，34(1)：1－47．

[41] Yang Y，Slattery S，Ghani R．A Study of Approaches to Hypertext Categorization［J］．Journal of Intelligent Information Systems．Springer，2002，18(2)：219－241．

[42] 李晓黎．WEB 信息检索与分类中的数据采掘研究［D］．北京：中科院计算技术研究所，2001．

[43] 陈小云．文本挖掘若干关键技术研究［D］．上海：复旦大学，2005．

[44] 李荣陆．文本分类及其相关技术研究［D］．上海：复旦大学，2005．

[45] 薛德军．中文文本自动分类中的关键问题研究［D］．北京：清华大学，2004．

[46] 代六玲．互联网内容监管系统关键技术的研究［D］．南京：南京理工大学，2004．

[47] 黄管著．夏迎炬，吴立德．基于向量空间模型的文本过滤系统［J］．软件学报，2003，14(3)．

[48] 刘少辉，董明楷，张海俊．一种基于向量空间模型的多层次文本分类方法［J］．中文信息学报，2001，6(3)：8－14．

[49] 章毓晋．基于内容的视觉信息检索［M］．北京：科学出版社，2003．

[50] 吴洪，卢汉清，马颂德．基于内容图像检索中相关反馈技术的回顾［J］．计算机学报，2005，28(12)：1969－1979．

[51] 姜帆，章毓晋．新闻视频的场景分段索引及摘要生成［J］．计算机学报，2003，26(7)：859－865．

[52] 杨娜，罗航战，薛向阳．一种用于电视新闻节目的播音员镜头检测算法［J］．软件学报，2002，13(8)：1559－1567．

[53] 谢毓湘．辅助情报分析的新闻视频挖掘技术研究［D］．长沙：长沙国防科学技术大学，2004．

[54] 张静．视频信息检索研究［D］．上海：复旦大学，2006．

[55] Dasu T，Johnson T．Exploratory Data Mining and Data Cleaning［M］．Wiley-Interscience，2003．

[56] Zaki M J，Hsiao C J．CHARM：An efficient algorithm for closed itemset mining［C］// Proc．2002 SIAM Int．Conf．Data Mining（SDM'02），Arlington，VA：457－473，April 2002：457－473．

[57] Xu Y, Yu J X, Liu G et al. From Path Tree To Frequent Patterns: A Framework for Mining Frequent Patterns [C]// Proc. 2002 Int. Conf. on Data Mining (ICDM'02), Japan, Dec. 2002.

[58] Omiecinski E R. Alternative Interest Measures for Mining Associations in Databases [J]. IEEE Trans. Knowledge and Data Engineering, 2003, 15(1): 57-69.

[59] Lee Y K, Kim W Y, Cai Y D, et al. CoMine: Efficient Mining of Correlated Patterns [C]// Proc. 2003 Int. Conf. on Data Mining (ICDM'03), Melbourne, FL, Nov. 2003: 581.

[60] Chakrabarti D, Papadimitriou S, Modha D S, Faloutsos C. Fully Automatic Cross-Associations [C]// Proc. 2004 ACM-SIGKDD Int. Conf. on Management of Data (KDD'04), Seattle, WA, Aug. 2004: 79-88.

[61] Quinlan JR. Induction of decision trees [J]. Machine Learning. Springer, 1986, 1(1): 81-106.

[62] T. M. Mitchell. Machine Learning [M]. McGraw Hill, 1997.

[63] Weiss S M, Indurkhya N. Predictive Data Mining: A Practical Guide [M]. Morgan Kaufmann, 1998.

[64] Kaufman L, Rousseeuw P J. Finding groups in data. an introduction to cluster analysis [J]. Wiley Series in Probability and Mathematical Statistics. Applied Probability and Statistics, New York: Wiley, 1990.

[65] Bishop C M, SpringerLink (Online service). Pattern recognition and machine learning [M]. Springer, 2006.

[66] S. Chakrabarti. Mining the Web: Statistical Analysis of Hypertext and Semi-Structured Data [J]. Morgan Kaufmann, 2002.

[67] Duda R O, Hart P E, Stork D G. Pattern classification [M]. 2nd ed, NJ: Wiley, 2001.

[68] Aner A, Kender J R. Video Summaries through Mosaic-Based Shot and Scene Clustering [J]. Lecture Notes in Computer Science. Springer, 2002: 388-402.

[69] Chaisorn L, Chua T S, Lee C H. The segmentation of news video into story units [C]// ICME'02. Proceedings. 2002 IEEE International Conference on Multimedia and Expo, 2002.

[70] Cheng W H, Chu W T, Kuo J H, et al. Automatic Video Region-of-Interest Determination Based on User Attention Model [C]// ISCAS 2005. IEEE International Symposium on Circuits and Systems, 2005.

[71] Farag W E, Wahab H A. Video Content-Based Retrieval Techniques, Multime-dia Systems and Content-Based Image Retrieval [M]. Idea Group Publishing, 2004.

[72] Kim Y, Chua T S. Retrieval of News Video Using Video Sequence Matching [C]// MMM 2005. Proceedings of the 11th International Multimedia Modelling Conference,

2005：68 - 75.

[73] Kim C，Vasudev B. Spatiotemporal sequence matching for efficient video copy detection [J]. Circuits and Systems for Video Technology，2005，15(1)：127 - 132.

[74] Li Y，Narayanan S，Jay Kuo C C. Movie Content Analysis Indexing and Skimming [J]. Video Mining，2003.

[75] Liu J，Zhai Y，Shah M. PEGASUS：an information mining system for TV news videos [C]// SPIE Defense and Security Symposium，2006.

[76] Marques O，Furht B. Content-Based Image and Video Retrieval [M]. Kluwer Academic Publisher，2002.

[77] Peng Y，Ngo C W. Clip-based similarity measure for query-dependent clip retrieval and video summarization [J]. Circuits and Systems for Video Technology，2006，16(5)：612 - 627.

[78] Zhou J，Zhang X P. Automatic Identification of Digital Video Based on Shot Level Sequence Similarity [C]// ACM Conference on Multimedia，2005.

[79] Rosie Jones，Fernando Diaz. Temporal Profiles of Queries [J]. ACM Transactions on Information Systems，5(3)，2007.

[80] Hema Raghavan，Omid Madani，Rosie Jones. Active Learning on Both Features and Documents [J]. Journal of Machine Learning Research (JMLR)，2006 (7)：1655 - 1686.

